高等院校计算机应用系列教材

大学计算机基础

(Windows 10 + Office 2016)

王文发 主 编

刘 翼 田云娜 副主编

清華大學出版社

北 京

内 容 简 介

本书由浅入深、循序渐进地介绍了计算机与信息技术的基础知识、基本操作方法以及计算机在办公和网络等方面的具体应用。全书共9章，分别介绍了计算机与信息技术，数据在计算机中的表示，Windows 10操作系统，计算机网络与信息安全，使用Word 2016制作办公文档，使用Excel 2016处理电子表格数据，使用PowerPoint 2016设计演示文稿，算法与程序设计，计算机发展新技术等内容。

本书内容丰富，结构清晰，语言简练，图文并茂，具有很强的实用性和可操作性，可作为高等院校计算机基础课程的教材，也可作为广大初、中级电脑用户的自学参考书。

图书在版编目(CIP)数据

大学计算机基础：Windows 10 + Office 2016 / 王文发主编. —北京：清华大学出版社，2023.8（2024.7重印）

高等院校计算机应用系列教材

ISBN 978-7-302-64516-0

I. ①大… II. ①王… III. ①电子计算机－高等学校－教材 ②办公自动化－应用软件－高等学校－教材 IV. ①TP316.7 ②TP317.1

中国国家版本馆CIP数据核字(2023)第159312号

责任编辑：王 定
封面设计：周晓亮
版式设计：思创景点
责任校对：成凤进
责任印制：沈 露

出版发行：清华大学出版社

网 址：https://www.tup.com.cn，https://www.wqxuetang.com
地 址：北京清华大学学研大厦A座 **邮 编：**100084
社 总 机：010-83470000 **邮 购：**010-62786544
投稿与读者服务：010-62776969，c-service@tup.tsinghua.edu.cn
质 量 反 馈：010-62772015，zhiliang@tup.tsinghua.edu.cn

印 装 者：三河市少明印务有限公司
经 销：全国新华书店
开 本：185mm×260mm **印 张：**22.25 **字 数：**584千字
版 次：2023年9月第1版 **印 次：**2024年7月第2次印刷
定 价：69.80元

产品编号：103492-01

前　　言

2022年10月，习近平总书记在党的二十大报告中指出：“教育、科技、人才是全面建设社会主义现代化国家的基础性、战略性支撑。”“我们要坚持教育优先发展、科技自立自强、人才引领驱动，加快建设教育强国、科技强国、人才强国，坚持为党育人、为国育才，全面提高人才自主培养质量，着力造就拔尖创新人才，聚天下英才而用之。”

随着我国信息技术飞速发展，计算机技术不断更新换代，计算机的研究和应用成为未来社会科技和文化发展的重要抓手，熟练操作计算机已经成为当今人们所必须要掌握的一项基本技能，越来越多的人也渴望了解和掌握计算机的基础知识与基本操作方法。

本书从教学实际需求出发，合理安排知识结构，从零开始、由浅入深、循序渐进地讲解计算机的基本操作方法、中文版 Windows 10、Office 2016、计算机与信息技术、数据在计算机中的表示、计算机网络应用和安全防护、算法与程序设计、计算机发展新技术等内容。本书共分为9章，主要内容如下：

第1章介绍了计算机概述、计算机硬件的组成、计算机基本工作原理、计算机的分类与分代、微型计算机体系结构、微型计算机性能指标信息与信息技术以及计算机的前沿技术。

第2章介绍了计算机中的数制及其转换、二进制数制表示与计算、字符信息编码以及多媒体信息编码技术。

第3章介绍了操作系统的基本概念与功能、Windows 10 的基本操作、文件与文件夹的管理、添加与删除程序的方法。

第4章介绍了计算机网络的概念与体系结构、Internet 基础知识、计算机病毒、网络威胁与信息安全防御、网络安全与国家安全。

第5章介绍了使用 Word 2016 制作运动会通知、项目安排表、成绩统计表、专题文档，以及使用“邮件合并”功能的方法。

第6章介绍了使用 Excel 2016 制作表格，并使用公式、函数、图表、排序、筛选、分类汇总以及数据透视表处理表格数据的方法。

第7章介绍了使用 PowerPoint 2016 制作季度工作汇报、主题班会、学校宣传等演示文稿的具体操作方法。

第8章介绍了算法的基本概念、问题求解方法、算法思想、数据结构设计、计算机语言的分类与构成、计算机语言的执行以及面向对象的程序设计方法。

第9章介绍了高性能计算、云计算、大数据、人工智能、ChatGPT 等计算机新技术。

本书图文并茂，条理清晰，通俗易懂，内容丰富，在讲解每个知识点时都配有相应的实例，方便读者上机实践。同时在难于理解和掌握的部分内容上给出相关提示，让读者能够快速地提高操作技能。此外，本书配有大量综合实例和练习，让读者在不断的实际操作中更加牢固地掌握书中讲解的内容。

本书是集体智慧的结晶，由王文发任主编，刘翼、田云娜任副主编，参加编写和校对工作的还有刘逗逗、崔桓睿、张娜、王玮、乔小军、程凤娟、李浩等人。

由于作者水平有限，加之创作时间仓促，本书不足之处在所难免，欢迎广大读者批评指正。

本书配套有教学课件、教学大纲、习题参考答案，读者可扫描下列二维码获取。

教学课件

教学大纲

习题参考答案

编　者

2023 年 6 月

目　录

第1章

计算机与信息技术

☑ 内容简介

在信息技术飞速发展的今天，计算机已经成为人们工作和生活不可或缺的部分，掌握一定程度的计算机基础知识和基础操作，是人们在各行各业所必备的基本能力和素质。本章将主要讲解计算机的硬件组成、工作原理、体系结构等基础知识。

☑ 重点内容

- 计算机硬件组成
- 计算机基本工作原理
- 计算机的分代与分类
- 微型计算机体系结构
- 计算机在信息社会的前沿技术

1.1 计算机概述

计算机是一种能够存储程序，并按照程序自动、高速、精确地进行大量计算和信息处理的电子机器。科技的进步促使计算机的产生和迅速发展，而计算机的产生和发展又促进科学技术的提高。计算机的发展和应用程度已经成为衡量一个国家科技水平和经济实力的重要标志。

1.1.1 计算装置的发展

自古以来，人类就在不断地发明和改进计算工具，从古老的“结绳计数”到算盘、计算尺、手摇计算机，再到 1946 年第一台电子计算机诞生，经历了漫长的岁月。从总体上来看，计算机的发展经历了计算工具→计算机器→现代计算机→微型计算机 4 个历史阶段。

1. 早期的计算工具

人类最早的计算工具也许是手指和脚趾，因为这些计算工具与生俱来，无须任何辅助设施。但手指和脚趾只能实现计算，不能存储计算结果，并且局限于 0~20 的计算。

1937 年，人们在摩拉维亚(捷克东部)地区发现了一根 40 万年前(旧石器时代)幼狼的前肢骨，有7英寸长，上面“逢五一组”，有55道很深的刻痕，这是迄今为止发现最早的计数工具。

中国使用“九九乘法口诀”(简称“九九表”)的时间较早，在《荀子》《管子》《战国策》等古籍中，能找到“三九二十七”“六八四十八”等语句。可见早在春秋战国时期，“九九表”已经流行。“九九表”广泛用于筹算中进行乘法、除法、开方等运算，到明代改良后用在算盘上。中国发现最早的“九九表”实物是湖南湘西出土的秦简木牍，上面详细记录了“九九乘法口诀”。与今天乘法口诀不同，秦简上的“九九表”不是从“一一得一”开始，而是从“九九八十一”开始，到“二半而一”结束。

2. 中世纪的计算机器

算盘作为主要计算工具流行了相当长时间，直到18世纪，欧洲科学家兴起了研究计算机器的热潮。当时，法国数学家勒内・笛卡尔(Rene Descartes)曾经预言，总有一天，人类会造出一些举止与人一样“没有灵魂的机械”来。

1614年，苏格兰的数学家约翰・纳皮尔(John Napier)发明了对数，对数能够将乘法运算转换为加法运算。他还发明了简化乘法运算的纳皮尔运算。

1623年，德国的威廉・契克卡德(Wilhelm Schickard)教授在给天文学家约翰内斯・开普勒(Johannes Kepler)的信中，设计了一种能做四则运算的机器(注：没有实物佐证)。

1630年，英国的威廉・奥特雷德(William Oughtred)发明了圆形计算尺。

1642年，法国数学家布莱士・帕斯卡(Blaise Pascal)制造了一台能进行6位十进制加法运算的机器。这台机器在巴黎博览会展出期间引起了轰动。加法器发明的意义远远超出了机器本身的使用价值，它证明了需要人类思维的计算过程完全能够由机器自动化实现，从此欧洲兴起了制造“思维工具”的热潮，帕斯卡制造的加法机没有存储器。

18世纪末，法国数学家组成人工手算流水线，经过长期的艰苦工作，完成了17卷《数学用表》的编制。但是手工计算的数据表格出现了大量的错误，这件事情极大地刺激了当时剑桥大学的著名数学家查尔斯・巴贝奇(Charles Babbage)。巴贝奇经过整整10年的反复研制，终于在1822年研制出第一台差分机。差分机由英国政府出资，工匠克里门打造，估计有约25 000个零件，重达4吨。1862年，伦敦世博会展出了巴贝奇的差分机。差分机是现代计算机设计的先驱。

巴贝奇的设计思想是利用“机器”将计算到表格印刷的过程全部自动化，全面消除人为错误(如计算错误、抄写错误、校对错误、印刷错误等)。差分机是一种专门用来计算特定多项式函数值的机器，“差分”的含义是将函数表的复杂计算转化为差分运算，用简单的加法代替平方运算。差分机专用于编辑三角函数表、航海计算表等。

3. 现代计算机发展

现代计算机是指利用电子技术代替机械或机电技术的计算机。现代计算机经历了70多年，其中最重要的代表人物有英国科学家阿兰・麦席森・图灵(Alan Mathison Turing)和美籍匈牙利科学家约翰・冯・诺依曼(John von Neumann)，图灵是计算机科学理论的创始人，冯・诺依曼是计算机工程技术的先驱人物。

人类发明的第一台现代电子计算机是阿塔纳索夫-贝瑞计算机(Atanasoff-Berry Computer，通常简称 ABC 计算机)。美国爱荷华州立大学物理系副教授约翰・阿塔纳索夫(John Vincent Atanasoff)和他的研究生克利福特・贝瑞(Clifford Berry)在1939—1942年研制成功第一台现代电子计算机，如图1-1(1)所示。因此，1990年，阿塔纳索夫获得了全美最高科技奖“国家科技奖”。

在第二次世界大战时期，美国宾夕法尼亚大学莫尔学院约翰・莫克利(John Mauchly)教授和他的学生普雷斯伯 • 埃克特(Presper Eckert)，向军方代表提交了一份研制 ENIAC 计算机的设计方案，军方提供了 48 万美元经费资助。1946 年，莫克利成功地研制出了 ENIAC 计算机。ENIAC 采用大约 18 800 个电子管、10 000 个电容器、7000 个电阻、1500 个继电器，耗电 150kW，重达 30t，占地面积 $170m^2$，如图 1-1(2)所示。

1964 年由 IBM 公司设计的 IBM System 360 是现代计算机最经典的产品(如图 1-1(3)所示)，它包含了多项技术创新，改变了商业界、科学界、政府以及 IT 界本身。IBM System 360 采用晶体管和集成电路作为主要器件；它开发了非常经典的通用分时操作系统 IBM OS/360，可以在一台主机中允许多道程序；它是第一台可以仿真(模拟)其他计算机的机器；它第一次开始了计算机产品的通用化、系列化设计，从而有了兼容的重要概念；它解决了并行二进制计算和串行十进制计算的矛盾；它的寻址空间达到了 2^{24}＝16MB，这在当时看来简直是一个天文数字。

(1) 贝瑞计算机

(2) ENIAC

(3) IBM System 360

图 1-1　现代计算机

现代计算机诞生后，基本元器件经历了电子管、晶体管、中小规模集成电路、大规模和超大规模集成电路这 4 个发展阶段(有专家认为它们是四代计算机)。计算机运算速度显著提高，存储容量大幅增加。同时，软件技术也有了较大发展，出现了操作系统、编译系统、高级程序设计语言、数据库等系统软件，计算机应用开始进入许多领域。

4. 微型计算机发展

现代计算机的普及得益于台式微机的发展，微机(microcomputer，又称微型计算机)的研制始于 20 世纪 70 年代，早期产品有 1971 年推出的 Kenbak-1，这台机器没有微处理器和操作系统。1973 年推出的 Micral-N 微机第一次采用微处理器(Intel 8008)，它同样没有操作系统，而且销量极少。1975 年，施乐公司发明了世界上第一台运用图形化用户界面操作系统的微型计算机，命名阿尔托(Alto)，如图 1-2(1)所示。这台微机具备大量创新元素，包括显示器、图形用户界面、鼠标以及“所见即所得”的文本编辑器等。Alto 的机器成本约为 1.2 万美元，在当时并没有进行量产推广。

1975 年 1 月，《大众电子》杂志的封面刊出了 Altair 8800(牛郎星)问世的消息，如图 1-2(2)所示，它是第一台量产化的通用型微机。最初的 Altair 微机包括以下几部分：一个 Inter 8080 微处理器，256 字节存储器(后来增加为 64KB)，一个电源，一个机箱，大量开关和显示灯面板。Altair 8800 微机售价为 395 美元，与当时大型计算机相比，它非常便宜，牛郎星推出立即引起了市场极大的轰动。

1981 年 8 月，IBM 公司推出了第一台 16 位个人计算机 IBM PC 5150，当时计算机上使用的是 86-Dos 系统，如图 1-2(3)所示。IBM 公司将这台计算机命名为 PC(personal computer，个人计算机)。微型计算机在此时终于突破了只为个人计算机爱好者使用的局面，迅速普及到工程技术领域和商业领域。

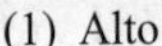

(1) Alto　　(2) Altair 8800　　(3) IBM PC 5150

图 1-2　微型计算机

IBM PC 微机继承了开放式系统设计思想，IBM 公司公开除 BIOS(基本输入/输出系统)之外的全部技术资料，并通过分销商传递给最终用户，这一开放措施极大地促进了微机的发展。IBM PC 微机采用了总线扩充技术，并且放弃了总线专利权。这意味着其他公司也可以生产同样总线的微机，这给兼容机的发展提供了巨大空间。

20 世纪 90 年代后，每当 Inter(英特尔)公司推出新型 CPU 产品时，马上就会有新型 PC 机推出。

现今的微机在性能上得到了极大的提高，功能也越来越强大。国家统计局数据显示，2023 年 1—3 月份中国计算机产量达到了 8343.6 万台，占全球计算机产量的 80%以上，中国是名副其实的计算机生成大国。

1.1.2　计算机硬件组成

计算机系统包括硬件系统和软件系统两大部分，如图 1-3 所示。计算机通过执行程序而运行，软、硬件协同工作，二者缺一不可。

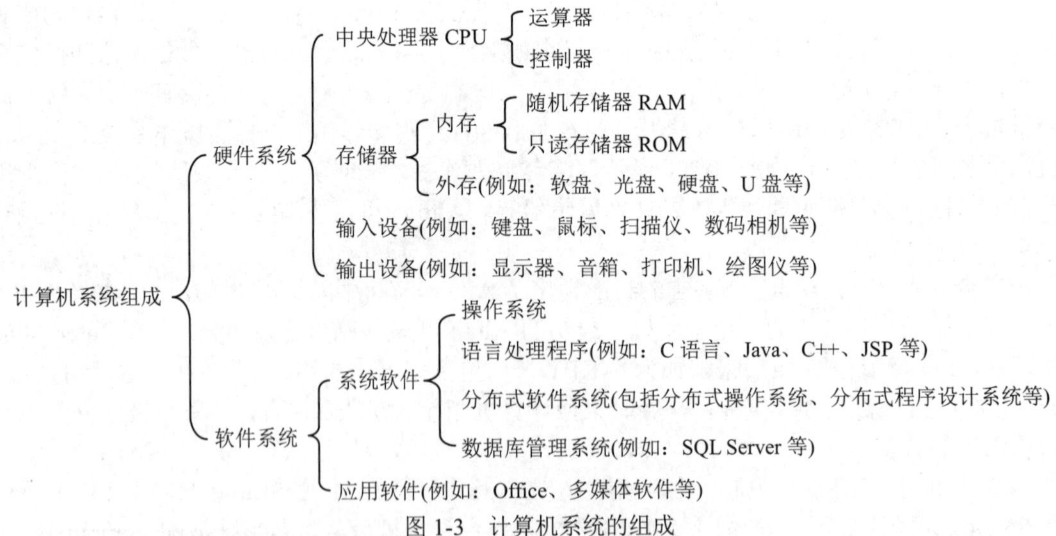

图 1-3　计算机系统的组成

硬件系统是组成计算机系统的各种物理设备的总称，是计算机系统的物质基础，是看得见、摸得着的一些实实在在的有形实体。

1. 冯·诺依曼计算机模型

根据冯·诺依曼的设想，计算机必须具有以下功能。

- 接受输入：输入是指送入计算机系统的任何东西，也指把信息送进计算机的过程。输入可以由人、环境或其他设备来完成。
- 存储数据：具有记忆程序、数据、中间结果及最终运算结果的能力。
- 处理数据：数据泛指那些代表某些事实和思想的符号，计算机要具备能够完成各种运算、数据传送等数据加工处理的能力。
- 自动控制：能够根据程序控制自动执行，并能根据指令控制机器各部件协调操作。
- 产生输出：输出是指计算机生成的结果，也指产生输出结果的过程。

按照冯·诺依曼计算机模型(如图 1-4 所示)构造的计算机应该由 4 个子系统组成，其中各子系统所承担的任务如下。

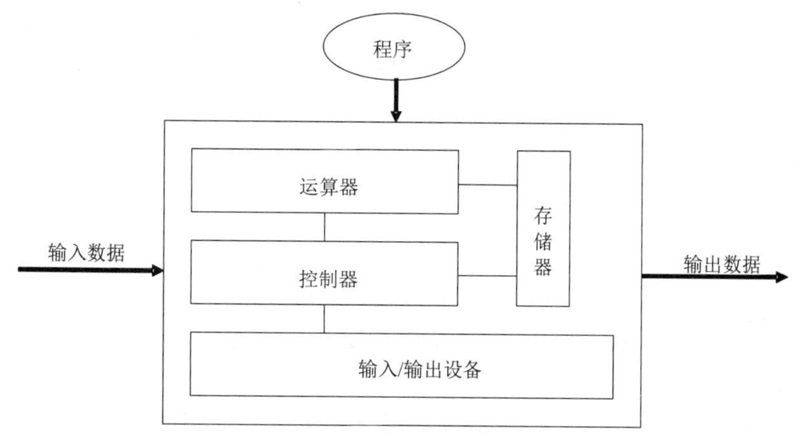

图 1-4　冯·诺依曼计算机模型

(1) 存储器。存储器是实现程序内存思想的计算机部件。对于计算机而言，程序和数据是一样的，所以都可以被事先存储。把运算程序事先放在存储器中，程序设计员只需要在存储器中寻找运算指令，机器就会自行计算，解决了计算器处理每个问题都要重新编程的问题。程序内存标志着计算机自动运算成为可能。存储器的主要任务就是存放计算机运行过程中所需要的数据和程序。

(2) 运算器。运算器是冯·诺依曼计算机的计算核心，主要完成各种算术运算和逻辑运算，所以也被称为算术逻辑部件(arithmetic logic unit，ALU)。除了计算之外，运算器还应当具有暂存运算结果和传送数据的能力，这一切活动都受控于控制器。

(3) 控制器。控制器是整个计算机的指挥、控制中心，主要功能是向机器的各个部件发出控制信号，使整个机器自动、协调地工作。控制器管理着数据的输入、存储、读取、运算、操作、输出等活动。

(4) 输入/输出设备。输入设备将程序和原始数据转换成二进制串，并在控制器的指挥下按一定的地址顺序送入内存。输出设备则将运算的结果转换为人们能识别的信息形式，并在控制器的指挥下由机器内部输出。

2. 计算机的基本组成

按照冯·诺依曼的设想设计的计算机，其体系结构具体分为控制器、运算器、存储器、输入设备、输出设备等五大部分，如图 1-5 所示。

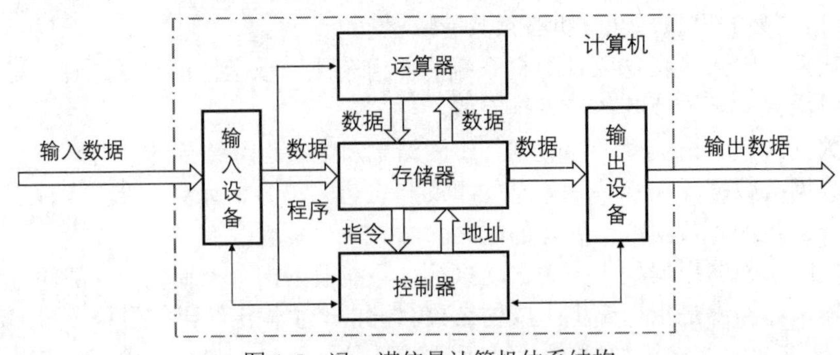

图 1-5　冯·诺依曼计算机体系结构

图 1-5 中，双线表示并行流动的数据信息，单线表示串行流动的控制信息，箭头则表示信息流动的方向。计算机工作时，这五大部分的基本工作流程如下：整个计算机在控制器的统一协调和指挥下完成信息的计算与处理，控制器进行指挥所依赖的程序是人编制的，需要事先通过输入设备将程序和需要加工的数据一起存入存储器。当计算机开始工作时，根据地址从存储器中查找到指令，控制器按照对指令的解析进行相应的命令发布和执行工作。运算器是计算机的执行部门，根据控制命令从存储器中获取数据并进行计算，将计算所得的新数据存入存储器。计算结果最终经输出设备完成输出。

(1) 中央处理器。控制器和运算器是计算机系统的核心，称为中央处理器(central processing unit，CPU)，控制计算机所发生的全部动作，安装在计算机主机内部的主板上。

(2) 存储器。存储器无疑是计算机自动化的基本保证，因为它实现了程序存储的思想。存储器通常由主存储器和辅助存储器两个部分构成。

(3) 输入设备。输入设备是把数据和程序输入计算机中的设备。常用的输入设备包括键盘、鼠标、扫描仪、数码摄像头、数字化仪、触摸屏、麦克风等。

(4) 输出设备。输出设备是将计算机的处理结果或处理过程中的有关信息交付给用户的设备。常用的输出设备有显示器、打印机、绘图仪、音响等，其中显示器是计算机的基本设备。

3. 计算机的存储体系

在冯·诺依曼计算机体系结构中，存储器的作用无疑是实现计算机自动化的基本保证。在一个实际计算机系统中，存储器通常由主存储器和辅助存储器两个部分构成，由此组成计算机的存储体系。

(1) 主存储器。主存储器又称为内存储器、主存或内存，它和运算器、控制器紧密联系，与计算机各个部件进行数据传送。主存储器的存取速度直接影响计算机的整体运行速度，所以在计算机的设计和制造上，主存储器和运算器、控制器是通过内部总线紧密连接的，它们都采用同类电子元件制成。通常，将运算器、控制器、主存储器等三大部分合称为计算机的主机。

主存储器按信息的存取方式分为两种。一种是只读存储器(read-only memory，ROM)，信息一旦写入就不能更改。ROM 的主要作用是完成计算机的启动、自检、各功能模块的初始化、系统引导等重要功能，只占主存储器很小的一部分。第二种是随机存储器(random access memory，RAM)，是主存储器的主体部分。当计算机工作时，RAM 能保存数据，但是一旦切断电源，数据将完全消失。

(2) 辅助存储器。从主机的角度上，弥补内存功能不足的存储器被称为辅助存储器，又称为外部存储器或外存。这种存储器追求的目标是永久性存储及大容量，所以辅助存储器采用的是非易失性材料。

辅助存储器速度与主存储器相比要慢得多，因此它不和计算机的其他部件直接进行数据交流，只和主存储器单独交换数据，这就是需要进行“内外存调度”的原因。主存储器和辅助存储器共同构成了计算机的存储体系，如图 1-6 所示。

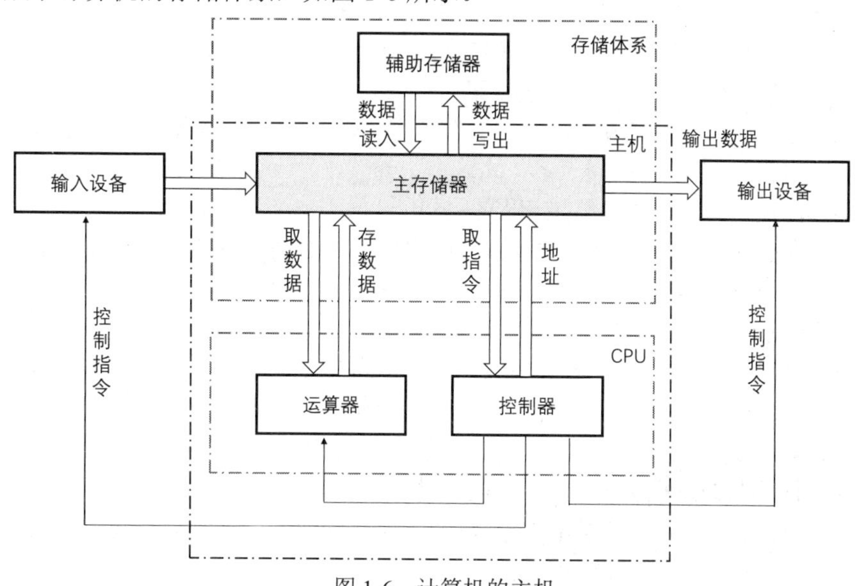

图 1-6　计算机的主机

1.1.3　计算机基本工作原理

由计算机的基本组成可知，计算机只是一个电子设备，它本身并不具备主动思维的能力，更没有先天性的“智能”，但是计算机却能完成人类都力所不能及的复杂计算和信息处理，而且是完全“自动化”执行。

1. 用算盘解题的过程

计算机的工作原理可以从打算盘说起。假设有一个算盘、一张纸和一支笔，如果要进行一个连续复杂计算，需要事先把解题步骤写下来。这里为了讨论方便，只做简单的 $y=a+b$ 这样一个计算。首先，在纸上写上序号，每一行占一个序号，如表 1-1 所示。

表 1-1　算盘的解题过程

序号	解题步骤和数据	说明
1	取第 7 行数据→算盘	取数据 *a*
2	加第 8 行数据→算盘	完成 a+b 计算，结果在算盘上
3	存放结果数据 y	把算盘上的 y 值记到第 9 行
4	输出	把算盘上的 y 值写在纸上
5	停止	运算完毕，暂停
6		

(续表)

序号	解题步骤和数据	说明
7	a	参加运算的数据
8	b	参加运算的数据
9	y	计算结果数据

按照以下方法将使用算盘进行解题的步骤记录在纸上，步骤如下。

步骤 1：存放数据。把计算式中给定的两个数 a、b 分别写到第 7 和第 8 行。

步骤 2：列出解题步骤。第 1 步写到第 1 行中，第 2 步写到第 2 行中，以此类推。

步骤 3：进行计算。根据表 1-1 所列的解题步骤，从第 1 行开始一步一步进行计算，最后得出所要求的结果。

步骤 4：记录结果。将计算结果记录在纸上。

现在回顾在完成 $y=a+b$ 的计算过程中，都用到了什么呢？首先，用到了编有序号的纸，上面有原始数据以及解题步骤，这个步骤就是“程序”。纸“存储”了解题的程序和原始数据，起到了存储器的功能。其次，用到了算盘，它用来对数据进行加、减、乘、除等算术运算，相当于运算器。再次，用到了笔，把原始数据和解题步骤记录到纸上，也把计算结果记录下来，这就是输出。这个过程除了算盘、纸和笔之外，还有一个重要的控制机构，这就是人。在人的控制下，按照解题步骤一步一步进行操作，直到完成全部运算。

计算机进行解题的过程和人用算盘解题的情况相似，也必须有运算工具、解题步骤和原始数据的输入与存储、运算结果的输出以及整个计算过程的调度控制。与算盘不同的是，以上这些部分都是由电子线路和其他设备自动进行的。

2. 指令和指令系统

按照冯·诺依曼计算机模型，人首先把需要计算机完成的所有工作，以计算机能懂的方式告诉计算机，这种方式就称为计算机指令。人用指令来表达自己的意图，写出求解问题的程序并事先存放在计算机中，计算机运行时由控制器取出程序中的一条条指令分析并执行，控制器就是靠指令来指挥计算机工作的。

指令是人对计算机发出的工作命令，它通知计算机执行某种操作。通常一条指令对应着一种计算机硬件能直接实现的基本操作，如“取数”“存数”“加”“减”等。将这些基本操作用命令集合的形式表达，这就是指令。

如何编制这些指令呢？这是由人设计的，而不是电子化的机器固有的。指令以二进制编码形式表示，即由一串二进制数排列组合而成的符号串，其中所有信息都是计算机硬件能识别的，所以又称为机器指令。一条机器指令至少要告诉计算机两个信息：一是做何种操作，二是操作数在哪里，前者称为指令的操作码，后者称为指令的地址码。操作码是计算机首先要识别的信息，它指出计算机要完成的操作种类，除了上述的“取数”“存数”“加”“减”之外，还有诸如“输入”“输出”“移位”“转移”“逻辑判断”“停机”等所有计算机能完成的基本功能。地址码指出参与运算的数据存放的位置。

常见的计算机指令格式如图 1-7(1)所示。某计算机的加法指令的符号串如图 1-7(2)所示，它表达了以下三个信息：

- 做加法。
- 相加的两个数一个在运算器里，另一个在内存的存储单元里，并且给出了这个单元的地址。
- 相加后的结果放回运算器中。

(1) 指令格式　　　　(2) 一条加法指令

图 1-7　指令的一般格式

每种计算机都规定了确定数量的指令，这批指令的总和称为计算机的指令系统。不同的指令系统所拥有的指令种类和数目是不同的，组成操作码字段的位数一般取决于计算机指令系统的规模。较大的指令系统就需要更多的位数来表示每条特定的指令，例如，一个指令系统只有 8 条指令，则有 3 位操作码就够了(2^3=8)，如果有 32 条指令，那么就需要 5 位操作码(2^5=32)，一个包含 *n* 位操作码的指令系统最多能够表示 2^n 条指令。

一般来说，任何指令系统都应具有数据传送类、算术运算和逻辑运算类、程序控制类、输入/输出类、控制和管理机器类(停机、启动、复位、清除等)功能。指令系统是表征一台计算机性能的重要因素，它的格式与功能不仅影响到机器的硬件结构，而且也直接影响到系统软件和机器的适用范围。所以，指令系统在很大程度上决定了计算机的处理能力。指令系统功能越强，人们使用就越方便，但机器结构也就越复杂。

3. 程序自动控制的实现

计算机如何自动执行连续的操作呢？这需要由硬件部件和程序共同解决以下三个问题。

问题 1：告诉计算机在什么情况下到哪个地址去取指定的指令。

问题 2：对指令进行分析和执行。

问题 3：当执行完一条指令后，能自动去取下一条要执行的指令。

因此，计算机的控制器由指令寄存器、程序寄存器、操作控制器、地址生成部件、时序电路等部件组成。

如图 1-8 所示，程序事先被存放在内存中，当计算机开始工作时，程序中第一条指令的地址号被放置在程序计数器中。这是个具有特殊功能的寄存器，具有“自动加 1”功能，用来自动生成“下一条”指令的地址，所以程序中后续各条指定的地址都由它自动产生，从而实现了程序的自动控制。

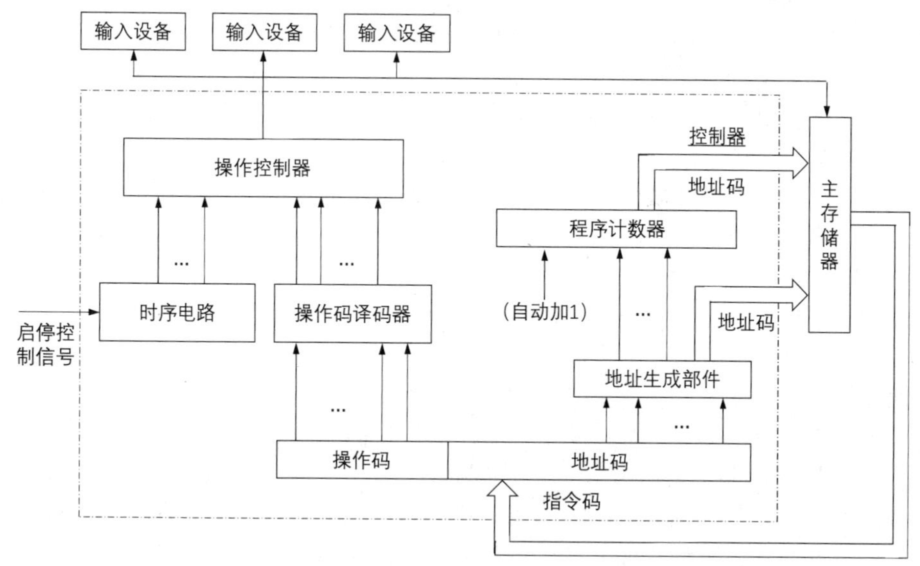

图 1-8　控制器结构与程序自动控制的实现示意图

完成一条指令的操作可以分为以下阶段。

阶段 1：取指令。根据程序计数器的内容(指令地址)到内存取出指令，并放置到指令寄存器(instruction register，IR)中。指令寄存器也是一个专用寄存器，用来临时存放当前执行的指令代码，等待译码器来分析指令。当一条指令被取出后，程序计数器便自动加 1，使之指向下一条要执行的指令地址，为取下一条指令做好准备。

阶段 2：分析指令。控制器中的操作码译码器对操作码进行译码，然后送往操作控制器进行分析，以识别不同的指令类别及各种获取操作数的方法，产生执行指令的操作命令(也称微命令)，发往计算机需要执行操作的各个部件。

阶段 3：执行指令。根据操作命令取出操作数，完成指令规定的操作。

取指令→分析指令→执行指令→再取下一条指令，依次反复地执行指令序列的过程就是程序自动控制的过程，计算机的所有工作就是由这样一个简单过程实现的。

1.1.4 计算机的分类与分代

科学技术的发展使计算机的类型不断丰富，不同类型的计算机可以支持不同的应用。最初，计算机按照结构原理可分为模拟计算机、数字计算机和混合式计算机三类，按用途又可以分为专用计算机和通用计算机两类。专用计算机是针对某类应用而设计的计算机系统，具有经济、实用、有效等特点(例如铁路、飞机、银行使用的专用计算机)。通常所说的计算机是指通用计算机，例如学校教学、企业会计做账和家用的计算机等。对于通用计算机而言，通常按照计算机的运行速度、字长、存储容量等综合性能进行分类，可分为以下几种。

- 超级计算机。超级计算机就是常说的巨型机，主要用于科学计算，运算速度在每秒亿万次以上，数据存储容量很大，结构复杂、价格昂贵。超级计算机是国家科研的重要基础工具，在军事、气象、地质等诸多领域的研究中发挥着重要的作用。目前，全球超级计算机大会每年举行一次，探讨全球 IT 科技领域在高性能计算、网络、存储及分析方面的最新技术、产品和发展趋势。2023 年全球超级计算机排名中，美国居首(前沿，运算性能 119.4 京)，日本第二(寓岳，运算性能 44.2 京)，中国第七(神威・太湖之光，运算性能 9.3 京)。
- 微型计算机。大规模集成电路与超大规模集成电路的发展是微型计算机得以产生的前提。日常使用的台式计算机、笔记本型计算机、掌上型计算机等都是微型计算机。目前微型计算机已经广泛应用于科研、办公、学习、娱乐等社会生产、生活的方方面面，是发展最快、应用最为普遍的计算机。
- 工作站。工作站也是微型计算机的一种，是一种高档的微型计算机。工作站通常配置容量很大的内存储器和外部存储器，主要面向专业应用领域，具备强大的数据运算与图形、图像处理能力。工作站主要是为了满足工程设计、科学研究、软件开发、动画设计、信息服务等专业领域的需要而设计开发的高性能微型计算机。
- 服务器。服务器是指在网络环境下为网上多个用户提供共享信息资源和各种服务的高性能计算机。服务器上需要安装网络操作系统、网络协议和各种网络服务软件，主要用于为用户提供文件、数据库、应用及通信方面的服务。
- 嵌入式计算机。嵌入式计算机是嵌入到对象体系中，实现对象体系智能化控制的专用计算机系统。车载控制设备、智能家居控制器，以及日常生活中使用的各种家用电器都采用了嵌入式计算机。嵌入式计算机系统以应用为中心，以计算机技术为基础，并且软硬件可裁剪，适用于对系统的功能、可靠性、成本、体积、功耗有严格要求的场合。

计算机的发展阶段通常以构成计算机的电子器件来划分，至今已经历了四代，目前正在向第五代过渡。每一个发展阶段在技术上都是一次新的突破，在性能上都是一次质的飞跃。

1. 第一代——电子管计算机(1946—1957 年)

第一代计算机采用的主要原件是电子管，称为电子管计算机，其主要特征如下：

(1) 采用电子管元件，体积庞大、耗电量高、可靠性差、维护困难。

(2) 计算速度慢，一般为每秒钟一千次到一万次运算。

(3) 使用机器语言，几乎没有系统软件。

(4) 采用磁鼓、小磁芯作为存储器，存储空间有限。

(5) 输入输出设备简单，采用穿孔纸带或卡片。

(6) 主要用于科学计算。

2. 第二代——晶体管计算机(1958—1964 年)

晶体管的发明给计算机技术的发展带来了革命性的变化。第二代计算机采用的主要元件是晶体管，称为晶体管计算机，其主要特征如下：

(1) 采用晶体管元件，体积大大缩小、可靠性增强、寿命延长。

(2) 计算速度加快，达到每秒几万次到几十万次运算。

(3) 提出了操作系统的概念，出现了汇编语言，产生了 Fortran 和 Cobol 等高级程序设计语言和批处理系统。

(4) 普遍采用磁芯作为内存储器，磁盘、磁带作为外存储器，容量大大提高。

(5) 计算机应用领域扩大，除科学计算外，还用于数据处理和实时过程控制。

3. 第三代——集成电路计算机(1965—1969 年)

20 世纪 60 年代中期，随着半导体工艺的发展，制造出了集成电路元件。集成电路可以在几平方毫米的单晶硅片上集成十几个甚至上百个电子元件。计算机开始使用中小规模的集成电路元件，它们的主要特征如下：

(1) 采用中小规模集成电路软件，体积进一步缩小，寿命更长。

(2) 计算速度加快，可达每秒几百万次运算。

(3) 高级语言进一步发展。操作系统的出现，使计算机功能更强、并广泛应用在各个领域。

(4) 普遍采用半导体存储器，存储容量进一步提高，而体积更小、价格更低。

(5) 计算机应用范围扩大到企业管理和辅助设计等领域。

4. 第四代——大规模、超大规模集成电路计算机(1971 年至今)

随着 20 世纪 70 年代初集成电路制造技术的飞速发展，产生了大规模集成电路元件，使计算机进入了一个崭新的时代，即大规模和超大规模集成电路计算机时代，其主要特征如下：

(1) 采用大规模和超大规模集成电路元件，体积与第三代相比进一步缩小。在硅半导体上集成了几十万甚至上百万个电子元器件，可靠性更好，寿命更长。

(2) 计算速度更快，可达每秒几千万次到几十亿次运算。

(3) 软件配置丰富，软件系统工程化、理论化，程序设计部分自动化。

(4) 发展了并行处理技术和多机系统，微型计算机大量进入家庭，产品更新速度加快。

(5) 计算机在办公自动化、数据库管理、图像处理、语言识别和专家系统等各个领域大显身手，计算机的发展进入了以计算机网络为特征的时代。

1.1.5　微型计算机体系结构

微型计算机简称微机，主要面向个人用户，其普及程度及应用领域非常广。

1. 微型计算机系统组成

微型计算机的体积小，能够完成输入、处理、输出和存储操作，并至少配备一个输入设备、输出设备、外存储设备、内存和微处理器。图 1-9 左图所示就是台式微型计算机的外观，主要部件有主机箱、显示器、键盘和鼠标。其中显示器、键盘和鼠标称为外部设备。

如果打开主机箱，将会看到图 1-9 右图所示的硬件，包括微处理器、主板、内存储器、外存储器、电路接口部件。可以从微机的系统组成角度上将其分为芯片、主板、系统单元三个物理层次。

图 1-9　微型计算机的基本硬件

(1) 芯片。微型计算机中需要很多电路，这些电路大多为集成电路(integrated circuits，IC)，用特殊工艺将大量诸如三极管、电阻、电容、连线等电子元件做成微小的电路，并蚀刻在半导体晶片上制成，如图 1-10 所示。一个或多个集成电路可以封装成一个芯片。微机中最重要的芯片就是 CPU，同其他芯片一起安装在一个电路板上。

(2) 主板。微机中最大的一块电路板称为主板，也称为系统板或母板，如图 1-11 所示。

图 1-10　集成电路芯片制作

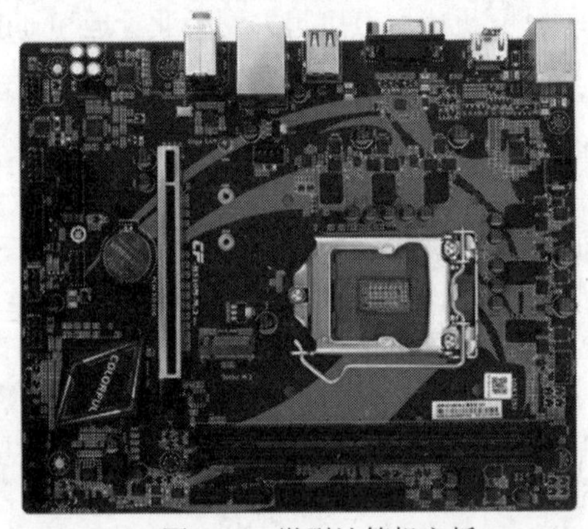

图 1-11　微型计算机主板

主板安装在主机箱内，CPU 和内存直接安装在主板上。除此之外，主板上还安装了组成计算机的主要电路系统，有 BIOS 芯片、处理输入输出的 I/O 控制芯片、键盘和面板控制开关接口、指示灯插接件、扩充插槽、直流电源等。此外，主板上还有蚀刻的电路，为芯片之间传送数据提供通道。主板作为其他硬件运行的平台，为计算机的运行发挥了联通和纽带的作用，是微机最基本的也是最重要的部件之一。

主板采用开放式结构，通常会有 6~15 个扩展插槽，用于插接外部设备的控制卡(适配器)。通过更换这些控制卡，可以对微机的相应子系统进行局部升级，使厂家和用户在配置计算机时有更大的灵活性。总之，主板直接影响到整个系统的性能，其重要性不言而喻。

主板上的芯片组是其核心组成部分，可以比作 CPU 与周边设备沟通的桥梁。对于主板而言，芯片组是主板的灵魂，几乎决定了这块主板的功能，进而影响到整个计算机系统性能的发挥。按照在主板上的排列位置，通常将芯片组分为北桥芯片和南桥芯片。北桥芯片提供对 CPU 的类型和主频、内存的类型和最大容量、ISA/PCI/AGP 插槽、ECC 纠错等支持；而南桥芯片则提供对 KBC(键盘控制器)、RTC(实时时钟控制器)、USB(通用串行总线)、Ultra DMA/33(66) EIDE 数据传输方式和 ACPI(高级能源管理)等的支持。其中北桥芯片起着主导性的作用，也称主桥(host bridge)。

(3) 系统单元。从系统的观点上，通常把主机箱看成是一个独立的系统单元。为保护微机部件，通常将微机硬件系统中不属于独立设备的各部件都装在一个金属或塑料箱子内，由于主板、微处理器、内存和芯片组都装在这个箱子里，所以俗称为“主机箱”。这里需要说明的是：主机箱里并不只有主机部件，还有电源、硬盘、风扇以及其他一些设备的驱动器等。主机箱连同其内的各种部件统称为系统单元。其他外部设备，如键盘、鼠标、打印机、麦克风、显示器等，它们放置在系统单元之外，通过电缆和接口与系统单元相连。

2. 微处理器

微处理器与一般大、中、小型计算机一样，都沿用冯·诺依曼体系结构，运算过程也采用二进制数，所以无本质区别。但相对于其他类型计算机而言有两个结构上的特点：一是采用微处理器作为 CPU，二是采用总线实现系统连接。

微处理器是将 CPU(运算器、控制器)以及一些需要的电路集成在一个半导体芯片上，可以完成取指令、分析和执行指令操作，完成所有的算术和逻辑运算，并能够与外部存储器和逻辑部件交换信息，控制微型计算机各部分协调工作。与传统的 CPU 相比，微处理器具有体积小、重量轻和容易模块化等优点。

微处理器的发展决定了微型计算机的发展。每一款新型微处理器的出现，都会带动微机系统其他部件的相应发展。所以人们通常以微处理器的发展看微型计算机的发展。通常按照各种功能、性能指标将微处理器产品划分为以下六个阶段。

(1) 第一代(1971—1973 年)：是 4 位和 8 位低档微处理器时代，其典型产品是 Intel 4004 和 Intel 8008 微处理器，主要用于计算、电动打字机、照相机、台秤、电视机等家用电器上，使这些电器设备具有智能化，从而提高它们的性能。

(2) 第二代(1974—1977 年)：是 8 位中高档微处理器时代，其典型产品是 Intel 公司的 8008/8085、Motorola 公司的 M6800、Zilog 公司的 Z80 等。

(3) 第三代(1978—1984 年)：是 16 位微处理器时代，其典型产品是 Intel 公司的 8086/8088/80286，Motorola 公司的 M68000，Zilog 公司的 Z8000 等微处理器，芯片内部均采用 16 位数据传输。其著名微机产品有 IBM 公司的个人计算机，例如 80286 处理器为核心组成的 16 位增强型个人计算机 IBM PC/AT。

(4) 第四代(1985—1992年)：是32位微处理器时代，其典型产品是Intel公司的80386/80486，Motorola 公司的 M69030/68040 等。其特点是采用 HMOS 或 CMOS 工艺，集成度高达 100 万个晶体管/片，具有 32 位地址线和 32 位数据总线，每秒可以完成 600 万条指令。

(5) 第五代(1993—2005 年)：是奔腾(Pentium)系列微处理器时代，其典型产品是 Intel 公司的奔腾系列芯片及与之兼容的 AMD 的 K6 系列芯片。内部采用了超标量指令流水线结构，并具有相互独立的指令和数据高速缓存。2000 年推出的 Pentium 4 处理器内部集成了 4200 万个晶体管；2005 年推出的双核心处理器，使微机的发展在网络化、多媒体化和智能化等方面跨上了更高台阶。

(6) 第六代(2005 年至今)：是酷睿(Core)系列微处理器时代。早期的酷睿是基于笔记本处理器的；2006 年推出基于 Core 微架构的产品酷睿 2，是一个跨平台的构架体系；2010 年发布了第 2 代 Core i3/i5/i7；2011 年发布了新的处理器微架构，将显卡与 CPU 封装在同一块基板上，使视频处理时间比老款处理器至少提升了 30%。

3. 以总线为数据通道的微机体系结构

在微型计算机中，为了既方便数据传送，又能将所有计算机用到的部件都集中到一个系统单元(机箱)内，其体系结构采用了总线设计方案。

(1) 总线结构。任何一个微处理器都要与一定数量的部件和外部设备连接，但如果将各部件和每一种外部设备都分别用一组线路与 CPU 直接连接，那么连接将会错综复杂，甚至难以实现。为了简化硬件电路设计、简化系统结构，常用一组线路，再配置适当的接口电路，与各部件和外部设备连接，这组共用的连接线路被称为总线。采用总线结构便于部件和设备的扩充或更换，尤其是统一的总线标准易于实现不同设备的互连。

CPU 与内存之间通过总线传递信息，外部设备所对应的各接口电路也是挂在总线上。所以，总线与微机的系统结构、系统扩展密切相关，形成了以总线为数据通道的微机体系结构。

(2) 总线的类型。总线分为内部总线、系统总线和外部总线三种。

① 内部总线。内部总线是在 CPU 集成电路芯片内部的总线，是 CPU 内部各组件之间的连线，所以也叫片内总线。内部总线作为 CPU 内部的公共数据通道，用于提高控制器、运算器及各逻辑单元之间的信息传送效率。

② 系统总线。系统总线主要提供 CPU 与计算机系统各部分之间的信息通路，决定 CPU 与主存、内存与外部的联络方式。在讨论微机系统结构时说的总线，通常是指系统总线。

③ 外部总线。外部总线是微机与外部设备之间的总线，也称为扩展总线。主板上存在一些插槽，也叫扩展槽，扩展槽中的金属线就是外部总线。外部板卡插到扩展槽中时，其管脚的金属线与槽口的外部总线相接触，实现了信号互通的目的。外部总线提供了计算机系统的功能扩展，例如更换显卡或网卡，增加新的外部设备等。

(3) 总线的技术指标。如果说微处理器是微机的心脏，那么总线就是微机的神经了。通常主要有三种评价总线的技术指标：总线带宽、总线位宽和总线频率。

① 总线带宽是指单位时间内总线和总线频率，它们之间的关系是：总线带宽＝总线频率×总线位宽/8，或者总线带宽＝(总线位宽/8)/总线周期。

② 总线位宽是指总线能同时传送的二进制位数，微机常有的总线位宽有 16 位、32 位、64 位等，目前使用的主要是 32 位和 64 位。总线位数越多，传输数据就越快。例如，某个数据占有 8 个字节，那么 32 位的总线要两次才能传送完该数据，而 64 位总线一次就可以了。

③ 总线频率的含义与处理器的时钟频率一样，总线频率越高，传送数据越快。

4. 微型计算机的多级存储体系

对于计算机存储系统，总希望做到存储容量大而且存取速度快、价格低，但这三者之间正好是矛盾的。例如存储器的速度越快，价格就越高；存储器的容量越大，则存储器的速度就越慢等。所以仅仅采用一种技术组成单一的存储器是不可能同时满足这些要求的。随着计算机技术的不断发展，通常是把几种存储技术结合起来构成多级存储体系，即将存储实体由上向下分为 4 层：微处理器存储层、高速缓冲存储层、主存储器层和外存储器层，如图 1-12 所示，多级存储体系比较好地解决了存储容量、存取速度和成本价格的问题。

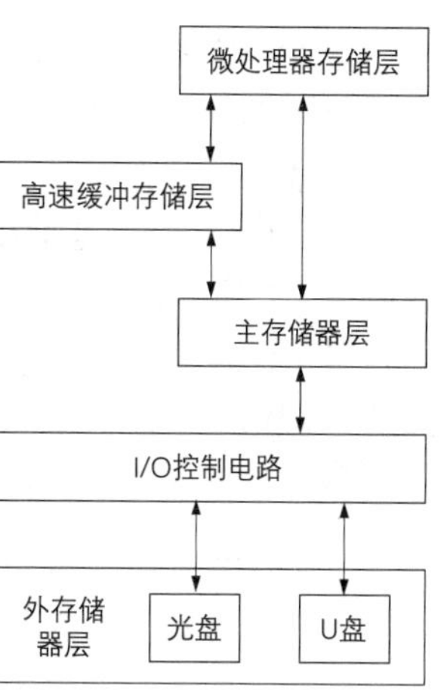

图 1-12　多级存储体系

(1) 微处理器存储层。微处理器存储层是多级存储体系结构的第一层，由 CPU 内部的通用寄存器组、指令与数据缓冲栈来实现。由于寄存器存在于 CPU 内部，速度比磁盘要快百万倍以上。一些运算可以直接在 CPU 的通用寄存器中进行，这样就减少了 CPU 与内存之间的数据交换。但通用寄存器的数量非常有限，不可能承担更多的数据存储任务，仅用于存储使用频繁的数据。

(2) 高速缓冲存储层。高速缓冲存储层是多级存储体系的第二层，设置在微处理器和内存之间。高速缓冲存储器(cache)由静态随机存储器组成，通常集成在 CPU 芯片内部，容量比内存小得多，但速度比内存高得多，接近于 CPU 的速度。

为什么要使用 Cache 呢？内存的存取速度比 CPU 速度慢得多，使得 CPU 的高速处理能力不能充分发挥，影响了整个计算机系统的工作效率。Cache 的使用依据的是程序局部性原理：正在使用的内存单元邻近的那些单元将被用到的可能性很大。因而，当 CPU 存取内存某一单元时，计算机就自动地将包括该单元在内的那一组单元内容调入到 Cache 中；CPU 即将存取的数据首先从 Cache 中查找，如果找到了就不必再访问内存，有效提高了计算机的工作效率。

(3) 主存储器层。在多级存储器体系中，主存储器(内存)属于第三层存储，它是 CPU 可以直接访问的唯一大容量存储区域。任何程序或数据要为 CPU 所使用，必须先放到内存中。即便是 Cache，其中的信息也是来自于内存。所以内存的速度在很大程度上决定了系统的运行速度。

内存通常由存储体、地址译码驱动电路、I/O 和读写电路等部分组成，其结构如图 1-13 所示。其中存储体式存储单元的集合，用来存放数据；地址译码驱动电路包含译码器和驱动器两部分，接收来自于系统的地址总线(AB)的信息，并进行译码产生有效电平，以表示选中了某一存储单元，然后由驱动器提供驱动电流去驱动相应的读写电路，完成对被选中存储单元的读写操作；I/O 和读写电路包括读出放大器、写入电路和读写控制电路，用以完成被选中存储单元中各位的读出和写入操作。

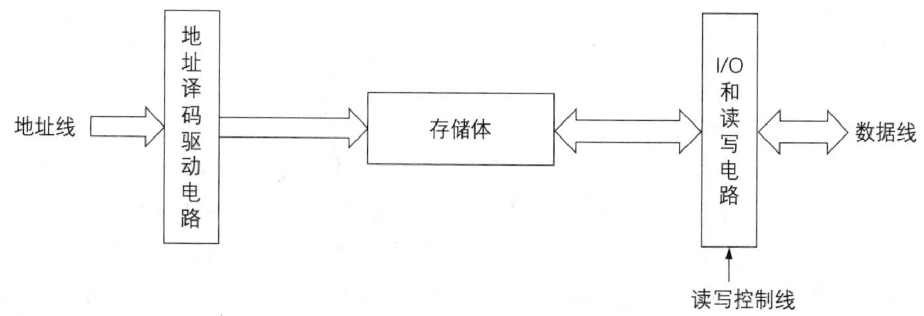

图 1-13　主存组成结构

(4) 外存储器层。内存的容量非常有限，目前微机常见的基本配置大约是 16GB，因此必须通过辅助存储设备提供大量的存储空间，这就是存储体系中不可缺少的外存储器。外存储器包括软盘、硬盘、光盘、磁带、磁卡等，具有永久保留信息且大容量的特点。

硬盘(通常指的是 HDD 硬盘，即机械硬盘)是由坚硬金属材料制成的涂以磁性介质的盘片，如图 1-14 所示。其所有盘片垂直叠放，每个盘片的两个面各有一个读写磁头，它们装在硬盘的机械臂上。当硬盘工作时，所有盘片都在电机的驱动下转动。需要访问硬盘时，首先确定数据所在的位置，然后磁头传动装置移动机械臂，使读写磁头定位在盘片的适当位置，之后进行读写操作。由于硬盘系统本身由机械部件驱动，所以速度与内存相比就慢得多。

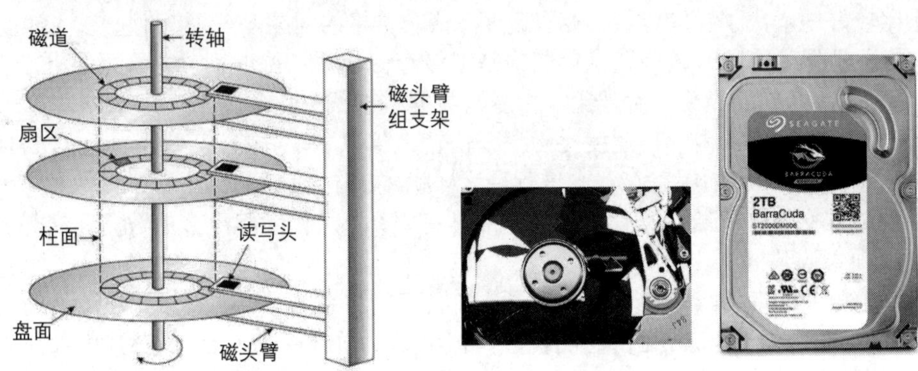

图 1-14　硬盘及其内部结构

硬盘分为固定硬盘和移动硬盘，固定硬盘也称联机外存，通常是和主板连接，固定在主机箱内，操作系统等平台软件必须存放在联机硬盘上。移动硬盘属于移动存储设备，它和联机硬盘的存储原理相同，但比光盘、U 盘的存储容量大得多。目前移动硬盘的存储容量也能做到 TB 数量级。

综上所述，在微型计算机的多级存储体系中，每一种存储器都不是孤立的，而是有机整体的一部分。存储体系整体的速度接近于 Cache 和寄存器，而容量却是外存储器的容量，从而较好地解决了存储器中的速度、容量、价格三者之间的矛盾，满足了计算机系统的应用需要，这是微机系统设计思路的精华之一。随着半导体工艺水平的发展和计算机技术的进步，存储器多级体系的构成可能会有所调整(比如，HHD 机械硬盘在 SSD 固态硬盘出现之后，已经不符合微型计算机技术层面的要求了，只适合做一些单纯存储数据文件的工作)，但由于系统软件和应用软件的发展使得内存的容量总是满足不了应用的需求，由“内存—外存”为主体的多级存储体系也就会长期存在下去。

5. 外部设备与通信接口

外部设备包括所有的外部存储设备、输入输出设备等。外部存储设备的主要功能是扩展内存，而输入输出设备的功能则是实现人和计算机的交互。通信接口的功能是将外部设备和主机连接，以实现信息的存储及输入输出。

(1) 扩展卡与扩展槽。扩展卡也叫适配器，是实现扩展功能的装置，有的扩展卡作为外部设备经过电缆与计算机连接。最常见的三种扩展卡是视频卡、声卡和内置调制解调器。

① 视频卡(显卡)负责将计算机的输出转换成视频信号，经电路传送到显示器显示。

② 声卡的功能是增强计算机生成的声音，使声音可以经麦克风输入并经扬声器输出。

③ 内置调制解调器是一种通信装置，它可以使计算机通过电话线与另一台机器通信。

目前，随着集成电路的发展，上述三种扩展卡的功能已经被集成在主板上。但是，如果有特殊需要，例如进行图形图像处理，就可以单独购买视频卡，并将其插入主板上对应的扩展槽中，如图 1-15 所示。

(2) 接口。接口是系统单元与外部电缆的连接处，它可以是扩展卡的一部分，也可以跳过扩展卡直接与主板相连，许多接口通常都固定在主机箱的背面，如图 1-16 所示。

图 1-15　主板上的视频卡

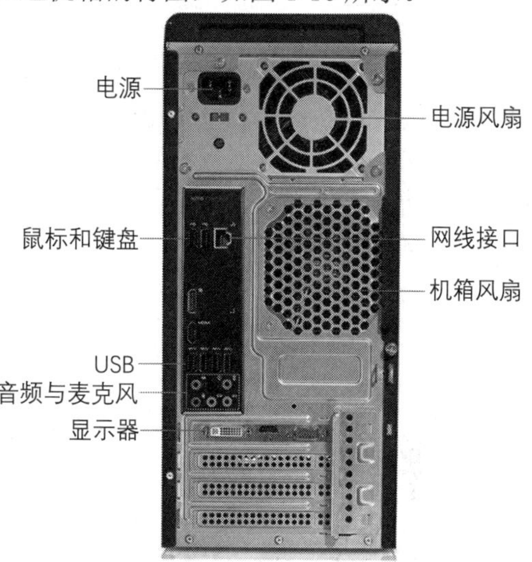

图 1-16　微机主机接口

微机接口主要分为串口、并口和 USB 接口。

① 串口。串口就是信息像糖葫芦一样连成一串，每次只能传送一个二进制位。传送的数据按串传输。串口多用于数据传输速度要求不是很快的设备。

② 并口。并口每次能传送一组二进制位，例如显示器、打印机等都是成组传送信息。所以，并口比串口传送数据要快得多。

③ USB 接口。USB 接口将不同的接口统一起来，它使用一个 4 针插头作为标准插头，采用菊花链形式将所有的外设连接起来。随着大量支持 USB 的个人计算机的普及，USB 逐步成为 PC 机的标准接口。USB 需要主机硬件、操作系统和外设三个方面的支持才能工作。目前微机主板一般都采用支持 USB 功能的控制芯片组，并且也安装了 USB 接口插槽，一般的操作系统也提供了对 USB 接口的支持。USB 接口具有使用方便、速度快等特点，它比串口快了数百倍，比并口也快几十倍。所以已经在微机的多种外设上得到应用，包括数码产品、家电等。

(3) 外部存储设备。除了硬盘以外，计算机常用的外部存储设备有光盘、U 盘等。

① 光盘。光盘采用冲压设备将表示数据的凹凸点压制到盘的表面，信息以二进制数的形式存入光盘中，盘片上的平坦表面表示 0，凹坑端部表示 1。当读取信息时，利用从光盘表面反射回来的激光束来读取 CD-ROM 盘上的信息。

② U 盘即 USB Flash Disk，也称为 USB 闪存盘。U 盘采用 Flash 芯片作为存储介质，通过 USB 接口与计算机连接，无序物理驱动器，可实现即插即用。U 盘最大的优点是存储容量大、速度快、性能可靠、价格便宜、便于携带。

(4) 输出设备。输出设备用于接收计算机数据，将内存中计算机处理后的信息以能为人或其他设备所接受的形式输出。这些输出结果可能是用户视觉上能体验的，或是作为其他设备的输入。常见的输出设备有显示器、打印机、绘图仪、扬声器、影像输出系统、语音输出系统、磁记录设备等。其中最常用的是显示器和打印机。

(5) 输入设备。计算机能够接收各种各样的数据，既可以是数值型的数据，也可以是各种非数值型的数据，例如模拟量、文字符号、语音和图形图像等。对于这些信息形式，计算机往往无法直接处理，必须把它们转换成相应的数字编码后才能处理。输入设备把待输入信息转换成能为计算机处理的数据形式输入到计算机，它的一个重要作用是可以使计算机与输入设备协同起来工作，提高计算机工作效率。

除了键盘、鼠标，还有以下几类输入设备。

① 光学阅读设备：如光学标记阅读机、光学字符阅读机。

② 模拟输入设备：如语言模数转换识别系统。

③ 图像输入设备：如摄像机、扫描仪、传真机。

④ 图形输入设备：如操纵杆、光笔、条形码输入器。

1.1.6 微型计算机性能指标

从应用的角度讲，大多数时候我们并不关心计算机的硬件结构，只注重它的性能指标。微型计算机的性能指标是由它的指令系统、系统结构、硬件组成、软件配置等多方面的因素综合决定的。通常可以从以下几个方面衡量微型计算机的性能。

(1) 字长：指微处理器一次能够完成的二进制数运算的位数，如 32 位、64 位。

(2) 主频：指微型计算机中 CPU 的时钟频率，也就是 CPU 运算时的工作频率。一般来说，主频越高，一个时钟周期里完成的指令数也越多，当然 CPU 的速度就越快。

(3) 内存容量：指内存中所有存储单元的总数目，反映了计算机即时存储信息的能力。

(4) 外部存储器的容量：指硬盘容量(内置硬盘)。

(5) 外设扩展能力：指一台微型计算机可配置外部设备的数量以及配置外部设备的类型，对整个系统的性能有重大影响。

1.2 信息与信息技术

信息时代的到来，给人们的生活带来了前所未有的变革。在现代社会中，信息是一种与物质和能源同样重要的资源，以开发和利用信息资源为目的的信息技术已成为促进经济增长、维护国家利益和实现社会可持续发展的最重要手段，信息技术已成为衡量一个国家综合国力和国家竞争实力的关键因素。

1.2.1 信息

1. 数据的概念

数据是指存储在某种媒体上可以加以鉴别的符号集合。数据的概念包括两个方面：一方面数据内容是对事物特性的反映或描述；另一方面数据是存储在某一媒体上的符号的集合。

数据是描述、记录现实世界客体的本质、特征以及运动规律的基本量化单元。描述事物特性必须借助一定的符号，这些符号就是数据，它们是多种多样的。数据在数据处理领域中的概念与在科学计算领域中的概念相比已大大拓宽。所谓“符号”不仅仅指数字、文字、字母和其他特殊字符，而且还包括图形、图像、动画、影像及声音等多媒体数据。

2. 信息的概念

作为一个科学概念，信息最早出现于通信领域。不同学者在自己的学科领域内对信息这一概念有着不同的理解。在最一般的意义上，即没有任何约束条件，我们可以将信息定义为事物存在的方式和运动状态的表现形式。

3. 数据与信息的关系

数据和信息这两个概念既有联系又有区别。

数据是描述客观事实、概念的一组文字、数字或符号等，它是信息的素材，是信息的载体和表达形式。信息是从数据中加工、提炼出来的，是用于帮助人们正确决策的有用数据，它的表达形式是数据。根据不同的目的，可以从原始数据中得到不同的信息。虽然信息都是从数据中提取的，但并非一切数据都能产生信息。

例如，数据 1、3、5、7、9、11、13、15，是一组数据，因为它是一组等差数列，可以比较容易地知道后面的数字，所以是一条信息，是有用的数据。而数据 1、3、2、4、5、1、41，是没有任何意义的数字，故不是信息。

可以认为，数据是处理过程输入的，而信息是输出，如图 1-17 所示。

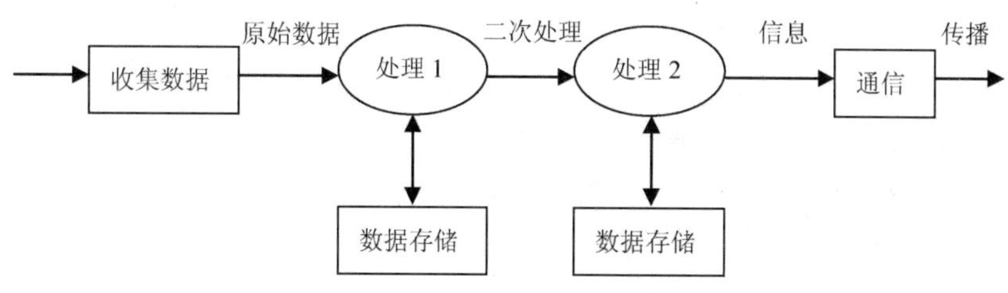

图 1-17　信息与数据的关系

4. 信息处理

对信息的采集、传递、加工处理是信息处理的主要内容。信息处理又称为数据处理。

计算机是一种功能强大的信息处理工具，信息处理实质上就是由计算机进行数据处理的过程，即通过数据的采集和输入，有效地把数据组织到计算机中，由计算机系统对数据进行一系列存储、加工和输出等操作。

在信息处理过程中，输入就是接受由输入设备提供的数据；处理就是对数据进行操作，按一定方式对它们进行转换和加工；输出就是在输出设备上输出数据、显示操作处理的结果；存储就是将处理结果存储起来供以后使用。

1.2.2　信息技术

人类在认识环境、适应环境与改造环境的过程中，为了应对日趋复杂的环境变化，需要不断地增强自己的信息处理能力，即扩展信息器官的功能，主要包括感觉器官、神经器官、思维器官和效应器官等的功能。

1. 信息技术的概念

由于人类的信息活动愈来愈高级、广泛和复杂，人类信息器官的天然功能也就愈来愈难以适应需要。例如，在复杂的环境或任务中，人的肉眼既看不见微观的粒子，也看不到遥远的天体，人体神经系统传递信息的速度、人脑的运算速度、记忆力、控制精度以及人体对外界刺激的反应速度等均显得力不从心，不能满足快速多变的环境要求。信息技术就是对不断扩展人类信息器官功能的一类技术的总称。人类信息器官的功能及其扩展技术如表 1-2 所示。

表 1-2　人类信息器官的功能及其扩展技术

人体的信息器官	人体信息器官的功能	扩展信息器官功能的信息技术
感觉器官	获取信息	感测技术
神经器官	传递信息	通信技术
思维器官	加工/再生产信息	人工智能技术
效应器官	使用信息	控制技术

信息技术的概念，因其使用的目的、范围、层次不同而有不同的表述。狭义上讲，凡是涉及信息的产生、获取、检测、识别、变换、传递、处理、存储、显示、控制、利用和反馈等与信息活动有关的、以增强人类信息器官功能为目的的技术都可以称作信息技术(information technology，IT)。

2. 信息技术的核心

信息技术中比较典型的代表，就是人工智能技术、感测技术、通信技术和控制技术，它们大体上相当于人的思维器官、感觉器官、神经器官和效应器官。

(1) 人工智能技术。人工智能技术是研究使计算机来模拟人的某些思维过程和智能行为(如学习、推理、思考、规划等)的学科，主要包括计算机实现智能的原理、制造类似于人脑智能的计算机，使计算机能实现更高层次的应用。

实现人工智能有两种途径：一是以传统计算机硬件技术为基础，在一些知识比较完备且可以形式化表达的领域里，通过软件在一定程度上实现类似人脑智能活动的效果，即面向功能模拟的专家系统，这是比较现实的方法；二是采用全新的硬件技术和软件方法研制具有类似于人脑结构、能像人脑一样具有思维的计算机，即面向结构模拟的神经计算机。

(2) 感测技术。感测技术是信息采集技术，对应于人的感觉器官，用于扩展人的感觉器官来收集信息，灵敏、精确、可靠的传感器是感测技术的核心。

例如，光传感器可以模仿人的视觉，能把可见光、红外线、紫外线以及其他电磁辐射变为电信号。安装了红外探测仪的枪支，可在漆黑的夜间瞄准射击。

(3) 通信技术。通信技术是信息的传递技术，用于扩展人的神经系统来传递信息，是人类赖以生存和发展的基本功能之一。在信息作为人类社会经济发展最重要战略资源的今天，传递信息的通信网络已经成为社会经济发展的生命线，没有先进的通信技术手段，就不可能有现代化的科研开发和生产经营管理，也不可能有发达的社会经济活动。

(4) 控制技术。控制技术是信息的使用技术，对应于人的效应器官。控制技术基于模糊数学理论，通过模拟人的近似推理和综合决策过程，使控制算法的可控性、适应性和合理性提高，成为智能控制技术的一个重要分支。

未来最重要的信息技术趋势，就是要求以现代计算机技术为核心的人工智能技术与通信技术、感测技术和控制技术融合在一起，形成具有信息化、智能化和综合化特征的智能信息环境系统，更有效地扩展人类的信息功能。

3. 信息技术的功能

信息技术的功能主要体现在以下几个方面。

(1) 辅人功能。信息技术能够扩展人类信息器官的固有功能，提高或增强人们的信息获取、存储、处理、传输与控制能力，帮助人类克服信息资源开发利用活动中的障碍和困难，增强人类认识环境和改造环境的本领，使其能够不断取得更好的生存与发展机会，获得更大的解放与自由。为了满足社会实践活动的需要，人类不但创造了各种各样的信息技术，而且在不断地发展和创新信息技术以适应社会需要的发展变化。辅人功能是信息技术的本质。

(2) 开发功能。利用信息技术能够充分开发信息资源，它的应用不仅推动了社会文献大规模的生产，而且大大加快了信息的传递速度。

(3) 协同功能。人们通过信息技术的应用，可以共享资源、协同工作。例如，电子商务、远程教育等。

(4) 增效功能。为了有效地应对越来越复杂的问题，客观上就要求人们更好地应用信息技术，以促使现代社会的效率和效益大大提高。例如，用计算机的高速度、高精度来弥补人脑运算速度与精度的不足；通过卫星照相、遥感遥测可以更多更快地获得地理信息。

(5) 先导功能。信息技术是现代文明的技术基础，是高技术群体发展的核心，也是信息化、信息社会、信息产业的关键技术，它推动了世界性的新技术革命。大力普及与应用新技术可实现对整个国民经济技术基础的改造，优先发展信息产业可带动各行各业的发展。

4. 信息技术的发展

人类已经历过四次信息技术革命，第一次是语言的使用，第二次是文字的使用，第三次是印刷术的发明，第四次是电报、电话、广播和电视的使用。从 20 世纪 60 年代开始，以计算机和现代通信技术为核心的现代信息技术被称为第五次信息技术革命。历次信息革命的到来，都会极大地促进社会生产力的发展。

(1) 语言的使用。在远古时期，人类仅能用眼、耳、鼻等感觉器官来获取信息，用眼神、声音、表情和动作来传递和交流信息，用大脑来存储、加工信息。人类经过长期的生产、生活活动，逐步产生和形成了用于信息交流的语言。语言使人类信息交流的范围、能力和效率都得到了飞跃式的发展，使人类社会生产力得到了跳跃式发展。

(2) 文字的使用。由于纯语言信息交流在时间和空间上都存在很大的局限性，于是人类逐步创造了各种文字符号来表达信息。信息的符号化(文字)使信息的传递和存储发生了革命性的变化，文字的使用促使信息的交流、传递突破了时间和空间的限制，将信息传递得更远，保存的时间更长。

(3) 印刷术的发明。印刷术的发明使文字、图画等信息交流更加方便、传递范围更加广泛。通过书籍、报刊等诸多印刷品的流通，信息传递、共享在时间和空间两个维度上得到进一步拓展。

(4) 电报、电话、广播和电视的使用。1837 年，美国人塞缪尔·莫尔斯(Samuel Morse)成功研制了世界上第一台有线电报机。1878 年，英国人贝尔(A. G. Bell)首次实现了长途电话实验，并获得了成功。1928 年，美国西屋电气公司发明了光电显像管，实现了电视信号的发送和传输。这些发明奠定了电信、广播、电视产业的基础。人们使用的文字、声音、图像等信息通过电磁信号来表示、发送和接收，使信息的传递距离得到了极大的提高。电话、电视的普及与应用使人们相互传递信息、获得信息的方式更加方便、快捷，冲破了距离的限制，可以进行实时信息的交流。

(5) 计算机和现代通信技术的广泛应用。20 世纪 40 年代，计算机的发明掀起了信息技术的第五次革命。计算机的普及、通信技术的发展和应用，尤其是 Internet 的兴起，使得信息的传递、存储、处理等实现了完全自动化。人类社会进入了一个崭新的信息化社会，现代信息技术已成为社会最重要的组成部分。

5. 信息技术的应用

信息技术的应用已渗透到人类生活、生产的各个方面。在信息技术应用领域中，最具代表性的是工厂自动化、办公自动化和家庭自动化技术。

(1) 工厂自动化技术。工厂自动化技术主要包括过程控制技术和生产管理技术。过程控制技术是指实现生产中加工、装配、运输等过程的自动化控制。生产管理技术就是通过使用计算机辅助计划、计算机辅助设计、计算机辅助制造、信息管理系统、数控技术、最优控制技术和工业机器人等技术，使工厂生产的信息流自动化、物流自动化，并将工厂的整个过程和管理一体化，实现集成优化和生产、管理的自动化。

(2) 办公自动化技术。办公自动化技术是指利用先进的行为科学、管理科学、计算机技术、通信技术、自动化技术和现代办公设备，帮助人们完成办公室的各种事务，实现办公自动化的一种信息应用技术。

使用办公自动化系统可加快办公速度，提高办公效率，减少办公人员，减轻劳动强度，降低办公成本，提高办公质量，增强协作，辅助决策和提高管理水平。

(3) 家庭自动化技术。家庭自动化技术是指计算机技术、通信技术和自动化技术在家庭中应用的一种综合技术。随着家用电脑、信息家电、Internet 等的普及，家庭自动化系统已经成型并已开始使用。家庭自动化系统主要包括家庭信息系统和家庭生活系统等构成部分。

家庭信息系统是利用由家用电脑所控制的各种信息化家电所组成的综合信息系统，Internet 与社会信息服务中心相连，使家庭成员足不出户就可以从事各种社会信息活动，如投保、股票交易、订票、转账、购物、就医、娱乐等。

家庭生活系统是指将洗衣机、空调、微波炉、电冰箱等家用电器设备，防盗、防火设备以及照明、供水、供热等系统用网络连接起来，进行自动控制和管理。

家庭自动化技术可以达到节能、省力、方便生活、提高生活质量的目的，使人们的日常生活更加轻松自如。

1.2.3 信息化与信息社会

信息化与信息社会是一个相互依存，相互伴随的过程。

1. 信息化

信息化是指在国民经济和社会各个领域，不断推广和应用计算机、通信、网络及信息技术的相关智能技术，达到全面提高经济运行效率、劳动生产率、企业核心竞争力和人民生活质量的过程。信息化与工业化、现代化一样，是一个动态变化的过程，在这个过程中包含三个层面、六大要素。

三个层面是指：信息技术的开发和应用过程是信息化建设的基础，信息资源的开发和利用过程是信息化建设的核心与关键，信息产品制造业不断发展的过程是信息化建设的重要支撑。它们是相互促进、共同发展的过程，也是工业社会向信息社会演化的动态过程。

六大要素是指信息网络、信息资源、信息技术、信息产业、信息法规环境与信息人才。

这三个层面、六大要素的相互作用过程就构成了信息化的全部内容。也就是说，信息化是在经济和社会活动中，通过普遍采用信息技术和电子信息装备，更有效地开发和利用信息资源，推动经济发展和社会进步，使由于利用了信息资源而创造的劳动价值在国民生产总值中的比重逐步上升直至占主导地位的过程。

2. 信息化对社会的影响

信息技术的飞速发展和广泛运用，对现代社会的影响和冲击是巨大而深远的，它涉及社会的各个领域和人类社会生产生活的各个方面，以致影响到整个社会发展的轨迹，主要表现在以下方面。

(1) 高渗透性。信息的渗透性决定了信息化发展的普遍服务原则，信息化发展的基本目标就是要让每个社会成员都有权利、有能力享用信息化发展的成果，从而彻底改变社会诸方面的生存状态。

(2) 生存空间的网络化。这里的网络化不仅仅包括技术方面的具体网络之间的互通互联，而且强调基于这种物质载体之上的网络化社会、政治、经济和生活形态的网络化互动关系。目前，信息社会期望与正在实施的是将电信网、有线电视网和计算机网三网合一，并建成全光纤交换网。信息化发展的区域目标是要建设数字城市、数字国家和数字地球。

(3) 信息劳动者、脑力劳动者的作用日益增大。信息化的发展大大加快了各主体之间的信息交流和知识传播的速度和效率。信息化水平提高必然表现为国家人口素质的普遍提高。从事信息的生产、存储、分配、交换活动的劳动者及从事相关种类工作的劳动者的人数和比重正在急剧增加。知识成了改革与制定政策的核心因素，技术是控制未来的关键力量，专家与技术人员在推动信息化社会进程中必将发挥重大作用。

3. 信息化对社会的负面影响

虽然信息可以给人类带来利益和财富，但由于信息的过度增长，也会对社会产生一定的负面影响。

(1) 信息过度增长，导致信息爆炸。信息的日益累积，构成了庞大的信息源，一方面为社会发展提供了巨大的信息动力，另一方面使人们身处信息的汪洋大海，却找不到自己所需要的信息，反而导致社会信息吸收率下降，信息利用量与信息生产量之间的差距越拉越大，过量的信息流使人们处于一种信息超载的状态。

(2) 信息失真和信息污染。社会信息流中混杂着虚假错误、荒诞离奇、淫秽迷信和暴力凶杀等信息，这种信息失真、信息噪音乃至信息污染现象，使传统的文化道德、文化准则和价值观念受到冲击，伦理法规容易被弱化。

(3) 知识产权受到侵害。信息技术完全突破了传统的信息获取方式，备份技术的发展，使信息极易被多次复制和扩散，为大规模侵权提供了方便，更容易产生知识产权纠纷，使知识生产者和数据库生产者的利益受到威胁和侵害。

(4) 对国家主权和利益的冲击。信息社会中信息技术已成为构成国家实力的重要战略武器，掌握最先进的信息技术的国家在世界舞台上处于有利的支配地位。在信息社会中维护国家安全不仅要靠先进而强大的军事力量，对数据库的占用和在核心信息技术上的领先与控制同样成为国家实力和国家安全的重要组成部分，因此维护国家主权和利益已从军事领域扩展到信息领域。同时，国家与国家之间的信息差距问题，造成了“马太效应”，即信息技术基础好的国家发展更快，信息技术基础弱的国家发展更慢。这使得国家与国家之间信息资源的分布、流通和获取极不平衡。

另外，信息社会的发展还带来电子犯罪问题、信息经济利益分配问题、个人隐私问题和人际交流问题等。

1.2.4 信息产业

人类社会步入 20 世纪后半叶以来，信息技术革命的浪潮以不可阻挡之势席卷了全球，随即在全世界范围内诞生了一个新兴产业——信息产业。信息产业的出现深刻地影响着当今世界经济、科技的发展格局，不断改变着人们的生产、工作、思维、生活和娱乐方式，改变着社会特征、企业的形态。

1. 信息产业的概念

信息产业一般是指以信息为资源，信息技术为基础，进行信息资源的研究、开发和应用，以及对信息进行收集、生产、处理、传递、储存和经营活动，为经济发展及社会进步提供有效服务的综合性的生产和经营活动的行业。

在工业发达国家，一般都把信息当作社会生产力发展和国民经济发展的重要资源，把信息产业作为所有产业核心的新兴产业群，称为第四产业。

2. 信息产业的模式

我国对信息产业分类没有统一模式，一般可认为包括七个方面：

(1) 微电子产品的生产与销售。

(2) 电子计算机、终端设备及其配套的各种软件、硬件开发、研究和销售。

(3) 各种信息材料产业。

(4) 信息服务业，包括信息数据、检索、查询、商务咨询。

(5) 通信业，包括计算机、卫星通信、电报、电话、邮政等。

(6) 与各种制造业有关的信息技术。

(7) 大众传播媒介的娱乐节目及图书情报等。

3. 信息产业的特点

(1) 信息产业是高智力密集型的产业。信息产业的核心技术是信息技术，始终是高新技术的主流并且处于尖端科学前沿，代表着人类最新智慧的结晶。信息产业的投入主要是知识、技术和智力资源，而产出中知识信息的含量较其他产业要高得多，劳动力结构以脑力劳动者为主。

(2) 信息产业是高度创新性产业。信息产业技术进步快，信息产品的更新速度也大大加快。20 世纪以来信息技术领域的几项重大突破，如半导体、卫星通信、计算机、光导纤维等都体现了信息产业的这种高度创新性。

(3) 信息产业是高度倍增性产业。信息技术的应用可以显著提高资源利用率，提高劳动生产率与工作效率，从而取得巨大的经济效益。据国际电联的统计结果显示，一个国家对通信建设的投资每增加 1%，其人均国民经济收入可提高 3%，足见信息产业是一个高倍增的产业。从信息产品本身来看，也具有低消耗、高增值性，1 公斤集成电路的价值，超过一辆豪华轿车；50 公斤的光纤光缆传输的信息与 1 吨重的铜制电缆相当，而消耗的能量仅是后者的 5%。

(4) 信息产业是高度渗透性的产业。信息技术既是针对特定行业的专业技术，又是适应于各种环境的通用技术，因而在国民经济的各个领域具有广泛的适用性和极强的渗透性。同时，信息产业的发展还催生了一些新的边缘产业，如光学电子产业、汽车电子产业等，创造了大量产值与需求。

(5) 信息产业是高度带动性产业。信息产业对其他产业的发展具有很强的带动性。在 IT 业内部，它带动微电子、半导体、激光、超导、通信、信息服务业等产业发展；在 IT 业外部，它带动一批如新材料、新能源、机器制造、仪器仪表、生物、海洋、航空航天等产业发展。从长远来看，信息产业的发展会带动文化教育、服务产业的发展以及新的信息行业的产生，从而创造大量新的就业机会，形成对高素质劳动者的更大需求。

(6) 信息产业是高投资、高风险、高竞争的产业。在信息技术领域，技术设计和制造越来越复杂精密，技术难度日益加大，信息网络覆盖的范围也越来越广，因而相关的研究与开发费用和基本建设投资特别是初始投资的需要量往往是巨大的。但是，由于信息技术具有极强的时效性，所以巨额投资同时又意味着巨大的风险，一旦决策失误，不仅会招致惨重的损失，而且会贻误发展的时机。

4. 我国信息产业发展对人才的需求

信息产业技术发展快，产业门类多，渗透能力强，市场竞争激烈，人才资源尤为重要。目前，我国信息产业规模总量已进入世界大国行列，但是，与国际先进水平相比，我国信息产业在核心技术、产业结构、管理水平、综合效益等方面还存在较大差距，产业发展“大”而不“强”。能否培养和建设一支适应产业发展需要的高素质人才队伍，是推动信息产业持续、健康、快速发展的关键，对提升我国信息产业的核心竞争力，实现信息产业由“大”到“强”的战略转变具有重大意义。

1.3 计算机在信息社会的前沿技术

随着信息化技术时代的到来，计算机科学技术在社会建设事业中的应用也越来越广泛，在提升社会生产力及生产效率的同时，也给经营和管理模式带来了重大的改革创新。下面介绍几种关注度较高的计算机科学前沿技术。

1.3.1 机器学习

机器学习是一门从数据中研究算法的多领域交叉学科，其研究计算机如何模拟或实现人类的学习行为，根据已有的数据或以往的经验进行算法选择、构建模型、预测新数据，并重新组织已有的知识结构使之不断改进自身的性能。

1. 让计算机拥有学习能力

学习是人类具有的一种重要智能行为，那么计算机能否像人类一样能具有学习能力呢？1959 年，IBM 公司的亚瑟 • 塞缪尔(Arthur Samuel)设计了一款具有学习能力的跳棋程序，它可以在对弈中不断改善自己的棋艺。4 年后，这个程序战胜了塞缪尔本人。又过了 3 年，这个程序战胜了美国一个保持了 8 年之久的常胜冠军。这个程序向人们证实了一个事实：机器可以具有学习能力。这个事实揭示了许多令人深思的社会问题与哲学问题。

机器学习涉及概率论、统计学、逼近论、凸分析、算法复杂度理论等多门学科，这里所说的“机器”就是指现代电子计算机，当然以后还可能是量子计算机或神经计算机等。无论是什么类型的计算机，让机器具有学习能力的首要方法就是基于计算的思维，即基于高性能计算的信息快速获取→基于深度学习算法的知识识别→基于人类行为理解的逼真模拟。

2. 机器学习重要理论和策略

机器学习理论上主要是设计和分析一些让计算机可以自动“学习”的算法。这些“学习算法”是计算机对大量数据进行自动分析获得规律，反过来再利用这些规律对未知数据进行预测的算法。

因为这些学习算法中涉及了大量的统计学理论，使得机器学习与统计推断学的联系尤为密切，所以也被称为统计学习理论。在算法的设计方面，机器学习理论仅关注可以实现的、行之有效的学习算法。由于很多推论问题存在无程序可循的困难，所以很多机器学习研究的是近似算法。

机器学习所采用的主要策略是推理机制。因为学习是一项复杂的智能活动，学习过程与推理过程是紧密相连的。一个学习系统总是由学习和环境两部分组成。由环境(如书本或教师)提供信息，学习部分则实现信息转换，用能够理解的形式记忆下来，并从中获取有用的信息。在学习过程中，学习部分使用的推理越少，对环境的依赖就越大，环境的负担也就越重。学习策略的分类标准就是根据学习部分实现信息转换所需要的推理多少和难易程度来分类的，大致分为以下六种基本类型：机械学习、示教学习、演绎学习、类比学习、解释学习、归纳学习。学习中所用的推理越多，系统的学习能力就越强。这些越来越多的推理是建立在“学习”自动化、执行自动化基础之上的。

3. 机器学习的发展及应用

机器学习始于 20 世纪 50 年代，复兴于 20 世纪 80 年代，进入新的阶段的发展和应用主要表现在以下几个方面。

(1) 机器学习与人工智能各种基础问题的统一性观点在形成。例如学习与问题求解结合进行、通用智能系统 SOAR 的组块学习、基于案例方法的经验学习。

(2) 机器学习已成为新的边缘学科并逐步在高校成为一门独立的课程。它综合应用了心理学、生物学和神经生理学以及数学、自动化和计算机科学，形成了自己的理论基础。

(3) 结合各种学习方法、多种形式的集成学习系统研究正在兴起。特别是连接学习符号学习的耦合，更好地解决了连续性信号处理中知识与技能的获取与求精问题。

(4) 各种学习方法的应用范围不断扩大，一部分已形成商品。遗传算法与强化学习在工程控制中有较好的应用前景，归纳学习的知识获取工具已在诊断分类型专家系统中广泛应用，分析学习已用于设计综合型专家系统，连接学习在图文声识别中有明显优势，与符号系统耦合的神经网络连接学习在企业智能管理与智能机器人运动规划中发挥了显著作用。

目前，机器学习领域的研究主要围绕以下三个方面进行。

- 面向任务的研究。研究和分析改进一组预定任务的执行性能的学习系统。
- 认知模型。研究人类学习过程并进行计算机模拟。
- 理论分析。从理论上探索各种可能的学习方法和独立于应用领域的算法。

机器学习是继专家系统之后人工智能应用的又一重要研究领域，也是人工智能和神经计算的核心研究课题之一。目前使用的计算机系统和人工智能系统并没有真正意义上的学习能力，包括平常我们所谓的智能家电、智能家居等诸多冠以“智能”的设备，其智能只是判断，而没有实际意义的学习和推理，至多也只是非常有限的学习能力，因而不能满足科技和生产提出的新要求。对机器学习的研究必将促使人工智能和整个科学技术的进一步发展。

1.3.2　自然语言理解

计算思维的核心之一是人类行为理解，自然语言是人类行为的重要组成部分。从技术角度上讲，自然语言理解是研究能够实现人与机器之间用自然语言进行有效通信的各种理论和方法。

1. 基于计算思维的自然语言理解

广义的“语言”是指任何一种有结构的符号系统，其中最重要的两类语言是自然语言和形式语言。而狭义的“语言”是人类在社会生活中发展出来用于交流的声音符号系统，是“自然语言”。自然语言具有四个主要特征：极其复杂的符号系统、含有巨大的不确定性、有自身发展和演变的特征、是思想交流的工具而不仅仅是形式化方法。这些特征决定了自然语言理解的技术难度。

自然语言理解主要研究用计算机模拟人的语言交际过程，目标是实现人机之间的自然语言通信。其内容涉及语言学、心理学、逻辑学、声学、数学以及计算机科学，是一门极具高阶性和挑战性的交叉学科。自然语言理解需要解决的核心问题是：语言究竟是怎样组织起来传输信息的？人又是怎样从一连串的语言符号中获取信息的？

从计算思维和人工智能的观点看，自然语言理解就是建立一种计算机模型，这种模型能够给出像人一样理解、分析并回答自然语言(即人们日常使用的各种通俗语言)的结果。用计算思维的方法就是：建立复杂的自然语言高层抽象→进行符号化描述→交给计算机进行自动化处理。

2. 自然语言处理技术

自然语言处理技术是所有与自然语言的计算机处理有关技术的统称，其目的是能够让计算机理解和接受人类用自然语言输入的指令，完成从一种语言到另一种语言的翻译功能。自然语言处理技术的研究可以丰富计算机知识处理的研究内容，推动人工智能技术的发展。

计算机对自然语言的处理过程大致分为以下四个阶段。

(1) 从语言学的角度提出自然语言处理问题并建立计算思维的抽象模型。

(2) 将抽象模型形式化，使之能以一定的数学形式或接近于数学的形式表示出来。

(3) 将这种数学形式表示为算法，使之可以在计算上形式化。

(4) 根据算法编写可在计算机上实现的程序，使之成为语言分析器。

从以上过程看，语言信息处理必须了解关于语言自身结构的知识，包括如何构词、如何成句、何为词义、词义对语义有何影响等。同时，还需要掌握人类智能的其他因素，如人类的一般性知识和人类的推理能力等。因此自然语言理解涉及的常用技术有模式匹配技术、语法驱动的分析技术、语义文法、格框架约束分析技术、系统文法等，其中关键技术有词法分析、句法分析、语法分析、语用分析、语境分析等。可见，语言分析是自然语言理解的核心，此外，建立和完善适合自然语言分析与生成的语法理论，以及支撑上述的语料、电子词典与知识库的资源收集、获取与自动生成，等等，也是在不断探索中的重要课题。

自然语言处理的范围涉及众多方面，如语音的自动识别与合成、机器翻译、人机对话、信息检索、文本分类、自动文摘等。

3. 自然语言理解的主要应用领域

自然语言理解技术可以广泛应用在机器翻译、问答系统、信息检索、语言识别与合成等领域，正如前面提到的，每一次与实际应用相结合的研究都会推动自然语言理解的长足进步和快速发展。

(1) 机器翻译。机器翻译是利用计算机自动把一种自然语言转变为另一种自然语言的过程。当今的机器翻译产品可以分为在线类和离线类两种。离线类产品是指安装在个人计算机上，如国外的 SYSTRAN、TRADOS，国内的译星、华建等；在线类产品是指需要借助于互联网才能使用的机器翻译系统，如百度翻译、Yahoo 翻译等。

(2) 问答系统。如何从大规模真实的联机文本中找出指定问题的正确答案，这是自然语言理解一个历久弥新的应用领域。例如，超级计算机“沃森”存储了大量图书、新闻和电影剧本资料、辞海、文选和《世界图书百科大全》等海量数据和一套逻辑推理程序，利用深度自然语言理解技术可以推断出它认为最正确的答案。每当读完问题后，“沃森”会在不到 3 秒钟的时间内从自己的数据库中，检索数百万条信息，再筛选出“答案”并以自然语言方式输出。

(3) 语音识别与合成。语言识别就像是机器的听觉系统，让机器能够识别和理解自然语言；而语音合成就像是机器的发声系统，让机器说出人类语言。例如苹果公司在其 iOS 系统中推出的智能助理 Siri，因为使用了自然语言理解技术，使得用户可以使用自然的对话与手机进行互动，完成信息发送、搜索资料等许多服务。

(4) 信息检索。信息检索是指将信息按一定的方式组织起来，并根据用户的需要找出有关信息的过程和技术。典型的信息检索应用是搜索引擎，例如搜狗的“知立方”产品，就是利用搜索引擎“中文知识图谱”引入“语义理解”技术，试图理解用户的搜索意图，将搜索结果准确地传递给用户。

1.3.3 可穿戴计算

可穿戴计算是一种将计算机“穿戴”在人体上，进行各种应用的计算机前沿技术，如图 1-18 所示。

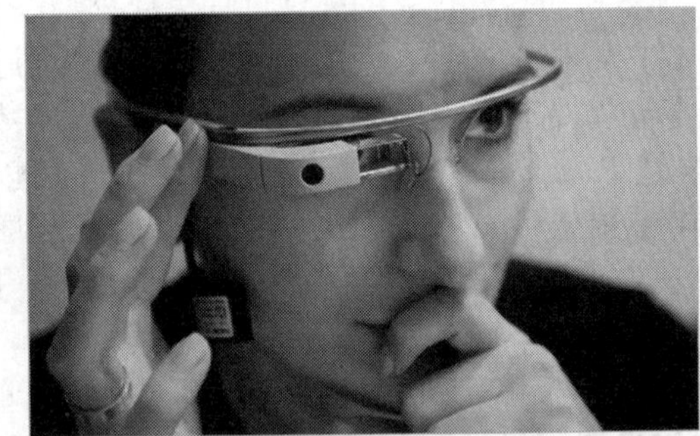

图 1-18　可穿戴设备

1. “计算”为何被“穿戴”

“计算”为何被“穿戴”？加拿大的斯蒂夫·曼恩(Steve Mann)教授是国际上公认的可穿戴计算技术的先驱者，他认为可穿戴计算机系统属于用户的个人空间，由穿戴者控制，同时具有操作和互动的持续性。可穿戴计算的目的是为人们提供一个更加智能的环境，这个环境给人们一个数字世界，有趣的是这个世界是依赖不停运转的各种“可穿戴计算设备”，使我们的生活变得更加舒适和便利，如眼镜、手表、手环、服饰及鞋等。而“可穿戴计算设备”是应用可穿戴计算技术进行智能化设计、开发出可穿戴设备的总称。

可穿戴计算的思想和雏形早在 20 世纪 60 年代就出现了，最早的产品是美国麻省理工学院学生爱德华·索普(Edward Thorp)和克劳德·艾尔伍德·香农(Claude Elwood Shannon)等人研制的用于轮盘赌的计算机，十多年之后便有了配有头戴显示器、形态化的可穿戴计算机。接下来的一个时期，随着计算机软硬件和互联网技术的迅速发展，来自多伦多大学、麻省理工学院、卡耐基·梅隆大学、哥伦比亚大学和施乐欧洲实验室等科研机构的研究人员开发出一批具有代表性的可穿戴计算机原型(如 Wearable Wireless Webcam，KARMA，Forget-Me-Mot，VuMan I 等)。1997 年，麻省理工学院、卡耐基·梅隆大学、佐治亚理工学院联合举办了第一届国际可穿戴计算机学术会议(ISWC)，从此，可穿戴计算开始得到学术界和产业界的广泛重视，逐渐在工业、医疗、军事、教育、娱乐等诸多领域表现出重要的研究价值和应用潜力。尤其是军事方面，美国军方的两个计划与此相关：一是 20 世纪 90 年代中期业界著名的美国陆地勇士计划，目的是研制一种以可穿戴计算机为核心的数字化作战单兵系统；二是 20 世纪 90 年代中期美国国防部高级研究计划局的聪明模块计划。

2. 可穿戴计算的关键技术

普适计算机之父马克·维瑟(Mark Weiser)对智能环境这样描述：这是一个由传感器、驱动器、显示器和计算机元素组成的物理世界，这些元素无缝嵌入到我们生活中的物件中，通过不间断的网络连接在一起。这里需要强调的是，可穿戴计算技术并非是简单地把计算机微小化后直接穿戴在人们身上，它需要解决关键性技术才能真正发展起来。

2013 年在美国奥斯汀的 SXSW 大会上推出一款“会说话的概念鞋”，这款智能鞋配备有一块微控制器、加速计、陀螺仪、压力感应器、喇叭和蓝牙芯片，传感器可以收集鞋子的运动信息并发出语音评论，同时此款智能鞋还利用蓝牙与智能手机保持同步，通过一些编程方式让鞋子功能更加智能化。从这个实际的产品，可以将可穿戴计算的关键技术归纳为以下几点。

(1) 片上系统(SoC)。SoC 是一个微小系统，将微处理器、模拟 IP 核、数字 IP 核和存储器集成在单一芯片上。如果说中央处理器(CPU)是大脑，那么 SoC 就是包括大脑、心脏、眼镜和手的系统。

(2) 嵌入式操作系统技术。由于可穿戴计算机系统的体积和存储空间十分有限，操作系统应尽量压缩到“专用”程度，并且是实时的和微内核的，且具有极强的处理多外设的能力。

(3) 无线自组网络技术。可穿戴计算系统要伴随人的活动并作为一个移动节点随时联网，多个这样的节点构成一个特殊的网络，称之为自组网。在任何时刻、任何地点，不需要现有信息基础网络设施的支持就能快速构建起一个移动通信网络，它是一组带有无线收发装置的移动终端组成的多跳频、临时性自治系统。

(4) 移动数据库技术。可支持多种连接协议、完备的嵌入式数据库的管理功能、支持多种嵌入式操作系统。

(5) 人机交互技术与协同。人通过这种交互提高对环境感知的能力，实现人与计算机的交互与协同。

(6) 无线连接技术。采用蓝牙等近距离无线通信方式替代连接线缆，减少设备的负担、提高系统可靠性。

3. 可穿戴计算的应用

可穿戴计算产品众多，因其便携性，在不知不觉中已经深入人们的日常生活。其应用领域可以分为两大类，即自我量化与体外进化。在自我量化领域最为常见的是运动健身户外领域和医疗保健领域；体外进化领域主要是协助用户实现信息感知与处理能力的提升，其应用领域极为广阔，从行业应用信息交流到休闲娱乐，用户均能通过拥有多样化的传感、处理、连接、显示功能的可穿戴式设备来实现自身技能的增强或创新，例如数据手套、数据衣、手表、腕带、眼镜、智能鞋等。

这里需要强调的是，所有的可穿戴设备不会像我们平常所使用的计算机那样通用，而是根据不同需求进行专门设计和配置。一般设备都配置了传感器或屏幕，另外多数可以通过蓝牙、Wi-Fi 等方式和智能手机登录设备保持通信，或是与其他可穿戴计算产品交换信息。

1.3.4 情感计算

我们如今的生活模式是全天候与计算机、手机为伴，人与人之间的互动逐渐减少，人机互动不断增加。这样对人机交互技术提出了更高的要求，即情感需求。特别是近年来，随着普适计算、社会计算等概念和研究方向的提出，自然的人机交互日益成为各研究领域的研究内容和目标，情感计算也自然地成为相关领域共同关注的热点和焦点。

1. 情感可计算吗

传统的人机交互主要通过键盘、鼠标、屏幕等方式进行，只追求便利和准确，但是无法了解人的情绪或心境。随着情感计算技术的不断发展，情感交互成为高级信息时代人机交互的主要发展趋势。情感交互的终极目标就是使人机交互可以像人与人交互一样自然、亲切、生动并且富有情感。因此人们期望与之交互的计算机也具有类似于人的情感理解和表达能力。

情感可计算吗？这个问题的提出可以追溯到 20 世纪 90 年代初，耶鲁大学心理系的彼得·沙络维(Peter Salovey)教授提出了情绪智力的概念，并开展了一系列的研究。1995 年哈佛大学心理学教授丹尼尔·戈尔曼(Daniel Goleman)出版的《情绪智力：为什么它比智商更重要》一书畅销，情绪智力概念迅速流行，随后便发展为与智商 IQ 相对的情商 EQ，在心理、认知、计算机等领域掀起了一个研究情感智能的小高潮。

情感计算的概念是 1997 年麻省理工学院媒体实验室的罗莎琳德·皮卡德(Rosalind Picard)教授提出的，她在《情感计算》一书中指出："情感计算是与情感相关，来源于情感或能够对情感施加影响的计算。"中国科学院自动化研究所也通过自己的研究，提出了对情感计算的应用："情感计算的目的是通过赋予计算机识别、理解、表达和适应人的情感的能力来建立和谐人机环境，并使计算机具有更高的、全面的智能。"情感可计算得以肯定，情感交互也引起人们的普遍关注，并且在 21 世纪得到了较多的研究关注。

2. 情感计算的具体内容

人的情感交流是个十分复杂的过程，不仅受时间、地点、环境、人物对象和经历的影响，且有表情、语言、动作或身体的接触。每种情感都具有独特的主观体验——个体对不同情感状态的自我感受体验，所以情感计算是计算思维中关于人类行为理解最难于表达和实现的内容，其研究在很大程度上依赖于心理科学和认知科学。

从本质上讲，情感计算是一个典型的模式识别问题。通过多种传感器技术和设备，计算机可以获取人的表情、手势、姿态、语音、语调以及血压、心率等各种数据，结合当时的环境、情境、语境等上下文信息，识别和理解人的情感。在实际的自然交互系统中，还需要智能机器对上述信息作出及时并恰当的反应。

情感之间距离的定义和计算方法是情感计算的核心问题，例如对于"笑"的定义和计算可以有微笑、大笑、狂笑等，需要确定它们之间的距离，以便将其分别聚类，从而使系统能够识别出不同程度的笑。所以，根据情感计算的过程可将其研究内容分为以下几个方面：情感机理、情感信息获取、情感模式识别、情感建模与理解、情感合成与表达、情感计算的应用、情感的传递与交流、情感交互接口，等等。

参照人类情感交流过程，情感计算的研究可分为以下四步。

(1) 通过传感器直接或间接与人接触获得情感信息。

(2) 通过建立模型对情感信息进行分析与识别。

(3) 对分析结果进行推理达到感性的理解。

(4) 将理解结果通过合理的方式表达出来。

3. 情感计算的潜在问题

情感计算是人工智能的重要部分，目前的人工智能实际上只是人工认知，广义的人工智能应该包括人工认知、人工情感和人工意志三个方面。因此想要发展人工智能，就必须首先解决一系列有关情感的基本理论问题：什么是情感？情感的客观目的是什么？认知与情感到底有何区别？这些深层次的理论问题是当今的哲学、思维科学、生命科学和心理学等没能真正解决的。显然，不解决上述理论问题，要想研究真正意义的情感机器是很困难的。

目前，针对各种生理指标的情感计算方法还存在难以克服的困难，例如复杂情感的表达、多情感相互渗透的计算模型、情感的基本类型划分标准、不同的生理指标计算和测量标准等都还存在很大的不确定性，应用较多的是人脸情感识别和语音情感交互。

1.3.5　计算机仿真技术

计算机仿真是应用计算机技术对系统的结构、功能和行为以及参与系统控制的人的思维过程和行为进行动态性的、比较逼真的模仿，是当前应用最广泛的实用技术之一。

仿真就是用模型(物理模型或数学模型)代替实际系统进行实验和研究。它所遵循的基本原则是相似原理，即几何相似、环境相似和性能相似等，它是对现实系统的某一层次抽象属性的模仿。实际上，仿真是一个相对概念，任何逼真的仿真都只能是对真实系统某些属性的逼近。仿真是有层次的，既要针对所欲处理的客观系统的问题，又要针对提出处理者的需求层次，否则很难评价一个仿真系统的优劣。

计算机仿真是利用计算机软件模拟实际环境进行科学实验的技术。它是以数学理论为基础，以计算机和各种物理设施为设备工具，利用系统模型对实际的或设想的系统进行仿真研究的一门综合性技术。它具有高效、安全、受环境条件的约束较少、可改变时间比例尺等优点，已成为分析、设计、运行、评价、培训系统(尤其是复杂系统)的重要工具。

一直以来，计算机仿真作为一种实用性极强的工具被应用于各个方面，在减少开支、避免风险、缩短开发周期、提高产品质量方面起着重要作用。例如，在核武器研究领域，核弹爆炸可以采用计算机仿真模拟完成而不进行实际试验。自联合国全面禁止核试验以来，各发达国家均通过高速大规模计算机来模拟进行核弹爆炸试验。

1.3.6　虚拟现实技术

虚拟现实技术(vitual reality，VR)是近年来随着社会和科技发展出现的计算机应用技术，也被称作灵境技术或人工环境。虚拟现实利用计算机技术模拟产生一个三维空间的虚拟世界，可以给用户提供视觉、听觉、触觉全方位的感受，可以及时、没有限制地与虚拟环境进行交互，如图 1-19 所示。

图 1-19　虚拟现实技术的应用

虚拟现实是多项计算机技术的综合，包括图形计算、三维立体显示技术、人体行为跟踪技术，以及触觉/力觉反馈、立体声、网络技术、语音输入输出技术等。

虚拟现实研究中存在以下几种关键技术。

(1) 显示技术。双目立体视觉问题是 VR 系统中的一项关键技术。为了模拟人类双目所观察到的图像不同，可以在不同显示器上显示同一幅图像，也有些 VR 系统将两组图像放在单个显示器上，而通过特殊的头盔显示器或者过滤眼镜，使用户佩戴之后一只眼睛只能看到奇数帧图像，另一只眼睛只能看到偶数帧图像，通过这样的视差产生立体感。

(2) 声音。人类的听觉系统能够很好地识别声音的方向。因为人类两耳的位置差异使得其接收到声音的时间也略有不同，人类正是依靠这种细微的差异来判定声音的方向。常见的立体声效果也正是依靠左右耳听到在不同位置的不同声音来产生一种方向感。在现实中，人的头部运动会改变听到的声音效果。但在目前的 VR 系统中，暂时还无法模拟产生这样的立体效果。

(3) 感觉反馈。用户的手可以和虚拟的物体进行接触并进行抓取等操作。然而，用户却无法感受到手部与物体接触到的感觉，并且无法精确控制手与物体的接触位置而避免“穿过”物体表面。这与真实世界明显不同。为了解决这个问题，常用方法是在手套内层安装一些可以模拟触觉的触点设备。

(4) 语音。语音识别是 VR 系统中除了图形图像以外另一项重要的人机交互途径。因为人类的语音和自然语言信号极其多样复杂，这就给计算机的识别工作造成很大的困难。在一段连续的人类语音信息中，词与词之间的连续与停顿，因为具体前后文环境产生的变化，说话人的差异以及具体心情、生理疾病、语气等产生的各种不同变化，都是语音识别的巨大障碍。截至目前，使用语音信息作为计算机系统的输入途径还存在两方面问题，首先是语音识别的效率问题，为便于计算机准确理解，可能造成输入的语音以及辅助信息过于繁琐；其次是识别正确性问题，计算机理解语音的方法是以对比匹配为主，整个过程缺乏人类的智能，识别正确率还有待提高。

在各种人机交互设备中，键盘和鼠标是被用到最多的工具。但对于三维虚拟世界，却因为有 6 个自由度，很难找出直观的方法把鼠标的二维运动映射成三维空间的运动。目前，已经有一些设备可以提供 6 个自由度，如 3Space 数字化仪和 SpaceBall 空间球等。另外一些较为常见的交互设备是数据手套和数据衣。

1.4 课后习题

一、判断题

1. 内存储器是主机的一部分，可与 CPU 直接交换信息，存取时间快，但价格较高，比外存储器存储的信息少。（　）
2. 运算器只能运算，不能存储信息。（　）
3. 程序存储和程序控制思想是微型计算机的工作原理，对巨型机和大型机不适用。（　）

二、选择题

1. (　　)是计算机的主要特点。
   A. 运算速度快　　B. 计算精度高
   C. 具有存储功能　　D. 以上都对
2. 微型计算机完成各种算术运算和逻辑运算的部件称为(　　)。
   A. 控制器　　B. 寄存器　　C. 运算器　　D. 加法器
3. 计算机处理信息的最小单位是(　　)。
   A. 字节　　B. 位　　C. 字　　D. 字长
4. 按照计算机应用的分类，模式识别属于(　　)。
   A. 科学计算　　B. 人工智能　　C. 实时控制　　D. 数据处理
5. 在微型计算机系统中，基本字符编码是(　　)。
   A. 机内码　　B. ASCII 码　　C. BCD 码　　D. 拼音码
6. 下列描述中，正确的是(　　)。
   A. 1KB=1024×1024B　　B. 1MB=1024×1024B
   C. 1KB=1024MB　　D. 1MB=1024B
7. 计算机系统的组成包括(　　)。
   A. 系统软件和应用软件
   B. 硬件系统和软件系统
   C. 主机和外部设备
   D. 运算器、控制器、存储器和输入/输出设备
8. 物理器件采用中、小规模集成电路的计算机被称为(　　)。
   A. 第一代计算机　　B. 第二代计算机
   C. 第三代计算机　　D. 第四代计算机

三、思考题

1. 虚拟现实的应用主要有哪些？除了本章介绍的，还能列举哪些例子？
2. 你知道的情感交互应用有哪些？这些交互途径是怎么模拟人的情感交互过程的？
3. 你见过的可穿戴计算设备有哪些？
4. 总线的作用是什么？它的数据流动方向靠什么来控制？
5. 内存和外存的主要区别是什么？
6. 运算器能保留计算结果吗？为什么？

第 2 章

数据在计算机中的表示

☑ 内容简介

计算机的功能是处理各种信息，在计算机中，信息是以数据的形式表示和使用的。数据包括数值型数据、字符型数据及音频和视频数据等，而这些数据在计算机内部都是以二进制的形式表现的，二进制是计算机内部数据传输、存储、处理的基本形式。

本章将帮助用户理解二进制的表示方式，理解各类数制之间的转换方法，掌握数值型数据和非数值型数据在计算机中的表示方法。

☑ 重点内容

- 计算机中的数制及其转换
- 二进制数值的计算与表示
- 字符信息编码与标准交换
- 图形、声音、颜色信息数字化

2.1 计算机中的数制及其转换

人们在使用计算思维进行思考、交流和沟通过程中，碰到的第一个问题就是“表达”和“规则”，这是构建计算机及以此为基础实现计算所展开的一切活动的基础。

2.1.1 计算机中的“0”和“1”

如果能将人们习惯的十进制直接表达在计算机中，作为一种实现计算的工具，其思维方式就会和人非常接近。但是这里说的是“如果”，因为至少到目前为止是无法实现的。为什么呢？因为人们在发明制造计算机的过程中，要找到具有 10 种稳定状态的元件来对应十进制的 10 个数是困难的，而具有两种稳定状态的元件却非常容易找到，例如继电器的接通和断开、电脉冲的高和低、晶体管的导通和截止等。因此，电子数字计算机在发明之初就确定了依赖具有两种稳定状态的电子材料，进而也就确定了在计算机内部要采用二进制。

由于二进制的表示规则只需要两个不同的符号，这正好表达了两种电路状态：高或低、通或不通等。所以在计算机内部，用“0”和“1”来表示。比如 1 表示高电平，0 表示低电平；1 表示接通状态，0 表示断开状态。

“实现计算”不仅要表达计算所需要的数据，还要表达计算思维规则。也就是说，在计算机中，这个看似极其简单的 0 和 1 不仅要表达所有要计算的数据，而且还要表达计算以及控制规则。

计算机所能表示和使用的数据可分为数值数据和非数值数据两大类。数值数据用以表示量的大小、正负，如整数、小数等。非数值数据用以表示一些符号、标记，如英文字母、数字 0~9、各种专用字符＋、－、*、/、[及标点符号等。汉字、图形、声音数据也属非数值数据。所有的数据信息都必须转换成二进制数编码形式才能存入计算机中。既然计算机中的基础元件都具有 0 和 1 两种状态，那么现实中如此丰富的数值数据和非数值数据是如何只通过 0 和 1 两个数码表示的呢？答案很简单，就是通过组合多个 0 和 1 产生的二进制序列来表示。如 01000010 可以表示一个信息，序列越长表示的信息就越多，计算机中所出现的信息均为 0 和 1 形成的序列。

计算机内部采用二进制原因除了其实现逻辑电路简单外，另一个重要的原因是其计算规则简单，用于实现计算的运算器的硬件结构大为简化，计算速度要比其他数制快得多，这与计算机所追求的高速度不谋而合。同时，两个状态代表的两个数码在数据传输、存储和处理过程中状态更多加稳定，出错的概率更低。

2.1.2　各种数制表示

与我们熟悉的十进制数相比，二进制数最大的缺点是数字的书写特别冗长。例如，十进制数的 100000 写成二进制数为 11000011010100000。同时，由于十进制要转换为二进制相对麻烦，所以在计算机的理论和应用中还使用两种辅助的进位制，即八进制和十六进制。二进制和八进制、二进制和十六进制之间的转换比二进制和十进制之间的转换要简单得多。本节先介绍数制的基本概念，然后介绍二进制、八进制、十进制、十六进制以及它们之间的转换方法。

1. 数制的基本概念

在计算机中必须采用某一方式来对数据进行存储或表示，这种方式就是计算机中的数制。数制，即进位计数制，是人们利用数字符号按进位原则进行数据大小计算的方法。在计算机的数制中，数码、基数和位权这 3 个概念是必须掌握的。

(1) 数码。一个数制中表示基本数值大小的不同数字符号。例如，十进制有 10 个数码，即 0、1、2、3、4、5、6、7、8、9。

(2) 基数。一个数值所使用数码的个数。例如，二进制的基数为 2，十进制的基数为 10。

(3) 位权。一个数值中某一位上的 1 所表示数值的大小。例如，十进制的 123，1 的位权是 100，2 的位权是 10，3 的位权是 1。

2. 十进制数

十进制数的基数为 10，使用十个数字符号表示，即在每一位上只能使用 0、1、2、3、4、5、6、7、8、9 等十个符号中的一个，最小为 0，最大为 9。十进制数采用“逢十进一”的进位方法。

一个完整的十进制的值可以由每位所表示的值相加，权为 10^i ($i=-m\sim n$，m、n 为自然数)。

例如十进制数 9801.37 可以用以下形式表示：

$$(9801.37)_{10}=9\times10^3+8\times10^2+0\times10^1+1\times10^0+3\times10^{-1}+7\times10^{-2}$$

3. 二进制数

二进制数的基数为 2，使用两个数字符号表示，即在每一位上只能使用 0、1 两个符号中的一个，最小为 0，最大为 1。二进制数采用“逢二进一”的进位方法。

一个完整的二进制数的值可以由每位所表示的值相加，权为 2^i($i=-m\sim n$，m、n 为自然数)。例如二进制数 110.11 可以用以下形式表示：

$$(110.11)_2=1\times2^2+1\times2^1+0\times2^0+1\times2^{-1}+1\times2^{-2}$$

4. 八进制数

八进制数的基数为 8，使用八个数字符号表示，即在每一位上只能使用 0、1、2、3、4、5、6、7 八个符号中的一个，最小为 0，最大为 7。八进制数采用“逢八进一”的进位方法。

一个完整的八进制数的值可以由每位所表示的值相加，权为 8^i($i=-m\sim n$，m、n 为自然数)。例如八进制数 5701.61 可以用以下形式表示：

$$(5701.61)_8=5\times8^3+7\times8^2+0\times8^1+1\times8^0+6\times8^{-1}+1\times8^{-2}$$

5. 十六进制数

十六进制数的基数为 16，使用 16 个数字符号表示，即在每一位上只能使用 0、1、2、3、4、5、6、7、8、9、A、B、C、D、E、F 十六个符号中的一个，最小为 0，最大为 F。其中 A、B、C、D、E、F 分别对应十进制的 10、11、12、13、14、15。十六进制数采用“逢十六进一”的进位方法。

一个完整的十六进制数的值可以由每位所表示的值相加，权为 16^i($i=-m\sim n$，m、n 为自然数)。例如十六进制数 70D.2A 可以用以下形式表示。

$$(70D.2A)_{16}=7\times16^2+0\times16^1+13\times16^0+2\times16^{-1}+10\times16^{-2}$$

表 2-1 给出了四种进制数以及具有普遍意义的 r 进制的表示方法。

表 2-1　不同进制数的表示方法

数　制	基　数	位　权	进位规则
十进制	10(0~9)	10^i	逢十进一
二进制	2(0、1)	2i	逢二进一
八进制	8(0~7)	8^i	逢八进一
十六进制	16(0~9、A~F)	16^i	逢十六进一
r 进制	r	r^i	逢 r 进一

直接用计算机内部的二进制数或者编码进行交流时，冗长的数字和简单重复的 0 和 1 既繁琐又容易出错，所以人们常用八进制和十六进制进行交流。十六进制和二进制的关系是：$2^4=16$，这表示一位十六进制数可以表达四位二进制数，降低了计算机中二进制数的书写长度。二进位制和八进位制、二进位制和十六进位制之间的换算也非常直接、简便，避免了数字冗长带来的不便。所以八进位制、十六进位制已成为人机交流中常用的记数法。表 2-2 所示列举了 4

种进制数的编码以及它们之间的对应关系。

表 2-2　不同进制数的表示方法

十进制	二进制	八进制	十六进制
0	0	0	0
1	1	1	1
2	10	2	2
3	11	3	3
4	100	4	4
5	101	5	5
6	110	6	6
7	111	7	7
8	1000	10	8
9	1001	11	9
10	1010	12	A
11	1011	13	B
12	1100	14	C
13	1101	15	D
14	1110	16	E
15	1111	17	F

2.1.3　数制间的转换

为了便于书写和阅读，用户在编程时常会使用十进制、八进制、十六进制来表示一个数。但在计算机内部，程序与数据都采用二进制来存储和处理，因此不同进制的数之间常常需要相互转换。不同进制之间的转换工作由计算机自动完成，但熟悉并掌握进制间的转换原理有利于我们了解计算机。常用数制间的转换关系如图 2-1 所示。

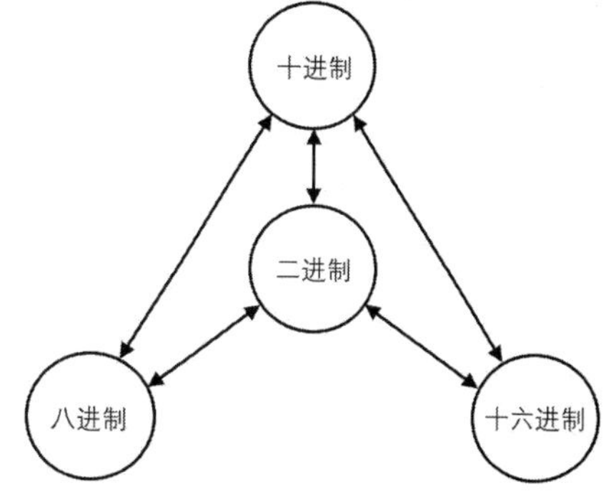

图 2-1　常用进制间的转换关系

1. 二进制数与十进制数转换

在二进制数与十进制数的转换过程中，要频繁地计算 2 的整数次幂。表 2-3 所示为 2 的整数次幂与十进制数值的对应关系。

表 2-3　2 的整数次幂与十进制数值的对应关系

2^n	2^9	2^8	2^7	2^6	2^5	2^4	2^3	2^2	2^1	2^0
十进制数值	512	256	128	64	32	16	8	4	2	1

表 2-4 所示为二进制数与十进制小数的对应关系。

表 2-4　二进制数与十进制小数的对应关系

2^n	2^{-1}	2^{-2}	2^{-3}	2^{-4}	2^{-5}	2^{-6}	2^{-7}	2^{-8}
十进制分数	1/2	1/4	1/8	1/16	1/32	1/64	1/128	1/256
十进制小数	0.5	0.25	0.125	0.0625	0.03125	0.015625	0.0078125	0.00390625

二进制数转换成十进制数时，可以采用按权相加的方法，这种方法是按照十进制数的运算规则，将二进制数个位的数码乘以对应的权再累加起来。

【例 2-1】 将$(1101.101)_2$，按位权展开转换成十进制数。

二进制数按位权展开转换成十进制数的运算过程如表 2-5 所示。

表 2-5　二进制数按权位展开过程

二进制数	1		1		0		1		1		0		1	
位权	2^3		2^2		2^1		2^0		2^{-1}		2^{-2}		2^{-3}	
十进制数值	9	+	4	+	0	+	1	+	0.5	+	0	+	0.125	=13.625

【例 2-2】 将$(1101.1)_2$，转换为十进制数。

$$(1101.1)_2 = 1\times2^3+1\times2^2+0\times2^1+1\times2^0+1\times2^{-1}$$
$$=8+4+0+1+0.5$$
$$=13.5$$

十进制数转换为二进制数时，整数部分与小数部分必须分开转换。整数部分采用除 2 取余法，就是将十进制数的整数部分反复除 2，如果相除后余数为 1，则对应的二进制数位为 1；如果余数为 0，则相应位为 0；逐次相除，直到商小于 2 为止。转换为整数时，第一次除法得到的余数为二进制数低位(第 K_0 位)，最后一次余数为二进制数高位(第 K_n 位)。

小数部分采用乘 2 取整法。就是将十进制小数部分反复乘 2；每次乘 2 后，所得积的整数部分为 1，相应二进制数为 1，然后减去整数 1，余数部分继续相乘；如果积的整数部分为 0，则相应二进制数为 0，余数部分继续相乘；直到乘 2 后小数部分等于 0 为止，如果乘积的小数部分一直不为 0，则根据数值的精度要求截取一定位数即可。

【例 2-3】 将十进制 18.8125 转换为二进制数。

整数部分除 2 取余，余数作为二进制数，从低到高排列。小数部分乘 2 取整，积的整数部分作为二进制数，从高到低排列。竖式运算过程如图 2-2 所示。

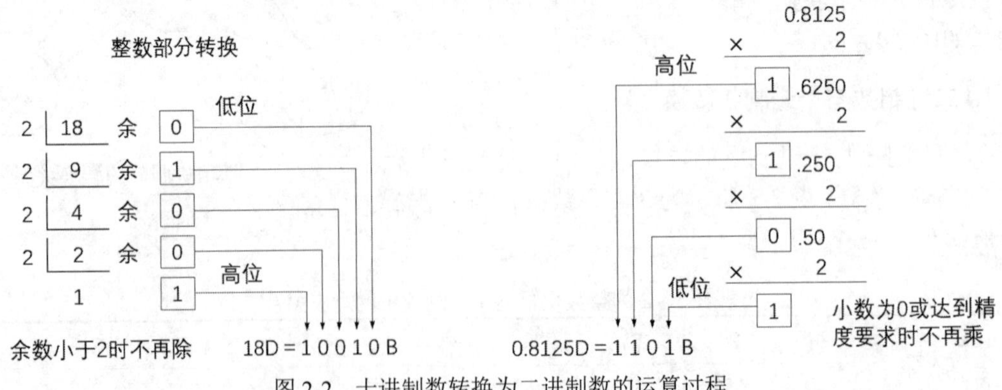

图 2-2　十进制数转换为二进制数的运算过程

运算结果为$(18.8125)_{10}=(10010.1101)_2$

2. 二进制数与八进制数转换

由于 3 位二进制数恰好是 1 位八进制数，所以若把二进制数转换为八进制数，只要以小数点为界，将整数部分自右向左和小数部分自左向右分别按每 3 位为一组(不足 3 位用 0 补足)，然后将各个 3 位二进制数转换为对应的 1 位八进制数，即得到转换的结果。反之，若把八进制数转换为二进制数，只要把每 1 位八进制数转换为对应的 3 位二进制数即可。

【例 2-4】将二进制数 10111001010.1011011 转换为八进制数。

$(10111001010.1011011)_2=(010\ 111\ 001\ 010.101\ 101\ 100)_2$

$=(2712.554)_8$

【例 2-5】将八进制数 456.174 转换为二进制数。

$(456.174)_8=(100\ 101\ 110.001\ 111\ 100)_2$

$=(100101110.0011111)_2$

3. 二进制数与十六进制数转换

对于二进制整数，自右向左每 4 位分一组，当整数部分不足 4 位时，在整数前面加 0 补足 4 位，每 4 位对应一位十六进制数；对二进制小数，自左向右每 4 位分为一组，当小数部分不足 4 位时，在小数后面(最右边)加 0 补足 4 位，然后每 4 位二进制数对应 1 位十六进制数，即可得到十六进制数。

【例 2-6】将二进制数 111101.010111 转换为十六进制数。

$(111101.010111)_2=(00111101.01011100)_2=(3D.5C)_{16}$，转换过程如图 2-3 所示。

0011	1101	0101	1100
3	D	5	C

图 2-3　二进制数转换为十六进制数

将十六进制数转换成二进制数非常简单，只要以小数点为界，向左或向右每一位十六进制数用相应的四位二进制数表示，然后将其连在一起即可完成转换。

【例 2-7】将十六进制数 4B.61 转换为二进制数。

$(4B.61)_{16}=(01001011.01100001)_2$，转换过程如图 2-4 所示。

4	B	6	1
0100	1011	0110	0001

图 2-4　十六进制数转换为二进制数

2.2 二进制数的表示与计算

前面讨论了把十进制数转换为二进制数的方法。在实际应用过程中，还存在以下问题：数值的正负如何区分？如何确定实数中小数点的位置？如何对正、负号进行编码？如何进行二进制数的算术运算？

2.2.1 二进制数的表示

在计算机中，所有的数值数据都用一串 0 和 1 的二进制编码来表示。这串二进制编码称为该数据的“机器数”，数据原来的表示形式称为“真值”。根据是否带有小数点，数值型数据分为整数和实数。对于整数，按照是否带有符号，分为带符号整数和不带符号整数；对于实数，根据小数点的位置是否固定，分为定点数和浮点数。数值型数据的分类如图 2-5 所示。

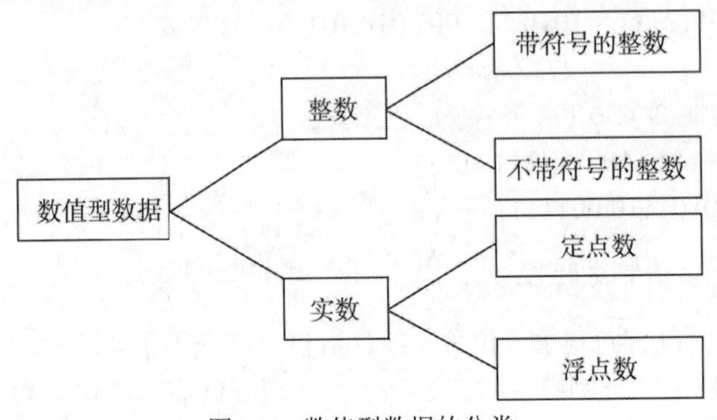

图 2-5　数值型数据的分类

1. 整数的计算机表示

如果二进制数的全部有效位都用以表示数的绝对值，即没有符号位，这种方法表示的数叫作无符号数。大多数情况下，一个数既包括表示数的绝对值部分，又包括表示数的符号部分，这种方法表示的数叫作带符号数。在计算机中，总是用数的最高位(左边第一位)来表示数的符号，并约定以 0 代表正数，以 1 代表负数。

为了区分符号和数值，同时便于计算，人们对带符号整数进行合理编码。常用的编码形式有以下三种。

(1) 原码。原码表示法简单易懂，分别用 0 和 1 代替数的正号和负号，并置于最高有效位上，绝对值部分置于右端，中间若有空位填上 0。例如，如果机器字长为 8 位，十进制 15 和 - 7 的原码表示如下。

$$[15]_{原}=00001111$$
$$[-7]_{原}=10000111$$

这里应注意以下几点：

① 用原码表示数时，n 位(含符号位)二进制数所能表示的数值范围是$-(2^{n-1}-1)$~$(2^{n-1}-1)$。

② 原码表示直接明了，而且与其所表示的数值之间转换方便，但不便进行减法运算。

③ 0 的原码表示不唯一，正 0 为 00000000，负 0 为 10000000。

(2) 反码。正数反码表示与其原码表示相同，负数的反码表示是把原码除符号位以外的各位取反，即 1 变为 0，0 变为 1。

$$[15]_{反}=00001111$$
$$[-7]_{反}=11111000$$

这里应注意以下几点：

① 用反码表示数时，n 位(含符号位)二进制数所能表示的数值范围与原码一样，是$-(2^{n-1}-1)$~$(2^{n-1}-1)$。

② 反码也不便进行减法运算。

③ 0 的反码表示不唯一，正 0 为 00000000，负 0 为 11111111。

(3) 补码。正数的补码表示与其原码表示相同，负数的补码表示是把原码除符号位以外的各位取反后末位加 1。

$$[15]_{补}=00001111$$
$$[-7]_{补}=11111001$$

对于补码应注意以下几点：

① 用补码表示数时，n 位(含符号位)二进制数所能表示的数值范围是$-(2^{n-1}-1)\sim(2^{n-1}-1)$。

② 补码表示数据不像原码那样直接明了，很难直接看出它的真值。

③ 0 的补码表示唯一，为 00000000(对于某数，如果对其补码再求补码，可以得到该数的原码)。

由以上三种编码规则可见，采用原码表示法简单易懂，但它的最大缺点是加减法运算复杂。这是因为，当两数相加时，如果是同号则数值相加；如果是异号，则要进行减法。而在进行减法时还要比较绝对值的大小，然后用大数减去小数，最后还要给结果选择符号。为了解决这些矛盾，人们才找到了补码表示法。反码主要的作用是为了求补码，而补码则可以把减法转化成加法运算，使得计算机中的二进制运算变得非常简单。

2. 实数的计算机表示

在自然描述中，人们把小数问题用一个“.”表示，例如 1.5，但对于计算机而言，除了 1 和 0 没有别的形式，而且计算机“位”非常珍贵，所以小数点位置的标志采取“隐含”方案。这个隐含的小数点位置也可以是固定的或者可变的，前者称为定点数(fixed-point-number)，后者称为浮点数(float-point-number)。

(1) 定点数表示法。包括定点小数表示法和定点整数表示法。

① 定点小数表示法：将小数点的位置固定在最高数据位的左边，如图 2-6 所示。定点小数能表示的所有数都是小于 1 的纯小数。因此，使用定点小数时要求参加运算的所有操作数、运算过程中产生的中间结果和最后运算结果，其绝对值均应小于 1；如果出现大于或等于 1 的情况，定点小数格式就无法正确地表示出来，这种情况称为“溢出”。

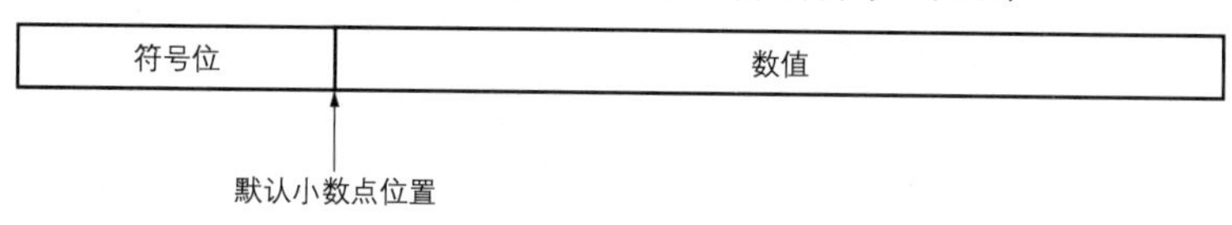

图 2-6　定点小数表示法

② 定点整数表示法：将小数点的位置固定在最低有效位的右边，如图 2-7 所示。对于二进制定点整数，所能表示的所有数都是整数。

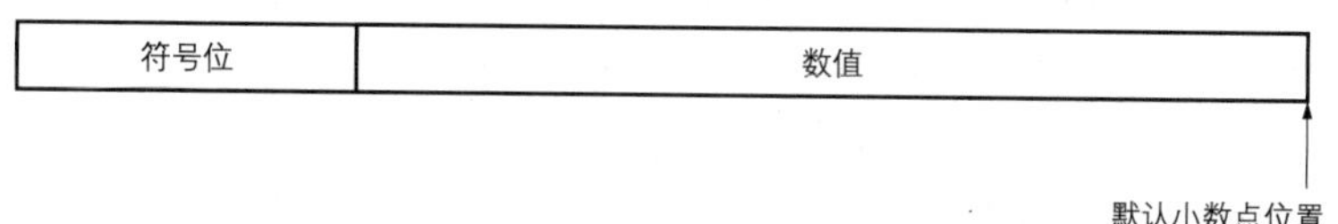

图 2-7　定点整数表示法

由上可见，定点数表示法具有直观、简单、节省硬件等特点，但表示数的范围较小，缺乏灵活性。所以现在很少使用这种定点数表示法。

(2) 浮点数表示法。

实数是既有整数又有小数的数，实数有很多种表示方法，例如 3.1415926 可以表示为 0.31415926×10，0.031415926×10^2，31.1415926×10^{-1} 等。在计算机中，如何表示 10^n？解决方案是：一个实数总可以表示成一个纯小数和一个幂之积(纯小数可以看作是实数的特例)，例如 $123.45=0.12345\times10^3=0.012345\times10^4=12345\times10^{-2}=\cdots\cdots$

由上式可见，在十进制中一个数的小数点的位置可以通过乘以 10 的幂次来调整。二进制也可以采用类似的方法，例如 $0.01001=0.1001\times2^{-1}=0.001001\times2^1$。即在二进制中，一个数的小数点位置可以通过乘以 2 的幂次来调整，这就是浮点数表示的基本原理。

假设有任意一个二进制数 N 可以写成 $M\cdot2^E$。式中，M 称为数 N 的尾数，E 称为数 N 的价码。由于浮点数中是用阶表示小数点实际的位置，所以同一个数可以有多种浮点表示形式。为了使浮点数有一种标准表示形式，也为了使数的有效数字尽可能多地占据尾数部分，以便提高表示数的精确度，规定非零浮点数的尾数最高位必须是 1，这种形式称为浮点数的规格化形式。

计算机中 M 通常都用定点小数形式表示，阶码 E 通常都用整数表示，其中都有一位用来表示其正负。浮点数的一般格式如图 2-8 所示。

阶符	阶码	数符	尾数

图 2-8　浮点数表示法

阶码和尾数可以采用原码、补码或其他编码方式表示。计算机中表示浮点数的字长通常为 32 位，其中 7 位作为阶码，1 位作为阶符，23 位作为尾数，1 位作数符。

在计算机中按规格化形式存放浮点数时，阶码的存储位数决定了可表达数值的范围，尾数的存储位数决定了可表达数值的精度。对于相同的位数，用浮点法表示的数值范围比定点法要大得多。所以目前的计算机都采用浮点数表示法，也因此被称为浮点机。

2.2.2 算术运算与补码运算

在时钟的刻度上，0 点 45 分可以读作 1 点差 15 分，这个 15 分就是 45 分的补数。如果超过 60 分的部分不计，那么 0 点 45 分和 1 点 45 分钟的 45 分都是相同的，而“逢 60 进位”的 60 称作“模”。

理论和实践均已证明：对于确定的模(n 位二进制数，其模为 2^n)，从某数减去一个小于模的数，总可以用加上其模与该数之差来代替。所以可用模与某数之差表示该数对应的负数，这种模与该数之“差”的形式就是数的补码。

引入补码的概念，可以使减法化作“加一个负的减数”的加法来完成，这样只需用加法器就可以实现减法运算，从而减少逻辑电路的种类，提高硬件的可靠性。

补码的加、减法运算规则为$[X\pm Y]_{补码}=[X]_{补码}+[\pm Y]_{补码}$。

【例 2-8】已知 $X=-18$，$Y=59$，计算 $X+Y$。

$[X]_补=2^8-0010010=11101110$，$[Y]_补=00111011$

$$\begin{array}{r} [X]_补=11101110 \\ +)[Y]_补=00111011 \\ \hline [X+Y]=00101001 \end{array}$$

符号位产生的进位被舍去后，符号位为 0，说明这个结果是正数的补码形式，就是其真值。

所以：

$[X+Y]_{真值}=00101001=+(41)_{10}$

↑

最高位为符号位“0”用“+”来代替

【例 2-9】 已知 $X=-18$，$Y=-59$，计算 $X+Y$。

$[X]_{补}=2^8-0010010=11101110$，$[Y]_{补}=2^8-00111011=11000101$

$$
\begin{array}{r}
[X]_{补}=11101110 \\
+)[Y]_{补}=11000101 \\
\hline
[X+Y]_{补}=1011011
\end{array}
$$

符号位产生的进位被舍去后，符号位仍为 1，说明这个结果是负数的补码形式，再经过“取反加 1”，获得其真值。所以：

$[X+Y]_{真值}=[10110011]_{反}+00000001=11001101=-1001101=-(77)_{10}$

↑

符号位“1”用“-”来替代

2.2.3　逻辑运算与计算机控制

逻辑运算又称布尔运算。1847 年，英国数学家布尔提出用符号表达语言和思维逻辑的思想。20 世纪，布尔的这种思想发展成一种现代数学方法。布尔用数学方法研究逻辑问题，成功地建立了逻辑演算，被称为逻辑代数，也叫做布尔代数，并且对计算机科学的发展起到了重大推进作用。计算机中除了进行加、减、乘、除等基本算术运算外，还可对两个或一个逻辑数进行逻辑运算。由于逻辑数据只有两个值，所以可以用 1 位二进制数表示，通常用 0 表示假，用 1 表示真。这恰与计算机系统中使用的二进制数一致。

1. 什么是逻辑

逻辑是指事物因果之间所遵循的规律，是现实中事物因果关系之间所遵循的规律，是现实中普适的思维方式。逻辑的基本表现形式是命题和推理。

(1) 命题。命题由语句表述，命题即语句的含义，即由一语句表达的内容为“真”或为“假”的一个判断，例如。

命题 1：“图灵不是一位小说家。”

命题 2：“图灵是逻辑学家。”

命题 3：“图灵不是一位小说家”并且“图灵是逻辑学家”。

(2) 推理。推理即依据由简单命题的判断推导得出复杂命题的判断结论的过程。

命题和推理也可以符号化。例如，如果命题 1 用符号 X 表示，命题 2 用符号 Y 表示，X 和 Y 为两个基本命题，则命题 3 变是一个复杂的命题，用 Z 表示，则：

Z＝X AND Y

其中，AND 为一种逻辑“与”运算。因此，复杂命题的推理可被认为是关于命题的一组逻辑运算的过程。基本的逻辑运算包括“或”运算、“与”运算、“非”运算、“异或”运算等。

2. 逻辑运算

(1) 三种基本逻辑运算。假设 X、Y 表示命题，其值可能为“真”(符号化为 TRUE)或为“假”

(符号化为 FALSE)。两个命题 X、Y 可以进行 X AND Y，X OR Y，NOT X 等运算，分别称为“与”“或”“非”运算。运算规则定义如下：

① AND：当 X 和 Y 都为真时，X **AND** Y 也为真；其他情况，X **AND** Y 均为假。

② OR：当 X 和 Y 都为假时，X **OR** Y 也为假；其他情况，X **OR** Y 均为真。

③ NOT：当 X 为真时，**NOT** X 为假；当 X 为假时，**NOT** X 为真。

(2) 其他逻辑运算。利用基本逻辑运算“与”“或”“非”等可以组合出复合逻辑运算，如与非(先做“与”运算，再做“非”运算)、或非(先做“或”运算，再做“非”运算)、异或(相同为 0，不同为 1)、同或(相同为 1，不同为 0)等，例如：

XOR“异或”运算。当 X 和 Y 都为真或都为假时，X **XOR** Y 为假；否则，X **XOR** Y 为真。该运算可由基本运算来实现，即 X **XOR** Y＝((**NOT** X)**AND** Y)**OR**(X **AND**(**NOT** Y))。为方便使用，可将该复杂的逻辑组合运算抽象为一个新运算，即 XOR 运算。

3. 逻辑门

逻辑门是计算机硬件电路的基础，是描述电路的最基本单元部件。输入信号经由一定的逻辑门可以得到一定的输出信号。在逻辑门电路中，任何信号只存在两种状态，即高电平和低电平。对应到逻辑运算，以高电平来表示逻辑“1”(真)、以低电平来表示逻辑“0”(假)。逻辑门电路可以实现计算机中的运算、控制、数据存储等功能部件的逻辑电路描述。基本逻辑门电路有“与门”电路、“或门”电路和“非门”电路。其他常用的逻辑门电路还有“与非门”电路、“与或门”电路、“与或非门”电路、“异或门”电路、“同或门”电路、“三态门”电路等。

2.3 字符信息编码

计算机除了用于数值计算外，还要处理大量非数值信息，其中字符信息占有很大比重。字符信息包括西文字符(字母、数字、符号)和汉字字符等。它们需要进行二进制数编码后，才能存储在计算机中并进行处理，如果每个字符对应一个唯一的二进制数，这个二进制数就称为字符编码。

2.3.1 西文字符编码

西文字符与汉字字符由于形式不同，编码方式也不同。

1. BCDIC 编码

早期计算机的 6 位字符编码系统 BCDIC(二进制数与十进制数交换编码)从赫尔曼·霍尔瑞斯(Herman Hollerith)卡片发展而来，后来逐步扩展为 8 位 EBCDIC 码，并一直是 IBM 大型计算机的编码标准，但没有在其他计算机中使用。

2. ASCII 编码

ASCII 编码起初是美国国家信息交换标准编码，后来成为一种国际标准。当时为了解决数据的存储成本，该编码采用了 7 位编码方式。ASCII 编码如表 2-6 所示。

表 2-6　ASCII 码表(部分字符)

字符	ASCII 码			字符	ASCII 码		
	二进制	十进制	十六进制		二进制	十进制	十六进制
0	0110000	48	30	A	1000001	65	41
1	0110001	49	31	B	1000010	66	42
2	0110010	50	32	C	1000011	67	43
3	0110011	51	33	⋮	⋮	⋮	⋮
4	0110100	52	34	Z	1011010	90	5A
5	0110101	53	35	⋮	⋮	⋮	⋮
6	0110110	54	36	a	1100001	97	61
7	0110111	55	37	b	1100010	98	62
8	0111000	56	38	⋮	⋮	⋮	⋮
9	0111001	57	39	c	1111010	122	7A

ASCII 编码用 7 位二进制数对一个字符进行编码。由于基本存储单位是字节(8b)，计算机用 1 个字节存放一个 ASCII 字符编码。

【例 2-10】Hello 的 ASCII 编码。

查找 ASCII 表可知，Hello 的 ASCII 码如图 2-9 所示。

H	e	l	l	o
1001000	1100101	1101100	1101100	1101111

图 2-9　Hello 的 ASCII 编码查询结果

【例 2-11】求字符 A 的 ASCII 编码和 ASCII 编码为 97 的字符。

Python 指令如下：

```
>>>ord('A')                  #计算字符 A 的 ASCII 编码
  65                         #输出字符 A 的十进制编码
>>>chr(97)                   #计算 ASCII 编码=97 的字符
  'a'                        #输出字符
```

3. 扩展 ASCII 码

ASCII 码最大的问题在于它是一个典型的美国标准，它不能很好地满足其他非英语国家的需要。例如，它无法表示英镑符号(£)；英语中的单词很少需要重音符号(读音符号)，但是在使用拉丁字母语言的许多欧洲国家中使用重音符号很普遍(如 é)；还有一些国家不使用拉丁字母语言，如希伯来语、阿拉伯语、俄语、汉语等。

由于 1 个字节有 8 位，而 ASCII 码只用了 7 位，还有 1 位多出来。于是很多人就想到使用 128~255 的码字来表示其他东西。这样麻烦就来了，许多人同时出现了这样的想法，并且将它付诸实践。1981 年 PC 推出时，显卡的 ROM 芯片中就固化了一个 256 字符的字符集，它包括一些欧洲语言中用到的重音字符，还有一些画图的符号等。所有计算机厂商都开始按照自己的方式使用高位的 128 个码字。例如，有些 PC 上编码 130 表示 é，而在以色列的计算中，它可能表示希伯来字母ג。当 PC 在向外销售时，这些扩展的 ASCII 码字符集就完全乱套了。

最终美国国家标准学会结束了这种混乱。ASCII 标准支持 1~4 个字节的编码，并规定每个字节低位的 128 个码字采用标准 ASCII 编码；高位的 128 个码字，根据用户所在地语言的不同采用“码页”处理方式。如最初的 IBM 字符集码页为 CP437，以色列使用的码页是 CP862，中国使用的码页是 CP936。

2.3.2 中文字符编码

汉字个数繁多，字形复杂，其信息处理与通用的字母、数字类信息处理有很大差异。

1. 双字节字符集

亚洲国家常用文字符号有大约 2 万多个，如何将这些语言的文字纳入编码体系而又能够保持和 ASCII 码兼容就被提上日程。显然，8 位编码无论如何也满足不了这个需求，解决方案是采用双字节字符集(DBCS)编码，即用 2 个字节定义 1 个字符，理论上可以表示 $2^{16}=65\,535$ 个字符。当编码值低于 128 时为 ASCII 码，编码值高于 128 时，为所在国家语言符号的编码。

早期双字节汉字编码中，1 个字节最高位为 0 时，表示一个标准的 ASCII 码；字节最高位为 1 时，用 2 个字节表示一个汉字，即有的字符用 1 个字节表示(如英文字母)，有的字符用 2 个字节表示(如汉字)，这样可以表示 $10^{16-2}=16\,384$ 个汉字。

双字节字符集虽然缓解了亚洲语言码字不足的问题，但也带来了新的问题。

(1) 在程序设计中处理字符串时，指针移动到下一个字符比较容易，但移动到上一个字符就非常危险了，于是程序设计中 s++或 s--之类的表达式不能使用了。

(2) 一个字符串的存储长度不能由它的字符数来决定，必须检查每个字符，确定它是双字节字符还是单字节字符。

(3) 丢失 1 个双字节字符中的高位字节时，后续字符会产生“乱码”现象。

(4) 双字节字符在存储和传输中，高字节在前面还是低字节在前面？没有统一标准。

互联网的出现让字符串在计算机之间的传输变得非常普遍，于是所有的混乱都集中爆发了。非常幸运的是 Unicode(国际统一码)字符集适时而生。

2. 汉字编码

英文为拼音文字，所有英文单词均由 52 个英文大小写字母组合而成，加上数字及其他标点符号，常用字符仅 95 个，因此 7 位二进制数编码就够用了。汉字由于数量庞大，构造复杂，这给计算机处理带来了困难。汉字是象形文字，每个汉字都有自己的形状。所以每个汉字在计算机中需要一个唯一的二进制编码。

(1) GB 2312—80 字符集的汉字编码。

1981 年，我国颁布《GB 2312—80 信息交换用汉字编码字符集 • 基本集》(简称国标码)。GB 2312—80 标准规定：一个汉字用两个字节表示，每个字节只使用低 7 位，字节最高位为 0。GB 2312—80 标准共计收录 6763 个简体汉字、682 个符号，其中一级汉字 3755 个，以拼音排序，二级汉字 3008 个，以偏旁排序。GB 2312—80 标准的编码方法如表 2-7 所示。

表 2-7 GB 2312—80 中国汉字编码标准表

区码＼位码		第 2 字节编码							
		00100001	00100010	00100011	00100100	00100101	00100110	00100111	00101000
第 1 字节	区/位	位 01	位 02	位 03	位 04	位 05	位 06	位 07	位 08
00110000	16 区	啊	阿	埃	挨	哎	唉	哀	皑
00110001	17 区	薄	雹	保	堡	饱	宝	抱	报
00110010	18 区	病	并	玻	菠	播	拨	钵	波
00110011	19 区	场	尝	常	长	偿	肠	厂	敞
00110100	20 区	础	储	矗	搐	触	处	揣	川

【例 2-12】“啊”字的国际标码如图 2-10 所示。

(2) 内码。国际码每个字节的最高位为 0，这与国际通用的 ASCII 码无法区分。因此，在早期计算机内部，汉字编码全部采用内码(也称机内码)表示，早期内码是将国际码两个字节的最高位设定为 1，这样解决了国际码与 ASCII 码的冲突，保持了中英文的良好兼容性。目前 Windows 系统内码为 Unicode 编码，字节高位 0 和 1 兼有。

【例 2-13】“啊”字的内码如图 2-11 所示。

00110000	00100001
30H	21H

图 2-10 “啊”字的国际码

10110000	10100001
B0H	A1H

图 2-11 “啊”字的内码

早期在 DOS 操作系统内部，字符采用 ASCII 码；目前操作系统内部基本采用 Unicode 字符集的 UTF 编码。为了利用英文键盘输入汉字，还需要对汉字编制一个键盘输入码，主要输入码有拼音码(如微软拼音)、字形码(如五笔字形)等。

(3) 互联网汉字编码体系。目前互联网上使用的汉字编码体系主要有以下几种：

① 中国大陆使用的 GBK 码。

② 中国港台地区使用的 BIG5 码。

③ 新加坡、美国等海外华语地区使用的 HZ 码。

④ 国际统一码 Unicode。

同一语言文字在信息交流中存在如此大的差异，这给信息处理带来了复杂性。

3. 点阵字体编码

ASCII 码和 GB 2312 汉字编码主要解决了字符信息的存储、传输、计算、处理(录入、检索、排序等)等问题，而字符信息在显示打印输出时，需要另外对“字形”进行编码。通常将字体(字形)编码的集合称为字库，将字库以文件的形式存放在硬盘中，在字符输出(显示或打印)时，根据字符编码在字库中找到相应的字体编码，再输出到外设(显示器或打印机)中。汉字的风格有多种形式，如宋体、黑体、楷体等。因此计算机中有几十种中、英文字库。由于字库没有统一的标准进行规定，同一字符在不同计算机中显示和打印时，可能字符形状会有所差异。字体编码有点阵字体和矢量字体两种类型。

点阵字体是将每个字符分成 16×16 的点阵图像，然后用图像点的有无(一般为黑白)表示字体的轮廓。点阵字体最大的缺点是不能放大，一旦放大后字符边缘就会出现锯齿现象，如图2-12所示。

4. 矢量字体编码

矢量字体保持的是每个字符的数学描述信息，在显示和打印矢量字体时，要经过一系列的运算才能输出结果。矢量字体可以无限放大，笔画轮廓仍然保持圆滑。

字体绘制可以通过FontConfig＋FreeType＋PanGo三者协作来完成，其中FontConfig负责字体管理和配置，FreeType负责单个字体的绘制，PanGo则完成对文字的排版布局。

矢量字体有多种格式，其中TrueType字体应用最为广泛。TrueType字体是一种字体构造技术，要让字体在屏幕上显示，还需要字体驱动引擎，如FreeType就是一种高效的字体驱动引擎。FreeType是一个字体函数库，它可以处理点阵字体和多种矢量字体。

如图2-13所示，矢量字体重要的特征是轮廓(outline)和字体精调(hint)控制点。

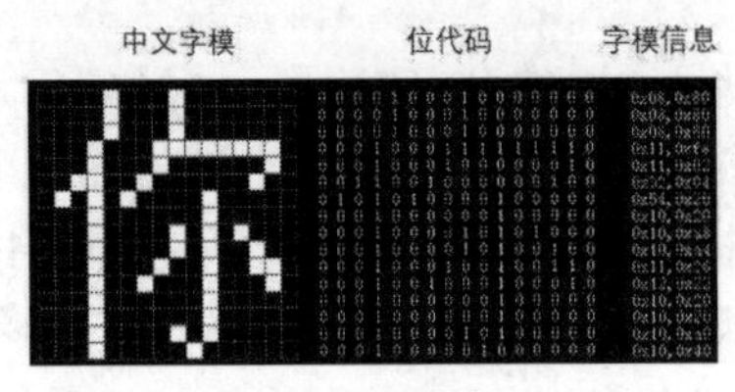

图2-12　点阵字体

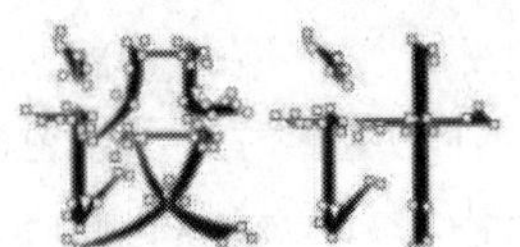

图2-13　矢量字体

轮廓是一组封闭的路径，它由线段或贝塞尔(Bézier)曲线(二次或三次贝塞尔曲线)组成。字形控制点有轮廓锚点和精调控制点，缩放这些点的坐标值将缩放整个字体轮廓。

轮廓虽然精确描述了字体的外观形式，但是数学上的正确对人眼来说并不见得合适。特别是字体缩小到较小的分辨率时，字体可能变得不好看，或者不清晰。字体精调就是采用一系列技术，用来精密调整字体，让字体变得更美观，更清晰。

计算机大部分时候采用矢量字体显示。矢量字体尽管可以任意缩放，但字体缩得太小时仍然存在问题。字体会变得不好看或者不清晰，即使采用字体精调技术，效果也不够好，并且处理起来也比较麻烦。因此，小字体一般采用点阵字体来弥补矢量字体的这方面不足。

矢量字体的显示大致需要经过以下步骤：加载字体→设置字体大小→加载字体数据→字体转换(旋转或缩放)→字体渲染(计算并绘制字体轮廓、填充色彩)等。可见在计算机显示一整屏文字时，计算工作量比我们想象的要大得多。

2.3.3　国际字符编码

1. 国际通用字符集

国际统一码主要有Unicode联盟编制的Unicode字符集和ISO(国际标准化组织)编制的UCS(通用字符集)字符集。Unicode与UCS在1991年合并，目前两个组织独立公布各自的标准，但是都同意保持两者标准码表的兼容(编码相同)。

早期Unicode字符集采用16位编码，共有65 536个码字；UCS字符集采用32位编码，共有42亿个码字；合并后Unicode字符集共有1 112 064个码字。到Unicode 5.0标准，大概使用了25万个码字，其中汉字为7万多个码字(汉字单字大约有9万多个)。Unicode字符集的编码空间如图2-14所示。

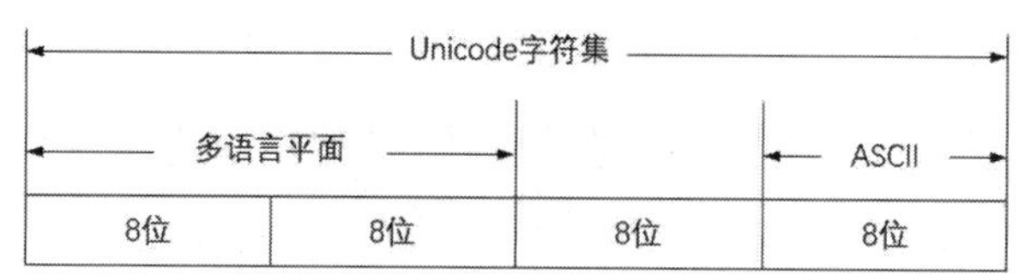

图 2-14　Unicode 字符集的编码空间

UTF-16 对 Unicode 字符集的编码采用 2 个或 4 个字节表示一个字符，并且支持增补字符编码。UTF-32 对 Unicode 字符集的编码则统一采用 4 个字节表示一个字符。而 UTF-8 对 Unicode 字符集的编码则采用 1~6 个字节表示一个字符(变长编码)。

UCS-S 对 UCS 字符集的编码采用 2 个字节表示一个字符，编码与 UTF-16 相同，不同之处是 UCS-2 不能表示增补字符。UCS-4 对所有字符编码都采用 4 个字节。

Unicode 对每个字符赋予了一个正式的名称，方法是在一个代码点值(十六进制数)前面加上 U+，如字符 A 的名称是 U+0041；字符“中”名称是 U+4E2D。目前，网络、操作系统、编程语言等众多领域都支持 Unicode 字符集，如目前主要的操作系统 Windows 和 Linux。

2. Unicode 字符的存储和传输问题

(1) 大端与小端字节序。

计算机字符端编码的存储和传输过程中，遇到了大端与小端的问题。例如，“汉”字 Unicode 编码是 U+6C49，那么写入文件时，究竟是将 6C(高端字节)写在前面，还是将 49(底端字节)写在前面？将 6C 写在前面是大端字节序(BE，高位在前)；而将 49 写在前面是小端字节序(LE，底位在前)。X86 计算机的数据存储和传输采用小端字节序；Linux 和 TCP/IP 协议采用大端字节序。

【例 2-14】字符串 Hello 在 Unicode 编码中，不同字节序的编码形式如下。

- 大端字节序编码：U+0048 U+0065 U+006C U+006C U+006F(用于 Linux)；
- 小端字节编码：U+4800 U+6500 U+6C00 U+6C00 U+6F00(用于 Windows)。

(2) UBOM 字节序标识符。

计算机在不清楚数据的字节序是大端还是小端的情况下，程序如何进行数据识别呢？解决方法是在每一个 Unicode 字符文本的最前面增加 2 个字节，用 FE FF 表示大端字节序(BE)，用 FF FE 表示小端(LE)字节序，程序在读取到这些标识符后就知道字节序了。由于 FE FF 和 FF FE 不是 Unicode 规定的字符编码，正常情况下不会用到，所以不用担心出现字符编码冲突的问题，这就是 UBOM(Unicode B 也称为 Order Mark)字节序标识符。

3. UTF-16 编码

(1) UTF-16 编码方法。

早期 Unicode 字符集的 UTF-16 编码长度固定为 2 个字节，一共可以表示 2^{16}=65 535 个字符。显然，它无法覆盖世界上的全部文字。Unicode 4.0 标准考虑到这种情况，定义了 45 960 个增补字符，增补字符用 4 个字节表示。目前 UTF-16 编码就是 Unicode 字符集加上增补字符集。UTF-16 编码主要用于 Windows 操作系统。

UTF-16 编码有 2 个和 4 个字节的不同编码长度，这给字符的存储和计算带来了麻烦。因此 UTF-16 编码规定，要么用 2 个字节表示，要么是 4 个字节表示。

(2) UTF-16 编码字节序。UTF 系列编码的字节序有 LE、BE、BOM、无 BOM 等几种编码方法。例如，字符串“中国”的各个版本 UTF-16 字节序编码如表 2-8 所示。

表 2-8 UTF-16 编码的各种字节序案例

不同字节序的编码标准	“中国”字符的编码序列	说　　明
UTF-16BE	4E 2D 56 FD	大端字节序编码
UTF-16LE	2D 4E FD 56	小端字节序编码
UTF-16(BOM,BE)	FE FF 4E 2D 56 FD	大端字节序标识符＋大端编码
UTF-16(BOM,LE)	FF FE 2D 4E FD 56	小端字节序标识符＋小端编码

(3) UTF-16 编码在类 UNIX 操作系统下的问题。

在类 Unix 系统下使用 UTF-16 编码会导致非常严重的问题，因为 UTF-16 编码的头 256 个字符的第 1 个字节都是 00H，而在类 Unix 系统中(如 C 语言)，00H 有特殊意义，如\0 和/在文件名和 C 语言库函数里有特别的含义；其次，大多数使用 ASCII 码文件的类 Unix 下的软件，如果不进行重大修改，会无法读取 16 位字符。基于这些原因，UTF-16 不适合作为类 Unix 的内码，而采用 UTF-8 编码就可以避免这些问题。

4. UTF-8 编码

(1) UTF-16 编码对存储空间的浪费。

在 UTF-16 编码中，英文符号是在 ASCII 码的前面加上一个编码为 0 的字节。如 A 的 ASCII 码为 41，而它的 UTF-16 编码是 U＋0041。这样，英文系统就会出现大量为 0 的字节。而美国程序员无法忍受这种字符串所占空间的翻倍，而且在早期几乎所有的文档均使用的是 ASCII 字符集，谁去转换它们？于是程序员们的选择是忽略 Unicode 字符集，继续走自己的老路，这显然会让事情变得更加糟糕。解决这个问题的方法是采用 UTF-8 编码。

(2) UTF-8 编码方法。

UTF-8 编码遵循了一个非常聪明的设计思想：不要试图去修改那些没有坏或你认为不够好的东西，如果要修改，只去修改那些出问题的部分。在 UTF-8 编码中，0 ~127 之间的码字用 1 个字节存储，超过 128 的码字用 2~4 个字节存储。也就是说，UTF-8 编码的长度是可变的。ASCII 码每个字符的编码在 UTF-8 编码中保持完全一致，都是 1 个字节长，这就解决了美国程序员的烦恼。一般来说，欧洲字符长度为 1~2 个字节，亚洲大部分字符则是 3 个字节，附加字符为 4 个字节。

【例 2-15】如图 2-15 所示，字符“中”在 UTF-8 编码中占 3 个字节。

字符	GB 2312-80	GBK	BIG5	UCS-2	UTF-16	UTF-8
中	D6 D0	D6 D0	A4 A4	4E 2D	4E 2D	E4 B8 AD
国	B9 FA	B9 FA	-	56 FD	56 FD	E5 9B BD

图 2-15　Unicode 字符集的编码空间

【例 2-16】字符串 Hello 的 UTF-8 编码为 48 65 6C 6C 6F。它与 ASCII 编码标准完全相同，而且使用起来具有非常好的效果。因为英文文本使用 UTF-8 编码时，完全与 ASCII 码一致。而 UTF-16 编码对字符串 Hello 的编码为 0048 0065 006C 006C 006F(大端字节序)，可见存储空间会增加大量冗余的 00 编码。

【例 2-17】以 I am Chinese 为例，用 ASCII 存储占 12 字节；用 UTF-8 存储占 12 字节；用

UTF-16 存储占 10＋2 字节(字节序)；用 UTF-32 存储占 48＋4 字节(字节序)。

【例 2-18】 以“我是中国人”为例，用 ASCII 存储占 10 字节；用 UTF-8 存储占 15 字节；用 UTF-16 存储占 10＋2 字节(字节序)；用 UTF-32 存储占 20＋4 字节(字节序)。

(3) UTF-8 编码的应用。

类 Unix 系统普遍采用 UTF-8 编码，如 Linux 系统的内码是 UTF-8。TCP/IP 网络协议、HTML 网页，大多数浏览器软件都采用 UTF-8 编码。而 Windows 操作系统和 Java 语言的内码是 UTF-8 编码的文档。但是，应用软件一般不具有这种编码识别功能。因此编写 Python3 程序时，程序源代码必须保存为 UTF-8 格式(可在 IDE 中设置)，并且在源代码首行声明编码格式(# - * - coding：utf-8 - * -)，否则容易产生中文乱码问题。

提示

在 Windows 系统下，文本文件(如.txt、.log、.py、.java、.cpp 等)有 4 种编码方式：ANSI(在简体中文 Windows 系统中，ANSI 代表 GBK 编码)，Unicode(小端 UTF-16 编码)，Unicode big endian(大端 UTF-16 编码)，UTF-8 编码。由于这 4 种编码都与 ASCII 编码兼容，所以有些人错误地认为文本文件就是采用 ASCII 编码的文件。

2.4 多媒体信息编码

本节将讨论除了文字信息以外，图形、图像、声音等多媒体信息的数字化编码技术。

2.4.1 图像信息数字化

1. 数字图像

数字图像(image)可以由数码照相机、数码摄像机、扫描仪、手写笔等设备获取，这些图形处理设备按照计算机能够接受的格式，对自然图像进行数字化处理，然后通过设备与计算机之间的接口传输到计算机，并且以文件的形式存储在计算机中，当然，数字图像也可以直接在计算机中进行自动生成或人工设计，或由网络、U 盘等设备输入。

当计算机将数字图像输出到显示器、打印机、电视机等设备时，又必须将离散化的数字图像合成为一幅图形处理设备能够接受的自然图像。

2. 图像的编码

(1) 二值图的编码。只有黑、白色的图像称为二值图。图像信息是一个连续的变量，离散化的方法是设置合适的取样分辨率(采样)，然后对二值图像中每一个像素用 1 位二进制数表示，就可以对二值图进行编码。一般将黑色点编码为 1，白色点编码为 0(量化)，如图 2-16 所示。

图像分辨率(采样精度)是指单位长度内包含像素点的数量，分辨率单位有 dpi(点/英寸)等。图像分辨率为 1024×768 时，表示每一条水平线上包含 1024 个像素点，垂直方向有 768 条线。分辨率不仅与图像的尺寸有关，还受到输出设备(如显示器点距)等因素的影响。分辨率决定了图像细节的精细程度，图像分辨率越高，包含的像素就越多，图像就越清晰，图像输出质量也越好。显然，过高的图像分辨率必然会增加图像文件占用的存储空间。

图 2-16　二值图(左图)、确定分辨率(中图)和二值图的数字化处理(右图)

(2) 灰度图像的编码。灰度图像的数字化方法与二值图相似，不同的是将白色与黑色之间的过渡灰色按亮度关系分为若干等级，然后对每个像素按亮度等级进行量化。为了便于计算机存储和处理，一般将亮度分为0~255个等级(量化精度)，而人眼对图像亮度的识别小于64个等级，因此对256个亮度等级的图像，人眼难以识别出亮度差。图像中每个像素点的亮度值用8位二进制数(1个字节)表示。

(3) 彩色图像的编码。显示器的任何色彩都可以用红绿蓝(RGB)三个基色按不同比例混合得到。因此，图像中每个像素点可以用3个字节进行编码。如图2-17所示，红色用1个字节表示，亮度范围为0~255个等级(R=0~255)；绿色和蓝色也同样处理(G=0~255，B=0~255)。

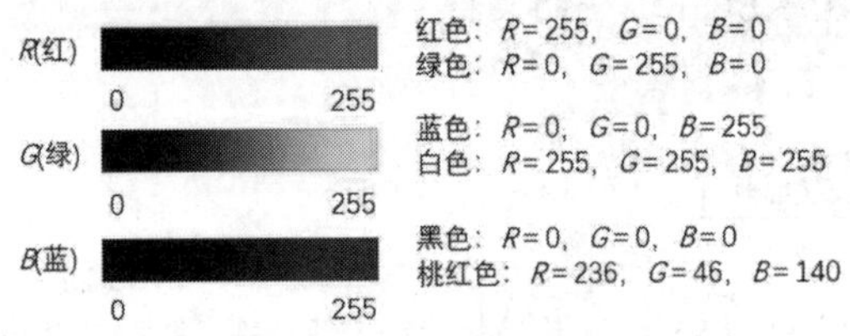

图 2-17　彩色图像的编码方式

【例 2-19】一个白色像素点的编码为 R=255，G=255，B=255；一个黑色像素点的编码为 R=0，G=0，B=0；一个红色像素的编码为 R=255，G=0，B=0；一个桃红色像素点的编码为 R=236，G=46，B=140 等。

采用以上编码方式，一个像素点可以表达的色彩范围为 2^{24}=1670万种色彩，这时人眼已很难分辨出相邻两种颜色的区别了。一个像素点总计用多少位二进制数表示，称为色彩深度(量化精度)，例如，上述案例中的色彩深度为24位。目前大部分显示的色彩深度为32位，其中，8位记录红色，8位记录绿色，8位记录蓝色，8位记录透明度(Alpha)的值，它们一起构成一个像素的显示效果。

【例 2-20】对分辨率为1024×768，色彩深度为24位的图片进行编码。

如图2-18所示，对图片中每个像素点进行色彩取值(量化精度)，其中某一个橙红色像素点的色彩值为 R=233，G=105，B=66，如果不对图片进行压缩，则将以上色彩值进行二进制编码就可以了。形成图片文件时，还必须根据图片文件格式加上文件头部。

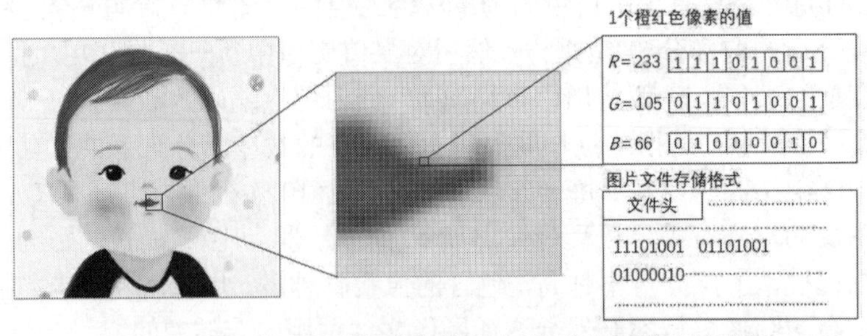

图 2-18　24位色彩深度图像的编码方式(没有压缩时的编码)

3. 点阵图像的特点

点阵图像由多个像素点组成，二值图、灰度图和彩色图都是点阵图像(也称为位图或光栅图)，简称为“图像”。图像放大时，可以看到构成整个图像的像素点，由于这些像素点非常小(取决于图像的分辨率)，因此图像的颜色和形状显得是连续的；一旦将图像放大观看，图像中的像素点会使线条和形状显得参差不齐。缩小图像尺寸时，也会使图像变形，因为缩小图像是通过减少像素点来使整个图像变小的。

大部分情况下，点阵图像由数码相机、数码摄像机、扫描仪等设备获得，也可以利用图像处理软件(如 Photoshop 等)创作和编辑而成。

4. 矢量图形的编码

矢量图形(graphic)使用直线或曲线来描述图形，矢量图以几何图形居多，它是一种面向对象的图形。矢量图形采用特征点和计算公式对图形进行表示和存储。矢量图形保存的是每一个图形元件的描述信息，如一个图形元件的起始、终止坐标、特征点等。在显示或打印矢量图形时，要经过一系列的数学运算才能输出图形。矢量图形在理论上可以无限放大，图形轮廓仍然能保持圆滑。

如图 2-19 所示，矢量图形只记录生成图形的算法和图上的某些特征点参数。矢量图形中的曲线是由短的直线逼近的(插补)，通过图形处理软件，可以方便地将矢量图形放大、缩小、移动、旋转、变形等。矢量图形最大的优点是无论进行放大、缩小或旋转等操作，图形都不会失真和变得模糊。由于构成矢量图形的各个部件(图元)是相对独立的，在进行矢量图形编辑修改时可以只针对其中的某一个部分，而不会影响图中的其他部分。

矢量图形只保存算法和特征点参数(如分形图)，因此占用存储空间较小，打印输出和放大时图形质量较高。但是，矢量图形也存在以下缺点：

(1) 难以表现色彩层次丰富的逼真图像效果。

(2) 无法使用简单廉价的设备，将图形输入到计算机中并进行矢量化。

(3) 矢量图形目前没有统一的标准格式，大部分矢量图形格式存在不开放和知识产权问题，这造成了矢量图形在不同软件中难以进行相互转换，也给人们使用矢量图形带来极大不便。

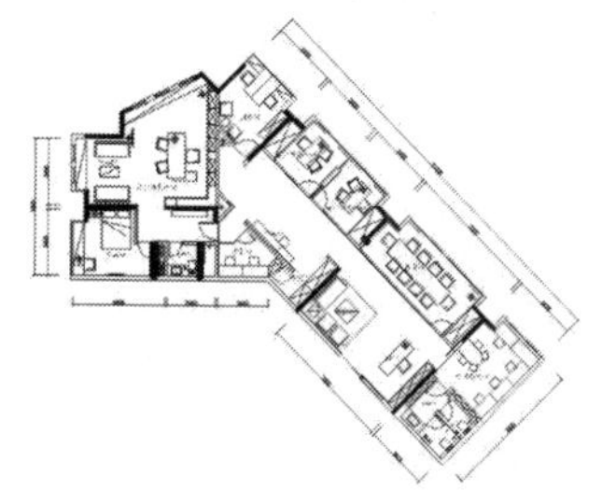
AutoCAD 矢量图

3DMAX 矢量图

分形矢量图

图 2-19 矢量图形

矢量图形主要用于线框形图片、工程制图、二维动画设计、三维物体造型、美术字体设计等。大多数绘图软件(如 Visio)、计算机辅助设计软件(如 AutoCAD)、二维动画软件(如 Flash)、三维造型软件(如 3DMAX)等，都采用矢量图形作为基本图形存储格式。矢量图形可以很好地转换为点阵图像，但是，点阵图像转换为矢量图形时效果很差。

2.4.2 声音信息数字化

在计算机中，声音、图形、视频等信息也需要转换成二进制数后，计算机才能存储和处理。将模拟信号转换成二进制数的过程称为数字化处理。

1. 声音处理的数字化过程

声音是连续变化的模拟量。例如，对着话筒讲话时(如图 2-20(a)所示)，话筒根据它周围空气压力的不同变化，输出连续变化的电压值。这种变化的电压值是对声音的模拟，称为模拟音频(如图 2-20(b)所示)。要使计算机能存储和处理声音信号，就必须将模拟音频数字化。

(1) 采样。任何连续信号都可以表示成离散值的符号序列，存储在数字系统中。因此，模拟信号转换成数字信号必须经过采样过程。采样过程是在固定的时间间隔内，对模拟信号截取一个振幅值(如图 2-20(c)所示)，并用定长的二进制数表示。显然，将连续的模拟音频信号转换为离散的数字音频过程中会存在一定消耗。截取模拟信号振幅值的过程称为采样，所得到的振幅值为采样值。单位时间内采样次数越多(采样频率越高)，数字信号就越接近原声。

奈奎斯特(Nyquist)采样定理指出：模拟信号离散化采样频率达到信号最高频率 2 倍时，可以无失真地恢复原信号。人耳的听力范围在 20Hz~20kHz 之间。声音采样频率达到 40kHz(每秒采集 4 万个数据)就可以满足要求，声卡采样频率一般为 44.1kHz 或更高。

(2) 量化。量化是将信号样本值截取为最接近原信号的整数值过程，例如，采用值是 16.2 就量化为 16，如果采样值是 16.7 就量化为 17。音频信号的量化精度(也称为采样位数)一般用二进制数位的长短来衡量，如声卡量化位数为 16 位时，有 2^{16}＝65 535 种量化等级(如图 2-20(d)所示)。目前声卡大多为 24 位或 32 位量化精度(采样位数)。

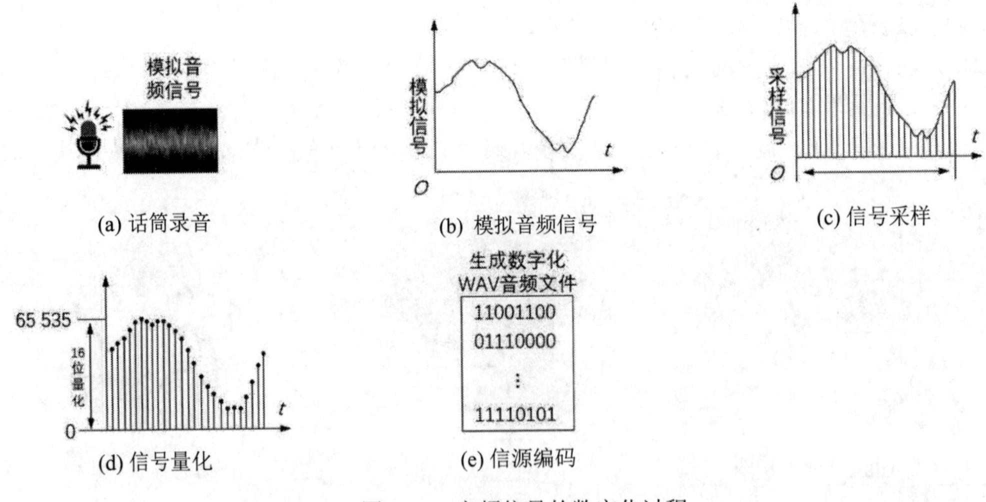

(a) 话筒录音　(b) 模拟音频信号　(c) 信号采样　(d) 信号量化　(e) 信源编码

图 2-20　音频信号的数字化过程

音频信号采样量化时，一些系统的信号样本全部在正值区间(如图 2-20(b)所示)，这时编码采用无符号数存储；另外一些系统的样本有正值、0、负值(如正弦曲线)，编码时用样本值最左边的位表示采样区间的正负符号，其余位表示样本绝对值。

(3) 编码。如果每秒钟采样速率为 S，量化精度为 B，它们的乘积为位率。例如，采样速率为 40kHz，量化精度为 16 位时，位率＝40 000×16＝640kb/s。位率是信号采集的重要性能指标，如果位率过低，就会出现数据严重丢失的现象。

数据采集后得到了一大批原始音频数据，对这些数据按照相应规则进行压缩编码(如 wav、mp3 等)后，再加上音频文件格式的头部，就得到了一个数字音频文件(如图 2-20(e)所示)。这项工作由声卡和音频处理软件(如 Adobe Audition)共同完成。

2. 声音信号的输入与输出

数字音频信号可以通过网络、光盘、数字话筒、电子琴 MIDI 接口等设备输入计算机。模拟音频信号一般通过模拟信号话筒和音频输入接口(Line in)输入计算机，然后由声卡转换为数字音频信号，这一过程称为模/数转换(A/D)。需要将数字音频播放出来时，将离散的数字量再转换成为连续的模拟信号(如电压)，这一过程称为数/模转换(D/A)。

3. 编解码器

编解码器是对信号或者数据进行变换的设备或者程序。这里的变换既包括对信号进行模/数或数/模转换，也包括对数据流进行压缩或解压缩操作。编解码器经常用在音频或视频等应用中，大多数编解码器对数据流进行有损压缩，目的是得到更小的文件。

多媒体数据流往往同时包含音频数据、视频数据，以及用于音频和视频数据同步的数据。这三种数据流可能会被不同的程序或者硬件处理，但是在传输或者存储时，这三种数据通常被封装在一起，这种封装通过文件格式来实现。例如，常见的音频格式有 wav、mp3、ac3 等；视频格式有 avi、mov、mp4、rmvb、3gp 等。这些格式中，有些只能使用特定的编解码器，而更多的格式能够以容器的方式使用各种编解码器。要播放某种格式的音频或视频文件，就需要支持该格式的解码器。台式计算机一般采用软件解码器解出音频或视频数据；而智能手机、数字电视、视频录像机等设备往往采用硬件编解码器。

2.5 课后习题

一、判断题

1. $(100)_{10}$ 和 $(64)_{16}$ 相等。　　(　　)
2. A 的 ASCII 加 32 等于 a 的 ASCII。　　(　　)

二、选择题

1. 二进制数 10110111 转换为十进制数等于(　　)。
   A. 185　　B. 183　　C. 187　　D. 以上都不是
2. 十六进制数 F260 转换为十进制数等于(　　)。
   A. 62040　　B. 62408　　C. 62048　　D. 以上都不是
3. 二进制数 111.101 转换为十进制数等于(　　)。
   A. 5.625　　B. 7.625　　C. 7.5　　D. 以上都不是
4. 十进制数 1321.25 转换为二进制数等于(　　)。
   A. 10100101001.01　　B. 11000101001.01
   C. 11100101001.01　　D. 以上都不是

5. 二进制数 100100.11011 转换为十六进制数等于(　　)。

A. 24.D8　　B. 24.D1　　C. 90.D8　　D. 以上都不是

6. 下列(　　)编码是常用的英文字符编码。

A. 24.D8　　B. 24.D1　　C. 90.D8　　D. 以上都不是

三、操作题

1. 将二进制数转换为八进制数和十六进制数：10011011.0011011，1010101010.0011001。

2. 将十进制数转换为二进制数：6，12，286，1024，0.25，7.125，2.625。

3. 将八进制或十六进制数转换为二进制数：$(75.612)_8$，$(64A.C3F)_{16}$。

4. 将二进制数转换为十进制数：1010，110111，10011101，0.101，0.0101，0.1101，10.01，1010.001。

第 3 章

Windows 10操作系统

☑ 内容简介

操作系统是人们操作计算机的基础平台，计算机只有在安装了操作系统之后才能发挥其功能。现在，绝大部分用户使用 Windows 系列操作系统，而在该系列操作系统中，Windows 7、Windows 10 与 Windows 11 系统更是被广泛应用。

本章将帮助用户了解 Windows 10 操作系统的基本功能，并掌握在 Windows 10 中设置系统桌面、操作鼠标和键盘、管理文件和文件夹、自定义系统设置、添加与删除程序以及使用 Windows 10 系统工具的方法。

☑ 重点内容

- Windows 10 操作系统的基本操作
- Windows 10 中文件的管理
- 在 Windows 10 中安装和卸载程序

3.1 操作系统概述

操作系统是配置在计算机硬件上的第一层软件，是对硬件系统的首次扩充。它在计算机系统中占据了特别重要的地位，其他系统软件和应用软件，都依赖于操作系统的支持。

3.1.1 操作系统的基本概念

操作系统是控制计算机硬件资源和软件资源的一组程序。操作系统能有效地组织和管理计算机中的各种资源，合理地组织计算机的工作流程，控制程序的执行，并向用户提供各种服务功能，使用户能够灵活、方便、有效地使用计算机，保障计算机系统能高效地运行。通俗地说，操作系统就是操作计算机的系统软件。操作系统的功能不是无限的，它主要负责控制和管理计算机，使计算机正常工作。

3.1.2 操作系统的功能

如果把用户、操作系统和计算机比作一座工厂，用户就像是雇主，操作系统是工人，而计算机是机器，操作系统具备管理处理器、存储器、设备、文件的功能。

- 处理器管理：在多道程序的情况下，处理器的分配和运行都以进程(或线程)为基本单位，因而对处理器的管理可以分配为对进程的管理。
- 存储器管理：包括内存分配、地址映射、内存保护等。
- 文件管理：计算机中的信息都是以文件的形式存在的，操作系统中负责文件管理的部分被称为文件系统，文件管理包括文件存储空间的管理、目录管理和读写保护等。
- 设备管理：主要任务是完成用户的I/O请求，包括缓冲管理、设备分配、虚拟设备等。

3.1.3 操作系统的分类

微型计算机上常见的操作系统有DOS、OS/2、UNIX、XENIX、LINUX、Windows、Netware等，大致可分为6种类型。

- 批处理操作系统：批处理是指用户将一批作业提交给操作系统后就不再干预，由操作系统控制它们自动运行。这种采用批量处理作业技术的操作系统称为批处理操作系统。批处理操作系统分为单道批处理系统和多道批处理系统。批处理操作系统不具有交互性，它是为了提高CPU的利用率而提出的一种操作系统。
- 分时操作系统：利用分时技术的一种联机的多用户交互式操作系统，每个用户可以通过自己的终端向系统发出各种操作控制命令，完成作业的运行。分时是指把处理机的运行时间分成很短的时间片，按时间片轮流把处理机分配给各联机作业使用。
- 实时操作系统：实时操作系统是为实时计算机系统配置的操作系统。其主要特点是资源的分配和调度首先要考虑实时性然后才是效率。此外，实时操作系统拥有较强的容错能力。
- 网络操作系统：网络操作系统是为计算机网络配置的操作系统。在其支持下，网络中的各台计算机能互相通信和共享资源。其主要特点是依靠网络和硬件相结合来完成网络的通信任务。
- 分布操作系统：分布计算机系统是由多个分散的计算机经互连网络构成的统一计算机系统。其中各个物理的和逻辑的资源元件既相互配合又高度自治，能在全系统范围内实现资源管理，动态地实现任务分配或功能分配，且能并行地运行分布式程序。
- 通用操作系统：同时兼有多道批处理、分时、实时处理的功能，或者其中两种以上功能的操作系统。

3.2 Windows 10 操作系统简介

Windows 10操作系统是Windows操作系统的登峰之作，拥有全新的触控界面，可以为用户呈现全新的使用体验。Windows 10操作系统可以运行在计算机、手机、平板电脑以及Xbox One等设备中，并能够跨设备搜索、购买和升级。

目前，Windows 10 操作系统有 Windows 10 Home(家庭版)、Windows 10 Professional(专业版)、Windows 10 Enterprise(企业版)、Windows 10 Education(教育版)、Windows 10 Mobile(移动版)、Windows 10 Mobile Enterprise(企业移动版)、Windows 10 loT Core(物联网版)等多个版本。

目前，大部分的计算机在出厂时预装有 Windows 10 操作系统，Windows 10 是跨平台操作系统，对计算机硬件要求不高，其最低硬件环境要求如下。

- 处理器：1 GHz 或更快的处理器。
- 内存：内存容量≥1 GB(32 位)或≥2 GB(64 位)。
- 硬盘：硬盘空间≥16 GB(32 位)OS 或 20 GB(64 位)OS。
- 显卡：支持 DirectX 9 或更高版本。
- 显示器：分辨率在 800 像素×600 像素及以上或可支持触摸技术的显示设备。

3.3 Windows 10 基本操作

在计算机中安装 Windows 10 操作系统以后，用户就可以进入 Windows 操作系统的操作界面了。Windows 10 操作系统具有类似的人机交互界面，本节将介绍其基本操作。

3.3.1 使用系统桌面

在 Windows 系列操作系统中，“桌面”是一个重要的概念，它指的是当用户启动并登录操作系统后，用户所看到的一个主屏幕区域。桌面是用户进行工作的一个平面，它由图标、“开始”按钮、任务栏、窗口等几部分组成，如图 3-1 所示。

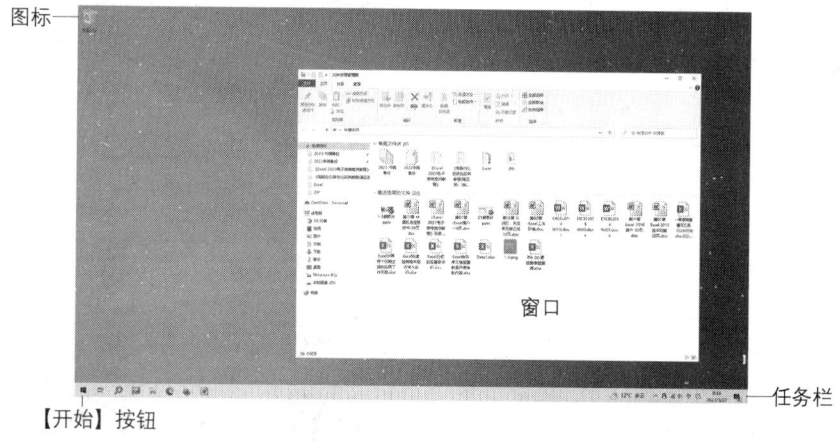

图 3-1　Windows 10 系统桌面

1. 管理桌面图标

在计算机中安装 Windows 10 后，用户会发现系统桌面上只有一个“回收站”图标。要显示“此电脑”“个人文件夹”“网络”等图标，可以执行以下操作。

【例 3-1】在 Windows 10 的系统桌面显示“计算机”“用户的文件”“网络”“回收站”等图标。

(1) 在系统桌面上右击鼠标，从弹出的菜单中选择“个性化”命令，如图 3-2 左图所示。

(2) 在打开的窗口中选择“主题”选项，然后选择窗口右侧的“桌面图标设置”选项，如图 3-2 中图所示。

(3) 打开“桌面图标设置”窗口，选中要在系统桌面上显示的图标(复选框)，单击“确定”按钮，如图 3-2 右图所示。

图 3-2　显示被系统隐藏桌面图标

除了系统图标，还可以添加其他应用程序或文件夹的快捷方式图标。一般情况下，安装了一个新的应用程序后，都会自动在桌面上建立相应的快捷方式图标，如果该程序没有自动建立快捷方式图标，可以在程序的启动图标上右击鼠标，在弹出的快捷菜单中选择“发送到”|“桌面快捷方式”命令(如图 3-3 所示)，来创建一个桌面快捷方式图标。

在系统桌面添加多个图标后，用户可以对图标执行排列、移动、隐藏、删除等操作。

- 排列图标。在桌面空白处右击鼠标，从弹出的快捷菜单中选择“排序方式”命令，可以将桌面上的图标按照“名称”“大小”“项目类型”“修改日期”等方式进行排序，如图 3-4 所示。

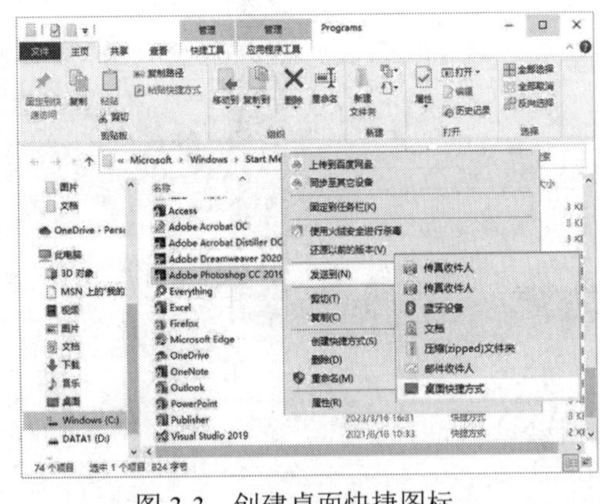

图 3-3　创建桌面快捷图标

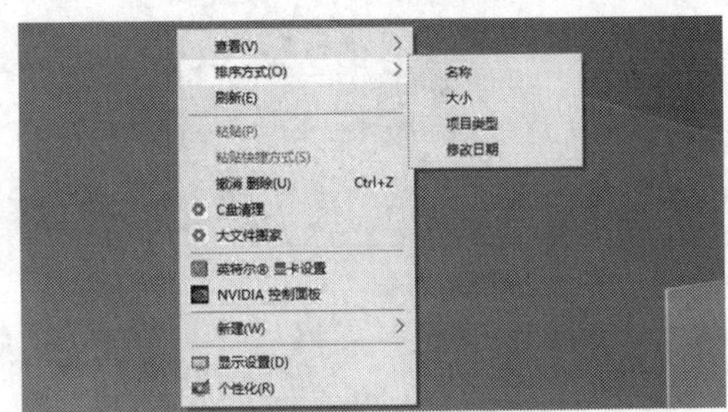

图 3-4　排列图标

- 移动图标。选中桌面图标后，按住鼠标左键拖动可以调整图标在桌面上的位置。
- 隐藏图标。在桌面空白处右击鼠标，从弹出的菜单中选择“查看”命令，从弹出的子菜单中取消选择“显示桌面图标”选项，即可隐藏所有桌面图标。

- 删除图标。选中桌面上的快捷图标后，按下 Delete 键即可将其删除(注意：“回收站”“此电脑”“网络”等系统图标需要通过执行图 3-2 所示的“桌面图标设置”对话框来从桌面删除)。

2. 使用任务栏和虚拟桌面

在 Windows 10 系统中，用户可以通过任务栏和虚拟桌面提升多任务办公效率。

1) 使用任务栏

任务栏是位于桌面下方的一个条形区域，它显示了系统正在运行的程序、打开的窗口和系统时间等内容，如图 3-5 所示。

图 3-5　显示被系统隐藏桌面图标

任务栏中包含了许多系统信息和功能。任务栏最左边的按钮是“开始”按钮，在“开始”按钮的右边依次是快速启动图标(包含系统默认图标和用户自定义图标)、打开的窗口和通知区域(该区域中包含系统中正在运行的程序图标、语言栏和系统时间)、“显示桌面”按钮(单击该按钮即可显示完整桌面，再单击即会还原)。

在任务栏上，用户可以通过鼠标的各种按键操作来实现不同的功能。

- 左键单击：单击任务栏左侧的快速启动图标，可以启动相应程序；单击任务栏中已打开的窗口，可以在系统桌面显示或隐藏该窗口；单击任务栏右侧的“显示桌面”按钮，可以立刻将桌面中显示的所有窗口最小化，显示系统桌面；单击通知区域中的“程序图标”“语言栏”“系统时间”将打开相应的界面显示各种系统(或程序)信息。
- 中键单击：使用鼠标中键单击任务栏中快速启动图标或打开的窗口，可以新建一个程序文件(或窗口)。
- 右键单击：右键单击任务栏中的图标，可以打开跳转列表(Jump List)，帮助用户快速打开办公中常用的文档、文件夹和网站，如图 3-6 所示。

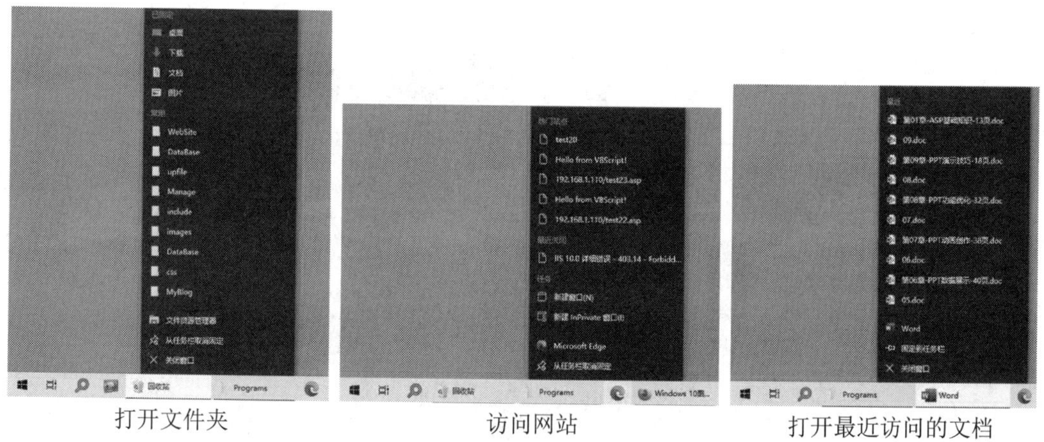

图 3-6　任务栏中的跳转列表

2) 使用虚拟桌面

虚拟桌面是 Windows 10 中一个新增的功能，该功能允许用户可以同时操控多个系统桌面环境，从而妥善管理办公中不同用途的窗口。

按下 Win+Tab 键即可打开虚拟桌面，如图 3-7 所示。虚拟桌面默认显示当前桌面环境中的窗口，屏幕顶部为虚拟桌面列表，单击“新建桌面”选项(快捷键 Win+Ctrl+D 键)可以创建多个虚拟桌面。在虚拟桌面中将打开的窗口拖动至其他虚拟桌面，也可以拖动窗口至“新建桌面”选项，自动创建新虚拟桌面并将该窗口移动至此虚拟桌面。如果用户要删除多余的虚拟桌面，单击该虚拟桌面缩略图右上角的“关闭”按钮即可，或者在需要删除的虚拟桌面环境中按下 Win+Ctrl+ F4 键。删除虚拟桌面时如果虚拟桌面中有打开的窗口，虚拟桌面自动将窗口移动至前一个虚拟桌面。使用 Win+ Ctrl+左/右方向键可以快速切换虚拟桌面。

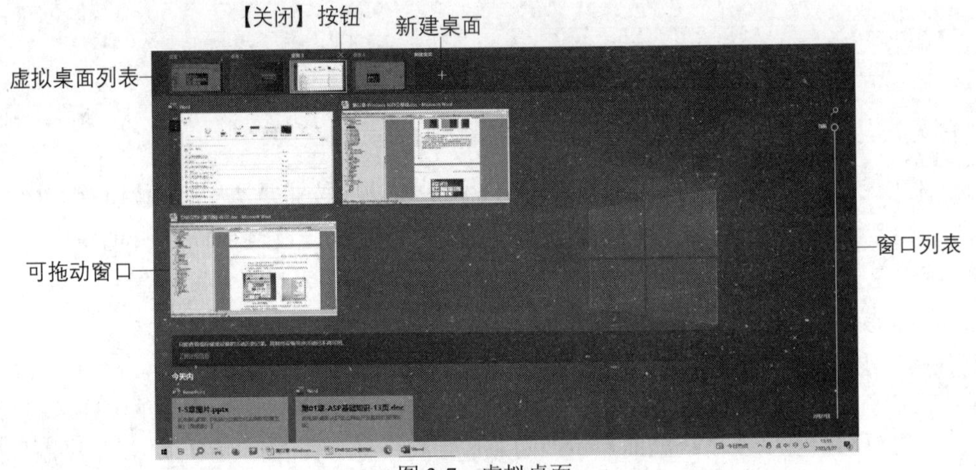

图 3-7　虚拟桌面

3. 使用分屏功能

使用 Windows 10 的分屏功能可以让多个窗口在同一屏幕显示，从而提升工作效率，如图 3-8 所示。

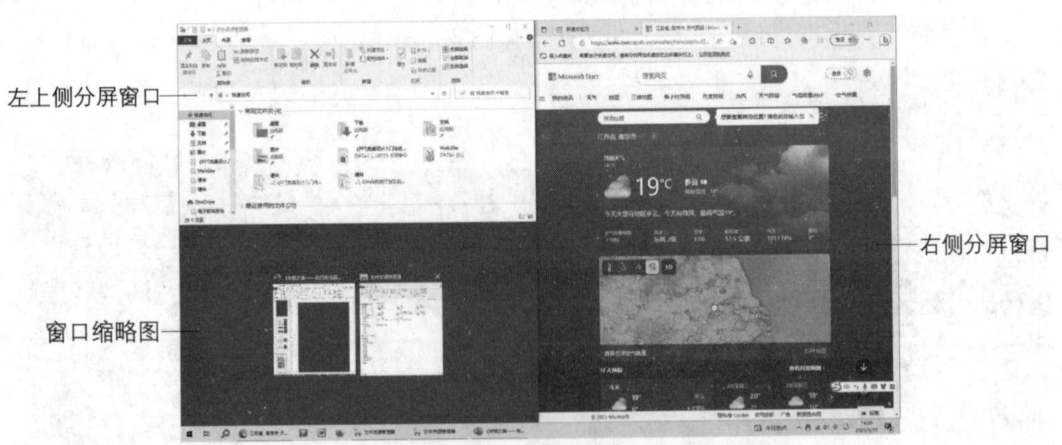

图 3-8　分屏显示窗口

在桌面中选中一个窗口后，将鼠标指针放置在窗口顶部按住鼠标左键拖动，将窗口拖动至显示器屏幕左侧、右侧、左上角、左下角、右上角或右下角即可进入分配窗口选择界面。分屏功能以缩略图的形式显示当前打开的所有窗口，单击缩略图右上角的“关闭”按钮可以关闭该窗口。选择另一个要分屏显示的窗口缩略图可以在屏幕上并排显示两个窗口。

提示

在 Windows 10 中可以使用 Win+方向键调整窗口显示位置。在计算机桌面环境中使用分屏功能时，窗口所占屏幕的比例只能是二分之一或者四分之一。

4. 使用开始菜单

开始菜单指的是单击任务栏中的“开始”按钮所打开的菜单。通过该菜单，用户不仅可以访问硬盘上的文件或者运行安装好的软件，还可以打开“Windows 10 设置”窗口并实现对电脑的睡眠、关机与重启控制，如图 3-9 所示。

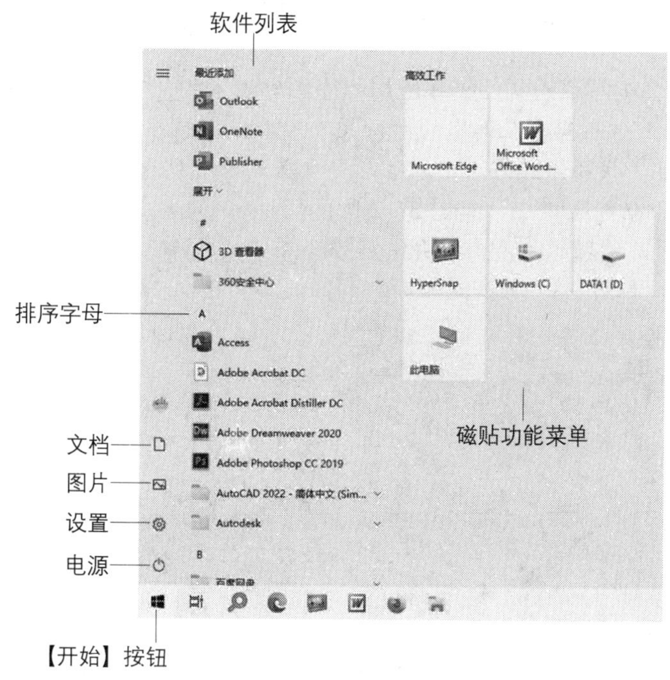

图 3-9　Windows 10 的开始菜单

1) 查找并运行软件

在开始菜单中，应用程序(软件)以名称的首字母或拼音升序排列，单击排序字母可以显示应用列表索引，如图 3-10 所示，通过该索引可以快速查找电脑中安装的软件。

2) 快速访问软件和应用

开始菜单右侧的界面中显示的缩略图块称为“动态磁贴”(Live Tile)或“磁贴”，多个磁贴的组合称为磁贴功能菜单。其功能和任务栏中的快捷图标类似，用户可以将常用的应用程序或文件夹加入到磁贴功能菜单中，在今后的工作中可以快速找到这些办公资源。右击磁贴功能菜单中的磁贴，通过弹出的菜单中可以将磁贴“从开始屏幕取消固定”“调整大小”或者将磁贴“固定到任务栏”，如图 3-11 所示。

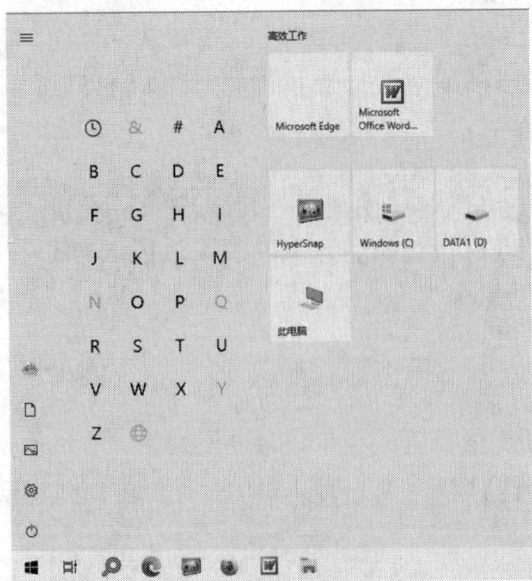

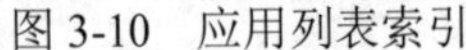
图 3-10　应用列表索引

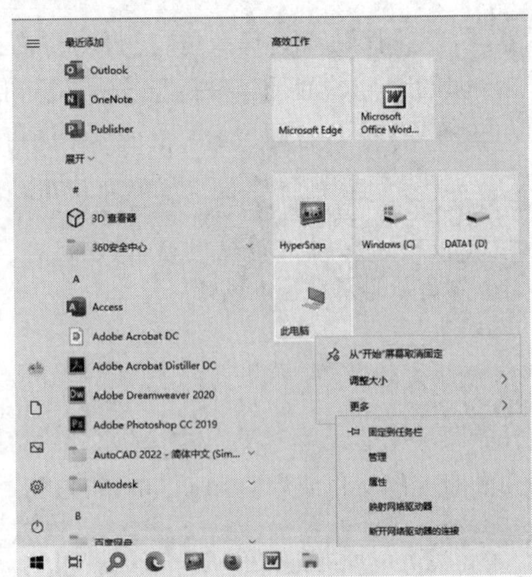

图 3-11　调整磁贴功能菜单

【例 3-2】将办公中常用的文件夹和应用程序图标加入到开始菜单的磁贴功能菜单中。

(1) 单击“开始”按钮，在弹出的开始菜单中单击排序字母 A，打开图 3-10 所示的应用列表索引选择字母 P，找到开始菜单中以字母 P 开头的软件列表，然后选中其中的 PowerPoint 软件将其拖动至磁贴功能菜单中，如图 3-12 所示。

(2) 打开文件资源管理器，右击保存常用办公文件的文件夹，从弹出的菜单中选择“固定到开始屏幕”命令，如图 3-13 所示。

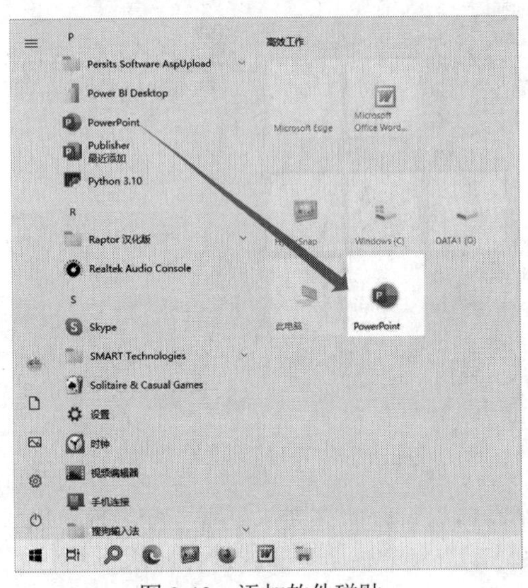

图 3-12　添加软件磁贴

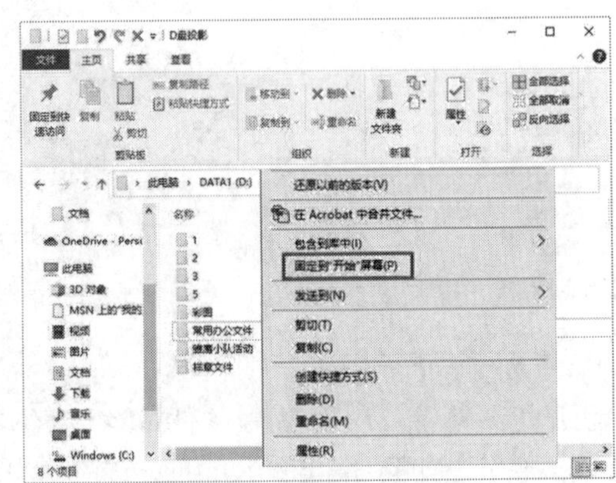

图 3-13　添加文件夹磁贴

3) Windows 设置

单击开始菜单左下方的“设置”按钮(快捷键：Win+I)，打开图 3-14 所示的“Windows 设置”窗口，其中包含“系统”“设备”“手机”“网络和 Internet”“个性化”“应用”“账户”“时间和语言”“游戏”“轻松使用”“搜索”“隐私”“更新和安全”13 项设置。

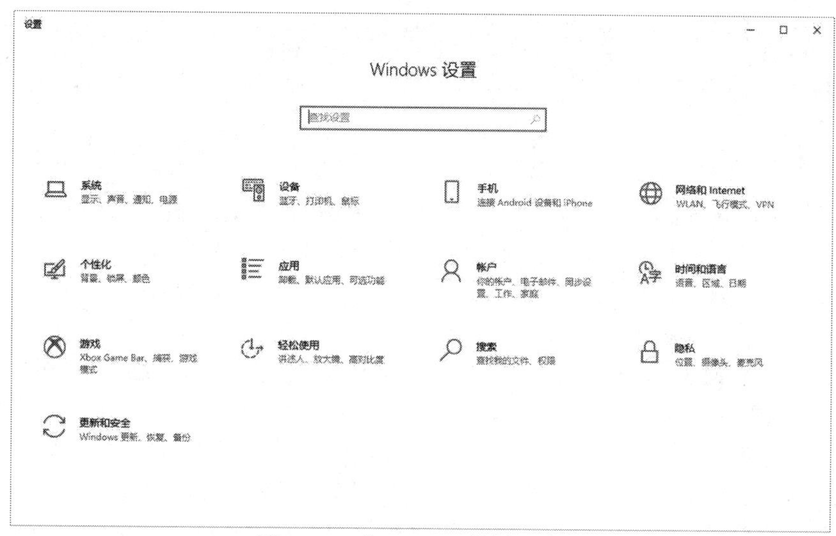

图 3-14 “Windows 设置”窗口

4) 快速打开文档和图片

单击开始菜单左下角的“文档”按钮，可以快速打开 Windows 10 文档库，如图 3-15 左图所示。单击开始菜单左下角的“图片”按钮，可以快速打开 Windows 10 图片库，如图 3-15 右图所示。

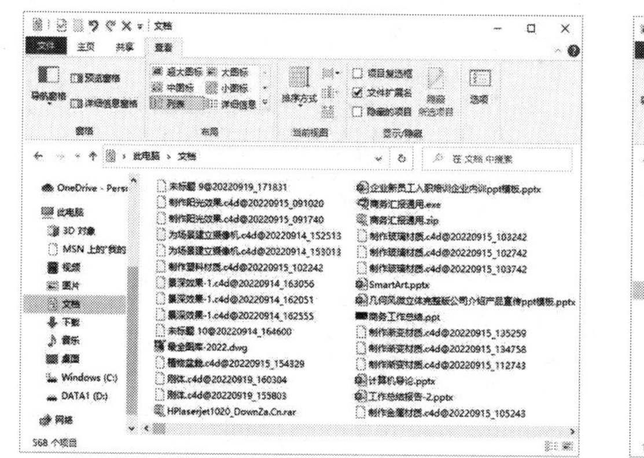

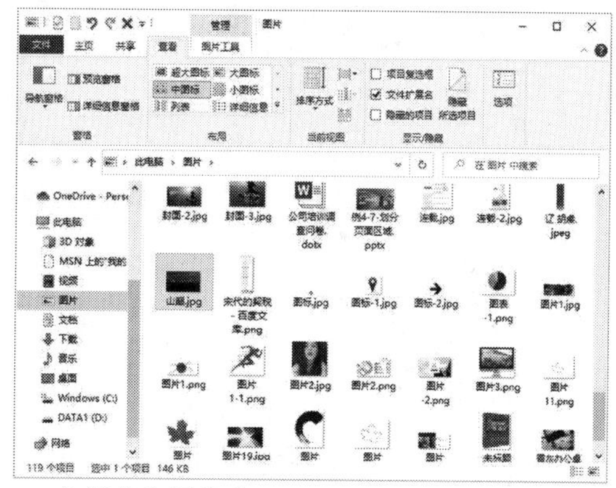

图 3-15 打开 Windows 10 文档库和图片库

5) 计算机电源管理

单击开始菜单左下角的“电源”按钮，在弹出的菜单中选择“关机”命令，可以关闭电脑；选择“重启”命令，可以重启电脑；选择“睡眠”命令，可以设置电脑进入睡眠状态(单击鼠标或按下 ESC 键唤醒)，如图 3-16 所示。

图 3-16 Windows 10 电源菜单

> **提示**
>
> 按下 Win+X 键，在弹出的菜单中选择“关机或注销”|“关机”命令，也可以关闭电脑。

5. 使用操作中心

在默认情况下，Windows 10 的操作中心在任务栏最右侧的通知区域以图标□方式显示。单击该图标(或按下 Win+A 键)可以快速打开操作中心，如图 3-17 所示。

操作中心由两部分组成，上方为通知信息列表，Windows 10 操作系统会自动对齐进行分类，单击列表中的通知信息可以查看信息详情或打开相关的设置窗口；下方为快捷操作按钮，单击这些按钮可以快速启用或停用网络、飞行模式、定位等功能，也可以快速打开连接、Windows 设置等窗口。

按下 Win+I 键打开“Windows 设置”窗口后，选择“系统”|“通知和操作”选项，可以打开图 3-18 所示的“通知和操作”窗口，用户可以修改操作中心中快捷操作按钮的位置，以及增加、删除快捷操作按钮。此外，还可以设置操作中心是否接收特定类别的通知信息。

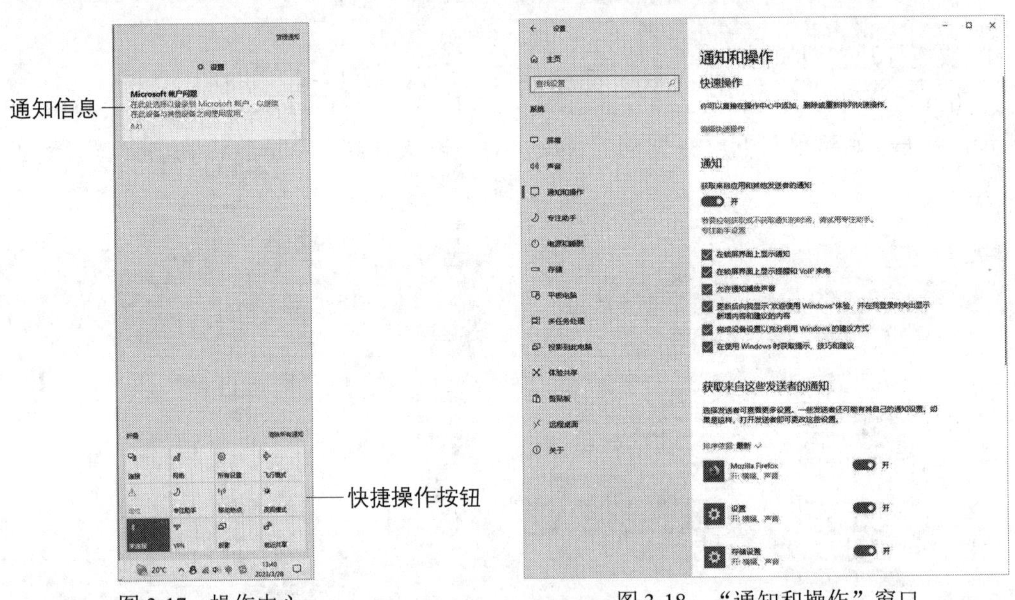

图 3-17　操作中心　　　　图 3-18　“通知和操作”窗口

6. 使用搜索窗口

Windows 10 系统支持全局搜索。按下 Win+S 键可以打开图 3-19 所示的“搜索”窗口，在该窗口底部的搜索栏中输入关键词即可搜索电脑中的功能、文档、图片、音乐，或者通过网络搜索符合关键词的信息。

选择“搜索”|“搜索 Windows”选项，可以打开图 3-20 所示的“搜索 Windows”窗口，用户可以设置搜索文件时排序的文件夹以及搜索文件的范围(包括“经典”和“增强”两种模式)。

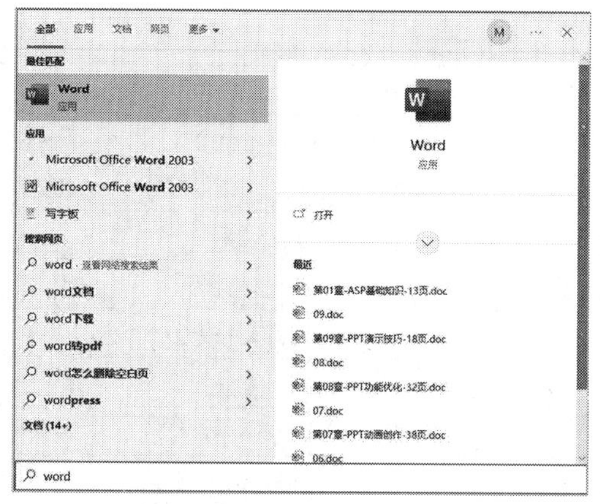
图 3-19　“搜索”窗口

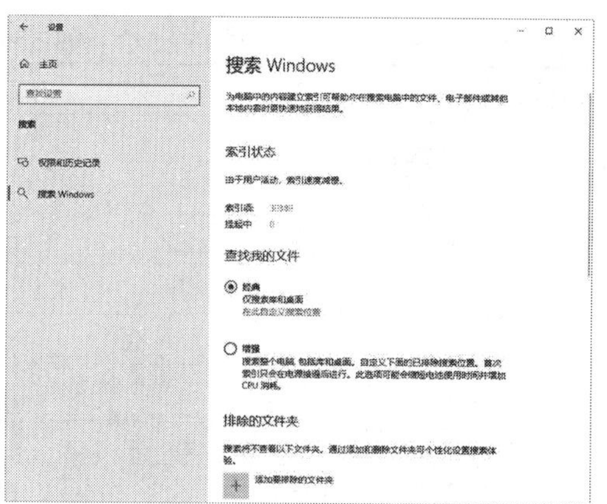
图 3-20　“搜索 Windows”窗口

3.3.2　操作鼠标和键盘

鼠标和键盘是操作 Windows 10 的主要设备，熟练掌握它们的使用方法，有助于提高工作的效率。

1. 鼠标的基本操作

利用鼠标可以方便地指定光标在电脑屏幕上的位置，对电脑软件中的菜单和对话框进行操作，这使得用户对电脑的操作变得非常容易、高效。

以 Windows 操作系统为例，鼠标在该系统中的操作主要包括指向、单击、双击、拖动和右击。

- 指向：移动鼠标，将鼠标指针移动到操作对象上。
- 单击：快速按下鼠标左键并释放。单击一般用于选定一个操作对象。
- 双击：连续两次快速按下鼠标左键并释放。双击一般用于打开窗口、启动应用程序。
- 拖动：按下鼠标左键，移动光标到指定位置，再释放鼠标左键。拖动一般用于选择多个操作对象，复制或移动对象等。
- 右击：快速按下鼠标右键并释放。右击一般用于打开一个与操作相关的菜单。

在 Windows 10 系统中，鼠标指针的形状通常是一个小箭头，但在一些特殊场合和状态下，鼠标指针形状会发生变化。鼠标指针的形状及其含义如表 3-1 所示。

表 3-1　鼠标指针的形状及其含义

形状	含义	形状	含义	形状	含义	形状	含义
↖	正常选择	+	精确定位	↕	垂直调整	✥	移动
↖?	帮助选择	I	选定文本	↔	水平调整	↑	候选
↖⌛	后台运行	✎	手写	↘	沿对角线调整 1	☝	链接选择
⌛	忙	⊘	不可用	↙	沿对角线调整 2		

2. 键盘的快捷操作

键盘是电脑办公自动化中最常用的输入设备，其主要功能是把文字信息和控制信息输入到电脑中。使用键盘，用户可以实现电脑操作系统提供的一切操作功能。以 Windows 10 系统为例，按表 3-2 所示的快捷键可以大大提高电脑在办公中的命令执行效率。

表 3-2　Windows 系统常用快捷键

快捷键	功　能	快捷键	功　能
Ctrl+Z\Y	撤销与恢复当前的操作步骤	Alt + Tab	在多个屏幕之间进行选择，进行多任务处理
Ctrl + A	选定全部内容(文件或数据)	Ctrl + Alt + Del	启动任务管理器
Ctrl + C	复制被选定的内容到剪贴板	Alt + F4	关闭当前应用程序
Ctrl + X	剪切被选定的内容到剪贴板	Ctrl + N	打开一个新文件或一个窗口
Ctrl + V	粘贴剪贴板中的内容到当前位置	Win + L	锁定屏幕
Win + D	显示系统桌面	Win + Prtscn	保存屏幕截图
Win + Tab	切换任务视图	Win + I	打开 Windows 的设置窗口
Win + S	打开 Windows 搜索栏	Win+空格	切换输入法
Win+↓\↑	窗口最小化\最大化切换	Ctrl+Shift+N	快速创建文件夹
Shift+Delete	永久删除当前选择的文件或文件夹	Shift+Ctrl+Esc	打开任务管理器
Alt+Tab	快速切换窗口	F2	重命名文件

3.3.3　使用 Ribbon 界面

Ribbon 界面将所有的命令放置在“功能区”中，组织成一种“标签”，每一种标签下包含了同类型的命令。如图 3-21 所示为双击“此电脑”图标后打开文件资源管理器中的 Ribbon 界面功能区。

图 3-21　Ribbon 界面功能区

现在，微软公司发的大部分软件产品都使用 Ribbon 界面，一些非微软公司软件也使用 Ribbon 界面，例如 WinZip、WPS Office 等。Ribbon 界面具有以下优点。

- 所有功能及命令集中分组存放，方便用户使用。
- 文件资源管理器更加简便易用。
- 部分文件格式和应用程序有独立的选项标签页。
- 软件功能以图标形式显示。
- 以往被隐藏很深的命令在 Ribbon 界面中变得直观，更加适合触控操作。
- 最常用的命令被放置在显眼、合理的位置，以便用户快速使用。
- 保留了传统资源管理器中一些优秀的级联菜单选项。

1. 功能区标签

Windows 10 文件资源管理器默认隐藏功能区不显示标签，如图 3-22 所示。单击窗口右上角的“展开功能区”按钮(快捷键：Ctrl+F1)可以显示图 3-21 所示的 Ribbon 功能区标签，单击 Ribbon 界面右上角的“最小化功能区”按钮 ^ 则可以隐藏功能区标签。

图 3-22　隐藏的 Ribbon 界面

在默认情况下，Ribbon 界面功能区显示“计算机”和“查看”标签，如图 3-21 所示。这些标签页中包含用户常用的操作选项。用户选中电脑中的驱动器(或文件)后，将会显示“主页”和“共享”标签，如图 3-23 所示。

图 3-23　选择驱动后显示更多标签

- “计算机”标签。用户在 Windows 10 系统桌面双击“此电脑”图标后，将在打开的文件资源管理器中显示图 3-21 所示的“计算机”标签，该标签中主要包含一些常用的电脑操作选项，例如查看系统属性、打开 Windows 设置、卸载程序、重命名文件(文件夹或驱动器)等。
- “查看”标签。“查看”标签中主要包含查看类型的操作选项，可以对文件和文件夹的显示布局进行调整，还可以对窗口左侧导航栏进行设置，如图 3-24 所示。在“查看”标签的“当前视图”分类下包括“分组依据”“排序方式”“添加列”等操作选项，使用这些选项可以帮助用户快速找到电脑中的办公文件。

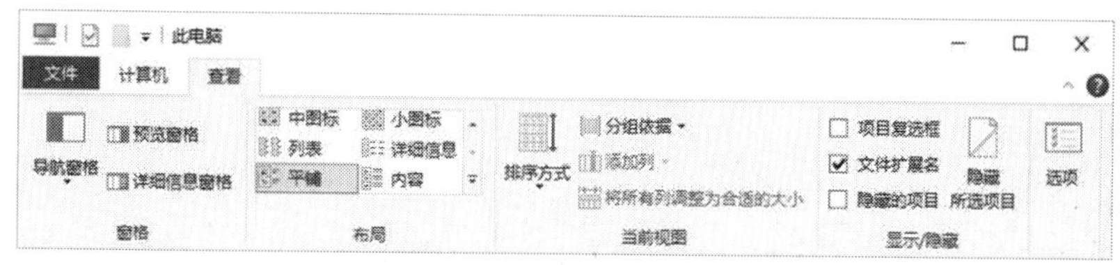

图 3-24　“查看”标签

- “主页”标签。“主页”标签中主要包含对各类文件的常用操作选项，例如复制、剪切、粘贴、新建、选择、删除、编辑等。此外，该标签中还包含复制文件路径的功能选项(“复制路径”选项)，选中文件或文件夹后，单击该选项可以复制选中对象的路径到任何位置。
- “共享”标签。“共享”标签中主要包含涉及共享和发送方面的操作选项。在该标签中用户可以对文件或文件夹进行压缩、刻录到光盘、打印、共享、传真等操作。“共享”标签中的命令只针对文件夹有效。用户可以单击图 3-25 所示“共享”标签中的“高级安全”选项，对文件或文件夹的权限进行设置。

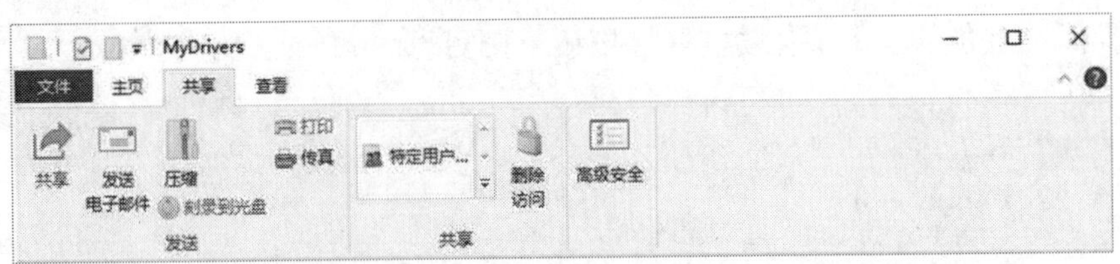

图 3-25 “共享”标签

提示

“共享”标签中的命令只针对文件夹有效。用户可以单击“共享”标签中的“高级安全”选项，对文件或文件夹的权限进行设置。

除了上面介绍的基本标签以外，在电脑中选中不同的操作对象时，Ribbon 界面将显示不同的功能区标签。下面将介绍 Ribbon 界面中处理办公文件的几个常用标签操作。

- 硬盘分区操作。在文件资源管理器中选中硬盘分区后，Ribbon 界面功能区将显示图 3-26 所示的“驱动器工具”标签，其中包含优化(磁盘整理)、清理、格式化等操作选项。
- 音乐文件操作。选中 Windows 10 支持的音乐文件时，Ribbon 界面功能区将显示“音乐工具”标签，其中包括一些播放音乐的常用操作选项，如图 3-27 所示。单击其中的“播放”选项，系统将自动调用音乐或视频软件播放音乐文件。

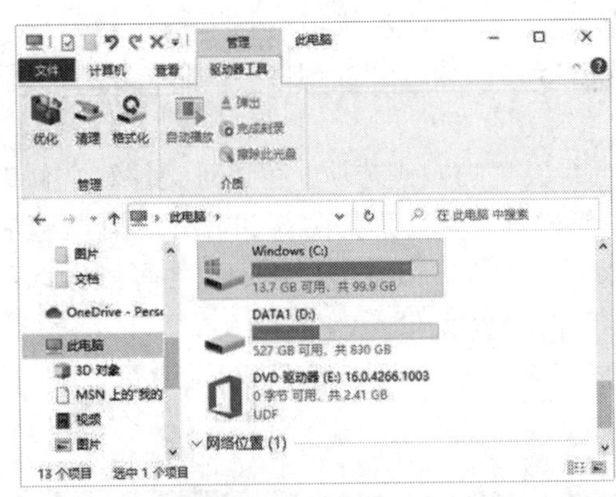

图 3-26 “驱动器工具”标签

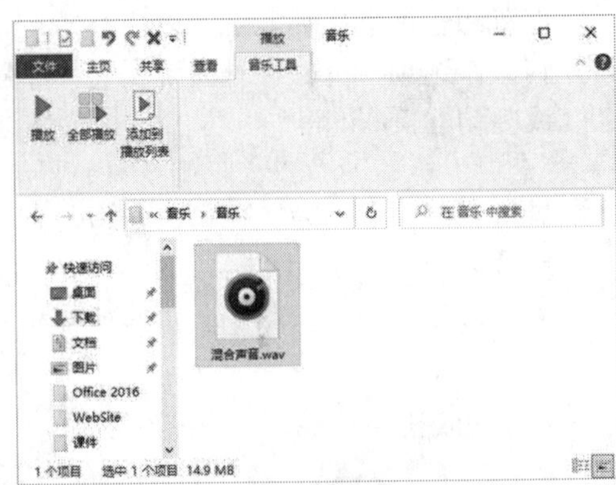

图 3-27 “音乐工具”标签

- 图片文件操作。选中一个图片文件，Ribbon 界面功能区将显示图 3-28 所示的“图片工具”标签，单击其中的“放映幻灯片”选项可以将文件夹中的图片以幻灯片的形式放映；单击“向左旋转”或“向右旋转”选项可以对图片进行简单的编辑；单击“设置为背景”选项，可以将选中的图片设置为系统桌面壁纸。
- 视频文件操作。选中视频文件，Ribbon 界面功能区将显示图 3-29 所示的“视频工具”标签，该标签中各选项的功能与“音乐工具”标签类似。
- 可执行文件操作。Windows 10 系统默认识别.exe、.msi、.bat、.cmd 等类型的文件为可执行文件。选中一个可执行文件，Ribbon 界面功能区将显示图 3-30 所示的“应用程序工具”标签，单击其中的“固定到任务栏”选项可以将文件固定到桌面任务栏左侧的快速启动图标区域；单击“以管理员身份运行”选项右侧的小箭头，可以在弹出的列表中选择以其他用户身份运行可执行文件；单击“兼容性问题疑难检查”选项，可以检查可执行文件的兼容性。

- 压缩文件操作。Windows 10 系统只支持.zip 格式的压缩文件，选中该类型的文件后 Ribbon 界面的功能区将显示图 3-31 所示的“压缩的文件夹工具”标签。

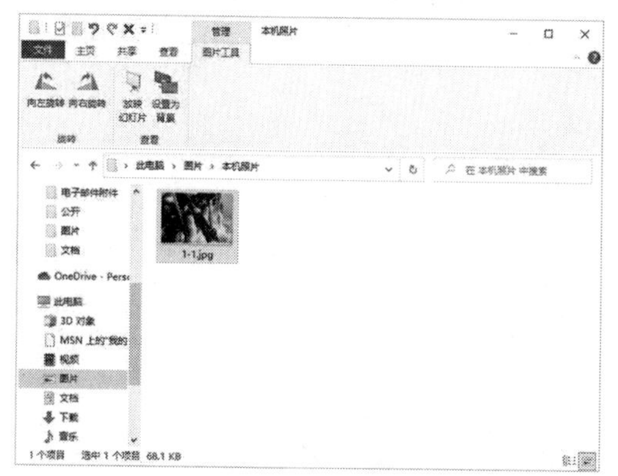

图 3-28　“图片工具”标签

图 3-29　“视频工具”标签

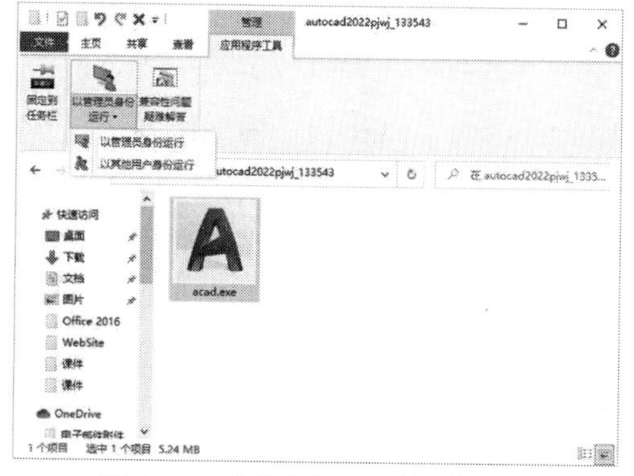

图 3-30　“应用程序工具”标签

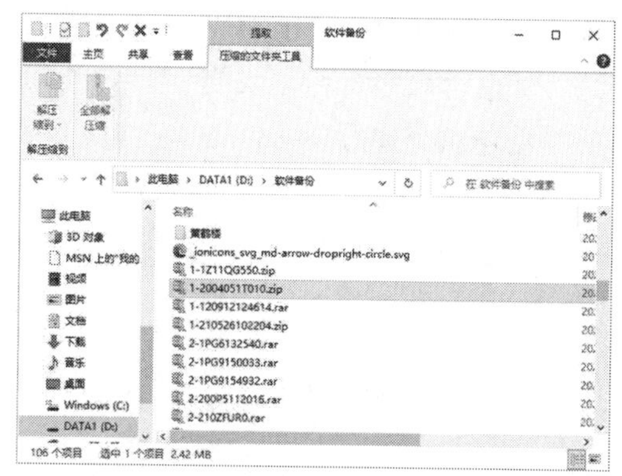

图 3-31　“压缩的文件夹工具”标签

2. 文件菜单

在 Windows 10 中打开文件资源管理器，单击 Ribbon 界面左上角的“文件”选项将打开图 3-32 左图所示的级联文件菜单。文件菜单左侧为选项列表，右侧为用户经常使用的文件位置列表，单击文件右侧的图钉按钮可以将文件位置固定在文件菜单中。

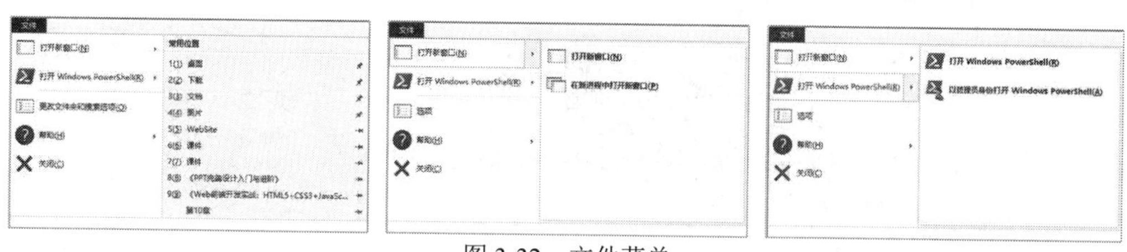

图 3-32　文件菜单

文件菜单中包含两个实用的选项，分别是“打开新窗口”选项和“打开 Windows PowerShell”选项。选择“打开新窗口”选项，将显示图 3-32 中图所示的子菜单，提供“打开新窗口”和“在进程中打开新窗口”两个选项；选择“打开 Windows PowerShell”选项，将显示图 3-32 右图所示的子菜单，包含“打开 Windows PowerShell”和“以管理员身份打开 Windows PowerShell”两个选项。

3. 快速访问工具栏

Ribbon 界面的快速访问工具栏位于文件资源管理器的标题栏中，其中包括“属性”“新建文件夹”“撤销”“恢复”“删除”和“自定义快速访问工具栏”等用户常用的操作选项，如图 3-33 所示。

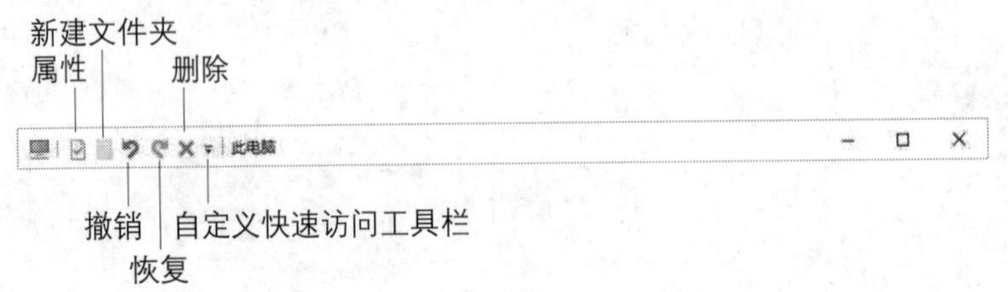

图 3-33　快速访问工具栏

3.4 Windows 10 个性化设置

在使用电脑处理办公文件或事务时，用户可根据自己的习惯和喜好为操作系统设置个性化的办公环境，以提升办公环境提高办公效率。个性化的办公环境可以通过自定义桌面主题、桌面背景(图片背景、纯色背景、幻灯片放映背景)、锁屏界面、设置屏幕保护程序等方式来实现。

3.4.1　自定义桌面主题

主题是电脑的图片、颜色和声音的组合。用户通过自定义主题可以使办公电脑的整体视觉效果发生质的变化。在 Windows 10 系统桌面上右击鼠标，从弹出的菜单中选择“个性化”命令，在打开的窗口中选择“主题”选项，可以自定义系统桌面的主题方案，如图 3-34 所示。

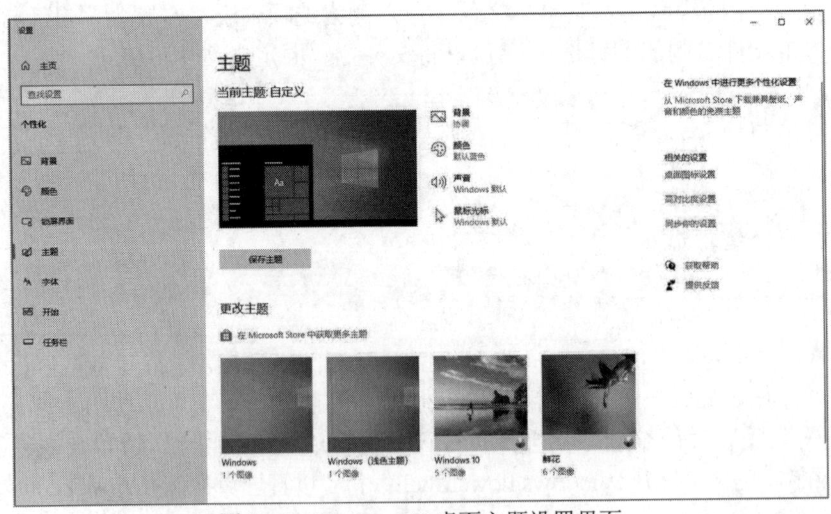

图 3-34　Windows 10 桌面主题设置界面

1. 设置主题颜色

在图 3-34 所示界面中单击“颜色”选项，在打开的“颜色”界面中用户可以自定义系统主题颜色，如图 3-35 所示。Windows 10 系统提供了 40 多个主题色，选中“从我的背景自动选取一种主题色”复选框后，可以启用主题随壁纸自动更换主题色的功能。

在图 3-35 所示的界面中选中“开始菜单、任务栏和操作中心”复选框，可以单独设置主题“开始”菜单、任务栏和操作中心的颜色；选中“标题栏和窗口边框”复选框，可以单独设置窗口中标题栏和窗口边框的颜色。

2. 设置桌面背景

在图 3-34 所示界面中单击“背景”选项，在打开的“背景”界面中用户可以自定义系统桌面背景，如图 3-36 所示。

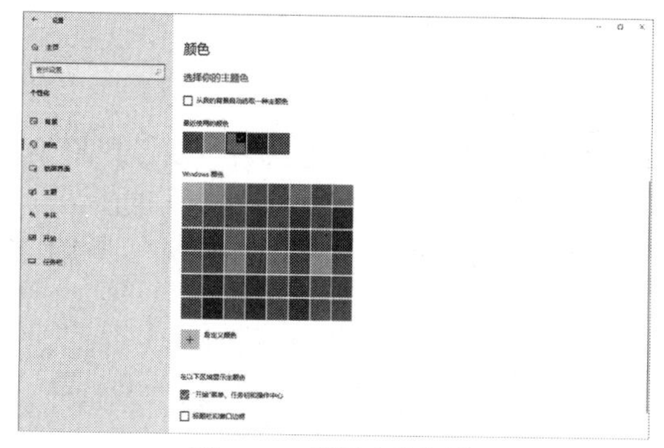

图 3-35　设置主题颜色

图 3-36　自定义桌面背景

在图 3-36 所示的界面中单击“背景”下拉按钮，从弹出的下拉列表中可以选择桌面背景采用图片、纯色还是幻灯片放映形式；单击“浏览”按钮可以将电脑硬盘中的图片文件设置为 Windows 10 系统桌面背景；单击“选择契合度”下拉按钮，从弹出的下拉列表中可以选择图片作为桌面背景的填充方式，包括“填充”“拉伸”“平铺”“居中”“跨区”等几种形式。

3.4.2　自定义锁屏界面

在 Windows 10 中按下 Win+L 键可以快速进入锁屏界面(只显示系统日期和时间)，如图 3-37 所示。参考以下操作步骤可以自定义锁屏界面的背景效果。

【例 3-3】为 Windows 10 操作系统设置锁屏界面。

(1) 在系统桌面上右击，从弹出的菜单中选择“个性化”命令，打开“设置”窗口，然后选择窗口左侧的“锁屏界面”选项。

(2) 在打开的“锁屏界面”窗口中单击“背景”下拉按钮，设置锁屏界面中使用的背景类型，包括“图片”“纯色”和“幻灯片放映”。

(3) 单击“浏览”按钮可以将电脑中保存的图片文件作为锁屏界面图片，显示在“选择图片”列表中，选中列表中的图片即可将其作为锁屏界面图片，如图 3-38 所示。

图 3-37　锁屏界面

图 3-38　“锁屏界面”窗口

3.4.3　设置屏幕保护程序

在图 3-38 所示的“锁屏界面”窗口的底部单击“屏幕保护程序设置”选项，可以打开图 3-39 左图所示的“屏幕保护程序设置”对话框，单击该对话框中的“屏幕保护程序”下拉按钮，用户可以为 Windows 10 系统设置屏幕保护程序。在“等待”微调框中可以设置电脑在误操作状态下进入屏幕保护程序的时间，如图 3-39 右图所示。

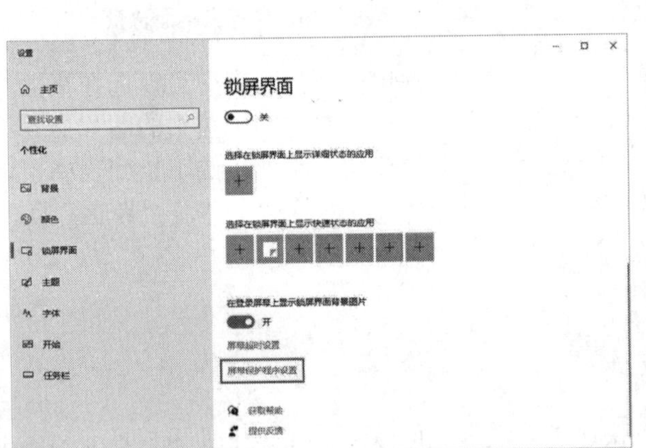

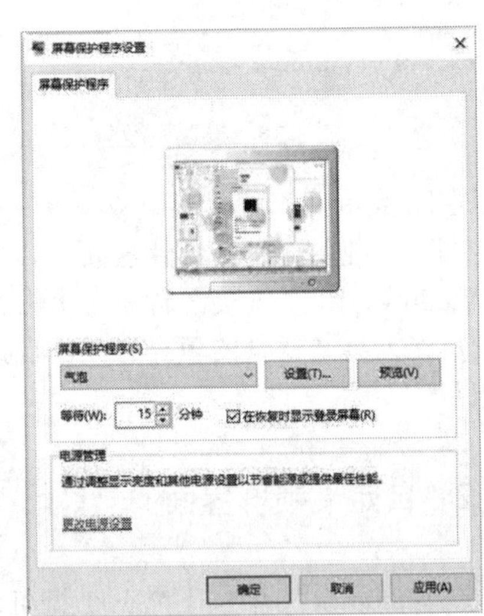

图 3-39　为 Windows 10 设置屏幕保护程序

3.4.4　系统账户设置

使用 Microsoft 账户不仅可以登录 Windows 10 系统，还可以登录其他任何 Microsoft 应用程序或服务，例如 Outolook、OneDrive、Office 等。

1. Windows 10 账户基础知识

Windows 10 提供两种账户用以登录操作系统，分别是本地账户和 Microsoft 账户。在安装 Windows 10 的过程中，系统会提示用户使用何种方式登录电脑，默认选项为 Microsoft 账户，同时也为用户提供了注册 Microsoft 账户的选项(须连接到互联网)。如果无网络连接，用户则只能使用本地账户登录操作系统，Windows 10 系统安装程序将为用户创建本地账户登录操作。

提示

由于本地账户无法使用某些 Windows 应用且无法同步操作系统设置数据，所以在办公中为了保护电脑中的重要数据与设置参数，并体验 Windows 10 的完整功能，用户应尽量使用 Microsoft 账户登录系统。

2. Windows 注册 Microsoft 账户

在安装 Windows 10 操作系统时，并不是每位用户都会使用 Microsoft 账户登录。在没有 Microsoft 账户的情况下，创建 Microsoft 账户可以采用以下两种方法。

- 方法一：通过浏览器访问微软官方网站注册 Microsoft 账户。
- 方法二：通过 Windows 10 的 Microsoft 账户注册链接注册 Microsoft 账户。

提示

在注册 Microsoft 账户的过程中，用户需要为账户设置有效的手机号码及电子邮件，以便在后续登录操作系统或同步密码进行验证时使用。注册 Microsoft 账户的过程比较简单，按照微软公司提供的提示即可完成操作。

3. 从本地账户切换至 Microsoft 账户

在 Windows 10 中用户可以参考以下操作步骤将本地账户切换为 Microsoft 账户。

(1) 按下 Win+I 键打开“Windows 设置”窗口，选择“账户”选项，打开“账户信息”窗口，单击“改用 Microsoft 账户登录”选项，如图 3-40 左图所示。

(2) 打开“Microsoft 账户”对话框，在系统提示下输入 Microsoft 账户及密码，单击“下一步”按钮切换至 Microsoft 账户，如图 3-40 右图所示。

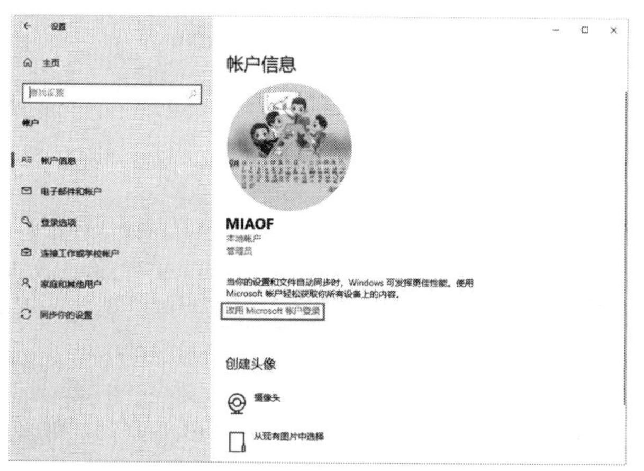

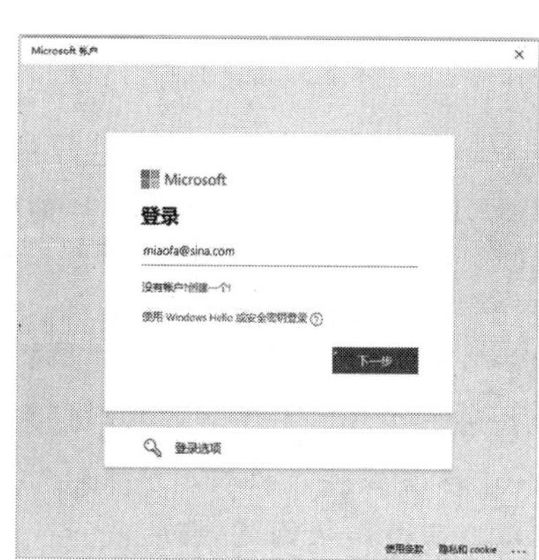

图 3-40　切换为 Microsoft 账户

4. 设置 Windows 10 登录模式

在 Windows 10 中，用户可以采用图片密码、安全密码、字符密码、Windows Hello PIN、

Windows Hello(需硬件支持)等 5 种方式登录系统。下面将介绍在办公中比较实用的几种登录方式(注意：如果用户通过远程方式登录 Windows 10，则只能使用字符式密码登录模式，如果系统启用了“需要通过 Windows Hell 登录 Microsoft 账户”选项，则不会显示密码、图片密码设置选项)。

1) 使用图片密码登录系统

图片密码就是预先在一张图片上绘制一组手势，操作系统保存这组手势后，当用户登录操作系统时，需要重新在图片上绘制手势。如果绘制的手势和之前设置的手势相同，即可登录操作系统。在 Windows 10 中使用图片密码登录，可以大大提升系统的登录速度。

启用图片密码的具体操作方法如下。

【例 3-4】 在 Windows 10 操作系统启用图片登录密码。

(1) 按下 Win+I 键打开“Windows 设置”窗口，选择“账户”|“登录选项”选项，打开图 3-41 左图所示的“登录选项”窗口，单击“图片密码”选项将其展开，然后单击“添加”按钮。

(2) 打开“Windows 安全中心”对话框，输入系统账户密码后，单击“确定”按钮，如图 3-41 右图所示。

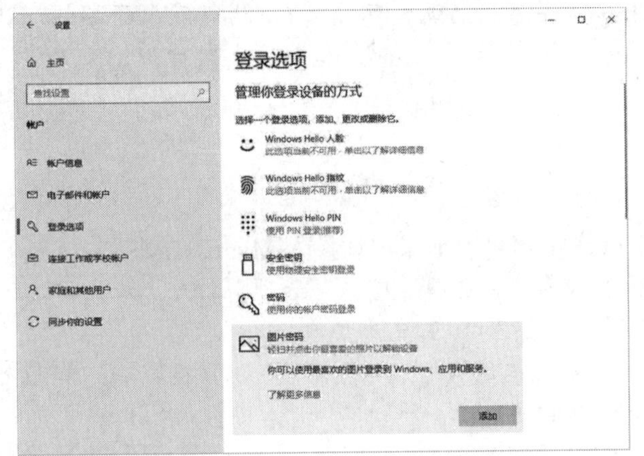

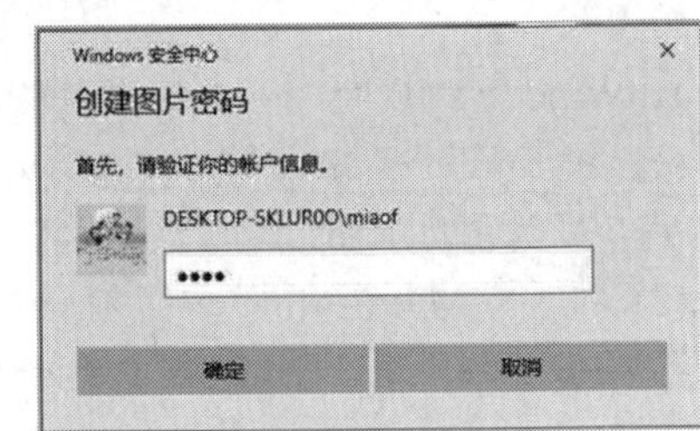

图 3-41　添加图片密码

(3) 在“图片密码”窗口中单击“选择图片”按钮，打开“打开”对话框，选择一张图片作为图片密码的图片后，单击“打开”按钮，如图 3-42 左图所示。

(4) 在打开的界面中单击“使用此图片”按钮，如图 3-42 右图所示。

(5) 确定使用的图片后，即可在界面中创建手势组合。因为每个图片密码只允许创建 3 个手势，所以图中醒目的 3 个数字表示当前已创建至第几个手势。手势可以使用鼠标绘制任意圆、直线和点等图形，手势的大小、位置和方向以及画手势的顺序，都将成为图片密码的一部分。因此，用户在创建手势时必须牢记手势。

(6) 手势创建完成后，系统将会提示用户确认手势密码，用户根据提示重新绘制手势并验证通过，图片密码创建成功。此时，重新登录或解锁 Windows 10，操作系统将会自动使用图片密码登录模式。

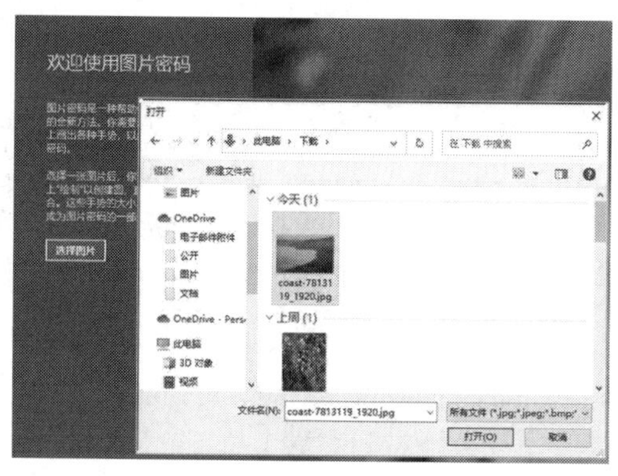

图 3-42　选择图片

提示

注意：图片密码只能在登录 Microsoft 账户的 Windows 10 操作系统中使用。如果用户想要修改图片密码可以在“Windows 设置”窗口中选择“账户”|“登录选项”选项，然后在“图片密码”选项下单击“更改”按钮。如果想要删除图片密码，在“图片密码”选项下单击“删除”按钮即可。

2) 使用 Windows Hello PIN 登录系统

Windows Hello PIN(简称 PIN)即个人识别码。在 Windows 10 操作系统中使用 PIN 登录更加方便快捷。

在 Windows 10 的安装过程中，如果设置使用 Microsoft 账户，则操作系统会要求用户启用 PIN。如果是在本地账户已经安装完成的 Windows 10 中启用 PIN，则需要先使用 Microsoft 账户登录并通过短信或邮箱验证之后，才能启用 PIN。

在图 3-41 左图所示的“登录选项”窗口中展开 Windows Hello PIN 选项，单击其下方的“更改”和“删除”按钮，可以修改或删除系统中设置的 PIN，如图 3-43 所示。

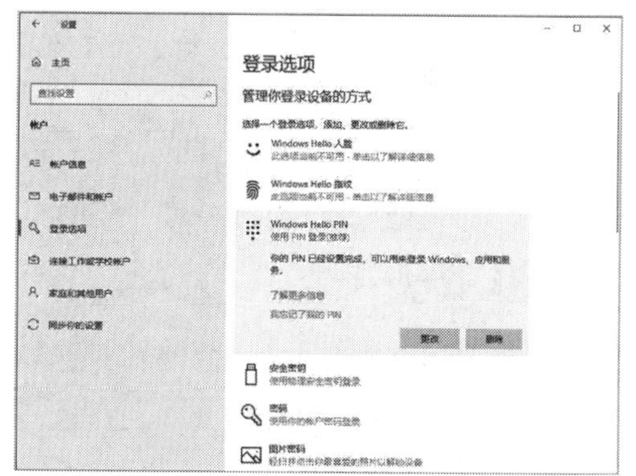

图 3-43　修改与删除 PIN

3) 使用 Windows Hello 登录系统

Windows Hello 是 Windows 10 系统提供的一种安全认证识别技术，它能够在用户登录操作系统时，对当前用户的指纹、面部和虹膜等生物特征进行识别。Windows Hello 比传统的密码更加安全。

使用 Windows Hello 登录系统需要特定的硬件支持：指纹识别需要指纹收集器；面部识别和虹膜识别需要使用 Intel 3D 实感相机，或采用该技术并且得到微软认证的传感器。在电脑中安装相应的设备后，在“登录选项”窗口中展开“Windows Hello 人脸”或“Windows Hello 指纹”选项，即可通过 Windows Hello 添加人脸或指纹。

提示

启用 Windows Hello 之后必须启用 PIN，以保证在 Windows Hello 无法使用时用户还可以使用 PIN 解锁 Windows 10。

3.5 Windows 10 文件管理

在 Windows 10 操作系统中，文件系统是一种存储和组织计算机数据的方式，使数据的存取和查找变得容易。如果将计算机硬盘比作是一块空地，那么文件系统就是建造在空地上的房屋，文件像房屋中的房间，用户只需要记住房间(文件)所属楼层(目录)及房间门牌号，即可找到相对应的房间(文件)。

3.5.1 使用资源管理器

利用 Windows 系统的资源管理器，用户可以方便地对文件进行浏览、查看、移动、复制等各种操作，在一个窗口里就可以浏览所有的磁盘、文件夹和文件。

1. 查看文件

Windows 10 系统一般用“此电脑”窗口来查看磁盘、文件夹和文件等计算机资源，用户可以通过窗口工作区、地址栏、导航窗格三种方式进行查看。

- 通过窗口工作区查看文件。窗口工作区是窗口的最主要的组成部分，通过窗口工作区查看计算机中的资源是最直观、最常用的文件查看方法。

【例 3-5】在 Windows 10 系统中通过窗口工作区查看 D 盘 project 文件夹中的文件。

(1) 单击“开始”按钮■，从弹出的菜单中选择“此电脑”命令(如图 3-44 左图所示)，或者双击桌面上的“此电脑”图标，打开“此电脑”窗口。

(2) 在“此电脑”窗口工作区内双击“本地磁盘(D:)”(如图 3-44 中图所示)，打开 D 盘窗口，找到并双击 project 文件夹，打开该文件夹，如图 3-44 右图所示。

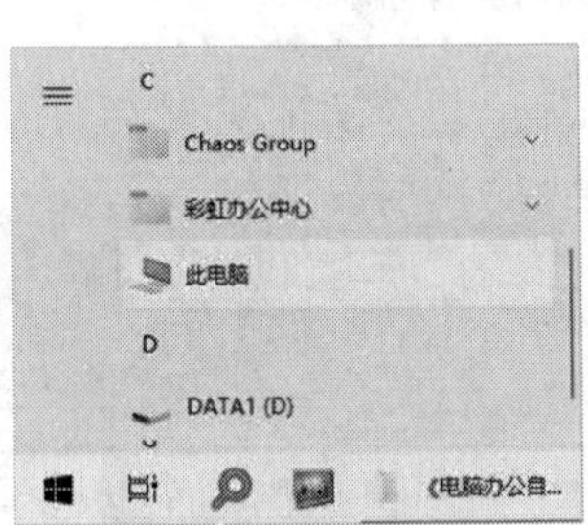

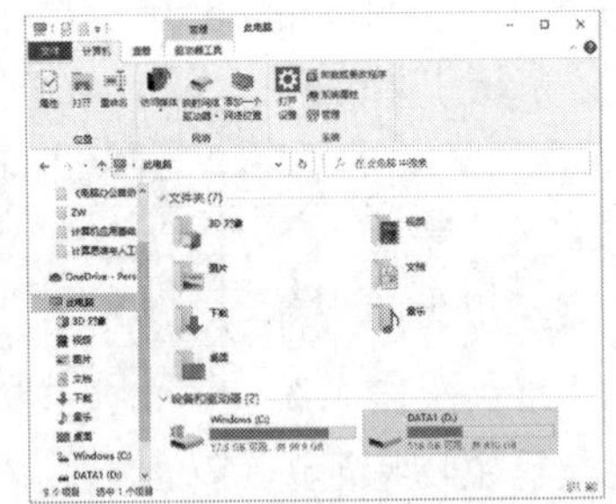
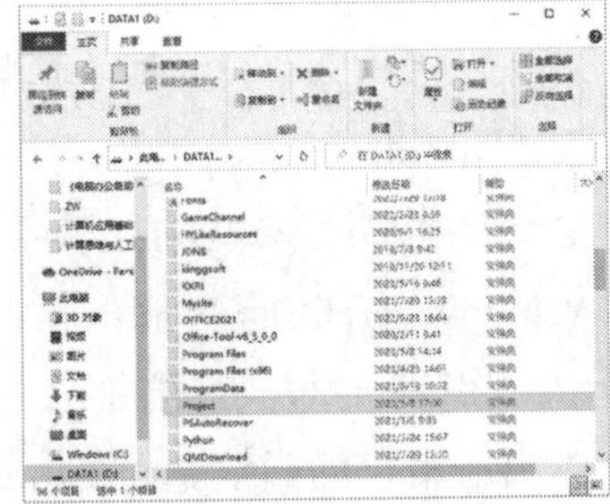

图 3-44　使用资源管理器查找文件夹

(3) 在 project 文件夹内找到所需的文件后双击该文件，将打开相应的软件访问该文件。

- 通过地址栏查看文件。在 Windows 10 中打开资源管理器后，通过地址栏用户可以轻松跳转与切换磁盘和文件夹目录(地址栏中只能显示文件夹和磁盘目录，不能显示文件)，如图 3-45 所示。

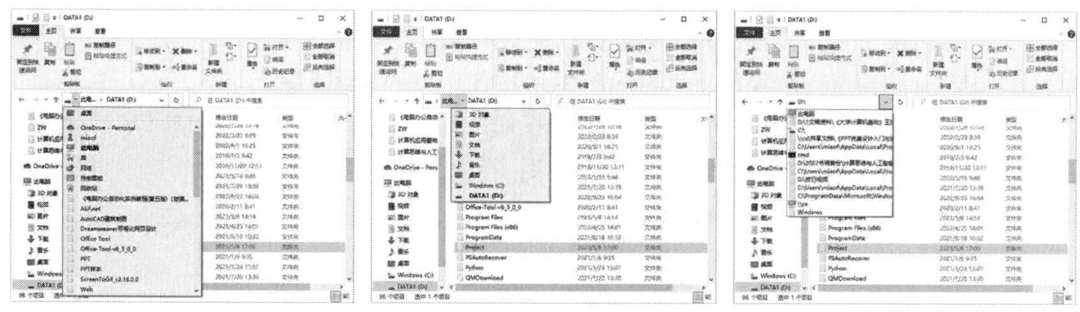

图 3-45　使用资源管理器地址栏

2. 排序文件

在资源管理器窗口空白处右击，在弹出的快捷菜单中选择“排序方式”命令，可对文件和文件夹排序，排序方式有按照“名称”“修改日期”“类型”“大小”等几种，Windows 10 还提供“更多...”的选项让用户选择，其中“递增”和“递减”选项是指确定排序方式后再以增减顺序排列，如图 3-46 所示。

3. 选择文件显示方式

在资源管理器窗口中查看文件和文件夹时，系统提供了多种显示方式。在资源管理器中右击，从弹出的菜单中选择“查看”命令，选择文件显示方式，如图 3-47 所示。

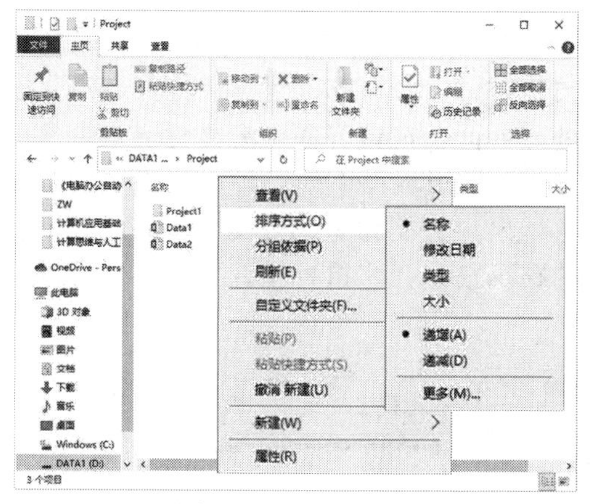

图 3-46　排序文件

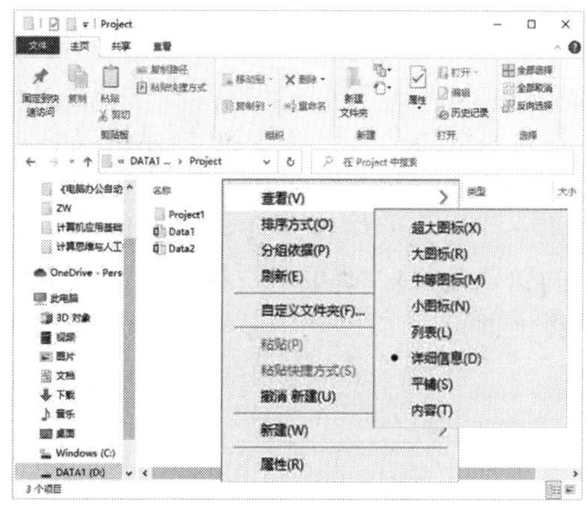

图 3-47　设置文件显示方式

3.5.2　文件的复制与移动

在 Windows 10 中选中一个文件后按下 Ctrl+C 键(或在 Ribbon 功能区的“主页”标签中单击“复制”选项)可以执行“复制”操作；按下 Ctrl+X 键(或在 Ribbon 功能区的“主页”标签中单击“剪切”选项)可以执行“剪切”操作。打开一个文件夹，按下 Ctrl+V 键(或在 Ribbon 功能区的“主页”标签中单击“粘贴”选项)，执行“复制”操作的文件将被复制到该文件夹，执行“剪切”操作的文件将被移动到该文件夹。用户可以在同一个界面中管理所有文件的复制和移动操作。

在移动或复制文件时，系统会显示文件移动或复制的实时速度(每项操作都显示数据传输速度、传输速度趋势、要传输的剩余数据量以及剩余时间)。默认显示图 3-48 左图所示的简略信息，单击“详细信息”选项，可以显示图 3-48 中图所示的详细信息。

Windows 10 支持暂停对文件的移动和复制操作，单击图 3-48 中图中的“暂停”选项 II，将暂停对文件的复制或移动操作，如图 3-48 右图所示。

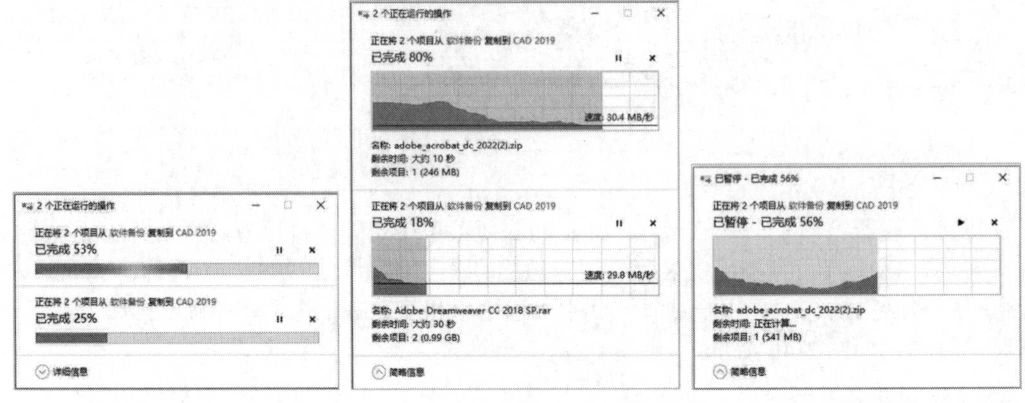

简略信息　　详细信息　　暂停操作

图 3-48　复制或移动文件

在将文件移动或复制到另一个文件夹时，可能会遇到同名文件。此时，操作系统将会弹出图 3-49 所示的提示对话框，询问用户如何处理同名文件。默认有 3 个处理选项，分别是“替换目标中的文件”“跳过这些文件”和“让我决定每个文件”。选择“让我决定每个文件”选项后，系统将会打开图 3-50 所示的文件冲突处理界面。在该界面中源文件夹中的文件位于界面左侧，目标文件夹中存在的文件名冲突的文件位于界面右侧。整个界面集中显示所有冲突文件的关键信息，包括文件名、文件大小(如果冲突文件是图片文件，系统还会提供图片的预览效果)。如果用户想要了解冲突文件的路径信息，将鼠标指针放置在相应的文件缩略图上即可。

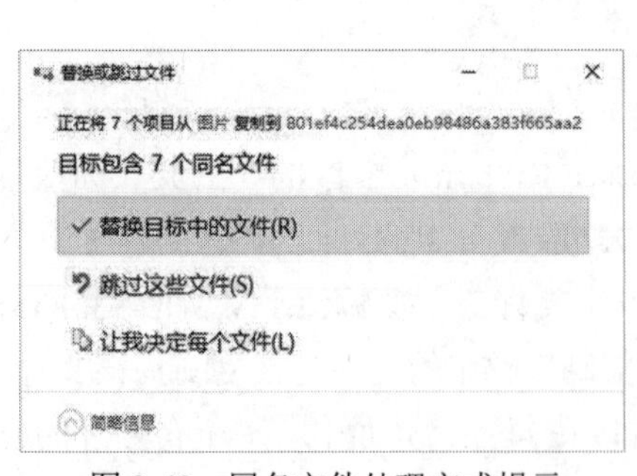

图 3-49　同名文件处理方式提示

图 3-50　文件冲突复制处理界面

3.5.3　文件的备份与还原

使用 Windows 10 的备份与还原功能，用户可以有效保护电脑中重要的办公文件和操作系统的安全(文件和系统映像的备份与还原都基于 NTFS 文件系统的卷影复制功能)。

1. 文件备份

计算机的所有账户都可以使用文件备份功能。文件备份功能针对操作系统默认的视频、图片、文档、下载、音乐、桌面文件以及硬盘分区进行备份，启用文件备份功能之后，操作系统将会默认定期对选择的对象进行备份，用户也可以更改计划并且随时手动创建备份。设置文件备份之后，操作系统将跟踪新增或修改的对象并将它们添加到备份中。

【例 3-6】在 Windows 10 操作系统启用备份与还原功能。

(1) 按下 Win+I 键打开 Windows “设置”窗口，选择“更新与安全”|“备份”选项，在打开的“备份”窗口中单击“转到‘备份和还原(Windows 7)’”选项，如图 3-51 左图所示。

(2) 在打开的“备份和还原(Windows 7)”窗口中单击“设置备份”按钮，启动 Windows 备份，如图 3-51 右图所示。

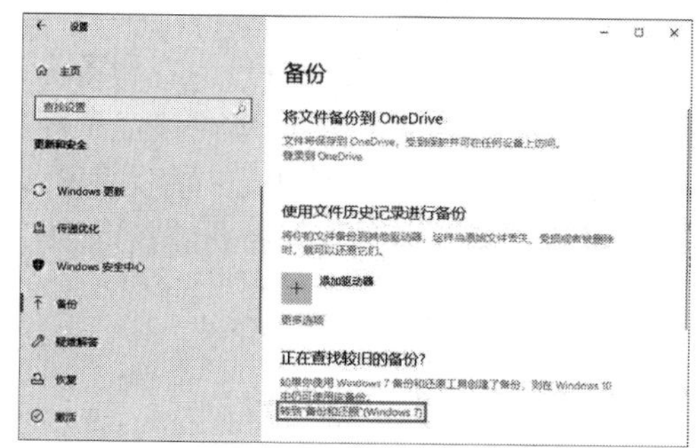

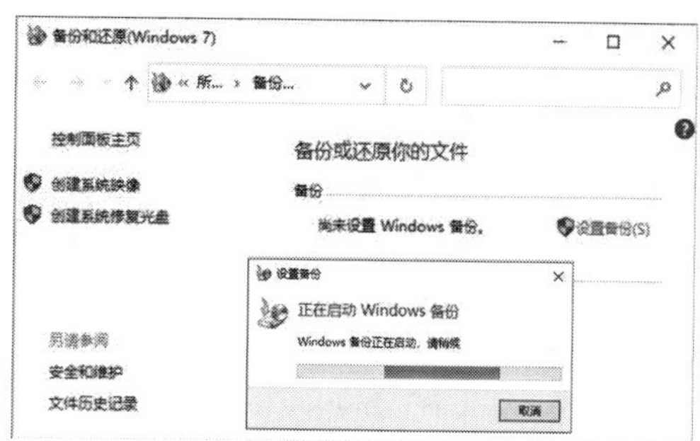

图 3-51　启动 Windows 备份

(3) 打开“设置备份”对话框操作系统将自动检测电脑中符合备份存储要求的硬盘分区、移动硬盘、U 盘等，选择一个备份硬盘后单击“下一页”按钮，如图 3-52 左图所示。

(4) 文件备份默认备份 Windows 库、桌面以及个人文件夹中的数据创建系统备份映像，如图 3-52 中图所示。用户可以在“设置备份”对话框中选择“让我选择”单选按钮，自定义备份内容(选择保存重要办公资料的文件夹)，如图 3-52 右图所示。设置完成后单击“下一页”按钮。

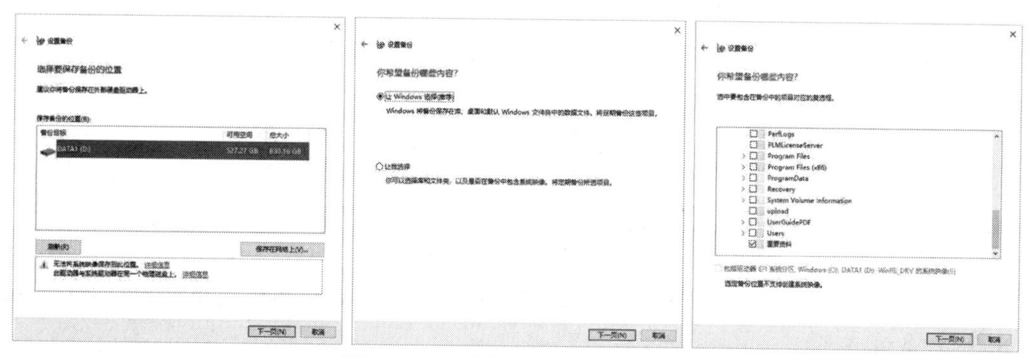

图 3-52　设置备份位置和备份内容

(5) 如图 3-53 所示，确认备份对象以及备份计划(若需要修改备份时间，单击“更改计划”

选项)，这里保持默认设置，然后单击“保持设置并运行备份”按钮开始备份文件。

(6) 此时，操作系统将开始备份文件，并显示备份进度，如图 3-54 所示。

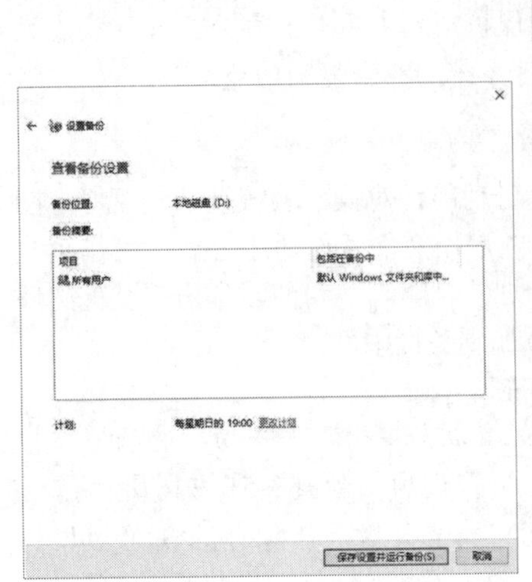

图 3-53　确认备份对象

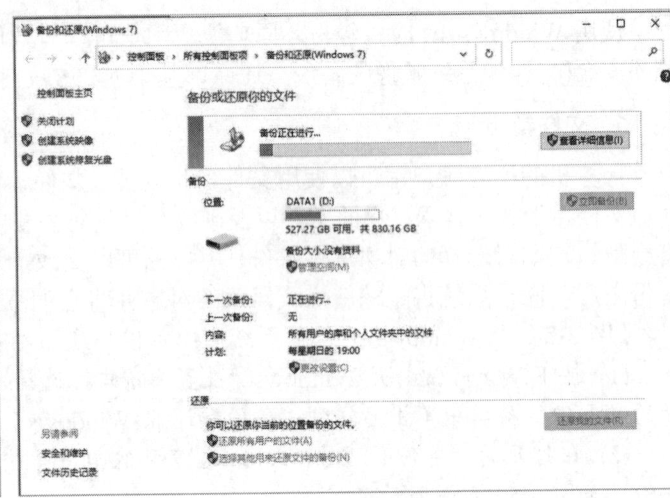

图 3-54　备份文件

文件备份完成后，将会显示文件备份信息，包括备份文件所占空间、备份内容和备份计划等，如图 3-55 左图所示。单击“管理空间”选项可以打开“管理 Windows 备份磁盘空间”对话框查看或删除备份数据(单击“查看备份”按钮，在打开的对话框中可以选择删除某一时间备份的数据以释放硬盘空间。单击“更改设置”按钮可以设置以何种方式备份系统映像)，如图 3-55 右图所示。

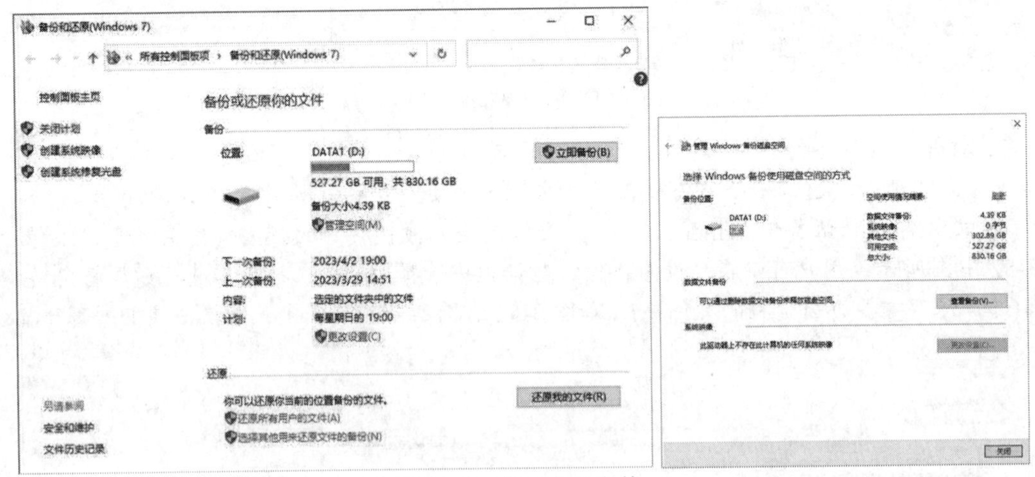

图 3-55　管理备份文件

如果用户对操作系统指定的备份计划不满意，可以参考以下方法进行修改。

【**例 3-7**】在 Windows 10 操作系统中修改文件备份计划。

(1) 按下 Win+S 键打开搜索窗口，输入“任务计划程序”搜索相应的应用，然后按下 Enter 键，如图 3-56 所示。

(2) 打开任务计划设置界面，依次在左侧的列表中选择“任务计划程序库” | Microsoft | Windows | WindowsBackup 选项，如图 3-57 所示。

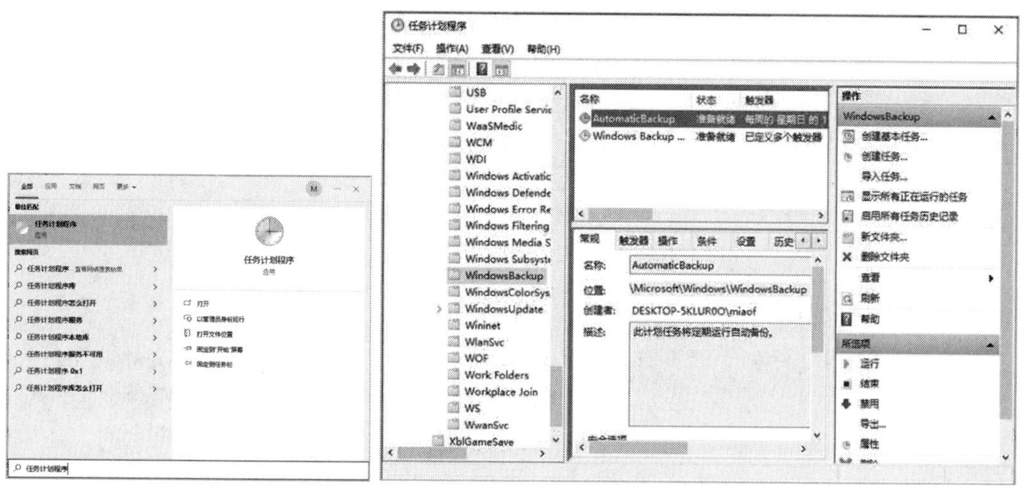

图 3-56　搜索应用　　　　图 3-57　任务计划程序

(3) 在图 3-57 所示“任务计划程序”窗口的中间窗格中，显示了所有关于 Windows 备份的计划任务，其中 AutomaticBackup 为文件备份计划任务，双击打开该任务计划。

(4) 在“AutomaticBackup(本地计算机)”对话框中选择“触发器”选项卡，查看触发该任务的时间节点，如图 3-58 左图所示。选中时间节点单击“编辑”按钮，打开图 3-58 右图所示的“编辑触发器”对话框，用户可以按照自己的办公时间安排修改触发任务的新时间节点，完成后单击“确定”按钮。

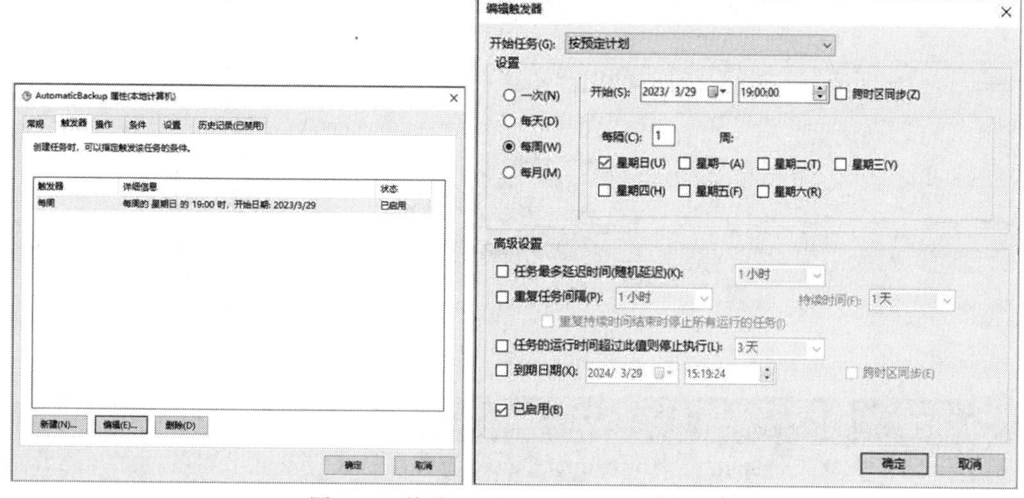

图 3-58　修改 AutomaticBackup 计划任务

2. 文件还原

要还原备份的文件，在图 3-55 所示的“备份和还原(Windows 7)”窗口中单击“还原我的文件”按钮，然后在打开的还原向导中按照系统提示操作即可。

3.5.4 文件的删除与恢复

在 Windows 10 中选中文件(或文件夹)后按下 Delete 键，文件将被放入“回收站”中。

回收站是 Windows 系统用来存储被删除文件的场所。在管理文件和文件夹的过程中，系统将被删除的文件自动移动到回收站中，可以根据需要，选择将回收站中的文件彻底删除或者恢复到原来的位置，这样可以保证数据的安全性和可恢复性。

1. 还原被删除的文件

从回收站中还原文件和文件夹有两种方法，第一种方法是右击要还原的文件或文件夹，在弹出的快捷菜单中选择“还原”命令，这样即可将该文件或文件夹还原到被删除之前的磁盘目录位置，如图 3-59 左图所示。第二种方法则是直接单击回收站窗口中工具栏上的“还原选定的项目”按钮，效果和第一种方法相同。

2. 删除回收站的文件

在回收站中删除文件和文件夹是永久删除，方法是：右击要删除的文件，在弹出的快捷菜单中选择“删除”命令，然后在弹出的提示对话框中单击“是”按钮，如图 3-59 中图所示。

3. 清空回收站的内容

清空回收站是将回收站里的所有文件和文件夹全部永久删除，此时用户就不必逐一选择要删除的文件，可以直接右击桌面“回收站”图标，在弹出的快捷菜单中选择“清空回收站”命令(如图 3-59 右图所示)，在弹出的提示对话框中单击“是”按钮即可清空回收站。

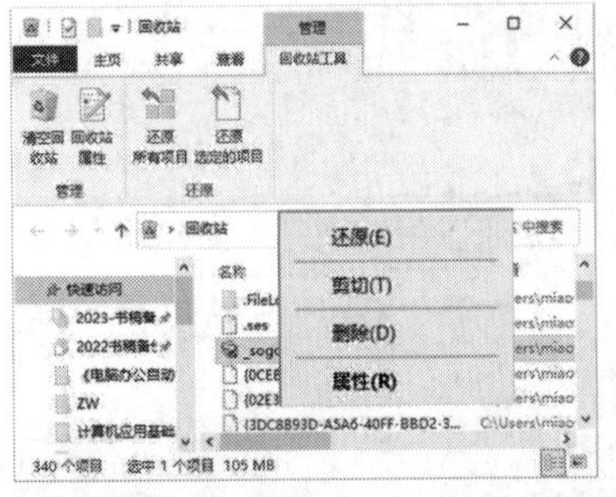

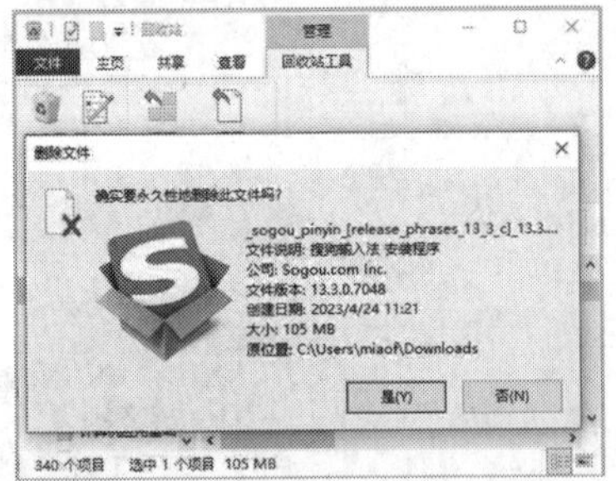

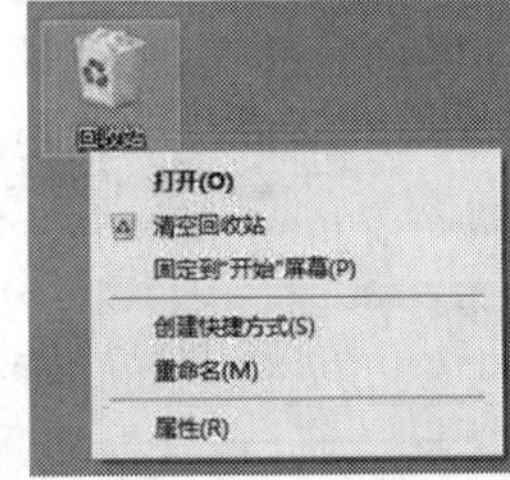

图 3-59 管理回收站

提示

选中一个文件(或文件夹)后，按下 Shift+Delete 键可以将文件不放入回收站直接删除。

3.6 Windows 10 系统工具

Windows 系统为广大用户提供了功能强大的系统工具，如语音识别、剪贴板管理器、便笺工具、截图工具等。在 Windows 10 中，用户可以使用快捷键或开始菜单启动并使用这些工具。

- 剪贴板管理器。按下 Win+V 将打开图 3-60 所示的剪贴板管理器窗口，其中记录了用户在 Windows 10 系统中执行过的所有复制内容。单击剪贴板管理器中的内容后，按下 Ctrl+V 键即可将内容粘贴到 Word、Excel、PowerPoint 或 WPS 文档中。

- 截图工具。按下 Win+Shift+S 键可以调用 Windows 10 系统自带的截图工具栏，如图 3-61 所示。单击截图工具栏中截图按钮，用户可以在系统进行“矩形截图”“任意形状截图”“窗口截图”“全屏幕截图”。
- 便笺工具。通过开始菜单可以启动 Windows 10 便笺工具。在便笺工具中，用户可以记录日常办公中的事务(建议将便笺工具图标固定在任务栏)，如图 3-62 所示。

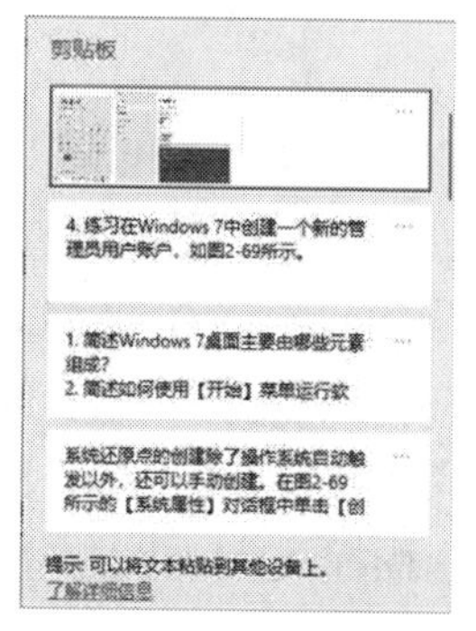

图 3-60　剪贴板

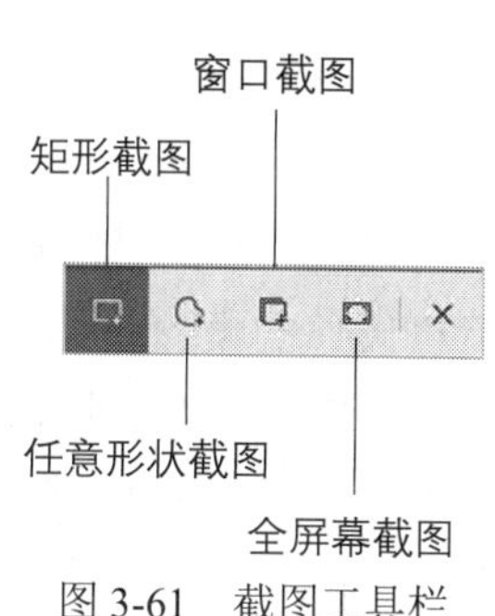

图 3-61　截图工具栏

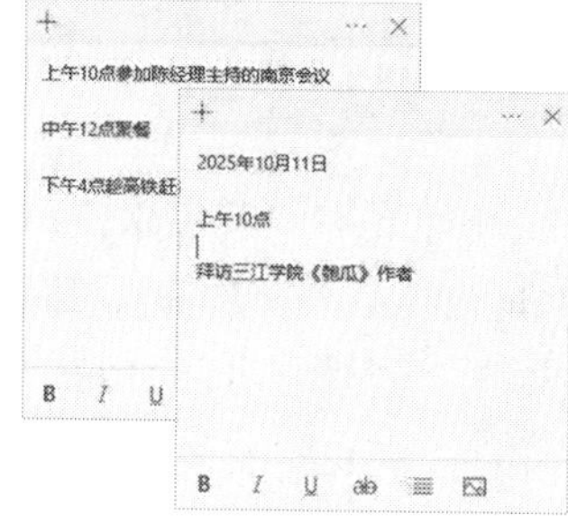

图 3-62　便笺工具

- 语音识别工具。按下 Win+H 键，用户可以使用麦克风记录声音(会议中的声音)，通过弹出的窗口进行语音识别和听写。
- 计算器。单击“开始”按钮，从弹出的开始菜单中选择“计算器”命令，可以打开图 3-63 所示的“计算器”工具。该工具的功能和日常生活中使用的小型计算器类似。
- 画图 3D。单击“开始”按钮，从弹出的开始菜单中选择“画图 3D”命令，可以打开图 3-64 所示的“画图 3D”工具。使用该工具提供的各种绘图功能，可以方便地对图片进行编辑处理。
- 记事本。在 Windows 10 系统桌面右击，从弹出的菜单中选择“新建”|“文本文档”命令，可以创建一个.txt 格式的文档。双击打开该文档，可以打开图 3-65 所示的记事本工具。该工具是非常实用的多功能文本编辑器。

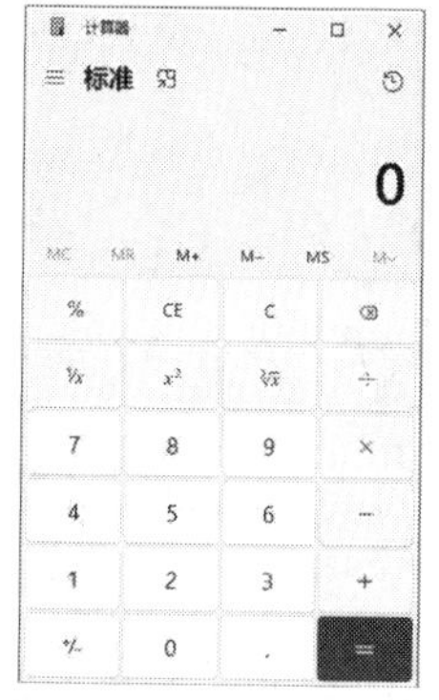

图 3-63　计算器

图 3-64　画图 3D

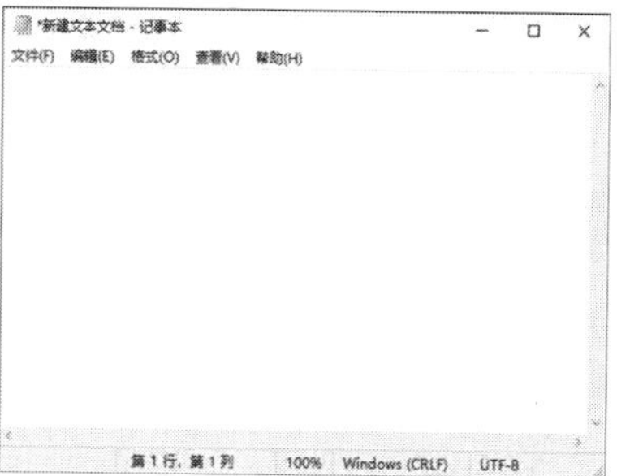

图 3-65　记事本

3.7 添加与删除程序

用户通过计算机系统对应用程序进行管理，可以给计算机添加必要的应用软件和删除无用的应用软件。

3.7.1 安装程序

要在计算机中安装软件，用户首先需要检查当前计算机的配置，是否能够运行该软件。一般软件(尤其是大型软件)，都会对计算机硬件的设备和操作系统有一定的要求(例如硬盘空间大小、处理器型号、内存大小、Windows 版本等)。只有计算机硬件设备和系统版本达到软件的要求，软件才能正常安装和工作。在 Windows 10 系统桌面右击“此电脑”图标，从弹出菜单中选择“属性”命令，可以查看当前计算机的系统信息和硬件设备规格，如图 3-66 左图所示；双击“此电脑”图标，在打开的文件资源管理器中可以查看电脑硬盘的剩余空间，如图 3-66 右图所示。

在确认计算机满足软件的安装需求后，用户可以通过两种方式来获取安装程序：第一种是从网上下载安装程序，网络上有很多共享的免费软件提供下载，用户可以上网查找并下载这些安装程序；第二种是购买安装光盘，一般软件销售都以光盘的介质为载体，用户可以到软件销售商处购买安装光盘，然后将光盘放入电脑光驱内执行安装。

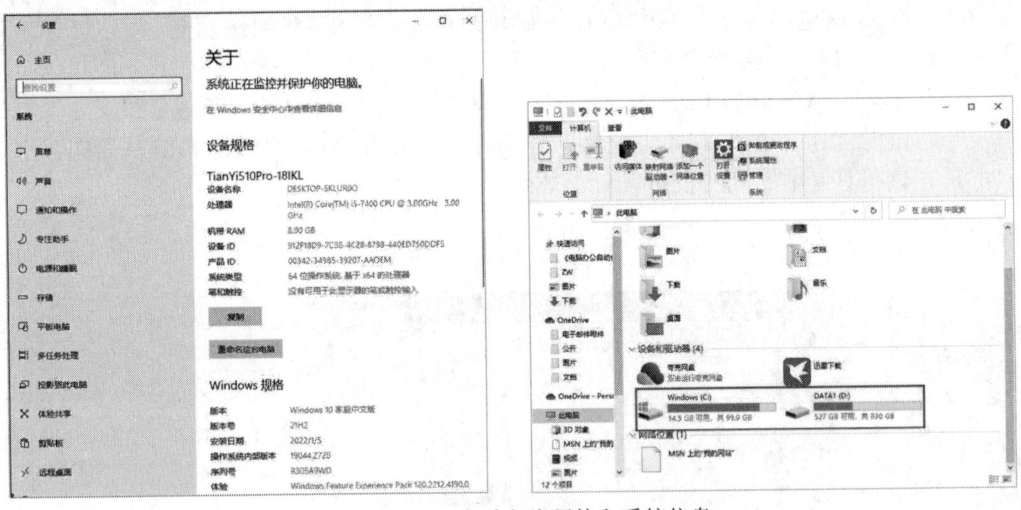

图 3-66　查看电脑硬件和系统信息

目前，各种常见软件的安装大都采用自动化安装(无须用户过多的操作即可完成)，以安装 Office 2016 为例，用户只需要执行以下几个简单的操作即可完成安装。

【例 3-8】 在 Windows 10 操作系统中安装 Office 2016。

(1) 双击 Office 2016 软件安装程序文件(setup.exe)后，如图 3-67 左图所示，系统将打开“用户账户控制”对话框，单击“是”按钮。

(2) 稍等片刻，软件安装程序将自动打开图 3-67 中图所示的 Microsoft Office 安装界面开始自动安装 Office 2016 的基本组件。

(3) 软件完成后，在打开的界面中单击“关闭”按钮即可，如图 3-67 右图所示。

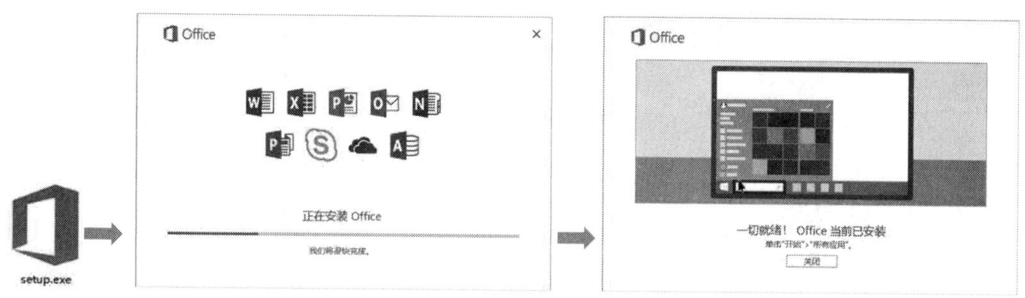

图 3-67 在电脑中安装 Office 2016

提示

安装 Office 2016 需要电脑硬盘中有 3GB 左右的空余空间。

3.7.2 卸载程序

卸载软件就是将该软件从计算机硬盘内删除，软件如果使用一段时间后不再需要，或者由于磁盘空间不足，用户可以删除一些软件。

在 Windows 10 中，删除软件可采用两种方法：一种是使用卸载程序卸载软件；另一种是通过“Windows 设置”窗口卸载软件。

1. 使用卸载程序卸载软件

大部分软件都提供了内置的卸载功能，例如要卸载操作系统中安装的“腾讯 QQ”软件，可单击“开始”按钮，在弹出的开始菜单中选择“腾讯软件”|“卸载腾讯 QQ”命令。此时，系统会打开卸载提示对话框，提示用户是否删除软件，单击“是”按钮，即可开始卸载软件，如图 3-68 所示。

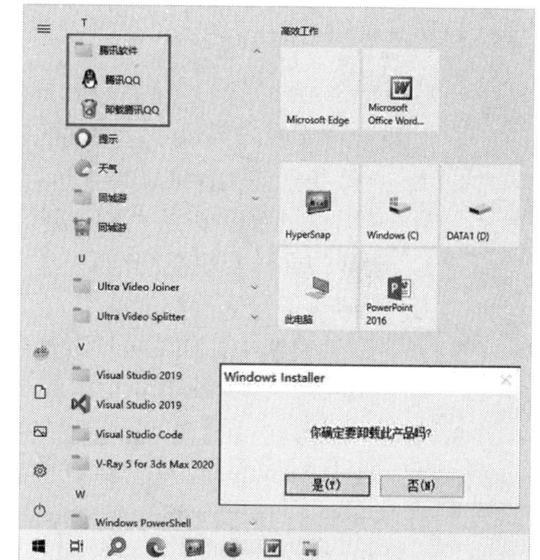

图 3-68 卸载“腾讯 QQ”软件

2. 通过 Windows 设置卸载软件

如果软件自身没有提供卸载程序，用户可以通过选择“Windows 设置”窗口中的“应用”选项来卸载该程序，具体操作方法如下。

【例 3-9】 在 Windows 10 操作系统中卸载 OneNote for Windows 10。

(1) 按下 Win+I 键打开“Windows 设置”窗口，选择“应用”选项，在打开的“应用和功能”界面的应用列表中找到并单击要删除的软件，在显示的选项区域中单击“卸载”按钮，如图 3-69 左图所示。

(2) 在系统弹出的提示对话框中再次单击“卸载”按钮，系统将执行卸载程序，卸载选中的软件，如图 3-69 右图所示。

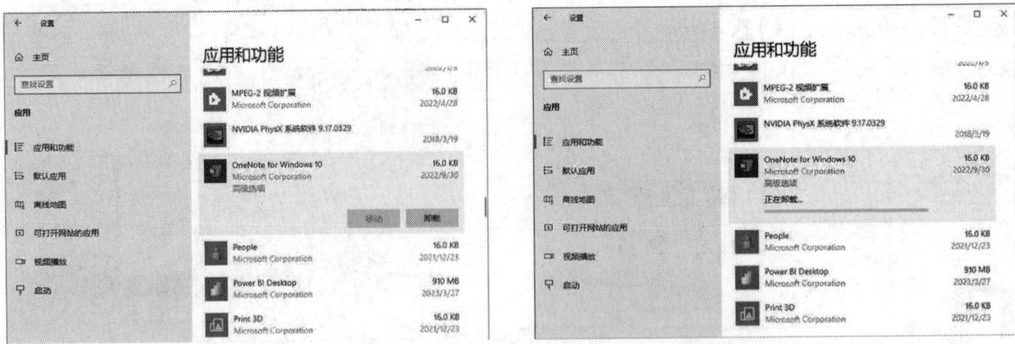

图 3-69　通过“应用和功能”界面卸载电脑中的软件

3.8 课后习题

一、判断题

1. 利用回收站可以恢复被删除的文件，但须在回收站没有清空以前。 (　　)

2. 在Windows 10 中，可以利用“Windows设置”窗口或桌面任务栏最右边的时间指示器来设置系统的日期和时间。 (　　)

3. 安装 Windows 操作系统时，不管选用何种安装方式，智能 ABC 和五笔字型输入法均是系统自动安装的。 (　　)

二、选择题

1. 如果要彻底删除系统中已安装的应用软件，正确的方法是(　　)。

   A. 直接找到该文件或文件夹进行删除操作

   B. 利用控制面板中的“添加/删除程序”选项进行操作

   C. 删除该文件及快捷图标

   D. 对磁盘进行碎片整理操作

2. 在资源管理器中，如果要同时选中相邻的一组文件，可使用(　　)键。

   A. Shift　　B. Alt　　C. Ctrl　　D. F8

3. 在Windows 10 中打开“此电脑”窗口后，要改变文件或文件夹的显示方式，应选择(　　)。

   A.“文件”菜单　　B.“编辑”菜单　　C.“查看”菜单　　D.“帮助”菜单

4. 在 Windows 10 的“资源管理器”窗口右部选择所有文件，如果要取消其中几个文件的选择，应进行的操作是(　　)。

   A. 依次单击各个要取消选择的文件

   B. 按住 Ctrl 键再依次单击各个要取消选择的文件

   C. 按住 Shift 键再依次单击各个要取消选择的文件

   D. 依次右击各个要取消选择的文件

5. 在 Windows 操作系统中，以下说法正确的是(　　)。

   A. 在根目录下建立多个同名的文件或文件夹

   B. 在同一文件夹中建立两个同名的文件或文件夹

   C. 不允许在不同的文件夹中建立两个同名的文件或文件夹

   D. 不允许在同一文件夹中建立两个同名的文件或文件夹

6. 在 Windows 操作系统中删除文件的同时按(　　)键，删除的文件将不送入回收站而直接从硬盘删除。

A. Ctrl　　B. Alt　　C. Shift　　D. F1

7. 在 Windows 中退出应用程序的方法中，错误的是(　　)。

A. 双击控制菜单按钮　　B. 单击“关闭”按钮

C. 单击“最小化”按钮　　D. 按 Alt+F4 快捷键

三、操作题

1. 启动 Windows 10 系统自带的写字板工具，输入以下文本。

当我们的世界越来越互联互通，我们面临着更多的语言和文化交流。有时候，使用多种语言在交流中变得非常必要和方便。Whether we’re traveling to different countries, studying abroad, or even just talking to our international friends, being able to communicate in a mix of languages has become increasingly important.

2. 在 Windows 10 操作系统中进行下列操作。

(1) 在 Exam 目录下建立考生目录 1052005001。

(2) 以“张海”为文件名，分别建立 Word、Excel、PowerPoint 文件，保存到考生目录 1052005001 中。

3. 在 Windows 10 操作系统中进行下列操作。

(1) 将文本文件“s.txt”改名为“d.txt”。

(2) 将其剪贴到文件夹中。

(3) 将文件夹的属性改为“隐藏”(应用于子文件夹和文件)。

第 4 章

计算机网络与信息安全

☑ 内容简介

了解计算机网络的基础知识与计算机网络体系结构，理解基于计算机网络的计算思维。了解 Internet 的接入技术与基础服务，理解网络信息检索的原理。了解云计算与物联网的概念，理解云计算提供超级计算和存储能力的原理，理解物联网实现“物物相连”的系统架构。

☑ 重点内容

- 计算机网络的基本概念与体系结构
- 局域网基本技术与网络互连
- TCP/IP 协议和 Internet 地址
- 信息安全概述与计算机病毒

4.1 计算机网络基础

计算机网络的应用非常广泛，大到全球拥有庞大用户的互联网 Internet，小到几个人组成的工作组局域网，都可以实现资源共享及信息传输的功能。而要建立和使用计算机网络，应首先了解一些网络的基本概念、网络的功能与结构、网络的类型、通信协议、连接设备等组网所必需的软硬件相关知识。

4.1.1 计算机网络的基本概念

计算机网络是利用通信设备和线路将地理位置不同的、功能独立的多个计算机系统连接，在功能完善的网络软件和协议管理下，实现网络的硬件、软件及资源共享和信息传递的系统。

1. 数据通信

计算机网络上的每台计算机都可进行信息交换。计算机网络可以提供收发电子邮件、发布信息、电子商务、远程教育及远程医疗等各种类型的在线服务。

2. 资源共享

资源包括计算机的软件、硬件和数据。网络中各地资源相互通用，网络上各用户不受地理位置的限制，在自己的位置上可以部分或全部使用网络上的资源，如大容量的硬盘、打印机、绘图仪、数据库等，因此极大地提高了资源的利用率。

3. 分布式处理

在网络操作系统的控制下，网络中的计算机可以协同工作，完成仅靠单台计算机无法完成的大型任务，即一项复杂的任务可以划分为许多部分，由网络内各计算机分别完成有关部分，从而大大增强了整个系统的性能。

由此可见，计算机网络扩展了计算机系统的功能，增大了应用范围，实现了综合数据传输共享，提高了可靠性和工作效率，为人类社会提供了便捷、广泛的应用服务。

4.1.2　计算机网络体系结构

网络体系结构(network architecture)是计算机网络的分层及其协议的集合。计算机网络具有不同的体系结构标准。不同标准中分层的数量、各层的名称、内容和功能都不一样。然而在任何网络中，每一层都会为其相邻的上层提供一定的服务，而且都对上层屏蔽如何实现协议的具体细节。同时，网络协议(network protocol)也是网络体系结构中不可缺少的组成部分。网络协议包含语法、语义、时序三个基本要素。语法规定数据与控制信息的结构或格式。语义规定发送控制信息、完成动作以及响应的类型。时序规定事件实现顺序的详细说明。这样，网络体系结构就能做到与具体物体实现无关，哪怕连接到网络中的主机和终端的型号及性能各不相同，只要它们共同遵守相同的协议，就可以实现互通信和互操作。

由此可见，计算机网络体系结构实际上是一组设计原则，网络体系结构是一个抽象的概念，因为它不涉及具体的实现细节，只是网络体系结构的说明必须包括足够的信息，以便网络设计者能为每一层编写符合相应协议的程序代码。因此说，网络的体系结构与网络的实现不是一回事，前者仅告诉网络设计者应该“做什么”，而不是应该“怎么做”。

在网络体系结构模型中，比较有代表性的是 OSI 参考模型的 TCP/IP 参考模型。

1. OSI 参考模型

国际标准化组织(International Organization for Standardization，ISO)为了建立使各种计算机可以在世界范围内联网的标准框架，从 1981 年开始，制定了著名的开放式系统互连参考模型(Open System Interconnect Reference Model，简称 OSI/RM)。OSI 参考模型将计算机网络分为 7 层：物理层、数据链路层、网络层、传输层、会话层、表示层和应用层，如图 4-1 左侧所示。OSI 参考模型把对等层次之间传送的数据单位称为该层的协议数据单元 PDU(Protocol Data Unit)。这个名词现已被许多非 OSI 标准采用。

应用层	应用层
表示层	
会话层	
传输层	传输层
网络层	网络层
数据链路层	网络接口层
物理层	

图 4-1　OSI 参考模型与 TCP/IP 参考模型的对应关系

(1) 物理层(physical layer)。物理层实现了相邻结点之间比特数据的透明传输，为数据链路层提供服务。物理层的协议数据单元是比特(bit)。

(2) 数据链路层(data link layer)。在物理层提供服务的基础上，数据链路层通过一些数据链路层协议和链路控制规程，在不太可靠的物理链路上实现无差错的数据传输。数据链路层的协议数据单元是帧(frame)。

(3) 网络层(network layer)。在数据链路层提供的服务的基础上，网络层主要实现点到点的数据通信，即计算机到计算机的通信。网络层的协议数据单元是数据包或分组(packet)，通过路由选择算法为分组选择最合适的传输路径。

(4) 传输层(transport layer)。传输层又称为运输层，主要实现端到端的数据通信，即端口到端口的数据通信。传输层向高层屏蔽了下层数据通信的细节，因此它是计算机体系结构中的关键层，传输层的协议数据单元是数据报文段(segment)，更高层次的协议数据单元是数据(data)或消息(message)。

(5) 会话层(session layer)。会话层提供面向用户的连接服务，它给合作的会话用户之间的对话和活动提供组织和同步所必需的手段，同时对数据的传送提供控制和管理，主要用于会话的管理和数据传输的同步。

(6) 表示层(presentation layer)。表示层用于处理在通信系统中交换信息的方式，主要包括数据格式变换、数据加密与解密、数据压缩与恢复功能。

(7) 应用层(application layer)。应用层作为用户应用进程的接口，负责用户信息的语义表示，并在两个通信者之间进行语义匹配。它不仅要提供应用进程所需要的信息交换和远程操作，而且还要作为互相作用的应用进程的用户代理来完成一些为进行语义上有意义的信息交换所必需的功能。

2. TCP/IP 参考模型

TCP/IP 参考模型将计算机网络分为 4 个层次：应用层、传输层、网络层和网络接口层。图 4-1 右侧所示为 TCP/IP 参考模型与 OSI 参考模型的对应关系。

TCP/IP 参考模型各层的功能说明如下。

(1) 网络接口层。网络接口层是 TCP/IP 参考模型的最底层，负责接收来自网络层的 IP 数据包并将 IP 数据包通过底层物理网络发送出去，或者从底层物理网络上接收物理帧，提取出 IP 分组并提交给网络层。

(2) 网络层。网络层的主要功能是复杂主机之间的数据传送，它提供的服务是“尽最大努力交付”服务，类似于 OSI 参考模型中的网络层

(3) 传输层。TCP/IP 参考模型的传输层与 OSI 参考模型中的传输层的作用是一样的，即在源结点和目的结点的两个进程实体之间提供可靠的端到端的数据传输。为保证数据传输的可靠性，传输层协议规定接收端必须发回确认信息，并且如果分组丢失，必须重新发送。在传输层中主要提供两个传输层的协议：传输控制协议(TCP)和用户数据报协议(UDP)，TCP 是面向连接的、可靠的传输层协议，UDP 是面向无连接的、不可靠的传输层协议。

(4) 应用层。应用层包括所有的应用层协议，主要的应用层协议有远程登录协议(Telnet)、文件传输协议(FTP)、简单邮件传输协议(SMTP)和超文本传输协议(HTTP)等。

OSI 参考模型的七层协议体系结构的概念清晰，理论完整，但是它复杂且不适用。TCP/IP 参考模型的体系结构则不同，它现在已经得到了非常广泛的应用。因此，OSI 参考模型称为理论标准，而 TCP/IP 参考模型称为事实标准。

4.1.3 局域网基本技术

局域网是地理范围有限、互连设备有限的计算机网络。其特点是数据传输速率高，误码率低，传输距离有限，结点数量有限。目前，流行的局域网有以太网(ethernet)、令牌环网(token ring)、

光纤分布式数据接口(FDDI)、异步传输模式(ATM)和无线局域网等。局域网由硬件系统和软件系统两大部分组成。

1. 局域网的硬件系统

局域网的硬件系统主要包括传输介质、网络互连设备、网络数据存储与处理设备及其他辅助设备。

(1) 传输介质。计算机网络采用的传输介质可分为有线传输介质和无线传输介质两大类。其中，有线传输介质主要有双绞线、同轴电缆和光纤等，无线传输介质主要有红外线、微波和卫星通信等。

有线传输介质是指在两个通信设备之间实现的物理连接部分，它能将信号从一端传送到另一端。

- 双绞线：双绞线是由 4 对线(8 芯制)按一定密度相互绞合、具有规则的螺旋形导线，通常一对线作为一条通信线路，如图 4-2 所示。双绞线可分为屏蔽双绞线(STP)和非屏蔽双绞线(UTP)两种，如图 4-3 所示。屏蔽双绞线(shielded twisted pair，STP)是在双绞线外面包上一层用作屏蔽信号的网状金属层，最外面再加一层起保护作用的聚乙烯塑料，因此能有效地防止信号干扰。它可支持较远距离的数据传输和有较多网络结点的环境，与非屏蔽双绞线相比，其误码率有明显的下降，但价格较贵。非屏蔽双绞线(unshielded twisted pair，UTP)没有起屏蔽作用的金属层，抗干扰能力较差，误码率较高。但因为价格便宜、安装方便，既适合点到点的连接，又可以用于多点连接，所以广泛用于电话系统和计算机局域网中。

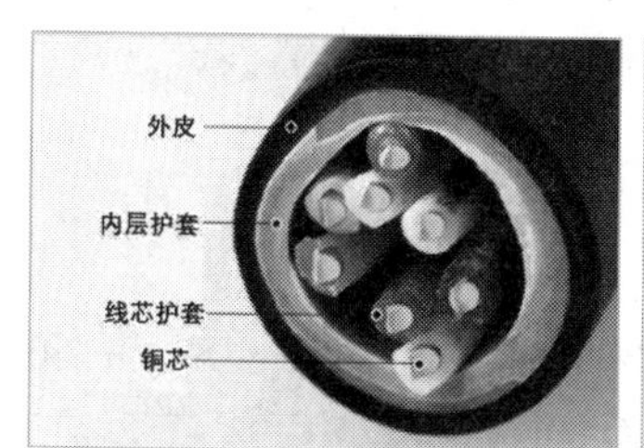

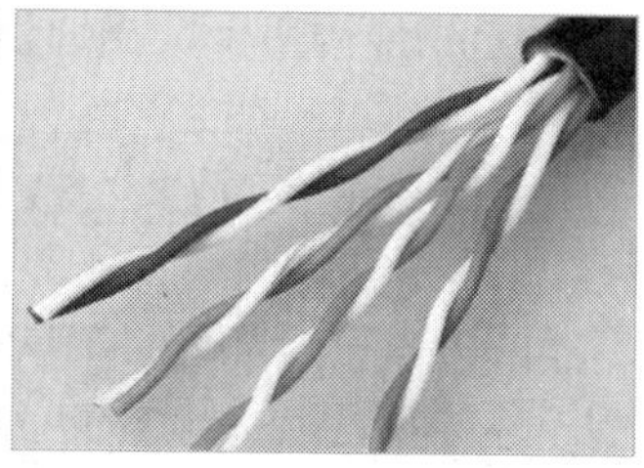

图 4-2　双绞线及其剖面

非屏蔽双绞线

屏蔽层

屏蔽双绞线

图 4-3　屏蔽双绞线和非屏蔽双绞线

- 同轴电缆：同轴电缆由内导体铜制芯线、绝缘层、网状编织的外导体屏蔽层以及保护塑料外层组成，如图 4-4 所示。由于外导体屏蔽层的作用，同轴电缆具有良好的抗干扰特性，被广泛用于传输较高速率的数据。

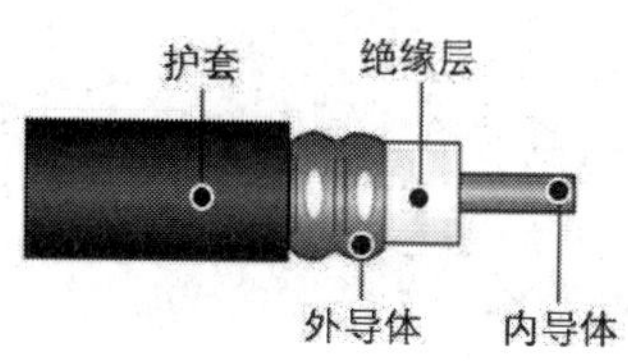

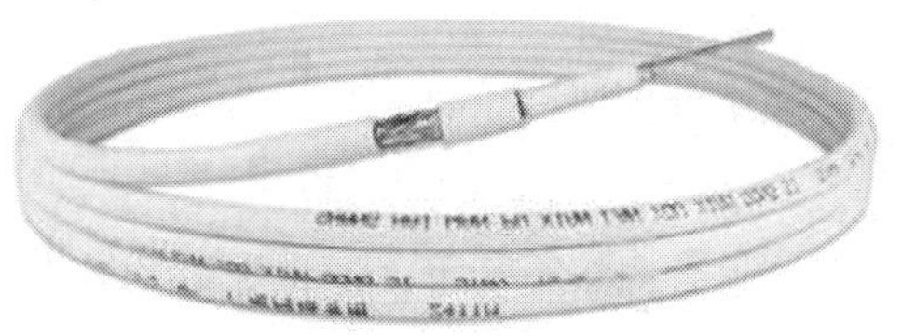

图 4-4　同轴电缆

- 光纤：光纤是光导纤维的简称，就是超细玻璃或熔硅纤维。光纤主要由纤芯和包层构成。多根光纤组成光缆。光纤由如图 4-5 所示的纤芯、包层、涂覆层和套塑等几部分组成。光纤的传输基于光的全反射原理，当纤芯折射率大于包层折射率时，只要光纤的入射角大于某临界值，就会产生光的全反射。通过光在光纤中的不断反射来传送调制的光信号，将光信号从光纤的一端传送到另一端，从而达到传输信息的目的。光纤分为多模光纤和单模光纤两种。多条不同角度入射的光源信号在一条纤芯中传输的光纤为多模光纤，如图 4-6 左图所示。若光纤纤芯的直径减小到只有一个光的波长，使光纤一直向前传播，而不会产生多次反射，这样的光纤为单模光纤，如图 4-6 右图所示。

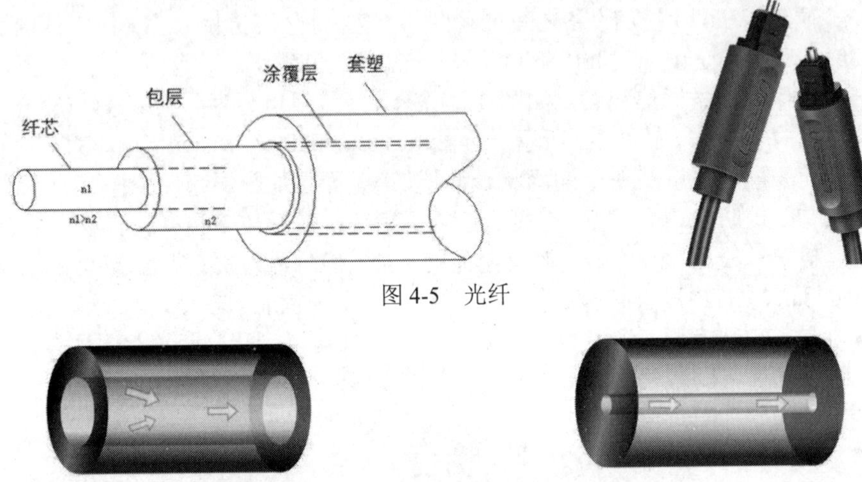

图 4-5　光纤

图 4-6　多模光纤和单模光纤

- 无线传输：无线传输介质是指直接通过电磁波来实现站点之间通信的传输介质。无线传输非常适合于难以铺设传输线路的偏远山区、沿海岛屿，也为大量的便携式终端设备接入网络提供了条件。目前，无线传输用于数据通信的主要技术有微波、红外线和卫星通信。

(2) 网络互连设备。网络互连必须借助于一定的互连设备，常用的网络互连设备有中继器、集线器、网桥、交换机、路由器、网关、网卡和调制解调器等。

- 中继器(repeater)：又称为重复器或重发器，如图 4-7 所示。它工作于 OSI 参考模型的物理层，一般只应用于以太网，用于连接两个相同类型的网络，可对电缆上传输的数据信号进行复制、调整和再生放大，并转发到其他电缆上，从而延长信号的传输距离。
- 集线器(hub)：是中继器的一种扩展形式，是多端口的中继器，也属于 OSI 参考模型中物理层的连接设备，可逐位复制由物理介质传输的信号，提供所有端口间的同步数据通信，如图 4-8 所示。

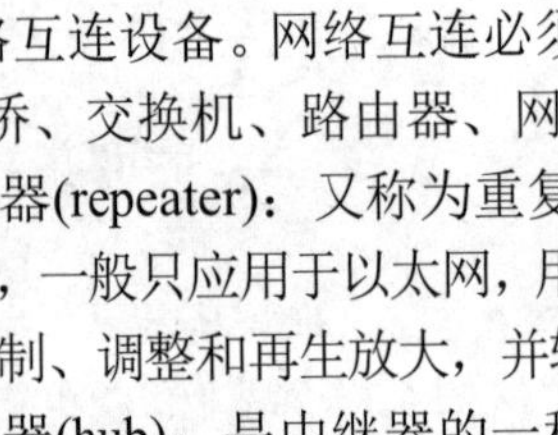

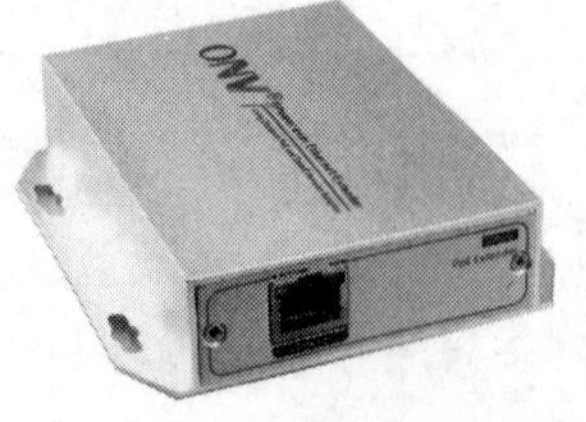

图 4-7　中继器

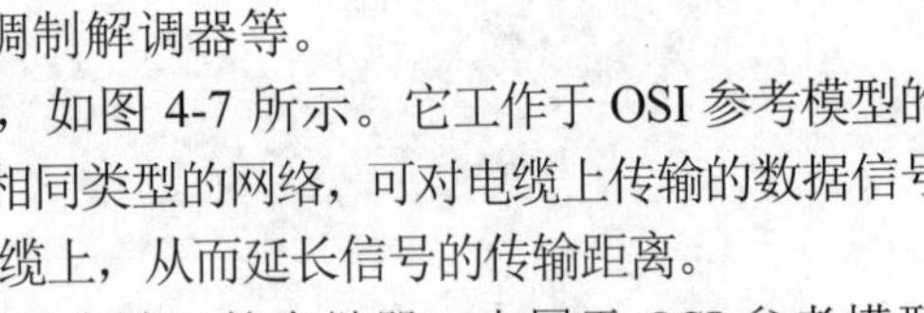

图 4-8　集线器

- 网桥(bridge)：也称桥接器，它属于数据链路层的互连设备，能够解析它所接收的帧，并能指导如何把数据传输传送到目的地，如图 4-9 所示。
- 交换机(switch)：一般的交换机工作于数据链路层，它和网桥类似，能够解析出 MAC 地址信息，即根据主机的 MAC 地址来进行交换，这种交换机称为二层交换机，如图 4-10 所示。二层交换机包含许多高速端口，这些端口能在它所连接的局域网网段或单台设备之间转发 MAC 帧，实际上它相当于多个网桥(三层交换机是直接根据第三层(网络层)IP 地址来完成端到端的数据交换的，因此三层交换机是工作在网络层的)。
- 路由器(router)：工作在网络层，用于互连不同类型的网络，如图 4-11 所示。使用路由器的好处是各互连逻辑子网仍保持其独立性，每个子网可以采用不同的拓扑结构、传输介质和网络协议；路由器不仅简单地把数据发送到不同的网段，还能用详细的路由表和复杂的软件选择最合理有效的路径，从一个路由器到另一个路由器，从而穿过大型的网络。路由器是最重要的网络互连设备，因特网就是依靠遍布全世界的成百上千台路由器连接起来的。

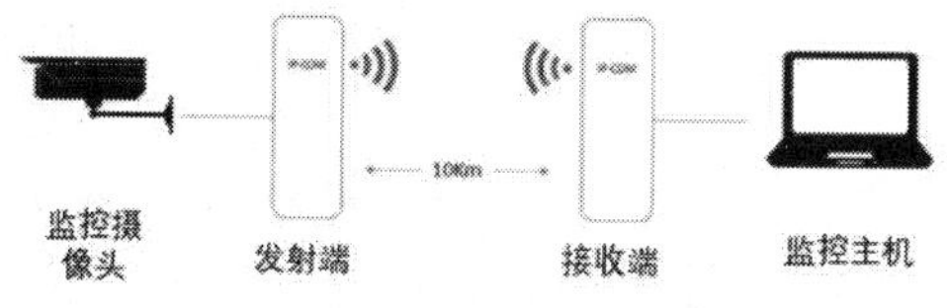

图 4-9 网桥的工作方式

图 4-10 交换机

- 网关(gateway)：网关不能完全归为一种网络硬件，它应该是能够连接不同网络的软件和硬件的结合产品。在 OSI 参考模型中，网关工作于网络层以上的层次中，其基本功能是实现不同网络协议的转换和互连，也可以简单称为网络数据包的协议转换器。例如，要将 X.25 公共交换数据网通过采用 TCP/IP 协议的网络与 Internet 互连时，必须借助于网关来实现网络之间的协议转换和路由选择功能。
- 调制解调器(modem)：如图 4-12 所示。“调制”就是把数字信号转换成电话线路上传输的模拟信号，“解调”即把模拟信号转换为数字信号。电话线路传输的是模拟信号，而计算机之间传输的是数字信号。当通过电话线把计算机连入 Internet 时，就必须使用调制解调器来“翻译”两种不同的信号。

图 4-11 路由器

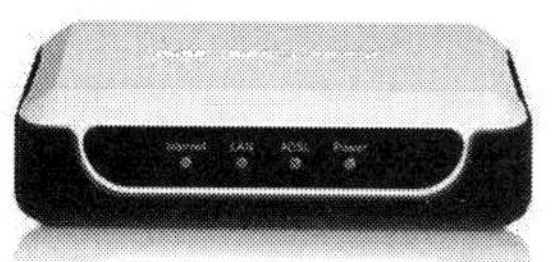
图 4-12 调制解调器

- 网络适配器：是计算机与外界局域网连接的通信适配器，它是计算机主机箱内插入的一块网络接口板，又称为网络接口卡(network interface card，NIC)或简称为网卡，如图 4-13 所示。网络适配器最重要的功能是进行通信。网卡的 ROM 芯片中保存了一个全球唯一的网络硬件地址，这个地址称为媒体访问控制地址，也称为 MAC 地址、硬件地址或网卡物理地址，由网卡生产厂家在生产时写入网卡的存储器芯片，用由 12 个十六进制数表示，每两个十六进制数之间用“-”间隔，如 00-22-44-5C-FF，其中前 6 位十六进制数表示网卡生产厂家的标示符信息，后 6 位十六进制数表示生产厂家分配的网卡序号。

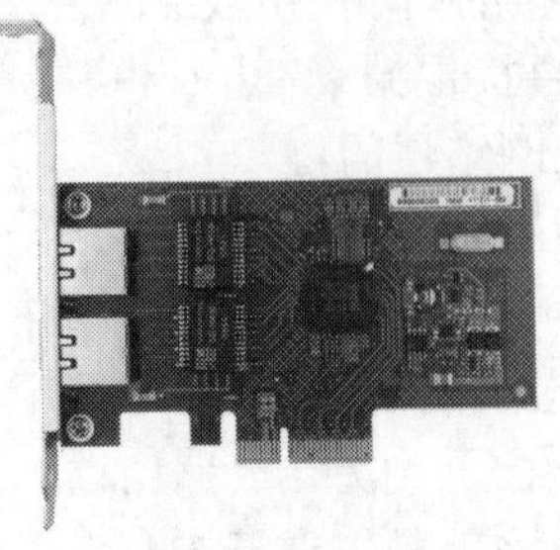

图 4-13　网络适配器

(3) 网络数据存储与处理设备。网络数据存储与处理设备主要包括服务器和客户端设备等。

- 服务器就是提供各种服务的计算机，它是网络控制的核心。服务器上必须运行网络操作系统，它能够为客户机的用户提供丰富的网络服务，如文件系统、打印服务、Web 服务、FTP 服务、E-mail 服务、DNS 服务和数据库服务等。相对于普通 PC、服务器在稳定性、安全性和性能等方面都要求更高。它的高性能主要体现在高速的运算能力、长时间的可靠运行、强大的外部数据吞吐能力等方面。
- 客户端设备又称为用户工作站，是用户与网络打交道的设备，一般由微型计算机和各种网络终端设备担任。客户机主要享受网络上提供的各种资源。

客户端设备和服务器都是独立的计算机。当一台连入网络的计算机向其他计算机提供各种网络服务时，它就被称为服务器。而那些用于访问服务器资料的计算机则称为客户端设备。

2. 局域网的软件系统

硬件系统是网络的躯体，软件系统则是网络的灵魂。网络的各种功能都是由各种软件系统体现出来的，局域网的软件系统主要包括以下几种。

(1) 网络协议。网络协议是网络能够进行正常通信的前提条件，没有网络协议就没有计算机网络。协议不是一套单独的软件，而是融合于所有的软件系统中，如网络操作系统、网络数据库和网络应用软件等。

(2) 网络操作系统。网络操作系统是指具有网络功能的操作系统，主要是指服务器操作系统。常见的服务器操作系统有 Windows Server 2003/2008/2010/2016、UNIX 和 Linux 等。

(3) 其他软件系统。局域网中的软件还有客户机操作系统、数据库软件系统、网络应用软件系统和专用软件系统等。

3. 局域网的参考模型

20 世纪 80 年代初期，美国电气和电子工程师协会 IEEE 802 委员会结合局域网自身的特点，参考 OSI 参考模型，提出了局域网的参考模型(LAN/RM)制定出局域网体系结构，IEEE 802 标准诞生于 1980 年 2 月，故称为 802 标准。根据局域网的特征，局域网的体系结构一般仅包含 OSI 参考模型的最低两层：物理层和数据链路层，如图 4-14 所示。

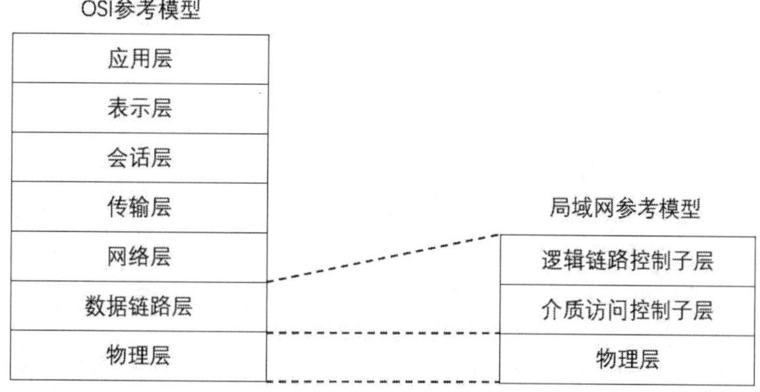

图 4-14　OSI 参考模型与局域网参考模型的对应关系

(1) 物理层。物理层的主要作用是处理机械、电气、功能和规程等方面的特性，确保在通信信道上二进制比特信号的正确传输。

(2) 数据链路层。在 OSI 参考模型中，数据链路层的功能简单，它只负责把数据从一个结点可靠地传输到相邻的结点。在局域网中，多个结点共享传输介质，在结点间传输数据之前必须首先解决由哪个设备使用传输介质，因此数据链路层要有介质访问控制功能。由于介质的多选择性，所以必须提供多种介质访问控制方法。为此 IEEE 802 标准把数据链路层划分为两个子层：逻辑链路控制(logical link control，LLC)子层和介质访问控制(medium access control，MAC)子层。

LLC 子层负责向网络层提供服务，它提供的主要功能是寻址、差错控制和流量控制等；MAC 子层的主要功能是控制对传输介质的访问，不同类型的 LAN，需要采用不同的控制方法，并且在发送数据时负责把数据装成带有地址和差错校验序列的帧，在接收数据时负责把帧拆封，执行地址识别和差错校验。

4. 以太网

局域网有很多类型。按照传输介质所使用的访问控制方法，可以分为以太网、FDDI 网和令牌网等。不同类型的局域网采用不同的 MAC 地址格式和数据帧格式，使用不同的网卡和协议。目前使用最广泛的局域网是以太网。

以太网最早由美国 Xerox(施乐)公司创建，1980 年 DEC、Intel 和 Xerox 3 家公司联合将其开发成为一个通用的标准。以太网是应用最广泛的局域网，包括传统以太网(10Mb/s)、快速以太网(100Mb/s)和 10G 以太网(10Gb/s)，都符合 IEEE 802.3 协议标准。

从访问控制的角度可以将以太网分为共享式以太网和交换式以太网。

(1) 共享式以太网。共享式以太网是最早使用的一种以太网，网络中的所有计算机均通过以太网卡连接到总线上，计算机之间的通信都是通过这条总线进行。人们常说的以太网就是共享式以太网。

共享式以太网采用的是基于总线的广播通信方式。局域网中计算机把要传输的数据分成小块，每一小块数据称为一个数据帧。网络中的结点发送自己的数据帧到总线上，总线上的所有结点都可以收听到这个数据帧。为了在总线上实现一对一通信，数据帧中除了包含需要传输的数据外，还要包含发送该数据帧的源 MAC 地址和接收该数据帧的目的 MAC 地址，同时，为了防止传输的数据可能被破坏或丢失，在数据帧中还要附加一些校验信息，以供目的计算机接收到数据后进行校验，验证收到的数据帧是否出现差错。以太网的数据帧格式如图 4-15 所示。

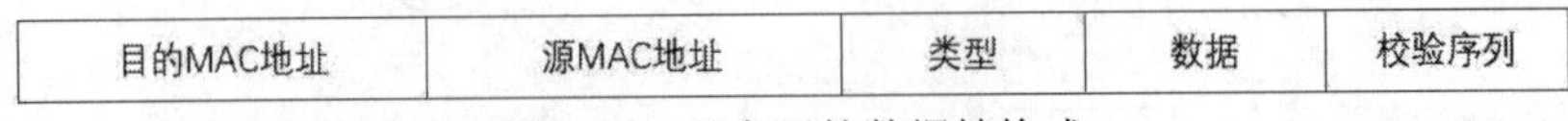

目的MAC地址	源MAC地址	类型	数据	校验序列

图 4-15　以太网的数据帧格式

由于总线是所有结点共享的，如果同一时刻有两个或两个以上的结点同时发送数据，就会产生冲突。为了解决这个问题，以太网采用了一种介质访问控制方法——带有冲突检测的载波侦听多路访问控制方法(carrier sense multiple access/collision detection，CSMA/CD)，保证每一时刻只能有一个结点占用总线并发送数据。

共享式以太网大多以集线器为中心构成，网络中的每台计算机通过网卡和网线连接到集线器上。

(2) 交换式以太网。交换式以太网是以以太网交换机为中心构建的计算机网络。以太网交换机可以有多个端口，每个端口可以单独与一个终端设备相连，也可以与一个共享的以太网集线器相连。连接在交换机上的所有终端设备都可以相互通信。与共享式以太网不同的是，交换式以太网独享带宽，而共享式以太网是共享带宽。若某个集线器有 10 个端口，带宽为 100Mb/s，则每个端口的带宽为 10Mb/s；而若某个交换机有 10 个端口，带宽为 100Mb/s，则每个端口的带宽为 100Mb/s。因此，在交换机上的每个端口独享带宽。

4.1.4　网络互连

网络互连指的是将不同的网络连接起来，以构成更大规模的网络系统，实现网络之间的数据通信、资源共享和协同工作。

1. 网络互连的概念

网络互连(internetworking)技术是过去 20 年中最为成功的网络技术之一。网络互连是指将分布在不同地理位置、使用不同数据链路层协议的单独网络通过网络互连设备连接成为一个更大规模的网络系统。网络互连的目的是使处于不同网络上的用户间能够相互通信和相互交流，以实现更大范围的数据通信和资源共享。

网络互连扩大资源共享的范围，提高网络的性能，降低联网的成本，提高网络的安全性，提高网络的可靠性。

2. 网络互连的要求

互连在一起的网络要进行通信，会遇到许多问题，如不同的寻址方式、不同的分组限制、不同的访问控制机制、不同的网络连接方式、不同的超时控制、不同的路由选择技术、不同的服务(面向连接服务和面向无连接服务)等。因此网络互连除了要为不同子网之间的通信提供路由选择和数据交换功能之外，还应采取措施屏蔽或者兼容这些差异，力求在不修改各网络原有结构和协议的基础上，利用网间互连设备协调和适配各个网络的差异。另外，网络互连还应考虑虚拟网络的划分、不同子网的差错恢复机制对全网的影响、不同子网的用户接入限制以及通过互连设备控制网络流量等问题。

在网络互连时，还应尽量避免为提高网络之间的传输性能而影响各个子网内部的传输功能和传输性能。从应用的角度看，用户需要访问的资源主要集中在子网内部，一般而言，网络之间的信息传输量远小于网络内部的信息传输量。

3. 网络互连的类型

目前，计算机网络按照覆盖范围可以分为局域网、城域网与广域网。因此，网络互连的类型主要有以下几种。

(1) 局域网—局域网互连(LAN-LAN)。在实际的网络应用中，局域网—局域网互连是最常见的一种，其结构如图 4-16 所示。

局域网—局域网互连一般又可分为以下两种。

- 同种局域网互连：同种局域网互连是指符合相同协议的局域网之间的互连。例如，两个以太网之间的互连，或是两个令牌环网之间的互连。
- 异种局域网互连：异种局域网互连是指不同协议的局域网之间的互连。例如，一个以太网和一个令牌环网之间的互连，或是令牌环网和 ATM 网络之间的互连。

局域网—局域网互连可利用网桥来实现，但是网桥必须支持互连网络使用的协议。

(2) 局域网—广域网互连(LAN-WAN)。局域网—广域网互连也是常见的网络互连方式之一，如图 4-17 所示，局域网—广域网互连一般可以通过路由器或网关来实现。

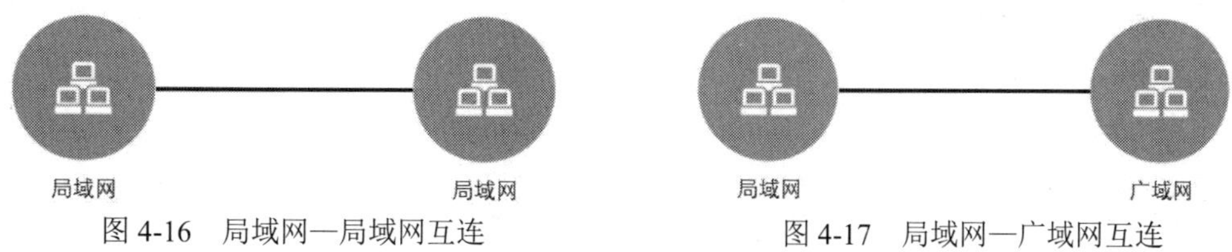

图 4-16　局域网—局域网互连　　　图 4-17　局域网—广域网互连

(3) 局域网—广域网—局域网互连(LAN-WAN-LAN)。将两个分布在不同地理位置的局域网通过广域网实现互连，也是常见的网络互连方式，结构如图 4-18 所示。局域网—广域网—局域网互连可以通过路由器和网关来实现。

图 4-18　局域网—广域网—局域网互连

(4) 广域网—广域网互连(WAN-WAN)。广域网与广域网之间的互连可以通过路由器和网关来实现，结构如图 4-19 所示。

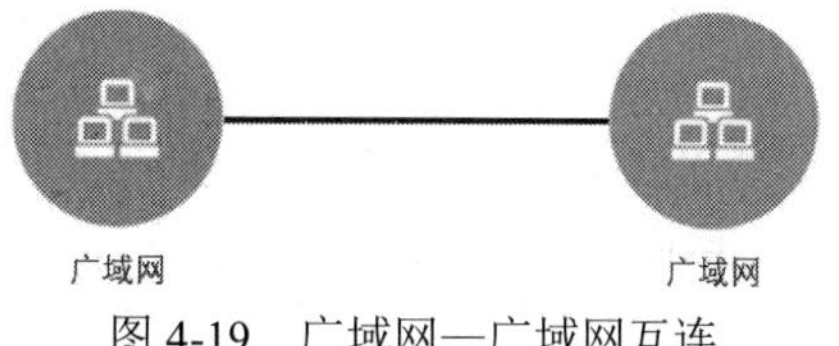

图 4-19　广域网—广域网互连

4.2 Internet 基础

Internet 也称互联网，又称因特网，是一种公用信息的载体，是大众传媒的一种。它具有快捷性、普及性，是现今最流行、最受欢迎的传媒之一，是用户提供各种应用服务的全球性计算机网络。

4.2.1 Internet 简介

Internet 最早来源于由美国国防部高级研究计划局(defense advanced research projects agency，DARPA)的前身 ARPA 建立的 ARPAnet，这个项目基于这样一种主导思想：网络必须能够经受住故障的考验而维持正常工作，一旦发生战争，当网络的某一部分因遭受攻击而失去工作能力时，网络的其他部分应当能够维持正常通信。最初，APPAnet 主要用于军事研究的目的，它有以下五大特点：

- 支持资源共享；
- 采用分布式控制技术；
- 采用分组交换技术；
- 使用通信控制处理机；
- 采用分层的网络通信协议。

随着通信技术、微电子技术、计算机技术等的高速发展，Internet 技术也日臻完善，由最初的面向专业领域，发展到现在的面向千家万户，Internet 真正走入了寻常百姓家。

4.2.2 TCP/IP 协议和 Internet 地址

1. TCP/IP 协议

计算机与网络设备之间如果要相互通信，双方就必须基于相同的方法。比如如何探测到通信目标，由哪一边先发起通信，使用哪种语言进行通信，怎样结束通信等规则都需要事先确定。不同的硬件，操作系统之间的通信，所有这一切都需要一种规则。而我们就将这种规则称为协议(protocol)。TCP/IP 是互联网相关各类协议簇的总称。

1) TCP/IP 的分层管理

TCP/IP 协议里最重要的一点就是分层。TCP/IP 协议簇按层次分别为应用层、传输层、网络层和网络接口层，为了直观地理解局域网的工作原理，可以将网络接口层继续细化分为数据链路层和物理层，形成五层网络体系结构如图 4-20 所示。

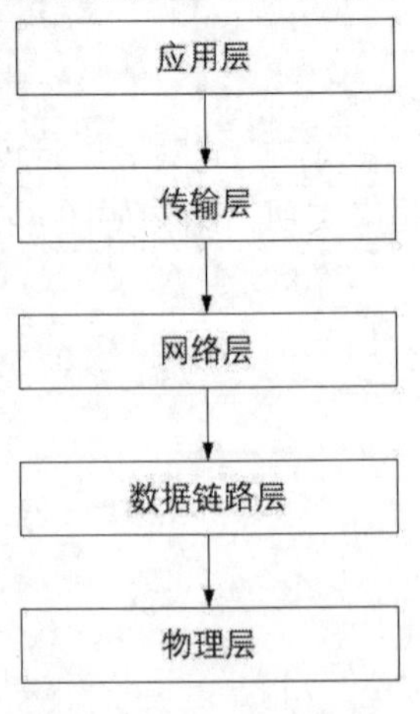

图 4-20　TCP/IP 分层

把 TCP/IP 协议分层之后，如果后期某个地方设计修改，那么就无须全部替换，只需要将变动的层替换。而且从设计上来说，也变得简单了。处于应用层上的应用可以只考虑分派给自己的任务，而不需要弄清对方在地球上哪个地方，怎样传输，如何确保到达率等问题。

图 4-20 所示将 TCP/IP 分为 5 层，越靠下越接近硬件。下面由下

到上来了解一下这些分层。

(1) 物理层。物理层负责比特流在节点之间的传输，即负责物理传输，这一层的协议既与链路有关，也与传输的介质有关。通俗来说就是把计算机连接起来的物理手段。

(2) 数据链路层。控制网络层与物理层之间的通信，主要功能是保证物理线路上进行无差错的数据传递。为了保证传输，从网络层接收到的数据被分割成特定的可被物理层传输的帧。帧是用来传输数据结构的结构包，他不仅包含原始数据，还包含发送方和接收方的物理地址以及纠错和控制信息。其中的地址确定了帧将发送到何处，而纠错和控制信息则确保帧无差错到达。如果在传输数据时，接收方检测到所传数据中有差错会直接丢弃。

(3) 网络层。决定如何将数据从发送方选择合适的路由路径传输到接收方。网络层通过综合考虑发送优先权，网络拥塞程度，服务质量以及可选路由的开销等网络指标来决定从网络中的 A 节点到 B 节点的最佳路径。即建立主机到主机的通信。

(4) 传输层。传输层为两台主机上的应用程序提供端到端的通信。传输层有两个传输协议：TCP(传输控制协议)和 UDP(用户数据报协议)。其中，TCP 是一个可靠的面向连接的协议，UDP 是不可靠的或者说无连接的协议。

(5) 应用层。应用程序收到传输层的数据后，接下来就要进行解封装。解封装必须事先规定好数据传输的格式，而应用层就是规定应用程序的数据格式。主要采用的协议有：HTTP、FTP、Telent 等。

2) TCP 与 UDP

TCP/UDP 都是传输层协议，但是两者具有不同的特点和不同的应用场景，如表 4-1 所示。

表 4-1　TCP 与 UDP 的区别

	TCP	UDP
可靠性	可靠	不可靠
连接性	面向连接	无连接
报文	面向字节流	面向报文
效率	传输效率低	传输效率高
双工性	全双工	一对一、一对多、多对一、多对多
流量控制	滑动窗口	无
拥塞控制	慢开始、拥塞避免、快重传、快恢复	无
传输速度	慢	快
应用场景	对效率要求低，对可靠性要求高或者要求有连接的场景	对效率要求高，对可靠性要求低

(1) 面向报文。面向报文的传输方式是应用层交给 UDP 发送多长的报文，即一次发送一个报文。因此，应用程序必须选择合适大小的报文。

(2) 面向字节流。虽然应用程序和 TCP 的交互是一次一个数据块(大小不等)，但 TCP 把应用程序看成是一连串的无结构的字节流。TCP 有一个缓冲，当应用程序传送的数据块太长，TCP 就可以把它划分短一些再传送。

2. Internet 地址

在讨论 Internet 时，不得不提到 Internet 地址，即 IP 地址(internet protocol address)，因为无论是从学习还是使用 Internet 的角度来看，IP 地址都是一个十分重要的概念，Internet 的许多服务和特点都是通过 IP 地址体现出来的。

1) IP 地址概述

在全球范围内，每个家庭都有一个地址，而每个地址的结构是由国家、省、市、区、街道、门牌号这样的层次结构组成的，因此每个家庭地址是全球唯一的。有了这个唯一的家庭住址，信件才能正常投递不会发生冲突。同理，覆盖全球的主机组成了一个大家庭，为了实现 Internet 上不同主机之间的通信，除使用相同的通信协议——TCP/IP 以外，每台主机都必须拥有唯一的地址——Internet 地址，相当于通信时每台主机的名字。Internet 地址包括 IP 地址和域名地址，它们是 Internet 地址的两种表示方式。

所谓 IP 地址，就是给每台接入 Internet 的主机分配一个在全世界范围内唯一的 32 位二进制数，通常采用更直观的点分十进制表示方式，即以小数点“.”分隔的 4 个十进制数表示，每一个十进制数对应 8 个二进制数。例如某一台主机的 IP 地址可以采用点分十进制表示为 128.10.4.8。IP 地址的这种结构使每一个网络用户都可以很方便地在 Internet 上进行寻址。

2) IP 地址的组成与分类

(1) IP 地址的组成。从逻辑上讲，在 Internet 中，每个 IP 地址都由网络号和主机号两部分组成，如图 4-21 所示。位于同一物理子网的所有主机和网络设备(如服务器、路由器、工作站等)的网络号是相同的，而通过路由器互连的两个网络一般被认为是两个不同的物理网络。对于不同物理网络上的主机和网络设备而言，其网络号是不同的(网络号在 Internet 中是唯一的)。

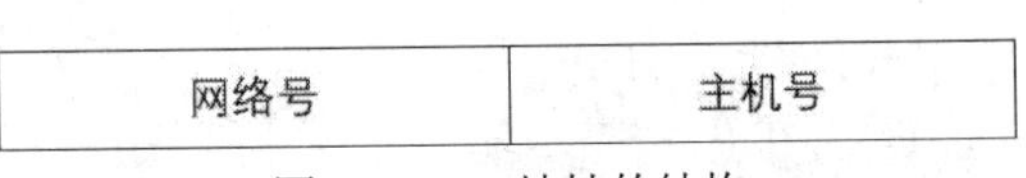

图 4-21　IP 地址的结构

主机号是用来区别同一物理子网中不同的主机和网络设备，在同一物理子网中，必须给出每一台主机和网络设备的唯一主机号，以区别于其他主机。

在 Internet 中，网络号和主机号的唯一性决定了每台主机和网络设备的 IP 地址的唯一性。在 Internet 中根据 IP 地址寻找主机时，首先根据网络号找到主机所在的物理网络，在同一物理网络内部，主机的寻找是网络内部的事情，主机间的数据交换则是根据网络内部的物理地址来完成的。因此，IP 地址的定义方式是比较合理的，对于 Internet 上不同网络间的数据交换非常有利。

(2) IP 地址的表示方法。一个 IP 地址共有 32 位二进制数，即由 4 字节组成，平均分为 4 段，每段 8 位二进制数(1 字节)。为了简化记忆，用户实际使用 IP 地址时，几乎都将组成 IP 地址的二进制数记为 4 个十进制数表示，每个十进制数的取值范围是 0～255，每相邻两字节的对应十进制数间用“.”分隔。IP 地址的这种表示法称为“点分十进制表示法”，显然比全是 1 或 0 的二进制表示法更容易记忆。

【例 4-1】下面是一个将二进制 IP 地址用点分十进制来表示的例子。

二进制地址格式：11001010 01100011 01100000 01001100

十进制地址格式：204.99.96.76s

计算机的网络协议软件很容易将用户提供的十进制地址格式转换为对应的二进制 IP 地址，再供网络互连设备识别。

(3) IP 地址的分类。IP 地址的长度确定后，其中网络号的长度将决定 Internet 中能包含多少个网络，主机号的长度将决定每个网络能容纳多少台主机。根据网络的规模大小，IP 地址一共可分为 5 类：A 类、B 类、C 类、D 类和 E 类。其中，A、B 和 C 类地址是基本的 Internet 地址，是用户使用的地址，为主类地址；D 类和 E 类为次类地址。A、B、C 类 IP 地址的表示如图 4-22 所示。

图 4-22　IP 地址的分类

- A 类地址的前一字节表示网络号，且最前端一个二进制数固定是“0”。因此，其网络号的实际长度为 7 位，主机号的长度为 24 位，表示的地址范围是 1.0.0.0～126.255.255.255。A 类地址允许有 $2^7-2=126$ 个网络(网络号的 0 和 127 保留，用于特殊目的)，每个网络有 $2^{24}-2=16\,777\,214$ 个主机(其中要减去主机号全为 0 的网络地址和主机号全为 1 的广播地址)。A 类 IP 地址主要分配给具有大量主机而局域网络数量较少的大型网络。
- B 类地址的前两字节表示网络号，且最前端的两个二进制数固定是“10”。因此，其网络号的实际长度为 14 位，主机号的长度为 16 位，表示的地址范围是 128.0.0.0～191.255.255.255。B 类地址允许有 $2^{14}=16\,384$ 个网络，每个网络有 $2^{16}-2=65\,534$ 个主机。B 类 IP 地址适用于中等规模的网络，一般用于一些国际性大公司和政府机构等。
- C 类地址的前三字节表示网络号，且最前端的三个二进制数是“110”。因此，其网络号的实际长度为 21 位，主机号的长度为 8 位，表示的地址范围是 192.0.0.0～223.255.255.255。C 类地址允许有 $2^{21}=2\,097\,152$ 个网络，每个网络有 $2^8-2=254$ 个主机。C 类 IP 地址的结构适用于小型的网络，如一般的校园网、一些小公司的网络或研究机构的网络等。

除了以上三类地址以外，还有 D 类地址和 E 类地址。

- D 类 IP 地址不标识网络，且最前端的四个二进制数是“1110”，一般多用于多点广播(Multicast)，如供特殊协议向选定的一组节点发送信息时使用，又被称为多播地址或组播地址，表示的地址范围是 224.0.0.0～239.255.255.255。
- E 类 IP 地址最前端的四个二进制数是“1111”，它目前暂时保留将来使用，表示的地址范围是 240.0.0.0～247.255.255.255。

从 IP 地址的分类方法来看，A 类地址的数量最少，共可分配 126 个网络，每个网络中最多有 16 777 214 台主机；B 类地址共可分配 16 384 个网络，每个网络最多有 65 534 台主机；C 类地址最多，共可分配 2 097 152 个网络，每个网络最多有 254 台主机。

值得一提的是，5 类地址是完全平级的，不存在任何从属关系。但由于 A 类 IP 地址的网络号数量有限，因此现在仅能够申请的是 B 类或 C 类两种 IP 地址。当某个企业或学校申请 IP 地址时，实际上申请到的只是一个网络号，而主机号则由该单位自行确定分配，只要主机号不重复即可。

近年来，随着 Internet 用户数目的急剧增长，可供分配的 IP 地址数量也日益减少。2019 年 11 月 25 日，全球五大区域互联网注册管理机构之一的欧洲网络协调中心(RIPE NCC)宣布 IPv4 地址已全部耗尽，而新的 IPv6 方案的 128 位长度的 IP 地址将会缓解目前 IP 地址的紧张状况。

3) 特殊类型的 IP 地址

除了上面介绍的 5 种类型的 IP 地址外，还有以下几种特殊类型的 IP 地址。

- "0"地址。网络号的每一位全为"0"的 IP 地址称为"0"地址。网络号全为"0"的网络被称为本地子网，当主机想跟本地子网内的另一主机通信时，可使用"0"地址。
- 全"0"地址。IP 地址中的每一字节都为"0"的地址(0.0.0.0)，一般表示所有不清楚的主机和目的网络，或者暂未分配 IP 地址，在路由表中也用作默认路由。
- 限制广播地址。IP 地址中的每一字节都为"1"的 IP 地址(255.255.255.255)称为当前子网的广播地址。当不知道网络地址时，可以通过限制广播地址向本地子网的所有主机进行广播。
- 环回地址。IP 地址一般不能以十进制数"127"作为开头。以"127"开头的地址，如 127.0.0.1，通常用于网络软件测试以及本地主机进程间的通信。

4.2.3 Internet 基本服务

Internet 提供的服务很多，而且新的服务还在不断推出，目前最基本的服务有：信息查询服务、电子邮件服务、文件传送服务、电子公告牌、娱乐与会话服务等。

- 信息查询服务：Internet 上的信息资源非常丰富，它提供了能在数台计算机上查找所需信息的工具。在此基础上，又开发了一些功能完善、用户界面良好的信息搜索引擎，来帮助用户更轻松、更容易地查找网络信息。
- 电子邮件服务：电子邮件服务是 Internet 上使用最为广泛的一种服务，使用这种服务可以传输各种文本、声音、图像、视频等信息。用户只需在网络上申请一个虚拟的电子信箱，就可以通过电子信箱收发邮件。
- 文件传输服务：Internet 允许用户将一台计算机上的文件传送到网络上的另一台计算机上。通过传输文件的服务，用户不但可以获取 Internet 上丰富的资源，还可以将自己计算机中的文件拷贝到其他计算机中。传输的文件内容可包括程序、图片、音乐和视频等各类信息。
- 电子公告牌：电子公告牌又称为 BBS，是一种电子信息服务系统。通过提供公共电子白板，用户可以在上面发表意见，并利用 BBS 进行网上聊天、网上讨论、组织沙龙、为别人提供信息等。
- 娱乐与会话服务：通过 Internet，用户可以使用专门的软件或设备与世界各地的用户进行实时通话和视频聊天。此外，用户还可以参与各种娱乐游戏，如网上下棋、玩网络游戏、看电影等。

4.3 信息安全

在社会信息化的进程中，信息已经成为社会发展的重要资源，而信息安全在信息社会中将扮演极为重要的角色，它直接关系到国家安全、企业经营和人们的日常生活。为了保护国家的政治利益和经济利益，各国政府都非常重视网络与信息安全，信息安全已经成为一个时代性和全球性的研究课题。

4.3.1　信息安全概述

信息安全可以理解为在给定的安全密级的条件下信息系统抵御意外事件或恶意行为的能力，这些事件和行为将危及系统所存储、处理、传输的数据，以及由这些系统所提供的服务的非否认性、完整性、机密性、可用性和可控性，具体含义如下。

- 非否认性是指能够保证信息行为人不能否认其信息行为。这一点可以防止参与某次通信交换的一方事后否认本次交换曾经发生过。
- 完整性是指能够保障被传输、接收或存储的数据是完整的和未被篡改的。这一点对于保证一些重要数据的精确性尤为重要。
- 机密性是指保护数据不受非法截获和未经允许授权浏览。这一点对于敏感数据的传输尤为重要，同时也是通信网络中处理用户的私人信息所必需的。
- 可用性是指尽管存在突发事件(如自然灾害、电源中断事故或攻击等)，但用户依然可以得到或使用数据，并且服务业处于正常运转状态。
- 可控性是指保证信息系统的授权认证和监控管理。这点可以确保某个实体(人或系统)的身份的真实性，也可以确保执政者对社会的执法管理行为。

1. 威胁与攻击信息的种类

(1) 信息泄露。信息泄露就是偶然或故意地获得(侦听、截获、窃取或分析破译)目标系统中的信息，特别是敏感信息。这种威胁主要来自窃听、搭线和其他更加错综复杂的信息探测攻击。

通过 Web 服务来传递信息，快捷、有效，且生动形象。但外部用户进入系统越来越容易，给主机带来的危险也越来越大，如果无法保证这些信息仅为授权用户阅读，就必将给被侵入方带来巨大的损失。

(2) 信息破坏。信息破坏是指由于偶然事故或人为破坏，系统的信息被修改、删除、添加、伪造或非法复制，从而使信息的正确性、完整性和可用性受到破坏、修改或丢失。人为破坏的手段如下：

- 利用系统本身的脆弱性。
- 滥用特权身份。
- 不合法的使用。
- 修改或非法复制系统中的数据。

(3) 计算机犯罪。

① 计算机犯罪的技术手段。计算机犯罪是利用暴力和非暴力手段，故意泄露、窃取或破坏系统中的机密信息，危害系统实体和信息安全的不法行为。暴力手段是对计算机设备和设施进行物理破坏，例如，使用武器摧毁计算机设备，摧毁计算机中心建筑等。而非暴力手段是利用计算机技术或其他技术进行犯罪活动，常采用的技术手段如下：

- 数据欺骗：分发篡改数据或输入假数据。
- 特洛伊木马：分发装入秘密指令或程序，由计算机实施犯罪活动。
- 香肠术：利用计算机从金融信息系统一点一点地窃取存款，例如，窃取某个户头上的利息尾数，积少成多。

- 陷阱术：利用计算机硬件、软件的某些端点接口插入犯罪指令或装置。例如，采用程序中为便于调试、修改或扩充等功能而特设的断点，插入犯罪指令或在硬件中增设犯罪使用的装置。
- 逻辑炸弹：输入犯罪指令，以便在指定的时间或条件下，清除数据文件或破坏系统的功能。
- 寄生术：用某种方式紧跟享有特权的用户进入系统或在系统中装入“寄生虫”程序。
- 超级冲杀：用共享程序突破系统防护，进行非法存取或破坏数据集系统功能。
- 异步攻击：将犯罪指令掺杂在正常作业程序中，以获取数据文件。
- 废品利用：从废弃资料、磁盘、磁带中提取有用信息或进一步分析系统密码等。
- 伪造证件：伪造他人的信用卡、磁卡、存折等。

② 计算机犯罪的特点。计算机犯罪有以下几个特点：

- 作案手段智能化、隐蔽性强；
- 犯罪侵害的目标较集中；
- 侦查取证困难，破案难度大；
- 犯罪后果严重，社会危害性大。

③ 计算机病毒。随着互联网的发展，病毒的发展主要表现在以下几个方面：

- 新病毒不断出现，感染发作有增无减；
- 电子邮件已经取代磁盘成为病毒传播的主要途径；
- 传播速度加快，病毒已无国界；
- 病毒系列的种类越来越多；
- 病毒的破坏性不断增加。

2. 保障信息安全的措施

(1) 应用信息加密技术。信息加密技术是保证计算机系统安全的重要技术措施之一，主要包括以下三个方面。

① 文件加密技术。文件加密技术包括文件的加密及文件名加密。文件名加密是指利用文件名的屏幕显示形式与变换，使得实际注册的文件名与显示的不相符，或者根本不显示难以读写。文件加密方法主要有两种：一种是利用加密软件，对文件单独进行加密和解密；另一种是把加密系统嵌入文件访问机制中，并尽量减少加密和解密所需的时间。在文件存储时，系统自动加密；运行前，则自动解密。

② 存储介质加密技术。存储介质加密可防止非法复制。由于存储介质本身的某些特点，存储介质加密具有某种局限性。这类加密的原理很简单。把某些指纹性质的特征信息写入磁盘，作为密钥嵌入程序中，可以查验它的存在和正确，使用普通磁盘驱动器，能读出程序并运行，但不能写。当复制该盘时，指纹信息会被丢失，于是被查验为非法复制文件；同时，由于密钥可能会丢失导致文件无法运行。

③ 数据的加密方法。数据的加密方法分为对称加密方式和非对称加密方式。对称加密方式和非对称加密方式的加密和解密算法是公开的。对称加密方式发送方和接收方采用相同的密钥进行加密和解密，它的计算开销小，加密和解密计算速度快，适合大量的数据加密解密运算，但其密钥在传输过程中容易泄漏，而且每个用户都需要分配一个密钥，造成大量密钥难于管理的问题。非对称加密方式的加密解密分别使用不同的密钥，每个用户被分配一对公钥和私钥，公钥是对外公开的，而私钥是用户自身保管的、对外保密的。公钥加密的数据只能由对应的私

钥进行解密；反之，私钥加密的数据只能由对应的公钥进行解密。非对称加密方式相对安全，避免了密钥在传输过程中泄漏的风险，但其加密解密计算速度较慢。在实际数据加密应用过程中，通常会结合对称加密方式和非对称加密方式进行数据的加密。

(2) 采取多种技术防护措施。

① 审计技术。审计技术使信息系统自动记录下网络中机器的使用时间、敏感操作和违纪操作等日志记录。审计类似于飞机上的“黑匣子”，它为系统进行事故原因查询、定位、事故发生前的预测、报警，以及事故发生后的实时处理提供了详细可靠的依据或支持。审计对用户的正常操作也有记录，因为往往有些“正常”操作(如修改数据等)恰恰是攻击系统的非法操作。

② 安全协议。整个网络系统的安全强度实际上取决于所使用的安全协议的安全性。安全协议的设计和改进有两种方式：

- 对现有网络协议(如 TCP/IP)进行修改和补充；
- 在网络应用层和传输层之间增加安全子层。

③ 发展和使用访问控制技术。访问控制是保护系统资源不被未经授权接入、使用、披露、修改、毁坏和发出指令等。访问控制技术还可以使系统管理员跟踪用户的网络活动，以及发现并拒绝“黑客”的入侵。访问控制采用最小特权原则，即在给用户分配权限时，根据每个用户的任务特点使其获得完成自身任务的最低权限，不给用户赋予其他工作范围之外的任何权利。

(3) 行政管理措施。除了从思想上提高对计算机网络安全重要的认识，从技术上加强网络安全防范措施以外，还必须有严格的行政管理措施。

① 加强对计算机的管理。对计算机的操作应建立严格的操作规程；对计算机要制定严格的管理制度；对重要的计算机中心要严加保卫，进出机房应有报告制度；涉及国家机密的文件、信息、上网与下载行为都必须经由有关保密部门批准与审查。

② 对人员的管理。对计算机操作人员要经过考核，达到规定的技术要求；对重要部门的计算机操作人员进入机房要有时间规定；不准随便进出机房；对核心部门的计算机操作人员要进行各方面的考核、审查；对计算机上出现的新问题、新情况及时报告并采取紧急措施；严厉打击计算机犯罪行为，并制定有效的网络安全法规。只有从思想上、技术上以及行政管理上全面防护，才能保证计算机网络的安全。

4.3.2　计算机病毒

在计算机网络日益普及的今天，几乎所有的计算机用户都受过计算机病毒的侵害。有时，计算机病毒会对人们的日常工作造成很大的影响，因此，了解计算机病毒的特征以及学会如何预防、消灭计算机病毒是非常必要的。

1. 计算机病毒的概念

计算机病毒(computer virus)在技术上来说，是一种会自我复制的可执行程序。对计算机病毒的定义可以分为以下两种：一种定义是通过磁盘、磁带和网络等媒介进行传播扩散，能“传染”其他程序的程序；另一种是能够实现自身复制且借助一定的载体存在的、具有潜伏性、传染性和破坏性的程序。

因此确切地说计算机病毒就是能够通过某种途径潜伏在计算机存储介质(或程序)里，当达到某种条件时即被激活的、具有对计算机资源进行破坏作用的一组程序或指令集合。

2. 计算机病毒的分类

(1) 按计算机病毒的基本类型划分。可以将其分为系统引导型病毒、可执行文件型病毒、宏病毒、混合型病毒、特洛伊木马型病毒、Internet 语言病毒，如表 4-2 所示。

表 4-2 按计算机病毒的基本类型划分病毒类型

类　型	说　明
系统引导型病毒	系统引导型病毒在系统启动时，先于正常系统将病毒程序自身装入到操作系统中，在完成病毒自身程序的安装后，该病毒程序成为驻留内存的程序，然后再将系统的控制权转给真正的系统引导程序，完成系统的安装。表面上看起来计算机系统能够正常启动并正常工作，但此时由于有计算机病毒程序驻留内存，计算机系统已在病毒程序的控制之下了。系统引导型病毒主要是感染软盘的引导扇区和硬盘的主引导扇区或 DOS 引导扇区
可执行文件型病毒	可执行文件型病毒依附在可执行文件或覆盖文件中，当病毒程序感染一个可执行文件时，病毒修改原文件的一些参数并将病毒自身程序添加到原文件中。在感染病毒的文件被执行时，将首先执行病毒程序的一段代码，病毒程序将驻留在内存并取得系统的控制权
宏病毒	宏病毒是利用宏语言编制的病毒，其充分利用宏命令的强大系统调用功能，破坏系统底层的操作。宏病毒仅感染 Windows 系统下用 Word、Excel、Access、PowerPoint 等办公自动化软件编制的文档以及 Outlook Express 邮件等，不会感染给可执行文件
混合型病毒	混合型病毒是系统引导型病毒、可执行文件型病毒、宏病毒等几种病毒的混合体。这种计算机病毒综合利用多种类型病毒的感染渠道进行破坏，不仅传染可执行文件，而且还传染硬盘主引导区
特洛伊木马型病毒	特洛伊木马型病毒也被称为黑客程序或后门病毒。这种病毒程序分为服务器端和客户端两个部分，服务器端病毒程序通过文件的复制、网络中文件的下载和电子邮件的附件等途径传送到要破坏的计算机系统中，一旦用户执行了这类病毒程序，病毒就会在系统每次启动时偷偷地在后台运行。当计算机接入 Internet 时，黑客就可以通过客户端病毒在网络上寻找运行了服务器端病毒程序的计算机，当客户端病毒找到这种计算机后，就能在用户不知不觉的情况下使用客户端病毒指挥服务器端病毒进行合法用户能进行的各种操作，例如复制、删除、关机等，从而达到控制计算机的目的
Internet 语言病毒	Internet 语言病毒是利用 Java、VB 和 ActiveX 等特性来撰写的病毒。此类病毒程序虽然不能破坏计算机硬盘中的资料，但是如果用户使用浏览器来浏览含有这些病毒程序的网页，病毒会不知不觉地进入计算机进行复制，并通过网络窃取用户个人的信息，或者使计算机系统的资源利用率下降，造成死机等问题

(2) 按计算机病毒的链接方式划分。可以将其分为操作系统型病毒、外壳型病毒、嵌入型病毒、源码型病毒，如表 4-3 所示。

表 4-3　按计算机病毒的连接方式划分病毒类型

类　型	说　明
操作系统型病毒	操作系统型病毒采用的方式是代替操作系统运行，可以产生很大的破坏，导致计算机系统崩溃
外壳型病毒	外壳型病毒是一种比较常见的病毒程序，有易于编写、易被发现的特点。其存在的形式是将自身包围在其他程序的主程序的四周，但并不修改主程序
嵌入型病毒	在计算机现有的程序中嵌入此类病毒程序，从而将计算机病毒的主体程序与其攻击对象通过插入的方式进行链接
源码型病毒	该类病毒主要攻击高级语言编写的计算机程序，在高级语言所编写的程序编译之前就将病毒程序插入到程序中，通过有效的编译，使其成为编译中合法的部分

(3) 按计算机病毒的传播媒介划分。可以分为单机病毒和网络病毒两类，其中单机病毒一般都是通过磁盘作为载体，通常是从移动存储设备传入到硬盘中，感染系统后再将病毒传播到其他移动存储设备，从而感染其他系统；网络病毒主要是通过网络渠道传播，具有强大的破坏力与传染性。

3. 计算机病毒的传播途径

传染性是病毒最显著的特点，归结起来病毒的传播途径主要有以下几种。

- 不可移动的计算机硬件设备：这种类型的病毒较少，但通常破坏力极强。
- 移动存储设备：例如 U 盘、移动硬盘、MP3、存储卡等。
- 计算机网络：网络是计算机病毒传播的主要途径，这种类型的病毒种类繁多，破坏力大小不等。它们通常通过网络共享、FTP 下载、电子邮件、文件传输、WWW 浏览等方式传播。
- 点对点通信系统和无线通道：目前，这种传播方式还不太广泛，但在未来的信息时代这种传播途径很可能会与网络传播成为病毒扩散的最主要的两大渠道。

4. 计算机病毒的特点

凡是计算机病毒，一般来说都具有以下特点。

- 传染性。病毒通过自身复制来感染正常文件，达到破坏计算机正常运行的目的，但是它的感染是有条件的，也就是病毒程序必须被执行之后它才具有传染性，才能感染其他文件。
- 破坏性。任何病毒侵入计算机后，都会或大或小地对计算机的正常使用造成一定的影响，轻者降低计算机的性能，占用系统资源，重者破坏数据导致系统崩溃，甚至会损坏计算机硬件。
- 隐藏性。病毒程序一般都设计得非常小巧，当它附带在文件中或隐藏在磁盘上时，不易被人觉察，有些更是以隐藏文件的形式出现，不经过仔细地查看，一般用户很难发现。
- 潜伏性。一般病毒在感染文件后并不是立即发作，而是隐藏在系统中，在满足条件时才激活。一般都是某个特定的日期，例如“黑色星期五”就是在每逢 13 号的星期五才会发作。
- 可触发性。病毒如果没有被激活，它就像其他没执行的程序一样，安静地待在系统中，没传染性也不具有杀伤力，但是一旦遇到某个特定的文件，它就会被触发，具有传染性和破坏力，对系统产生破坏作用。这些特定的触发条件一般都是病毒制造者设定的，它可能是时间、日期、文件类型或某些特定数据等。

- 不可预见性。病毒种类多种多样，病毒代码千差万别，而且新的病毒制作技术也不断涌现，因此，用户对于已知病毒可以检测、查杀，而对于新的病毒却没有未卜先知的能力，尽管这些新式病毒有某些病毒的共性，但是它采用的技术将更加复杂，更不可预见。
- 寄生性。计算机病毒嵌入到载体中，依靠载体而生存，当载体被执行时，病毒程序也就被激活，然后进行复制和传播。

5. 计算机感染病毒后的症状

如果计算机感染上了病毒，用户如何才能得知呢？一般来说感染上了病毒的计算机会有以下几种症状。

- 平时运行正常的计算机变得反应迟钝，并会出现蓝屏或死机现象。
- 可执行文件的大小发生不正常的变化。
- 对于某个简单的操作，可能会花费比平时更多的时间。
- 开机出现错误的提示信息。
- 系统可用内存突然大幅减少，或者硬盘的可用磁盘空间突然减小，而用户却并没有放入大量文件。
- 文件的名称或是扩展名、日期、属性被系统自动更改。
- 文件无故丢失或不能正常打开。

6. 计算机病毒的预防措施

在使用计算机的过程中，如果用户能够掌握一些预防计算机病毒的小技巧，那么就可以有效地降低计算机感染病毒的概率。这些技巧主要包含以下几个方面。

- 最好禁止可移动磁盘和光盘的自动运行功能，因为很多病毒会通过可移动存储设备进行传播。
- 最好不要在一些不知名的网站上下载软件，很有可能病毒会随着软件一同下载到计算机上。
- 尽量使用正版杀毒软件。
- 经常从所使用的软件供应商那边下载和安装安全补丁。
- 对于游戏爱好者，尽量不要登录一些外挂类的网站，很有可能在你登录的过程中，病毒已经悄悄地侵入了你的计算机系统。
- 使用较为复杂的密码，尽量使密码难以猜测，以防止钓鱼网站盗取密码。不同的账号应使用不同的密码，避免雷同。
- 如果病毒已经进入计算机，应该及时将其清除，防止其进一步扩散。
- 共享文件要设置密码，共享结束后应及时关闭。
- 要对重要文件应形成习惯性的备份，以防遭遇病毒的破坏，造成意外损失。
- 可在计算机和网络之间安装使用防火墙，提高系统的安全性。
- 定期使用杀毒软件扫描计算机中的病毒，并及时升级杀毒软件。

4.3.3 网络威胁与入侵

1. 网络开放性与威胁

网络安全存在的问题主要来自网络威胁。随着互联网的不断发展，网络威胁也呈现了一种新的趋势，已经从最初的病毒，逐渐发展为包括特洛伊木马、后门程序、流氓软件、间谍软件、广告软件、网络钓鱼、垃圾邮件等，而且目前的网络威胁往往是集多种特征于一体的混合型威胁。网络上的“勒索软件”就是利用网络进行传播，截取用户私密信息，进而对用户进行威胁。

网络威胁随着互联网的发展不断变化，从时间和表现上大致可以分为 3 个阶段：

- 第一阶段(1998 年以前)，网络威胁主要来源于传统的计算机病毒，其特征是通过媒介复制进行传染，以攻击破坏个人计算机为目的。
- 第二阶段(大致在 1998 年以后)，网络威胁主要以蠕虫病毒和黑客攻击为主，其表现为蠕虫病毒通过网络大面积爆发，黑客攻击一些服务网站。
- 第三阶段(2005 年以来)，网络威胁呈现多样化手段，多数以偷窃资料、控制利用主机等手段谋取经济利益为目的。

2. 网络入侵

网络入侵是指在非授权的情况下，试图存取信息、处理信息或破坏信息，以使系统不可靠或不可用的故意行为。网络入侵的目的一般可分为控制主机、瘫痪主机和瘫痪网络，入侵对象一般分为主机和网络两类，入侵手段根据目的和后果可分为五大类，分别是拒绝服务攻击、口令攻击、嗅探攻击、欺骗攻击和利用型攻击。

- 拒绝服务攻击是从结果角度来命名的，其最终结果使得目标系统因遭受某种程度的破坏而不能继续提供正常的服务，甚至导致物理上的瘫痪或崩溃。
- 口令攻击是指通过猜测及其他方法获得目标系统的用户口令，夺取目标系统控制权的过程。
- 嗅探攻击是指利用网络技术，通过某种途径获取他人的重要信息。
- 欺骗攻击是指构造虚假的网络消息，发送给网络主机或网络设备，企图用假消息替代真实信息，实现对网络及主机正常工作的干扰破坏。
- 利用型攻击是指通过非法技术手段，试图获得某网络计算机的控制权或使用权，达到利用该机从事非法行为的一类攻击行为的总称。

【例 4-2】拒绝服务攻击的过程及防范。

拒绝服务攻击(denial of service，DoS)是最常见的攻击形式，具体操作方法多种多样，可以是单一的手段，也可以是多种方式的组合利用，其结果都是一样的，就是使合法用户无法访问到所需的信息。分布式拒绝服务攻击(distributed denial of service，DDoS)是在传统 DoS 攻击基础之上发展起来的分布式攻击方式，是很多 DoS 攻击源一起攻击某台服务器或网络，迫使服务器停止提供服务或造成网络阻塞。DDoS 攻击需要众多攻击源，而攻击者获得攻击源的主要途径就是传播木马，网络计算机一旦中了木马，这台计算机就会被攻击者控制，也就成了所谓的“肉鸡”，即帮凶。使用“肉鸡”进行 DDoS 攻击还可以在一定程度上保护攻击者，使其不易被发现。

对于 DoS 来说，主要的防御应从 3 个方面加强：一是及时升级系统，减少系统漏洞。很多 DoS 攻击对于新的操作系统已经失效，如 Ping of Death 攻击。二是关掉主机或网络中不必要的服务端口，如对于非 Web 主机关掉 80 端口。三是局域网应该加强防火墙和入侵检测系统的应用和管理，过滤掉非法的网络数据包。

【例 4-3】口令攻击的过程及防范。

口令攻击过程一般包括四个步骤：一是获取目标系统的用户账号及其他有关信息；二是根据用户信息猜测用户口令；三是采用字典攻击方式暴力破解口令；四是探测目标系统的漏洞，伺机取得口令文件，破解取得用户口令。各个步骤并不要求严格按顺序执行，也可能单独或组合使用，但步骤一是很多攻击者首先要做的事情。对于那些不重视口令安全性的用户，步骤二往往是行之有效的攻击方法。由于得到了很多用户信息，攻击者可以猜测用户可能的口令，因此使用对于用户来说有意义的、便于记忆的数据作为口令将是危险的，例如用户名、用户名变形、生日、电话、电子邮件地址等。用户常常采用一个英语单词作为口令，因此攻击者也经常使用字典攻击的方法来破解用户口令，由于这个破译过程由计算机程序来自动完成，几个小时就可以把字典的所有单词都试一遍。步骤四也是攻击者喜欢使用的一种攻击方法。首先攻击者扫描目标系统，寻找可能存在的系统漏洞，伺机夺取目标中存放口令的文件。

除了上述几个攻击步骤，攻击者还可能采用穷举攻击的方法来攻击口令，系统通常可以用作口令的字符有 95 个，也就是 10 个数字、33 个标点符号、52 个大小写字母。如果口令采用任意 5 个字母加上一个数字或符号，则可能的排列组合数约为 163 亿，即 $52^5 \times 43=16348773000$。这个数字对于每秒可以进行上百万次浮点运算的计算机并不是什么困难问题，也就是说，一个 6 位的口令将不是安全的。

【例 4-4】嗅探攻击的过程及防范。

此类攻击主要技术手段包括：第一类采用上述“利用型攻击”的手段，获取他人计算机的特权，窃取他人的重要信息；第二类通过安装网络窃听软件，窃听网络上传输的信息；第三类采用中间人欺骗，获取他人的通信信息。网络窃听软件被称为嗅探器(sniffer)，是一种常用的收集网络上传输的有用数据的方法，这些数据可以是网络管理员需要分析的网络流量，也可以是攻击者喜欢的用户账号和密码，或者一些商用机密数据等。在共享网络环境中，如果攻击者获得其中一台主机的根(root)权限，并将其网卡置于混杂模式，这就意味着不必打开配线盒来安装偷听设备，就可以对共享环境下的其他计算机的通信进行窃听，在共享网络中网络通信没有任何安全性可言。目前，采用“共享技术”的网络设备集线器已经被采用交换方式的交换机所取代，在多数局域网络中，利用混杂模式进行监听已经不可能了，这就意味着攻击者不得不考虑采用其他方法来实施窃听。交换网络下的窃听手段就是 ARP(地址解析协议)欺骗，也就是中间人欺骗。窃听者 C 伪造 ARP 应答报文，分别发给通信双方 A 和 B，告诉 A “C 的 MAC 地址就是 B 的地址”，这样 A 发给 B 的报文发给了 C，C 复制后转发给 B；同样告诉 B “C 的 MAC 地址就是 A 的地址”，B 回复 A 的数据报文经过 C 转发给 A，这样 C 就可以截获 A 与 B 之间的通信。

防嗅探攻击的主要方法有以下几种。

(1) 检测嗅探器。由于嗅探器需要将用于嗅探网卡设置为混杂模式才能工作，因此可以采用检测混杂模式网卡的方法来检查嗅探器的存在，例如 AntiSniff 就是一个能够检测混杂模式网卡工具。

(2) 安全的拓扑结构。嗅探器只能在当前网络段上进行数据捕获，这就意味着，将网络分段工作进行得越细，嗅探器能够收集的信息就越少。

(3) 会话加密。会话加密提供了另外一种解决方案，使得用户不用担心数据被嗅探，因为即使嗅探器嗅探到数据报文，也不能识别其内容。

(4) 地址绑定。在客户端使用 ARP 命令绑定网关的真实 MAC 地址；在交换机上做端口与 MAC 地址的静态绑定；在路由器上做 IP 地址与 MAC 地址的静态绑定；用静态的 ARP 信息代替动态的 ARP 信息。

【例 4-5】欺骗攻击的过程及防范。

常见的欺骗攻击有 IP 欺骗、ARP 欺骗、DNS(domain name system)欺骗、伪造电子邮件等。简单地说，IP 欺骗就是一台主机设备冒充另外一台主机的 IP 地址，与其他设备通信。DNS 欺骗的目的是冒充域名服务器，把受害者要查询的域名对应的 IP 地址伪造成欺骗者希望的 IP 地址，这样受害者就只能看到攻击者希望的网站页面。伪造电子邮件是利用 SMTP 协议不对邮件发送者的身份进行鉴定的漏洞，攻击者冒充别的邮件地址伪造电子邮件。

对于欺骗攻击的防范方法主要包括：一是抛弃基于地址的信息策略；二是配置防火墙，拒绝网络外部与本网络内具有相同 IP 地址的连接请求，过滤入站的 DNS 更新；三是地址绑定，在网关上绑定 IP 地址和 MAC 地址；四是使用安全工具(如 PGP 等)并安装电子邮件证书。

【例 4-6】利用型攻击的过程及防范。

此类攻击常用的技术手段包括口令猜测、木马病毒、僵尸病毒以及缓冲区溢出等。缓冲区溢出是指当计算机向缓冲区内填充数据位数时超过了缓冲区本身的容量，溢出的数据覆盖了合法数据。缓冲区溢出是一种非常普遍、非常危险的程序漏洞，在各种操作系统、应用软件中广泛存在。利用缓冲区溢出攻击，可以导致程序运行失败、系统宕机、重新启动等后果，更为严重的是可以利用它执行非授权指令，甚至可以取得系统特权并控制主机，进行各种非法操作。

针对利用型攻击的防范，首先是要及时更新系统，减少系统漏洞(包括缓冲区溢出的漏洞)，可以有效地阻挡木马、僵尸以及缓冲区溢出类的入侵；其次要安装防病毒软件，可以有效防范木马、僵尸等病毒入侵；另外更为重要的是加强安全防范意识，主动地了解安全知识，有意识地加固系统，对不安全的电子邮件、网页进行抵制，这样才能较好地防范此类攻击。

另外，诱骗类威胁是指攻击者利用社会工程学的思想，利用人的弱点(如人的本能反应、好奇心、信任、贪便宜心理等)通过网络散布虚假信息，诱使受害者上当受骗，而达到攻击者目的的一种网络攻击行为。近年来，更多的攻击者转向利用人的弱点即社会工程学方法来实施网络攻击。利用社会工程学手段，突破信息安全防御措施的诱骗类攻击事件，已经呈现出上升甚至泛滥的趋势。

诱骗类威胁不属于传统信息安全的范畴，采用传统信息安全办法解决不了非传统信息安全的威胁。防范诱骗类威胁的首要方法是加强安全防范意识。其实，任何欺骗都存在弱点，甚至有明显的欺骗性，只要用户有足够的安全防范意识，多问几个“为什么”，减少“天上掉馅饼”的心理，那么绝大多数此类诱骗行为都不能得逞。

4.3.4　信息安全防御

网络信息安全防御是一个综合性的安全工程，不是部署几个网络安全产品就能够完成的任务。防御需要解决多层面的问题，除了安全技术之外，安全管理也十分重要，实际上提高用户群的安全防范意识、加强安全管理所能起到的效果远远高于应用几个网络安全产品。从技术层面上看，网络安全防御应该是多层次、纵深型的一个体系，这种防御体系可以有效地增加入侵攻击者被检测到的风险，同时降低攻击者的成功概率，能够较好地防御各种网络入侵行为。目前，网络安全防御技术主要包括防火墙(firewall)、入侵检测系统(intrusion detection system，IDS)、入侵防御系统(intrusion prevention system，IPS)、虚拟局域网(virtual local area network，VLAN)等。网络安全防御体系的示意图如图 4-23 所示。

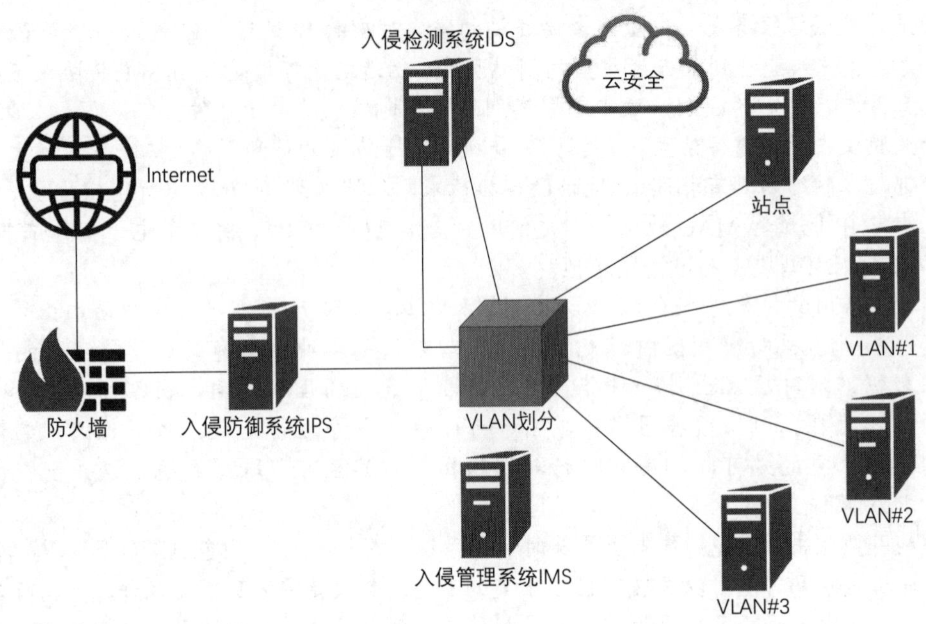

图 4-23　网络安全防御体系示意

1. 防火墙

防火墙指的是一个由软件和硬件设备组合而成、在内部网络和外部网络之间构造的安全保护屏障，从而保护内部网络免受外部非法用户的侵入。简单地说，防火墙是位于两个或多个网络之间，执行访问控制策略的一个或一组系统，是一类防范措施的总称。防火墙作为网络安全防御体系中的第一道防线，其主要的设计目标是有效地控制内外网之间的网络数据流量，做到御敌于外。为了实现这一设计目标，在防火墙的结构和部署上必须着重考虑两个方面：内网和外网之间的所有网络数据流必须经过防火墙；只有符合安全策略的数据流才能通过防火墙。从存在形式上，防火墙可以分为硬件防火墙和软件防火墙。硬件防火墙由于采用特殊的硬件设备，从而具有较高的性能，一般可以作为独立的设备部署在网络中；软件防火墙则是一套需要安装在某台计算机系统上来执行防护任务的安全软件。这里需要注意的是：防火墙也存在局限性，主要表现在防火墙无法检测不经过防火墙的流量，如通过内部提供拨号服务接入公网的流量，不能防范来自内部人员恶意的攻击，也不能阻止被病毒感染的和有害的程序或文件的传递等，也不能防止数据驱动式攻击。

2. 入侵检测系统

入侵检测系统是一种对网络传输进行即时监视，在发现可疑传输时发出警报或者采用主动反应措施的网络安全系统。一个有效的入侵检测系统的数据源必须具有准确性、全面性和代表性等特点。因此，它不仅可以发现入侵行为，而且还能够帮助管理员了解网络系统的状况及出现的任何变动，为网络安全策略的制定提供帮助。入侵检测的第一步是信息收集，收集内容包括系统和网络的数据及用户活动的状态和行为。信息收集工作一般由放置在不同网段的感应器来收集网络中的数据信息(主要是数据包)和主机内感应器来收集该主机的信息。将收集到的信息送到检测引擎进行分析、检测。当检测到某种入侵特征时，会通知控制台出现了安全事件。当控制台接到发生安全事件的通知，将产生报警，也可依据预先定义的相应措施进行联动响应。

例如，可以重新配置路由器或防火墙、终止进程、切断连接、改变文件属性等。

3. 入侵防御系统

入侵防御系统是串接在网络关键路径上的一个安全设备，它要求所有网络数据都经过 IPS 设备，从这一点上看更像防火墙的部署，而从工作机制上看比较接近入侵检测系统。IPS 融合了“基于特征的检测机制”和“基于原理的检测机制”，这种融合不仅仅是一个两种检测方法的简单组合，而是细分到对攻击检测防御的每一个过程中，包含了动态监测与静态监测的融合，因此，IPS 有时可以看成防火墙和入侵检测系统的融合。

4. 入侵管理系统

入侵管理系统是 IPS 之后的一个全新概念，是一个针对整个入侵过程进行统一管理的安全服务系统，在入侵事件的各个阶段实施预测、检测、阻断、关联分析和系统维护等工作。IMS 在入侵行为未发生前要考虑网络中存在什么漏洞，判断可能出现的攻击行为和面临的入侵危险；在行为发生时，不仅要检测出入侵攻击行为，还要进行阻断处理，终止入侵行为；在入侵行为发生后，进行深层次的入侵行为分析，通过关联分析，来判断是否还存在下一次入侵攻击的可能性。

5. 虚拟局域网

虚拟局域网是可以把同一物理局域网内的不同用户逻辑地划分为不同的域，从而实现不同域之间的有效隔离，实现流量控制，提高网络安全性的一种技术。每一个 VLAN 都包含一组有着相同需求的工作站，与物理上形成的局域网有着相同的属性，不同 VLAN 之间相互可有效隔离。

网络防御技术不断发展，先进理念也不断产生，IPS、IMS 不会是网络防御的终极武器。在网络攻防中防御技术始终是被动地位，但面对不断完善的纵深型防御体系以及各种防御技术的配合补充，入侵攻击的实施势必更加困难。

4.4 网络安全与国家安全

2018 年 4 月，习近平总书记在全国网络安全和信息化工作会议上的讲话中指出：没有网络安全就没有国家安全，就没有经济社会稳定运行，广大人民群众利益也难以得到保障。

4.4.1　网络安全与国家安全概述

在网络社会化、社会网络化的今天，网络空间加速演变为战略威慑与控制的新领域、意识形态领域斗争的新平台、维护经济社会稳定的新阵地、信息化局部战争的新战场。谁掌握了网络，谁就抢占了意识形态领域斗争的制高点，谁就抓住了信息时代国家安全和发展的重要命脉。如果不重视网络安全，就可能丧失网络舆论战场的话语权，错失互联网给经济发展带来的新机遇，缺失确保国家战略安全和军事斗争胜利的新基石。

一个国家越发达、信息化程度越高，整个国民经济对信息资源和信息基础设施的依赖程度也越高。然而，随着信息化的发展，计算机病毒、网络攻击、垃圾邮件、系统漏洞、网络窃密、虚假有害信息和网络违法犯罪等问题也日渐突出，如应对不当就会给国家经济安全带来严重的影响。同时，信息网络技术的快速发展，也使军事战争的形态发生变化。从古代到今天，战争形态产生四次较大的变革，从冷兵器、热兵器、机械化，发展到现在的信息化战争，新军事变革的核心是信息化，新军事化变革的思维概念是系统集成和技术融合，要通过较少的投入获得最大的效益。

由于互联网具有虚拟性、隐蔽性、发散性、渗透性和随意性等特点，越来越多的网民更愿意通过这种渠道来表达观点、传播思想。同时互联网的这些特点又可能会被一些别有用心的人加以利用。例如，色情资讯业日益猖獗，使互联网络充斥黄色信息和宣扬暴力的信息，这些不良信息腐蚀着人们的灵魂；又如，大量侵犯知识产权的盗版软件严重损害版权所有者的利益，对名誉权和隐私权的侵害成为影响人们生活的重要因素；可以看出，网络安全与社会稳定关系密切，如何加强对网络的及时检测、有效引导，以及对网络危机的积极化解，对维护社会稳定、促进国家发展具有重要的现实意义，也是创建和谐社会的应有内涵。

4.4.2 网络空间主权

网络空间不是法外之地，网络空间也有主权。《中华人民共和国网络安全法》中提出网络空间主权原则，是对网络空间主权的有力捍卫。

网络空间主权是指一个国家在建设、运营、维护和使用网络，以及在网络安全的监督管理方面所拥有的自主决定权。网络空间主权是国家主权在网络空间中的自然延伸和表现，是国家主权的重要组成部分。作为国家主权的延伸和表现，网络空间主权集中体现了国家在网络空间可以独立自主地处理内外事务，享有在网络空间的管辖权、独立权、防卫权和平等权等权利。

(1) 管辖权。管辖权指的是主权国家对本国网络加以管理的权利，比如通过设置准入许可限制未被授权的网站接入到网络中，对不服从管理的网站立刻停止服务，对网络空间和网络生态加强整顿等。

(2) 独立权。独立权指的是本国的网络可以独立运行，无须受制于别国。目前，全球绝大多数顶级服务器都在美国境内，理论上，只要美国在根服务器上屏蔽该国家域名，就能让这个国家的顶级域名网站在网络上瞬间“消失”。在这个意义上，美国具有全球独一无二的制网权，有能力威慑他国的网络边疆和网络主权。其他各国的网络还无法实现独立存在。

(3) 防卫权。防卫权指的是主权国家具有对外来网络攻击和威胁进行防卫的权利。目前，全球 13 台域名根服务器中美国掌握 10 台，在这种情况下，就要针对根域名服务器被攻击、关停等紧急情况做出积极的预判和应对。目前，一些国家自主研制服务器，就是很好的防卫能力建设，一旦根服务器被关停，还能实现本国内部网络联通。此外，针对一国的网络舆论攻势，主权国家也应该做好应对之策，必要时进行自我保护。总之，防卫权要求主权国家要拥有设置网络疆界、隔离境外网络进攻、抵抗和反击的能力。

(4) 平等权。平等权指的是各国网络之间可以平等地进行互联互通，不分高低贵贱。平等权要确保各国对网络系统具有平等的管理权，保证一国对本国互联网的管理不会伤及其他国家。现有的互联网相互依赖过强，互联网强势国家所制定的政策往往也会使弱势国家被迫接受。

网络空间主权的确立，一方面把一个国家的公民所拥有的虚拟网络空间的自由权纳入国内相关法律的范围，另一方面也为网络参与者提供了一系列自由表达、参与的法治保障。同时，网络空间主权也为一个国家维护网络秩序，维护国家、公众利益提供了依法治网的法律依据。

4.4.3　网络安全法

《中华人民共和国网络安全法》(以下简称《网络安全法》)是为保障网络安全，维护网络空间主权和国家安全、社会公共利益，保护公民、法人和其他组织的合法权益，促进经济社会信息化健康发展而制定。由全国人民代表大会常务委员会于 2016 年 11 月 7 日发布，自 2017 年 6 月 1 日起施行。

《网络安全法》是我国网络安全领域的基础性法律，充分体现了信息化发展与网络安全并重的安全发展观，共有七章七十九条，内容十分丰富，突出的亮点是：确立了网络空间主权原则，明确了重要数据的本地化存储，强化了对个人信息的保护，确定了网络安全人才培养制度，提出了关键信息基础设施的安全保护及其范围，尤其是针对当前网络诈骗等新型网络违法犯罪的多发态势，强化了惩治网络诈骗等新型网络违法犯罪活动的规定。《网络安全法》具有整体性、协调性、稳定性和可操作性等特征，是我国应对国际网络空间安全挑战、维护网络空间主权、保障公民网络空间的合法权益不受侵害、保障国家安全的利器。

1.《网络安全法》基本原则

第一，网络空间主权原则。《网络安全法》第一条“立法目的”开宗明义，明确规定要维护我国网络空间主权。网络空间主权是一国国家主权在网络空间中的自然延伸和表现。《联合国宪章》确立的主权平等原则是当代国际关系的基本准则，覆盖国与国交往各个领域，其原则和精神也应该适用于网络空间。各国自主选择网络发展道路、网络管理模式、互联网公共政策和平等参与国际网络空间治理的权利应当得到尊重。《网络安全法》第二条明确规定网络安全法适用于我国境内网络以及网络安全的监督管理。这是我国网络空间主权对内最高管辖权的具体体现。

第二，网络安全与信息化发展并重原则。发展是安全的前提，安全是发展的保障，安全和发展要同步推进。网络安全和信息化是一体之两翼、驱动之双轮，必须统一谋划、统一部署、统一推进、统一实施。《网络安全法》第三条明确规定，国家坚持网络安全与信息化并重，遵循积极利用、科学发展、依法管理、确保安全的方针；既要推进网络基础设施建设，鼓励网络技术创新和应用，又要建立健全网络安全保障体系，提高网络安全保护能力，做到“双轮驱动、两翼齐飞”。

第三，共同治理原则。网络空间安全仅仅依靠政府是无法实现的，需要政府、企业、社会组织、技术社群和公民等网络利益相关者的共同参与。《网络安全法》坚持共同治理原则，要求采取措施鼓励全社会共同参与，政府部门、网络建设者、网络运营者、网络服务提供者、网络行业相关组织、高等院校、职业学校、社会公众等都应根据各自的角色参与网络安全治理工作。

2. 网络安全战略与治理目标

《网络安全法》提出制定网络安全战略，明确网络空间治理目标，提高了我国网络安全政策的透明度。《网络安全法》第四条明确提出了我国网络安全战略的主要内容：明确保障网络安全的基本要求和主要目标，提出重点领域的网络安全政策、工作任务和措施。第七条明确规定，我国致力于“推动构建和平、安全、开放、合作的网络空间，建立多边、民主、透明的网络治理体系”。这是我国第一次通过国家法律的形式向世界宣示网络空间治理目标，明确表达了我国的网络空间治理诉求。

3. 完善网络安全监管机制

《网络安全法》将现行有效的网络安全监管体制法制化，明确了网信部门与其他相关网络监管部门的职责分工。《网络安全法》第八条规定，国家网信部门负责统筹协调网络安全工作和相关监督管理工作，国务院电信主管部门、公安部门和其他有关机关依法在各自职责范围内负责网络安全保护和监督管理工作。这种“1+X”的监管体制，符合当前互联网与现实社会全面融合的特点和我国监管需要。

4. 强化网络运行安全，重点保护关键信息基础设施

《网络安全法》第三章用了近三分之一的篇幅规范网络运行安全，特别强调要保障关键信息基础设施的运行安全。关键信息基础设施是指那些一旦遭到破坏、丧失功能或者数据泄露，可能严重危害国家安全、国计民生、公共利益的系统和设施。网络运行安全是网络安全的重心，关键信息基础设施安全则是重中之重，与国家安全和社会公共利益息息相关。为此，《网络安全法》强调在网络安全等级保护制度的基础上，对关键信息基础设施实行重点保护，明确关键信息基础设施的运营者负有更多的安全保护义务，并配以国家安全审查、重要数据强制本地存储等法律措施，确保关键信息基础设施的运行安全。

5. 完善了网络安全义务和责任

《网络安全法》将原来散见于各种法规、规章中的规定上升到人大法律层面，对网络运营者等主体的法律义务和责任做了全面规定，包括守法义务，遵守社会公德、商业道德义务，诚实信用义务，网络安全保护义务，接受监督义务，承担社会责任等，并在“网络运行安全”“网络信息安全”“检测预警与应急处置”等章节中进一步明确、细化。在“法律责任”中则提高了违法行为的处罚标准，加大了处罚力度，有利于保障《网络安全法》的实施。

6. 检测预警与应急处置措施制度化、法制化

《网络安全法》第五章将检测预警与应急处置工作制度化、法制化，明确国家建立网络安全检测预警和信息通报制度，建立网络安全风险评估和应急工作机制，制定网络安全事件应急预案并定期演练。这为建立统一高效的网络安全风险报告机制、情报共享机制、研判处置机制提供了法律依据，为深化网络安全防护体系，实现全天候全方位感知网络安全态势提供了法律保障。

4.5 课后习题

一、判断题

1. TCP/IP 是 ARPAnet 中最早使用的通信协议。（ ）
2. TCP/IP 最早应用在 ARPAnet 中。（ ）
3. 计算机病毒是计算机系统中自动产生的。（ ）
4. 对于一个计算机网络来说，依靠防火墙即可达到对网络内部和外部的安全防护。（ ）
5. 防火墙不能防止利用服务器系统和网络协议漏洞所进行的攻击。（ ）
6. 防火墙不能防止内部的泄密行为。（ ）

二、选择题

1. 网上交换数据的规则称作(　　)。
   A. 协议　　B. 通道　　C. 配置　　D. 异步传输
2. 绝大部分计算机罪犯是(　　)。
   A. 黑客　　B. 学生　　C. 雇员　　D. 数据库管理员
3. 防止内部网络受到外部攻击的主要防御措施是(　　)。
   A. 防火墙　　B. 杀毒软件　　C. 加密　　D. 备份
4. 在以下人为的恶意攻击行为中，属于主动攻击的是(　　)。
   A. 数据篡改及破坏　　B. 数据窃听　　C. 数据流分析　　D. 非法访问
5. 计算机网络的安全是指(　　)。
   A. 网络中设备设置环境的安全
   B. 网络使用者的安全
   C. 网络中信息的安全
   D. 网络的财产安全
6. 信息风险主要是指(　　)。
   A. 信息存储安全　　B. 信息传输安全　　C. 信息访问安全　　D. 以上都正确
7. 黑客搭线窃听属于(　　)风险。
   A. 信息存储安全　　B. 信息传输安全　　C. 信息访问安全　　D. 以上都不是
8. 对企业网络最大的威胁是(　　)。
   A. 黑客攻击　　B. 外国政府　　C. 竞争对手　　D. 内部员工恶意行为

三、思考题

1. 信息安全的发展过程主要经历了哪些阶段？
2. 信息保障的内容是什么？
3. 如何描述一个密码体制？
4. 防火墙的主要功能有哪些？
5. 如何界定国家的网络空间主权？

第 5 章

使用Word 2016制作办公文档

☑ 内容简介

很多人或许会认为 Word 很简单，不值得专门去学习。确实如果只是制作普通的电子文档，一般用户并不需要花很多的时间和精力去学习，但要制作一个比较复杂的文档或者长文档，常规的方法就显得捉襟见肘，此时如果能运用适当的技巧将为工作带来事半功倍的效果。

本章将主要通过实例操作，介绍使用 Word 软件(以 Word 2016 为例)制作电子文档的方法。

☑ 重点内容

- Word 2016 的工作界面与基本设置
- 在 Word 中输入、编辑与排版文档
- 利用表格构建文档结构的具体操作
- 在 Word 中设置文档页面、主题、对象和插图

5.1 制作“关于举办第十届学生运动会的通知”文档

本节将通过制作 “关于举办第十届学生运动会的通知”文档，从 Word 最基础的应用着手，利用实例操作讲解 Word 软件的基本操作。

5.1.1 Word 2016 概述

Word 2016 是 Microsoft 公司推出的 Office 办公套装中的一款文字处理软件，也是用户使用最广泛的文书编辑工具。它沿袭了 Windows 系统友好的图形界面，用户可以使用它来撰写项目报告、合同、协议、法律文书、会议纪要、公文、传单海报、商务报表或者贺卡、礼券、证书以及奖券等，几乎可以说，一切和文书处理相关的内容都可以用 Word 来处理。

1. 工作界面

在 Windows 10 中，单击“开始”按钮，从弹出的开始菜单中选择 Word 2016 命令或双击已创建好的 Word 文件，即可启动 Word 2016 进入软件的工作界面。Word 工作界面主要由标题栏、快速访问工具栏、功能区、导航窗格、文档编辑区和状态与视图栏组成，如图 5-1 所示。

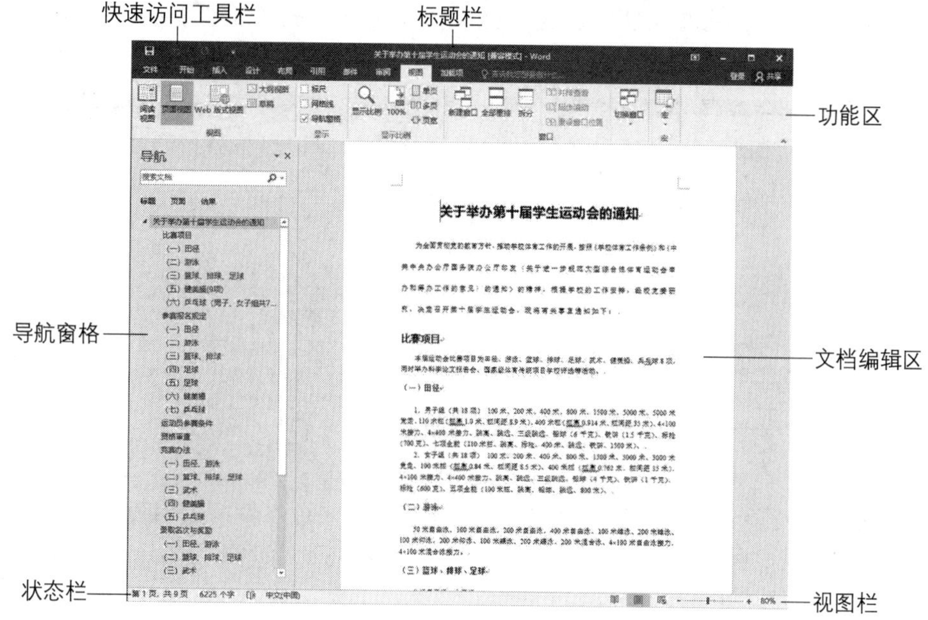

图 5-1　Word 2016 的工作界面

(1) 标题栏：位于窗口的顶端，用于显示当前正在运行的程序名及文件名等信息。标题栏最右端有 3 个按钮，分别用于控制窗口的最小化、最大化和关闭。

(2) 快速访问工具栏：其中包含最常用操作的快捷按钮，方便用户使用。在默认状态中，包含 3 个快捷按钮，分别为“保存”按钮、“撤销”按钮和“重复”按钮。

(3) 功能区：是完成文本格式操作的主要区域。在默认状态下主要包含“文件”“开始”“插入”“设计”“布局”“引用”“邮件”“审阅”“视图”“加载项”等 9 个基本选项卡。

(4) 导航窗格：主要显示文档的标题级文字，以方便用户快速查看文档，单击其中的标题，即可快速跳转到相应的位置。

(5) 文档编辑区：是输入文本、添加图形或图像以及编辑文档的区域，用户对文本进行的操作结果都将显示在该区域。

(6) 状态栏与视图栏：位于 Word 窗口的底部，状态栏显示了当前文档的信息，如当前显示的文档是第几页、第几节和当前文档的字数等。在视图栏中通过拖动“显示比例”滑杆中的滑块，可以直观地改变文档编辑区的大小。

2. 视图模式

Word 软件为用户提供了多种浏览文档的方式，包括页面视图、阅读版式视图、Web 版式视图、大纲视图和草稿视图(在“视图”选项卡的“视图”选项组中可以切换 Word 文档视图)。

(1) 页面视图：页面视图是 Word 2016 默认的视图模式。该视图中显示的效果和打印的效果完全一致。在页面视图中可看到页眉、页脚、水印和图形等各种对象在页面中的实际打印位置，便于用户对页面中的各种元素进行编辑，如图 5-1 所示。

(2) 阅读视图：该视图模式比较适用于阅读比较长的文档，如果文字较多，它会自动分成多屏以方便用户阅读，如图 5-2 所示。

(3) Web 版式视图：Web 版式视图是几种视图方式中唯一按照窗口的大小来显示文本的

视图。使用这种视图模式查看文档时，无须拖动水平滚动条就可以查看整行文字，如图 5-3 所示。

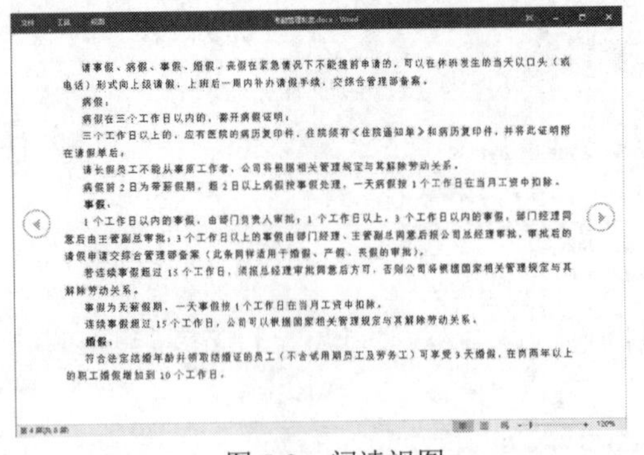
图 5-2 阅读视图

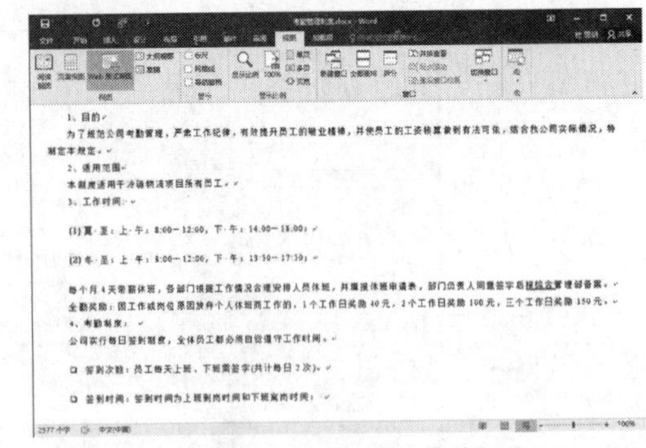
图 5-3 Web 版式视图

(4) 大纲视图：对于一个具有多重标题的文档来说，用户可以使用大纲视图来查看该文档。大纲视图是按照文档中标题的层次来显示文档的，用户可将文档折叠起来只看主标题，也可将文档展开查看整个文档的内容，如图 5-4 所示。

(5) 草稿视图：草稿视图是 Word 中最简化的视图模式。在该视图中，不显示页边距、页眉和页脚、背景、图形图像以及没有设置为“嵌入型”环绕方式的图片。因此，这种视图模式仅适合编辑内容和格式都比较简单的文档，如图 5-5 所示。

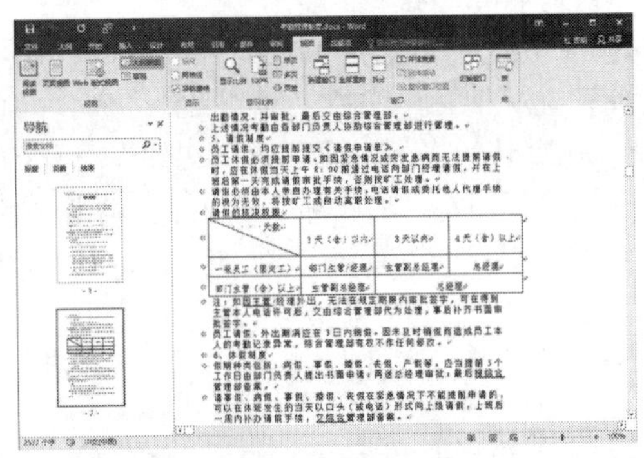
图 5-4 大纲视图

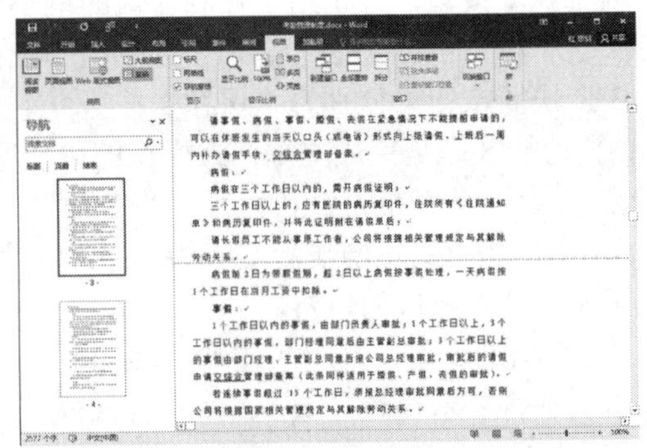
图 5-5 草稿视图

3. 基本设置

在使用 Word 2016 制作各种办公文档之前，用户需要做一些前期设置，这对于后面的文档编辑有一定的帮助作用。Word 2016 的基本设置主要包括：显示设置、校对设置、保存设置和输入设置等几个方面。

(1) 显示设置。在 Word 工作界面的功能区中选择“文件”选项卡，在显示的界面中选择“选项”选项(如图 5-6 左图)，在打开的“Word 选项”对话框中选择“显示”选项，用户可以在“始终在屏幕上显示这些格式标记”选项区域中设置显示辅助文档编辑的格式标记(这些标记不会在打印文档时被打印在纸上)，如图 5-6 右图所示，包括制表符(→)、空格(···)、段落标记(↵)、隐藏文字(abc)、可选连字符(¬)、对象位置(⚓)、可选分隔符(▯)等。

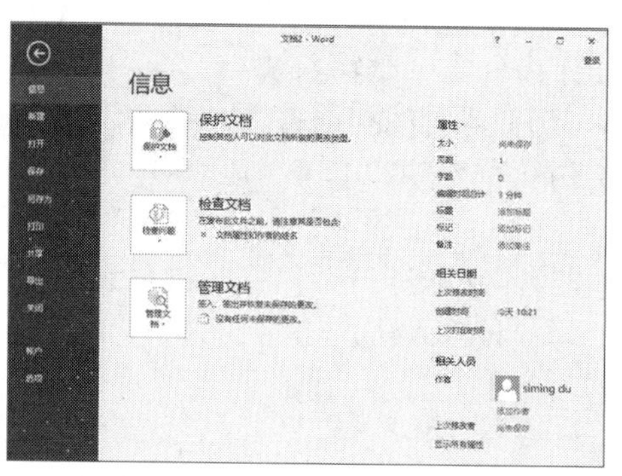
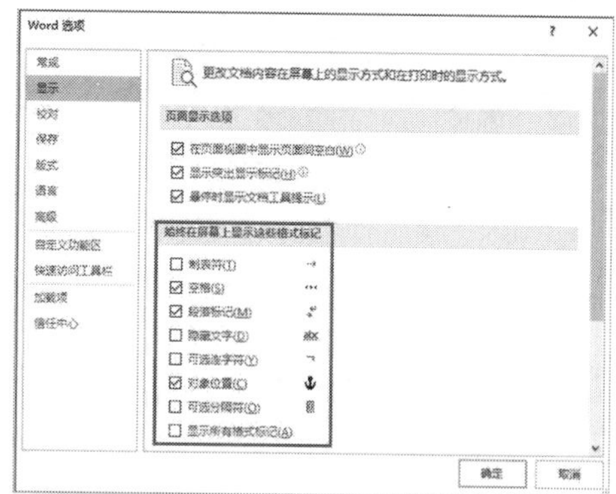

图 5-6 设置始终在屏幕上显示的格式标记

(2) 校对设置。在图 5-6 右图所示的“Word 选项”对话框中选择“校对”选项，在显示的选项区域中单击“自动更正选项”按钮(如图 5-7 左图所示)，打开“自动更正”对话框，选择“键入时自动套用格式”选项卡，取消“自动编号列表”复选框的选中状态，然后单击“确定”按钮可以取消 Word 2016 默认自动启动的“自动编号列表”功能(在编辑 Word 文档时关闭该功能有助于提高文档的输入效率)，如图 5-7 右图所示。

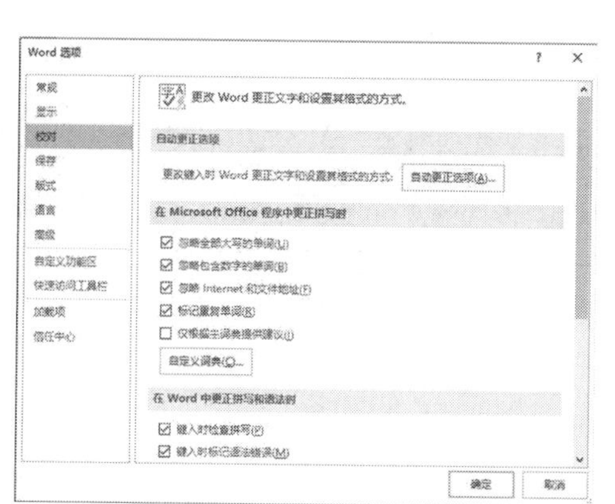
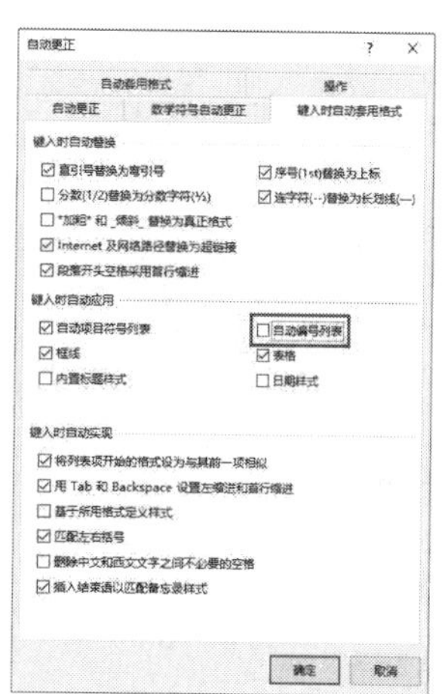

图 5-7 设置关闭“自动编号列表”功能

(3) 保存设置。在图 5-6 右图所示的“Word 选项”对话框中选择“保存”选项，在显示的选项区域中可以设置 Word 软件保存文档的格式、自动保存时间以及自动恢复文件的保存位置。

(4) 输入法设置。撰写各种 Word 文档离不开输入法。Windows 10 操作系统默认使用微软拼音输入法，该输入法虽然能够满足日常办公中简单的中英文输入，但是其输入效率不高无法满足大强度工作量下文字的输入要求。

目前，常用的输入法如表 5-1 所示。

表 5-1 电脑办公中常用的输入法

输入法名称	特　点	输入法名称	特　点
搜狗输入法	功能成熟的中文拼音输入法	QQ 输入法	支持拼音、五笔、笔画输入的输入法
百度输入法	无广告的高效中文输入法	谷歌输入法	支持简体中文和繁体中文输入

用户可以参考以下操作，在 Windows 10 设置系统默认输入法。

① 通过 Microsoft Edge 浏览器下载并安装表 5-1 中任意一款输入法。

② 按下 Win+I 键打开“Windows 设置”窗口，选择“时间和语言”|“语言”选项，在显示的界面中将“Windows 显示语言”设置为“中文(中华人民共和国)”，然后单击“拼写、键入和键盘设置”选项，如图 5-8 左图所示。

③ 在打开的“输入”界面中单击“高级键盘设置”选项，打开“高级键盘设置”窗口，单击“替代输入法”下拉按钮，从弹出的列表中选择一种输入法，如图 5-8 右图所示。

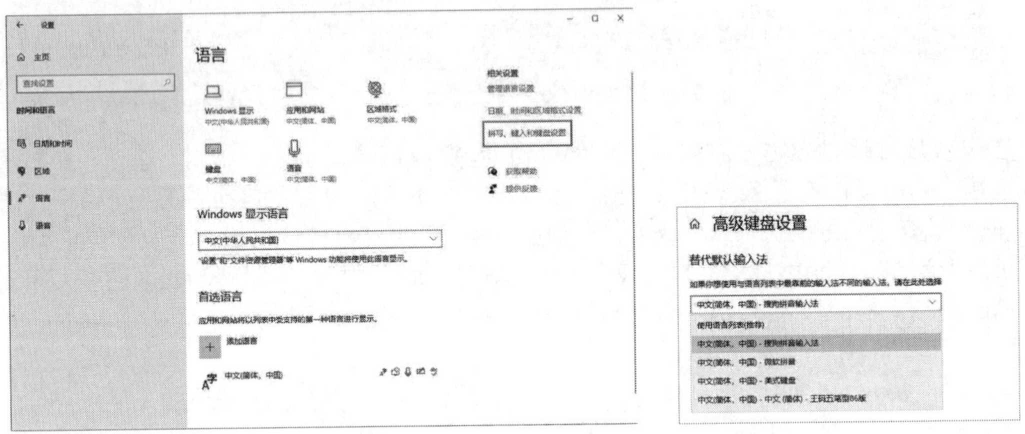

图 5-8　设置 Windows 默认输入法

提示

在 Windows 10 中设置默认输入法后，使用 Word 2016 制作办公文档时，用户可以通过快捷键来控制输入法的状态。例如，按 Shift 键可以在中文输入状态和英文输入状态下切换；按下 Caps Lock 键可输入英文大写字母，再次按该键则可输入英文小写字母；按 Ctrl+Shift 键可以切换当前输入法；按下 Win+空格键可以打开输入法列表切换当前输入法。

5.1.2　输入与编辑文本

在 Word 2016 中，文字是组成段落的最基本内容，任何一个文档都是从段落文本开始进行编辑。本节将主要介绍输入文本、查找与替换文本、文本的自动更正、拼写与语法检查等操作，这是整个文档编辑过程的基础。只有掌握了这些基础操作，才能更好地处理文档。

1. 输入文本

新建一个 Word 文档后，在文档的开始位置将出现一个闪烁的光标，称之为“插入点”。在 Word 中输入的任何文本都会在插入点处出现。定位了插入点的位置后，选择一种输入法即可开始输入文本。

1) 输入英文

在英文状态下通过键盘可以直接输入英文、数字及标点符号。在输入时，需要注意以下几点：

- 按 Caps Lock 键可输入英文大写字母，再次按该键则输入英文小写字母。
- 按住 Shift 键的同时按双字符键，将输入上档字符；按住 Shift 键的同时按字母键，输入英文大写字母。

- 按 Enter 键，插入点自动移到下一行行首。
- 按空格键，在插入点的左侧插入一个空格符号。

2) 输入中文

一般情况下，Windows 系统自带的中文输入法都是比较通用的，用户可以使用默认的输入法切换方式，如打开/关闭输入法控制条组合键(Ctrl+空格键)、切换输入法(Shift+Ctrl 键)等。选择一种中文输入法后，即可开始在插入点处输入中文文本。

【例 5-1】新建一个名为“关于举办第十届学生运动会的通知”的文档，使用中文输入法输入文本。

(1) 启动 Word 2016 后按下 Ctrl+N 组合键新建一个文本文档。

(2) 按下 Ctrl+Shift 键切换中文输入法(这里切换选择搜狗拼音输入法)。

(3) 在插入点处输入标题“关于举办第十届学生运动会的通知”，如图 5-9 左图所示。

(4) 按 Enter 键进行换行，然后按 Backspace 键，将插入点移至下一行行首，继续输入如图 5-9 右图所示的文本。

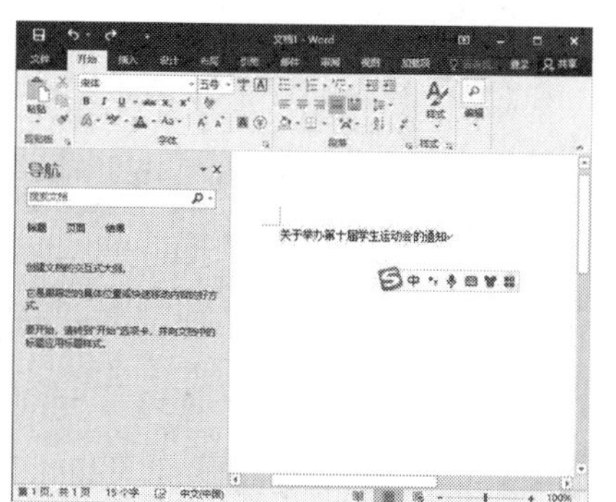

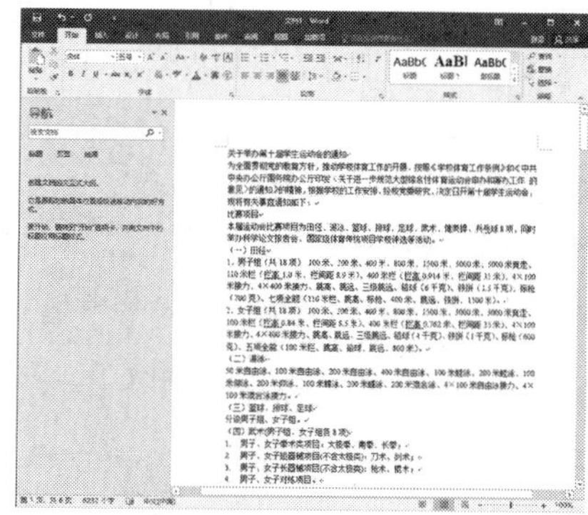

图 5-9　输入文档标题和内容文本

(5) 按 Enter 键，将插入点跳转至下一行的行首，再按 Tab 键，首行缩进两个字符，继续输入多段正文文本。

(6) 按 Enter 键，继续换行，按 Backspace 键，将插入点移至下一行行首，使用同样方法继续输入所需的文本，完成文本输入后按下 F12 键打开“另存为”对话框，在“文件名”文本框中输入“关于举办第十届学生运动会的通知”，然后单击“保存”按钮完成文档内容的输入，如图 5-10 所示。

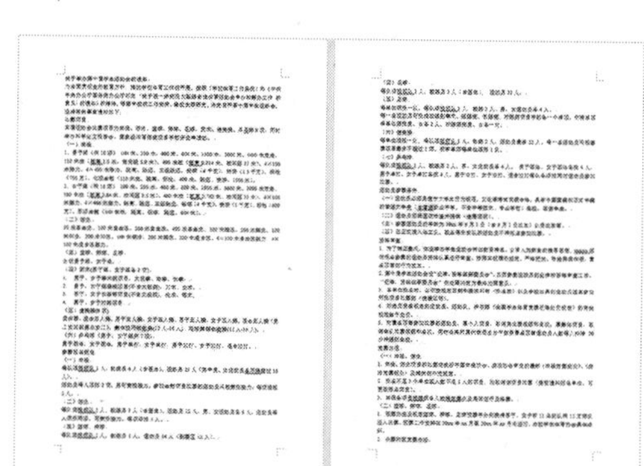

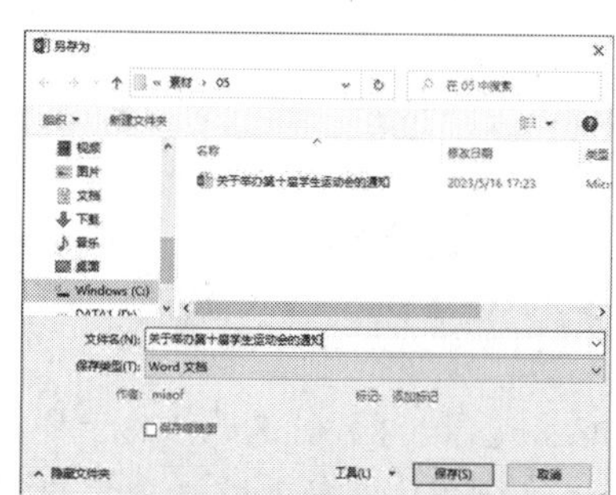

图 5-10　输入文档内容并通过“另存为”对话框保存文档

3) 输入符号

在输入文本的过程中，有时需要插入一些特殊符号，如希腊字母、商标符号、图形符号和数字符号等，而这些特殊符号通过键盘是无法输入的。这时，可以通过 Word 提供的插入符号功能来实现符号的输入。

要在文档中插入符号，可先将插入点定位在要插入符号的位置，打开“插入”选项卡，在“符号”组中单击“符号”下拉按钮，在弹出的下拉菜单中选择相应的符号即可，如图 5-11 左图所示。

在“符号”下拉菜单中选择“其他符号”命令，即可打开“符号”对话框，在其中选择要插入的符号，单击“插入”按钮，同样也可以插入符号，如图 5-11 右图所示。

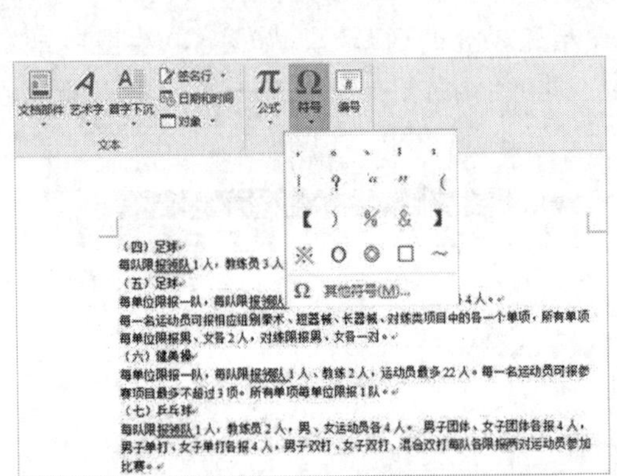

图 5-11　在文档中插入符号

在“符号”对话框的“符号”选项卡中，各选项的功能如下。

- “字体”列表框：可以从中选择不同的字体集，以输入不同的字符。
- “子集”列表框：显示各种不同的符号。
- “近期使用过的符号”选项区域：显示了最近使用过的 16 个符号，以便用户快速查找符号。
- “字符代码”下拉列表框：显示所选的符号的代码。
- “来自”下拉列表框：显示符号的进制，如符号十进制。
- “自动更正”按钮：单击该按钮，可打开“自动更正”对话框，可以对一些经常使用的符号使用自动更正功能。
- “快捷键”按钮：单击该按钮，打开“自定义键盘”对话框，将光标置于“请按新快捷键”文本框中，在键盘上按用户设置的快捷键，单击“指定”按钮就可以将快捷键指定给该符号。这样就可以在不打开“符号”对话框的情况下，直接按快捷键插入符号。

另外，打开“特殊字符”选项卡，在其中可以选择［®］注册符以及［™］商标符等特殊字符，单击“快捷键”按钮，可为特殊字符设置快捷键。

【例 5-2】在【例 5-1】创建的“关于举办第十届学生运动会的通知”文档中输入特殊符号“①、②、③、…”。

(1) 双击【例 5-1】创建的“关于举办第十届学生运动会的通知.doc”文档将其打开，将鼠标指针置入文档中需要插入特殊符号的位置上。

(2) 选择“插入”选项卡，在“符号”组中单击“符号”下拉按钮，在弹出的列表中选择“其他符号”选项，打开“符号”对话框选中“①”符号，单击“插入”按钮在文档中插入符号“①”，如图 5-12 所示。

(3) 使用同样的方法，在文档中继续插入特殊符号“②”“③”和“④”，效果如图 5-13 所示。

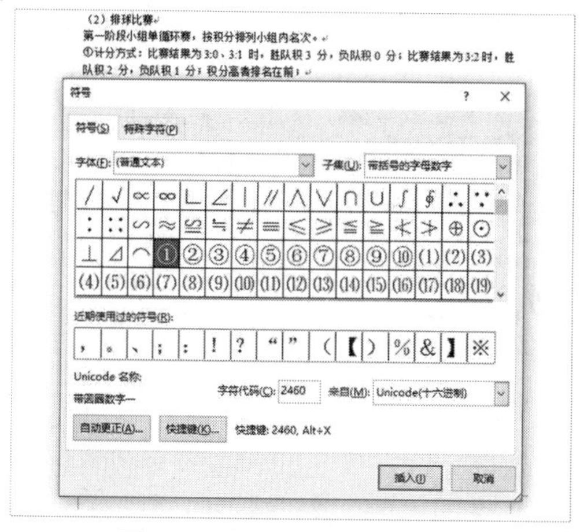

图 5-12　插入特殊符号“①”

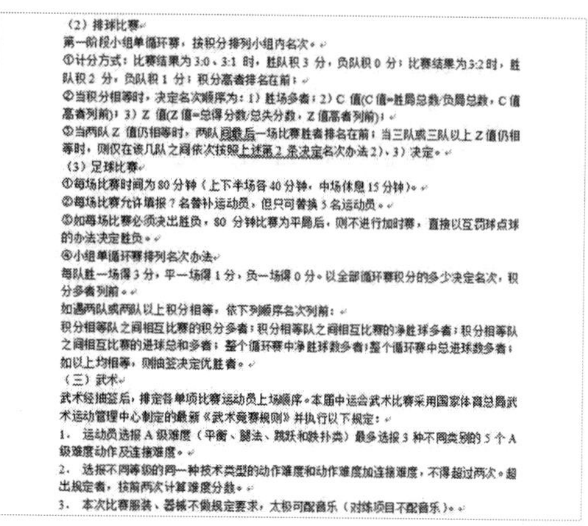

（2）排球比赛

第一阶段小组单循环赛，按积分排列小组内名次。

①计分方式：比赛结果为 3:0、3:1 时，胜队积 3 分，负队积 0 分；比赛结果为 3:2 时，胜队积 2 分，负队积 1 分；积分高者排名在前；

②当积分相等时，决定名次顺序为：1）胜场多者；2）C 值(C 值=胜局总数/负局总数，C 值高者列前)；3）Z 值(Z 值=总得分数/总失分数，Z 值高者列前)；

③当两队 Z 值仍相等时，两队间最后一场比赛胜者排名在前；当三队或三队以上 Z 值仍相等时，则仅在该几队之间依次按照上述第 2 条决定名次办法 2)、3) 决定。

（3）足球比赛

①每场比赛时间为 80 分钟（上下半场各 40 分钟，中场休息 15 分钟）。

②每场比赛允许填报 7 名替补运动员，但只可替换 5 名运动员。

③如每场比赛必须决出胜负，80 分钟比赛为平局后，则不进行加时赛，直接以互罚球点球的办法决定胜负。

④小组单循环赛排列名次办法

每队胜一场得 3 分，平一场得 1 分，负一场得 0 分。以全部循环赛积分的多少决定名次，积分多者列前。

如遇两队或两队以上积分相等，依下列顺序名次列前：

积分相等队之间相互比赛的积分多者；积分相等队之间相互比赛的净胜球多者；积分相等队之间相互比赛的进球总和多者；整个循环赛中净胜球数多者；整个循环赛中总进球数多者；如以上均相等，则抽签决定优胜者。

（三）武术

武术经抽签后，排定各单项比赛运动员上场顺序。本届中运会武术比赛采用国家体育总局武术运动管理中心制定的最新《武术竞赛规则》并执行以下规定：

1.　运动员选报 A 级难度（平衡、腿法、跳跃和跌扑类）最多选报 3 种不同类别的 5 个 A 级难度动作及连接难度。

2.　选报不同等级的同一种技术类型的动作难度和动作难度加连接难度，不得超过两次。超出规定者，按前两次计算难度分数。

3.　本次比赛服装、器械不做规定要求，太极可配音乐（对练项目不配音乐）。

图 5-13　在文档中输入特殊符号效果

4) 输入日期和时间

使用 Word 2016 编辑文档时，可以使用插入日期和时间功能来输入当前日期和时间。

在 Word 2016 中输入日期类格式的文本时，软件会自动显示默认格式的当前日期，按 Enter 键即可完成当前日期的输入，如图 5-14 左图所示。

如果要输入其他格式的日期和时间，除了可以手动输入外，还可以通过“日期和时间”对话框进行插入。打开“插入”选项卡，在“文本”组中单击“日期和时间”按钮，打开“日期和时间”对话框，如图 5-14 右图所示。

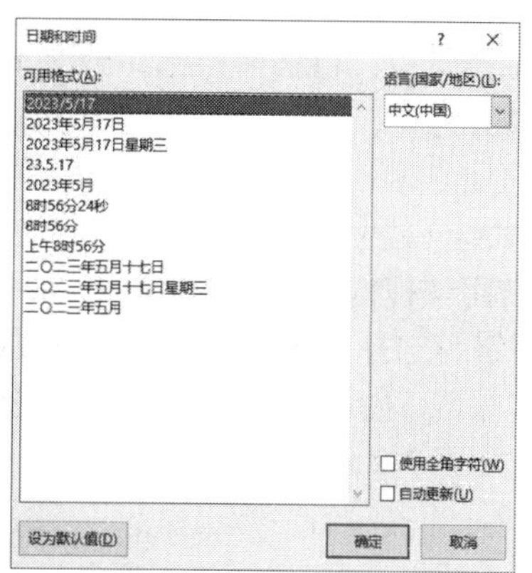

图 5-14　在文档中插入日期和时间

在“日期和时间”对话框中，各选项的功能如下。

- “可用格式”列表框：用于选择日期和时间的显示格式。
- “语言”下拉列表框：用于选择日期和时间应用的语言，如中文或英文。
- “使用全角字符”复选框：选中该复选框可以用全角方式显示插入的日期和时间。

- “自动更新”复选框：选中该复选框可对插入的日期和时间格式进行自动更新。
- “设为默认值”按钮：单击该按钮可将当前设置的日期和时间格式保存为默认的格式。

【例 5-3】 在文档结尾输入日期，并设置日期的格式为“××××年××月××日”。

(1) 将鼠标指针置于“关于举办第十届学生运动会的通知”文档的结尾，输入“2023/5/17”。

(2) 选中输入的日期，选择“插入”选项卡，在“文本”组中单击“日期和时间”按钮，打开“日期和时间”对话框，选中“2023 年 5 月 17 日”选项，单击“确定”按钮，即可设置输入日期的格式，如图 5-15 所示。

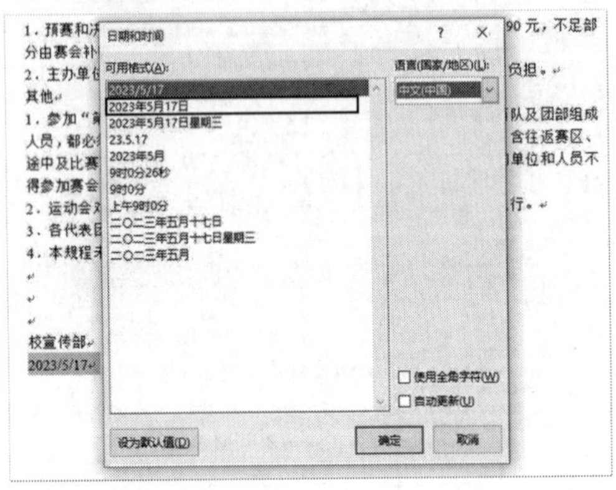

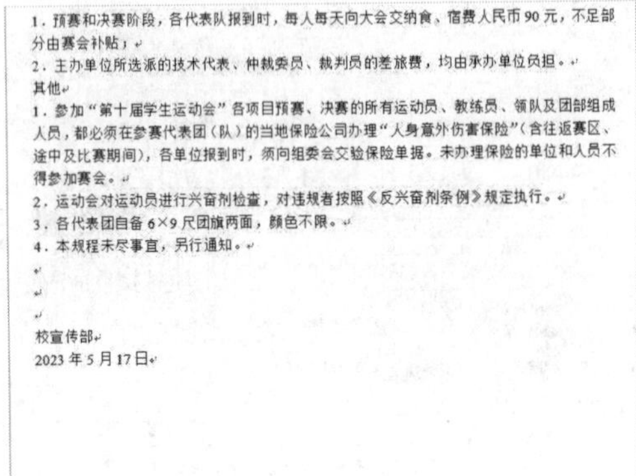

图 5-15　输入日期并设置日期格式

2. 选取文本

在 Word 2016 中，进行文本编辑前，必须选取文本，既可以使用鼠标或键盘来操作，也可以使用鼠标和键盘结合来操作。

1) 使用鼠标选取文本

使用鼠标选择文本是最基本、最常用的方法，使用鼠标可以轻松地改变插入点的位置。

- 拖动选取：将鼠标光标定位在起始位置，按住左键不放，向目的位置拖动鼠标以选择文本。
- 双击选取：将鼠标光标移到文本编辑区左侧，当鼠标光标变成形状时，双击，即可选择该段的文本内容；将鼠标光标定位到词组中间或左侧，双击选择该单字或词。
- 三击选取：将鼠标光标定位到要选择的段落，三击选中该段的所有文本；将鼠标光标移到文档左侧空白处，当光标变成形状时，三击选中整篇文档。

2) 使用快捷键选取文本

使用键盘选择文本时，须先将插入点移动到要选择的文本的开始位置，然后按键盘上相应的快捷键即可。使用键盘上相应的快捷键，可以达到选取文本的目的。利用快捷键选取文本内容的功能如表 5-2 所示。

表 5-2　选取文本内容的快捷键及功能

快　捷　键	功　　能
Shift+→	选取光标右侧的一个字符
Shift+←	选取光标左侧的一个字符
Shift+↑	选取光标位置至上一行相同位置之间的文本
Shift+↓	选取光标位置至下一行相同位置之间的文本

(续表)

快　捷　键	功　　能
Shift+Home	选取光标位置至行首
Shift+End	选取光标位置至行尾
Shift+PageDowm	选取光标位置至下一屏之间的文本
Shift+PageUp	选取光标位置至上一屏之间的文本
Shift+Ctrl+Home	选取光标位置至文档开始之间的文本
Shift+Ctrl+End	选取光标位置至文档结尾之间的文本
Ctrl+A	选取整篇文档

Word 中 F8 键扩展选择功能的使用方法如下。

- 按 1 下 F8 键，可以设置选取的起点。
- 连续按 2 下 F8 键，可以选取一个字或词。
- 连续按 3 下 F8 键，可以选取一个句子。
- 连续按 4 下 F8 键，可以选取一段文本。
- 连续按 6 下 F8 键，可以选取当前节，如果文档没有分节则选中全文。
- 连续按 7 下 F8 键，可以选取全文。
- 按 Shift+F8 快捷键，可以缩小选中范围，其是上述系列的“逆操作”。

3) 使用鼠标和键盘结合选取文本

除了使用鼠标或键盘选取文本外，还可以使用鼠标和键盘结合来选取文本。这样不仅可以选取连续的文本，也可以选择不连续的文本。

- 选取连续的较长文本：将插入点定位到要选取区域的开始位置，按住 Shift 键不放，再移动光标至要选取区域的结尾处，单击即可选取该区域之间的所有文本内容。
- 选取不连续的文本：选取任意一段文本，按住 Ctrl 键，再拖动鼠标选取其他文本，即可同时选取多段不连续的文本。
- 选取整篇文档：按住 Ctrl 键不放，将光标移到文本编辑区左侧空白处，当光标变成↗形状时，单击即可选取整篇文档。
- 选取矩形文本：将插入点定位到开始位置，按住 Alt 键并拖动鼠标，即可选取矩形文本区域。

使用命令操作还可以选中与光标处文本格式类似的所有文本，具体方法为：将光标定位在目标格式下任意文本处，打开“开始”选项卡，在“编辑”组中单击“选择”按钮，在弹出的菜单中选择“选择格式相似的文本”命令即可。

3. 移动、复制和删除文本

在编辑文本时，经常需要重复输入文本，可以使用移动或复制文本的方法进行操作。此外，也经常需要对多余或错误的文本进行删除操作，从而加快文档的输入和编辑速度。

1) 移动文本

移动文本是指将当前位置的文本移到另外的位置，在移动的同时，会删除原来位置上的原版文本。移动文本后，原位置的文本消失。移动文本有以下几种方法：

- 选择需要移动的文本，按 Ctrl+X 快捷键，再在目标位置处按 Ctrl+V 快捷键。
- 选择需要移动的文本，在“开始”选项卡的“剪贴板”组中，单击“剪切”按钮✂，再在目标位置处，单击“粘贴”按钮。

- 选择需要移动的文本，按右键拖动至目标位置，释放鼠标后弹出一个快捷菜单，在其中选择“移动到此位置”命令。
- 选择需要移动的文本后，右击，在弹出的快捷菜单中选择“剪切”命令，再在目标位置处右击，在弹出的快捷菜单中选择“粘贴选项”命令。
- 选择需要移动的文本后，按住左键不放，此时鼠标光标变为形状，并出现一条虚线，移动鼠标光标，当虚线移动到目标位置时，释放鼠标。
- 选择需要移动的文本，按F2键，再在目标位置处按Enter键移动文本。

【例 5-4】在“关于举办第十届学生运动会的通知”文档中根据通知内容的制作需求移动文本的位置。

(1) 选取文本段落，按住鼠标左键将其拖动至合适的位置上，如图5-16左图所示。

(2) 释放鼠标左键，即可移动选中的文本，如图5-16右图所示。

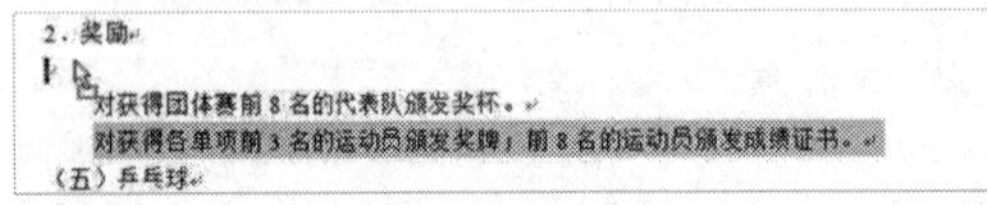

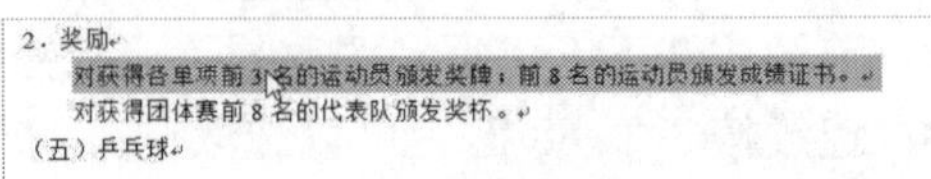

图 5-16　拖动鼠标移动文本

2) 复制文本

复制文本是指将需要复制的文本移动到其他的位置，而原版文本仍然保留在原来的位置。复制文本的方法如下：

- 选取需要复制的文本，按Ctrl+C快捷键，将插入点移动到目标位置，再按Ctrl+V快捷键。
- 选择需要复制的文本，在“开始”选项卡的“剪贴板”组中，单击“复制”按钮，将插入点移到目标位置处，单击“粘贴”按钮。
- 选取需要复制的文本，按鼠标右键拖动到目标位置，释放鼠标会弹出一个快捷菜单，在其中选择“复制到此位置”命令。
- 选取需要复制的文本，右击，在弹出的快捷菜单中选择“复制”命令，把插入点移到目标位置，右击并在弹出的快捷菜单中选择“粘贴选项”命令。

3) 删除文本

在编辑文档的过程中，经常需要删除一些不需要的文本。删除文本的操作方法如下：

- 按Backspace键，删除光标左侧的文本；按Delete键，删除光标右侧的文本。
- 选择要删除的文本，在“开始”选项卡的“剪贴板”组中，单击“剪切”按钮。
- 选择文本，按Backspace键或Delete键均可删除所选文本。

4. 查找与替换文本

在篇幅比较长的文档中，使用Word 2016提供的查找与替换功能可以快速地找到文档中某个文本或更正文档中多次出现的某个词语，从而无须反复地查找文本，使操作变得较为简单，节约办公时间，提高工作效率。

1) 查找文本

要查找一个文本可以使用“导航”窗格进行查找，也可以使用Word 2016的高级查找功能。

- 使用“导航”窗格查找文本：“导航”窗格(如图5-17所示)中的上方就是搜索框，用于搜索文档中的内容。在下方的列表框中可以浏览文档中的标题、页面和搜索结果。
- 使用高级查找功能：使用高级查找功能不仅可以在文档中查找普通文本，还可以对特殊格式的文本、符号等进行查找。打开“开始”选项卡，在“编辑”组中单击“查找”

下拉按钮，在弹出的下拉菜单中选择“高级查找”选项，打开“查找与替换”对话框中的“查找”选项卡，如图5-18所示。在“查找内容”文本框中输入要查找的内容，单击“查找下一处”按钮，即可将光标定位在文档中第一个查找目标处。单击若干次“查找下一处”按钮，可依次查找文档中对应的内容。

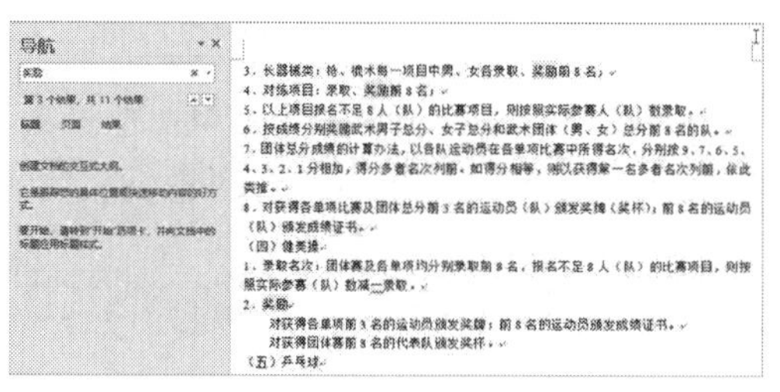

图 5-17　使用“导航”窗格

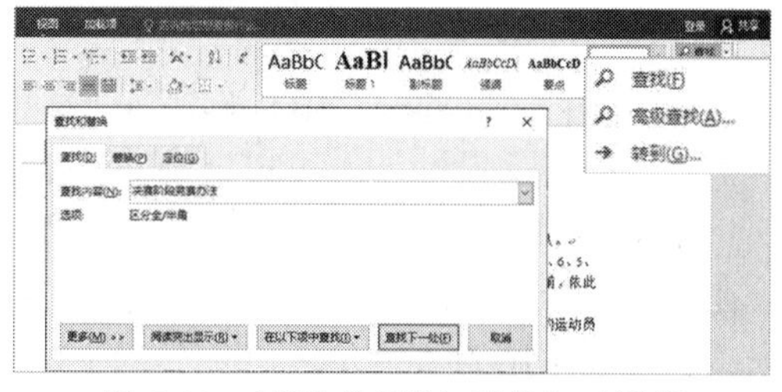

图 5-18　使用“查找与替换”对话框

在“查找”选项卡中单击“更多”按钮，可展开该对话框的高级设置界面，在该界面中可以设置更为精确的查找条件。

2) 替换文本

想要在多页文档中找到或找全所需操作的字符，比如要修改某些错误的文字，如果仅依靠用户去逐个寻找并修改，既费事，效率又不高，还可能会发生错漏现象。在遇到这种情况时，就需要使用查找和替换操作来解决。替换和查找操作基本类似，不同之处在于，替换不仅要完成查找，而且要用新的文本覆盖原有内容。准确地说，在查找到文档中特定的内容后，才可以对其进行统一替换。

【例 5-5】在“关于举办第十届学生运动会的通知”文档中，通过“查找和替换”对话框将文本“中学”替换为“大学”。

(1) 打开“关于举办第十届学生运动会的通知”文档，在“开始”选项卡的“编辑”组中单击“替换”按钮，打开“查找和替换”对话框。

(2) 自动打开“替换”选项卡，在“查找内容”文本框中输入文本“中学”，在“替换为”文本框中输入文本“大学”，单击“查找下一处”按钮，查找第一处文本，如图 5-19 所示。

(3) 单击“替换”按钮，完成第一处文本的替换，此时自动跳转到第二处符合条件的文本“中学”处，如图 5-20 所示。

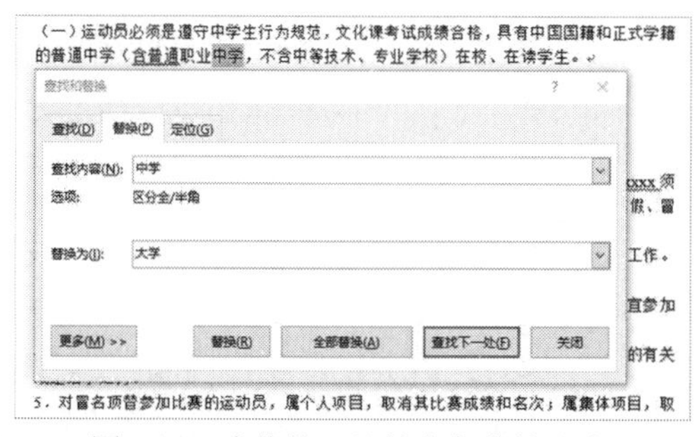

图 5-19　查找第一处符合条件的文本

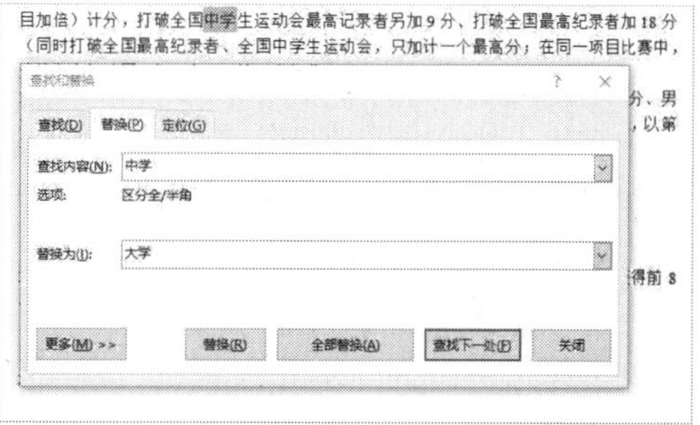

图 5-20　替换第一处符合条件的文本

(4) 单击“替换”按钮，查找到的文本就被替换，然后继续查找。如果不想替换，可以单击“查找下一处”按钮，则将继续查找下一处符合条件的文本。

(5) 单击“全部替换”按钮，文档中所有的文本“中学”都将被替换成文本“大学”，在弹出提示框中单击“确定”按钮即可。

(6) 返回至“查找和替换”对话框。单击“关闭”按钮，关闭对话框，返回至 Word 2016 文档窗口，完成文本的替换。

5. 撤销与恢复文本

在编辑文档时，Word 2016 会自动记录最近执行的操作，因此当操作错误时，可以通过撤销功能将错误操作撤销。如果误撤销了某些操作，还可以使用恢复操作将其恢复。

1) 撤销操作

在编辑文档中，使用 Word 2016 提供的撤销功能，可以轻而易举地将编辑过的文档恢复到原来的状态。常用的撤销操作主要有以下两种：

- 在快速访问工具栏中单击“撤销”按钮，撤销上一次的操作。单击按钮右侧的下拉按钮，可以在弹出的列表中选择要撤销的操作，撤销最近执行的多次操作。
- 按 Ctrl+Z 快捷键，可撤销最近的操作。

2) 恢复操作

恢复操作用来还原撤销操作，恢复撤销以前的文档。常用的恢复操作主要有以下两种：

- 在快速访问工具栏中单击“恢复”按钮，恢复操作。
- 按 Ctrl+Y 快捷键，恢复最近的撤销操作，这是 Ctrl+Z 快捷键的逆操作。

恢复不能像撤销那样一次性还原多个操作，所以在“恢复”按钮右侧也没有可展开列表的下三角按钮。当一次撤销多个操作后，再单击“恢复”按钮时，最先恢复的是第一次撤销的操作。

5.1.3 文本与段落排版

在 Word 中处理文档时，一篇文档不能只有文本而没有任何修饰，在文档中应用特定文本样式和段落排版不仅会使文档显得清晰易读，还能帮助读者更快理解内容。

1. 设置文本格式

在 Word 文档中输入的文本默认字体为宋体，字号为五号，为了使文档更加美观、条理更加清晰，通常需要对文本进行格式化操作。

1) 使用“字体”功能组设置

打开“开始”选项卡，使用如图 5-21 所示的“字体”功能组中提供的按钮即可设置文本格式，如文本的字体、字号、颜色、字形等。

- 字体：指文字的外观。Word 2016 提供了多种字体，默认字体为宋体。
- 字形：指文字的一些特殊格式，包括加粗 B 、倾斜 I 、下划线 U 、删除线 abc、上标 x^2 和下标 x_2 等。选中文本后，单击字形组中的功能按钮即可将文本设置为相应的字形格式。
- 字号：指文字的大小。Word 2016 提供了多种字号。
- 字符边框：为文本添加边框。单击“带圈字符”按钮，可为字符添加圆圈效果。
- 文本效果：为文本添加特殊效果。单击该按钮，在弹出的菜单中可以为文本设置轮廓、阴影、映像和发光等效果。
- 字体颜色：指文字的颜色。单击“字体颜色”按钮右侧的下拉箭头，在弹出的菜单中选择需要的颜色命令。

- 字符缩放：增大或者缩小字符。
- 字符底纹：为文本添加底纹效果。

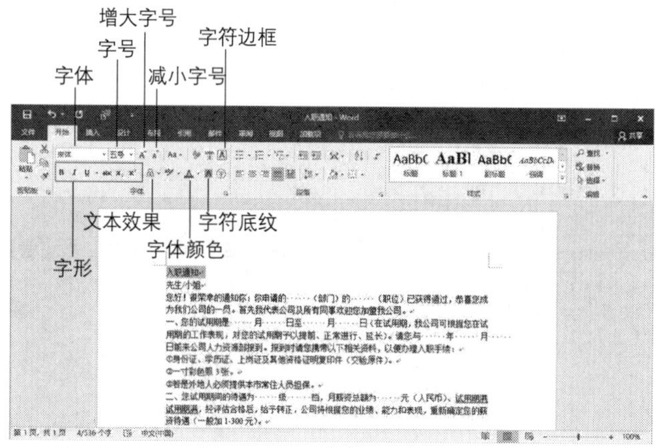

图 5-21　“字体”选项组

2) 通过“字体”对话框设置

利用“字体”对话框，不仅可以完成“字体”组中所有的字体设置功能，而且还可以为文本添加其他的特殊效果和设置字符间距等。

选中文本后，单击“开始”选项卡“字体”选项组右下角的对话框启动器按钮 (或者选中一段文字后右击鼠标，在弹出的快捷菜单中选择“字体”命令)，打开“字体”对话框的“字体”选项卡(如图 5-22 左图所示)。在该选项卡中可对文本的字体、字号、颜色、下划线等属性进行设置。选择“字体”对话框中的“高级”选项卡(如图 5-22 中图所示)，在其中可以设置文字的缩放比例、文字间距和相对位置等参数。在“字体”对话框中单击“文字效果”按钮，将打开图 5-22 右图所示的“设置文本效果格式”对话框，在该对话框中用户可以为选中的文本设置文本填充、边框和特殊效果(包括阴影、映像、发光、柔化边缘、三维格式等)。

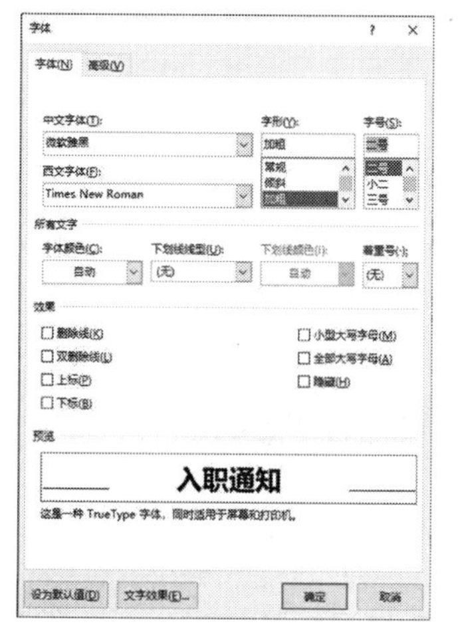

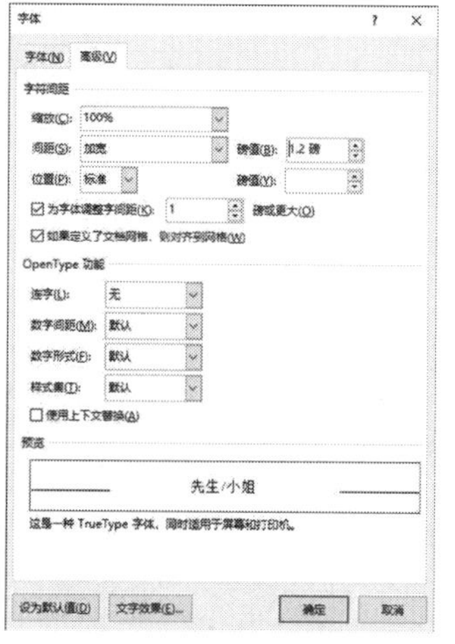

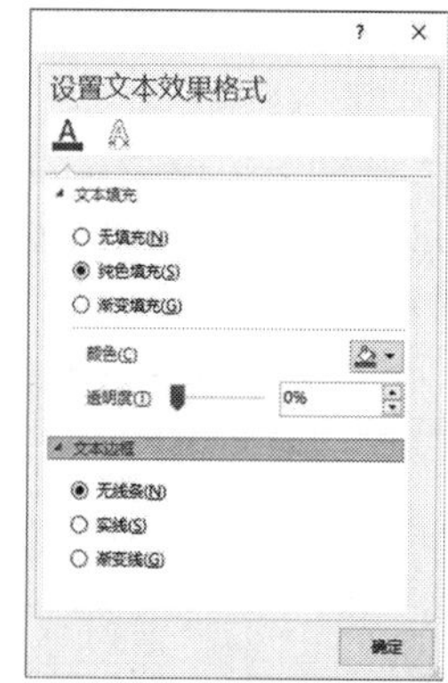

图 5-22　“字体”对话框

【例 5-6】在“关于举办第十届学生运动会的通知”文档中，设置文档标题文本的字体格式为“微软雅黑”，字号为“二号”，字形为“加粗”；设置文档第一段文本的“间距”为“加宽”，“磅值”为“1 磅”。

(1) 打开“关于举办第十届学生运动会的通知”文档，选中标题文本“关于举办第十届学生运动会的通知”，右击，在弹出的菜单中选择“字体”命令，打开“字体”对话框。

(2) 在“字体”对话框中设置“中文字体”为“微软雅黑”，设置“字形”为“加粗”，设置“字号”为“二号”，然后单击“确定”按钮，如图 5-23 所示。

(3) 选中文档第一段文本，单击“字体”组右下角的对话框启动器，再次打开“字体”对话框，选择“高级”选项卡，设置“间距”为“加宽”，设置“间距”选项后的“磅值”文本框中的参数为“1 磅”，然后单击“确定”按钮即可，如图 5-24 所示。

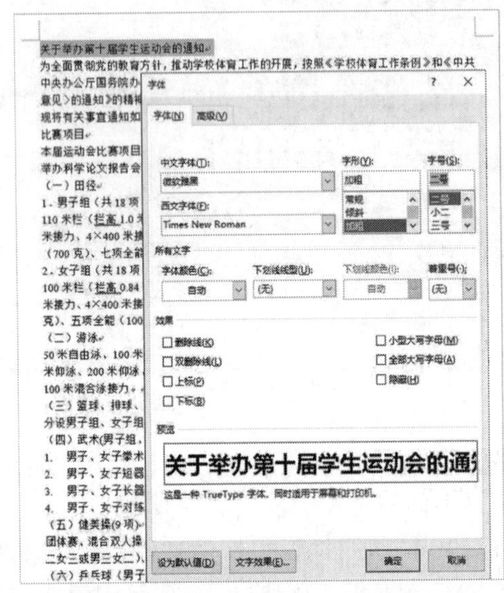

图 5-23　设置“字体”选项卡

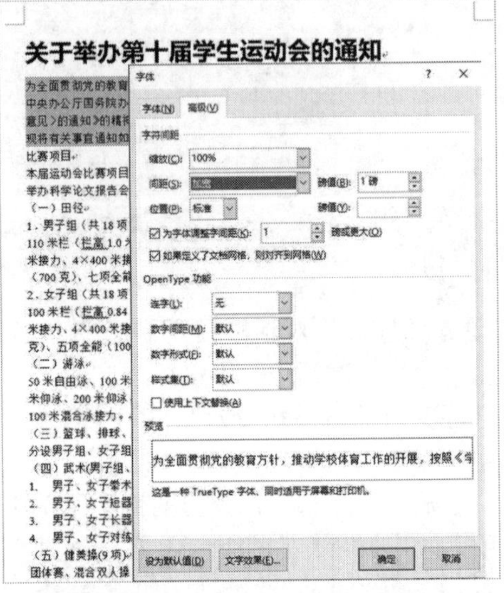

图 5-24　设置“高级”选项卡

2. 设置段落格式

段落是构成整个文档的骨架，它由正文、图表和图形等加上一个段落标记构成。为了使文档的结构更清晰、层次更分明，Word 2016 提供了段落格式设置功能，包括段落对齐方式、段落缩进、段落间距等。

1) 设置段落对齐方式

设置段落对齐方式时，先选定要对齐的段落，然后可在“开始”选项卡中单击图 5-25 所示“段落”组中的相应按钮来实现(也可以通过“段落”对话框来实现，但使用“段落”功能组是最快捷方便的，也是最常使用的方法)。

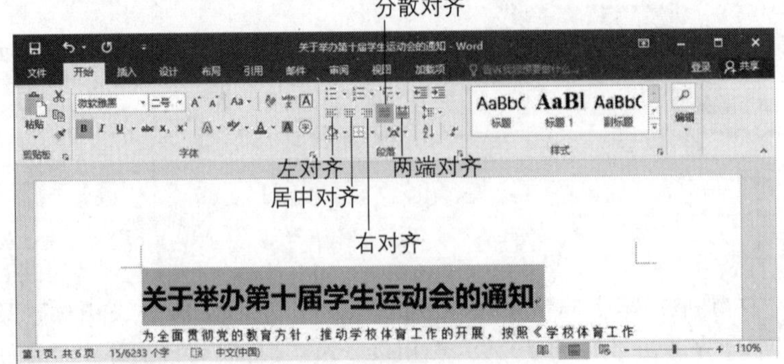

图 5-25　“段落”功能组

段落对齐指文档边缘的对齐方式，包括两端对齐、居中对齐、左对齐、右对齐和分散对齐。

- 两端对齐(快捷键：Ctrl+J)。默认设置，两端对齐时文本左右两端均对齐，但是段落最后不满一行的文字右边是不对齐的。
- 居中对齐(快捷键：Ctrl+E)。文本居中排列。
- 左对齐(快捷键：Ctrl+L)。文本的左边对齐，右边参差不齐。
- 右对齐(快捷键：Ctrl+R)。文本的右边对齐，左边参差不齐。
- 分散对齐(快捷键：Ctrl+Shift+J)。文本左右两边均对齐，而且每个段落的最后一行不满一行时，将拉开字符间距使该行均匀分布。

2) 设置段落缩进

段落缩进是指设置段落中的文本与页边距之间的距离。Word 2016 提供了以下 4 种段落缩进的方式。

- 左缩进：设置整个段落左边界的缩进位置。
- 右缩进：设置整个段落右边界的缩进位置。
- 悬挂缩进：设置段落中除首行以外的其他行的起始位置。
- 首行缩进：设置段落中首行的起始位置。

使用“段落”对话框可以准确地设置缩进尺寸。打开“开始”选项卡，单击“段落”组对话框启动器，打开“段落”对话框的“缩进和间距”选项卡，在该选择卡中进行相关设置即可设置段落缩进。

【例 5-7】在“关于举办第十届学生运动会的通知”文档中，设置标题文本居中对齐，设置部分段落文本首行缩进 2 个字符。

(1) 打开“关于举办第十届学生运动会的通知”文档后，选中标题文本“关于举办第十届学生运动会的通知”，在“开始”选项卡的“段落”组中单击“居中”按钮，设置文本居中对齐，如图 5-26 所示。

(2) 按住 Ctrl 键选中文档中需要设置首行缩进的段落，右击，在弹出的菜单中选择“段落”命令，如图 5-27 所示，打开“段落”对话框。

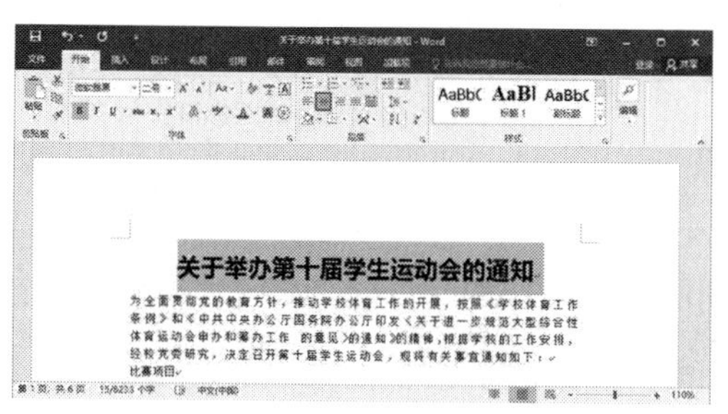

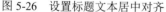

图 5-26 设置标题文本居中对齐

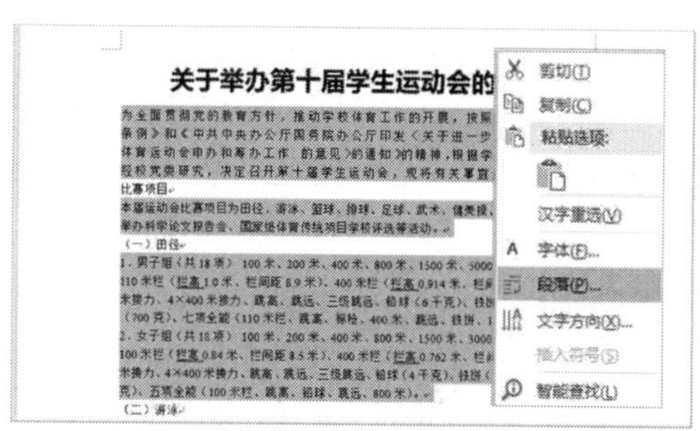

图 5-27 设置段落格式

(3) 在“段落”对话框中设置“特殊格式”为“首行缩进”，其后的“磅值”为“2 字符”，然后单击“确定”按钮即可，如图 5-28 左图所示。此时，选中的文本段将以首行缩进 2 个字符显示，如图 5-28 右图所示。

3) 设置段落间距

段落间距的设置包括文档行间距与段间距的设置。所谓行间距，是指段落中行与行之间的距离；所谓段间距，就是指前后相邻的段落之间的距离。

- 设置行间距：行间距决定段落中各行文本之间的垂直距离。Word 默认的行间距值是单倍行距，用户可以根据需要重新对其进行设置。在“段落”对话框中，打开“缩进和间距”选项卡，在“行距”下拉列表框中选择相应选项，并在“设置值”微调框中输入数值即可。

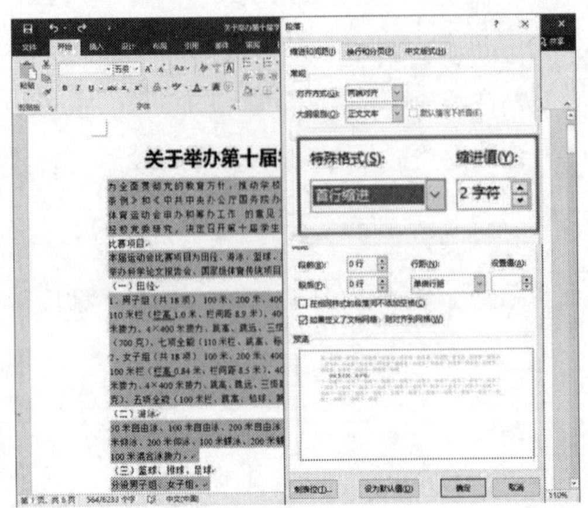
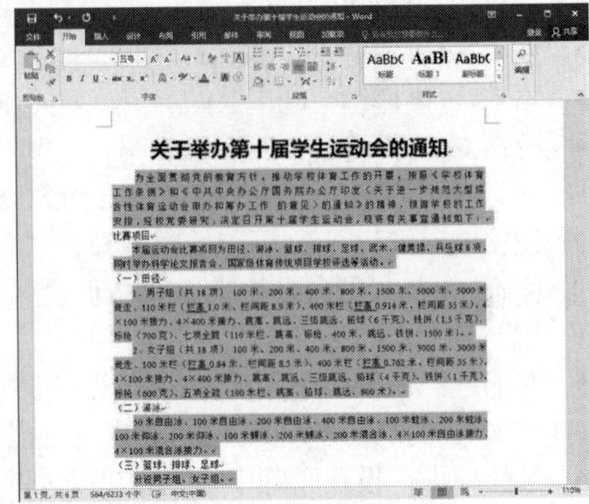

图 5-28　设置段落首行缩进 2 个字符

- 设置段间距：段间距决定段落前后空白距离的大小。在“段落”对话框中，打开“缩进和间距”选项卡，在“段前”和“段后”微调框中输入值，就可以设置段间距。

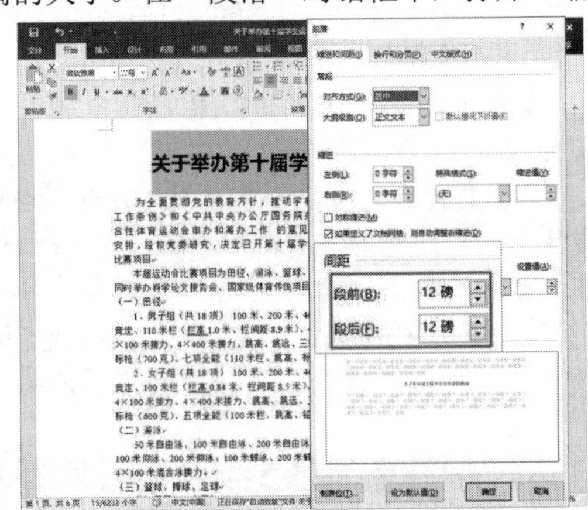

图 5-29　设置标题文本的行间距

【例 5-8】在“关于举办第十届学生运动会的通知”文档中，设置标题文本的段间距(段前和段后)为“12 磅”。

(1) 打开“关于举办第十届学生运动会的通知”文档后，选中并右击标题文本“关于举办第十届学生运动会的通知”，在弹出的菜单中选择“段落”命令。

(2) 打开“段落”对话框，在“段前”和“段后”数值框中输入“12 磅”，然后单击“确定”按钮，即可设置标题文本的段间距，如图 5-29 所示。

3. 使用项目符号

使用项目符号和编号列表，可以对文档中并列的项目进行组织，或者将内容的顺序进行编号，以使这些项目的层次结构更加清晰、更有条理。Word 2016 提供了 7 种标准的项目符号和编号，并且允许用户自定义项目符号和编号。

1) 添加项目符号和编号

Word 2016 提供了自动添加项目符号和编号的功能。在以 1.、(1)、a 等字符开始的段落中按 Enter 键，下一段开始将会自动出现 2.、(2)、b 等字符。

另外，也可以在输入文本之后，选中要添加项目符号或编号的段落，打开“开始”选项卡，在“段落”组中单击“项目符号”按钮，将自动在每段前面添加项目符号；单击“编号”按钮将以 1.、2.、3.的形式编号，如图 5-30 所示。

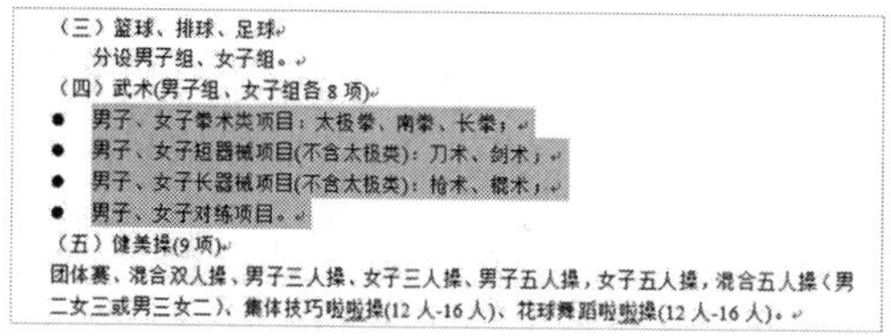

（三）篮球、排球、足球
分设男子组、女子组。
（四）武术(男子组、女子组各 8 项)
- 男子、女子拳术类项目：太极拳、南拳、长拳；
- 男子、女子短器械项目(不含太极类)：刀术、剑术；
- 男子、女子长器械项目(不含太极类)：枪术、棍术；
- 男子、女子对练项目。

（五）健美操(9 项)
团体赛、混合双人操、男子三人操、女子三人操、男子五人操，女子五人操，混合五人操（男二女三或男三女二）、集体技巧啦啦操(12 人-16 人)、花球舞蹈啦啦操(12 人-16 人)。

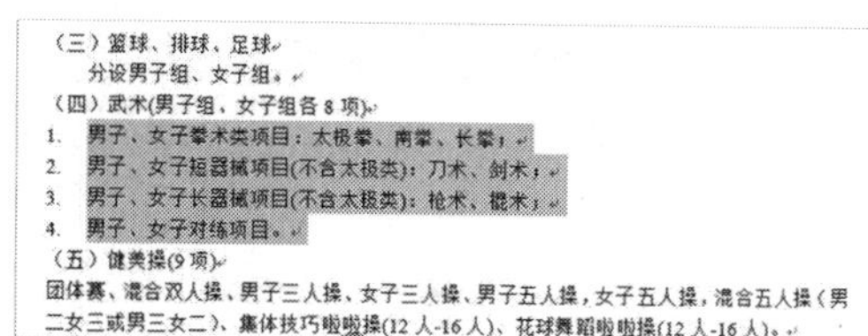

（三）篮球、排球、足球
分设男子组、女子组。
（四）武术(男子组、女子组各 8 项)
1. 男子、女子拳术类项目：太极拳、南拳、长拳；
2. 男子、女子短器械项目(不含太极类)：刀术、剑术；
3. 男子、女子长器械项目(不含太极类)：枪术、棍术；
4. 男子、女子对练项目。

（五）健美操(9 项)
团体赛、混合双人操、男子三人操、女子三人操、男子五人操，女子五人操，混合五人操（男二女三或男三女二）、集体技巧啦啦操(12 人-16 人)、花球舞蹈啦啦操(12 人-16 人)。

图 5-30　自动添加项目符号或编号

若用户要为多段文本添加项目符号和编号，可以打开“开始”选项卡，在“段落”组中，单击“项目符号”下拉按钮和“编号”下拉按钮，在弹出的下拉菜单中选择项目符号和编号的样式即可。

【例 5-9】在“关于举办第十届学生运动会的通知”文档中为段落文本设置项目符号和编号。

(1) 打开“关于举办第十届学生运动会的通知”文档，选中多段文本，单击“段落”组中的“编号”下拉按钮，在弹出的列表中选择一种编号样式，可以在选中段落前添加编号，如图 5-31 所示。

(2) 选中需要设置项目符号的多段文本，单击“段落”组中的“项目符号”下拉按钮，在弹出的列表中选择一种项目符号样式，可以在选中段落前添加项目符号，如图 5-32 所示。

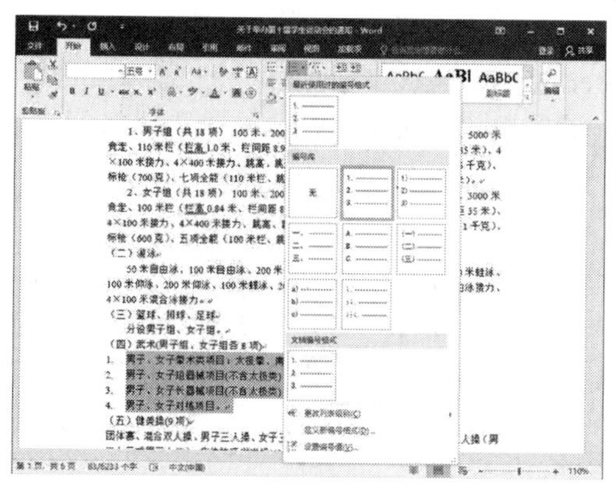

图 5-31　设置编号

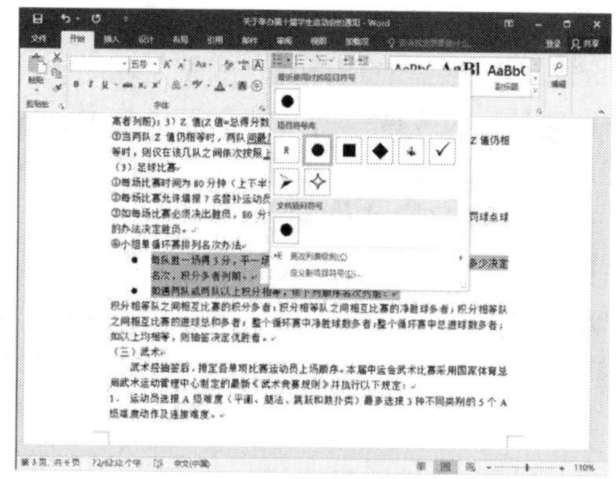

图 5-32　设置项目符号

2) 自定义项目符号和编号

在使用项目符号和编号功能时，用户除了可以使用系统自带的项目符号和编号样式外，还可以对项目符号和编号进行自定义设置。

- 自定义项目符号：选取项目符号段落，打开“开始”选项卡，在“段落”组中单击“项目符号”下拉按钮☰▾，在弹出的下拉菜单中选择“定义新项目符号”命令，打开“定义新项目符号”对话框，在其中自定义一种项目符号即可，如图 5-33 所示。其中单击“符号”按钮，打开“符号”对话框，可从中选择合适的符号作为项目符号。
- 自定义编号：选取编号段落，打开“开始”选项卡，在“段落”组中单击“编号”下拉按钮☰▾，在弹出的下拉菜单中选择“定义新编号格式”命令，打开“定义新编号格式”对话框，如图 5-34 所示。在“编号样式”下拉列表中选择其他编号的样式，并在“起始编号”文本框中输入起始编号；单击“字体”按钮，可以在打开的对话框中设置项目编号的字体；在“对齐方式”下拉列表中选择编号的对齐方式。

另外，选中已设置编号的文本后，在“开始”选项卡的“段落”组中单击“编号”按钮☰▾，在弹出的下拉菜单中选择“设置编号值”选项，打开“起始编号”对话框，如图 5-35 所示，在其中可以自定义编号的起始数值。

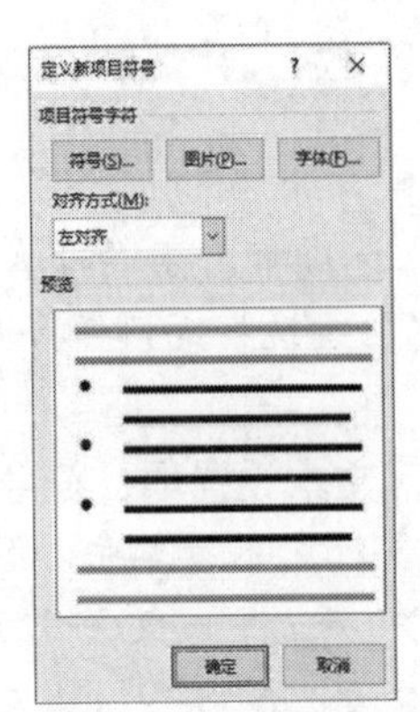

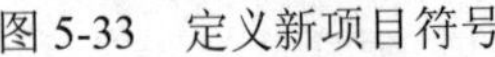

图 5-33　定义新项目符号

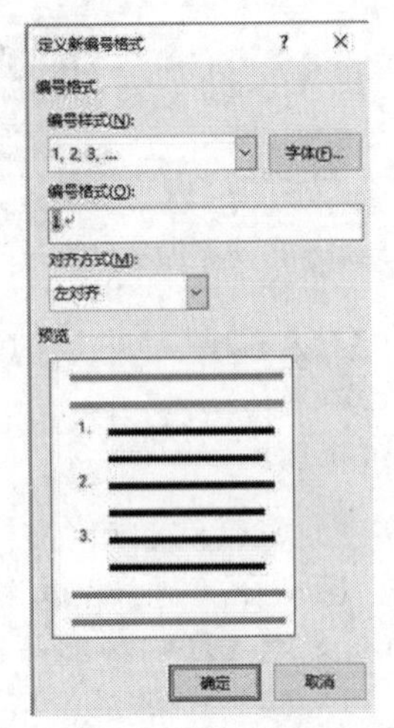

图 5-34　定义新编号格式

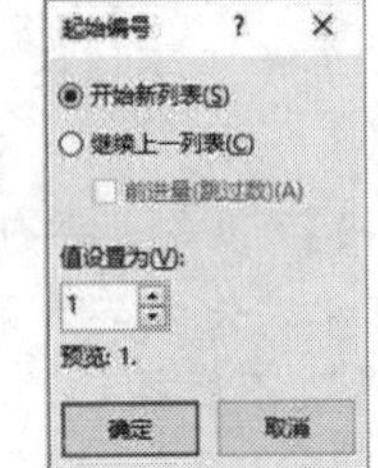

图 5-35　设置起始编号

在“段落”组中单击“多级列表”下拉按钮，可以应用多级列表样式，也可以自定义多级符号，从而使得文档的条理更分明。

此外，在创建的项目符号或编号段下，按 Enter 键可以自动生成项目符号或编号，要结束自动创建项目符号或编号，可以连续按两次 Enter 键，也可以按 Backspace 键删除新创建的项目符号或编号。

3) 删除项目符号和编号

要删除项目符号，可以在“开始”选项卡中单击“段落”组中的“项目符号”下拉按钮，在弹出的“项目符号库”列表框中选择“无”选项即可；要删除编号，可以在“开始”选项卡中单击“编号”下拉按钮，在弹出的“编号库”列表框中选择“无”选项即可。

如果要删除单个项目符号或编号，可以选中该项目符号或编号，然后按 Backspace 键。

4. 使用样式排版文本域段落

所谓样式，就是字体格式和段落格式等特性的组合。在排版中使用样式，可以快速提高工作效率，从而迅速改变和美化文档的外观。

样式是应用于文档中的文本、表格和列表的一套格式特征，是 Word 针对文档中一组格式进行的定义。这些格式包括字体、字号、字形、段落间距、行间距以及缩进量等内容。其作用是方便用户对重复的格式进行设置。

在 Word 2016 中，当应用样式时，可以在一个简单的任务中应用一组格式。一般来说，可以创建或应用以下类型的样式。

- 段落样式：控制段落外观的所有方面，如文本对齐、制表符、行间距和边框等，也可能包括字符格式。
- 字符样式：控制段落内选定文字的外观，如文字的字体、字号等格式。
- 表格样式：为表格的边框、阴影、对齐方式和字体提供一致的外观。
- 列表样式：为列表应用相似的对齐方式、编号、项目符号或字体。

每个文档都是基于一个特定的模板，每个模板中都会自带一些样式，又称为内置样式。如果需要应用的格式组合和某内置样式的定义相符，就可以直接应用该样式而不用新建文档的样式。如果内置样式中有部分样式定义和需要应用的样式不相符，还可以自定义该样式。

1) 应用样式

Word 2016 自带的样式库中，内置了多种样式，可以为文档中的文本设置标题、字体和背景等样式。使用这些样式可以快速地美化文档。选择要应用某种内置样式的文本，打开“开始”选项卡，在“样式”组中进行相关设置，如图 5-36 所示。在“样式”组中单击对话框启动器，将会打开“样式”任务窗格，在“样式”列表框中可以选择样式，如图 5-37 所示。

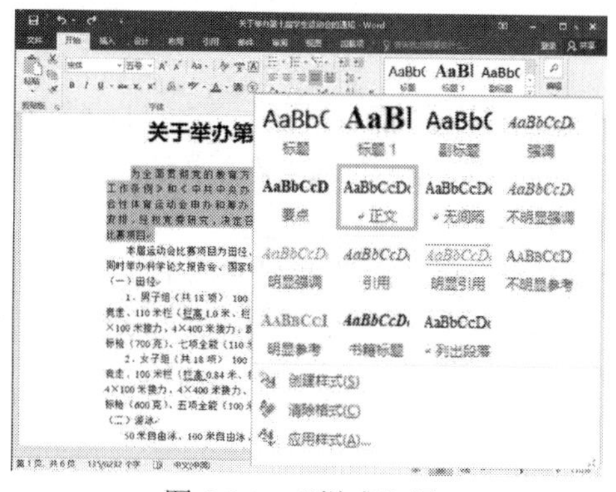

图 5-36　“样式”组

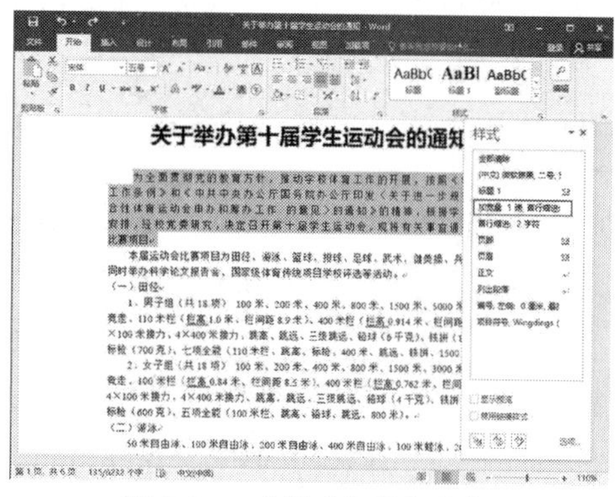

图 5-37　“样式”任务窗格

【例 5-10】 在“关于举办第十届学生运动会的通知”文档中，通过应用样式，将第一段文本中的格式应用到其他段落中。

(1) 打开“关于举办第十届学生运动会的通知”文档，选中文本“比赛项目”，然后在“开始”选项卡的“样式”组中单击“副标题”选项，在“段落”组中单击“左对齐”选项，为文本应用“副标题”样式，并设置应用样式后的文本“左对齐”。

(2) 在“样式”组中单击对话框启动器，打开“样式”任务窗格，其中将自动添加一个名为“副标题+左”的样式，如图 5-38 所示。

(3) 选中文档中其他需要应用“副标题+左”样式的文本，单击“样式”任务窗格的“副标题+左”选项，即可将其应用在其上，效果如图 5-39 所示。

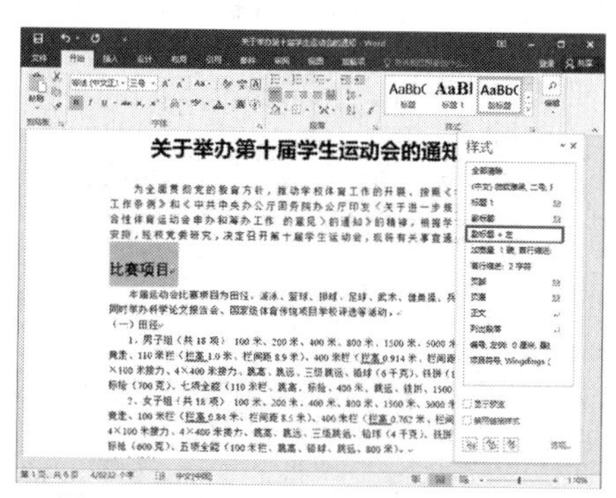

图 5-38　为文本应用 Word 预设样式

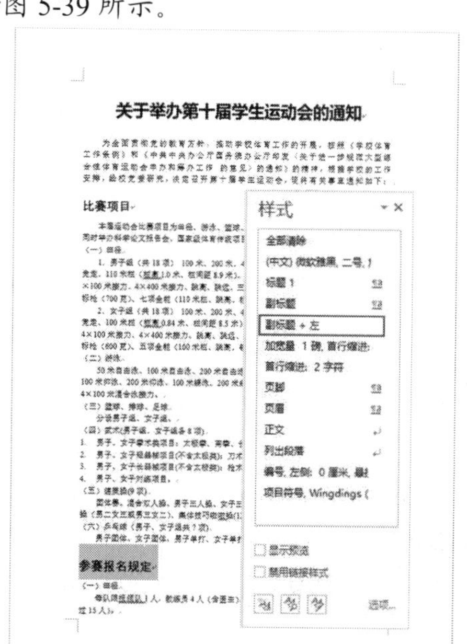

图 5-39　将样式应用到更多文本上

(4) 使用同样的方法，为文档中其他文本和段落应用合适的样式。

2) 修改样式

如果某些内置样式无法完全满足某组格式设置的要求，则可以在内置样式的基础上进行修改。在“样式”任务窗格中，单击样式选项的下拉列表框旁的箭头按钮，在弹出的菜单中选择“修改”命令，如图 5-40 左图所示。在打开的如图 5-40 中图所示的“修改样式”对话框中更改相应的选项即可。

3) 删除样式

在 Word 2016 中，可以在“样式”任务窗格中删除样式，但无法删除模板的内置样式。

在“样式”任务窗格中，单击需要删除的样式旁的箭头按钮，在弹出的菜单中选择“删除”命令，打开“确认删除”对话框。单击“是”按钮，即可删除该样式。

另外，在“样式”任务窗格中单击“管理样式”按钮，打开“管理样式”对话框，如图 5-40 右图所示。在“选择要编辑的样式”列表框中选择要删除的样式，单击“删除”按钮，同样可以删除选中的样式。

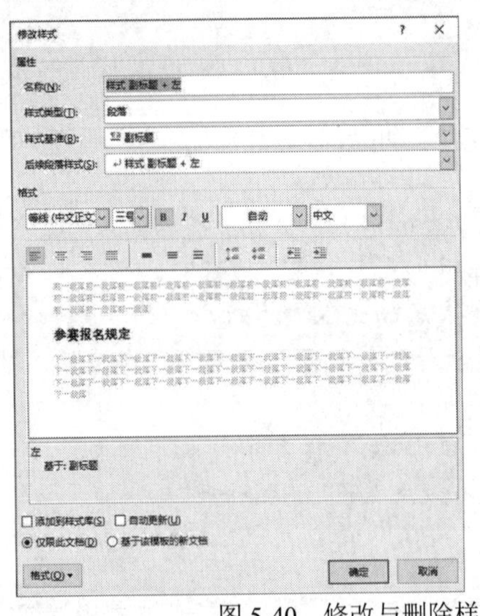

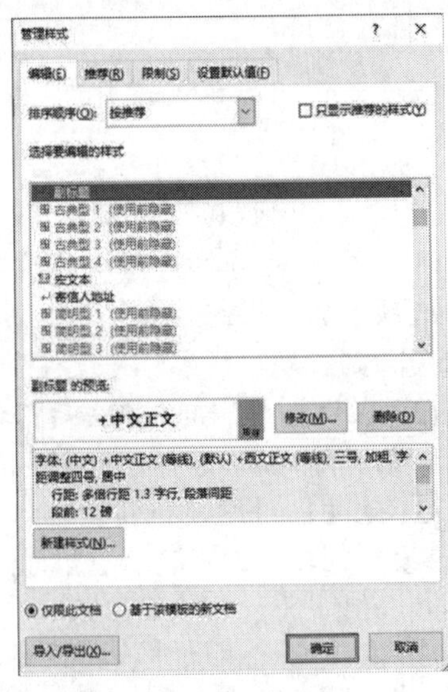

图 5-40　修改与删除样式

如果删除了创建的样式，Word 2016 将对所有具有此样式的段落应用“正文”样式。

5. 使用格式刷

使用“格式刷”功能可以快速地将制定的文本、段落格式复制到目标文本、段落上，可以大大提高工作效率。

1) 应用文本格式

要在文档中不同的位置应用相同的文本格式，可以使用“格式刷”工具快速复制格式，方法很简单，选中要复制其格式的文本，在“开始”选项卡的“剪切板”组中单击“格式刷”按钮，当鼠标光标变为“”形状时，拖动鼠标选中目标文本即可。

2) 应用段落格式

要在文档中不同的位置应用相同的段落格式，同样可以使用“格式刷”工具快速复制格式。方法很简单，将光标定位在某个将要复制其格式的段落任意位置，在“开始”选项卡的“剪切板”组中单击“格式刷”按钮，当鼠标光标变为形状时，拖动鼠标选中更改目标段落即可。

移动鼠标光标到目标段落所在的左边距区域内，当鼠标光标变成形状时按下鼠标左键不放，在垂直方向上进行拖动，即可将格式复制给选中的若干个段落。

单击“格式刷”按钮复制一次格式后，系统会自动退出复制状态。如果是双击而不是单击时，则可以多次复制格式。要退出格式复制状态，可以再次单击“格式刷”按钮或按 Esc 键。另外，复制格式的快捷键是 Ctrl+Shift+C，即格式刷的快捷键；粘贴格式的快捷键是 Ctrl+Shift+V。

5.1.4　输出与打印文档

完成文档的制作后，必须先对其进行打印预览，按照用户的不同需求进行修改和调整，然后对打印文档的页面范围、打印份数和纸张大小等参数进行设置，最后将文档打印出来。

1. 预览文档

在打印文档之前，如果想预览打印效果，可以使用打印预览功能，利用该功能查看文档效果，以便及时纠正错误。

在 Word 2016 中，单击“文件”按钮，在弹出的菜单中选择“打印”命令，在右侧的预览窗格中可以预览打印效果，如图 5-41 所示。

如果看不清楚预览的文档，可以多次单击预览窗格下方的缩放比例工具右侧的+按钮，以达到合适的缩放比例进行查看。多次单击−按钮，可以将文档缩小至合适大小，以多页方式查看文档效果。单击“缩放到页面”按钮，可以将文档自动调节到当前窗格合适的大小以方便显示内容。

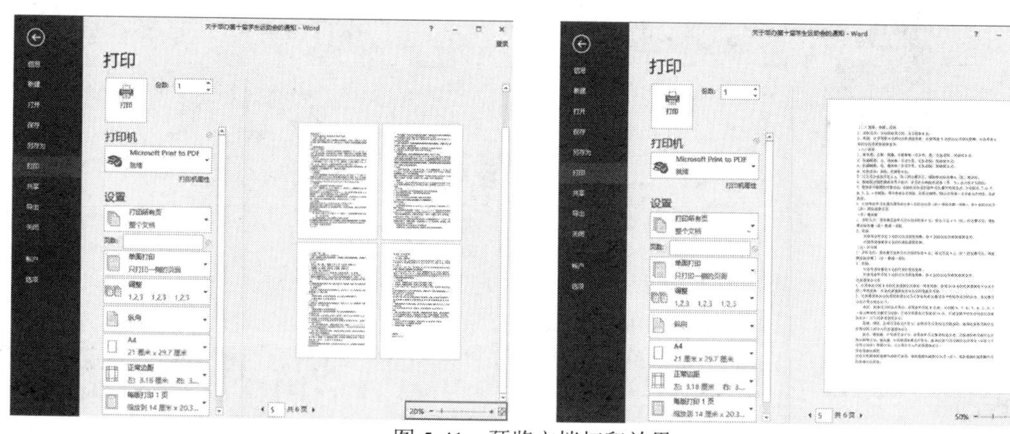

图 5-41　预览文档打印效果

2. 简单设置打印参数并执行打印

如果一台打印机与计算机已正常连接，并且安装了所需的驱动程序，就可以在 Word 中将所需的文档直接输出。

在 Word 2016 文档中，单击“文件”按钮，在弹出的菜单中选择“打印”命令，打开 Microsoft Office Backstage 视图，在其中部的“打印”窗格中可以设置打印份数、打印机属性、打印页数和双页打印等内容。

【例 5-11】设置“关于举办第十届学生运动会的通知”文档的打印份数与打印范围，然后打印该文档。

(1) 打开“关于举办第十届学生运动会的通知”文档，单击“文件”按钮，在打开的Microsoft Office Backstage视图中选择“打印”选项，在右侧的预览窗格中单击“下一页”按钮▶，预览打印效果，如图5-41所示。

(2) 在“打印”窗格的“份数”微调框中输入3；在“打印机”列表框中自动显示默认的打印机(确认该打印机为可用状态)。

(3) 在“设置”选项区域的“打印所有页”下拉列表框中选择“打印所有页”选项，设置打印文档的所有页。

(4) 单击“单面打印”下拉按钮，在弹出的下拉菜单中选择“手动双面打印”选项，如图5-42所示。

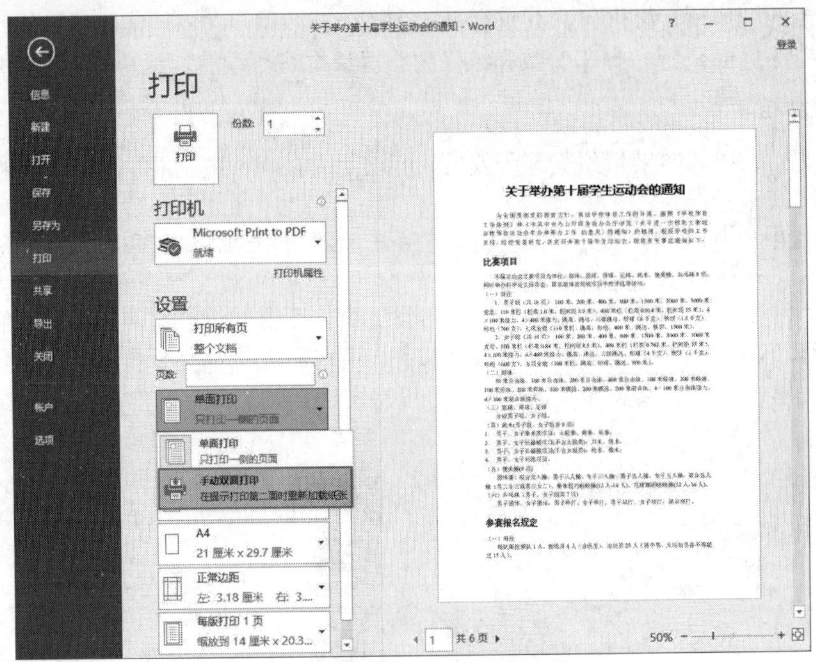

图 5-42　设置手动双面打印文档

(5) 设置完打印参数后，单击“打印”按钮，即可开始打印文档。

手动双面打印时，打印机会先打印奇数页，将所有奇数页打印完成后，弹出提示对话框，提示用户手动换纸，将打印的文稿重新放入到打印机纸盒中，单击对话框中的“确定”按钮，打印偶数页。

5.2 制作“第十届学生运动会项目安排表”文档

为了更形象地说明问题与记录数据，常常需要在文档中制作各种各样的表格。Word 2016提供了强大的表格功能，可以帮助用户快速创建与编辑表格。本节将通过制作“第十届学生运动会项目安排表”文档，帮助用户掌握在Word中创建、编辑与设置表格的基本方法与技巧。

5.2.1　在文档中快速绘制表格

表格由行和列组成，用户可以直接在 Word 文档中插入指定行列数的表格，也可以通过手动的方法绘制完整的表格或表格的部分。另外，如果需要对表格中的数据进行较复杂的运算，还可以引入 Excel 表格。

当用户需要在 Word 文档中插入列数和行数在 10×8(10 为列数，8 为行数)范围内的表格，如 8×8 时，可以按下列步骤操作。

【例 5-12】创建“第十届学生运动会项目安排表”文档，并在其中绘制一个 6×4 表格。

(1) 按下 Ctrl+N 组合键新建一个空白文档，然后按下 F12 键打开“另存为”对话框，将文档以文件名“第十届学生运动会项目安排表”保存，如图 5-43 所示。

(2) 选择“插入”选项卡，单击“表格”命令组中的“表格”下拉按钮，在弹出的菜单中移动鼠标让列表中的表格处于选中状态。

(3) 此时，列表上方将显示出相应的表格列数和行数，同时在 Word 文档中也将显示出相应的表格，如图 5-44 所示。

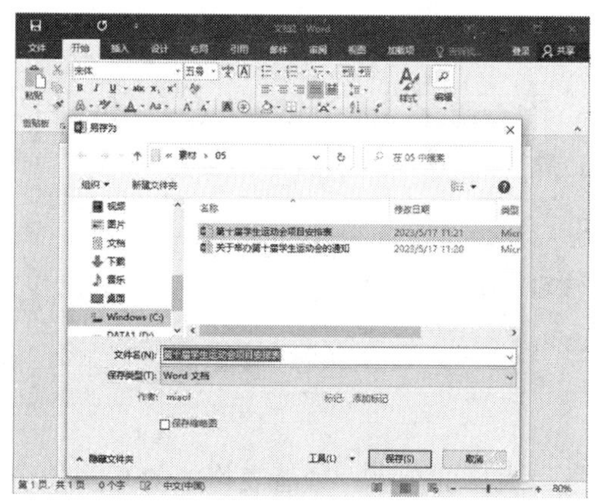

图 5-43　保存文档

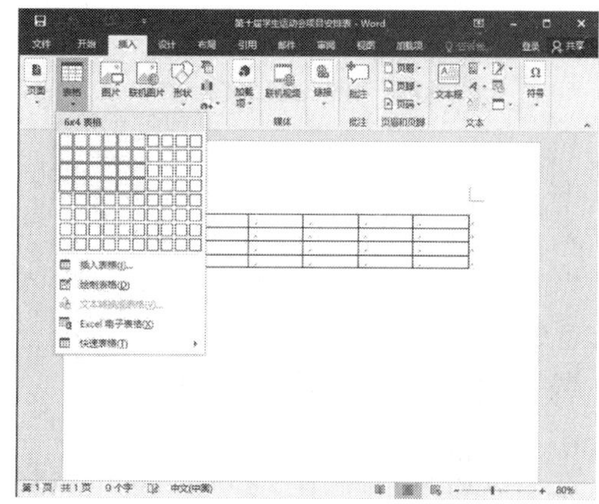

图 5-44　快速在文档中插入表格

(4) 单击鼠标左键，即可在文档中插入所需的表格。

5.2.2　制作表格标题

在 Word 文档中插入表格后，如果需要在表格之前插入标题文本，用户可以将鼠标指针插入表格左上角第 1 个单元格中，然后按下 Enter 键，在表格之前插入一个空行，如图 5-45 所示。

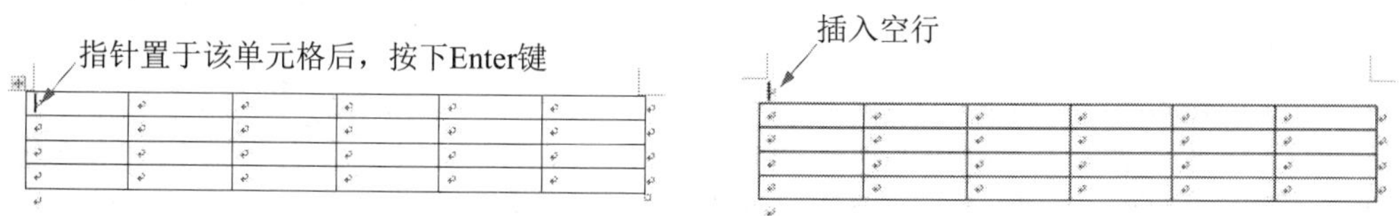

图 5-45　在表格之前插入空行

【例 5-13】在“第十届学生运动会项目安排表” 文档中为表格制作标题。

(1) 继续【例 5-12】的操作，并参考图 5-45 介绍的方法，在表格之前插入 2 个空行。

(2) 在空行中输入标题文本并设置文本的字体、字号和对齐方式，如图 5-46 所示。

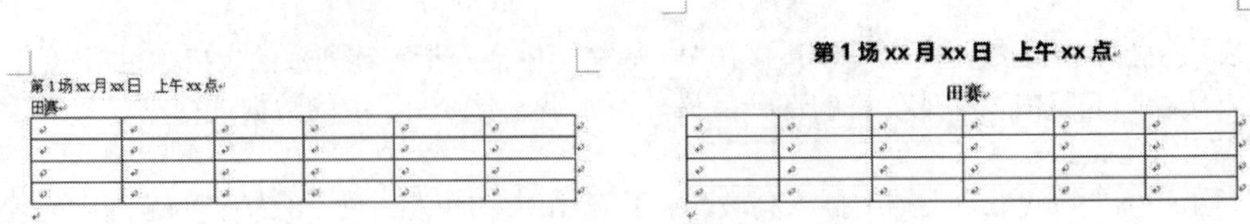

图 5-46 为表格制作标题

5.2.3 输入表格数据

在 Word 表格中输入数据的方法与在文档中一样，用户将鼠标指针置于表格的单元格中，即可在其中输入所需的数据。在表格中输入超出单元格宽度的数据时，表格将自动换行，如图 5-47 所示。

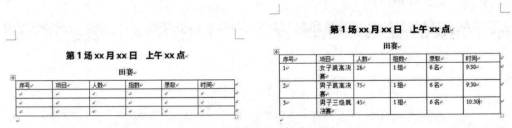

第1场 xx 月 xx 日 上午 xx 点

田赛

序号	项目	人数	组数	录取	时间

第1场 xx 月 xx 日 上午 xx 点

田赛

序号	项目	人数	组数	录取	时间
1	女子跳高决赛	28	1组	6名	9:30
2	男子跳高决赛	75	1组	6名	9:30
3	男子三级跳决赛	45	1组	6名	10:30

图 5-47 在表格中输入数据

5.2.4 设置行高与列宽

在 Word 2016 中制作表格时，用户可以快速选取表格的全部，或者表格中的某些行、列、单元格，然后对其进行设置，同时还可以根据需要编辑单元格的行宽、列高等参数。

1. 快速选取行、列及整个表格

在编辑表格时，可以根据需要选取行、列及整个表格，然后对多个单元格进行设置。

1) 选取整个表格

在 Word 中选取整个表格的常用方法有以下几种。

- 使用鼠标拖动选择：当表格较小时，先选择表格中的一个单元格，然后按住鼠标左键拖动至表格的最后一个单元格即可，如图 5-48 所示。
- 单击表格控制柄选择：在表格任意位置单击，然后单击表格左上角显示的控制柄⊞选取整个表格，如图 5-49 所示。
- 在 Numlock 键关闭的状态下，按下 Alt+5(5 是小键盘上的 5 键)。
- 将鼠标光标定位于表格中，选择“布局”选项卡，在“表”命令组中单击“选择”下拉按钮，在弹出的菜单中选中“选择表格”命令。

2) 选取单个单元格

将鼠标指针悬停在某个单元格左侧，当鼠标指针变为➚形状时单击，即可选中该单元格，如图 5-50 所示。

第 1 场 xx 月 xx 日　上午 xx 点

田赛

序号	项目	人数	组数	录取	时间
1	女子跳高决赛	28	1 组	6 名	9:30
2	男子跳高决赛	75	1 组	6 名	9:30
3	男子三级跳决赛	45	1 组	6 名	10:30

图 5-48　拖动鼠标选取整个表格

上午 xx 点

序号	项目	人数	组数	录取	时间
1	女子跳高决赛	28	1 组	6 名	9:30
2	男子跳高决赛	75	1 组	6 名	9:30
3	男子三级跳决赛	45	1 组	6 名	10:30

图 5-49　单击控制柄选取整个表格

第 1 场 xx 月 xx 日　上午 xx 点

田赛

序号	项目	人数	组数	录取	时间
1	女子跳高决赛	28	1 组	6 名	9:30
2	男子跳高决赛	75	1 组	6 名	9:30
3	男子三级跳决赛	45	1 组	6 名	10:30

第 1 场 xx 月 xx 日　上午 xx 点

田赛

序号	项目	人数	组数	录取	时间
1	女子跳高决赛	28	1 组	6 名	9:30
2	男子跳高决赛	75	1 组	6 名	9:30
3	男子三级跳决赛	45	1 组	6 名	10:30

图 5-50　选取表格中的单个单元格

3) 选取整行

选取表格整行的常用方法有下列两种。

- 将鼠标指针放置在页面左侧(左页边距区)，当指针变为↗形状后单击，如图 5-51 所示。
- 将鼠标指针放置在一行的第一个单元格中，然后拖动鼠标至该列的最后一个单元格即可，如图 5-52 所示。

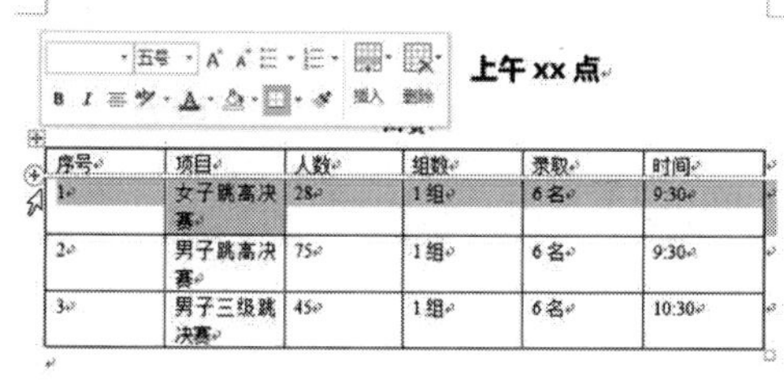

上午 xx 点

序号	项目	人数	组数	录取	时间
1	女子跳高决赛	28	1 组	6 名	9:30
2	男子跳高决赛	75	1 组	6 名	9:30
3	男子三级跳决赛	45	1 组	6 名	10:30

图 5-51　单击表格左页边距区

第 1 场 xx 月 xx 日　上午 xx 点

田赛

序号	项目	人数	组数	录取	时间
1	女子跳高决赛	28	1 组	6 名	9:30
2	男子跳高决赛	75	1 组	6 名	9:30
3	男子三级跳决赛	45	1 组	6 名	10:30

图 5-52　拖动选取整行

4) 选取整列

选取表格整列的常用方法有下列两种。

- 将鼠标指针放置在表格最上方的表格上边框，当指针变为⬇形状后单击。
- 将鼠标指针放置一列第一个单元格，然后拖动鼠标至该列的最后一个单元格即可。

如果用户需要同时选取连续的多行或者多列，可以在选中一列或一行时，按住鼠标左键拖动选中相邻的行或列，如果用户需要选取不连续的多行或多列，可以按住 Ctrl 键执行选取操作。

2. 设置表格内容自动调整

在文档中编辑表格时，如果想要表格根据表格中输入内容的多少自动调整大小，让行高和列宽刚好容纳单元格中的字符，可以参考下列方法操作。

【例 5-14】在“第十届学生运动会项目安排表”文档中设置表格根据内容自动调整。

(1) 继续【例 5-13】的操作，选取文档中的整个表格，右击，在弹出的菜单中选择“自动调整”|“根据内容调整表格”命令。

(2) 此时，表格将根据其中的内容自动调整大小，如图 5-53 所示。

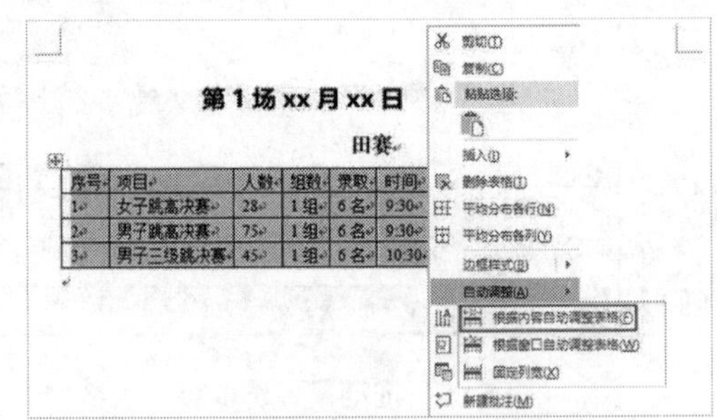

图 5-53　设置表格根据内容自动调整

3. 精确设定表格列宽与行高

在文档中编辑表格时，对于某些单元格，可能需要精确设置它们的列宽和行高，相关的设置方法如下。

【例 5-15】在“第十届学生运动会项目安排表”文档中设置表格的列宽和行高参数。

(1) 继续【例 5-14】的操作，选择需要设置列宽与行高的表格区域，在“布局”选项卡的“单元格大小”命令组中的“高度”和“宽度”文本框中输入行高和列宽精度。

(2) 完成设置后表格行高和列宽效果将如图 5-54 所示。

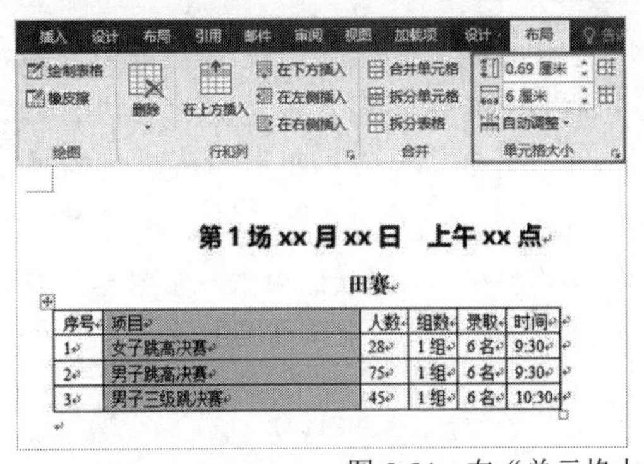

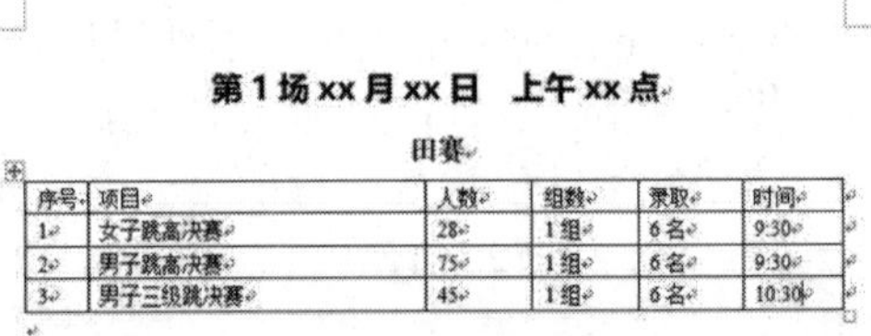

图 5-54　在“单元格大小”组中设置行高和列宽

4. 固定表格列宽

在文档设置好表格的列宽后，为了避免列宽发生变化，影响文档版面的美观，可以通过设置固定表格列宽，使其一直保持不变。

右击需要设置的表格，在弹出的菜单中选择“自动调整”|“固定列宽”命令。此时，在固定列宽的单元格中输入文本，单元格宽度不会发生变化。

5. 单独改变单元格的列宽

有时用户需要单独对某个或几个单元格列宽进行局部调整而不影响整个表格，操作方法如下。

(1) 将鼠标指针移动至目标单元格的左侧框线附近，当指针变为➚形状时单击选中单元格。

(2) 将鼠标指针移动至目标单元格右侧的框线上，当鼠标指针变为十字形状时按住鼠标左键不放，左右拖动即可。

5.2.5　设置内容对齐方式

Word 提供多种表格内容对齐方式，可以让文字居中对齐、右对齐或两端对齐等，而居中又可以分为靠上居中、水平居中和靠下居中；靠右对齐可以分为靠上右对齐、中部右对齐和靠下右对齐；两端对齐可以分为靠上两端对齐、中部两端对齐和靠下两端对齐。

【例 5-16】在“第十届学生运动会项目安排表”文档中设置表格除比赛项目以外的内容水

平居中对齐。

(1) 继续【例 5-15】的操作，选中整个表格，选择“布局”选项卡，在“对齐方式”组中单击“水平居中”按钮，如图 5-55 左图所示。

(2) 选中比赛项目内容所在的单元格区域，在“对齐方式”组中单击“中部两端对齐”按钮，设置其内容靠左对齐，如图 5-55 右图所示。

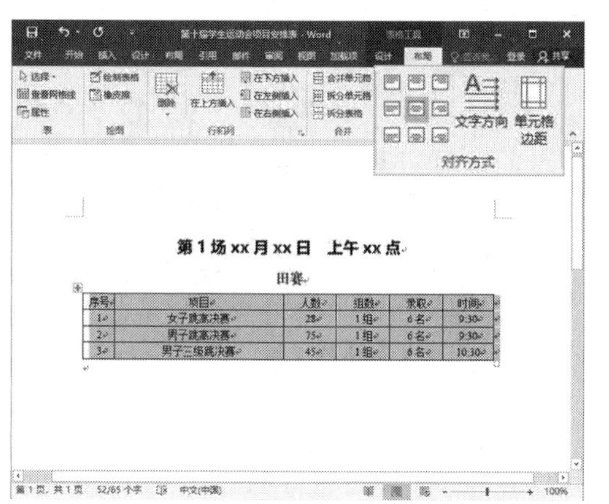

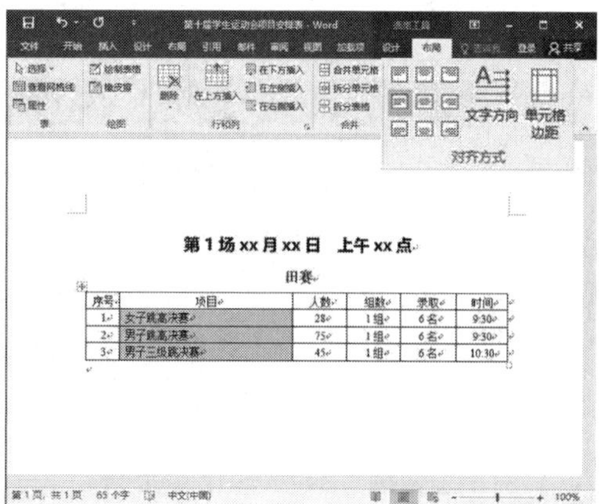

图 5-55　设置文本对齐

5.2.6　插入与删除行/列

在 Word 文档中使用表格时，用户可以根据制表的需要插入或删除表格行或列。

1. 在表格中增加空行

在 Word 中，要在表格中增加一行空行，可以使用以下几种方法。

- 将鼠标指针移动至表格右侧边缘，当显示“+”符号后，单击该符号。
- 将鼠标指针插入表格中的任意单元格中，右击，在弹出的菜单中选择“插入”|“在上方插入行”或“在下方插入行”命令。
- 选择“布局”选项卡，在“行和列”命令组中单击“在上方插入”按钮或“在下方插入”按钮。

【例 5-17】在“第十届学生运动会项目安排表”文档中以制作好的“田赛”项目安排表为模板，制作其他比赛项目安排表。

(1) 继续【例 5-16】的操作，选中文档中的“田赛”项目安排表，按下 Ctrl+C 键将其复制，然后将鼠标指针放置在页面中合适的位置，按下 Ctrl+V 键。

(2) 选中复制表格中包含比赛项目的单元格，按下 Delete 键将内容删除。

(3) 选中表格中最后一行，右击，在弹出的菜单中选择“插入”|“在下方插入行”命令，如图 5-56 所示。

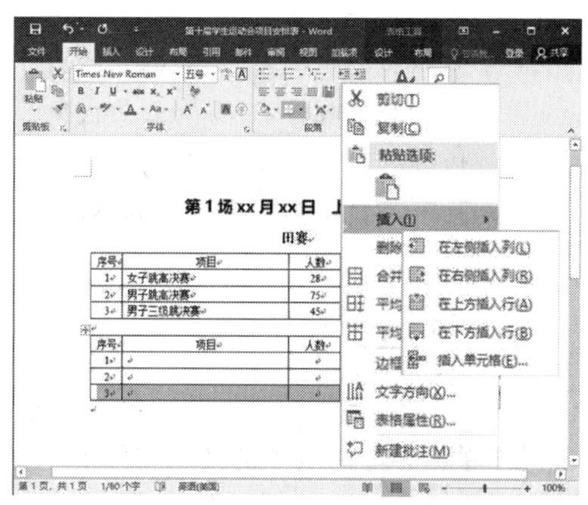

图 5-56　在选中行的下方插入行

(4) 此时，将在选中行的下方插入如图 5-57 所示空行。

(5) 在空行中输入内容，然后使用相同的方法，完成“第十届学生运动会项目安排表”中其他比赛项目的项目安排表的制作，如图 5-58 所示。

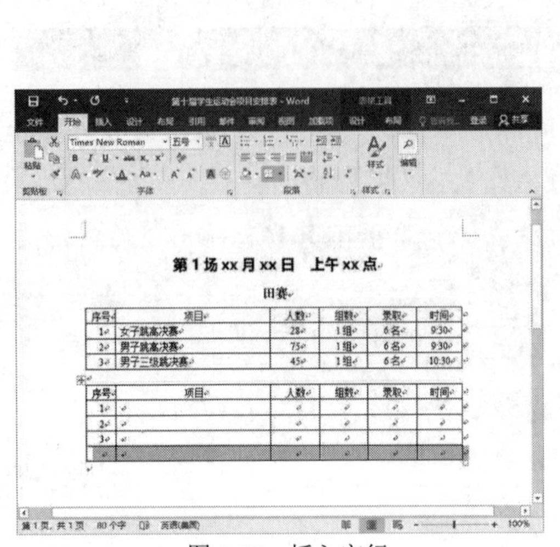

图 5-57　插入空行

第 1 场 xx 月 xx 日　上午 xx 点

田赛

序号	项目	人数	组数	录取	时间
1	女子跳高决赛	28	1 组	6 名	9:30
2	男子跳高决赛	75	1 组	6 名	9:30
3	男子三级跳决赛	45	1 组	6 名	10:30

径赛

序号	项目	人数	组数	录取	时间
1	女子 100 米预赛	32	3 组	6 名	9:30
2	男子 100 米预赛	54	4 组	3 名	
3	女子 800 米决赛	23	5 组	3 名	10:30
4	男子 800 米决赛	41	7 组	6 名	10:00

第 2 场 xx 月 xx 日　上午 xx 点

田赛

序号	项目	人数	组数	录取	时间
1	男子跳高决赛	32	2 组	6 名	9:30
2	男子铅球决赛	44	3 组	6 名	9:30
3	女子三级跳决赛	35	2 组	3 名	10:30
4	教工男、女铅球决赛	65	4 组	6 名	10:00
5	教工男、女跳高决赛	45	3 组	6 名	10:30

图 5-58　在选中行的下方插入行

2. 在表格中增加空列

要在表格中增加一列空列，可以参考以下几种方法。

- 将鼠标指针移动至表格上方两列框线之间，当显示“+”符号后，单击该符号。
- 将鼠标指针插入表格中的任意单元格中，右击，在弹出的菜单中选择“在左侧插入列”或“在右侧插入列”命令。
- 选择“布局”选项卡，在“行和列”命令组中单击“在左侧插入”按钮或“在右侧插入”按钮。

3. 删除表格中的行或列

若用户需要删除表格中的行或列，可以参考下列几种方法。

- 将鼠标指针插入表格单元格中，右击，在弹出的菜单中选择“删除单元格”命令，打开“删除单元格”对话框，选择“删除整行”命令，可以删除所选单元格所在的行，选择“删除整列”命令，可以删除所选单元格所在的列。
- 将鼠标指针插入表格单元格中，选择“布局”选项卡，在“行和列”命令组中单击“删除”下拉按钮，在弹出的菜单中选择“删除行”或“删除列”命令。

5.2.7　合并与拆分单元格

Word 直接插入的表格都是行列平均分布的，但在编辑表格时，经常需要根据录入的内容的总分关系，合并其中的某些相邻单元格，或者将一个单元格拆分成多个单元格。

1. 合并若干相邻的单元格

在文档中编辑表格时，有时需要将几个相邻的单元格合并为一个单元格，以表达不同的总分关系。此时，可以参考下面介绍的方法合并表格中的单元格。

【例 5-18】在“第十届学生运动会项目安排表”文档中合并“时间”列的单元格。

(1) 继续【例 5-17】的操作，选中表格中需要合并的单元格，右击，在弹出的菜单中选择“合并单元格”命令，如图 5-59 左图所示。

(2) 此时，被选中的单元格将合并，其中的内容将被保留，如图 5-59 右图所示。

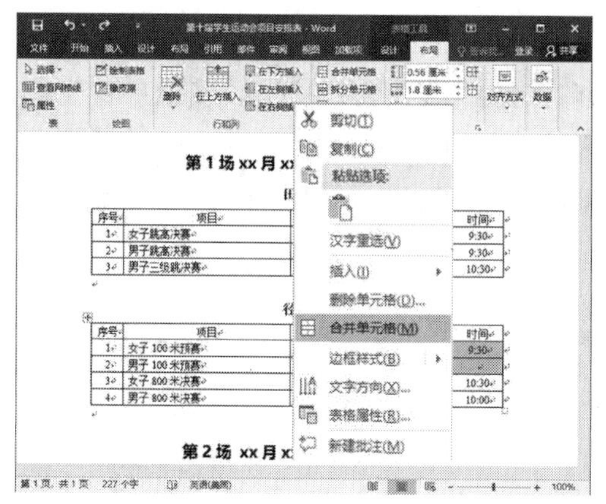

第 1 场 xx 月 xx 日　上午 xx 点

田赛

序号	项目	人数	组数	录取	时间
1	女子跳高决赛	28	1 组	6 名	9:30
2	男子跳高决赛	75	1 组	6 名	9:30
3	男子三级跳决赛	45	1 组	6 名	10:30

径赛

序号	项目	人数	组数	录取	时间
1	女子 100 米预赛	32	3 组	6 名	9:30
2	男子 100 米预赛	54	4 组	3 名	
3	女子 800 米决赛	23	5 组	3 名	10:30
4	男子 800 米决赛	41	7 组	6 名	10:00

图 5-59　合并单元格

(3) 使用相同的方法，合并文档中其他表格中有相同数据的单元格。

2. 拆分单元格

在 Word 中编辑表格时，经常需要将某个单元格拆分成多个单元格，以分别输入各个分类的数据。此时，可以参考下面介绍的方法进行操作。

(1) 选取需要拆分的单元格，右击，在弹出的菜单中选择“拆分单元格”命令，打开“拆分单元格”对话框，如图 5-60 左图所示。

(2) 在“拆分单元格”对话框中设置具体的拆分行数和列数后，单击“确定”按钮，即可将选取的单元格拆分，如图 5-60 右图所示。

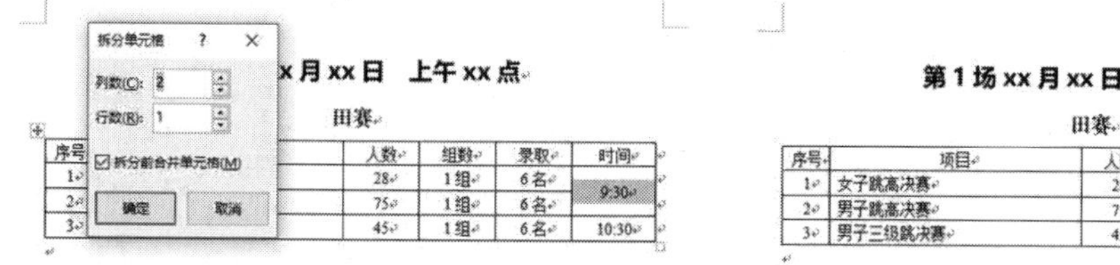

第 1 场 xx 月 xx 日　上午 xx 点

田赛

序号	项目	人数	组数	录取	时间	
1	女子跳高决赛	28	1 组	6 名	9:30	
2	男子跳高决赛	75	1 组	6 名		
3	男子三级跳决赛	45	1 组	6 名	10:30	

图 5-60　拆分单元格

5.2.8　设置边框与底纹

在 Word 中，用户可以参考下面介绍的方法为表格设置边框与底纹。

【例 5-19】以本节制作的“第十届学生运动会项目安排表” 文档为例，练习为表格设置边框与底纹。

(1) 继续【例 5-18】的操作，选中表格后在“设计”选项卡的“表格样式”命令组中单击“底纹”下拉按钮，在弹出的菜单中选择一种颜色即可为表格设置简单的底纹颜色，如

图 5-61 所示。

(2) 保持表格的选中状态，在“设计”选项卡的“表格样式”命令组中单击“边框”下拉按钮，在弹出的菜单中选择“边框和底纹”选项。

(3) 打开“边框和底纹”对话框，在“边框”选项卡的“设置”列表中先选择一种边框设置方式，再在“样式”列表中选择表格边框的线条样式，然后在“颜色”下拉列表框中选择边框的颜色，最后在“宽度”下拉列表中选择“边框”的宽度大小，如图 5-62 所示。

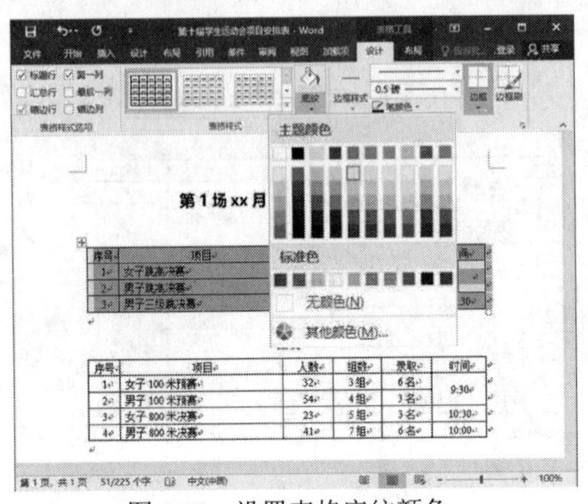

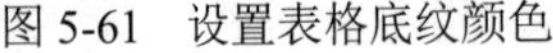

图 5-61　设置表格底纹颜色

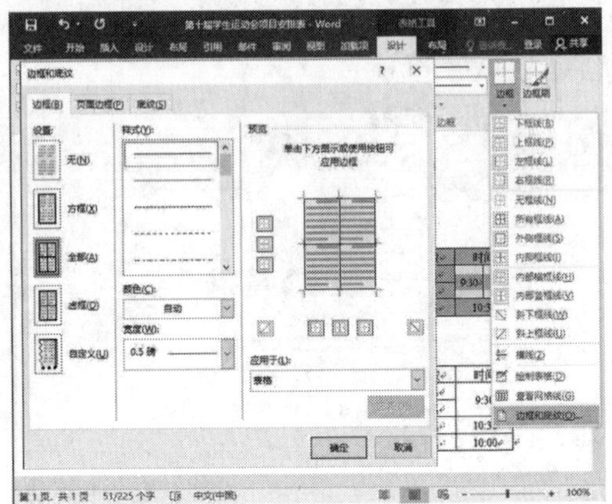

图 5-62　设置表格边框

(4) 选择“底纹”选项卡，在“填充”下拉列表中选择底纹的颜色，如果需要填充图案，可以在“样式”下拉列表中选择图案的样式，在“颜色”下拉列表中选择图案颜色，然后单击“确定”按钮，应用表格边框和底纹效果，如图 5-63 左图所示。

(5) 使用同样的方法设置其他表格的边框和底纹效果，完成后效果如图 5-63 右图所示。

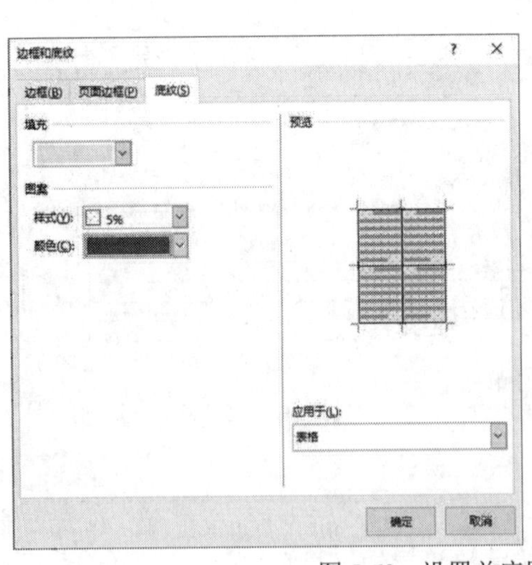

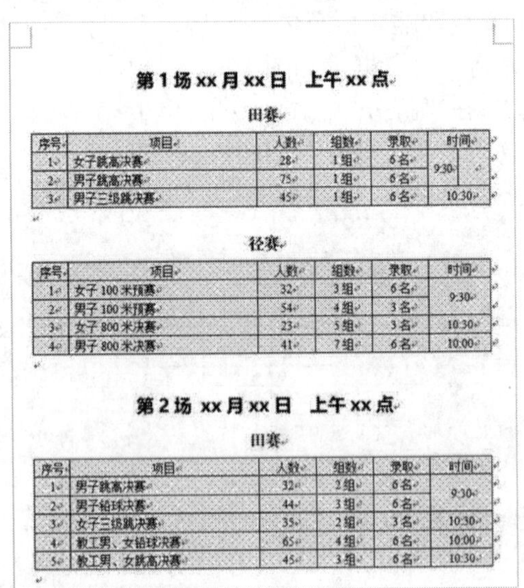

第 1 场 xx 月 xx 日　上午 xx 点

田赛

序号	项目	人数	组数	录取	时间
1	女子跳高决赛	28	1组	6名	9:30
2	男子跳高决赛	75	1组	6名	
3	男子三级跳决赛	45	1组	6名	10:30

径赛

序号	项目	人数	组数	录取	时间
1	女子 100 米预赛	32	3组	6名	9:30
2	男子 100 米预赛	54	4组	3名	
3	女子 800 米决赛	23	5组	3名	10:30
4	男子 800 米决赛	41	7组	6名	10:00

第 2 场　xx 月 xx 日　上午 xx 点

田赛

序号	项目	人数	组数	录取	时间
1	男子跳高决赛	32	2组	6名	9:30
2	男子铅球决赛	44	3组	6名	
3	女子三级跳决赛	35	2组	3名	10:30
4	教工男、女铅球决赛	65	4组	6名	10:00
5	教工男、女跳高决赛	45	3组	6名	10:30

图 5-63　设置并应用表格边框和底纹样式

5.2.9　设置表格属性

选中 Word 文档中的表格后，右击，在弹出的菜单中选择“表格属性”命令，可以打开“表格属性”对话框设置表格的属性。通过设置表格属性，可以使表格实现各种效果独特的变化，下面将举例介绍。

1. 设置跨页表格自动重复标题

对于包含有较多行的表格，可能会跨页显示在文档的多个页面上，而在默认情况下，表格的标题并不会在每页的表格上面都自动显示，这就为表格的编辑和阅读带来了一定阻碍，让用户难以辨认每一页表格中各列存储内容的性质。为了避免这种情况，对于跨页显示的表格，在编辑时可以通过以下设置，让表格在每一页自动重复标题行。

(1) 将鼠标光标定位到表格第 1 行中的任意单元格中，右击，在弹出的菜单中选择“表格属性”命令，打开“表格属性”对话框。

(2) 在“表格属性”对话框中选择“行”选项卡，选中“在各页顶端以标题形式重复出现”复选框，然后单击“确定”按钮，如图 5-64 左图所示。

(3) 此时，当表格行列超过一页文档时将在下一页中自动添加表格标题，如图 5-64 右图所示。

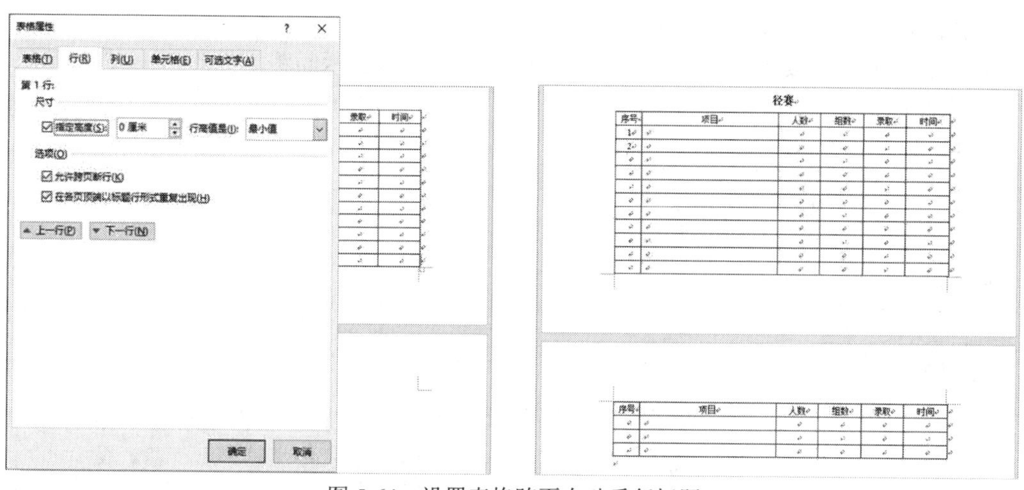

图 5-64　设置表格跨页自动重复标题

2. 设置文字自动适应单元格

在 Word 表格中如果要实现某个单元格中不论宽度为多少，其中的内容都自动填满单元格，可以通过设置“表格属性”对话框来实现，方法如下。

(1) 将鼠标指针定位于表格中，右击，在弹出的菜单中选择“表格属性”命令，打开“表格属性”对话框，如图 5-65 左图所示。

(2) 选择“单元格”选项卡，单击“选项”按钮，打开“单元格选项”对话框，选中“适应文字”复选框，单击“确定”按钮，如图 5-65 中图所示。

(3) 此时，单元格中的内容将自动填满单元格，效果如图 5-65 右图所示。

3. 设置单元格间距

通过设置表格属性，可以为表格中的每个单元格设置间距，方法如下。

(1) 选中整个表格后右击，在弹出的菜单中选择“表格属性”命令，打开“表格属性”对话框，并单击“表格”选项卡中的“选项”按钮，如图 5-66 左图所示。

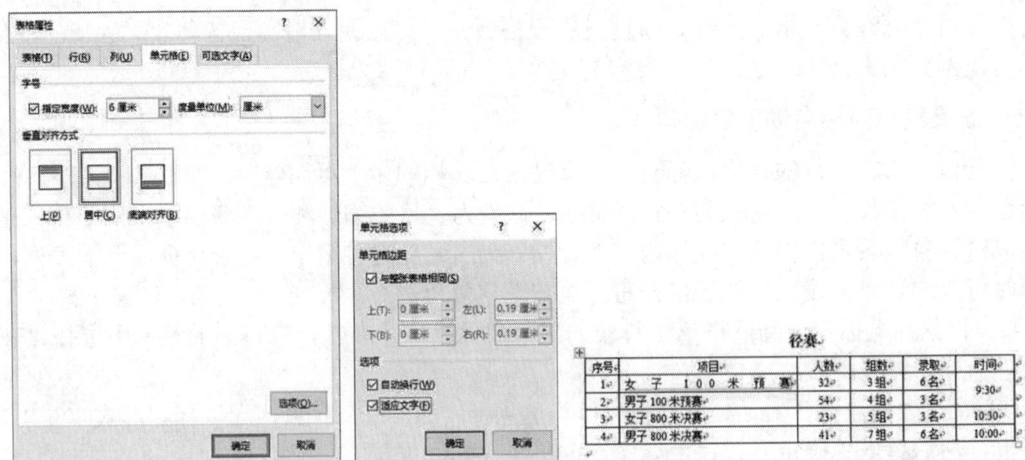

图 5-65　设置内容自适应单元格效果

(2) 打开“表格选项”对话框，选中“允许调整单元格间距”复选框，并在其后输入要设置的单元格间距值，如图 5-66 中图所示。

(3) 单击“确定”按钮，文档中表格的各单元格之间将显示间距，如图 5-66 右图所示。

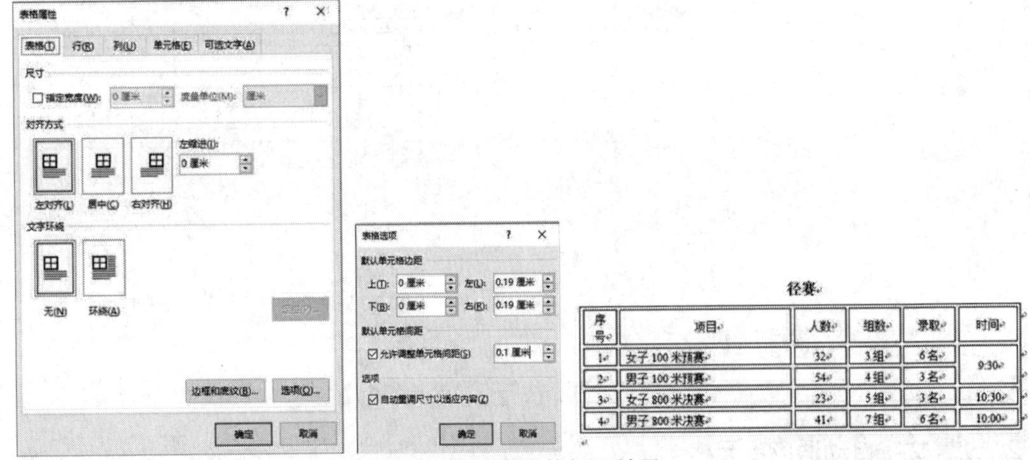

图 5-66　设置表格间距效果

5.3 制作“第十届学生运动会成绩统计表”文档

在 Word 中，除了可以制作出用于承载数据的表格，对于表格中的数据，也可以实现简单的求和、取平均值、最大值以及最小值等计算，以及对数据排序。本节将通过制作“第十届学生运动会成绩统计表”文档，介绍在 Word 中计算和排序表格数据的方法和技巧。

5.3.1　页面设置

在处理文档的过程中，为了使文档页面更加美观，可以根据需求规范文档的页面，如设置页边距、纸张、版式和文档网格等，从而制作出一个要求较为严格的文档版面。

1. 设置页边距

页边距就是页面上打印区域之外的空白空间。设置页边距，包括调整上、下、左、右边距，调整装订线的距离和纸张的方向。

选择“布局”选项卡，在“页面设置”选项组中单击“页边距”按钮，在弹出的下拉列表框中选择页边距样式，即可快速为页面应用该页边距样式。若选择“自定义边距”命令，打开“页面设置”对话框的“页边距”选项卡，在其中可以精确设置页面边距和装订线距离。

【例 5-20】新建“第十届学生运动会成绩统计表”文档，设置文档的页边距、装订线和纸张方向。

(1) 按下 Ctrl+N 组合键创建一个空白文档，然后按下 F12 键打开“另存为”对话框将文档命名为“第十届学生运动会成绩统计表”。

(2) 选择“布局”选项卡，在“页面设置”组中单击“页边距”按钮，在弹出的菜单中选择“自定义边框”命令，如图 5-67 左图所示。

(3) 打开“页边距”对话框选择“页边距”选项卡，在“纸张方向”选项区域中选择“横向”选项，在“页边距”的“上”微调框中输入“1.5 厘米”，在“下”微调框中输入“1 厘米”，在“左”和“右”微调框中输入“1 厘米”，在“装订线位置”下拉列表框中选择“左”选项，在“装订线”微调框中输入“0.5 厘米”。

(4) 单击“确定”按钮，为文档应用所设置的页边距样式，如图 5-67 右图所示。

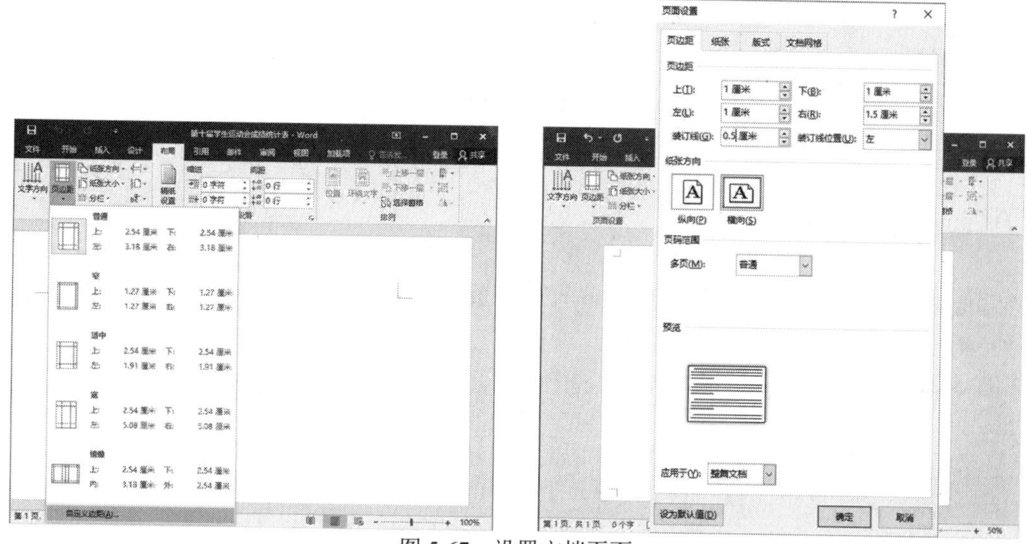

图 5-67　设置文档页面

2. 设置纸张

纸张的设置决定了要打印的效果，默认情况下，Word 文档的纸张大小为 A4。在制作某些特殊文档(如明信片、名片或贺卡)时，可以根据需要调整纸张的大小，从而使文档更具特色。

日常使用的纸张大小一般有 A4、16 开、32 开和 B5 等几种类型，不同的文档，其页面大小也不同，此时就需要对页面大小进行设置，即选择要使用的纸型，每一种纸型的高度与宽度都有标准的规定，但也可以根据需要进行修改。在“页面设置”组中单击“纸张大小”按钮，在弹出的下拉列表中选择设定的规格选项即可快速设置纸张大小。

【例 5-21】 为“第十届学生运动会成绩统计表”文档设置纸张大小。

(1) 继续【例 5-20】的操作，选择“布局”选项卡，在“页面设置”组中单击“纸张大小”按钮，在弹出的菜单中选择“其他页面大小”命令。

(2) 打开“页面设置”对话框的“纸张”选项卡，在“纸张大小”下拉列表框中选择“自定义大小”选项，在“宽度”和“高度”微调框中分别输入“27 厘米”和“17 厘米”，如图 5-68 左图所示。

(3) 单击“确定”按钮，即可为文档应用所设置的页面大小，效果如图 5-68 右图所示。

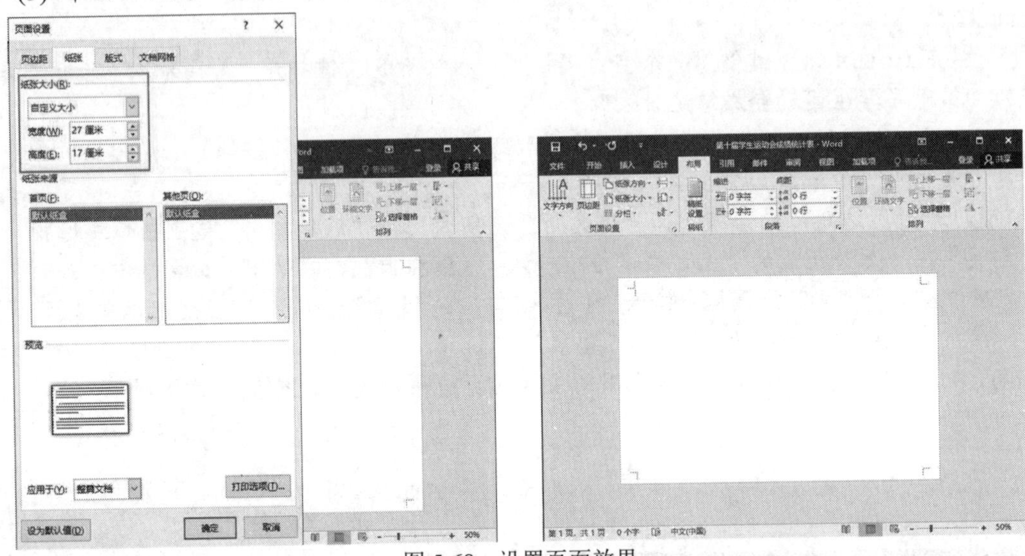

图 5-68　设置页面效果

5.3.2　创建超大表格

当用户需要在文档中插入列数超过 10 行或行数超过 8 的表格，如 12×10 的表格时，可以按下列步骤操作。

【例 5-22】 在“第十届学生运动会成绩统计表”文档中创建一个 12×10 的表格并输入表格数据。

(1) 继续【例 5-21】的操作，选择“插入”选项卡，单击“表格”命令组中的“表格”下拉按钮，在弹出的菜单中选择“插入表格”命令。

(2) 打开“插入表格”对话框，在“列数”文本框中输入 10，在“行数”文本框中输入 12，然后单击“确定”按钮，如图 5-69 左图所示。

(3) 此时，将在文档中插入如图 5-69 右图所示的 12×10 的表格。

(4) 将鼠标指针插入表格左侧的第 1 个单元格中，按下 Enter 键在表格之前插入一个空行，在该行中输入并设置表格标题“第十届学生运动会成绩统计表(铅球)”，如图 5-70 所示。

(5) 分别设置表格各列的列宽后，选中整个表格并右击，在弹出的菜单中选择“表格属性”命令，打开“表格属性”对话框，在“对齐方式”栏中选中“居中”选项，单击“确定”按钮，设置表格相对于文档页面整体居中。

(6) 合并表格中的单元格，并设置表格单元格的高度和宽度，然后在表格中输入数据，并设置数据在表格中的对齐方式，如图 5-71 所示。

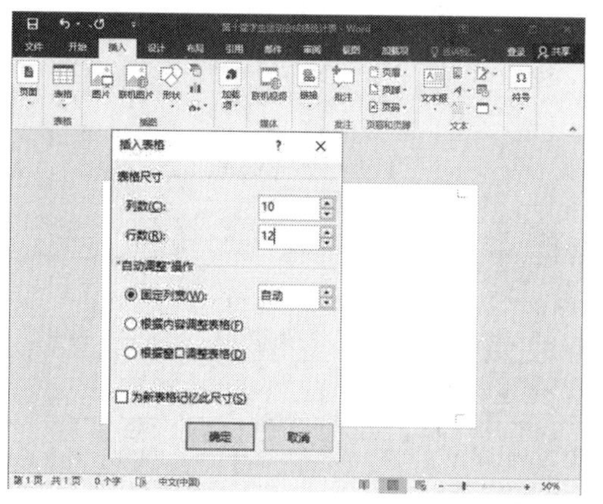

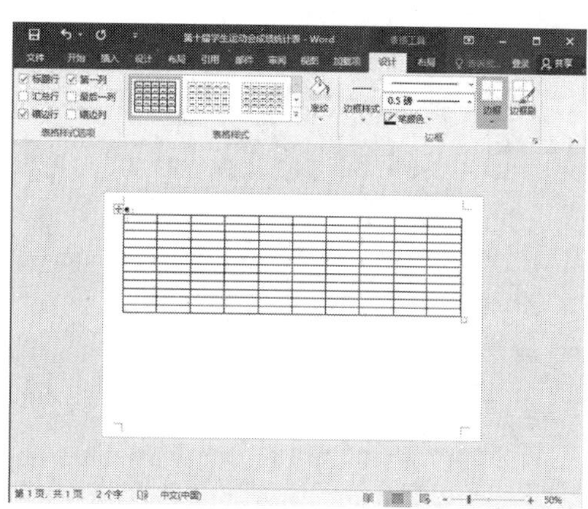

图 5-69　插入 12×10 的表格

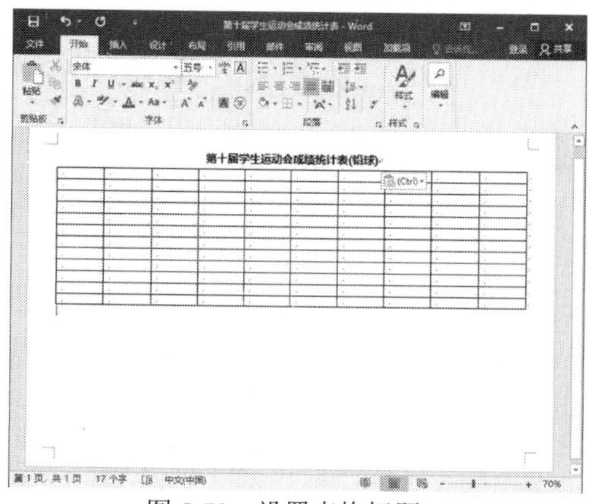

图 5-70　设置表格标题

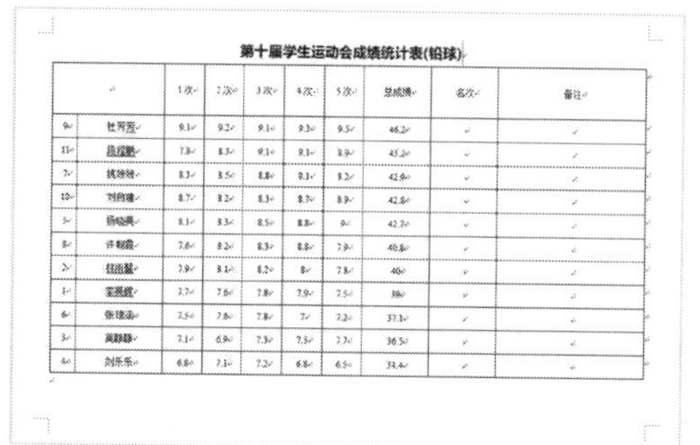

图 5-71　输入表格数据

5.3.3　绘制自选图形

自选图形是运用现有的图形，如矩形、圆等基本形状以各种线条或连接符来绘制出的用户需要的图形样式，例如使用矩形、圆、箭头、直线等形状制作一个流程图。

在 Word 2016 中，选择“插入”选项卡，在“插图”组中单击“形状”下拉按钮，从弹出的列表中选择一种自选图形，然后在文档窗口中按住鼠标拖动即可绘制该图形。

【例 5-23】在“第十届学生运动会成绩统计表”文档绘制两条直线。

(1) 继续【例 5-22】的操作，选择“插入”选项卡，在“插图”组中单击“形状”下拉按钮，从弹出的列表中选择“直线”选项，如图 5-72 左图所示。

(2) 在文档窗口中单击一点作为直线的起点，然后按住鼠标左键拖动即可绘制一条直线，如图 5-72 右图所示。

(3) 在显示的“格式”选项卡的“形状样式”组中选择直线图形的样式，如图 5-73 所示。

(4) 重复同样的操作绘制第二条直线，完成后表格效果如图 5-74 所示。

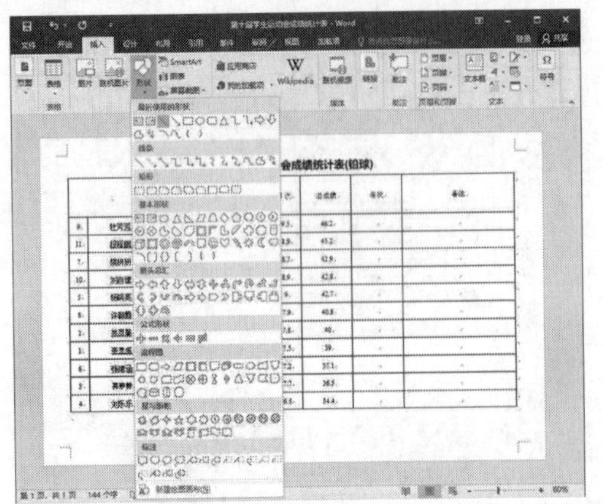

图 5-72　在表格中绘制直线形状

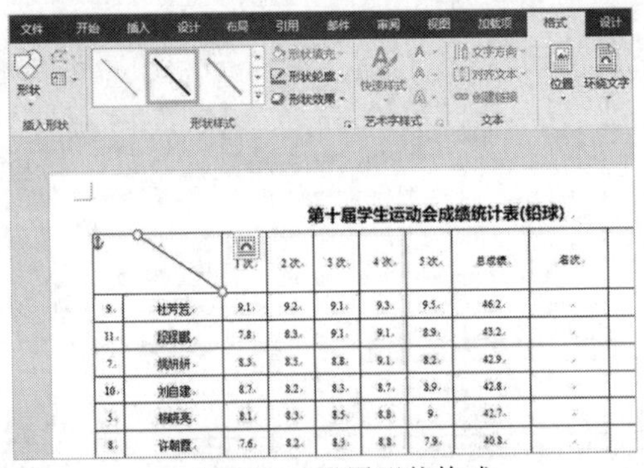

图 5-73　设置形状格式

图 5-74　为表格制作分栏线

5.3.4　使用文本框

在编辑一些特殊版面的文稿时，常常需要用到 Word 中的文本框将一些文本内容显示在特定的位置。文本框是一种特殊的图形，常见的文本框有横排文本框和竖排文本框，下面将分别介绍其使用方法。

1. 使用横排文本框

横排文本框是用于输入横排方向文本的图形。在特殊情况下，用户无法在目标位置处直接输入需要的内容，此时就可以使用文本框进行插入。

【例 5-24】在“第十届学生运动会成绩统计表”文档绘制横排文本框。

(1) 继续【例 5-23】的操作，选择“插入”选项卡，在“文本”命令组中单击“文本框”下拉按钮，在展开的库中选择“绘制文本框”选项，如图 5-75 左图所示。

(2) 此时鼠标指针将变为十字形状，在文档中的目标位置处按住鼠标左键不放并拖动，拖至目标位置处释放鼠标，如图 5-75 右图所示。

(3) 释放鼠标后即绘制出文本框，默认情况下为白色背景。在其中输入需要的文本框内容，然后右击文本框，在弹出的菜单中选择“设置形状格式”命令，如图 5-76 左图所示。

(4) 打开“设置形状格式”窗格，展开“填充”卷展栏，然后选中“无填充”选项，设置文本框没有填充颜色，如图 5-76 右图所示。

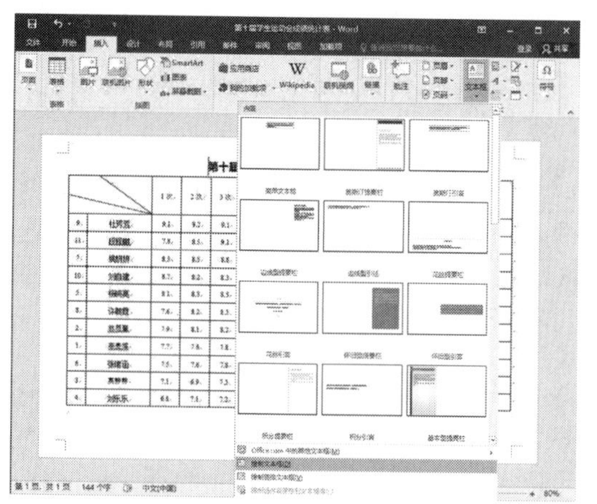
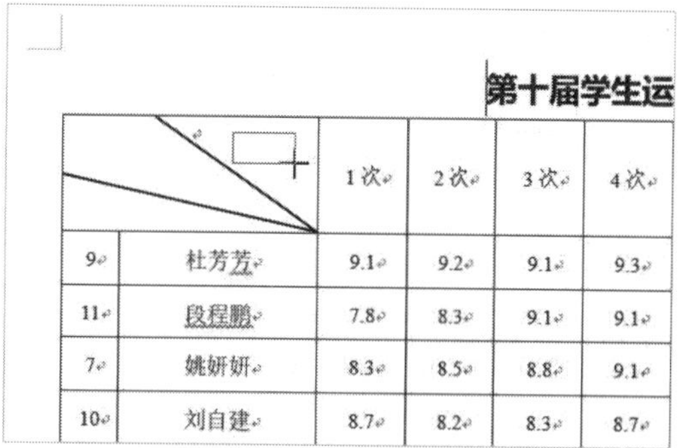

图 5-75　绘制横排文本框

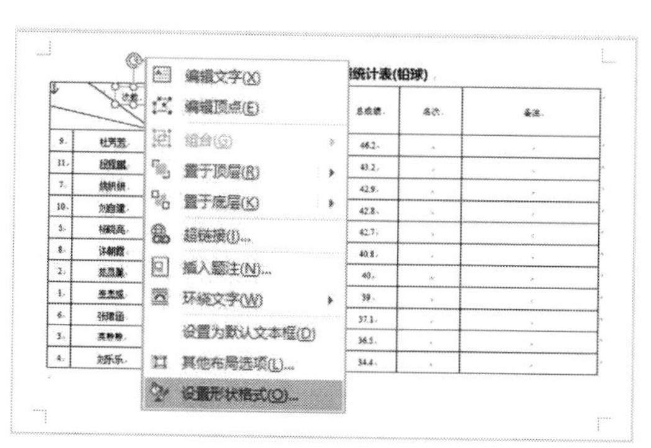
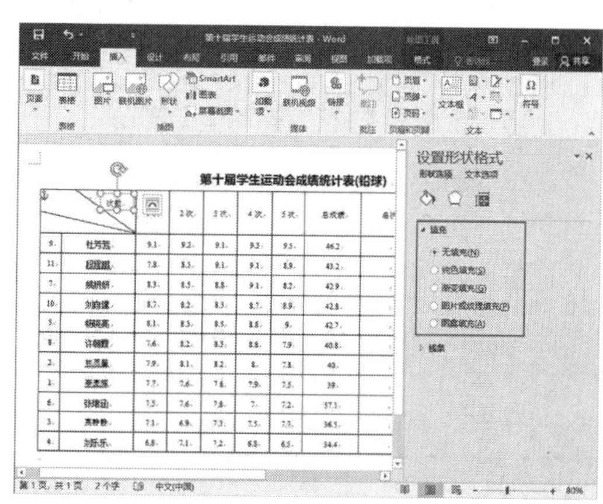

图 5-76　设置文本框无填充色

(5) 在图 5-75 右图所示的“设置形状格式”窗格中展开“线条”卷展栏，然后选中“无线条”单按钮，设置文本框没有线条颜色，如图 5-77 所示。

(6) 使用同样的方法，在表格中插入更多的文本框，并在其中输入文本，完成后“第十届学生运动会成绩统计表”文档的效果如图 5-78 所示。

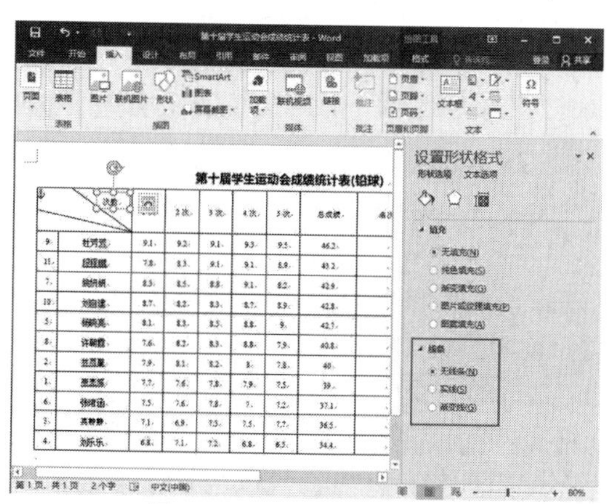

图 5-77　设置文本框无线条

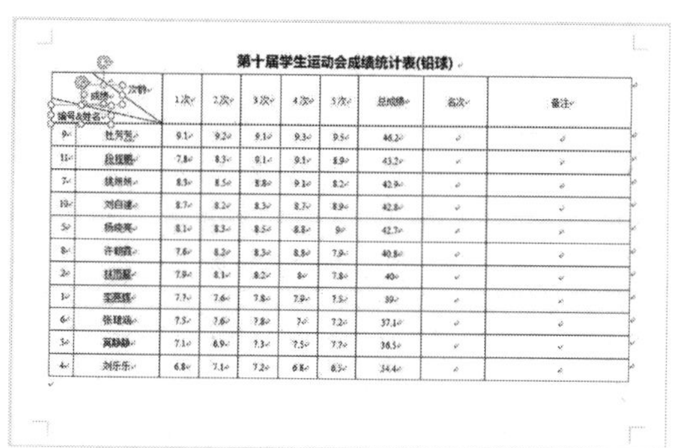

图 5-78　文本框在文档中的应用效果

2. 使用竖排文本框

用户除了可以在文档中插入横排文本框以外，还可以根据需要使用竖排样式的文本框，以实现特殊的版式效果，具体步骤如下。

(1) 选择“插入”选项卡，单击“文本”命令组中的“文本框”下拉按钮，在展开的库中选择“绘制竖排文本框”选项。

(2) 在文档中的目标位置处按住鼠标左键不放并拖动，拖至目标位置处释放鼠标，绘制一个竖排文本框。

5.3.5 计算运动会竞赛总成绩

对于表格中的数据，常常需要对它们进行计算与排序，如果是简单的求和、取平均值、最大值以及最小值等计算，可以直接使用 Word 2016 提供的计算公式来完成。下面将以计算“第十届学生运动会成绩统计表”文档中运动会竞赛总成绩为例，介绍公式的应用。

1. Word 表格数据计算的基础知识

在 Word 表格中使用公式和函数计算数据时，大多需要引用单元格名称。表格中单元格的命名和 Excel 单元格的命名方式相同，都是由单元格所在的行和列的序号组合而成(列号在前，行号在后)。其中列号用字母顺序 a、b、c、d、…表示(大小写都可以)，行号则用阿拉伯数字 1、2、3、4、…表示。例如第 1 列中第 1 行(即表格左上角的单元格)的单元格命名为 A1，如表 5-3 所示。

表 5-3 Word 表格中各个单元格的命名

A1	B1	C1	D1	E1	…
A2	B2	C2	D2	E2	…
A3	B3	C3	D3	E3	…
A4	B4	C4	D4	E4	…
A5	B5	C5	D5	E5	…
…	…	…	…	…	…

单元格名称除了用于指定单个单元格外，还可以用于表示表格区域，用冒号“:”将表格区域中首个单元格的名称和最后一个单元格的名称连起来即可(分号必须使用半角输入)。例如同一列中 C2、C3、C4 三个单元格组成的区域，用 C2:C4 表示，同一行中 B2、C2、D2、E2 四个单元格组成的区域，用 B2:E2 表示，相邻的几个单元格如 D2、E2、F2、D3、E3、F3、D4、E4 和 F4 组成的区域，用 D2:F4 表示。

在计算某个单元格上方所有单元格的数据时，除了引用单元格名称以外，用户还可以用 above、below、right、left 来表示，其中 above 表示同一列中当前单元格上面的所有单元格；below 表示同一列中当前单元格下面的所有单元格；right 表示同一行中当前单元格右边的所有单元格；left 表示同一行中当前单元格左边的所有单元格。例如计算 C1、C2、C3、C4 四个单元格内的数据之和，计算机结构保存在 C5 单元格中，在引用计算目标时，可以用 C1:C4 表示。也可以直接用 above 表示。

计算 Word 表格中的数据时，公式的输入方式和 Excel 相同，可以用“=函数名称(数据引用范围)”表示(方括号不算)，也可以在“=”后面直接加数学公式。例如计算 B3、C3、D3、E3 这四个单元格的平均值，结果保存在单元格 F3 中，可以用公式“=AVERAGE(B3:E3)”来实现，也可以用公式“=(B3+C3+D3+E3)/3”来实现。

2. Word 表格求和

计算 Word 表格中若干单元格内的数据之和，可以用函数 SUM 来实现。例如要在图 5-77 所示的表格中计算总成绩，可以按下列方法操作。

【例 5-25】在“第十届学生运动会成绩统计表”文档中计算运动会竞赛总成绩。

(1) 将鼠标指针定位在 H2 单元格中，选择“布局”选项卡，在“数据”命令组中单击“公式”按钮，如图 5-79 左图所示。

(2) 打开“公式”对话框，在“公式”文本框中输入等号“=”，然后在“粘贴函数”下拉列表中选择 SUM 选项，在“公式”文本框中将出现函数 SUM()，在括号中输入计算对象的单元格区域 C2:G2，在“编号格式”下拉列表中选择计算结果的格式(本例选择“0”)，然后单击“确定”按钮，如图 5-79 右图所示。

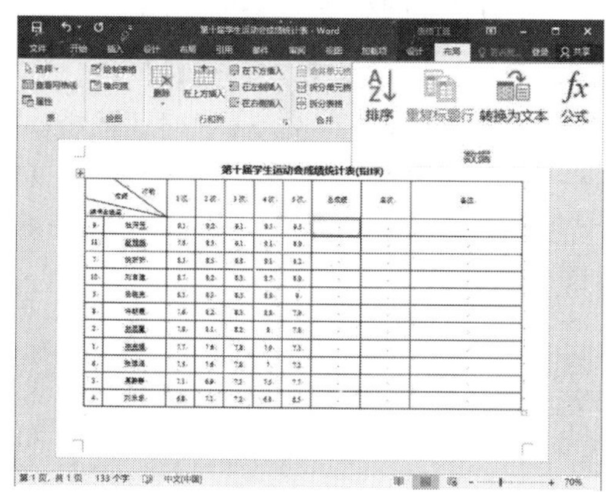

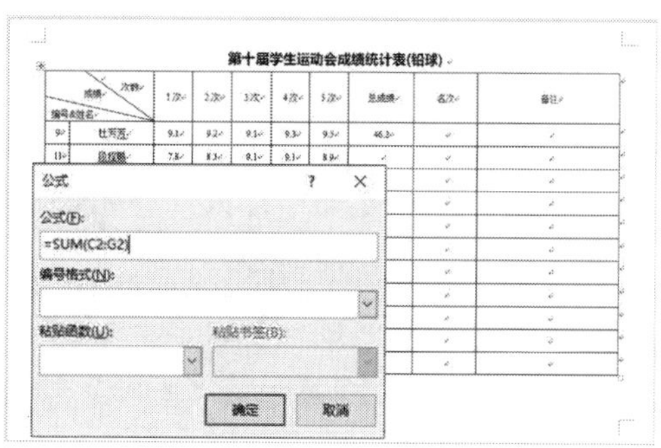

图 5-79　计算竞赛总成绩

(3) 使用同样的方法，在表格中计算每位参赛者的总成绩。

5.3.6　按总成绩高低排序表格

Word 2016 提供表格排序功能，可以对表格中指定单元格区域按照字母顺序或者数字大小排序，例如在图 5-79 所示的表格中，可以按“总成绩”从高到低排序。

【例 5-26】在“第十届学生运动会成绩统计表”文档中按竞赛总成绩排序表格。

(1) 继续【例 5-25】的操作，选中要排序的单元格区域，选择“布局”选项卡，在“数据”命令组中单击“排序”按钮，如图 5-80 左图所示。

(2) 打开“排序”对话框，选中“主要关键字”选项区域中的“降序”单选按钮，然后单击“确定”按钮，如图 5-80 右图所示。

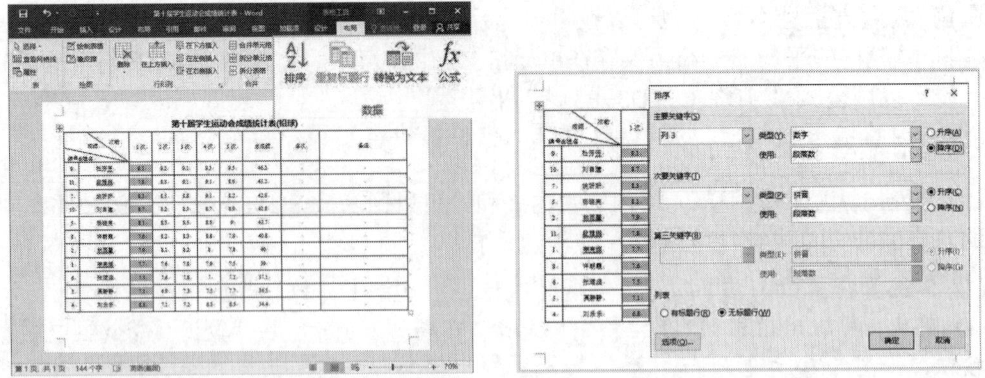

图 5-80　排序表格数据

5.3.7　设置表格与文本转换

在 Word 中，用户可将文本转换为表格，也可以将制作好的表格转换为文本。

1. 将文本转换为表格

在 Word 中，选中文档中需要转化为表格的文本，选择“插入”选项卡，单击“表格”命令组中的“表格”下拉按钮，在弹出的菜单中选择“文本转换成表格”命令，打开“将文字转换成表格”对话框，根据文本的特点设置合适的选项参数，单击“确定”按钮，如图 5-81 左图所示。此时，将在文档中插入一个如图 5-81 右图所示的表格。

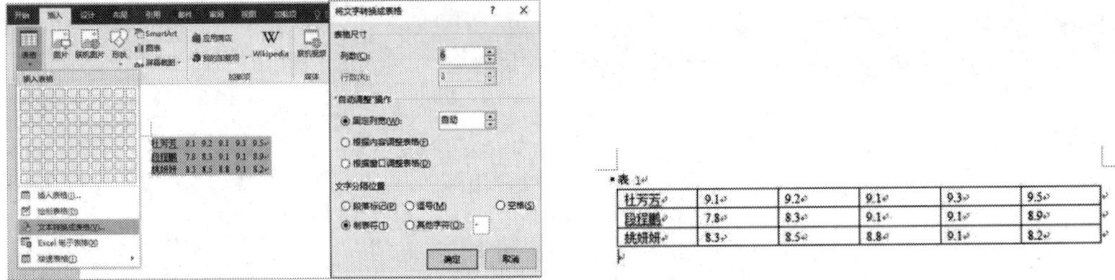

图 5-81　将文本转换为表格

2. 将表格转换为文本

若要将表格转换为文本，可以在选中表格后，单击“布局”选项卡“数据”组中的“转换为文本”按钮，打开“表格转换成文本”对话框。选择一种文字分隔符后，单击“确定”按钮即可，如图 5-82 所示。

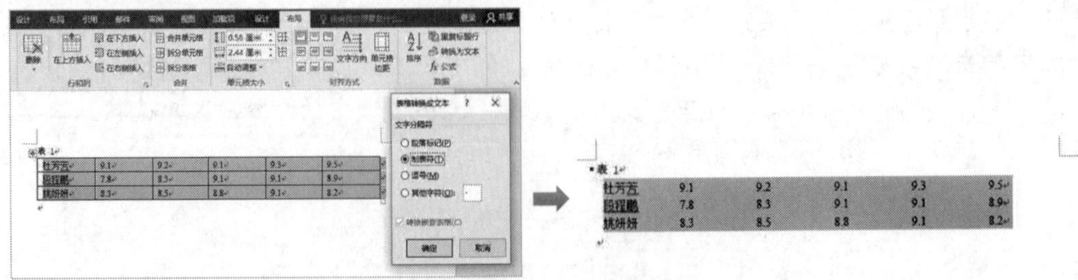

图 5-82　将表格转换为文本

5.4 制作“第十届学生运动会专题”文档

Word 软件最强的功能在于其对电子文档的排版与美化，在文档中适当地插入一些图形、图片、艺术字、文本框等对象，并设置合理的版式，不仅会使文章、报告显得生动有趣，还能帮助用户理解文章内容。本章将通过制作“第十届学生运动会专题”文档，讲解使用 Word 2016 排版与优化图文混排文档的方法。

5.4.1 设置封面

为了美化 Word 文档，经常会需要制作一些精美的封面，一般情况下制作封面需要用户有一定的平面设计能力。但在 Word 2016 中，软件预设了多种封面样式，用户即便没有设计能力，也可以制作出满意的封面。

【例 5-27】 创建“第十届学生运动会专题”文档并在其中插入封面。

(1) 按下 Ctrl+N 组合键创建一个空白文档，然后按下 F12 键打开“另存为”对话框，将文档保存为“第十届学生运动会专题”。

(2) 选择“布局”选项卡，单击“页面设置”组中的对话框启动器按钮，打开“页面设置”对话框，在“页边距”选项卡中将“上”“下”“左”“右”都设置为 0，然后单击“确定”按钮。

(3) 选择“插入”选项卡，在“页面”组中单击“封面”下拉按钮，从弹出的菜单中选择一种封面类型，如图 5-83 左图所示。

(4) 此时，在文档中生成了 Word 预定义的边线型风格封面。将鼠标指针置于封面预定义的标题、副标题、日期等文本框中输入相应的文本，如图 5-83 右图所示。

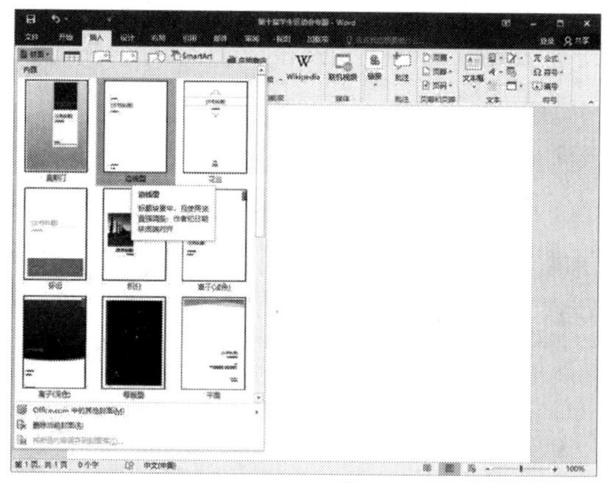

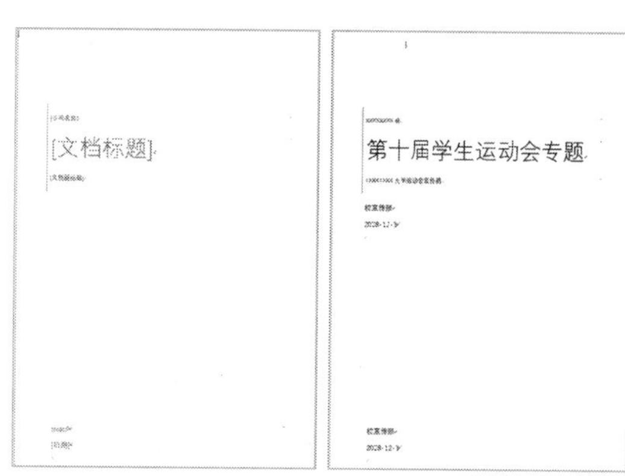

图 5-83　在文档中插入预定义封面并输入封面文本

5.4.2 设置页面背景

文档的背景包括页面颜色和水印效果。为文档设置页面颜色时，可以使用纯色背景以及渐变、纹理、图案、图片等填充效果；为文档添加水印效果时可以使用文字或图片。

1. 设置页面颜色

为 Word 文档设置页面颜色，可以使文档变得更加美观。

【例 5-28】在“第十届学生运动会专题”文档中设置页面背景颜色。

(1) 继续【例 5-27】的操作，选择“设计”选项卡，在“页面背景”选项组中单击“页面颜色”下拉按钮，在展开的库中选择一种颜色，如图 5-84 左图所示。

(2) 此时，文档页面将应用所选择的颜色作为背景进行填充。

(3) 再次单击“页面颜色”下拉按钮，在展开的库中选择“填充效果”选项。

(4) 在打开的“填充效果”对话框中选择“渐变”选项卡，选中“双色”单选按钮，设置“颜色 1”和“颜色 2”的颜色，在“变形”选项区域中选择变形的样式，如图 5-84 中图所示。

(5) 单击“确定”按钮，即可为页面应用设置渐变效果，如图 5-84 右图所示。

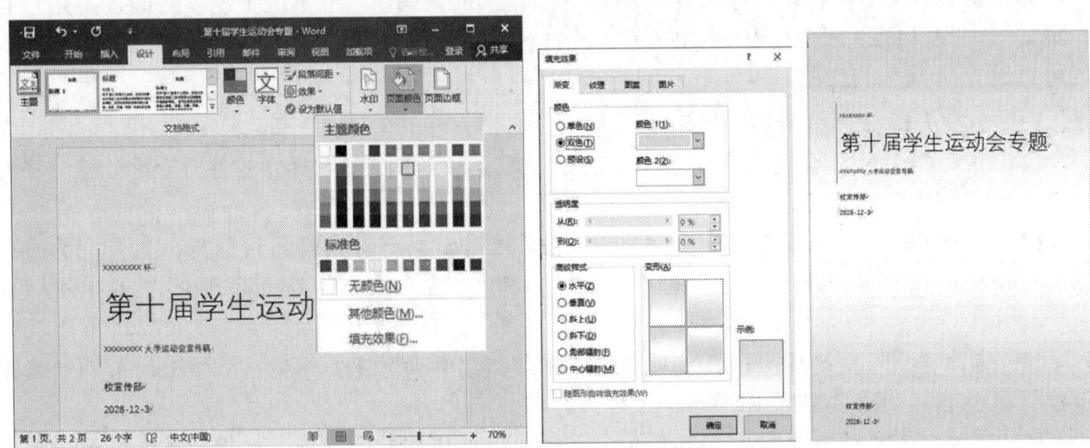

图 5-84 为文档设置双色渐变背景

在“渐变填充”对话框中，如果需要设置纹理填充效果，可以选择“纹理”选项卡，选择需要的纹理效果。设置图案、图片填充效果的方法与此类似，分别选择相应的选项卡进行设置即可。

2. 设置水印效果

水印是出现在文本下方的文字或图片。如果用户使用图片水印，可以对其进行淡化或冲蚀设置以免图片影响文档中文本的显示。如果用户使用文本水印，则可以从内置短语中选择需要的文字，也可以输入所需的文本。下面将介绍设置水印效果的具体操作步骤。

(1) 选择“设计”选项卡，在“页面背景”命令组中单击“水印”下拉按钮，在展开的库中选择“自定义水印”选项，如图 5-85 左图所示。

(2) 打开“水印”对话框，选择“图片水印”单选按钮，然后单击“选择图片”按钮。

(3) 打开“插入图片”对话框，选择一个图片文件后，单击“插入”按钮。

(4) 返回“水印”对话框，选中“冲蚀”复选框，然后单击“应用”按钮，如图 5-85 中图所示，即可为文档设置如图 5-85 右图所示的水印效果。

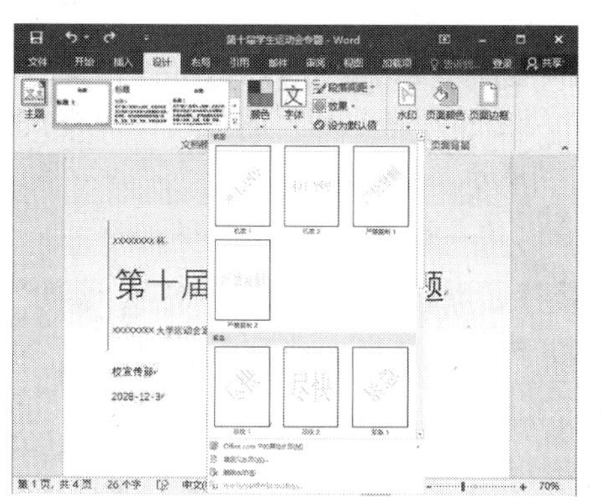

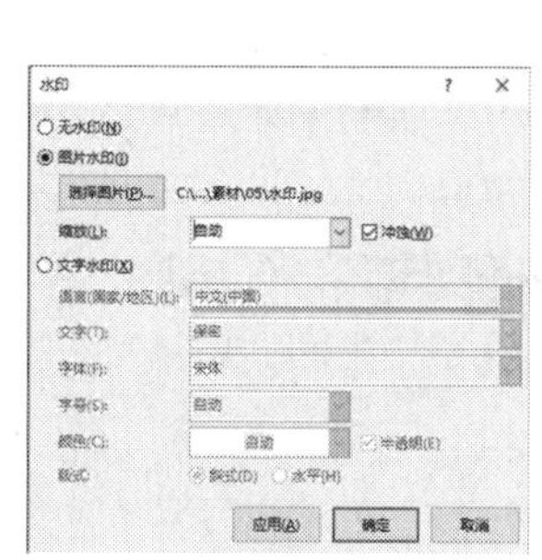

图 5-85　为文档设置水印

5.4.3　使用图片

图片是日常文档中的重要元素。在制作文档时，常常需要插入相应的图片文件来具体说明一些相关的内容信息。一般情况下，用户在文档中插入图片后，通常还需要对图片的大小、效果和位置进行设置。

1. 在文档中插入图片

在 Word 2016 中用户可以在文档中插入电脑中保存的图片，也可以插入屏幕截图。

1) 插入文件中的图片

用户可以直接将保存在计算机中的图片插入 Word 文档中，也可以利用扫描仪或者其他图形软件插入图片到 Word 文档中。

【例 5-29】 在“第十届学生运动会专题”文档中插入图片。

(1) 继续【例 5-28】的操作，选择“插入”选项卡，在“插图”组中单击“图片”按钮，打开“插入图片”对话框，如图 5-86 左图所示。

(2) 在“插入图片”对话框中选择一个图片文件后，单击“插入”按钮，即可将图片插入文档中，如图 5-86 右图所示。

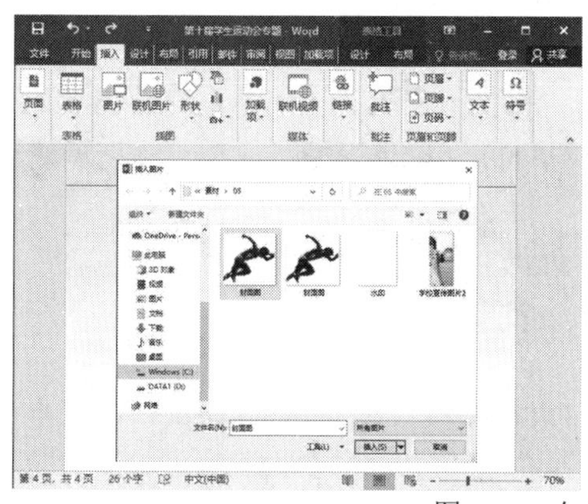

图 5-86　在文档中插入图片

2) 插入屏幕截图

用户如果需要在 Word 文档中使用当前页面中的某个图片或者图片的一部分，则可以利用

Word 的“屏幕截图”功能来实现。

屏幕视图指的是当前打开的窗口，用户可以快速捕捉打开的窗口并插入到文档中。

(1) 选择屏幕窗口，在“插入”选项卡的“插图”命令组中单击“屏幕截图”下拉按钮，在展开的库中选择当前打开的窗口缩略图如图 5-87 左图所示。

(2) 此时，将在文档中插入如图 5-87 右图所示的窗口屏幕截图。

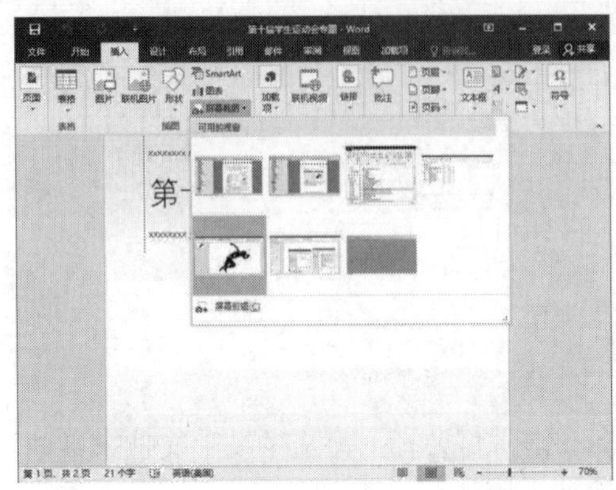

图 5-87　在文档中插入屏幕视图

如果用户正在浏览某个页面，则可以将页面中的部分内容以图片的形式插入 Word 文档中。此时需要使用自定义屏幕截图功能来截取所需图片。

在“插入”选项卡的“插图”命令组中单击“屏幕截图”下拉按钮，在展开的库中选择“屏幕剪辑”选项，然后在需要截取图片的开始位置按住鼠标左键拖动，拖至合适位置释放鼠标。此时，即可在文档中插入指定范围的屏幕截图。

2. 编辑图片

在文档中插入图片后，经常还需要对图片进行设置才能达到用户的需求，比如调整图片的大小、位置以及图片的文字环绕方式和图片样式等。

1) 调整图片的大小

下面将介绍调整图片大小的方法。

【例 5-30】在“第十届学生运动会专题”文档中调整图片的大小。

(1) 继续【例 5-29】的操作，选中文档中插入的图片，将指针移动至图片右下角的控制柄上，当指针变成双向箭头形状时按住鼠标左键拖动，如图 5-88 左图所示。

(2) 当图片大小变化为合适的大小后，释放鼠标即可，如图 5-88 右图所示。

图 5-88　调整图片的大小

2) 调整图片的位置

在默认情况下，在文档中插入图片是以嵌入的方式显示的，用户可以通过设置环绕文字来改变图片在文档中的位置。

【例 5-31】在“第十届学生运动会专题”文档中调整图片的环绕方式和位置。

(1) 继续【例 5-30】的操作，选中文档中的图片，在“格式”选项卡的“排列”组中单击

“位置”下拉按钮，在弹出的菜单中选择“中间居中”选项，可以设置图片浮于文档的中间位置，并通过拖动更改图片在文档的位置，如图 5-89 所示。

(2) 将鼠标指针放置在图片上方，当指针变为十字箭头时按住鼠标左键拖动，调整图片在文档中的位置，如图 5-90 所示。

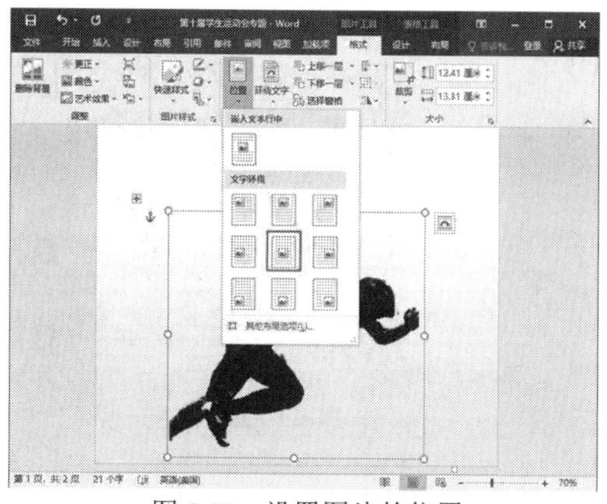

图 5-89　设置图片的位置

图 5-90　拖动鼠标调整图片位置

3) 裁剪图片

如果只需要插入图片中的某一部分，可以对图片进行裁剪，将不需要的图片部分裁掉，具体操作步骤如下。

(1) 选择文档中需要裁剪的图片，在“格式”选项卡的“大小”命令组中单击“裁剪”下拉按钮，在弹出的菜单中选择“裁剪”命令。

(2) 调整图片边缘出现的裁剪控制手柄，拖动需要裁剪边缘的手柄，如图 5-91 左图所示。

(3) 按下回车键，即可裁剪图片，并显示裁剪后的图片效果，如图 5-91 右图所示。

图 5-91　裁剪图片

4) 应用图片样式

Word 2016 提供了多种图片样式，用户可以选择图片样式快速对图片进行设置，具体方法是：选择图片，在“格式”选项卡的“图片样式”命令组中单击“其他”按钮，在弹出的下拉列表中选择一种图片样式即可。

3. 调整图片

在 Word 2016 中，用户可以快速地设置文档中图片的效果，例如删除图片背景、更正图片亮度和对比度、重新设置图片颜色等。

1) 删除图片背景

如果不要图片的背景部分，可以使用 Word 2016 删除图片的背景，具体操作步骤如下。

(1) 选中文档中插入的图片，在“格式”选项卡的“调整”命令组中单击“删除背景”按钮。在图片中显示保留区域控制柄，拖动手柄调整需要保留的区域。

(2) 在“优化”命令组中单击“标记要删除的区域”按钮，在图片中单击鼠标标记删除的区域，如图 5-92 所示。

(3) 按下 Enter 键或者单击“保留更改”按钮，即可得到删除背景后的图片。

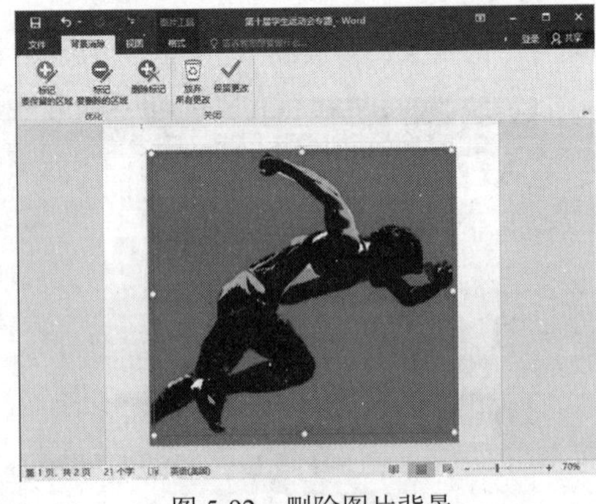

图 5-92　删除图片背景

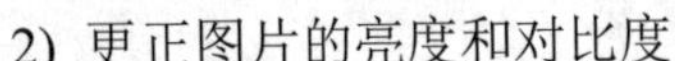

2) 更正图片的亮度和对比度

Word 2016 为用户提供了设置亮度和对比度功能，用户可以通过预览到的图片效果来进行选择，快速得到所需的图片效果，具体操作方法是：选中文档中的图片后，在“格式”选项卡的“调整”命令组中单击“更正”下拉按钮，在弹出的菜单中选择需要的效果即可，如图 5-93 左图所示。

3) 重新设置图片颜色

如果用户对图片的颜色不满意，可以对图片颜色进行调整。在 Word 2016 中，可以快速得到不同的图片颜色效果，具体操作方法是：选择文档中的图片，在“格式”选项卡的“调整”命令组中单击“颜色”下拉按钮，在展开的库中选择需要的图片颜色即可，如图 5-93 中图所示。

4) 为图片应用艺术效果

Word 2016 提供多种图片艺术效果，用户可以直接选择所需的艺术效果对图片进行调整，具体操作方法是：选中文档中的图片，在“格式”选项卡的“调整”命令组中单击“艺术效果”下拉按钮，在展开的库中选择一种艺术字效果即可，如图 5-93 右图所示。

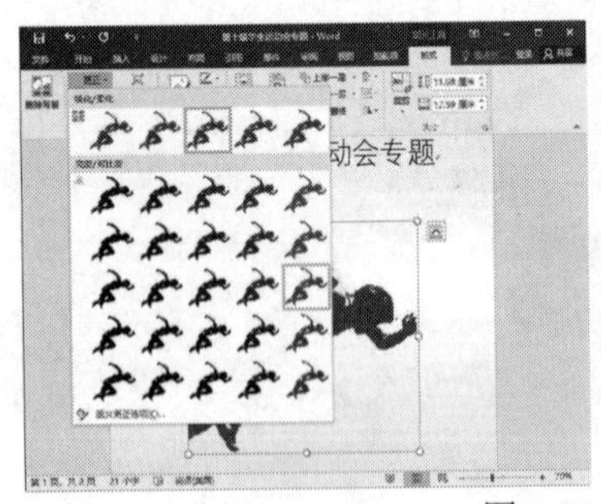

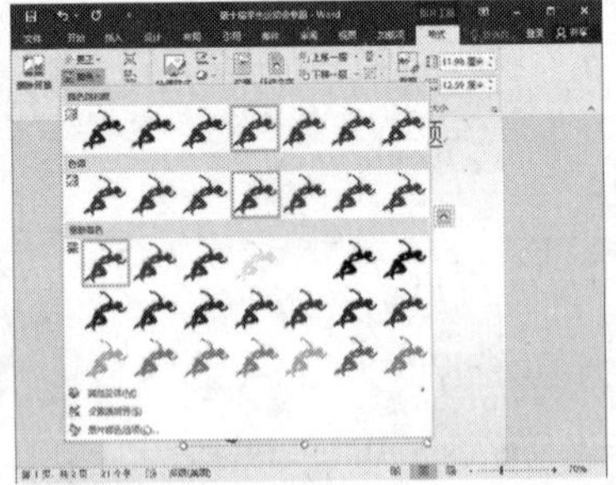

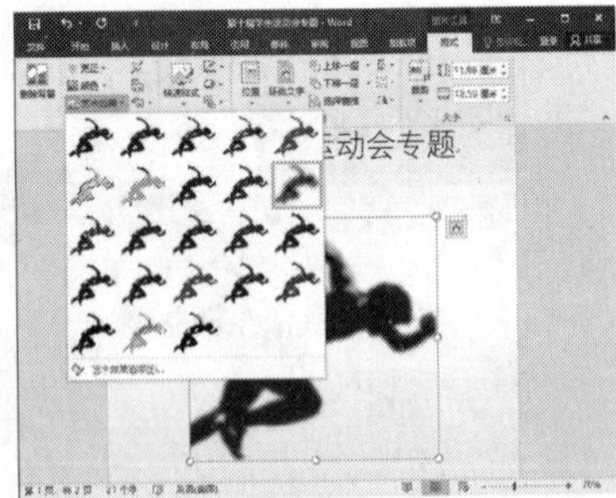

图 5-93　调整图片的亮度、对比度、颜色和艺术效果

5.4.4　使用艺术字

在 Word 文档中灵活地应用艺术字功能，可以为文档添加生动且具有特殊视觉效果的文字。由于在文档中插入艺术字会被作为图形对象处理，因此在添加艺术字时，需要对艺术字样式、位置、大小进行设置。

1. 插入艺术字

插入艺术字的方法有两种，一种是先输入文本，再将输入的文本应用为艺术字样式，另一种是先选择艺术字的样式，然后在 Word 软件提供的文本占位符中输入需要的艺术字文本。

【例 5-32】在“第十届学生运动会专题”文档中将标题文本替换为艺术字。

(1) 继续【例 5-31】的操作，删除文档封面中的标题文本“第十届学生运动会专题”，然后在“插入”选项卡的“文本”工作组中单击“艺术字”下拉按钮，在展开的库中选择需要的艺术字样式。

(2) 此时，将在文档中插入一个所选的艺术字样式，在其中显示“请在此放置您的文字”，如图 5-94 左图所示。

(3) 删除艺术字样式中显示的文本，输入需要的艺术字内容“第十届学生运动会专题”，如图 5-94 右图所示。

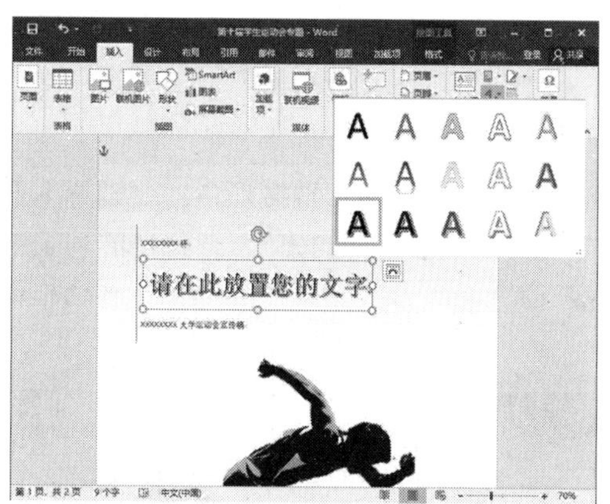

图 5-94　在文档中插入艺术字

2. 设置艺术字效果

艺术字是作为图形对象放置在文档中的，用户可以将其作为图片来处理，例如为艺术字设置一种特殊的效果等。

(1) 选择艺术字并选择“格式”选项卡，在“艺术字样式”命令组中单击 按钮，打开“设置文本效果格式”窗格。

(2) 在“设置文本效果格式”窗格框中，用户可以为艺术字选择一种效果(例如“映像”)，然后在对话框右侧的选项区域中设置效果的参数，如图 5-95 所示。

图 5-95　为艺术字应用“映像”效果

5.4.5　使用主题

主题是一套统一的元素和颜色设计方案，为文档提供一套完整的格式集合。利用主题，可以轻松地创建具有专业水准、设计精美的文档。在 Word 2016 中，除了使用内置主题样式外，还可以通过设置主题的颜色、字体或效果来自定义文档主题。

要快速设置主题，可以打开“设计”选项卡，在“主题”组中单击“主题”按钮，在弹出如图 5-96 所示的“内置”列表中选择适当的文档主题样式。

图 5-96　使用 Word 内置主题

1. 设置主题颜色

主题颜色包括 4 种文本和背景颜色、6 种强调文字颜色和 2 种超链接颜色。要设置主题颜色，可在打开的“设计”选项卡的“主题”组中，单击“颜色”下拉按钮，在弹出的列表中显示了多种颜色组合供用户选择，选择“自定义颜色”命令，打开“新建主题颜色”对话框，如图 5-97 所示。使用该对话框可以自定义主题颜色。

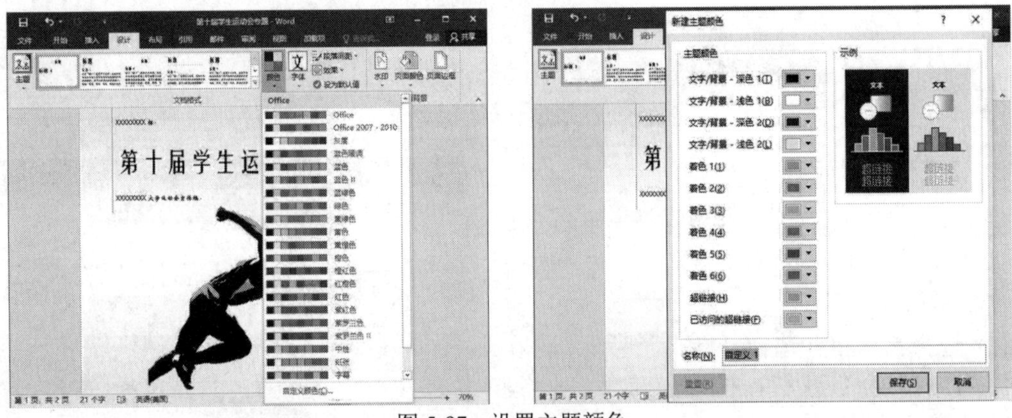

图 5-97　设置主题颜色

2. 设置主题字体

主题字体包括标题字体和正文字体。要设置主题字体，可在打开的“设计”选项卡的“主题”组中，单击“字体”下拉按钮，在弹出的内置列表中显示了多种主题字体供用户选择，选择“新建主题字体”命令，打开“自定义字体”对话框，如图 5-98 所示，使用该对话框可以自定义主题字体。

3. 设置主题效果

主题效果包括线条和填充效果。要设置主题效果，可以在打开的“设计”选项卡的“主题”组中单击“效果”下拉按钮，在弹出的下拉列表中显示了多种主题效果供用户选择。

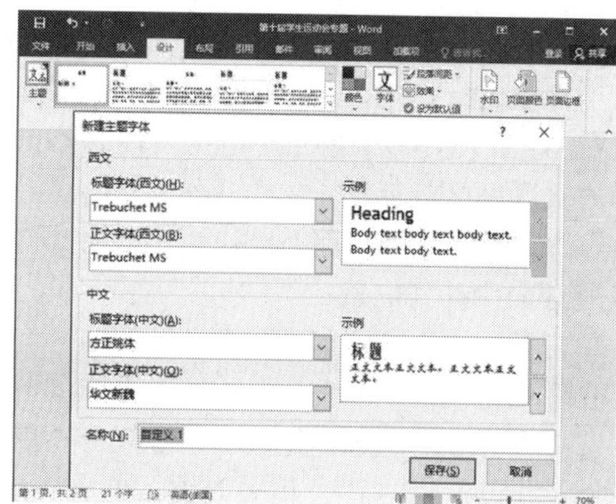

图 5-98　设置主题字体

5.4.6　设置分栏

分栏是指按实际排版需求将文本分成若干个条块，使版面更加简洁整齐。在阅读报刊杂志时，常常会有许多页面被分成多个栏目。这些栏目有的是等宽的，有的是不等宽的，从而使得整个页面布局显得错落有致，易于读者阅读。

Word 具有分栏功能，可以把每一栏都视为一节，这样就可以对每一栏文本内容单独进行格式化和版面设计。

【例 5-33】在“第十届学生运动会专题”文档中输入专题内容文本，并设置分栏版式。

(1) 打开“第十届学生运动会专题”，输入专题内容文本，并设置标题和内容格式。

(2) 选中需要分栏显示的文本，选择“布局”选项卡，在“页面设置”组中单击“分栏”下拉按钮，在弹出的菜单中选择“更多分栏”命令，打开“分栏”对话框，如图 5-99 左图所示。在其中可进行相关分栏设置，如栏数、宽度、间距和分割线等。

(3) 单击“确定”按钮，即可为内容设置分栏，效果如图 5-99 右图所示。

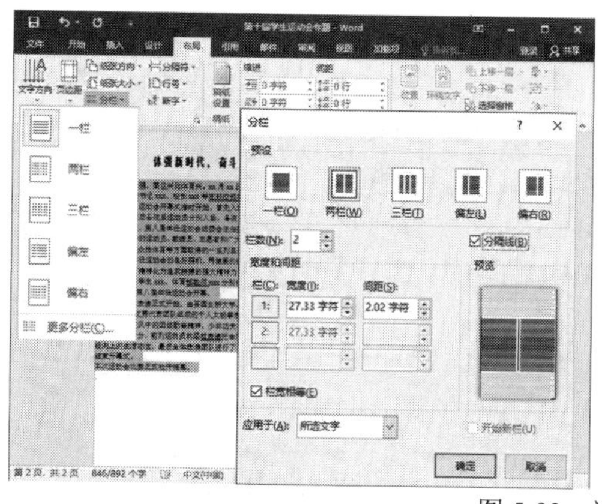

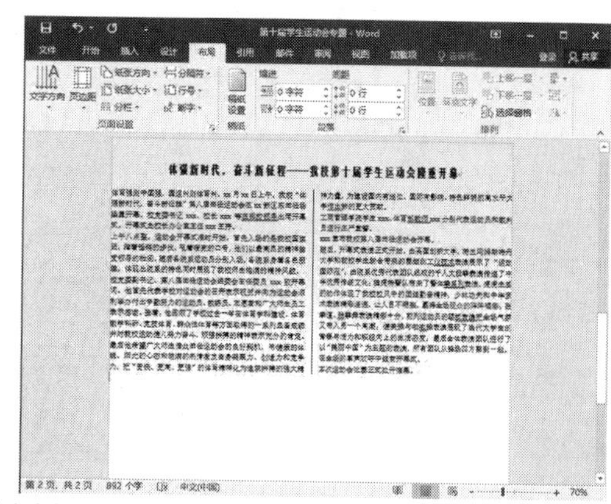

图 5-99　设置分栏文本

5.4.7　设置首字下沉

首字下沉是报纸杂志中较为常用的一种文本修饰方式，使用该方式可以很好地改善文档的外观，使文档更美观、更引人注目。设置首字下沉，就是使第一段开头的第一个字放大。放大的程度可以自行设定，占据两行或者三行的位置，而其他字符围绕在它的右下方。

在 Word 2016 中，首字下沉共有两种不同的方式，一种是普通的下沉，另一种是悬挂下沉。两种方式区别之处就在于：“下沉”方式设置的下沉字符紧靠其他文字，而“悬挂”方式设置的字符可以随意地移动其位置。

单击“插入”选项卡“文本”组中的“首字下沉”按钮，在弹出的菜单中选择默认的首字下沉样式。选择“首字下沉选项”命令，将打开“首字下沉”对话框，在其中进行相关设置，单击“确定”按钮即可，如图 5-100 所示。

图 5-100　设置首字下沉

5.4.8　设置图文混排

当用户为文档设置版式后(例如分栏版式)，在文档中插入图片，图片将根据版式自动调整自身的大小。此时，用户可以通过设置图片的“环绕方式”，调整图片与文字之间的关系，实现图文混排。

【例 5-34】在“第十届学生运动会专题”文档中插入图片，并设置图片的环绕方式。

(1) 打开“第十届学生运动会专题”文档，在文档中插入多张图片，然后选中其中的一张图片，右击，在弹出的菜单中选择“大小和位置”命令。

(2) 打开“布局”对话框，选择“文字环绕”选项卡，然后选中“四周型”单选按钮，并单击“确定”按钮，如图 5-101 左图所示。

(3) 此时，用户可以通过拖动图片，使图片与文字混排。调整图片的大小，文字在版式中显示的数量和位置都会发生变化，如图 5-101 右图所示。

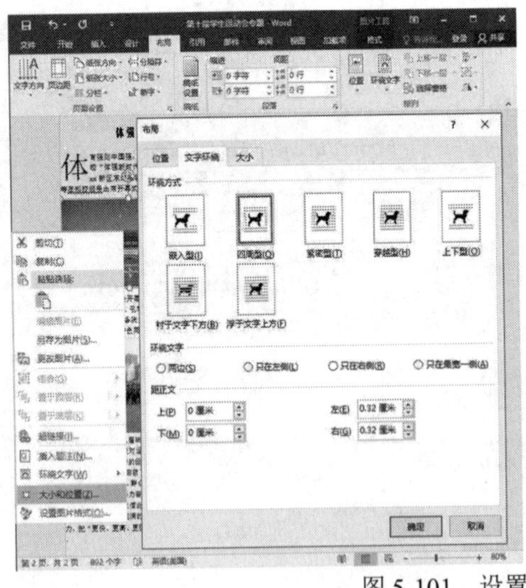

图 5-101　设置图片文字环绕效果

(4) 在“文字环绕”对话框的“环绕文字”选项区域中可以设置文字受图片影响自动换行

的规则，在“距正文”选项区域中则可以设置图片与文字之间相距的距离。

(5) 重复以上操作，为文档中其他图片设置文字环绕效果，并设置文本行距为 1.5 倍行距。

5.4.9　设置页眉页脚

页眉和页脚是文档中每个页面的顶部、底部和两侧页边距(即页面上打印区域之外的空白空间)中的区域。许多文稿特别是比较正式的文稿，都需要设置页眉和页脚。得体的页眉和页脚，会使文稿更为规范，也会给读者带来方便。

【例 5-35】在“第十届学生运动会专题”文档中设置页眉与页脚。

(1) 继续【例 5-34】的操作，选择“插入”选项卡，在“页眉和页脚”组中单击“页眉”按钮，在弹出的菜单中选择“编辑页眉”命令(如图 5-102 左图所示)，进入页眉和页脚编辑状态，自动打开“页眉和页脚工具”的“设计”选项卡，在“选项”组中选中“首页不同”复选框。

(2) 将插入点定位在页眉文本编辑区，在“首页页眉”和“页眉”区域分别设置不同的页眉文字(首页页眉本例不设置文字)，并设置文字字体、字号、颜色，以及对齐方式等属性，如图 5-102 右图所示。

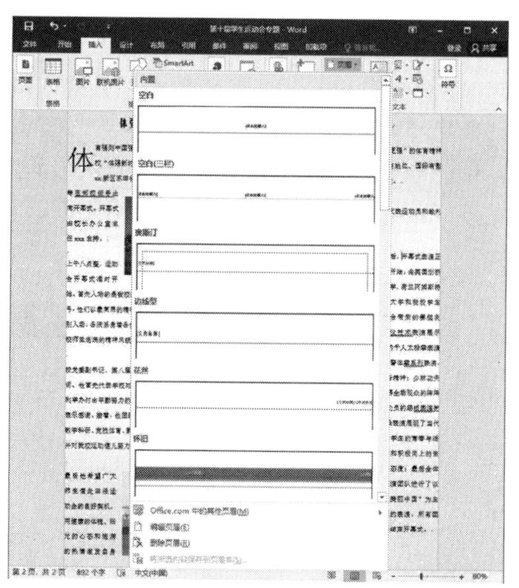

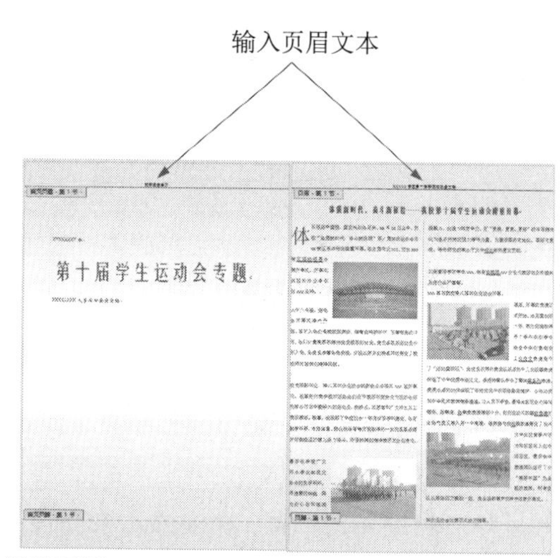

图 5-102　设置页眉

(3) 单击“设计”选项卡“导航”组中的“转至页脚”按钮切换至页脚部分，单击“页眉和页脚”组中的“页脚”下拉按钮，在弹出的菜单中选择“空白”选项，设置页面的格式，然后在“页脚”处输入页脚文本，如图 5-103 所示。

(4) 完成以上设置后，单击“设计”选项卡“关闭”组中的“关闭页眉和页脚”按钮。

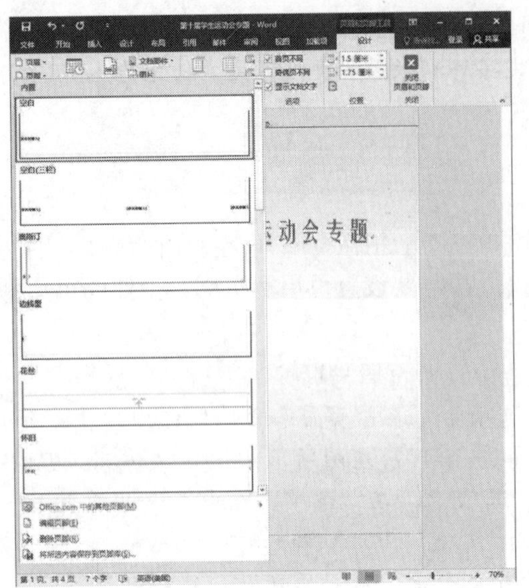

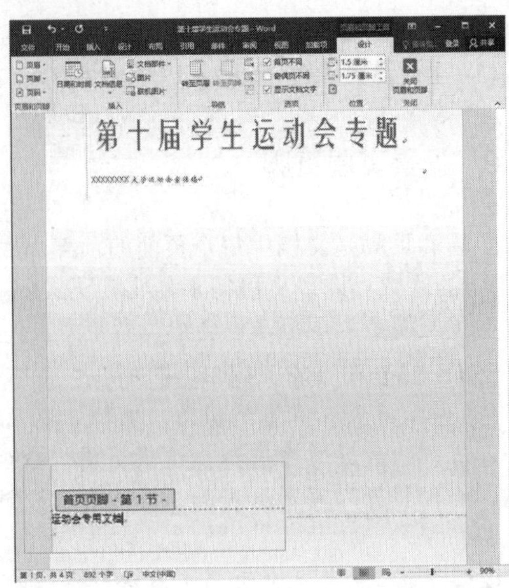

图 5-103　设置页脚

5.4.10　设置页码

要为文档插入页码，可以打开“插入”选项卡，在“页眉和页脚”组中单击“页码”按钮，在弹出的菜单中选择页码的位置和样式即可。

Word 中显示的动态页码的本质就是域，可以通过插入页码域的方式来直接插入页码，最简单的操作是将插入点定位在页眉或页脚区域中，按 Ctrl+F9 快捷键，输入“PAGE”，然后按 F9 键即可。

5.4.11　使用分页符和分节符

使用正常模板编辑一个文档时，Word 2016 将整个文档作为一个大章节来处理，但在一些特殊情况下，例如要求前后两页、一页中两部分之间有特殊格式时，操作起来相当不便，此时可在其中插入分页符或分节符。

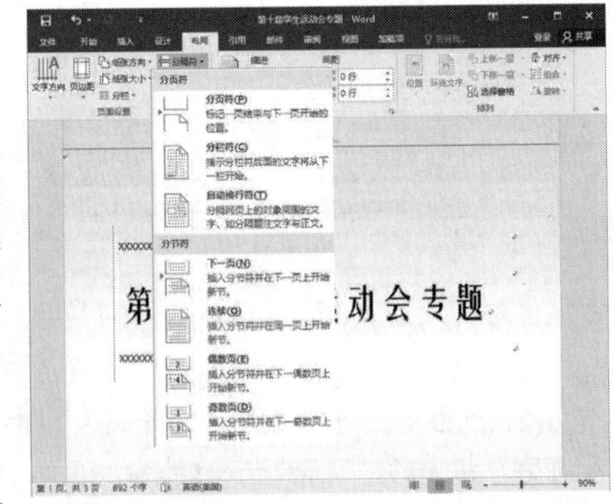

图 5-104　“分隔符”菜单

1. 插入分页符

分页符是分隔相邻页之间文档内容的符号，用来标记一页终止并开始下一页的点。在 Word 2016 中，可以很方便地插入分页符。

要插入分页符，可打开“布局”选项卡，在“页面设置”组中单击“分隔符”按钮，在弹出的“分页符”菜单选项中选择相应的命令即可，如图 5-104 所示。

2. 插入分节符

如果把一个较长的文档分成几节，就可以单独设置每节的格式和版式，从而使文档的排版和编辑更加灵活。

要插入分节符，可打开“布局”选项卡，在“页面设置”组中单击“分隔符”按钮，在弹出的“分节符”菜单选项中选择相应的命令即可，如图 5-104 所示。

3. 删除分页符和分节符

如果要删除分页符和分节符，只需将插入点定位在分页符或分节符之前(或者选中分页符或分节符)，然后按 Delete 键即可。

5.4.12　创建文档目录

目录与一篇文章的纲要类似，通过它可以了解全文的结构和整个文档所要讨论的内容。在 Word 中，可以为一个编辑和排版完成的长文档制作出美观的目录。

1. 插入目录

Word 2016 有自动提取目录的功能，用户可以很方便地为文档创建目录。

【例 5-36】在“第十届学生运动会专题”文档中创建目录。

(1) 继续【例 5-35】的操作，在“第十届学生运动会专题”文档中设置更多内容(内容自定)，并为内容设置标题，如图 5-105 所示。

(2) 将鼠标指针插入第 1 页内容页的标题之前，选择“插入”选项卡，单击“页面”组中的“空白页”按钮，在文档的封面和第 1 页内容之间插入一个空白页，并在其中输入文本“目录”，如图 5-106 所示。

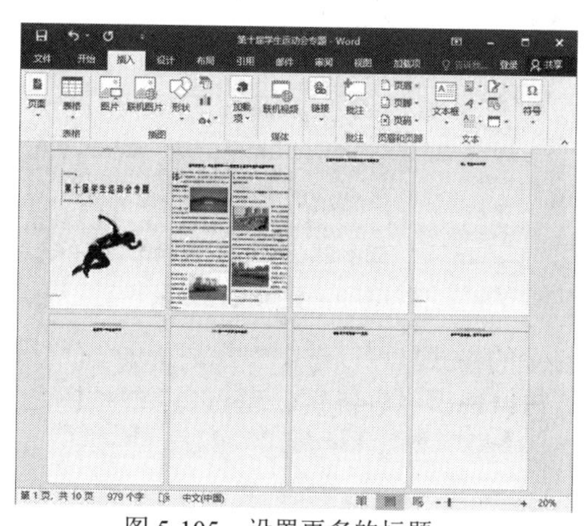

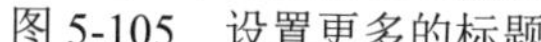

图 5-105　设置更多的标题

图 5-106　插入空白页

(3) 按下 Enter 键换行。打开“引用”选项卡，在“目录”组中单击“目录”按钮，在弹出的菜单中选择“自定义目录”命令，如图 5-107 左图所示。

(4) 打开“目录”对话框的“目录”选项卡，在“显示级别”微调框中输入 1，单击“确定”按钮，如图 5-107 右图所示。

(5) 此时，即可在页面中插入目录，调整目录的文字大小以及段落对齐方式后，在文档中设置效果如图 5-108 所示的目录。

在长文档中插入目录后，只需按 Ctrl 键，再单击目录中的某个页码，就可以将插入点快速跳转到该页的标题处。

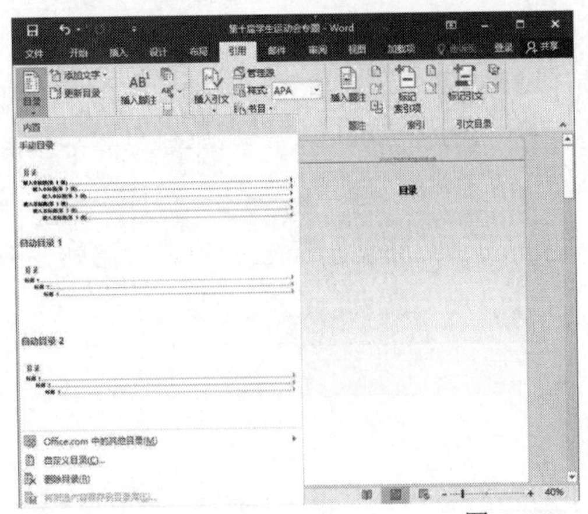

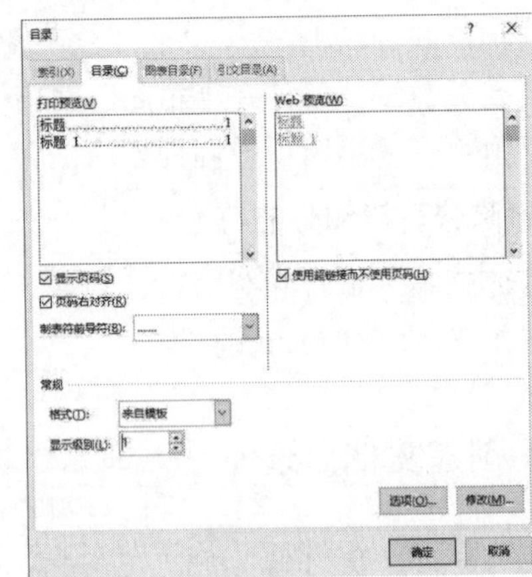

图 5-107 设置插入目录

2. 更新目录

当创建了一个目录后，如果对正文文档中的内容进行编辑修改了，那么标题和页码都有可能发生变化，与原始目录中的页码不一致，此时就需要更新目录，以保证目录中页码的正确性。

要更新目录，可以先选择整个目录，然后在目录任意处右击，在弹出的快捷菜单中选择“更新域”命令，打开“更新目录”对话框，在其中进行设置，如图 5-109 所示。

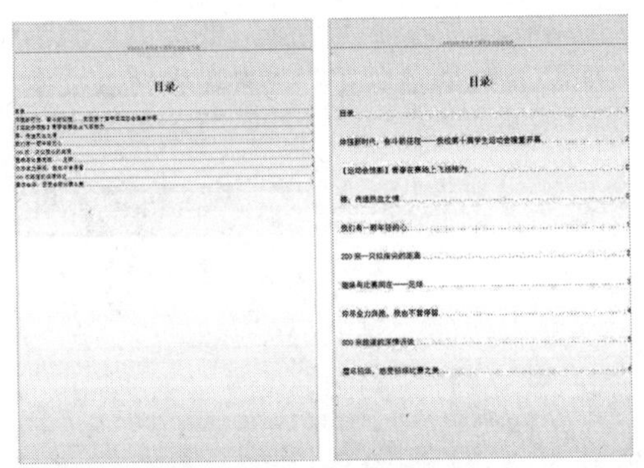

图 5-108 提取文档目录

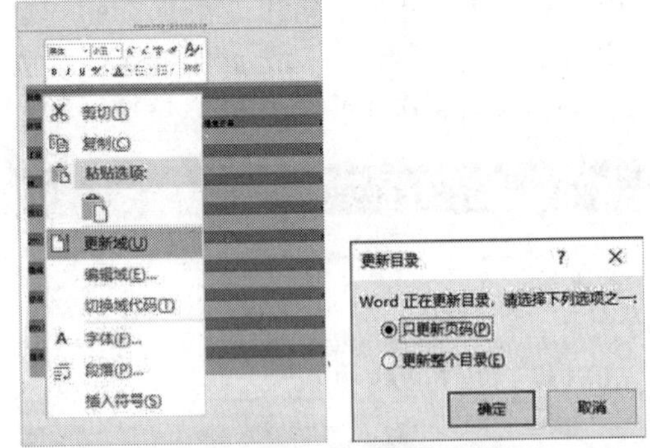

图 5-109 更新文档目录

如果只更新页码，而不想更新已直接应用于目录的格式，可以选中“只更新页码”单选按钮；如果在创建目录以后，对文档作了具体修改，可以选中“更新整个目录”单选按钮，将更新整个目录。

5.5 使用“邮件合并”功能

邮件合并是 Word 的一项高级功能，能够在任何需要大量制作模板化文档的场合中大显身手。用户可以借助 Word 的邮件合并功能来批量处理电子邮件，如通知书、邀请函、明信片、准考证、成绩单、毕业证书等，从而提高办公效率。邮件合并是将作为邮件发送的文档与由收信人信息组成的数据源合并在一起，作为完整的邮件。

完整使用“邮件合并”功能通常需要以下 3 个步骤，即创建主文档，选择数据源，“邮件合并”生成新文档。其中，数据源可以是 Excel 工作表、Word 表格，也可以是其他类型的文件。

5.5.1　创建主文档

要合并的邮件由两部分组成，一是在合并过程中保持不变的主文档；另一是包含多种信息(如姓名、单位等)的数据源。因此，进行邮件合并时，首先应该创建主文档。创建主文档的方法有两种，一种是新建一个文档作为主文档，另一种是将已有的文档转换为主文档。

- 新建一个文档作为主文档：新建一篇 Word 文档，打开“邮件”选项卡，在“开始邮件合并”组中单击“开始邮件合并”按钮，在弹出的快捷菜单中选择文档类型，如“信函”“电子邮件”“信封”“标签”和“目录”等，就可创建一个主文档。
- 将已有的文档转换成主文档：打开一篇已有的文档，打开“邮件”选项卡。在“开始邮件合并”组中单击“开始邮件合并”按钮，在弹出的快捷菜单中选择“邮件合并分步向导”命令，打开“邮件合并”任务窗格。在其中进行相应的设置，就可以将该文档转换为主文档。

【例 5-37】打开“第十届学生运动会专题”文档，将其转换为信函类型的主文档。

(1) 打开“第十届学生运动会专题”文档，打开“邮件”选项卡，在“开始邮件合并”组中单击“开始邮件合并”按钮，在弹出的菜单中选择“邮件合并分步向导”命令，如图 5-110 所示。

(2) 打开“邮件合并”窗格选中“信函”单选按钮，单击“下一步：开始文档”选项，如图 5-111 左图所示。

(3) 打开“邮件合并”任务窗格，选中“使用当前文档”单选按钮，如图 5-111 右图所示。

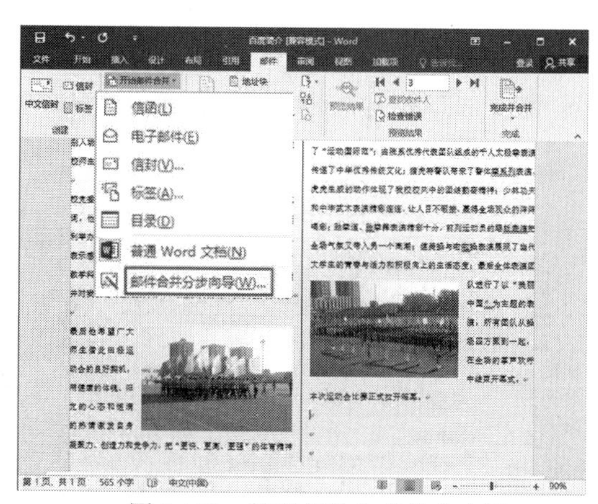

图 5-110　使用邮件合并分布向导

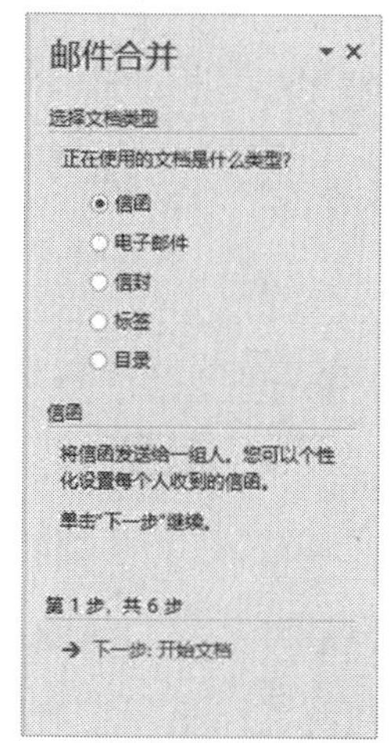

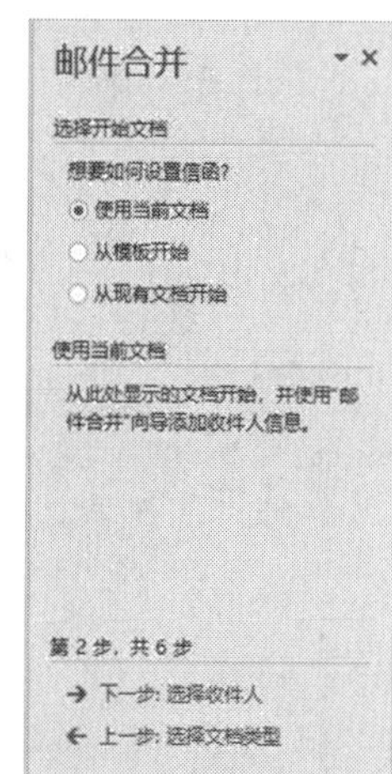

图 5-111　设置文档类型和开始文档

使用“邮件合并”功能做到这一步骤时可以先暂停，学习下面的章节内容时，将会在该例题的基础上进行补充。

5.5.2　选择数据源

数据源是指要合并到文档中的信息文件，如要在邮件合并中使用的名称和地址列表等。主文档必须连接到数据源，才能使用数据源中的信息。在邮件合并过程中所使用的“地址列表”是一个专门用于邮件合并的数据源。

【例 5-38】创建一个名为“地址簿”的数据源，并输入信息。

(1) 继续【例 5-37】的操作，单击图 5-111 右图中的“下一步：选择收件人”选项，打开如图 5-112 所示的任务窗格，选中“键入新列表”单选按钮，在“键入新列表”选项区域中单击“创建”选项。

(2) 打开“新建地址列表”对话框，在相应的域文本框中输入有关信息，如图 5-113 所示。

图 5-112　设置收件人

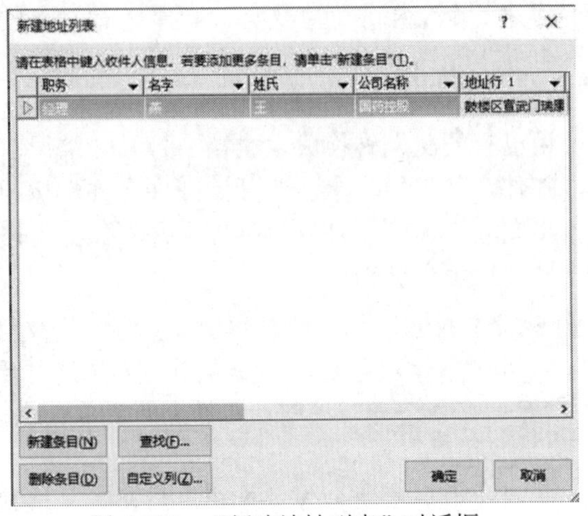

图 5-113　“新建地址列表”对话框

(3) 单击“新建条目”按钮，可以继续输入若干条其他条目，然后单击“确定”按钮，如图 5-114 所示。

(4) 打开“保存通讯录”对话框，在“文件名”下拉列表框中输入“地址簿”，单击“保存”按钮。

(5) 打开“邮件合并收件人”对话框，在该对话框列出了创建的所有条目，单击“确定”按钮，如图 5-115 所示。

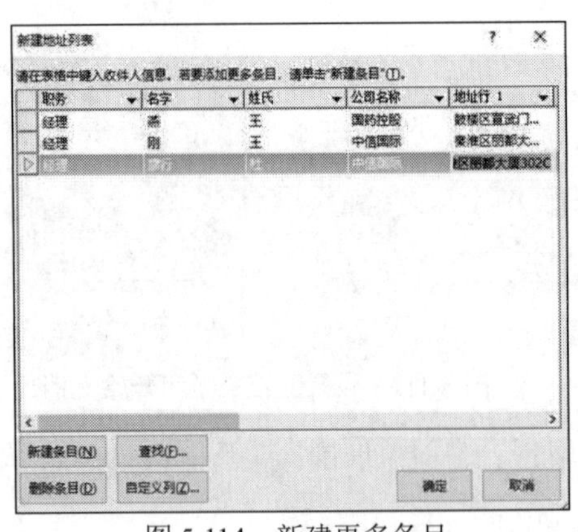

图 5-114　新建更多条目

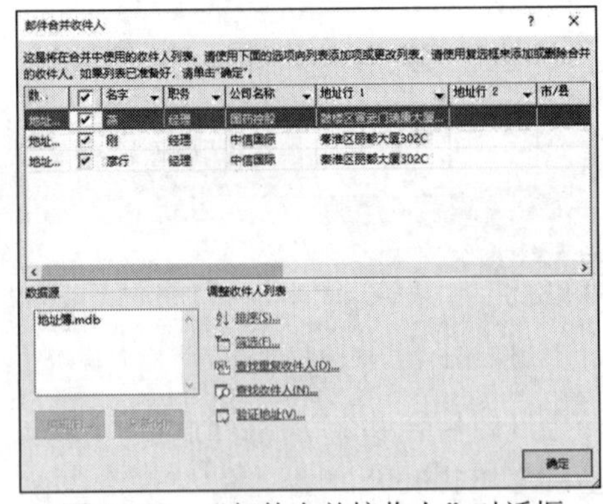

图 5-115　“邮件合并接收人”对话框

(6) 返回到“邮件合并”任务窗格，在“使用现有列表”选项区域中，可以看到创建的列表名称。

5.5.3　编辑主文档

创建完数据源后就可以编辑主文档。在编辑主文档的过程中，需要插入各种域，只有在插入域后，Word 文档才成为真正的主文档。

1. 插入地址块和问候语

要插入地址块，将插入点定位在要插入合并域的位置，以【例 5-38】为例，在图 5-116 左图所示的“邮件合并”任务窗格中单击“撰写信函”选项，在打开的界面中单击“地址块”选项(如图 5-116 右图所示)，将打开“插入地址块”对话框，在该对话框中使用 3 个合并域插入收件人的基本信息，如图 5-117 所示。

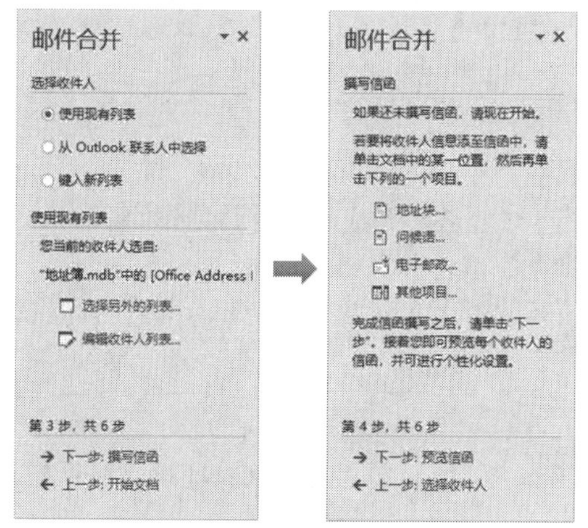

图 5-116　设置地址块　　　　图 5-117　“插入地址块”对话框

插入问候语与插入地址块的方法类似。将插入点定位在要插入合并域的位置，在“邮件合并”任务窗格的第 4 步，单击“问候语”链接，打开“插入问候语”对话框，在该对话框中可以自定义称呼、姓名格式等。

2. 插入其他合并域

在使用中文编辑邮件合并时，应使用“其他项目”来完成主文档的编辑操作，使其符合中国人的阅读习惯。

【例 5-39】设置“邮件合并”功能，插入姓名到称呼处。

(1) 继续【例 5-38】的操作，单击“下一步：撰写信函”选项，打开“邮件合并”任务窗格，单击“其他项目”选项。

(2) 打开“插入合并域”对话框，在“域”列表框中选择“姓氏”选项，单击“插入”按钮，如图 5-118 所示。

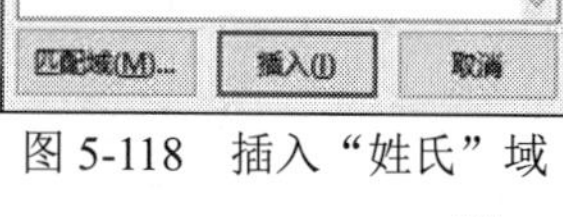

图 5-118　插入“姓氏”域

(3) 此时，将域“姓氏”插入文档。使用同样的操作方法，在文档中插入域“名字”。

(4) 在“邮件合并”任务窗格中单击“下一步：预览信函”链接，在文档中插入收件人的信息，并进行预览。

在“邮件合并”任务窗格的“预览信函”选项区域中，单击“收件人”左右两侧的«和»按钮，可选择收件人的信息，并自动插入文档中进行预览，如图 5-119 所示。

图 5-119　预览信函并完成合并

5.5.4　合并文档

主文档编辑完成并设置数据源需要将两者进行合并，从而完成邮件合并工作。要合并文档，只需在图 5-119 所示的任务窗格中，单击“下一步：完成合并”链接即可。

完成文档合并后，在任务窗格的“合并”选项区域中可实现两个功能：合并到打印机和合并到新文档，用户可以根据需要进行选择，如图 5-120 所示。

1. 合并到打印机

在任务窗格中单击“打印”选项，将打开如图 5-121 所示的“合并到打印机”对话框，该对话框中主要选项的功能如下所示。

- “全部”单选按钮：打印所有收件人的邮件。
- “当前记录”单选按钮：只打印当前收件人的邮件。
- “从”和“到”单选按钮：打印从第×收件人到第×收件人的邮件。

2. 合并到新文档

在任务窗格中单击“编辑单个信函”选项，将打开如图 5-122 所示的“合并到新文档”对话框，该对话框中主要选项的功能如下所示。

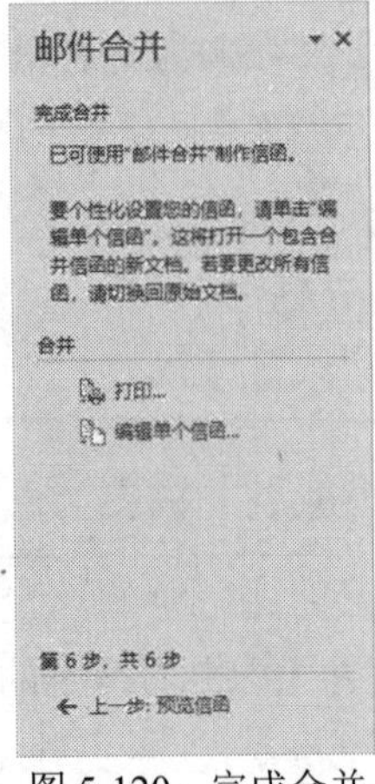

图 5-120　完成合并

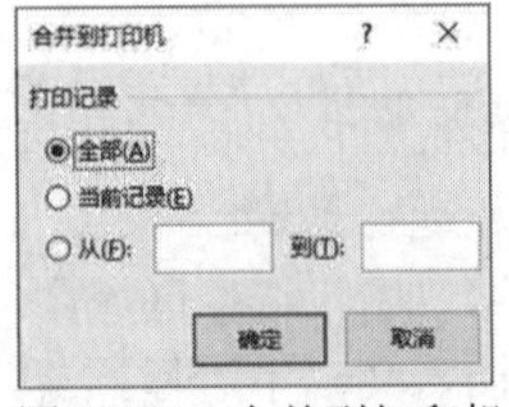

图 5-121　合并到打印机

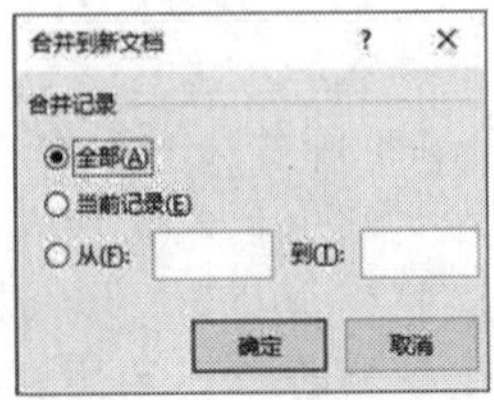

图 5-122　合并到新文档

- “全部”单选按钮：所有收件人的邮件形成一篇新文档。
- “当前记录”单选按钮：只有当前收件人的邮件形成一篇新文档。
- “从”和“到”单选按钮：第×收件人到第×收件人的邮件形成新文档。

使用邮件合并功能的文档，其文本不能使用类似 1.，2.，3.，…数字或字母序列的自动编号，应使用非自动编号，否则邮件合并后生成的文档，下文将自动接上文继续编号，造成文本内容的改变。

5.6　课后习题

一、判断题

1. 在 Word 中，大多数组合键键盘快捷方式使用 Shift 键。　　　　(　　)

2. 在对 Word 文档进行编辑时，如果操作错误，可单击“工具”菜单里的“自动更正”命令项，以便恢复原样。　　　　(　　)

3. Word 文档使用的默认扩展名是.DOT。　　　　(　　)

二、选择题

1. Word 2016 属于(　　)。

A. 高级语言　　B. 操作系统　　C. 语言处理软件　　D. 应用软件

2. 在 Word 编辑状态下，不能选定整篇文档的操作是(　　)。

A. 将鼠标指针移到文本选定区，三击鼠标左键

B. 使用快捷键 Ctrl+A

C. 鼠标指针移到文本选定区，按住 Ctrl 键的同时单击左键

D. 将鼠标指针移到文本的编辑区，三击鼠标左键

3. 在 Word 中，下面哪一个描述是错误的(　　)。

A. 页眉位于页面的顶部

B. 奇偶页可以设置不同的页眉页脚

C. 页眉可与文件的内容同时编辑

D. 页脚不能与文件的内容同时编辑

4. 下列有关 Word 格式刷的叙述中，正确的是(　　)。

A. 格式刷只能复制纯文本的内容

B. 格式刷只能复制字体格式

C. 格式刷只能复制段落格式

D. 格式刷既可以复制字体格式也可以复制段落格式

5. 下列关于 Word 的功能说法错误的是(　　)。

A. Word 可以进行拼写和语法检查

B. Word 在查找和替换字符串时，可以区分大小写，但目前不能区分全角半角

C. 在 Word 中，能以不同的比例显示文档

D. Word 可以自动保存文件，间隔时间由用户设定

三、操作题

1. 刘娜同学想做舞蹈家教，同学们给她出主意，在校内广告牌上张贴家教广告。于是来请你帮她们制作一份适合的家教广告，你会选择哪个软件？如何做？

2. 应用聚焦——短文档。短文档是指文档篇幅普遍较短，通常只在一页或几页的文档范围内，呈现出所有想要传递和表达的文档信息。通常对这类文档的编排设计，主要注重的是版面布局的多样性和整体视觉的协调性，插图和装饰要恰到好处地衬托和渲染主题。你知道的短文档有哪些？请制作“圣地延安”短文档。

3. 应用聚焦——长文档。长文档是指文档篇幅相对较长，通常在十几页或几十页以上的文档范围内，呈现出所有想要传递和表达的文档信息。对于这类文档的编排设计，主要注重的是版面布局的一致性、整体文档格式的统一性和文字标题编号的规范性。同时，通过合理分隔文档区域，达到灵活控制不同区域的页面呈现不同效果的目的。你知道的长文档有哪些？请制作“延安精神，永放光芒”长文档。

4. 在打开的Word的文档中，进行下列操作。完成操作后，保存文档并关闭Word。

(1) 将标题“你不能施舍给我翅膀”的格式设置为：华文行楷，一号，倾斜，加下划线(下划线为直线)，字体颜色为“红色”。

(2) 将正文各段落(从“在蛾子的世界里……”开始)的格式设置为：首行缩进2字符，段前0.5行，段后0.5行，1.5倍行距。

(3) 将第一段文字(“在蛾子的……‘帝王蛾’。”)的格式设置成“蓝色、加粗”。

(4) 插入页眉，自定义页眉内容。

(5) 将文档的纸张大小设置为A4，页边距设置为：左、右边距为3厘米；上、下边距为2厘米。

(6) 将正文所有段落(从“在蛾子的世界里……”开始)分成三栏。

(7) 在第三栏末尾的空白区域插入艺术字，内容为“飞翔”，式样为第1行第3列，四周型环绕。

第 6 章

使用Excel 2016处理电子表格数据

☑ 内容简介

Excel 是一款功能强大的电子表格制作软件，该软件不仅具有数据组织、计算、分析和统计的功能，还可以通过图表、图形等多种形式显示数据的处理结果，帮助用户轻松地制作各类电子表格，并进一步实现数据的管理与分析。

本章将介绍 Excel 2016 的功能与应用，包括制作电子表格，使用公式与函数，排序、筛选与汇总数据，以及通过图表呈现数据等内容。

☑ 重点内容

- Excel 中工作簿、工作表、单元格与数据的概念
- 使用 Excel 制作常用电子表格
- 利用函数与公式统计、计算表格数据的方法
- 通过图表将表格数据图形化呈现的方法
- 对表格数据执行排序、筛选、分类汇总的方法

6.1 表格制作

本节将介绍 Excel 最常见的应用——表格制作，虽然内容都是基础性的知识，但“基础”并不意味着“低级”，相信大多数用户都可以通过对基础知识的学习，获得不少有用的知识和技巧。

6.1.1 Excel 2016 概述

Excel 2016 是 Microsoft 公司开发的 Office 2016 系列办公软件中的一个组件，在使用 Excel 之前，首先了解其主要功能、工作界面和主要元素。

1. 主要功能

Excel 在日常办公应用中的主要功能有以下几个。

- 创建数据统计表格：Excel 软件的制表功能是把用户所用到的数据输入到 Excel 中而形

成表格。

- 进行数据计算：在 Excel 的工作表中输入完数据后，还可以对用户所输入的数据进行计算，比如求和、平均值、最大值以及最小值等。此外 Excel 2016 还提供了强大的公式运算与函数处理功能，可以对数据进行更复杂的计算工作。
- 创建多样化的统计图表：在 Excel 2016 中，可以根据输入的数据来建立统计图表，以便更加直观地显示数据之间的关系，让用户可以比较数据之间的变动、成长关系以及趋势等。
- 分析与筛选数据：当用户对数据进行计算后，就要对数据进行统计分析。如可以对它进行排序、筛选，还可以对它进行数据透视表、单变量求解、模拟运算表和方案管理统计分析等操作。

2. 工作界面

与 Word 2016 相比，Excel 2016 的工作界面比较复杂，主要由标题栏、快速访问工具栏、功能区、编辑栏、工作表编辑区域、工作表标签和状态栏等部分组成，如图 6-1 所示。

图 6-1　Excel 2016 启动界面

- 标题栏：标题栏位于应用程序窗口的最上面，用于显示当前正在运行的程序名及文件名等信息。如果是刚打开的新工作簿文件，用户所看到的是“工作簿 1”，它是 Excel 默认建立的文件名。
- ❽文件”按钮：单击“文件”按钮，会弹出“文件”菜单，在其中显示一些基本命令，包括新建、打开、保存、打印、选项以及其他一些命令。
- 功能区：Excel 工作界面中的功能区由功能选项卡和包含在选项卡中的各种命令按钮组成。使用功能区可以快速地查找以前版本中隐藏在复杂菜单和工具栏中的命令和功能。
- 状态栏：状态栏位于 Excel 窗口底部，用来显示当前工作区的状态。在大多数情况下，状态栏的左端显示“就绪”，表明工作表正在准备接收新的信息；在向单元格中输入数据时，在状态栏的左端将显示“输入”字样；对单元格中的数据进行编辑时，状态栏显示“编辑”字样。

- 其他组件：在 Excel 2016 工作界面中，除了包含与其他 Office 软件相同的界面元素外，还有许多其特有的组件，如编辑栏、名称栏、工作表编辑区域、工作表标签、行号与列标等。

3. 三大元素

一个完整的 Excel 电子表格文档主要由 3 个部分组成，分别是工作簿、工作表和单元格，这 3 个部分相辅相成，缺一不可。

- 工作簿：Excel 以工作簿为单元来处理工作数据和存储数据的文件。工作簿文件是 Excel 存储在磁盘上的最小独立单位，其扩展名为.xlsx。工作簿窗口是 Excel 打开的工作簿文档窗口，它由多个工作表组成。刚启动 Excel 时，系统默认打开一个名为“工作簿 1”的空白工作簿。
- 工作表：工作表是在 Excel 中用于存储和处理数据的主要文档，也是工作簿中的重要组成部分，它又称为电子表格。工作表是 Excel 的工作平台，若干个工作表构成一个工作簿。在默认情况下，Excel 中只有一个名为 Sheet1 的工作表，单击工作表标签右侧的“新工作表”按钮⊕，可以添加新的工作表。不同的工作表可以在工作表标签中通过单击进行切换，但在使用工作表时，只能有一个工作表处于当前活动状态。
- 单元格：单元格是工作表中的小方格，它是工作表的基本元素，也是 Excel 独立操作的最小单位。单元格的定位是通过它所在的行号和列标来确定的，每一列的列标由 A、B、C…等字母表示；每一行的行号由 1、2、3…等数字表示。行与列的交叉形成一个单元格。

工作簿、工作表与单元格之间的关系是包含与被包含的关系，即工作表由多个单元格组成，而工作簿又包含一个或多个工作表(Excel 的一个工作簿中理论上可以制作无限的工作表，不过受电脑内存大小的限制)。

6.1.2 创建“学生基本信息表”

在 Excel 中，用于存储并处理工作数据的文件被称为工作簿，它是用户使用 Excel 进行操作的主要对象和载体。熟练掌握工作簿的相关操作，不仅可以在工作中保证表格中的数据被正确地创建、打开、保存和关闭，还能够在出现特殊情况时帮助我们快速恢复数据。本节将通过创建“学生基本信息”表，帮助用户快速了解 Excel 工作的基本操作。

1. 创建工作簿

在任何版本的 Excel 中，按下 Ctrl+N 组合键可以新建一个空白工作簿。除此之外，选择“文件”选项卡，在弹出的菜单中选择“新建”命令，并在展开的工作簿列表中双击“空白工作簿”图标或任意一种工作簿模板，也可以创建新的工作簿，如图 6-2 所示。

2. 保存工作簿

当用户需要将工作簿保存在计算机硬盘中时，可以参考以下几种方法：

- 在功能区中选择“文件”选项卡，在打开的菜单中选择“保存”或“另存为”命令，如图 6-3 所示。
- 单击窗口左上角快速访问工具栏中的“保存”按钮。
- 按下 Ctrl+S 组合键。
- 按下 Shift+F12 组合键。

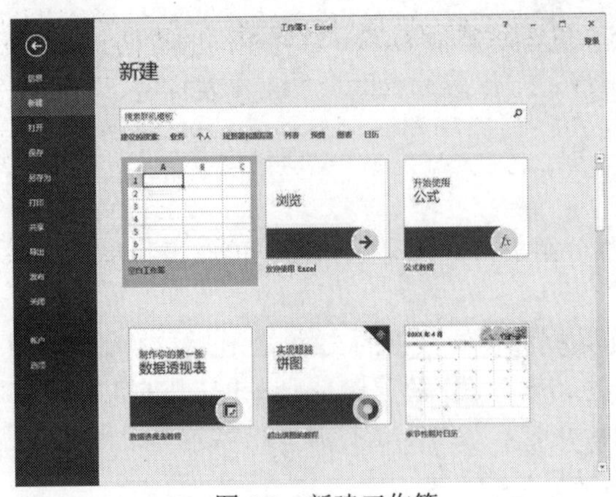

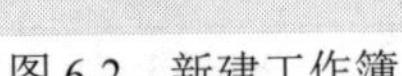
图 6-2 新建工作簿

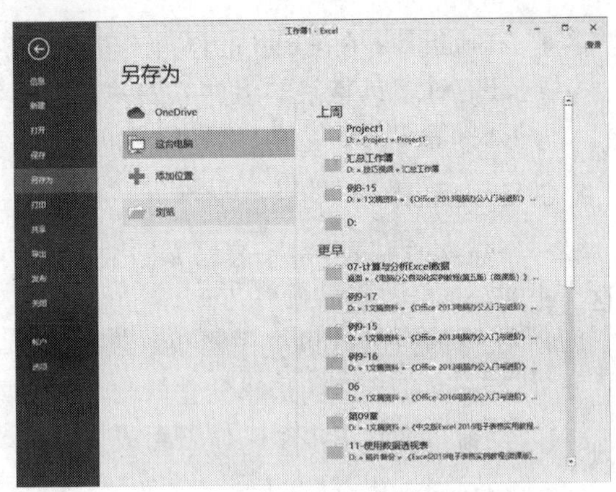

图 6-3 保存工作簿

此外，经过编辑修改却未经过保存的工作簿在被关闭时，将自动弹出一个警告对话框，询问用户是否需要保存工作簿，单击其中的“保存”按钮，也可以保存当前工作簿。

1)“保存”和“另存为”的区别

Excel 中有两个和保存功能相关的命令，分别是“保存”和“另存为”，这两个命令有以下区别：

- 执行“保存”命令不会打开“另存为”对话框，而是直接将编辑修改后的数据保存到当前工作簿中。工作簿在保存后文件名、存放路径不会发生任何改变。
- 执行“另存为”命令后，将会打开“另存为”对话框，允许用户重新设置工作簿的存放路径、文件名并设置保存选项。

在对新建工作簿进行一次保存时，或使用“另存为”命令保存工作簿时，将打开如图 6-4 左图所示的“另存为”对话框。在该对话框左侧列表框中可以选择具体的文件存放路径，如果需要将工作簿保存在新建的文件夹中，可以单击对话框左上角的“新建文件夹”按钮。

用户可以在“另存为”对话框的“文件名”文本框中为工作簿命名，新建工作簿的默认名称为“工作簿 1”，文件保存类型一般为“Excel 工作簿”，即以.xlsx 为扩展名的文件。用户可以通过单击“保存类型”按钮自定义工作簿的保存类型，如图 6-4 右图所示。

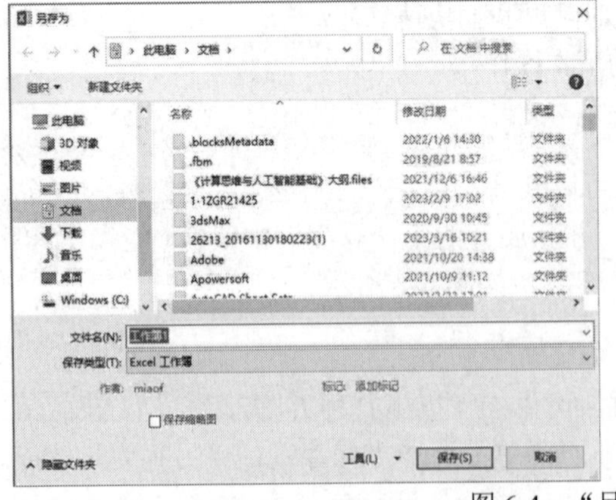

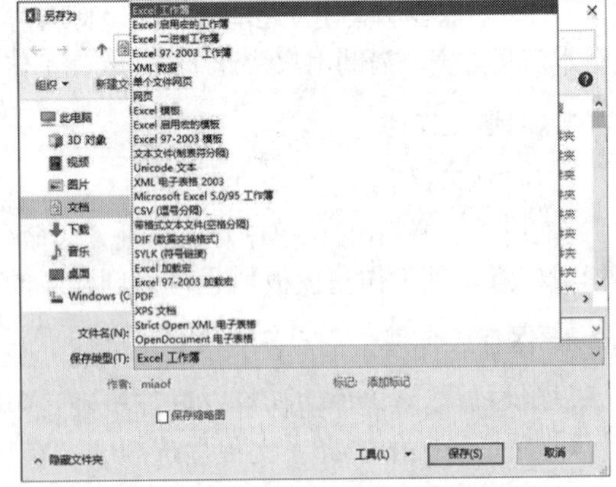

图 6-4 “另存为”对话框

在“另存为”对话框中单击“保存”按钮，即可完成工作簿的保存。

2) 工作簿的更多保存选项

在保存工作簿时打开的“另存为”对话框底部单击“工具”下拉按钮，从弹出的列表中选择“常规选项”选项，将打开“常规选项”对话框。在该对话框中用户可以设置在保存工作簿时生成备份文件、打开密码，或者以“只读”方式保存工作簿。

【例 6-1】 设置在保存工作簿时生成备份文件。

(1) 按下 F12 键打开“另存为”对话框，然后单击“工具”下拉按钮，从弹出的列表中选择“常规选项”选项打开“常规选项”对话框，选中“生成备份文件”复选框，然后单击“确定”按钮，如图 6-5 左图所示。

(2) 返回“另存为”对话框再次单击“确定”按钮，则可以设置在每次保存工作簿时自动创建工作簿备份文件，如图 6-5 右图所示。

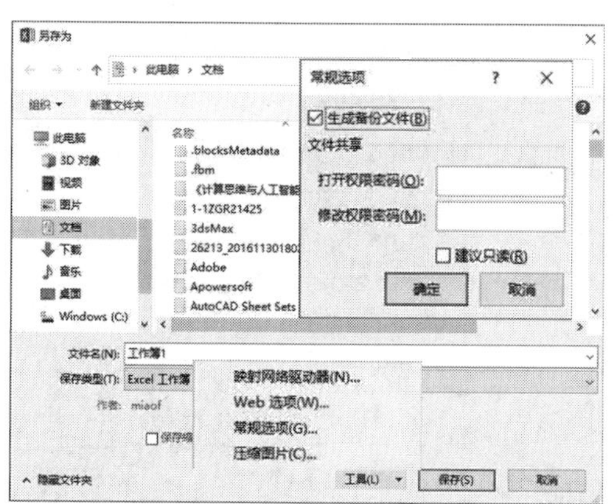

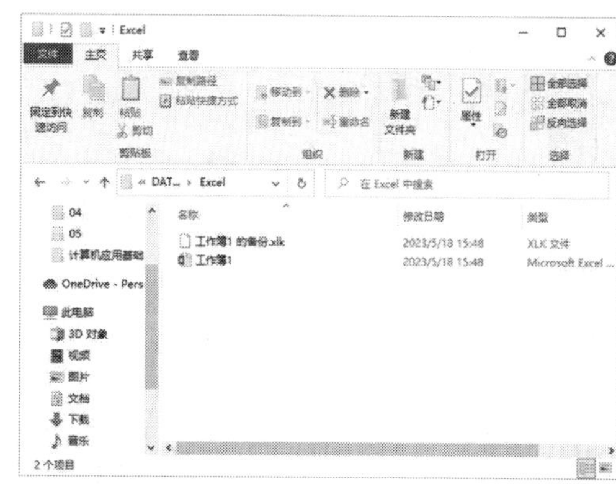

图 6-5　保存工作簿的同时生成备份文件

提示

备份文件只在保存工作簿时生成，它不会自动生成。用户使用备份文件恢复工作簿内容只能获取前一次保存时的状态，并不能恢复更久以前的状态。

【例 6-2】 在保存工作簿时设置打开权限密码。

(1) 打开“常规选项”对话框后，在“打开权限密码”文本框中输入一个用于打开工作簿的权限密码，然后单击“确定”按钮。

(2) 打开“确认密码”对话框，在“重新输入密码”文本框中再次输入工作簿打开权限密码，然后单击“确定”按钮，如图 6-6 所示。

(3) 返回“另存为”对话框，单击“确定”按钮将工作簿保存即可为工作簿设置一个打开权限密码。此后，在打开工作簿文件时将打开一个提示对话框要求用户输入打开权限密码。

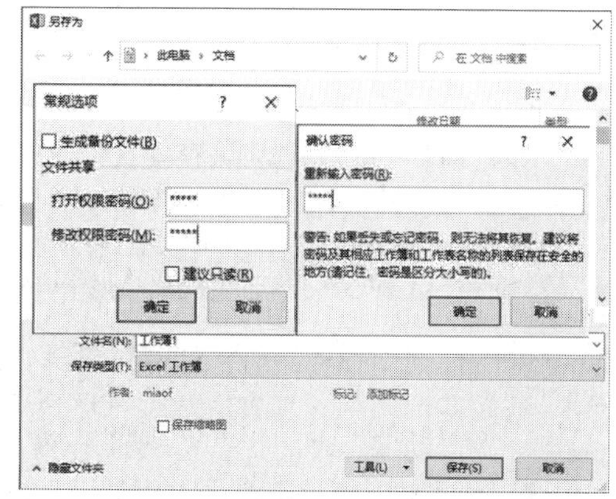

图 6-6　设置打开工作簿权限密码

【例 6-3】 以“只读”方式保存工作簿。

(1) 打开“常规选项”对话框后，选中“建议只读”复选框，然后单击“确定”按钮。

(2) 返回“另存为”对话框，单击“确定”按钮将工作簿保存后，双击工作簿文件将其打开时将打开提示对话框，建议用户以“只读方式”打开工作簿。

3) 自动保存工作簿

在电脑出现意外情况时，Excel 中的数据可能会在用户不经意间丢失。此时，如果使用“自动保存”功能可以减少损失。

【例 6-4】在 Excel 中设置软件自动保存工作簿。

(1) 选择“文件”选项卡左下角单击“选项”选项，如图 6-7 左图所示，打开“Excel 选项”对话框，选择对话框左侧的“保存”选项卡。

(2) 在对话框右侧单击“保存工作簿”选项，然后选中“保存自动恢复信息时间间隔”复选框(默认为选中状态)，即可启用“自动保存”功能。在右侧的文本框中输入“10”，可以设置 Excel 自动保存的时间为 10 分钟，如图 6-7 右图所示。

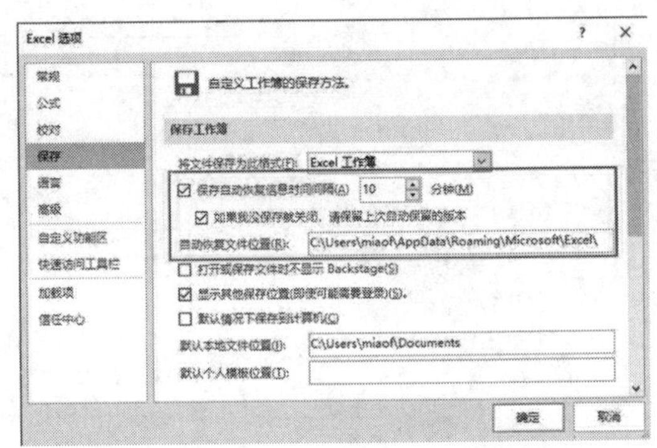

图 6-7　设置自动保存工作簿

(3) 选中“如果我没保存就关闭，请保留上次自动保留的版本”复选框，在下方的“自动恢复文件位置”文本框中输入需要保存工作簿的位置。

(4) 单击“确定”按钮关闭“Excel 选项”对话框。

在设置“自动保存”工作簿时，应遵循以下几条原则。

- 只有在工作簿发生新的修改时，“自动保存”功能的计时器才会开始启动计时，到达指定的间隔时间后发生保存动作。如果在保存后没有新的编辑修改产生，计时器不会再次激活，也不会有新的备份副本产生。
- 在一个计时周期中，如果用户对工作簿执行了手动保存，计时器将立即清零。

如果用户要使用自动保存的文档恢复工作簿，可以在上面实例的步骤(3)设置的“自动恢复文件位置”文件夹路径双击工作簿文件实现，默认路径为：

```
C:\Users\用户名\AppData\Roaming\Microsoft\Excel\
```

除此之外，当计算机意外关闭或程序崩溃导致 Excel 被强行关闭时，再次启动 Excel 软件将打开“文档恢复”任务窗格，在该窗格中用户可以选择打开自动保存的工作簿文件(一般为最近一次自动保存时的状态)，或工作簿的原始文件(最后一次手动保存时的文件)。

【例 6-5】创建一个空白工作簿，并将其保存为“学生基本信息”。

(1) 启动 Excel 2016 选择“文件”选项卡，在弹出的菜单中选择“新建”选项，在“可用模板”选项区域中双击“空白工作簿”选项，新建一个空白工作簿。

(2) 按下 F12 键，打开“另存为”对话框，在“文件名”文本框中输入“学生基本信息”，单击“确定”按钮，保存工作簿。

3. 操作工作表

工作表包含于工作簿之中，用于保存 Excel 中所有的数据，是工作簿的必要组成部分，工作簿总是包含一个或者多个工作表，它们之间的关系就好比是书本与图书中书页的关系。

1) 选取工作表

在实际工作中，由于一个工作簿中往往包含多个工作表，因此操作前需要选取工作表。在 Excel 窗口底部的工作表标签栏中，选取工作表的常用操作包括以下 4 种：

- 选定一张工作表，直接单击该工作表的标签即可。
- 选定相邻的工作表，首先选定第一张工作表标签，然后按住 Shift 键不松并单击其他相邻工作表的标签即可，如图 6-8 所示。
- 选定不相邻的工作表，首先选定第一张工作表，然后按住 Ctrl 键不松并单击其他任意一张工作表标签即可。
- 选定工作簿中的所有工作表，右击任意一个工作表标签，在弹出的菜单中选择“选定全部工作表”命令即可，如图 6-9 所示。

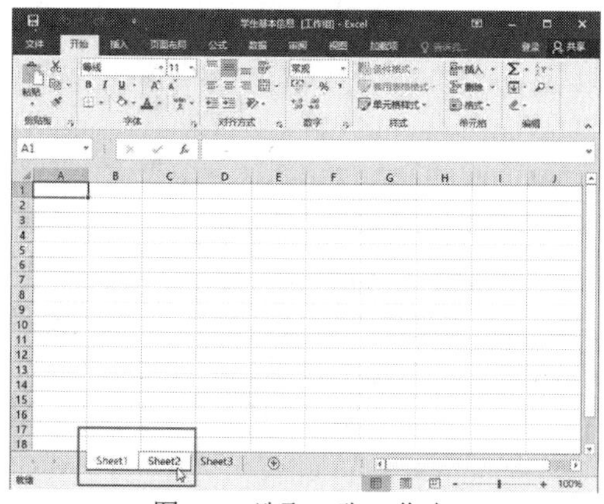

图 6-8　选取一张工作表

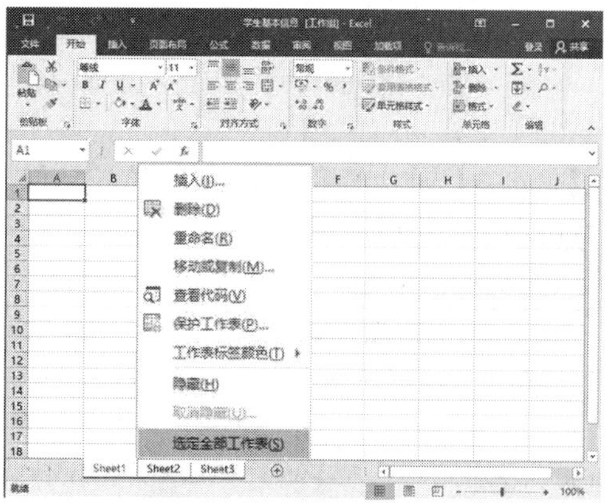

图 6-9　选取所有工作表

提示

除了上面介绍的几种方法以外，按下 Ctrl+PageDown 组合键可以切换到当前工作表右侧的工作表，按下 Ctrl+PageUp 组合键可以切换到当前工作表左侧的工作表。

2) 创建工作表

若工作簿中的工作表数量不够，用户可以在工作簿中创建新的工作表，不仅可以创建空白的工作表，还可以根据模板插入带有样式的新工作表。Excel 中常用创建工作表的方法有 4 种，分别如下。

- 在工作表标签栏的右侧单击“新工作表”按钮⊕。
- 按下 Shift+F11 键，则会在当前工作表前插入一个新工作表。
- 右击工作表标签，在弹出的菜单中选择“插入”命令，然后在打开的“插入”对话框中选择“工作表”选项，并单击“确定”按钮即可。
- 在“开始”选项卡的“单元格”选项组中单击“插入”下拉按钮，在弹出的下拉列表中选择“工作表”命令。

在工作簿中插入工作表后，工作表的默认名称为 Sheet1、Sheet2、…。如果用户需要命名工作表的名称，可以右击工作表在弹出的菜单中选择“重命名”命令(或者双击工作表标签)，然后输入新的工作表名称即可。

3) 复制/移动工作表

复制与移动工作表是办公中的常用操作，通过复制操作，工作表可以在另一个工作簿或者不同的工作簿创建副本；通过移动操作，可以将工作表在同一个工作簿中改变排列顺序，也可以将工作表在不同的工作簿之间转移。

在 Excel 中，用户可以通过对话框和鼠标拖动移动或复制工作表，下面将分别介绍。

在 Excel 中有以下方法可以打开“移动或复制工作表”对话框移动或复制工作表：

- 右击工作表标签，在弹出的菜单中选择“移动或复制工作表”命令。
- 选择“开始”选项卡，在“单元格”命令组中单击“格式”拆分按钮，在弹出的菜单中选择“移动或复制工作表”命令，如图 6-10 所示。

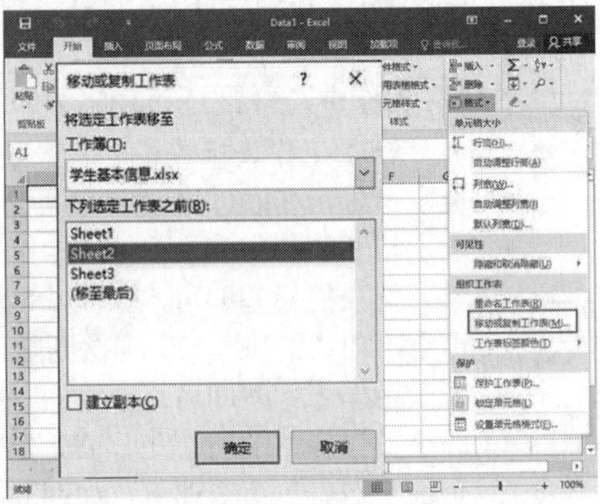

图 6-10　设置移动或复制工作表

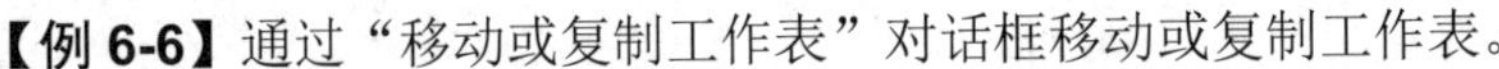

【例 6-6】通过“移动或复制工作表”对话框移动或复制工作表。

(1) 执行上面介绍的两种方法之一，打开“移动或复制工作表”对话框，在“工作簿”下拉列表中选择“复制”或“移动”的目标工作簿，如图 6-10 所示。

(2) 在“下列选定工作表之前”列表中显示了指定工作簿中包含的所有工作表，选中其中的某个工作表，指定复制或移动工作表后，被操作工作表在目标工作簿中的位置。

(3) 选中对话框中的“建立副本”复选框，确定当前对工作表的操作为“复制”；取消“建立”复选框的选中状态，则将确定对工作表的操作为“移动”。

(4) 单击“确定”按钮即可完成对当前选定工作表的复制或移动操作。

【例 6-7】通过拖动鼠标移动或复制工作表。

(1) 将鼠标光标移动至需要移动的工作表标签上，接下来单击鼠标，鼠标指针显示出文档的图标，此时可以拖动鼠标将当前工作表移动至其他位置，如图 6-11 所示。

(2) 如果按住鼠标左键的同时，按住 Ctrl 键则执行“复制”操作，此时鼠标指针下将显示的文档图标上还会出现一个“+”号，以此来表示当前操作方式为“复制”，复制工作表效果如图 6-12 所示。

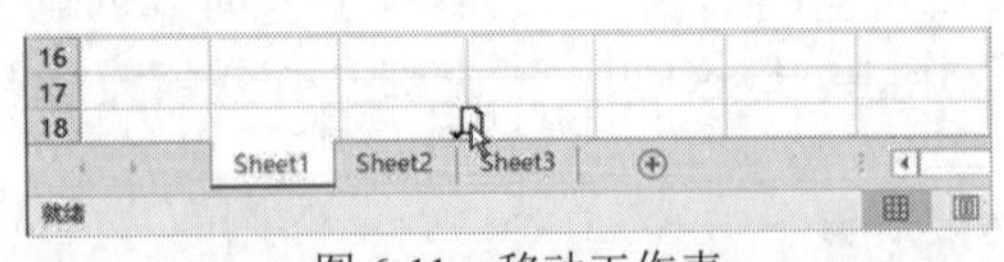

图 6-11　移动工作表

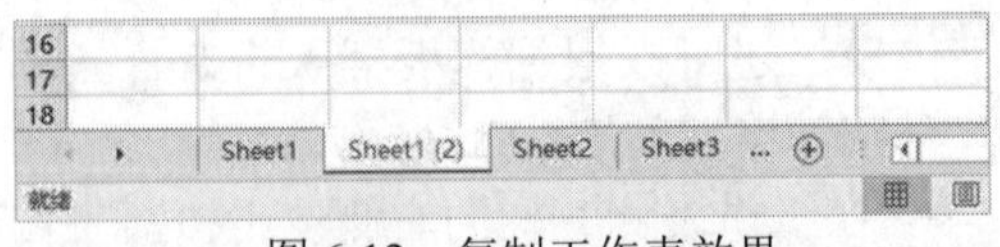

图 6-12　复制工作表效果

提示

如在当前屏幕中同时显示了多个工作簿，拖动工作表标签的操作也可以在不同工作簿中进行。

4) 重命名工作表

Excel 默认的工作表名称为 Sheet 后面跟一个数字，这样的名称在工作中没有具体的含义，不方便使用。一般我们需要将工作表重新命名。重命名工作表的方法有以下两种。

- 右击工作表标签，在弹出快捷菜单后按下 R 键，然后输入新的工作表名称。
- 双击工作表标签，当工作表名称变为可编辑状态时，输入新的名称。

这里需要特别注意的是：在执行“重命名”操作重命名工作表时，新的工作表名称不能与工作簿中其他工作表重名，工作表名不区分英文大小写，并不能包含“*”“/”“:”“?”“[”“[”“\”“]”等字符。

5) 删除工作表

对工作表进行编辑操作时，可以删除一些多余的工作表。这样不仅可以方便用户对工作表进行管理，也可以节省系统资源。在 Excel 中删除工作表的常用方法有以下几种。

- 在工作簿中选定要删除的工作表，在“开始”选项卡的“单元格”命令组中单击“删除”下拉按钮，在弹出的下拉列表中选中“删除工作表”命令即可。
- 右击要删除工作表的标签，在弹出的快捷菜单中选择“删除”命令即可删除该工作表。

【例 6-8】将【例 6-5】创建的“学生基本信息”工作簿中的 Sheet1 工作表重命名为“学生基本信息表”。

(1) 打开“学生基本信息”工作簿后，右击 Sheet1 工作表标签，在弹出的菜单中选择“重命名”命令。

(2) 输入“学生基本信息表”，然后单击工作表中的任意单元格，将 Sheet1 工作表重命名。

6.1.3　输入表格数据

Excel 工作表中有各种类型的数据，我们必须理解不同数据类型的含义，分清各种数据类型之间的区别，才能高效、正确地输入与编辑数据。同时，Excel 各类数据的输入、使用和修改还有很多方法和技巧，了解并掌握它们可以大大提高日常办公的效率。

1. Excel 数据简介

在工作表中输入和编辑数据是用户使用 Excel 时最基础的操作之一。工作表中的数据都保存在单元格内，单元格内可以输入和保存的数据包括数值、日期、文本和公式 4 种基本类型。除此以外，还有逻辑型、错误值等一些特殊的数值类型。

1) 数值

数值指的是所代表数量的数字形式，例如企业的销售额、利润等。数值可以是正数，也可以是负数，但是都可以用于进行数值计算，例如加、减、求和、求平均值等。除了普通的数字以外，还有一些使用特殊符号的数字也被 Excel 理解为数值，例如百分号%、货币符号￥、千分间隔符以及科学计数符号 E 等。

Excel 可以表示和存储的数字最大精确到 15 位有效数字。对于超过 15 位的整数数字，例如 342 312 345 657 843 742(18 位)，Excel 将会自动将 15 位以后的数字变为零，如 342 312 345 657 843 000。对于大于 15 位有效数字的小数，则会将超出的部分截去。

因此，对于超出 15 位有效数字的数值，Excel 无法进行精确的精算或处理，例如无法比较两个相差无几的 20 位数字的大小，无法用数值的形式存储身份证号码等。用户可以通过使用文本形式来保存位数过多的数字，来处理和避免上面的这些情况，例如，在单元格中输入身份证号码的首位之前加上单引号，或者先将单元格格式设置为文本后，再输入身份证号码。

另外，对于一些很大或者很小的数值，Excel 会自动以科学记数法来表示，例如 342 312 345

657 843 会以科学记数法表示为 3.42312E+14，即为 3.42312x10^{14} 的意思，其中代表 10 的乘方大写字母 E 不可以缺省。

2) 日期和时间

在 Excel 中，日期和时间是以一种特殊的数值形式存储的，这种数值形式被称为“序列值”，在早期的版本中也被称为“系列值”。序列值是介于一个大于等于 0，小于 2 958 466 的数值区间的数值，因此，日期型数据实际上是一个包括在数值数据范畴中的数值区间。

在 Windows 系统中所使用的 Excel 版本中，日期系统默认为“1900 年日期系统”，即以 1900 年 1 月 1 日作为序列值的基准日，当日的序列值计为 1，这之后的日期均以距基准日期的天数作为其序列值，例如 1900 年 2 月 1 日的序列值为 32，2017 年 10 月 2 日的序列值为 43 010。在 Excel 中可以表示的最后一个日期是 9999 年 12 月 31 日，当日的序列值为 2 958 465。如果用户需要查看一个日期的序列值，具体操作方法如下。

(1) 在单元格中输入日期后，右击单元格，在弹出的菜单中选择“设置单元格格式”命令(或按下 Ctrl+1 组合键)。

(2) 在打开的“设置单元格格式”对话框的“数字”选项卡中，选择“常规”选项，然后单击“确定”按钮，将单元格格式设置为“常规”，如图 6-13 所示。

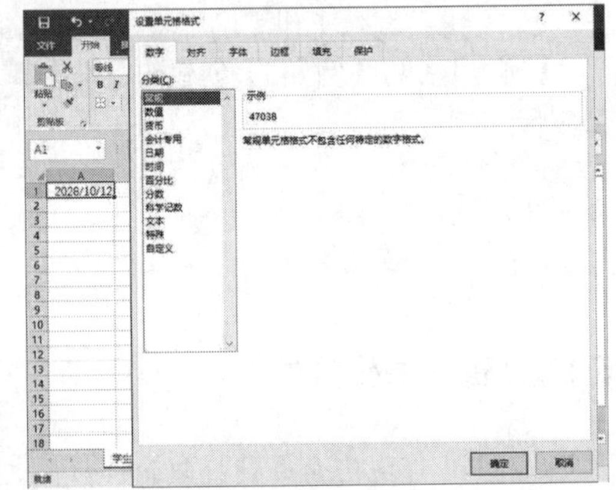

图 6-13　查看日期序列值

由于日期存储为数值的形式，因此它继承数值的所有运算功能，例如日期数据可以参与加、减等数值的运算。日期运算的实质就是序列值的数值运算。例如要计算两个日期之间相距的天数，可以直接在单元格中输入两个日期，再用减法运算的公式来求得。

日期系统的序列值是一个整数数值，一天的数值单位就是 1，那么 1 小时就可以表示为 1/24 天，1 分钟就可以表示为 1/(24×60)天等，一天中的每一个时刻都可以由小数形式的序列值来表示。例如中午 12:00:00 的序列值为 0.5(一天的一半)，12:05:00 的序列值近似为 0.503 472。

如果输入的时间值超过 24 小时，Excel 会自动以天为单位进行整数进位处理。例如 25:01:00，转换为序列值为 1.04 236，即为 1+0.4236(1 天+1 小时 1 分)。Excel 中允许输入的最大时间为 9999:59:59:9999。

将小数部分表示的时间和整数部分所表示的日期结合起来，就可以以序列值表示一个完整的日期时间点。例如 2017 年 10 月 2 日 12:00:00 的序列值为 43 010.5。

3) 文本型数据

文本通常指的是一些非数值型文字、符号等，例如企业的部门名称、员工的考核科目、产品的名称等。除此之外，许多不代表数量的、不需要进行数值计算的数字也可以保存为文本形式，例如电话号码、身份证号码、股票代码等。所以，文本并没有严格意义上的概念。事实上，Excel 将许多不能理解为数值(包括日期时间)和公式的数据都视为文本。文本不能用于数值计算，但可以比较大小。

4) 逻辑值

逻辑值是一种特殊的参数，它只有 TRUE(真)和 FALSE(假)两种类型。

例如公式：

```
=IF(A3=0,"0",A2/A3)
```

A3=0 就是一个可以返回 TRUE(真)或 FLASE(假)两种结果的参数。当 A3=0 为 TRUE 时，则公式返回结果为 0，否则返回 A2/A3 的计算结果。

逻辑值之间进行四则运算，可以认为 TRUE=1，FLASE=0，例如：

```
TRUE+TRUE=2
FALSE*TRUE=0
```

逻辑值与数值之间的运算，可以认为 TRUE=1，FLASE=0，例如：

```
TRUE-1=0
FALSE*5=0
```

在逻辑判断中，非 0 的不一定都是 TRUE，例如公式：

```
=TRUE<5
```

如果把 TRUE 理解为 1，公式的结果应该是 TRUE。但实际上结果是 FALSE，原因是逻辑值就是逻辑值，不是 1，也不是数值，在 Excel 中规定，数字<字母<逻辑值，因此应该是 TRUE>5。

总之，TRUE 不是 1，FALSE 也不是 0，它们不是数值，它们就是逻辑值。只不过有些时候可以把它“当成”1 和 0 来使用。但是逻辑值和数值有着本质的不同。

5) 错误值

经常使用 Excel 的用户可能都会遇到一些错误信息，例如#N/A!、#VALUE!等，出现这些错误的原因有很多种，如果公式不能计算正确结果，Excel 将显示一个错误值。例如，在需要数字的公式中使用文本、删除了被公式引用的单元格等。

6) 公式

公式是 Excel 中一种非常重要的数据，Excel 作为一种电子数据表格，其许多强大的计算功能都是通过公式来实现的。

公式通常都是以“=”开头，它的内容可以是简单的数学公式，例如：

```
=16*62*2600/60-12
```

也可以包括 Excel 的内嵌函数，甚至是用户自定义的函数，例如：

```
=IF(F3<H3,"",IF(MINUTE(F3-H3)>30,"50 元","20 元"))
```

用户要在单元格中输入公式，可以在开始输入的时候以一个等号“=”开头表示当前输入的是公式。除了等号以外，使用“+”号或者“-”号开头也可以使 Excel 识别其内容为公式，但是在按下 Enter 键确认后，Excel 还是会把公式的开头自动加上“=”号。

当用户在单元格内输入公式并确认后，默认情况下会在单元格内显示公式的运算结果。公式的运算结果，从数据类型上来说，也大致可以区分为数值型数据和文本型数据两大类。选中公式所在的单元格后，在编辑栏内也会显示公式的内容。在 Excel 中有以下三种等效方法，可以在单元格中直接显示公式的内容。

- 选择“公式”选项卡，在“公式审核”命令组中单击“显示公式”切换按钮，使公式内容直接显示在单元格中，再次单击该按钮，则显示公式计算结果。

- 在“Excel 选项”对话框中选择“高级”选项卡，然后选中或取消选中该选项卡中的“在单元格中显示公式而非计算结果”复选框。
- 按下 Ctrl + ~键，在“公式”与在“值”的显示方式之间进行切换。

2. 输入数据

数据输入是日常办公中使用 Excel 工作的一项必不可少的工作，对于某些特定的行业和特定的岗位来说，在工作中输入数据甚至是一项频率很高却又效率极低的工作。如果用户学习并掌握一些数据输入的技巧，就可以极大地简化数据输入的操作，提高工作效率。

要在单元格内输入数值和文本类型的数据，用户可以在选中目标单元格后，直接向单元格内输入数据。数据输入结束后按下 Enter 键或者使用鼠标单击其他单元格都可以确认完成输入。要在输入过程中取消本次输入的内容，则可以按下 ESC 键退出输入状态。

当用户输入数据的时候(Excel 工作窗口底部状态栏的左侧显示“输入”字样)，原有编辑栏的左边出现两个新的按钮，分别是×和✓。如果用户单击✓按钮，可以对当前输入的内容进行确认，如果单击×按钮，则表示取消输入。

1) Excel 系统规范

如果用户在单元格中输入位数较多的小数，例如 111.555 678 333，而单元格列宽设置为默认值时，单元格内会显示 111.5557。这是由于 Excel 系统默认设置了对数值进行四舍五入显示的原因。

当单元格列宽无法完整显示数据的所有部分时，Excel 将会自动以四舍五入的方式对数值的小数部分进行截取显示。如果将单元格的列宽调整得很大，显示的位数会相应增多，但是最大也只能显示到保留 10 位有效数字。虽然单元格的显示与实际数值不符，但是当用户选中此单元格，在编辑栏中仍可以完整显示整个数值，并且在数据计算过程中，Excel 也是根据完整的数值进行计算，而不是代之以四舍五入后的数值。

如果用户希望以实际单元格中实际显示的数值来参与数值计算，可执行以下操作。

(1) 打开“Excel 选项”对话框，选择“高级”选项卡，选中“将精度设置为所显示的精度”复选框，并在弹出的提示对话框中单击“确定”按钮，如图 6-14 所示。

(2) 在“Excel 选项”对话框中单击“确定”按钮完成设置。

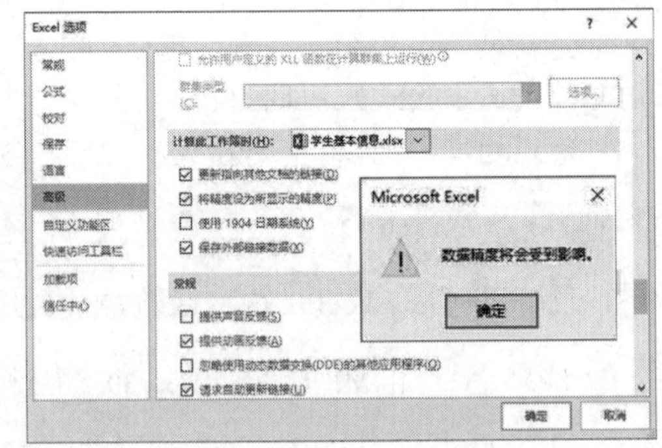

图 6-14　以实际数值来参与数值计算

如果单元格的列宽很小，则数值的单元格内容显示会变为“#”符号，此时只要增加单元格列宽就可以重新显示数字。

与以上 Excel 系统规范类似，还有一些数值方面的规范，使得数据输入与实际显示不符，具体如下。

- 当用户在单元格中输入非常大或者非常小的数值时，Excel 会在单元格中自动以科学记数法的形式来显示。
- 输入大于 15 位有效数字的数值时(例如 18 位身份证号码)，Excel 会对原数值进行 15 位有效数字的自动截断处理，如果输入数值是正数，则超过 15 位部分补零。

- 当输入的数值外面包括一对半角小括号时，例如(123456)，Excel 会自动以负数的形式来保存和显示括号内的数值，而括号不再显示。
- 当用户输入以 0 开头的数值时(例如股票代码)，Excel 因将其识别为数值而将前置的 0 清除。
- 当用户输入末尾为 0 的小数时，系统会自动将非有效位数上的 0 清除，使其符合数值的规范显示。

对于上面提到的情况，如果需要以完整的形式输入数据，可以参考下面的方法解决问题。

- 对于不需要进行数值计算的数字，例如身份证号码、信用卡号码、股票代码等，可以将数据形式转换成文本形式来保存和显示完整数字内容。在输入数据时，以单引号'开始输入数据，Excel 会将所输入的内容自动识别为文本数据，并以文本形式在单元格中保存和显示，其中的单引号'不显示在单元格中(但在编辑栏中显示)。
- 用户也可以先选中目标单元格，右击，在弹出的菜单中选择"设置单元格格式"命令，打开"设置单元格格式"对话框，选择"数字"选项卡，在"分类"列表框中选择"文本"选项，并单击"确定"按钮，如图 6-15 所示。这样，可以将单元格格式设置为文本形式，在单元格中输入的数据将保存并显示为文本。
- 设置成文本后的数据无法正常参与数值计算，如果用户不希望改变数值类型，希望在单元格中能够完整显示的同时，仍可以保留数值的特性，可以使用以下方法。例如，设置学生编号代码 000321，选取目标单元格，打开"设置单元格格式"对话框，选择"数字"选项卡，在"分类"列表框中选择"自定义"选项。在"设置单元格格式"对话框右侧的"类型"文本框中输入 000000，然后单击"确定"按钮，如图 6-16 所示。此时再在单元格中输入 000321，即可完全显示数据，并且仍保留数值的格式。

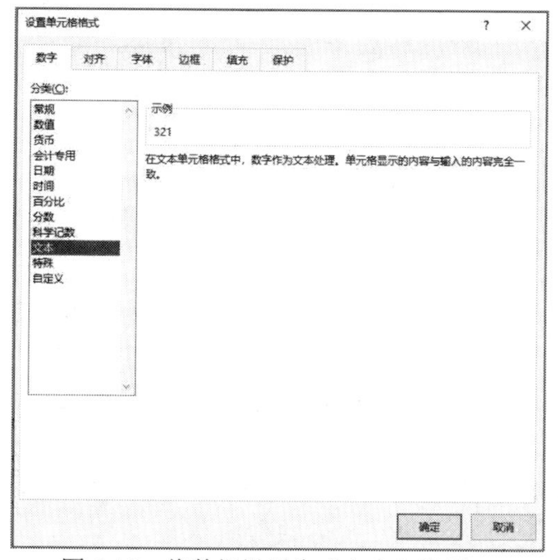

图 6-15　将数据设置为"文本"类型

图 6-16　定义数据类型

- 对于小数末尾中的 0 的保留显示(例如某些数字保留位数)，与上面的例子类似。用户可以在输入数据的单元格中设置自定义的格式，例如 0.00000(小数点后面 0 的个数表示需要保留显示小数的位数)。除了自定义的格式以外，使用系统内置的"数值"格式也可以达到相同的效果。在"设置单元格格式"对话框中选择"数值"选项后，对话框右侧会显示"小数位数"的微调框，使用微调框调整需要显示的小数位数，就可以将用户输入的数据按照需要的保留位置来显示。

除了以上提到的这些数值输入情况以外，某些文本数据的输入也存在输入与显示不符合的情况。例如在单元格中输入内容较长的文本时(文本长度大于列宽)，如果目标单元格右侧的单元格内没有内容，则文本会完整显示甚至“侵占”到右侧的单元格，如下图 6-17 所示(A1 单元格的显示)；而如果右侧单元格中本身就包含内容时，则文本就会显示不完全，如图 6-18 所示。

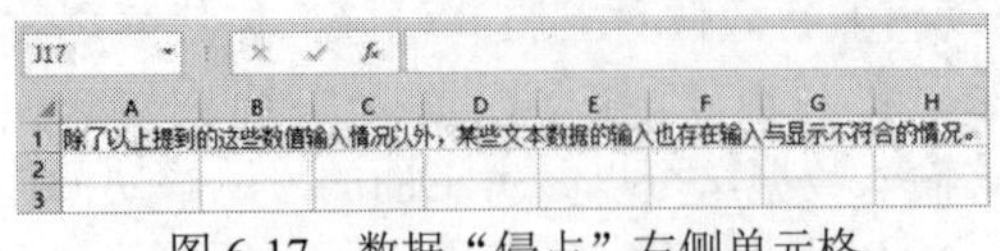

图 6-17　数据“侵占”右侧单元格

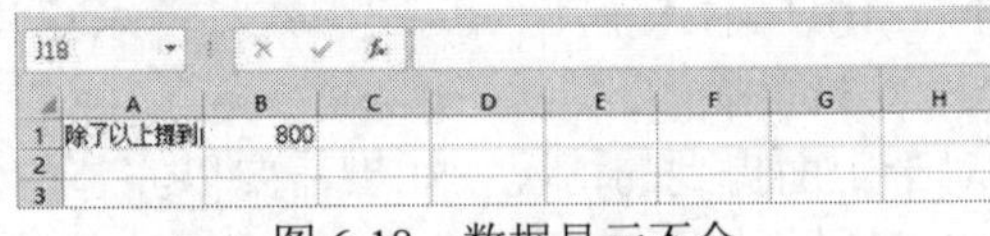

图 6-18　数据显示不全

若用户需要将图 6-18 所示的文本输入在单元格中完整显示出来，有以下几种方法。

- 将单元格所在的列宽调整得更大，容纳更多字符的显示(列宽最大可以有 255 个字符)。
- 选中单元格，打开“设置单元格格式”对话框，选择“对齐”选项卡，在“文本控制”区域中选中“自动换行”复选框(或者在“开始”选项卡的“对齐方式”命令组中单击“自动换行”按钮)，如图 6-19 左图所示。此时单元格中数据的效果如图 6-19 右图所示。

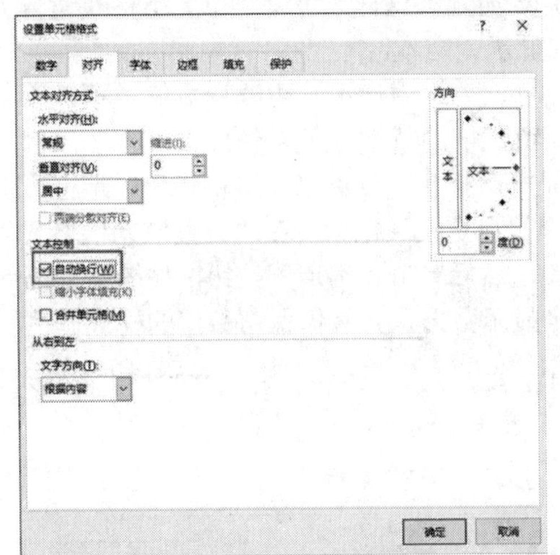

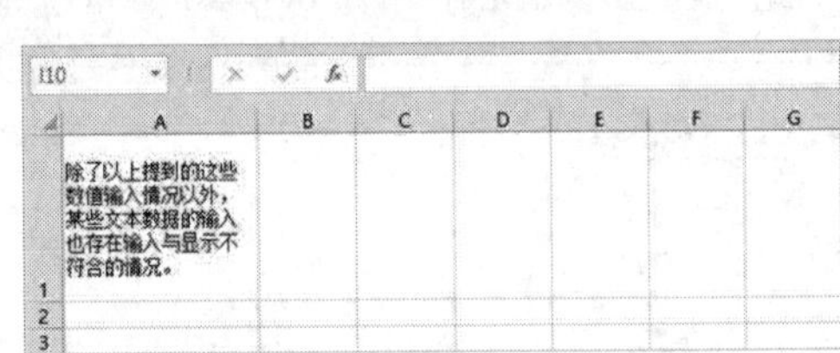

图 6-19　设置单元格内容自动换行

2) 自动格式

在实际工作中，当用户输入的数据中带有一些特殊符号时，会被 Excel 识别为具有特殊含义，从而自动为数据设定特有的数字格式来显示。

- 在单元格中输入某些分数时，如 11/12，单元格会自动将输入数据识别为日期形式，显示为日期的格式“11 月 12 日”，同时单元格的格式也会自动被更改。当然，如果用户输入的对应日期不存在，例如 11/32(11 月没有 32 天)，单元格还会保持原有输入显示。但实际上此时单元格还是文本格式，并没有被赋予真正的分数数值意义。
- 当单元格中输入带有货币符号的数值时，例如$500，Excel 会自动将单元格格式设置为相应的货币格式，在单元格中也可以以货币的格式显示(自动添加千位分隔符、数标红显示或者加括号显示)。如果选中单元格，可以看到在编辑栏内显示的是实际数值(不带货币符号)。

3) 自动更正

Excel 软件中预置有一种“纠错”功能，会在用户输入数据时进行检查，在发现包含有特定条件的内容时，自动进行更正，例如以下几种情况。

- 在单元格中输入(R)时，单元格中会自动更正为®。
- 在输入英文单词时，如果开头有连续两个大写字母，例如 EXcel，则 Excel 软件会自动将其更正为首字母大写 Excel。

以上情况的产生，都是基于 Excel 中“自动更正选项”的相关设置。“自动更正”是一项非常实用的功能，它不仅可以帮助用户减少英文拼写错误，纠正一些中文成语错别字和错误用法，还可以为用户提供一种高效的输入替换用法——输入缩写或者特殊字符，系统自动替换为全称或者用户需要的内容。上面列举的第一种情况，就是通过“自动更正”中内置的替换选项来实现的。用户也可以根据自己的需要进行设置，具体方法如下。

(1) 选择“文件”选项卡，在显示的选项区域中选择“选项”选项，打开“Excel 选项”对话框，选择“校对”选项卡。

(2) 在显示的“校对”选项区域中单击“自动更正选项”按钮，如图 6-20 左图所示。

(3) 在打开的“自动更正”对话框中，用户可以通过选中相应复选框及列表框中的内容对原有的更正替换项目进行修改设置，也可以新增用户的自定义设置。例如，要在单元格中输入 EX 的时候，就自动替换为 Excel，可以在“替换”文本框中输入 EX，然后在“替换为”文本框中输入 Excel，最后单击“添加”按钮，这样就可以成功添加一条用户自定义的自动更正项目，添加完毕后单击“确定”按钮确认操作，如图 6-20 右图所示。

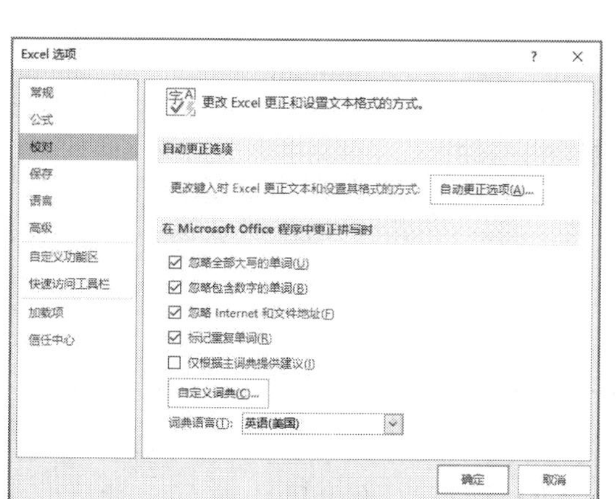

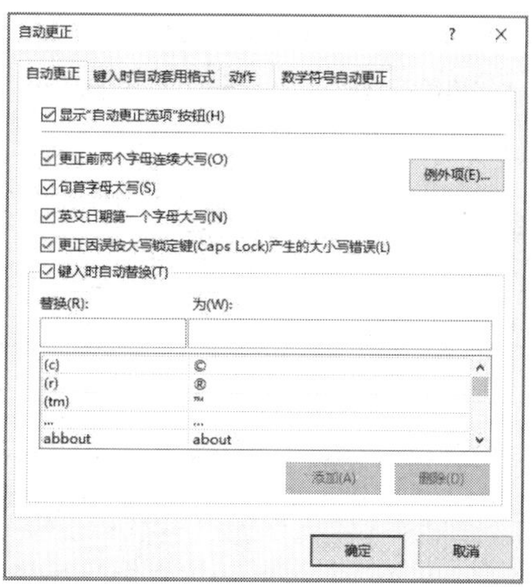

图 6-20　设置自定义自动更正

如果用户不希望输入的内容被 Excel 自动更改，可以对自动更正选项进行以下设置。

- 打开“自动更正”对话框，取消“键入时自动替换”复选框的选中状态，以使所有的更正项目停止使用。
- 取消选中某个单独的复选框，或者在对话框下面的列表框中删除某些特定的替换内容，来中止一些特定的自动更正项目。例如，要取消前面提到的连续两个大写字母开头的英文更正功能，可以取消“更正前两个字母连续大写”复选框的选中状态。

4) 自动套用格式

自动套用格式与自动更正类似，当在输入内容中发现包含特殊文本标记时，Excel 会自动对单元格加入超链接。例如，当用户输入的数据中包含@、WWW、FTP、FTP://、HTTP://等文本内容时，Excel 会自动为此单元格添加超链接，并在输入数据下显示下划线，如图 6-21 所示。

如果用户不愿意输入的文本内容被加入超链接，可以在确认输入后未做其他操作前按下 Ctrl+Z 键来取消超链接的自动加入。也可以通过“自动更新选项”按钮来进行操作。例如在单元格中输入 www.sina.com，Excel 会自动为单元格加上超链接，当鼠标移动至文字上方时，会在开头文字的下方出现一个条状符号，将鼠标移动到该符号上，会显示“自动更正选项”下拉按钮，单击该下拉按钮，将显示如图 6-22 所示的列表。

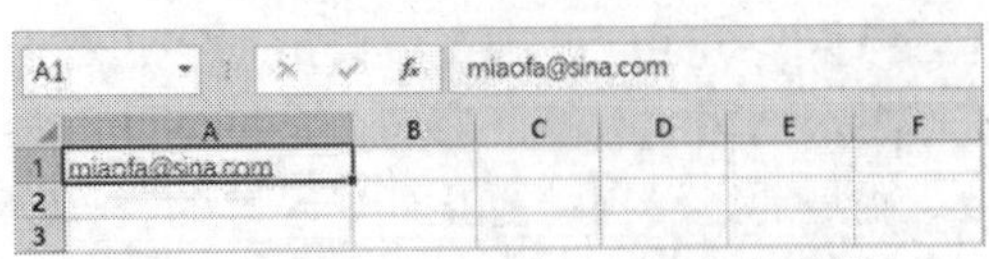

图 6-21　Excel 为网址自动添加超链接

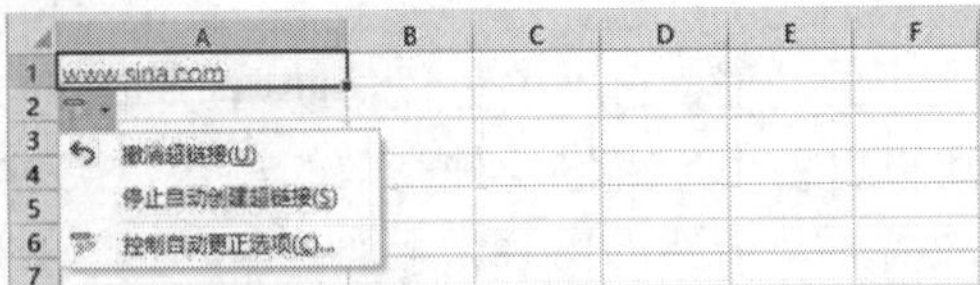

图 6-22　“自动更正选项”下拉列表

- 选择“撤销超链接”命令，可以取消在单元格中创建的超链接。如果选择“停止自动创建超链接”命令，在今后类似输入时就不会再加入超链接(但之前已经生成的超链接将继续保留)。
- 选择“控制自动更正选项”命令，将显示“自动更正”对话框。在该对话框中，取消选中“Internet 及网络路径替换为超链接”复选框，同样可以达到停止自动创建超链接的效果。

5) 日期与时间的输入与识别

日期和时间属于一类特殊的数值类型，其特殊的属性使此类数据的输入以及 Excel 对输入内容的识别，都有一些特别之处。

在 Windows 系统的默认日期设置下，可以被 Excel 自动识别为日期数据的输入形式如下。

- 使用短横线分隔符“-”的输入，如表 6-1 所示。

表 6-1　Excel 识别短横线分隔符“-”的情况

单元格输入	Excel 识别	单元格输入	Excel 识别
2023-1-2	2023 年 1 月 2 日	23-1-2	2023 年 1 月 2 日
90-1-2	1990 年 1 月 2 日	2023-1	2023 年 1 月 1 日
1-2	当前年份的 1 月 2 日		

- 使用斜线分隔符“/”的输入，如表 6-2 所示。

表 6-2　Excel 识别斜线分隔符“/”的情况

单元格输入	Excel 识别	单元格输入	Excel 识别
2023/1/2	2023 年 1 月 2 日	23/1/2	2023 年 1 月 2 日
90/1/2	1990 年 1 月 2 日	2023/1	2023 年 1 月 1 日
1/2	当前年份的 1 月 2 日		

- 使用中文“年月日”的输入，如表 6-3 所示。

表 6-3　Excel 识别“年月日”输入的情况

单元格输入	Excel 识别	单元格输入	Excel 识别
2023 年 1 月 2 日	2023 年 1 月 2 日	23 年 1 月 2 日	2023 年 1 月 2 日
90 年 1 月 2 日	1990 年 1 月 2 日	2023 年 1 月	2023 年 1 月 1 日
1 月 2 日	当前年份的 1 月 2 日		

● 使用包括英文月份的输入，如表 6-4 所示。

表 6-4　Excel 识别包括英文月份输入的情况

单元格输入	Excel 识别	单元格输入	Excel 识别
March 2	当前年份的 3 月 2 日	Mar 2	当前年份的 3 月 2 日
2 Mar		Mar-2	
2-Mar		Mar/2	

对于以上 4 类可以被 Excel 识别的日期输入，有以下几点补充说明。

● 年份的输入方式包括短日期(如 90 年)和长日期(如 1990 年)两种。当用户以两位数字的短日期方式来输入年份时，软件默认将 0~29 之间的数字识别为 2000 年~2029 年，而将 30~99 之间的数字识别为 1930 年~1999 年。为了避免系统自动识别造成的错误理解，建议在输入年份的时候，使用 4 位完整数字的长日期方式，以确保数据的准确性。
● 短横线“-”分隔与斜线分隔“/”可以结合使用。例如输入 2023-1/2 与 2023/1/2 都可以表示“2023 年 1 月 2 日”。
● 当用户输入的数据只包含年份和月份时，Excel 会自动以这个月的 1 号作为它的完整日期值。例如，输入 2023-1 时，会被系统自动识别为 2023 年 1 月 1 日。
● 当用户输入的数据只包含月份和日期时，Excel 会自动以系统当年年份作为这个日期的年份值。例如输入 1-2，如果当前系统年份为 2023 年，则会被 Excel 自动识别为 2023 年 1 月 2 日。
● 包含英文月份的输入方式可以用于只包含月份和日期的数据输入，其中月份的英文单词可以使用完整拼写，也可以使用标准缩写。

除了上面介绍的可以被 Excel 自动识别为日期的输入方式以外，其他不被识别的日期输入方式，则会被识别为文本形式的数据。例如使用 . 分隔符来输入日期 2023.1.2，这样输入的数据只会被 Excel 识别为文本格式，而不是日期格式，导致数据无法参与各种运算，使用户对数据的处理和计算造成不必要的麻烦。

3. 应用填充与序列

除了通常的数据输入方式以外，如果数据本身包括某些顺序上的关联特性，用户还可以使用 Excel 所提供的填充功能进行快速的批量录入数。

1) 快速填充数据

当用户需要在工作表连续输入某些“顺序”数据时，例如星期一、星期二、…，甲、乙、丙、…等，可以利用 Excel 的自动填充功能实现快速输入。例如，要在 A 列连续输入 1~10 的数字，只需要在 A1 单元格中输入 1 在 A2 单元格中输入 2，然后选中 A1:A2 单元格区域，拖动单元格右下角的控制柄即可，如图 6-23 所示。

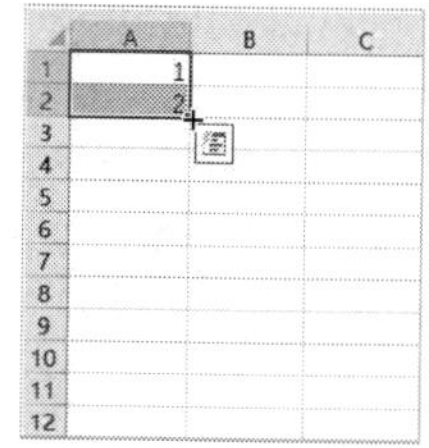

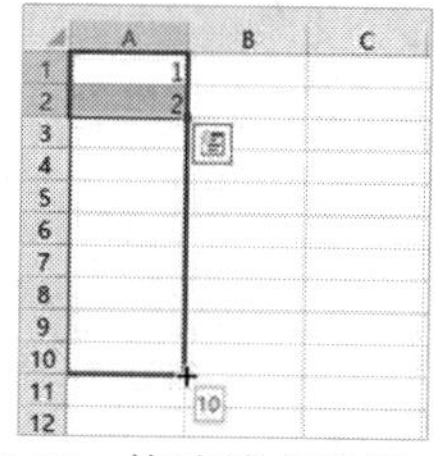

图 6-23　快速填充数据

使用同样的方法也可以连续输入甲、乙、丙等或10个天干。

2) 认识与填充序列

在Excel中可以实现自动填充的“顺序”数据被称为序列。在前几个单元格内输入序列中的元素，就可以为Excel提供识别序列的内容及顺序信息，以及Excel在使用自动填充功能时，自动按照序列中的元素、间隔顺序来依次填充。

用户可以在“Excel选项”对话框中查看可以被自动填充的包括哪些序列，如图6-24所示。

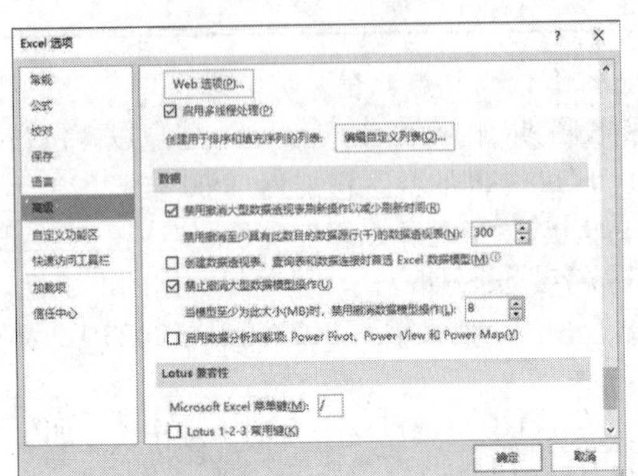

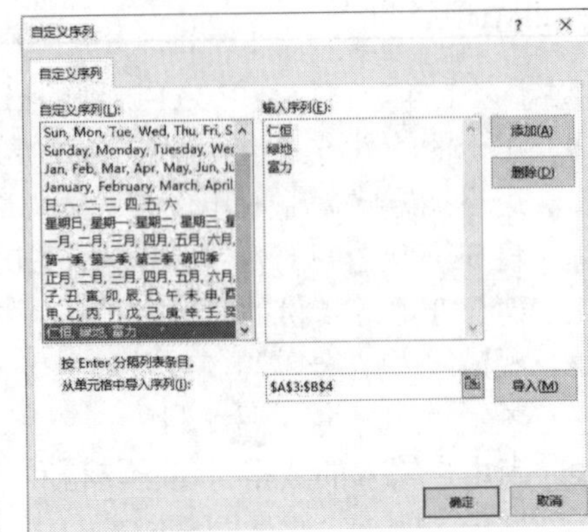

图6-24 查看Excel自动填充包含的序列

在图6-24所示的“自定义序列”对话框左侧的列表中显示了当前Excel中可以被识别的序列(所有的数值型、日期型数据都是可以被自动填充的序列，不再显示于列表中)，用户也可以在右侧的“输入序列”文本框中手动添加新的数据序列作为自定义序列，或者引用表格中已经存在的数据列表作为自定义序列进行导入。

Excel中自动填充的使用方式相当灵活，用户并非必须从序列中的一个元素开始自动填充，而是可以始于序列中的任何一个元素。当填充的数据达到序列尾部时，下一个填充数据会自动取序列开头的元素，循环往复地继续填充。例如在图6-25所示的表格中，显示了从“六月”开始自动填充多个单元格的结果。

除了对自动填充的起始元素没有要求之外，填充时序中的元素的顺序间隔也没有严格限制。

当用户只在一个单元格中输入序列元素时(除了纯数值数据以外)，自动填充功能默认以连续顺序的方式进行填充。而当用户在第一、第二个单元格内输入具有一定间隔的序列元素时，Excel会自动按照间隔的规律来选择元素进行填充，例如在如图6-26所示的表格中，显示了从六月、九月开始自动填充多个单元格的结果。

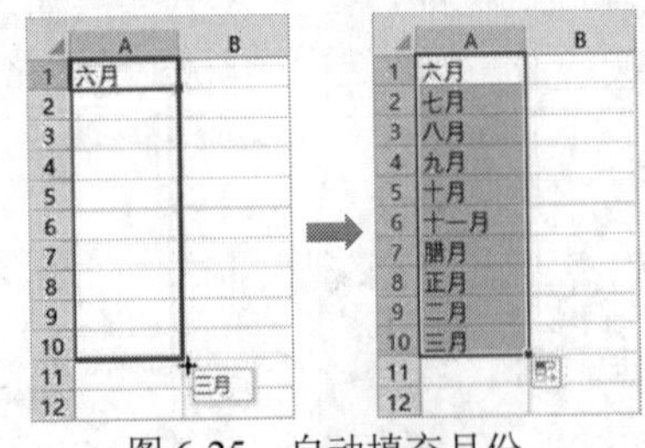

图6-25 自动填充月份

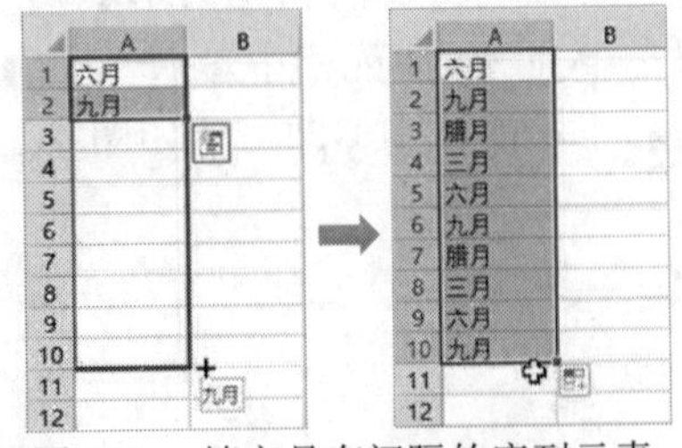

图6-26 填充具有间隔的序列元素

3) 设置填充选项

自动填充完成后，填充区域的右下角将显示“填充选项”按钮，将鼠标指针移动至该按钮上并单击，在弹出的菜单中可显示更多的填充选项，如图 6-27 左图所示。

在图 6-27 左图所示的菜单中，用户可以为填充选择不同的方式，如“填充格式”“不带格式填充”“快速填充”等，甚至可以将填充方式改为复制，使数据不再按照序列顺序递增，而是与最初的单元格保持一致。填充选项按钮下拉菜单中的选项内容取决于所填充的数据类型。例如图 6-27 右图所示的填充目标数据是日期型数据，则在菜单中显示了更多日期有关的选项，例如“以月填充”“以年填充”等。

【例 6-9】在“学生基本信息表”工作表中输入并填充数据。

(1) 将指针分别置于工作表第 1、2 列单元格中输入文本数据，然后在 B1 单元格中输入“1”。

(2) 选中 B1 单元格，将鼠标指针置于单元格右下角的控制柄上，当指针变为十字状态时，按住 Ctrl 键的同时向下拖动鼠标，创建图 6-28 所示的编号。

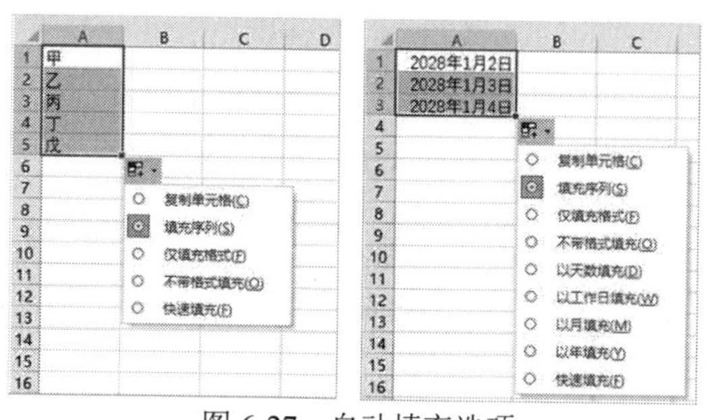

图 6-27　自动填充选项

图 6-28　输入表格数据

(3) 重复以上操作，完成“学生基本信息表”表格结构的输入，如图 6-29 所示。

(4) 选中表格中“出生日期”“入学年月”“填表日期”和“审核日期”等与日期有关的单元格，按下 Ctrl+1 键，打开“设置单元格格式”对话框，在“分类”列表中选择“日期”选项，然后在“类型”列表中选择一种日期类型，并单击“确定”按钮，如图 6-30 所示。

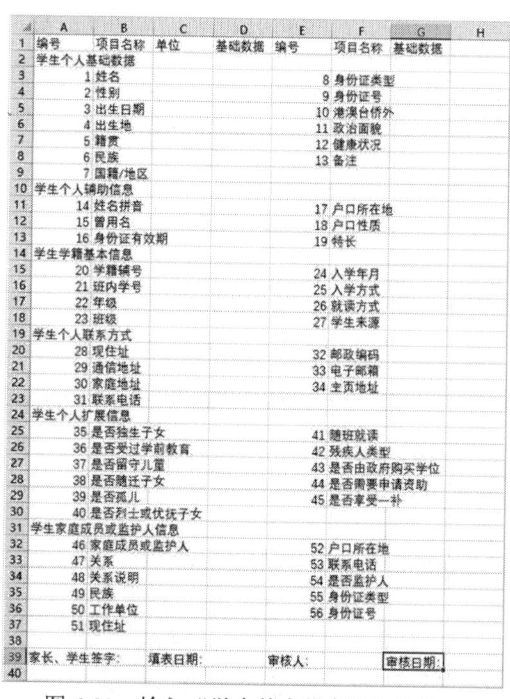

	A	B	C	D	E	F	G	H
1	编号	项目名称	单位	基础数据	编号	项目名称	基础数据	
2	学生个人基础数据							
3	1	姓名			8	身份证类型		
4	2	性别			9	身份证号		
5	3	出生日期			10	港澳台侨外		
6	4	出生地			11	政治面貌		
7	5	籍贯			12	健康状况		
8	6	民族			13	备注		
9	7	国籍/地区						
10	学生个人辅助信息							
11	14	姓名拼音			17	户口所在地		
12	15	曾用名			18	户口性质		
13	16	身份证有效期			19	特长		
14	学生学籍基本信息							
15	20	学籍辅号			24	入学年月		
16	21	班内学号			25	入学方式		
17	22	年级			26	就读方式		
18	23	班级			27	学生来源		
19	学生个人联系方式							
20	28	现住址			32	邮政编码		
21	29	通信地址			33	电子邮箱		
22	30	家庭地址			34	主页地址		
23	31	联系电话						
24	学生个人扩展信息							
25	35	是否独生子女			41	随班就读		
26	36	是否受过学前教育			42	残疾人类型		
27	37	是否留守儿童			43	是否由政府购买学位		
28	38	是否随迁子女			44	是否需要申请资助		
29	39	是否孤儿			45	是否享受一补		
30	40	是否烈士或优抚子女						
31	学生家庭成员或监护人信息							
32	46	家庭成员或监护人			52	户口所在地		
33	47	关系			53	联系电话		
34	48	关系说明			54	是否监护人		
35	49	民族			55	身份证类型		
36	50	工作单位			56	身份证号		
37	51	现住址						
38								
39	家长、学生签字:		填表日期:		审核人:		审核日期:	
40								

图 6-29　输入“学生基本信息表”结构

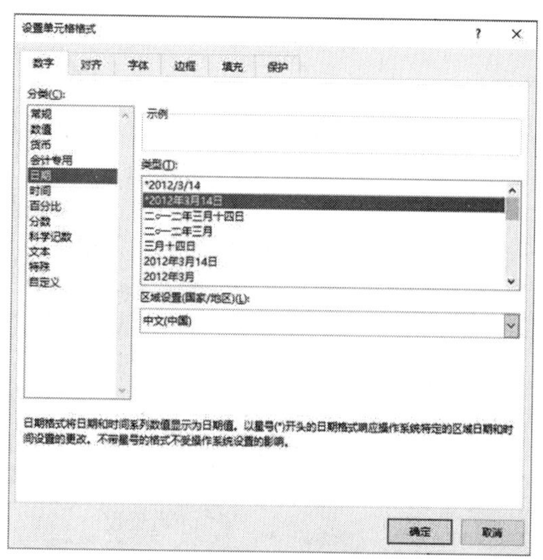

图 6-30　设置日期型数据格式

6.1.4 整理表格数据

整理表格内容，可以帮助我们在工作中提高数据的利用效率，优化表格的外观。

在完成 Excel 数据表的创建和基本内容输入后，用户可以通过为不同数据设置合理的数字格式，设置单元格格式，应用单元格样式和使用主题等操作，对表格内容进行整理。

1. 设置数据的数字格式

Excel 提供多种对数据进行格式化的功能，除了对齐、字体、字号、边框等常用的格式化功能以外，更重要的是其“数字格式”功能，该功能可以根据数据的意义和表达需求来调整显示外观，完成匹配展示的效果。例如，在图 6-31 中，通过对数据进行格式化设置，可以明显地提高数据的可读性。

	A	B	C
1	原始数据	格式化后的显示	格式类型
2	42856	2017年6月1日	日期
3	-1610128	-1,610,128	数值
4	0.531243122	12:44:59 PM	时间
5	0.05421	5.42%	百分比
6	0.8312	5/6	分数
7	7321231.12	¥7,321,231.12	货币
8	876543	捌拾柒万陆仟伍佰肆拾叁	特殊-中文大写数字
9	3.213102124	000° 00' 03.2"	自定义（经纬度）
10	4008207821	400-820-7821	自定义（电话号码）
11	2113032103	TEL:2113032103	自定义（电话号码）
12	188	1米88	自定义（身高）
13	381110	38.1万	自定义（以万为单位）
14	三	第三生产线	自定义（部门）
15	右对齐	右对齐	自定义（靠右对齐）
16			

图 6-31 在 Excel 中对数据格式化后的效果

Excel 内置的数字格式大部分适用于数值型数据，因此称之为“数字”格式。但数字格式并非数值数据专用，文本型的数据同样也可以被格式化。用户可以通过创建自定义格式，为文本型数据提供各种格式化的效果。

对单元格中的数据应用格式，可以使用以下几种方法。

- 选择“开始”选项卡，在“数字”命令组中使用相应的按钮，如图 6-32 所示。
- 打开“单元格格式”对话框，选择“数字”选项卡进行设置，如图 6-33 所示。
- 使用快捷键应用数字格式。

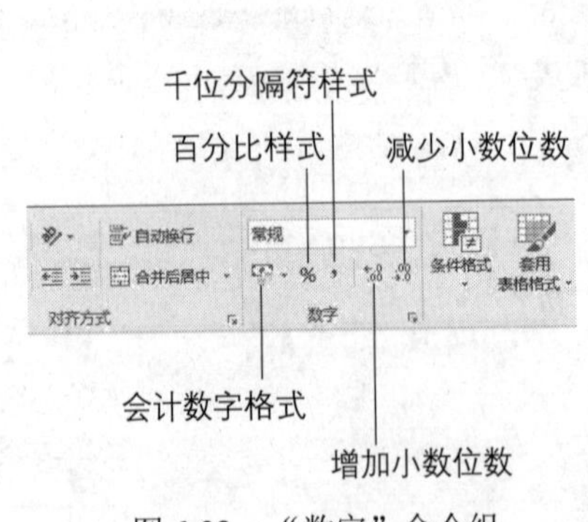

图 6-32 “数字”命令组

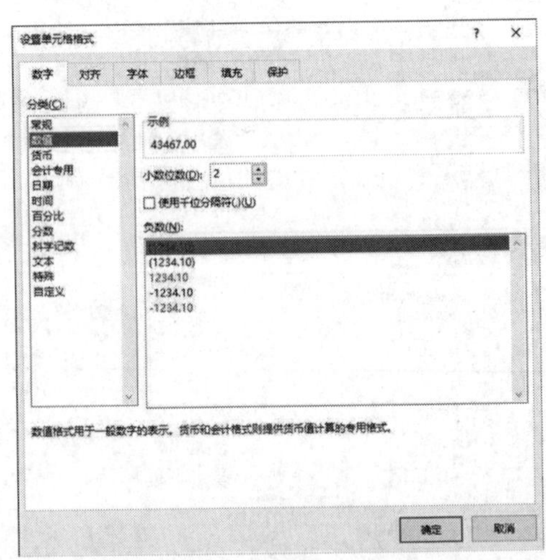

图 6-33 “数字”选项卡

在 Excel“开始”选项卡的“数字”命令组中，“数字格式”选项会显示活动单元格的数字格式类型。单击其右侧的下拉按钮，可以为活动单元格中的数据设置 12 种数字格式，如图 6-34 所示。

另外，在工作表中选中包含数值的单元格区域，然后单击“数字”命令组中的按钮或选项，即可应用相应的数字格式。“数字”命令组中各个按钮的功能说明如下。

- “会计专用格式”：在数值开头添加货币符号，并为数值添加千位分隔符，数值显示两位小数。
- “百分比样式”：以百分数形式显示数值。
- “千位分隔符样式”：使用千位分隔符分隔数值，显示两位小数。
- “增加小数位数”：在原数值小数位数的基础上增加一位小数位。

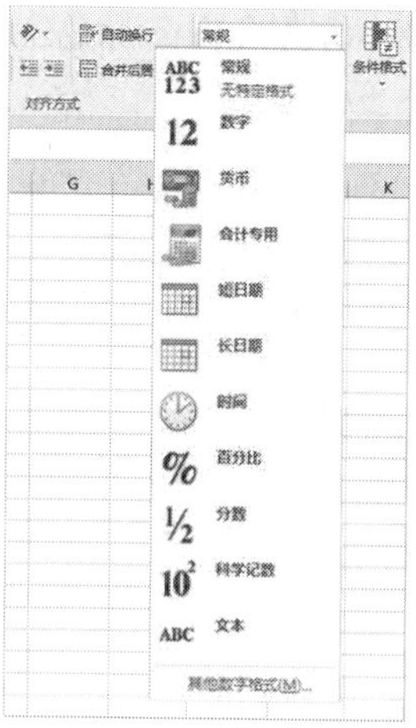

图 6-34 “数字格式”下拉列表

- “减少小数位数”：在原数值小数位数的基础上减少一位小数位。
- “常规”：未经特别指定的格式，为 Excel 的默认数字格式。
- “长日期与短日期”：以不同的样式显示日期。

1) 使用快捷键应用数字格式。通过键盘快捷键也可以快速地对目标单元格和单元格区域设定数字格式，具体如下。

- Ctrl+Shift+~键：设置为常规格式，即不带格式。
- Ctrl+Shift+%键：设置为百分数格式，无小数部分。
- Ctrl+Shift+^键：设置为科学记数法格式，含两位小数。
- Ctrl+Shift+#键：设置为短日期格式。
- Ctrl+Shift+@键：设置为时间格式，包含小时和分钟显示。
- Ctrl+Shift+!键：设置为千位分隔符显示格式，不带小数。

2) 使用对话框应用数字格式。若用户希望在更多的内置数字格式中进行选择，可以通过“设置单元格格式”对话框中的“数字”选项卡来进行数字格式设置。选中包含数据的单元格或区域后，有以下几种等效方式可以打开图 6-33 所示“设置单元格格式”对话框。

- 在图 6-32 所示“开始”选项卡的“数字”命令组中单击“设置单元格格式”按钮。
- 在图 6-34 所示“数字”命令组的“格式”下拉列表中选择“其他数字格式”选项。
- 按 Ctrl+1 键。
- 右击单元格，在弹出的菜单中选择“设置单元格格式”命令。

2. 处理文本型数据

“文本型数字”是 Excel 中的一种比较特殊的数据类型，它的数据内容是数值，但作为文本类型进行存储，具有和文本类型数据相同的特征。

1) 设置“文本”数字格式

“文本”格式是特殊的数字格式，它的作用是设置单元格数据为“文本”。在实际应用中，这一数字格式并不总是如字面含义那样可以让数据在“文本”和“数值”之间进行转换。如果用户在“设置单元格格式”对话框中，先将空白单元格设置为文本格式，如图 6-35 左图所示。然后输入数值，Excel 会将其存储为“文本型数字”。“文本型数字”自动左对齐显示，在单元格的左上角显示绿色三角形符号，如图 6-35 右图所示。

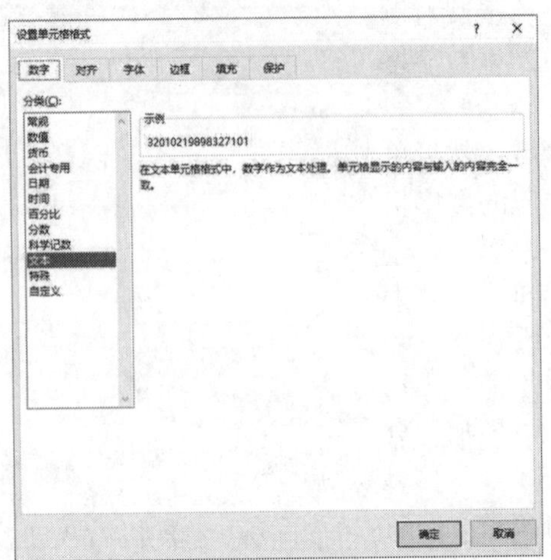

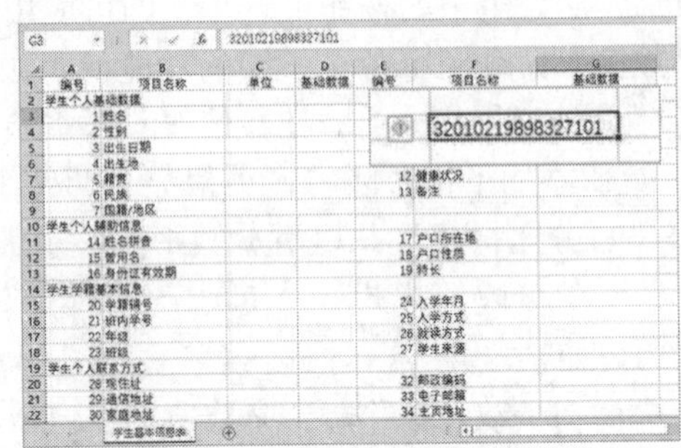

图 6-35　将单元格设置为文本格式

如果先在空白单元格中输入数值，然后再设置为文本格式，数值虽然也自动左对齐显示，但 Excel 仍将其视作数值型数据。

对于单元格中的“文本型数字”，无论修改其数字格式为“文本”之外的哪一种格式，Excel 仍然视其为“文本”类型的数据，直到重新输入数据才会变为数值型数据。

2) 转换文本型数据为数值型

“文本型数字”所在单元格的左上角显示绿色三角形符号，此符号为 Excel“错误检查”功能的标识符，它用于标识单元格可能存在某些错误或需要注意的特点。选中此类单元格，会在单元格一侧出现“错误检查选项”按钮，单击该按钮一侧的下拉按钮会显示如图 6-36 所示的菜单。

在图 6-36 所示的下拉菜单中出现的“以文本形式存储的数字”提示，显示了当前单元格的数据状态。此时如果选择“转换为数字”命令，单元格中的数据将会转换为数值型，如图 6-37 所示。

如果用户需要保留这些数据为“文本型数字”类型，而又不需要显示绿色三角符号，可以在图 6-36 所示的菜单中选择“忽略错误”命令，关闭此单元格的“错误检查”功能。

D	E	F	G	H
基础数据	编号	项目名称	基础数据	
	8	身份证类型	32010219898327101	
	9	身份证号		
	10	港澳台侨外		
	11	政治面貌		
	12	健康状况		
	13	备注		
	17	户口所在地		
	18	户口性质		
	19	特长		

以文本形式存储的数字
转换为数字(C)
关于此错误的帮助(H)
忽略错误(I)
在编辑栏中编辑(F)
错误检查选项(O)...

图 6-36　错误检查选项

D	E	F	G	H
基础数据	编号	项目名称	基础数据	
	8	身份证类型	3.20102E+16	
	9	身份证号		
	10	港澳台侨外		
	11	政治面貌		
	12	健康状况		
	13	备注		
	17	户口所在地		
	18	户口性质		
	19	特长		

图 6-37　将数据类型转换为数值型

3) 转换数值型数据为文本型

如果要将工作表中的数值型数据转换为文本型数字，可以先将单元格设置为“文本”格式，然后双击单元格或按下 F2 键激活单元格的编辑模式，最后按下 Enter 键即可。

【例 6-10】在“学生基本信息表”工作表中设置用于填写身份证号码的单元格格式，使其中填写的数据类型由数值型转换为文本型。

(1) 打开“学生基本信息表”工作表，在数据表“身份证号”选项后输入学生身份证号后，工作表默认显示如图 6-37 所示的数据。

(2) 右击填写身份证号的单元格，在弹出的菜单中选择“设置单元格格式”命令，打开“设置单元格格式”对话框，在“分类”列表中选择“文本”选项，然后单击“确定”按钮。

(3) 双击单元格，使其进入编辑模式，然后单击任意其他单元格，即可在单元格中显示如图 6-36 所示的文本型数据。

使用以上方法只能对单个单元格起作用。如果要同时将多个单元格的数值转换为文本类型，且这些单元格在同一列，可以参考以下方法进行操作。

(1) 选中位于同一列的包含数值型数据的单元格区域，如图 6-38 左图所示，选择“数据”选项卡，在“数据工具”命令组中单击“分列”按钮。

(2) 打开“文本分列向导-第 1 步”对话框，连续单击“下一步”按钮。打开“文本分列向导-第 3 步”对话框，选中“文本”单选按钮，单击“完成”按钮，如图 6-38 中图所示。

(3) 此时，被选中区域中的数值型数据转换为文本型数据，如图 6-38 右图所示。

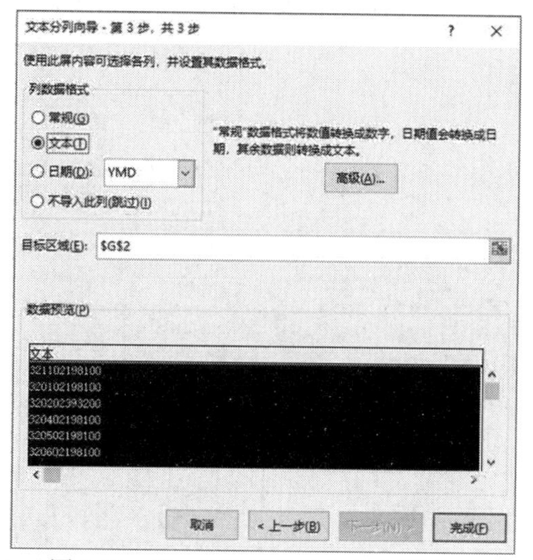

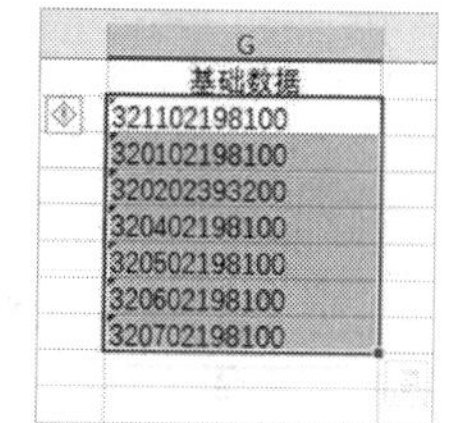

图 6-38　将一列数据设置为文本格式

3. 设置表格单元格格式

工作表的整体外观由各个单元格的样式构成，单元格的样式外观在 Excel 的可选设置中主要包括数据显示格式、字体样式、文本对齐方式、边框样式以及单元格颜色等。

在 Excel 中，对于单元格格式的设置和修改，用户可以通过“功能区命令组”“浮动工具栏”以及“设置单元格格式”对话框来实现，下面将分别进行介绍。

1) 功能区命令组

在“开始”选项卡中提供了多个命令组用于设置单元格格式，包括“字体”“对齐方式”“数字”“样式”等，如图 6-39 所示，其具体说明如下。

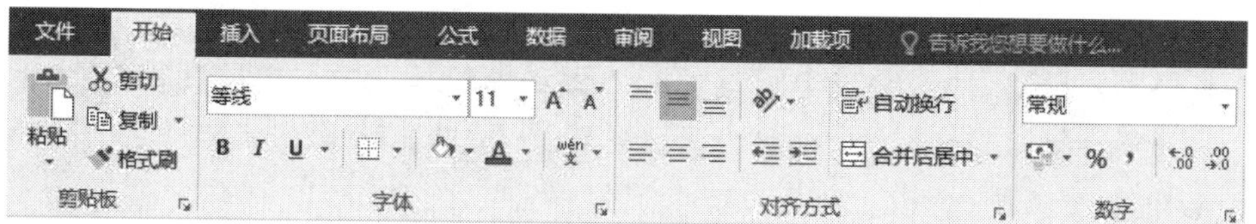

图 6-39　Excel 功能区命令组

- “字体”命令组：包括“字体”“字号”“加粗”“倾斜”“下划线”“填充色”“字体颜色”等命令按钮。
- “对齐方式”命令组：包括“顶端对齐”“垂直居中”“底端对齐”“左对齐”“居中”“右对齐”“方向”“调整缩进量”“自动换行”“合并居中”等命令按钮。
- “数字”命令组：包括“增加小数位数”“减少小数位数”“百分比样式”“会计数字格式”等对数字进行格式化的各种命令按钮。
- “样式”命令组：包括“条件格式”“套用表格格式”“单元格样式”等命令按钮。

2) 浮动工具栏

选中并右击单元格，在弹出的菜单上方将会显示浮动工具栏，在浮动工具栏中包括了常用的单元格格式设置命令，如图6-40所示。

3) “设置单元格格式”对话框

在“开始”选项卡中单击“字体”“对齐方式”“数字”等命令组右下角的对话框启动器按钮，或者按下Ctrl+1键，打开如图6-41所示的“设置单元格格式”对话框。

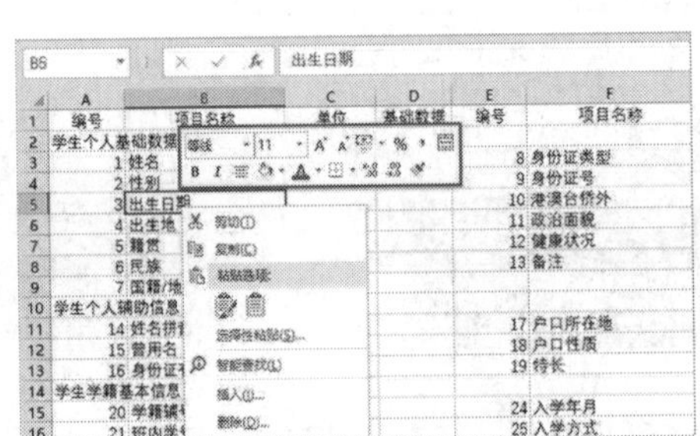

图6-40　浮动工具栏

图6-41　“设置单元格格式”对话框

在“设置单元格格式”对话框中，用户可以根据需要选择合适的选项卡，设置表格单元格的格式。例如设置对齐、设置字体、设置边框。

【例6-11】在“学生基本信息表”工作表中设置“编号”列的对齐方式为“居中对齐”，并合并A2:G2、A10:G10、A14:G14、A19:G19、A24:G24和A31:G31等单元格。

(1) 选中数据表中的标题栏，单击“开始”选项卡“对齐方式”组中的“居中”按钮和“垂直居中”按钮，设置标题栏内容居中于单元格。

(2) 按住Ctrl键选中数据表中所有的编号后，单击“开始”选项卡“对齐方式”组中的“居中”按钮和“垂直居中”按钮，设置选中单元格中的数据居中于单元格，如图6-42所示。

(3) 按住Ctrl键选中A2:G2、A10:G10、A14:G14、A19:G19、A24:G24和A31:G31等单元格区域，按下Ctrl+1键打开“设置单元格格式”对话框，选中“对齐”选项卡，将“水平对齐”和“垂直对齐”设置为“居中”，选中“合并单元格”复选框，单击“确定”按钮，设置合并单元格，如图6-43所示。

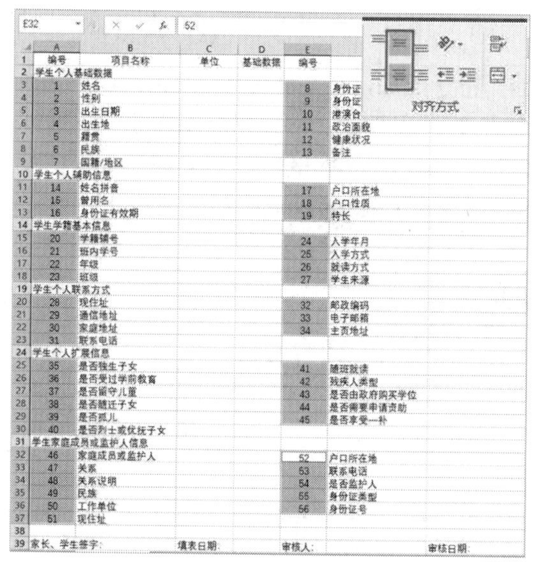
图 6-42　设置编号居中

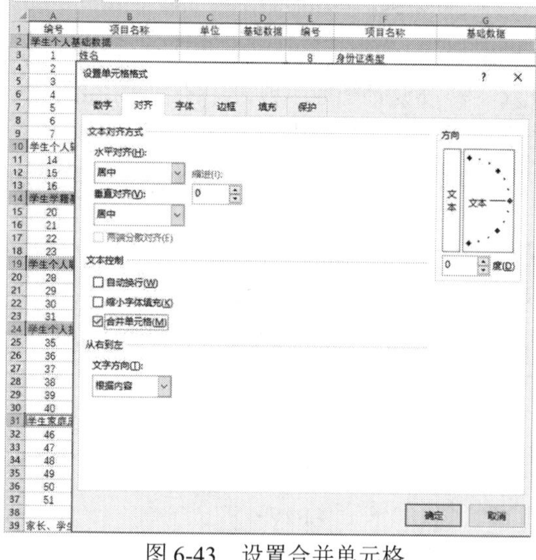
图 6-43　设置合并单元格

【例 6-12】在“设置单元格格式”对话框中为“学生基本信息表”工作表中的标题文本设置字体格式，并为表格设置边框。

(1) 打开“学生基本信息表”工作表，选中标题栏，按下 Ctrl+1 组合键，打开“设置单元格格式”对话框，选择“字体”选项卡，在“字体”列表框中选择“黑体”选项，在“字形”列表框中选择“常规”选项，在“字号”列表框中选择“11”选项，然后单击“确定”按钮，如图 6-44 所示。

(2) 选中表格最左侧的 A1 单元格，按下 Ctrl+A 组合键，选中 A1:G37 表格区域。

(3) 按下 Ctrl+1 键打开“设置单元格格式”对话框，选择“边框”选项卡，在“样式”列表框中选择表格外边框样式后，单击“外边框”按钮，在“样式”列表框中选择表格内边框样式后，单击“内边框”按钮，并在“边框”选项区域中确认表格边框的效果，如图 6-45 所示，然后单击“确定”按钮，为表格设置边框效果。

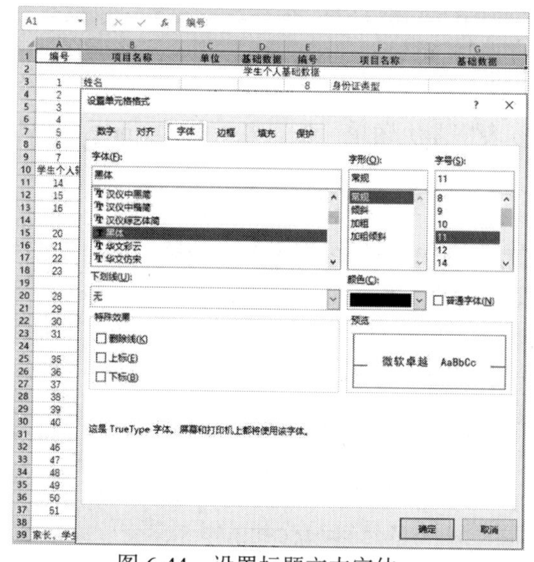
图 6-44　设置标题文本字体

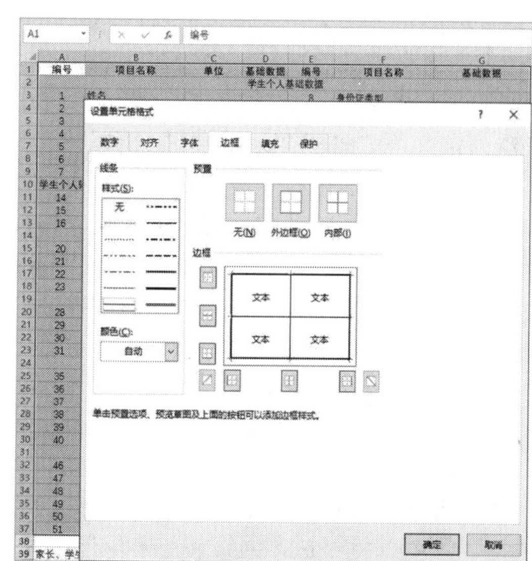
图 6-45　设置表格边框

4. 调整表格的行与列

Excel 工作表由许多横条和竖线交叉而成的一排排格子组成，在这些由线条组成的格子中，录入各种数据就构成了办公中所使用的表。工作表最基本的结构是由横线间隔而出的“行”与由竖线分隔出的“列”组成。行、列相互交叉所形成的格子称为“单元格”，如图 6-46 所示。

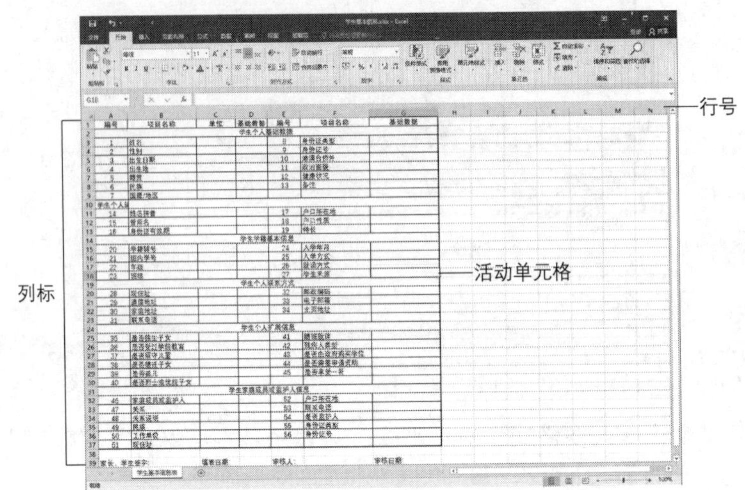

图 6-46　工作表由横线和竖线组成

在图 6-46 所示的 Excel 工作窗口中，一组垂直的灰色标签中的阿拉伯数字标识了电子表格的“行号”；而一组水平的灰色标签中的英文字母则标识了表格的“列标”。在实际工作中，用户需要通过“行号”和“列标”来识别表格中的行、列及单元格，从而对其进行有效的设置。

1) 选取行与列

Excel 中，如果当前工作簿文件的扩展名为.xls，其包含工作表的最大行号为 65 536(即 65 536 行)；如果当前工作簿文件的扩展名为.xlsx，其包含工作表的最大行号为 1 048 576(即 1 048 576 行)。在工作表中，最大列标为 XFD 列(即 A~Z、AA~XFD，即 16 384 列)。

如果用户选中工作表中的任意单元格，按下 Ctrl+方向键↓组合键，可以快速定位到选定单元格在列向下连续非空的最后一行(若整列为空或选中的单元格所在列下方均为空，则定位至工作表当前列的最后一行)；按下 Ctrl+方向键→组合键，可以快速定位到选取单元格所在行向右连续非空的最后一列(若整行为空或者选中单元格所在行右侧均为空，将定位到当前行的 XFD 列)；按下 Ctrl+Home 组合键，可以快速定位到表格左上角单元格；按下 Ctrl+End 组合键，可以快速定位到表格右下角单元格。

除了上面介绍的几种行列定位方式以外，选取行与列的基础操作有以下几种。

- 选取单行/单列：在工作表中单击具体的行号和列标标签即可选中相应的整行或整列。当选中某行(或某列)后，此行(或列)的行号标签将会改变颜色，所有的标签将加亮显示，相应行、列的所有单元格也会加亮显示，以标识出其当前处于被选中状态，如图 6-47 所示。
- 选取相邻连续的多行/多列：在工作表中单击具体的行号后，按住鼠标左键不放，向上、向下拖动，即可选中与选定行相邻的连续多行。如果单击选中工作表中的列标，然后按住鼠标左键不放，向左、向右拖动，则可以选中相邻的连续多列，如图 6-48 所示。
- 选取不相邻的多行/多列：要选取工作表中不相邻的多行，用户可以在选中某行后，按住 Ctrl 键不放，继续使用鼠标单击其他行标签，完成选择后松开 Ctrl 键即可。选择不相邻多列的方法与此类似。

图 6-47 选取单行

图 6-48 选取相邻的多列

2) 调整行高和列宽

在 Excel 工作表中，用户可以根据表格的制作要求，采用不同的设置调整表格中的行高和列宽，例如。

- 选取列后，在“开始”选项卡的“单元格”命令组中单击“格式”下拉按钮，在弹出的列表中选择“列宽”或“行高”命令，打开“列宽”或“行高”对话框，输入所需要设置的列宽和行高具体数值后，单击“确定”按钮即可，如图 6-49 所示。
- 选中行或列后，右击，在弹出的菜单中选择“行高”或“列宽”命令，然后在打开的“行高”或“列宽”对话框中进行相应的设置，如图 6-50 所示。
- 在工作表中选中行或列后，当鼠标指针放置在选中的行或列标签相邻的行或列标签之间时，将显示如图 6-51 左图所示的黑色双向箭头。此时，按住鼠标左键不放，向上方或下方(调整列宽时为左侧或右侧)拖动鼠标即可调整行高和列宽。同时，Excel 将显示如图 6-51 右图所示的提示框，提示当前的行高或列宽值。

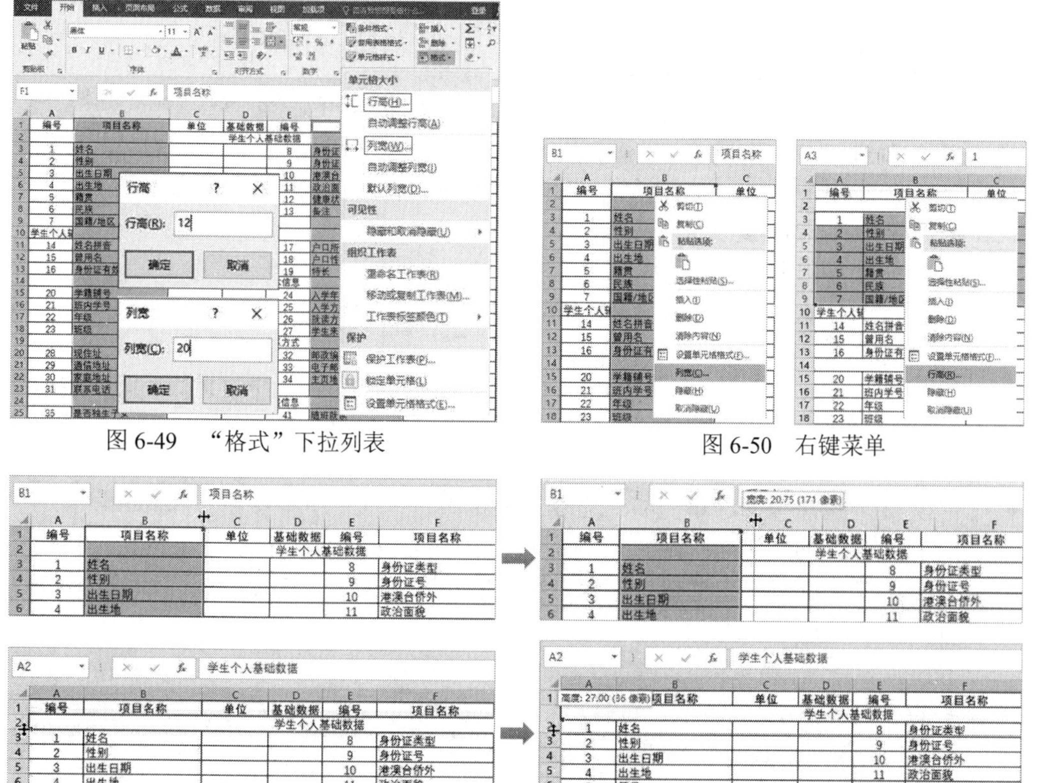

图 6-49 “格式”下拉列表

图 6-50 右键菜单

图 6-51 拖动鼠标调整行高和列宽

- 当用户在工作表中设置了多种行高和列宽，或表格内容长短、高低参差不齐时，用户可以参考【例 6-13】介绍的方法，使用“自动调整列宽”和“自动调整行高”命令，快速设置表格行高和列宽。

【例 6-13】通过拖动鼠标和设置自动调整行高和列宽，调整“学生基本信息表”。

(1) 打开“学生基本信息表”工作表，选中表格最左侧的 A1 单元格，按下 Ctrl+A 键选中整个表格。单击“开始”选项卡“单元格”组中的“格式”下拉按钮，在弹出的菜单中选择“自动调整行高”和“自动调整列宽”选项。

(2) 选中 C 列，将鼠标指针放置在 C 列与 D 列之间，当指针变为双向十字箭头时，按住左键向右拖动，调整 C 列(“单位”列)的列宽，如图 6-52 所示。

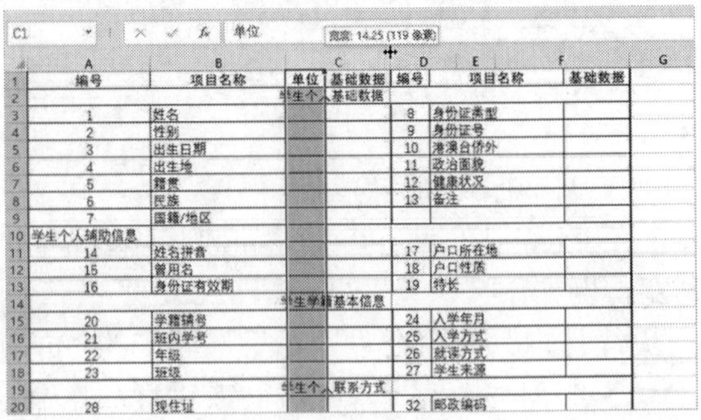

图 6-52 调整“单位”列宽

3) 插入行与列

当用户需要在表格中新增一些条目和内容时，就需要在工作表中插入行或列。在 Excel 中，在选定行之前(上方)插入新行的方法有以下几种。

- 选择“开始”选项卡，在“单元格”命令组中单击“插入”拆分按钮，在弹出的列表中选择“插入工作表行”命令。
- 右击选中的行，在弹出的菜单中选择“插入”命令(若当前选中的不是整行而是单元格，将打开“插入”对话框，在该对话框中选中“整行”单选按钮，然后单击“确定”按钮即可)。
- 选中目标行后，按下 Ctrl+Shift+=组合键。

要在选定列之前(左侧)插入新列，同样也可以采用上面介绍的三种方法操作。

4) 移动行与列

在工作表中选取要移动的行或列后，要执行“移动”操作，应先对选中的行或列执行“剪切”操作，方法有以下几种。

- 在“开始”选项卡的“剪贴板”命令组中单击“剪切”按钮✂。
- 右击选中的行或列，在弹出的菜单中选择“剪切”命令。
- 按下 Ctrl+X 组合键。

行或列被剪切后，将在其四周显示如图 6-53 左图所示的虚线边框。此时，选取移动行的目标位置行的下一行(或该行的第 1 个单元格)，然后参考以下几种方法之一执行“插入复制的单元格”命令即可“剪切”行或列。

- 在“开始”选项卡的“单元格”命令组中单击“插入”下拉按钮，在弹出的列表中选择“插入复制的单元格”命令。
- 右击，在弹出的菜单中选择“插入剪切的单元格”命令，如图 6-53 右图所示。
- 按下 Ctrl+V 组合键。

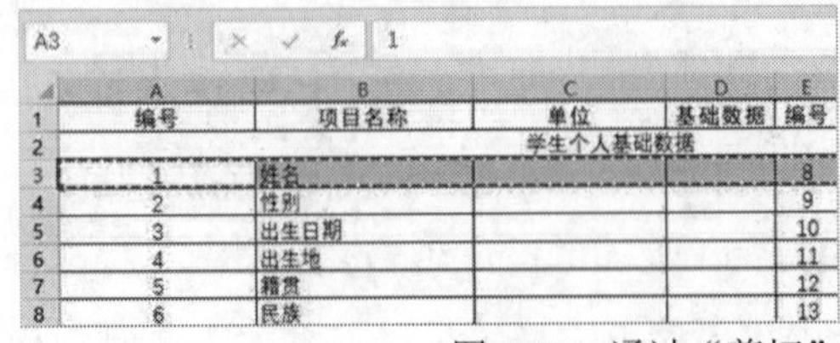

图 6-53 通过“剪切”和“复制”命令移动行

完成行或列“移动”操作后，需要移动的行的次序将被调整到目标位置之前，而被移动行的原来位置将被自动清除。若用户选中多行，则“移动”的操作也可以同时对连续的多行执行。

5) 复制行与列

要复制工作表中的行或列，需要在选中行或列后参考以下方法之一执行“复制”命令。

- 选择“开始”选项卡，在“剪贴板”命令组中单击“复制”按钮。
- 右击选中的行或列，在弹出的菜单中选择“复制”命令。
- 按下 Ctrl+C 组合键。

行或列被复制后，选中需要复制的目标位置的下一行(选取整行或该行的第 1 个单元格)，选择以下方法之一，执行“插入复制的单元格”命令即可完成复制行或列的操作。

- 在“开始”选项卡的“单元格”命令组中单击“插入”下拉按钮，在弹出的列表中选择“插入复制的单元格”命令。
- 右击鼠标，在弹出的菜单中选择“插入复制的单元格”命令。
- 按下 Ctrl+V 组合键。

【例 6-14】在“学生基本信息表”工作表中将表格的第 1~37 行复制到工作表的 41 行之后。

(1) 选中工作表的第 1 行，然后在行标上按住鼠标左键向下拖动，选中第 1~37 行，按下 Ctrl+C 键复制行。

(2) 选中工作表的第 41 行，按下 Ctrl+V 键，即可完成复制操作。

6) 删除行与列

要删除表格中的行与列，用户可以参考下面介绍的方法操作。

- 选中需要删除的整行或整列，在功能区“开始”选项卡的“单元格”命令组中单击“删除”下拉按钮，在弹出的列表中选择“删除工作表行”或“删除工作表列”命令即可。
- 选中要删除行、列中的单元格或区域，右击，在弹出的菜单中选择“删除”命令，打开“删除”对话框，选择“整行”或“整列”命令，然后单击“确定”按钮。

5. 选取单元格和区域

在处理表格时，不可避免地需要对表中的“单元格”进行操作，单元格构成 Excel 工作表最基础的元素，一张完整的工作表(扩展名为.xlsx 的工作簿中)通常包含 17 179 869 184 个单元格，其中每个单元格都可以通过单元格地址来进行标识，单元格地址由它所在列的列标和所在行的行号所组成，其形式为“字母+数字”，以图 6-54 所示的活动单元格为例，该单元格位于 E 列第 8 行，其地址就为 E8(显示在窗口左侧的名称框中)。

在工作表中，无论用户是否执行过任何操作，都存在一个被选中的活动单元格，例如图 6-54 中的 E8 单元格。活动单元格的边框显示为黑色矩形线框，在工作窗口左侧的“名称框”内会显示其单元格地址，在编辑栏中则会显示单元格中的内容。用户可以在活动单元格中输入和编辑数据(其可以保存的数据包括文本、数值、公式等)。

1) 选取/定位单元格

要选取工作表中的某个单元格为活动单元格，只要单击目标单元格或按键盘方向键移动到目标活动单元格即可。若通过鼠标直接单击单元格，可以将被单击的单元格直接选取为活动单元格；若使用键盘方向键及 Page UP、Page Down 等按键，则可以在工作表中移动选取活动单元格，具体按键的使用说明如表 6-5 所示。

图 6-54 Excel 中的名称框和编辑框

表 6-5 在工作表中移动活动单元格的快捷键

按键名称	Excel 识别	按键名称	Excel 识别
方向键↑	向上一行移动	方向键↓	向下一行移动
方向键←	水平向左移动	方向键→	水平向右移动
Page UP	向上翻一页	Page Down	向下翻一页
Alt+Page UP	左移一屏	Alt+Page Down	右移一屏

除了使用上方介绍的方法可以在工作表中选取活动单元格以外，用户还可以通过在 Excel 窗口左侧的“名称框”文本框中输入目标单元格地址(例如图 6-54 中的 E8)，然后按下 Enter 键快速将活动单元格定位到目标单元格。与此操作效果相似的使用“定位”功能，定位工作表中的目标单元格。

2) 选取区域

工作表中的“区域”指的是由多个单元格组成的群组。构成区域的多个单元格之间可以是相互连续的，也可以是相互独立不连续的，如图 6-55 所示。

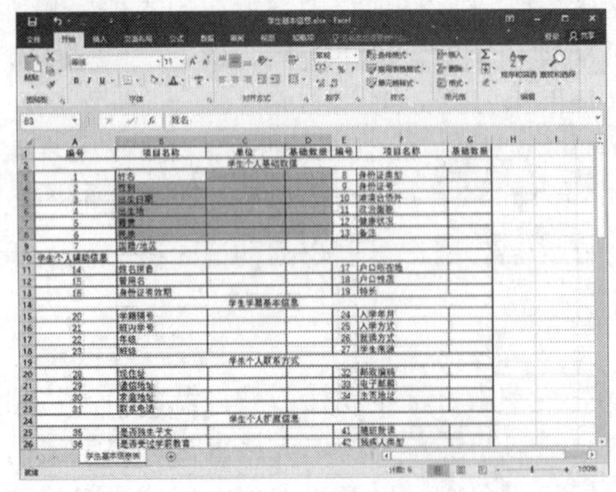

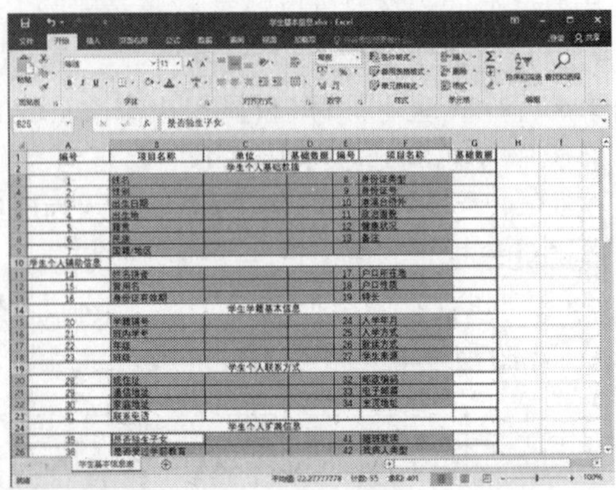

图 6-55 在工作表中选取的区域

对于连续的区域，用户可以使用矩形区域左上角和右下角的单元格地址进行标识，形式上为“左上角单元格地址：右下角单元格地址”，例如图 6-55 左图所示区域地址为 B3:D8，表示该区域包含了从 B3 单元格到 D8 单元格的矩形区域，矩形区域宽度为 3 列，高度为 6 行，一共包含 18 个连续单元格。

要选取工作表中的连续区域，可以使用以下几种方法。

- 选取一个单元格后，按住鼠标左键在工作表中拖动，选取相邻的连续区域。
- 选取一个单元格后，按住 Shift 键，使用方向键在工作表中选择相邻的连续区域。
- 选取一个单元格后，按下 F8 键，进入“扩展”模式，在窗口左下角的状态栏中显示“扩展式选定”提示。之后，单击工作表中另一个单元格时，将自动选中该单元格与选定单元格之间所构成的连续区域。再次按下 F8 键，关闭“扩展”模式。
- 在 Excel 窗口“名称框”文本框中输入区域的地址，例如 B3:E8，按下 Enter 键确认，即可选取并定位到目标区域。

若用户需要在工作表中选取不连续区域，可以参考以下几种方法。

- 选取一个单元格后，按住 Ctrl 键，然后通过单击或者拖动鼠标选择多个单元格或者连续区域即可(此时，鼠标最后一次单击的单元格或最后一次拖动开始之前选取的单元格就是选取区域中的活动单元格)。
- 按下 Shift+F8 组合键，启动“添加”模式，然后使用鼠标选取单元格或区域。完成区域选取后，再次按下 Shift+F8 组合键即可。
- 在 Excel 窗口“名称框”中输入多个单元格或区域的地址，地址之间用半角状态下的逗号隔开，例如 A3:C8,D5,G2:H5，然后按下 Enter 键确认即可(此时，最后一个输入的连续区域的左上角或者最后输入的单元格为选取区域中的活动单元格)。
- 在功能区“开始”选项卡的“编辑”命令组中单击“查找和选择”下拉按钮，在弹出的列表中选择“转到”命令(或按下 F5 键)，打开“定位”对话框，在“引用位置”文本框中输入多个单元格地址(地址之间用半角状态下的逗号隔开)，然后单击“确定”按钮即可。

【例 6-15】通过选取单元格和区域对“学生基本信息表”进一步编辑。

(1) 选中表格 A39:B39 区域，单击“开始”选项卡“对齐方式”组中的“对齐后居中”下拉按钮，在弹出下拉列表中选择“合并单元格”选项。

(2) 重复以上操作，合并 C39:D39、E39:F39、G39:H39 区域。

(3) 选中 A39:G39 区域，按下 Ctrl+C 键执行“复制”命令，选中 A79 单元格，按下 Ctrl+V 键，执行“粘贴”命令，将 A39:G39 区域复制到 A79:G79 区域。

6.1.5　设置表格页面

在 Excel 中完成电子表格的制作后，如果用户需要对页面执行打印操作，就需要对工作表页面进行更多的设置(例如打印方向、纸张大小、页眉页脚等)。

在“页面布局”选项卡的“页面设置”命令组中单击“打印标题”按钮，可以显示“页面设置”对话框。其中包括了“页面”“页边距”“页眉/页脚”和“工作表”等 4 个选项卡，如图 6-56 所示。用户可以在其中设置 Excel 工作表的各项页面效果参数。

1. 设置页面

在“页面设置”对话框中选择“页面”选项卡，显示如图 6-56 所示。在该选项卡中可以进行以下设置。

- 方向：Excel 默认的打印方向为纵向打印，但对于某些行数较少而列数跨度较大的表格，使用横向打印的效果也许更为理想。
- 缩放：可以调整打印时的缩放比例。用户可以在“缩放比例”的微调框内选择缩放百分比，可以调范围在 10%~400%之间，或者也可以让 Excel 根据指定的页数来自动调整缩放比例。
- 纸张大小：在该下拉列表中可以选择纸张尺寸。可供选择的纸张尺寸与当前选定的打印机有关。此外，在“页面布局”选项卡中单击“纸张大小”按钮也可对纸张尺寸进行选择。
- 打印质量：可以选择打印的精度。对于需要显示图片细节内容的情况可以选择高质量的打印方式，而对于只需要显示普通文字内容的情况则可以相应的选择较低的打印质量。打印质量的高低影响到打印机耗材的消耗程度。
- 起始页码：Excel 默认设置为“自动”，即以数字 1 开始为页码标号，但如果用户需要页码起始于其他数字，则可在此文本框内填入相应的数字。例如输入数字 7，在第一张的页码即为 7，第二张页码为 8，以此类推。

2. 设置页边距

在“页面设置”对话框中选择“页边距”选项卡(如图 6-57 所示)，可以进行以下设置。

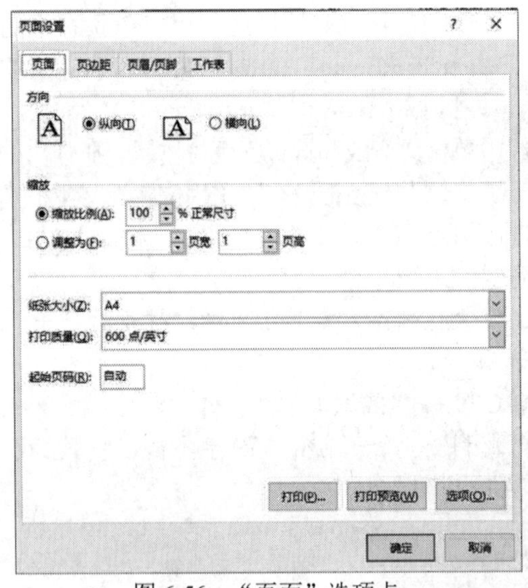

图 6-56 “页面”选项卡

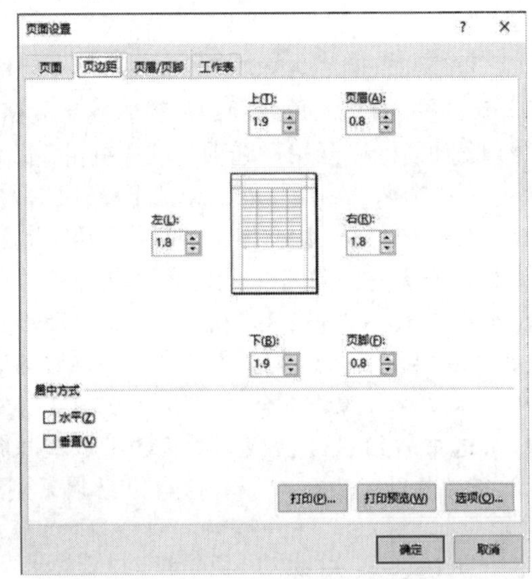

图 6-57 “页边距”选项卡

- 页边距：可以在上、下、左、右等 4 个方向上设置打印区域与纸张边界之间的留空距离。
- 页眉：页眉微调框内可以设置页脚至纸张底端之间的间距(通常此距离需要小于上页边距)。
- 页脚：页脚微调框内可以设置页脚至纸张底端之间的间距(通常此距离需要小于下页边距)。
- 居中方式：如果在页边距范围内的打印区域还没有被打印内容填满，则可以在“居中方式”区域中选择将页面内容显示为“水平”或“垂直”居中，也可以同时选择两种居中方式。在对话框中间的矩形框内会显示当前设置下的表格内容位置。

3. 设置页眉/页脚

在“页面设置”对话框中选择“页眉/页脚”选项卡，显示如图 6-58 所示。在该对话框中可以对打印输出时的页眉页脚进行设置。页眉和页脚指的是打印在每张纸张页面顶部和底部的固定文字或图片，通常情况下用户会在这些区域设置一些表格标题、页码、时间、Logo 等内容。

要为当前工作表添加页眉，可在此对话框中单击“页面”列表框的下拉箭头，在下拉列表中从 Excel 内置的一些页眉样式中选择，然后单击“确定”按钮完成页眉设置。

如果下拉列表中没有用户中意的页眉样式，也可以单击“自定义页眉”按钮自己来设计页眉的样式，显示“页眉”对话框如图 6-59 所示。

在“页眉”对话框中，用户可以在左、中、右 3 个位置设定页眉的样式，相应的内容会显示在纸张页面顶部的左端、中间和右端。“页眉”对话框中各按钮的含义如下。

- 格式文本：单击 A 按钮，可以在打开的对话框中设置页面中所包含文字的字体格式。
- 插入页码：单击按钮，将在页眉中插入页码的代码“&[页码]”，实际打印时显示当前页的页码数。
- 插入页数：单击按钮，将在页眉中插入总页数的代码“&[总页数]”，实际打印时显示当前分页状态下文档总共所包含的页码数。
- 插入日期：单击按钮，将在页眉中插入当前日期的代码“&[日期]”，显示打印时的实际日期。

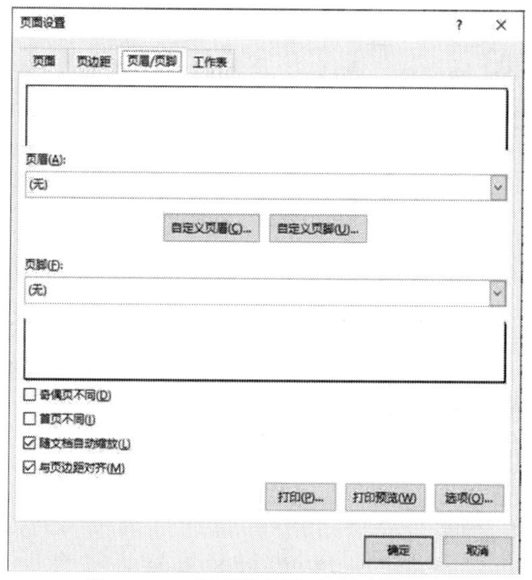

图 6-58　“页眉/页脚”选项卡

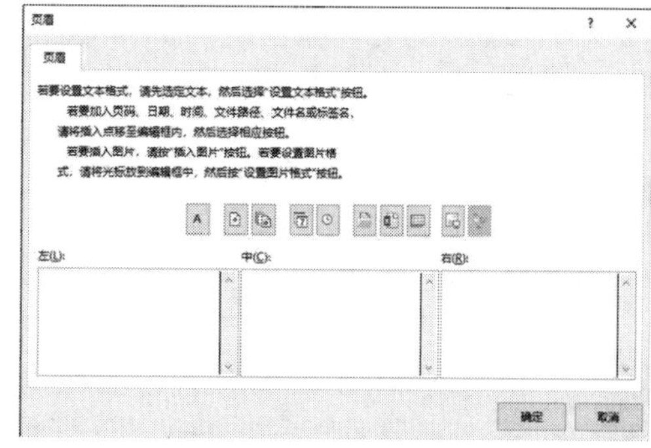

图 6-59　“页眉”对话框

- 插入时间：单击按钮，将在页眉中插入当前时间的代码“&[时间]”，显示打印时的实际时间。
- 插入文件路径：单击按钮，将在页眉中插入包含文件路径及名称的代码“&[路径]&[文件]”，会在打印时显示当前工作簿的路径以及工作簿文件名。
- 插入文件名：单击按钮，将在页眉中插入文件名的代码“&文件”，会在打印时显示当前工作簿的文件名。
- 插入数据表名称：单击按钮，将在页眉中插入工作表标签的代码“&[标签名]”，会在打印时显示当前工作表的名称。

- 插入图片：单击按钮，可以在页眉中插入图片(例如插入 Logo 图片)。
- 设置图片格式：单击按钮，可以对插入的图片进行进一步的设置。

除了上面介绍的按钮，用户也可以在页眉中输入自己定义的文本内容，如果与按钮所生产的代码相结合，则可以显示一些更符合日常习惯且更容易理解的页眉内容。例如使用“&[页码]页，共有&[总页数]页”的代码组合，可以在实际打印时显示为“第几页，共有几页”的样式。设置页脚的方式与此类似。

如果要删除已经添加的页眉或页脚，在如图 6-58 所示的对话框中设置“页眉”或“页脚”列表框中的选项为“无”即可。

6.1.6 打印电子表格

尽管现在都在提倡无纸办公，但在具体的工作中将电子文档打印成纸质文档还是必不可少。大多数 Office 软件用户，都擅长使用 Word 软件打印文稿，而对于 Excel 的打印，可能就并不熟悉了。下面将介绍使用 Excel 打印文件的方法。

1. 设置打印内容

在打印输出之前，用户首先要确定需要打印的内容以及表格区域。通过以下的介绍，用户将了解到如何选择打印输出的工作表区域以及需要在打印中显示的各种表格内容。

1) 选取需要打印的内容

在默认打印设置下，Excel 仅打印活动工作表上的内容。如果用户同时选中多个工作表后执行打印命令，则可以同时打印选中的多个工作表内容。如果用户要打印当前工作簿中的所有工作表，可以在打印之前同时选中工作簿中的所有工作表，也可以使用“打印”中的“设置”进行设置。

【例 6-16】 设置打印整个“学生基本信息表”工作簿。

(1) 选择“文件”选项卡，在弹出的菜单中选择“打印”命令，或者按下 Ctrl+P 键，打开打印选项菜单，单击“显示边距”按钮，然后拖动打印预览四周的控制柄调整工作表的打印范围，如图 6-60 左图所示。

(2) 单击“打印活动工作表”下拉按钮，在弹出的下拉列表中选择“打印整个工作簿”命令，单击“打印”按钮，即可打印当前工作簿中的所有工作表，如图 6-60 右图所示。

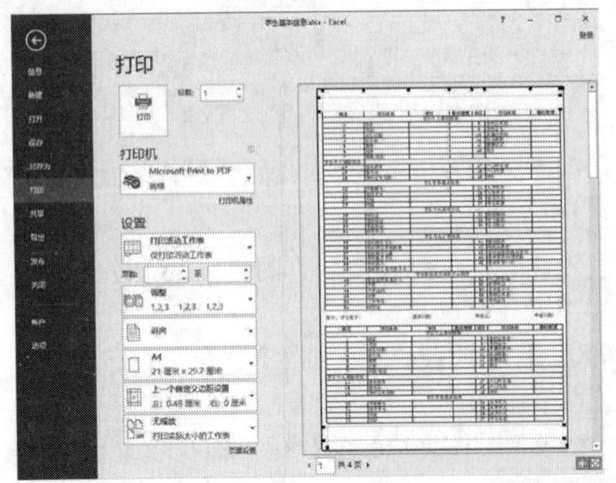

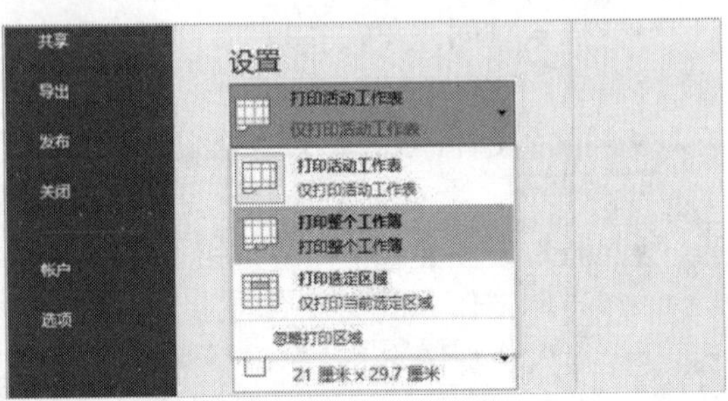

图 6-60 设置工作簿的打印边距和打印范围

2) 设置打印区域

在默认方式下，Excel 只打印那些包含数据或格式的单元格区域，如果选定的工作表中不包含任何数据或格式以及图表图形等对象，则在执行打印命令时会打开警告窗口，提示用户未发现打印内容。但如果用户选定了需要打印的固定区域，即使其中不包含任何内容，Excel 也将允许将其打印输出。设置打印区域有以下几种方法。

- 选定需要打印的区域后，按下 Ctrl+P 键打开如图 6-60 左图所示的打印选项菜单，单击“打印活动工作表”下拉按钮，在弹出的下拉列表中选择“打印选定区域”命令，然后单击“打印”命令。
- 选定需要打印的区域后，单击“页面布局”选项卡中的“打印区域”下拉按钮，在弹出的下拉列表中选择“设置打印区域”命令，即可将当前选定区域设置为打印区域。
- 选择“页面布局”选项卡，在“页面设置”命令组中单击“打印标题”按钮，打开“页面设置”对话框，选择“工作表”选项卡，如图 6-61 左图所示。单击“打印区域”编辑栏右侧的按钮，然后数据工作表中选取需要打印的区域，选取完成后按下 Enter 键，返回“页面设置”对话框后单击“确定”按钮即可，如图 6-61 右图所示。

打印区域可以是连续的单元格区域，也可以是非连续的单元格区域。如果用户选取非连续区域进行打印，Excel 将会把不同的区域各自打印在单独的纸张页面之上。

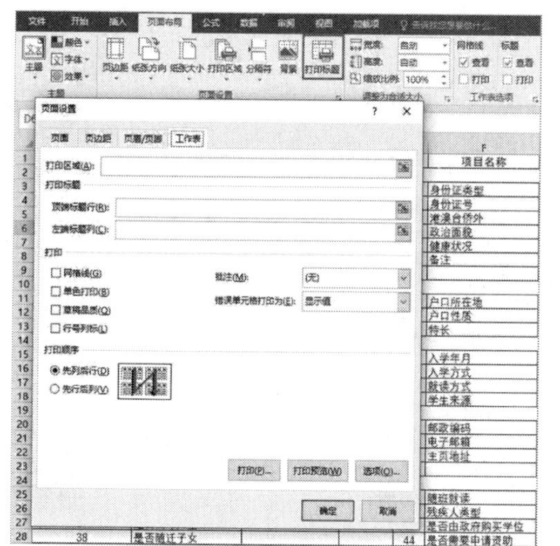

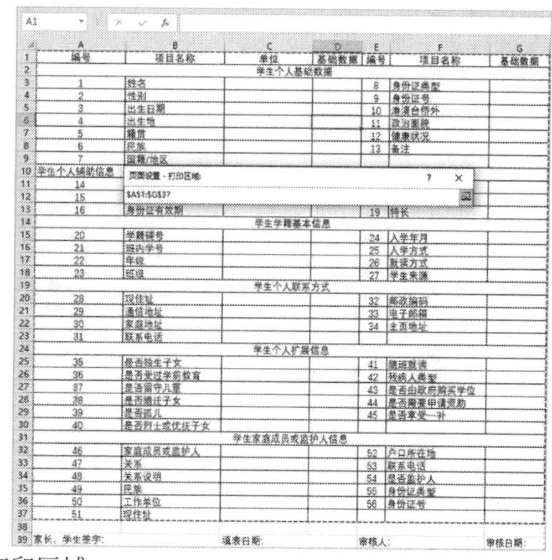

图 6-61　设置打印区域

3) 调整打印区域

在 Excel 中使用“分页浏览”的视图模式，可以很方便地显示当前工作表的打印区域以及分页设置，并且可以直接在视图中调整分页。单击“视图”选项卡中的“分页预览”按钮，可以进入如图 6-62 所示的分页预览模式。

在“分页预览”视图中，被粗实线框所围起来的白色表格区域是打印区域，而线框外的灰色区域是非打印区域。

将鼠标指针移动至粗实线的边框上，当鼠标指针显示为黑色双向箭头时，用户可以按住鼠标左键拖动，调整打印区域的范围大小，如图 6-63 所示。

除此之外，用户也可以在选中需要打印的区域后，右击，在弹出的菜单中选择“设置打印区域”命令，重新设置打印区域。

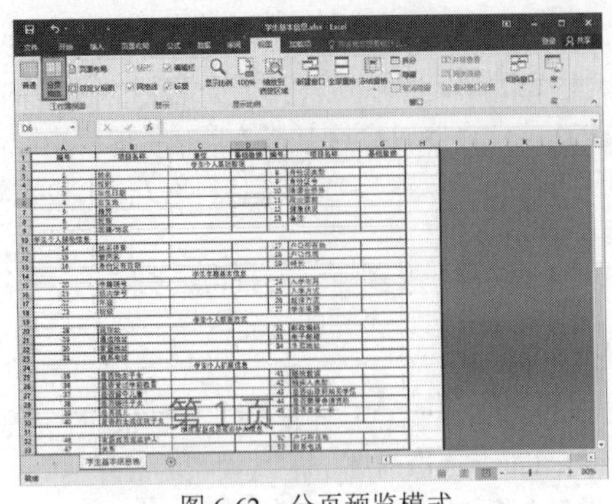

图 6-62　分页预览模式

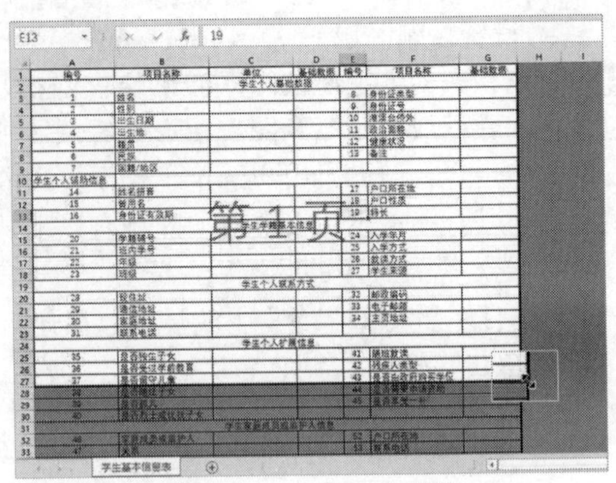

图 6-63　设置打印范围

4) 设置打印分页符

在如图 6-64 所示的分页浏览视图中，打印区域中粗虚线的名称为“自动分页符”，它是 Excel 根据打印区域和页面范围自动设置的分页标志。在虚线上方的表格区域中，背景下方的灰色文字显示了此区域的页次为“第 2 页”。用户可以对自动产生的分页符位置进行调整，将鼠标移动至粗虚线的上方，当鼠标指针显示为黑色双向箭头时，按住鼠标左键拖动，可以移动分页符的位置，移动后的分页符由粗虚线改变为粗实线显示，此粗实线为“人工分页符”，如图 6-65 所示。

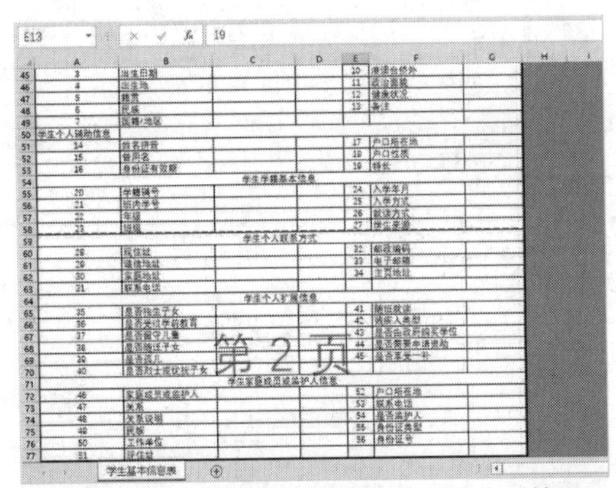

图 6-64　分页预览模式中的自动分页符

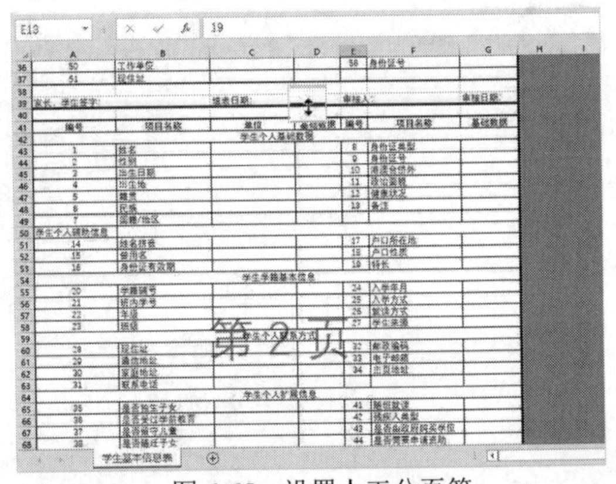

图 6-65　设置人工分页符

5) 设置打印标题

许多数据表格都包含有标题行或者标题列，在表格内容较多，需要打印成多页时，Excel 允许将标题行或标题列重复打印在每个页面上。

例如，若用户希望对“学生基本信息表”中的标题进行设置，使其列标题及行标题能够在打印时多页重复显示，可以使用以下方法操作。

【例 6-17】在“学生基本信息表”中添加表格标题行，并设置打印表格时，每一页都打印标题行。

(1) 打开“学生基本信息表”工作表，选中并右击表格的第 1 行，在弹出的菜单中选择“插入”命令，在表格中插入一个空行。

(2) 选中 A1 单元格，输入文本“学生基本信息表”，并在“开始”选项卡的“字体”组中设置文本的字体和字号，如图 6-66 所示。

(3) 选中 A1:G1 单元格区域，按下 Ctrl+1 键，打开“设置单元格格式”对话框，选择“对齐”选项卡，将“水平对齐”设置为“跨列居中”，然后单击“确定”按钮。

(4) 选择“页面布局”选项卡，在“页面设置”命令组中单击“打印标题”按钮，打开“页面设置”对话框，选择“工作表”选项卡。

(5) 单击“顶端标题行”文本框右侧的▣，在工作表中选择行标题区域，如图 6-67 所示。

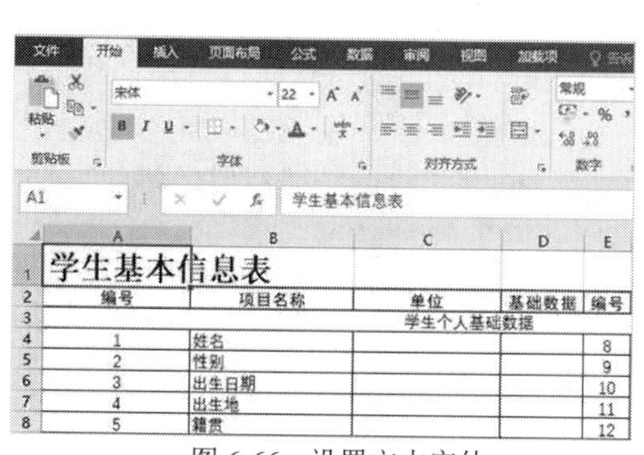

图 6-66　设置文本字体

图 6-67　设置顶端标题行

(6) 返回“页面设置”对话框，选择“页边距”选项卡，选中“水平”和“垂直”复选框，设置在打印纸中居中打印工作表，然后单击“确定”按钮，按下 Ctrl+P 键在打印电子表格时，显示纵向和横向内容的每页都有相同的标题。

2. 打印设置

在“文件”选项卡中选择“打印”命令，或按下 Ctrl+P 键，打开打印选项菜单(如图 6-68 所示)，在此菜单中可以对打印方式进行更多的设置。

- “打印机”：在“打印机”区域的下拉列表框中可以选择当前计算机上所安装的打印机。
- “页数”：可以选择打印的页面范围，全部打印或指定某个页面范围。
- “打印活动工作表”：可以选择打印的对象。默认为选定工作表，也可以选择整个工作簿或当前选定区域等。
- “份数”：可以选择打印文档的份数。
- “调整”：如果选择打印多份，“调整”下拉列表中可进一步选择打印多份文档的顺序：默认为 123 类型逐份打印，即打印完一份完整文档后继续打印下一份副本。如果选择“取消排序”选项，则会以 111 类型按页方式打印，即打印完第一页的多个副本后再打印第二页的多个副本，以此类推。

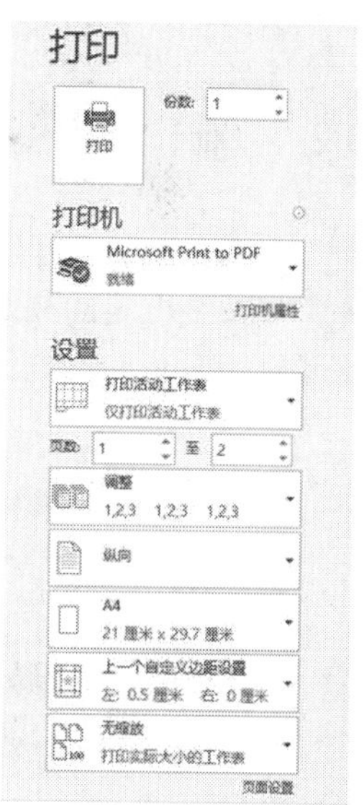

图 6-68　打印选项菜单

单击“打印”按钮则可以按照当前的打印设置方式进行打印。此外，在“打印”菜单中还可以设置打印工作簿的“纸张方向”“纸张大小”“页面边距”“文件缩放”。

3. 打印预览

在对 Excel 进行最终打印之前，可以通过“打印预览”来观察当前的打印设置是否符合要求，如图 6-60 左图所示(在“视图”选项卡中单击“页面布局”按钮也可以对文档进行预览)。

4. 执行打印

在确认表格的各项打印参数都无误的情况下，如果要快速地打印 Excel 表格，最简便的方法是执行“快速打印”命令，具体操作方法如下。

【例 6-18】快速打印“学生基本信息表”工作表。

(1) 单击 Excel 窗口左上方“快速访问工具栏”右侧的下拉按钮，在弹出的下拉列表中选择“快速打印”命令，在“快速访问工具栏”中显示“快速打印”按钮，如图 6-69 所示。

(2) 将鼠标悬停在“快速打印”按钮上，可以显示当前的打印机名称(通常是系统默认打印机)，单击该按钮即可执行快速打印。

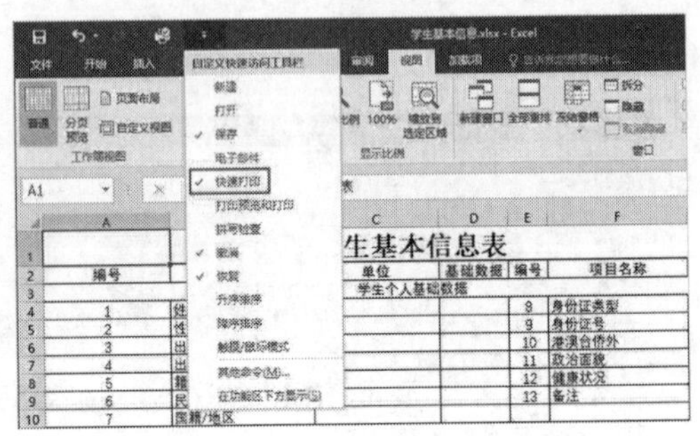

图 6-69　添加快速打印按钮

6.2 公式与函数

分析和处理 Excel 工作表中的数据，离不开公式和函数。公式和函数不仅可以帮助用户快速并准确地计算表格中的数据，还可以解决办公中的各种查询与统计问题。

6.2.1 制作“学生成绩表”

在 Excel 中使用公式与函数对数据进行计算与统计或执行排序、筛选与汇总之前，用户首先需要按照一定的规范将自己的数据整理在工作表内，形成规范的数据表。Excel 数据表通常由多行、多列的数据组成，其通常的结构如图 6-70 所示。

序号	学号	姓名	性别	课程1	课程2	课程3	课程4	课程5	总分	等次	排名
1	1121	李亮辉	男	96	99	89	96	86			
2	1122	林雨馨	女	92	96	93	95	92			
3	1123	莫静静	女	91	93	88	96	82			
4	1124	刘乐乐	女	96	87	93	96	91			
5	1125	杨晓亮	男	82	91	87	90	88			
6	1126	张珺涵	男	96	90	85	96	87			
7	1127	姚妍妍	女	83	93	88	91	91			
8	1128	许朝霞	女	93	88	91	82	93			
9	1129	李　娜	女	87	98	89	88	90			
10	1130	杜芳芳	女	91	93	96	90	91			
11	1131	刘自建	男	82	88	87	82	96			
12	1132	王　巍	男	96	93	90	91	93			
13	1133	段程鹏	男	82	90	96	82	96			

标题　空行　空列

图 6-70　规范数据表

在制作类似图 6-70 所示的数据表时，用户应注意以下几点。

- 在表格的第一行(即“表头”)为其对应的一列数据输入描述性文字。
- 如果输入的内容过长，可以使用“自动换行”功能避免列宽增加。
- 表格的每一列输入相同类型的数据。
- 为数据表的每一列应用相同的单元格格式。

在需要为数据表添加数据时，用户可以直接在表格的下方输入，但是在工作表中有多张数据表同时存在时，使用 Excel 的“记录单”功能更加方便。

要执行“记录单”命令，用户可以在选中数据表中的任意单元格后，依次按下 Alt+D+O 键，打开图 6-71 左图所示的对话框。单击“新建”按钮，将打开“数据列表”对话框，在该对话框中根据表格中的数据标题输入相关的数据(可按下 Tab 键在对话框中的各个字段之间快速切换)，如图 6-71 中图所示。

最后，单击“新建”或“关闭”按钮，即可在数据表中添加新的数据，如图 6-71 右图所示。

执行“记录单”命令后打开的对话框名称与当前工作表名称一致，图 6-71 左图所示对话框中各按钮的功能说明如下。

- 新建：单击“新建”按钮可以在数据表中添加一组新的数据。
- 删除：删除对话框中当前显示的一组数据。
- 还原：在没有单击“新建”按钮之前，恢复所编辑的数据。
- 上一条：显示数据表中的前一组记录。
- 下一条：显示数据表中的下一组记录。
- 条件：设置搜索记录的条件后，单击“上一条”和“下一条”按钮显示符合条件的记录。
- 关闭：关闭当前对话框。

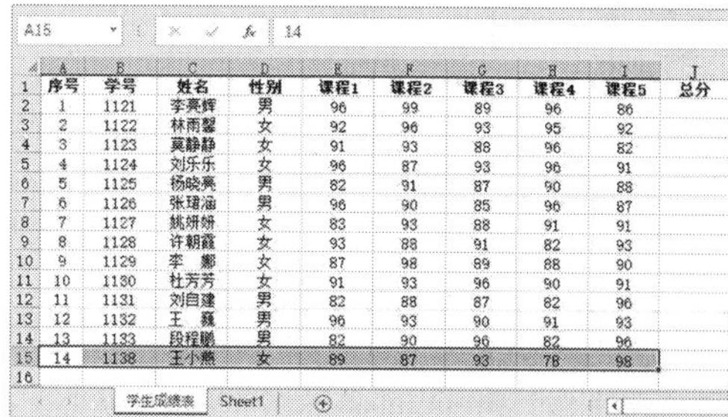

序号	学号	姓名	性别	课程1	课程2	课程3	课程4	课程5	总分
1	1121	李亮辉	男	96	99	89	96	86	
2	1122	林雨馨	女	92	96	93	95	92	
3	1123	莫静静	女	91	93	88	96	82	
4	1124	刘乐乐	女	96	87	93	96	91	
5	1125	杨晓亮	男	82	91	87	90	88	
6	1126	张珺涵	男	96	90	85	96	87	
7	1127	姚妍妍	女	83	93	88	91	91	
8	1128	许朝霞	女	93	88	91	82	93	
9	1129	李　娜	女	87	98	89	88	90	
10	1130	杜芳芳	女	91	93	96	90	91	
11	1131	刘自建	男	82	88	87	82	96	
12	1132	王　巍	男	96	93	90	91	93	
13	1133	段程鹏	男	82	90	96	82	96	
14	1138	王小燕	女	89	87	93	78	98	

图 6-71　使用记录单添加表格数据

6.2.2　使用公式进行简单数据计算

公式是以“=”号将运算符按照一定顺序组合进行数据运算和处理的等式，函数则是按特定算法执行计算的产生一个或一组结构的预定义的特殊公式。

公式的组成元素为等号“=”、运算符和常量、单元格引用、函数、名称等，如表 6-6 所示。

表 6-6　公式的组成元素

公　　式	说　　明
=18*2+17*3	包含常量运算的公式
=A2*5+A3*3	包含单元格引用的公式
=销售额*奖金系数	包含名称的公式
=SUM(B1*5,C1*3)	包含函数的公式

由于公式的作用是计算结果，在 Excel 中，公式必须要返回一个值。

1. 输入公式

在 Excel 中，当以“=”号作为开始在单元格中输入时，软件将自动切换成输入公式状态，以“+”“-”号作为开始输入时，软件会自动在其前面加上等号并切换成输入公式状态。

在 Excel 的公式输入状态下，使用鼠标选中其他单元格区域时，被选中区域将作为引用自动输入到公式中。

【例 6-19】使用公式在图 6-71 右图所示的“学生成绩表”工作表中计算学生考试总分。

(1) 打开“学生成绩表”工作表，选中 J2 单元格并输入“=”，然后单击 I2 单元格。

(2) 输入“+”，单击 H2 单元格。

(3) 重复步骤(2)的操作，在 J2 单元格中输入如图 6-72 左图所示的公式:

```
=I2+H2+G2+F2+E2
```

(4) 按下 Ctrl+Enter 键，可在 I2 单元格中计算学生“李亮辉”的总分，如图 6-72 右图所示。

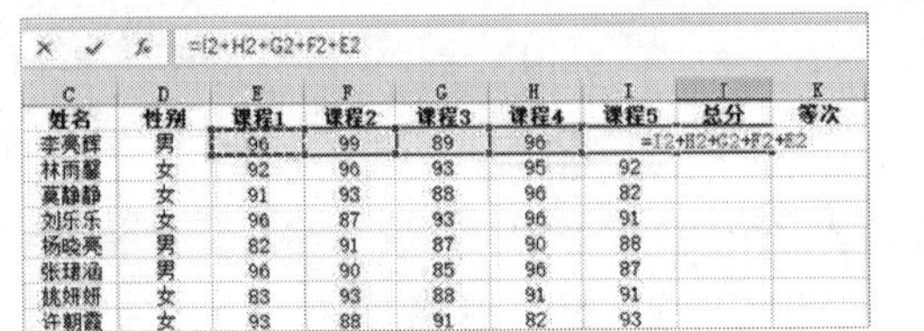

=I2+H2+G2+F2+E2

C	D	E	F	G	H	I	J	K
姓名	性别	课程1	课程2	课程3	课程4	课程5	总分	等次
李亮辉	男	96	99	89	96	=I2+H2+G2+F2+E2		
林雨馨	女	92	96	93	95	92		
莫静静	女	91	93	88	96	82		
刘乐乐	女	96	87	93	96	91		
杨晓亮	男	82	91	87	90	88		
张珺涵	男	96	90	85	96	87		
姚妍妍	女	83	93	88	91	91		
许朝霞	女	93	88	91	82	93		

=I2+H2+G2+F2+E2

C	D	E	F	G	H	I	J	K
姓名	性别	课程1	课程2	课程3	课程4	课程5	总分	等次
李亮辉	男	96	99	89	96	86	466	
林雨馨	女	92	96	93	95	92		
莫静静	女	91	93	88	96	82		
刘乐乐	女	96	87	93	96	91		
杨晓亮	男	82	91	87	90	88		
张珺涵	男	96	90	85	96	87		
姚妍妍	女	83	93	88	91	91		
许朝霞	女	93	88	91	82	93		

图 6-72　在单元格中输入公式

2. 修改公式

按下 Enter 键或者 Ctrl+Shift+Enter 键，可以结束普通公式和数组公式的输入或编辑状态。如果用户需要对单元格中的公式进行修改，可以使用以下三种方法。

- 选中公式所在的单元格，然后按下 F2 键。
- 双击公式所在的单元格。
- 选中公式所在的单元格，单击窗口中的编辑栏。

3. 删除公式

选中公式所在的单元格，按下 Delete 键可以清除单元格中的全部内容，或者进入单元格编辑状态后，将光标放置在某个位置并按下 Delete 键或 Backspace 键，删除光标后面或前面的公式部分内容。当用户需要删除多个单元格数组公式时，必须选中其所在的全部单元格再按下 Delete 键。

4. 复制与填充公式

如果要在表格中使用相同的计算方法，可以通过“复制”和“粘贴”功能实现操作。此外，还可以根据表格的具体制作要求，使用不同方法在单元格区域中填充公式，以提高工作效率。

【例 6-20】 在“学生成绩表”工作表中将 J2 单元格中的公式复制到 J3:J15 区域。

(1) 选中 J2 单元格，将鼠标指针置于单元格右下角，当鼠标指针变为黑色十字时，按住鼠标左键向下拖动至 J15 单元格，如图 6-73 左图所示。

(2) 释放鼠标左键后，I2 单元格中的公式将被复制到 J3:J15 区域，如图 6-73 右图所示。

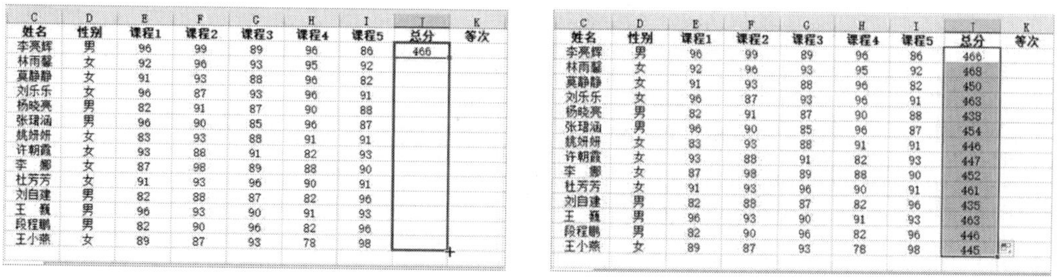

图 6-73　向下填充公式

除此之外，用户还可以使用以下几种方法在连续的单元格区域中填充公式。

- 双击 J2 单元格右下角的填充柄：选中 J2 单元格后，双击该单元格右下角的填充柄，公式将向下填充到其相邻列第一个空白单元格的上一行，即 J15 单元格。
- 使用快捷键：选择 J2:J15 单元格区域，按下 Ctrl+D 键，或者选择“开始”选项卡，在“编辑”命令组中单击“填充”下拉按钮，在弹出的下拉列表中选择“向下”命令(当需要将公式向右复制时，可以按下 Ctrl+R 键)。
- 使用选择性粘贴：选中 J2 单元格，在“开始”选项卡的“剪贴板”命令组中单击“复制”按钮，或者按下 Ctrl+C 键，然后选择 J2:J15 单元格区域，在“剪贴板”命令组中单击“粘贴”拆分按钮，在弹出的菜单中选择“公式”命令。
- 多单元格同时输入：选中 J2 单元格，按住 Shift 键，单击所需复制单元格区域的另一个对角单元格 J15，然后单击编辑栏中的公式，按下 Ctrl+Enter 键，则 J2:J15 单元格区域中将输入相同的公式。

5. 认识公式运算符

运算符用于对公式中的元素进行特定的运算，或者用来连接需要运算的数据对象，并说明进行了哪种公式运算。Excel 包含算术运算符、比较运算符、文本运算符和引用运算符等 4 种类型的运算符，其说明如表 6-7 所示。

表 6-7　公式中的运算符简介

符　号	说　明
-	符号，算术运算符。例如，=10*-5=-50
%	百分号，算术运算符。例如，=80*8%=5
^	乘幂，算术运算符。例如，=5^2=25
*和/	乘和除，算术运算符。例如，=6*3/9=2
+和-	加和减，算术运算符。例如，=5+7-12=0

(续表)

符　号	说　明
=,<>,>,<,>=,<=	等于、不等于、大于、小于、大于等于和小于等于，比较运算符。例如， =(B1=B2) 判断 B1 与 B2 相等 =(A1<> "K01") 判断 A1 不等于 K01 =(A1>=1) 判断 A1 大于等于 1
&	连接文本，文本运算符。例如， ="Excel"&"案例教程" 返回"Excel 案例教程"
:	冒号，区域运算符。例如， =SUM(A1:E6) 引用冒号两边所引用的单元格为左上角和右下角之间的单元格组成的矩形区域
_（空格）	单个空格，交叉运算符。例如， =SUM(A1:E6 C3:F9) 引用 A1:E6 与 B3:B6 的交叉区域 C3:E6
,	逗号，联合运算符。例如， =RANK(A1,(A1:A5,B1:B5)) 第二参数引用 A1:A5 和 B1:B5 两个不连续的区域

在表 6-7 中，算术运算符主要包含加、减、乘、除、百分比以及乘幂等各种常规的算术运算；比较运算符主要用于比较数据的大小，包括对文本或数值的比较；文本运算符主要用于将文本字符或字符串进行连接与合并；引用运算符是 Excel 特有的运算符，主要用于在工作表中产生单元格引用。

1) 数据的比较原则

在 Excel 中，数据可以分为文本、数值、逻辑值、错误值等几种类型。其中，文本用一对半角双引号" "所包含的内容表示文本，例如"Date"是由 4 个字符组成的文本。日期与时间是数值的特殊表现形式，数值 1 表示 1 天。逻辑值只有 TRUE 和 FALSE，错误值主要有#VALUE!、#DIV/0!、#NAME?、#N/A、#REF!、#NUM!、#NULL!等几种形式。

除了错误值以外，文本、数值与逻辑值比较时按照以下顺序排列：

```
…、-2、-1、0、1、2、…、A~Z、FALSE、TRUE
```

即数值小于文本，文本小于逻辑值，错误值不参与排序。

2) 运算符的优先顺序

如果公式中同时用到多个运算符，Excel 将会依照运算符的优先级来依次完成运算。如果公式中包含相同优先级的运算符，例如公式中同时包含乘法和除法运算符，则 Excel 将从左到右进行计算。如表 6-8 所示的是 Excel 中的运算符优先级。其中，运算符优先级从上到下依次降低。

表 6-8　Excel 中运算符的优先级

运算符	说　明
:(冒号)、(单个空格)和,(逗号)	引用运算符
-	负号
%	百分比
^	乘幂
* 和 /	乘和除
+ 和 -	加和减

(续表)

运算符	说　明
&	连接两个文本字符串
=、<、>、<=、>=、<>	比较运算符

如果要更改求值的顺序，可以将公式中需要先计算的部分用括号括起来。例如，公式=8+2*4的值是 16，因为 Excel 2016 按先乘除后加减的顺序进行运算，即先将 2 与 4 相乘，然后再加上 8，得到结果 16。若在该公式上添加括号，公式=(8+2)*4，则 Excel 2016 先用 8 加上 2，再用结果乘以 4，得到结果 40。

6. 单元格引用

工作 Excel 工作簿可以由多张工作表组成，单元格是工作表最小的组成元素，以窗口左上角第一个单元格为原点，向下向右分别为行、列坐标的正方向，由此构成的单元格在工作表上所处位置的坐标集合。在公式中使用坐标方式表示单元格在工作中的“地址”实现对存储于单元格中的数据调用，这种方法称为单元格的引用。

1) 相对引用

相对引用是通过当前单元格与目标单元格的相对位置来定位引用单元格的。

相对引用包含了当前单元格与公式所在单元格的相对位置。默认设置下，Excel 使用的都是相对引用，当改变公式所在单元格的位置时，引用也会随之改变，如图 6-74 所示。

fx =I2+H2+G2+F2+E2+L2

D	E	F	G	H	I	J	K	L
性别	课程1	课程2	课程3	课程4	课程5	总分		加分
男	96	99	89	96	=I2+H2+G2+F2+E2+L2			20
女	92	96	93	95	92	468		
女	91	93	88	96	82	450		
女	96	87	93	96	91	463		
男	82	91	87	90	88	438		
男	96	90	85	96	87	454		
女	83	93	88	91	91	446		
女	93	88	91	82	93	447		
女	87	98	89	88	90	452		
女	91	93	96	90	91	461		
男	82	88	87	82	96	435		
男	96	93	90	91	93	463		
男	82	90	96	82	96	446		
女	89	87	93	78	98	445		

fx =I5+H5+G5+F5+E5+L5

D	E	F	G	H	I	J	K	L
性别	课程1	课程2	课程3	课程4	课程5	总分		加分
男	96	99	89	96	86	486		20
女	92	96	93	95	92	468		
女	91	93	88	96	82	450		
女	96	87	93	96	=I5+H5+G5+F5+E5+L5			
男	82	91	87	90	88	438		
男	96	90	85	96	87	454		
女	83	93	88	91	91	446		
女	93	88	91	82	93	447		
女	87	98	89	88	90	452		
女	91	93	96	90	91	461		
男	82	88	87	82	96	435		
男	96	93	90	91	93	463		
男	82	90	96	82	96	446		
女	89	87	93	78	98	445		

图 6-74　相对引用

2) 绝对引用

绝对引用就是公式中单元格的精确地址，与包含公式的单元格的位置无关。绝对引用与相对引用的区别在于：复制公式时使用绝对引用，则单元格引用不会发生变化。绝对引用的操作方法是，在列标和行号前分别加上美元符号$。例如，在图 6-75 所示公式中，$L$2 表示单元格 L2 的绝对引用。

fx =I2+H2+G2+F2+E2+$L$2

D	E	F	G	H	I	J	K	L
性别	课程1	课程2	课程3	课程4	课程5	总分		加分
男	96	99	89	96	=I2+H2+G2+F2+E2+$L$2			20
女	92	96	93	95	92	488		
女	91	93	88	96	82	470		
女	96	87	93	96	91	483		
男	82	91	87	90	88	458		
男	96	90	85	96	87	474		
女	83	93	88	91	91	466		
女	93	88	91	82	93	467		
女	87	98	89	88	90	472		
女	91	93	96	90	91	481		
男	82	88	87	82	96	455		
男	96	93	90	91	93	483		
男	82	90	96	82	96	466		
女	89	87	93	78	98	465		

fx =I5+H5+G5+F5+E5+$L$2

D	E	F	G	H	I	J	K	L
性别	课程1	课程2	课程3	课程4	课程5	总分		加分
男	96	99	89	96	86	486		20
女	92	96	93	95	92	488		
女	91	93	88	96	82	470		
女	96	87	93	96	=I5+H5+G5+F5+E5+$L$2			
男	82	91	87	90	88	458		
男	96	90	85	96	87	474		
女	83	93	88	91	91	466		
女	93	88	91	82	93	467		
女	87	98	89	88	90	472		
女	91	93	96	90	91	481		
男	82	88	87	82	96	455		
男	96	93	90	91	93	483		
男	82	90	96	82	96	466		
女	89	87	93	78	98	465		

图 6-75　绝对引用

3) 混合引用

混合引用指的是在一个单元格引用中，既有绝对引用，同时也包含相对引用，即混合引用具有绝对列和相对行，或具有绝对行和相对列。绝对引用列采用 $A1、$B1 的形式，绝对引用行采用 A$1、B$1 的形式。如果公式所在单元格的位置改变，则相对引用改变，而绝对引用不变。如果多行或多列地复制公式，相对引用自动调整，而绝对引用不作调整，如图 6-76 所示。

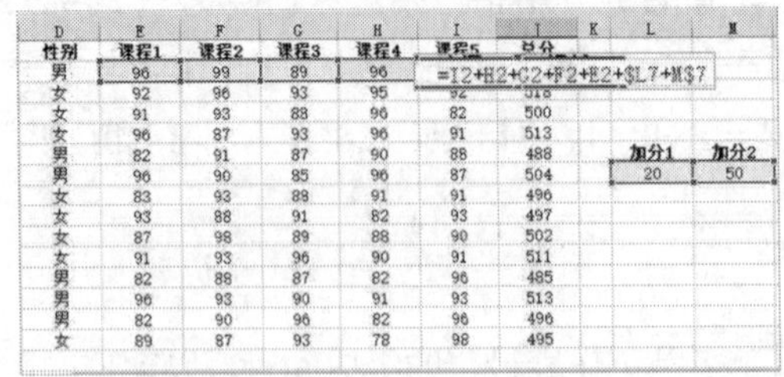

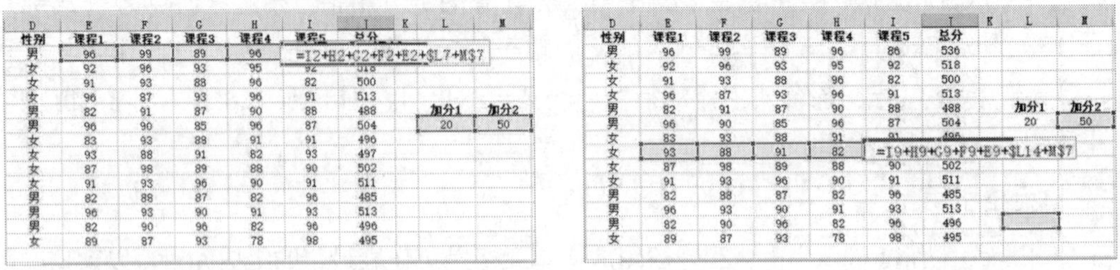

图 6-76　混合引用

综上所述，如果用户需要在复制公式时能够固定引用某个单元格地址，则需要使用绝对引用符号$，加在行号或列号的前面。

在 Excel 中，用户可以使用 F4 键在各种引用类型中循环切换，其顺序如下。

```
绝对引用→行绝对列相对引用→行相对列绝对引用→相对引用
```

以公式=A2 为例，单元格输入公式后按 4 下 F4 键，将依次变为：

```
=$A$2→=A$2→=$A2→=A2
```

4) 合并区域引用

Excel 除了允许对单个单元格或多个连续的单元格进行引用以外，还支持对同一工作表中不连续单元格区域进行引用，称为“合并区域”引用，用户可以使用联合运算符“,”将各个区域的引用间隔开，并在两端添加半角括号( )将其包含在内。

【例 6-21】在“学生成绩表”中通过合并区域引用计算学生成绩排名。

(1) 打开工作表后，在 L2 单元格中输入以下公式(如图 6-77 左图所示):

```
=RANK(J2,($J$2:$J$15))
```

(2) 并向下复制到 L15 单元格，学生成绩排名结果如图 6-77 右图所示。

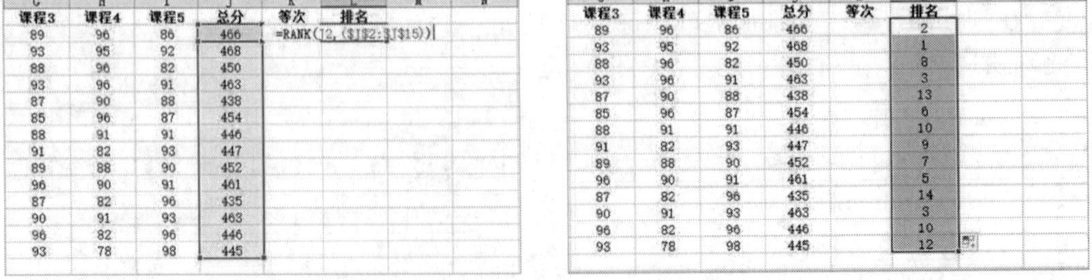

图 6-77　统计学生考试成绩排名

5) 交叉引用

在使用公式时，用户可以利用交叉运算符(单个空格)取得两个单元格区域的交叉区域。

【例 6-22】在“学生成绩表”中通过交叉引用查询“张珺涵”的课程 1 的考试成绩。

(1) 打开工作表后，在 I2 单元格中输入公式(如图 6-78 左图所示):

```
=E:E 7:7
```

(2) 按下 Ctrl+Enter 键即可在 I2 单元格显示“张珺涵”的课程 1 成绩，如图 6-78 右图所示。

图 6-78 通过交叉引用查询成绩

6.2.3 使用函数实现复杂数据统计

Excel 中的函数与公式一样，都可以快速计算数据。公式是由用户自行设计的对单元格进行计算和处理的表达式，而函数则是在 Excel 中已经被软件定义好的公式。使用函数可以执行比公式更加复杂的数据统计。

1. 函数的基础知识

用户在 Excel 中输入和编辑函数之前，首先需要掌握函数的基本知识。

1) 函数的结构

在公式中使用函数时，通常由表示公式开始的“=”号、函数名称、左括号、以半角逗号相间隔的参数和右括号构成，此外，公式中允许使用多个函数或计算式，通过运算符进行连接。

```
=函数名称(参数 1,参数 2,参数 3,….)
```

有的函数可以允许多个参数，如 SUM(A1:A5,C1:C5)使用了 2 个参数。另外，也有一些函数没有参数或不需要参数，例如，NOW 函数、RAND 函数等没有参数，ROW 函数、COLUMN 函数等则可以省略参数返回公式所在的单元格行号、列标数。

函数的参数，可以由数值、日期和文本等元素组成，可以使用常量、数组、单元格引用或其他函数。当使用函数作为另一个函数的参数时，称为函数的嵌套。

2) 函数的参数

Excel 函数的参数可以是常量、逻辑值、数组、错误值、单元格引用或嵌套函数等(其指定的参数都必须为有效参数值)，其各自的含义如下。

- 常量：指的是不进行计算且不会发生改变的值，如数字 100 与文本“家庭日常支出情况”都是常量。
- 逻辑值：逻辑值即 TRUE(真值)或 FALSE(假值)。
- 数组：用于建立可生成多个结果或可对在行和列中排列的一组参数进行计算的单个公式。
- 错误值：即#N/A、空值或_等值。
- 单元格引用：用于表示单元格在工作表中所处位置的坐标集。
- 嵌套函数：嵌套函数就是将某个函数或公式作为另一个函数的参数使用。

3) 函数的分类

Excel 函数包括“自动求和”“最近使用的函数”“财务”“逻辑”“文本”“日期和时间”“查找与引用”“数学和三角函数”以及“其他函数”这 9 大类上百个具体函数，每个函数的功能各不相同。例如，常用函数包括 SUM(求和)、AVERAGE(计算算术平均数)、ISPMT、IF、HYPERLINK、COUNT、MAX、SIN、SUMIF、PMT。

在常用函数中，使用频率最高的是 SUM 函数，其作用是返回某一单元格区域中所有数字之和，例如=SUM(A1:G10)，表示对 A1:G10 单元格区域内所有数据求和。SUM 函数的语法是：

```
SUM(number1,number2, ...)
```

其中，number1, number2, ...为 1 到 30 个需要求和的参数，说明如下：

- 直接输入到参数表中的数字、逻辑值及数字的文本表达式将被计算。
- 如果参数为数组或引用，只有其中的数字将被计算。数组或引用中的空白单元格、逻辑值、文本或错误值将被忽略。
- 如果参数为错误值或为不能转换成数字的文本，将会导致计算错误。

4) 函数的易失性

有时，用户打开一个工作簿不做任何编辑就关闭，Excel 会提示“是否保存对文档的更改?”。这种情况可能是因为该工作簿中用到了具有 Volatile 特性的函数，即“易失性函数”。这种特性表现在使用易失性函数后，每激活一个单元格或者在一个单元格输入数据，甚至只是打开工作簿，具有易失性的函数都会自动重新计算。易失性函数在以下条件下不会引发自动重新计算：

- 工作簿的重新计算模式被设置为“手动计算”。
- 当手动设置列宽、行高而不是双击调整为合适列宽时(但隐藏行或设置行高值为 0 除外)。
- 当设置单元格格式或其他更改显示属性的设置时。
- 激活单元格或编辑单元格内容但按 ESC 键取消。

常见的易失性函数有以下几种。

- 获取随机数的 RAND 和 RANDBETWEEN 函数，每次编辑会自动产生新的随机值。
- 获取当前日期、时间的 TODAY、NOW 函数，每次返回当前系统的日期、时间。
- 返回单元格引用的 OFFSET、INDIRECT 函数，每次编辑都会重新定位实际的引用区域。
- 获取单元格信息 CELL 函数和 INFO 函数，每次编辑都会刷新相关信息。

此外，SUMF 函数与 INDEX 函数在实际应用中，当公式的引用区域具有不确定性时，每当其他单元格被重新编辑，也会引发工作簿重新计算。

2. 函数的输入与编辑

用户可以直接在单元格中输入函数，也可以在“公式”选项卡的“函数库”选项组中使用 Excel 内置的列表实现函数的输入。

【例 6-23】在“学生成绩表”中使用 AVERAGE 函数计算学生考试平均分。

(1) 打开“学生成绩表”工作表，选中 I2 单元格，选择“公式”选项卡，在“函数库”选项组中单击“其他函数”下拉列表按钮，在弹出的菜单中选择“统计”|AVERAGE 选项，如图 6-79 左图所示。

(2) 打开“函数参数”对话框，在 AVERAGE 选项区域的 Number1 文本框中输入计算平均值的范围，这里输入 E2:I2，如图 6-79 右图所示。

(3) 单击“确定”按钮，此时即可在 K2 单元格中显示计算结果。

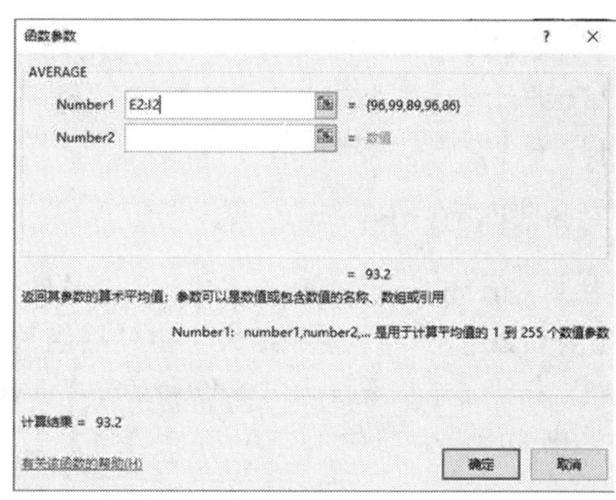

图 6-79　设置 AVERAGE 函数的数据引用范围

用户在运用函数进行计算时，有时会需要对函数进行编辑，编辑函数的方法如下。

(1) 选择需要编辑函数的 F13 单元格，单击“插入函数”按钮 f_x 。

(2) 打开“函数参数”对话框，在 Number1 文本框中即可对函数的参数进行编辑(例如更改数据引用范围)。

除此之外，用户在熟练掌握函数的使用方法后，也可以直接选择需要编辑的单元格，在编辑栏中对函数进行编辑。

Excel 软件提供了多种函数进行计算和应用，比如统计与求和函数、日期和时间函数、查找和引用函数等。下面将通过实例列举几个常用函数的具体应用案例。

【例 6-24】在“学生成绩表”中使用函数统计考试成绩分段人数。

(1) 打开“学生成绩表”，删除表格中多余的数据，并输入图 6-80 所示的分段标准。

(2) 选中 L2 单元格，输入公式：

```
=COUNTIF(J:J,"<70")&"人"
```

(3) 按下 Enter 键，在 L3 单元格输入公式：

```
=COUNTIF(J:J,"<=89.9")&"人"
```

(4) 按下 Enter 键，在 L4 单元格输入公式：

```
=COUNTIF(J:J,">=89.9")-COUNTIF(J:J,">=94.9")&"人"
```

(5) 按下 Enter 键，在 L5 单元格输入公式：

```
=COUNTIF(J:J,">=94.9")-COUNTIF(J:J,">=99.9")&"人"
```

(6) 按下 Ctrl+Enter 键，学生考试分段统计结果如图 6-81 所示。

图 6-80　输入分段标准

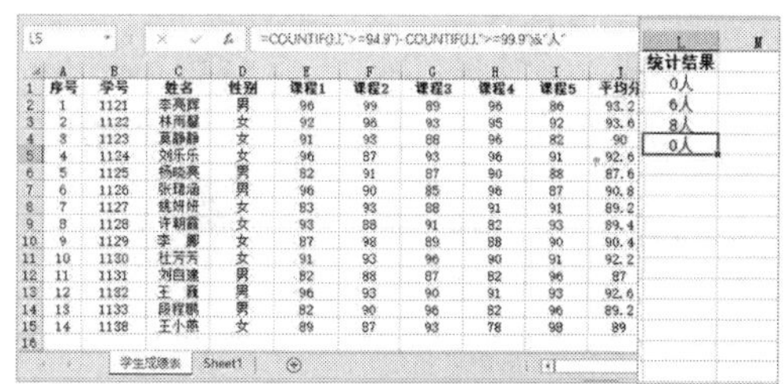

图 6-81　使用函数统计分段结果

【例 6-25】在“学生成绩表”中使用函数统计参加某项考试(例如“课程 3”)的人数。

(1) 打开“学生成绩表”工作表，在 G8 单元格中输入“课程 3 考试人数”，选中 L8 单元格。

(2) 在 L8 单元格中输入公式：

```
=COUNTA(D2:D15)
```

按下 Ctrl+Enter 键，即可在 L8 单元格统计参加“课程 3”考试的人数，如图 6-82 所示。

【例 6-26】在“学生成绩表”中使用函数统计参加考试的男、女生人数。

(1) 打开“学生成绩表”工作表后，在 K10 和 K11 单元格中分别输入“男生”和“女生”，然后选中 L10 单元格输入公式：

```
=COUNTIF(D2:D15,"男")
```

(2) 选中 L11 单元格后输入公式：

```
=COUNTIF(D2:D15,"女")
```

(3) 此时，即可在 L10 和 L11 单元格统计参加考试的男生和女生人数，如图 6-83 所示。

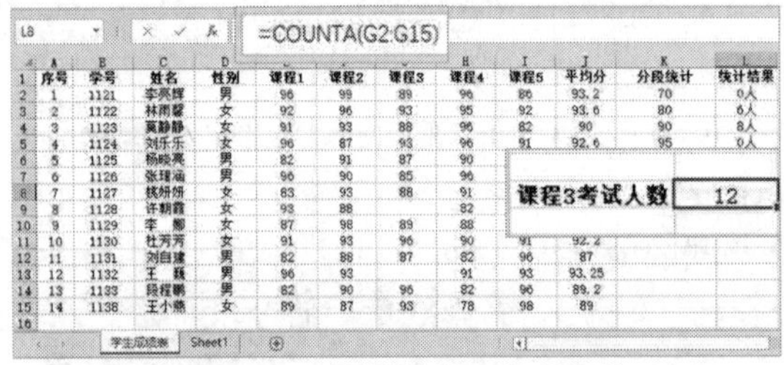

序号	学号	姓名	性别	课程1	课程2	课程3	课程4	课程5	平均分	分段统计	统计结果
1	1121	李亮辉	男	96	99	89	96	86	93.2	70	0人
2	1122	林雨馨	女	92	96	93	95	92	93.6	80	6人
3	1123	莫静静	女	91	93	88	96	82	90	90	8人
4	1124	刘乐乐	女	96	87	93	96	91	92.6	95	0人
5	1125	杨晓亮	男	82	91	87	90				
6	1126	张珺涵	男	96	90	85	96				
7	1127	姚妍妍	女	83	93	88	91				
8	1128	许朝霞	女	93	88		82				
9	1129	李 娜	女	87	98	89	88				
10	1130	杜芳芳	女	91	93	96	90	91	92.2		
11	1131	刘自建	男	82	88	87	82	96	87		
12	1132	王 巍	男	96	93		91	93	93.25		
13	1133	段程鹏	男	82	90	96	82	96	89.2		
14	1136	王小燕	女	89	87	93	78	98	89		

图 6-82 统计课程 3 参考人数

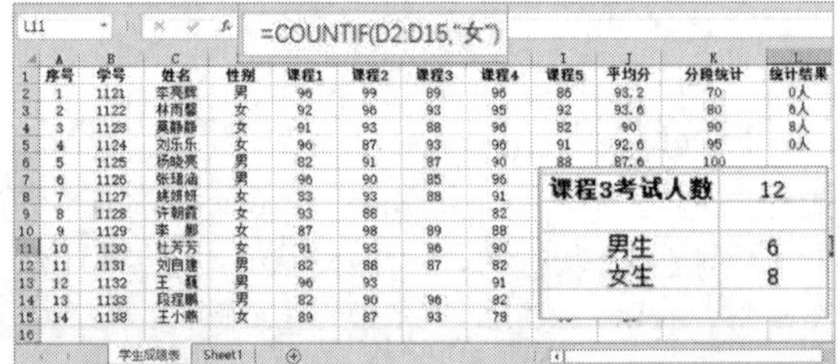

序号	学号	姓名	性别	课程1	课程2	课程3	课程4	课程5	平均分	分段统计	统计结果
1	1121	李亮辉	男	96	99	89	96	86	93.2	70	0人
2	1122	林雨馨	女	92	96	93	95	92	93.6	80	6人
3	1123	莫静静	女	91	93	88	96	82	90	90	8人
4	1124	刘乐乐	女	96	87	93	96	91	92.6	95	0人
5	1125	杨晓亮	男	82	91	87	90	88	87.6	100	
6	1126	张珺涵	男	96	90	85	96				
7	1127	姚妍妍	女	83	93	88	91				
8	1128	许朝霞	女	93	88		82				
9	1129	李 娜	女	87	98	89	88				
10	1130	杜芳芳	女	91	93	96	90				
11	1131	刘自建	男	82	88	87	82				
12	1132	王 巍	男	96	93		91				
13	1133	段程鹏	男	82	90	96	82				
14	1138	王小燕	女	89	87	93	78				

图 6-83 统计“男生”和“女生”参考人数

【例 6-27】在“学生成绩表”中，利用函数为考试成绩划分等次。

(1) 打开“学生成绩表”，选中 K 列，右击，在弹出的菜单中选择“插入”命令，在 J 列之后插入一个空列，如图 6-84 所示。

(2) 在空列的 K1 单元格中输入“等次划分”，选中 K2 单元格，输入以下公式：

```
=IF(J3<60,"E",IF(J3<=70,"D",IF(J3<=89.9,"C",IF(J3<=94.9,"B",IF(J3>=95,"A")))))
```

(3) 按下 Ctrl+Enter 键，即可在 K2 单元格计算出学生“李亮辉”的等次，向下复制公式，可以得到所有学生的考试等次，如图 6-85 所示。

性别	课程1	课程2	课程3	课程4	课程5	平均分		分段统计
男	96	99	89	96	86	93.2		70
女	92	96	93	95	92	93.6		80
女	91	93	88	96	82	90		90
女	96	87	93	96	91	92.6		95
男	82	91	87	90	88	87.6		100
男	96	90	85	96	87	90.8		
女	83	93	88	91	91	89.2		课程3考试人数
女	93	88	99	82	93	91		
女	87	98	89	88	90	90.4		男生
女	91	93	96	90	91	92.2		女生
男	82	88	87	82	96	87		
男	96	93	98	91	93	94.2		
男	82	90	96	82	96	89.2		
女	89	87	93	78	98	89		

图 6-84 插入空行

=IF(J2<60,"E",IF(J2<=70,"D",IF(J2<=89.9,"C",IF(J2<=94.9,"B",IF(J2>=95,"A")))))

性别	课程1	课程2	课程3	课程4	课程5	平均分	等次划分	分段统计
男	96	99	89	96	86	93.2	B	70
女	92	96	93	95	92	93.6	B	80
女	91	93	88	96	82	90	B	90
女	96	87	93	96	91	92.6	B	95
男	82	91	87	90	88	87.6	C	100
男	96	90	85	96	87	90.8	B	
女	83	93	88	91	91	89.2	C	课程3考试人数
女	93	88	99	82	93	91	B	
女	87	98	89	88	90	90.4	B	男生
女	91	93	96	90	91	92.2	B	女生
男	82	88	87	82	96	87	C	
男	96	93	98	91	93	94.2	B	
男	82	90	96	82	96	89.2	C	
女	89	87	93	78	98	89	C	

图 6-85 统计学生考试等次

6.3 数据分析

Excel 不仅有很强的制表功能，还可以利用数据清单和数据透视表管理数据，还有各种数据分析功能，对从事经济管理、工程技术和科研办公的用户都很有帮助。

6.3.1 制作“员工基本信息表”

在使用 Excel 对表格的数据进行排序、筛选和分类汇总之前，用户需要在工作表中完成基本数据的录入(例如图 6-86 所示的“员工基本信息表”)，形成数据表。

关于在 Excel 中如何创建表格，并在表格中输入与设置数据的具体方法与规则，用户可以参考本章 6.1 节相关内容。下面将重点介绍如何利用 Excel 对数据表中的数据进行排序、筛选、分类汇总，以及使用数据透视表分析数据的方法。

编号	姓名	性别	部门	籍贯	出生日期	入职日期	奖金	基本工资	联系电话
1	刘小辉	男	市场部	北京	2001/6/2	2020/9/3	4750	7500	137792XXXXX
2	徐克义	女	市场部	北京	1998/9/2	2018/9/3	4981	12000	137793XXXXX
3	张芳宁	女	市场部	北京	1997/8/21	2018/9/3	4711	5000	137794XXXXX
4	王志远	女	市场部	北京	1999/5/4	2018/9/3	4982	8500	137795XXXXX
5	邹一超	男	物流部	南京	1990/7/3	2018/9/3	5000	7500	137796XXXXX
6	陈明明	男	物流部	哈尔滨	1987/7/21	2019/9/3	2500	7500	137797XXXXX
7	徐凯杰	女	物流部	哈尔滨	1982/7/5	2019/9/3	4500	5000	137798XXXXX
8	王志远	女	物流部	徐州	1983/2/1	2019/9/3	4500	7500	137799XXXXX
9	王秀婷	女	物流部	武汉	1985/6/2	2017/9/3	3000	7500	137800XXXXX
10	马文哲	女	财务部	西安	1978/5/23	2017/9/3	6000	7500	137801XXXXX
11	王启元	男	财务部	南京	1972/4/2	2010/9/3	8000	9000	137802XXXXX
12	董建涛	男	市场部	扬州	1991/3/5	2010/9/3	8000	10500	137803XXXXX
13	许知远	男	市场部	苏州	1992/8/5	2010/9/3	8000	9000	137804XXXXX

员工基本信息

图 6-86　员工基本信息表

6.3.2 按“性别”排序数据

数据排序是指按一定规则对数据进行整理、排列，这样可以为数据的进一步处理做好准备。Excel 提供了多种方法对数据清单进行排序，可以按升序、降序的方式，也可以由用户自定义排序(例如，按“性别”排序)。

【例 6-28】 在“员工基本信息表”中，设置按“性别”排序数据。

(1) 打开图 6-86 所示的“员工基本信息表”，选中数据表中的任意单元格，选择“数据”选项卡，单击“排序和筛选”组中的“排序”按钮。

(2) 打开“排序”对话框，将“主要关键词”设置为“性别”，单击“次序”下拉列表按钮，从弹出的菜单中选择“自定义序列”选项，如图 6-87 左图所示。

(3) 打开“自定义序列”对话框，在“输入序列”文本框中输入自定义排序条件“男，女”后，单击“添加”按钮，然后单击“确定”按钮，如图 6-87 右图所示。

(4) 返回“排序”对话框后，将“主要关键字”设置为“性别”，将“排序依据”设置为“数值”，然后单击“确定”按钮，即可完成自定义排序操作，效果如图 6-88 所示。

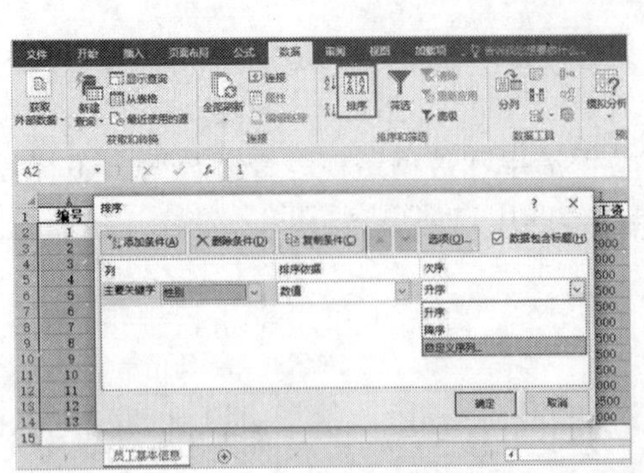

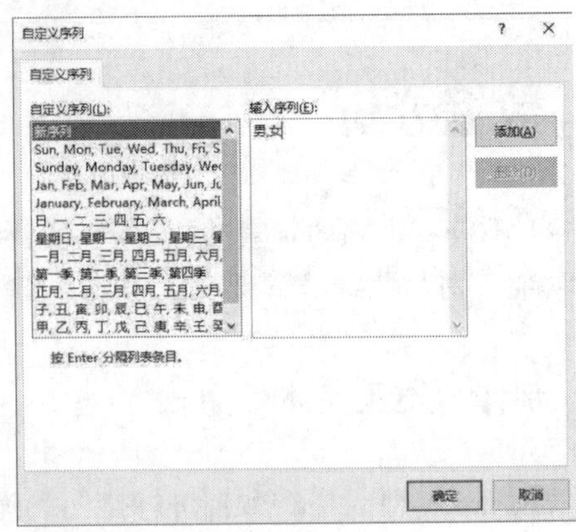

图 6-87　设置自定义排序条件

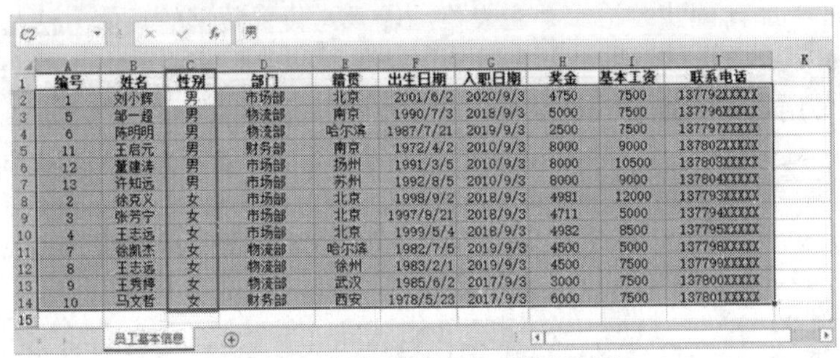

编号	姓名	性别	部门	籍贯	出生日期	入职日期	奖金	基本工资	联系电话
1	刘小辉	男	市场部	北京	2001/6/2	2020/9/3	4750	7500	137792XXXXX
5	邹一超	男	物流部	南京	1990/7/3	2018/9/3	5000	7500	137796XXXXX
6	陈明明	男	物流部	哈尔滨	1987/7/21	2019/9/3	2500	7500	137797XXXXX
11	王启元	男	财务部	南京	1972/4/2	2010/9/3	8000	9000	137802XXXXX
12	董建涛	男	市场部	扬州	1991/3/5	2010/9/3	8000	10500	137803XXXXX
13	许知远	男	市场部	苏州	1992/8/5	2010/9/3	8000	9000	137804XXXXX
2	徐克义	女	市场部	北京	1998/9/2	2018/9/3	4981	12000	137793XXXXX
3	张芳宁	女	市场部	北京	1997/8/21	2018/9/3	4711	5000	137794XXXXX
4	王志远	女	市场部	北京	1999/5/4	2018/9/3	4982	8500	137795XXXXX
7	徐凯杰	女	物流部	哈尔滨	1982/7/5	2019/9/3	4500	5000	137798XXXXX
8	王志远	女	物流部	徐州	1983/2/1	2019/9/3	4500	7500	137799XXXXX
9	王秀婷	女	物流部	武汉	1985/6/2	2017/9/3	3000	7500	137800XXXXX
10	马文哲	女	财务部	西安	1978/5/23	2017/9/3	6000	7500	137801XXXXX

图 6-88　按性别排序员工数据结果

6.3.3　筛选出“市场部”的员工

筛选是一种用于查找数据清单中数据的快速方法。经过筛选后的数据清单只显示包含指定条件的数据行，以供用户浏览、分析之用。

【例 6-29】在“员工基本信息表”中设置筛选出数据表中“市场部”的员工。

(1) 选中数据表中的任意单元格，单击“数据”选项卡中的“筛选”按钮。

(2) 此时，“筛选”按钮将呈现为高亮状态，数据列表中所有字段标题单元格中会显示下拉箭头▼，单击“部门”标题列边的下拉箭头，在弹出的列表中只选中“市场部”复选框，然后单击“确定”按钮，如图 6-89 左图所示。

(3) 数据表筛选“市场部”员工的结果，如图 6-89 右图所示。

图 6-89　设置筛选“市场部”员工数据

6.3.4　筛选出“王”姓员工

在筛选文本型数据字段时，在筛选下拉菜单中选择“文本筛选”命令，在弹出的子菜单中无论选择哪一个选项，都会打开“自定义自动筛选方式”对话框。在该对话框中用户可以同选择逻辑条件和输入具体的条件值，完成自定义筛选。

【例 6-30】在“员工基本信息表”中设置筛选出数据表中“王”姓员工。

(1) 打开“员工基本信息表”工作表，选中数据表中的任意单元格后，单击“数据”选项卡中的“筛选”按钮。单击“姓名”标题列边的下拉箭头，从弹出的列表中选择“文本筛选”|“开头是”选项，如图 6-90 左图所示。

(2) 打开“自定义自动筛选方式”对话框，在“姓名”文本框后的文本框中输入“王”，然后单击“确定”按钮，如图 6-90 右图所示，即可从数据表中筛选出“王”姓的员工。

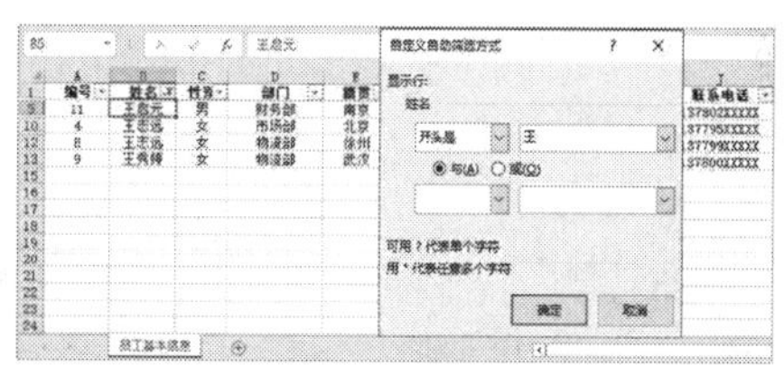

图 6-90　设置筛选“王”姓员工数据

6.3.5　筛选出基本工资最高的前 5 位员工

在筛选数值型数据字段时，筛选下拉菜单中会显示“数字筛选”命令，用户选择该命令后，可以通过选择具体的逻辑条件与条件值，实现指定数值的筛选操作。

【例 6-31】在“员工基本信息表”中设置筛选基本工资最高的 5 位员工。

(1) 打开“员工基本信息表”，单击“数据”选项卡中的“筛选”按钮。单击“基本工资”标题列边的下拉箭头，从弹出的列表中选择“前 10 项”选项，如图 6-91 左图所示。

(2) 打开“自动筛选前 10 个”对话框，在“最大”选项后的文本框中输入 5，然后单击“确定”按钮，如图 6-91 右图所示。

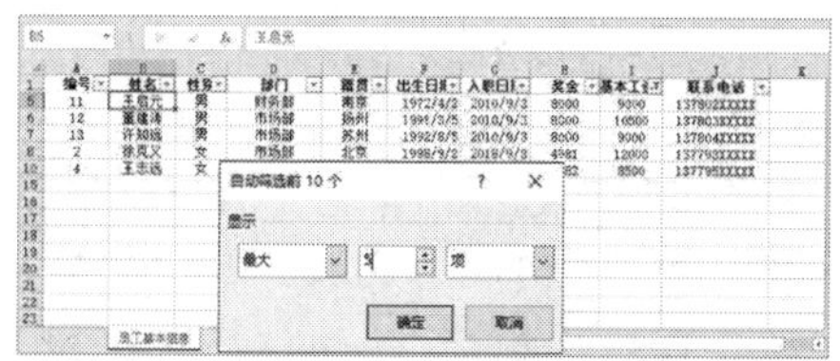

图 6-91　设置筛选基本工资最高的 5 位员工

6.3.6 筛选出基本工资大于 5000 且小于 8000 的员工

通过设置“数字筛选”，用户还可以从数据表中筛选出两个数字之间的记录，例如，从“员工基本信息表”中筛选出基本工资介于 5000 和 8000 之间的员工。

【例 6-32】在“员工基本信息表”中筛选基本工资大于 5000 且小于 8000 的记录。

(1) 选中数据表中的任意单元格，单击“数据”选项卡中的“筛选”按钮。单击“基本工资”标题列边的下拉箭头，从图 6-92 左图所示的列表中选择“介于”选项。

(2) 打开“自定义自动筛选方式”对话框，在“大于或等于”文本框中输入 5000，在“小于或等于”文本框中输入 8000，然后单击“确定”按钮。

(3) 此时，数据表中将筛选出基本工资在 5000 与 8000 之间的记录，如图 6-92 右图所示。

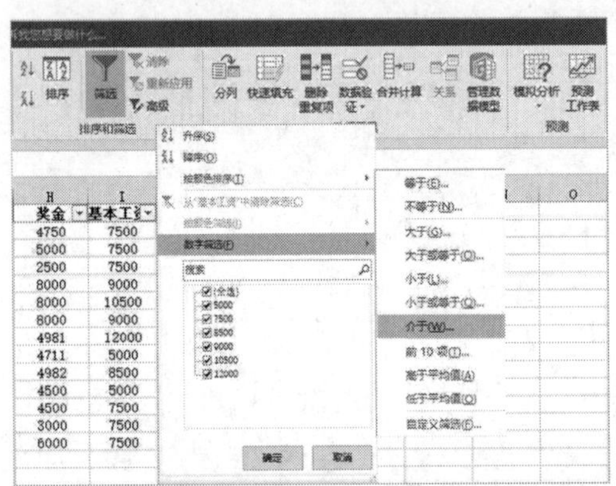

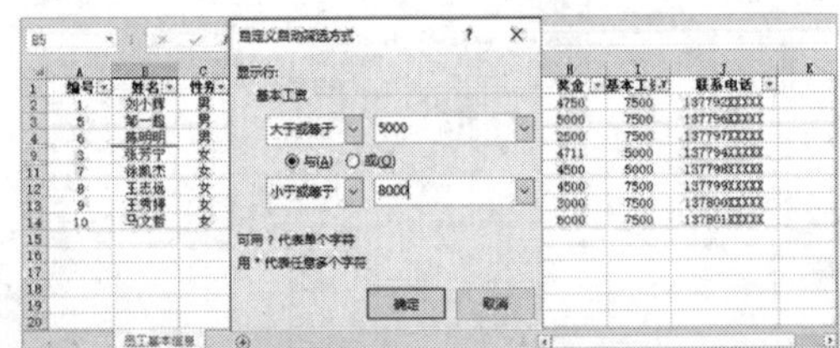

图 6-92 设置筛选指定范围的基本工资数据

6.3.7 分类汇总各部门“基本工资”的平均值

分类汇总数据，即在按某一条件对数据进行分类的同时，对同一类别中的数据进行统计运算。分类汇总被广泛应用于财务、统计等领域，用户要灵活掌握其使用方法，应掌握创建、隐藏、显示以及删除它的方法。

Excel 可以在数据清单中自动计算分类汇总及总计值。用户只需指定需要进行分类汇总的数据项、待汇总的数值和用于计算的函数(例如，求和函数)即可。如果使用自动分类汇总，工作表必须组织成具有列标志的数据清单。在创建分类汇总之前，用户必须先根据需要对分类汇总的数据列进行数据清单排序。

【例 6-33】在“员工基本信息表”创建分类汇总，汇总各部门员工“基本工资”的平均值。

(1) 打开“员工基本信息表”工作表，选中“部门”列，选择“数据”选项卡，在“排序和筛选”命令组中单击“升序”按钮，在打开的“排序提醒”对话框中单击“排序”按钮，如图 6-93 所示。

(2) 选中任意单元格在“数据”选项卡的“分级显示”命令组中单击“分类汇总”按钮。

(3) 在打开的“分类汇总”对话框中单击“分类字段”下拉列表按钮，在弹出的下拉列表中选择“基本工资”选项；单击“汇总方式”下拉按钮，从弹出的下拉列表中选择“平均值”选项；分别选中“部门”“基本工资”“替换当前分类汇总”和“汇总结果显示在数据下方”复选框，然后单击“确定”按钮，如图 6-94 所示。

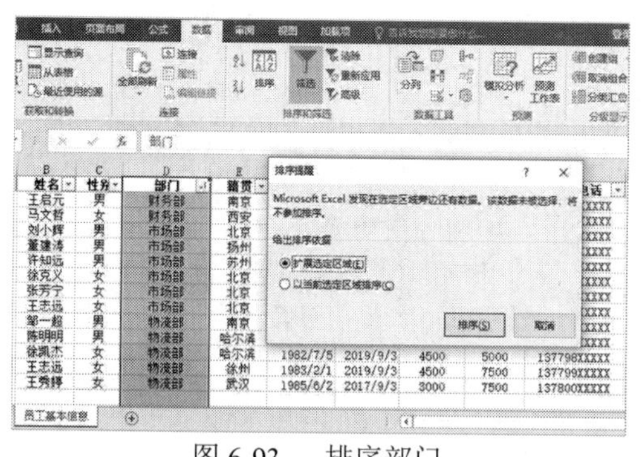

图 6-93　排序部门

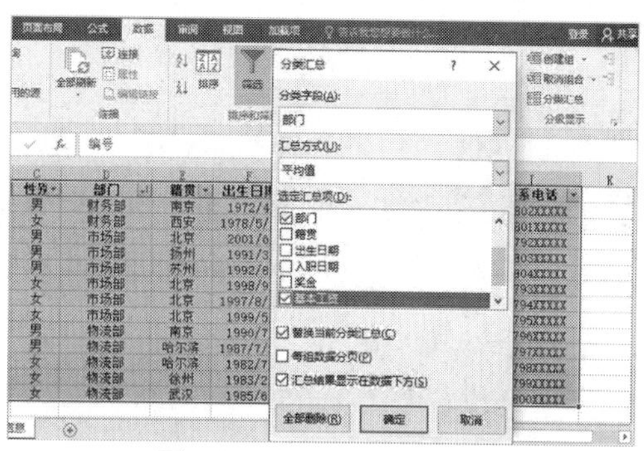

图 6-94　设置分类汇总

(4) 此时，“员工基本信息表”中的数据将按各部门“基本工资”的平均值分类汇总，结果如图 6-95 所示。

I17　=SUBTOTAL(1,I12:I16)

	A	B	C	D	E	F	G	H	I	J
1	编号	姓名	性别	部门	籍贯	出生日期	入职日期	奖金	基本工资	联系电话
2	11	王启元	男	财务部	南京	1972/4/2	2010/9/3	8000	9000	137802XXXXX
3	10	马文哲	女	财务部	西安	1978/5/23	2017/9/3	6000	7500	137801XXXXX
4			财务部 平均值						8250	
5	1	刘小辉	男	市场部	北京	2001/6/2	2020/9/3	4750	7500	137792XXXXX
6	12	董建涛	男	市场部	扬州	1991/3/5	2010/9/3	8000	10500	137803XXXXX
7	13	许知远	男	市场部	苏州	1992/8/5	2010/9/3	8000	9000	137804XXXXX
8	2	徐克义	女	市场部	北京	1998/9/2	2018/9/3	4981	12000	137793XXXXX
9	3	张芳宁	女	市场部	北京	1997/8/21	2018/9/3	4711	5000	137794XXXXX
10	4	王志远	女	市场部	北京	1999/5/4	2018/9/3	4982	8500	137795XXXXX
11			市场部 平均值						8750	
12	5	邹一超	男	物流部	南京	1990/7/3	2018/9/3	5000	7500	137796XXXXX
13	6	陈明明	男	物流部	哈尔滨	1987/7/21	2019/9/3	2500	7500	137797XXXXX
14	7	徐凯杰	女	物流部	哈尔滨	1982/7/5	2019/9/3	4500	5000	137798XXXXX
15	8	王志远	女	物流部	徐州	1983/2/1	2019/9/3	4500	7500	137799XXXXX
16	9	王秀婷	女	物流部	武汉	1985/6/2	2017/9/3	3000	7500	137800XXXXX
17			物流部 平均值						7000	
18			总计平均值						8000	

员工基本信息

图 6-95　分类汇总结果

6.3.8　用“数据透视表”分析表格数据

数据透视表是一种从 Excel 数据表、关系数据库文件或 OLAP 多维数据集中的特殊字段中总结信息的分析工具，它能够对大量数据快速汇总并建立交叉列表的交互式动态表格，帮助用户分析、组织数据。

【例 6-34】在“员工基本信息表”中创建数据透视表。

(1) 打开“员工基本信息表”，选中数据表中的任意单元格，选择“插入”选项卡，单击“表格”组中的“数据透视表”按钮。

(2) 打开“创建数据透视表”对话框，选中“现有工作表”单选按钮，单击按钮，如图 6-96 左图所示。

(3) 单击 A16 单元格，然后按下 Enter 键。返回“创建数据透视表”对话框后，在该对话框中单击“确定”按钮。在显示的“数据透视表字段”窗格中设置需要在数据透视表中显示的字段(在“数据透视表字段”窗口的底部中选中具体的字段，将其拖动到窗口底部的“报表筛选”“列标签”“行标签”和“数值”等区域，可以调整字段在数据透视表中显示的位置)，结果如图 6-96 右图所示。

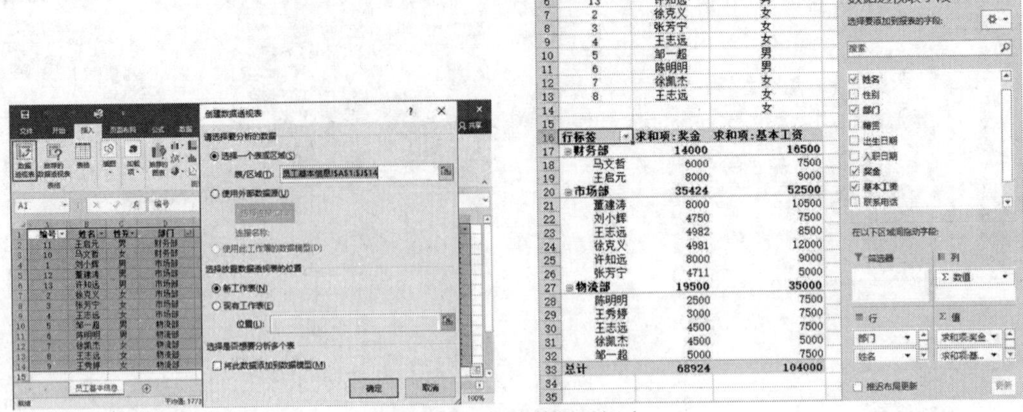

图 6-96　创建数据透视表

6.4 数据可视化

为了能更加直观地表现电子表格中的数据，用户可将数据以图表的形式来可视化表示，因此图表在制作电子表格时同样具有极其重要的作用。

6.4.1 制作“员工工资表”

在将表格的数据图表化之前，需要在工作表中创建用于生成图表的数据表，如图 6-97 所示(关于在 Excel 中制作“员工工资表”的具体方法，用户可参考本章 6.1 节相关内容)。

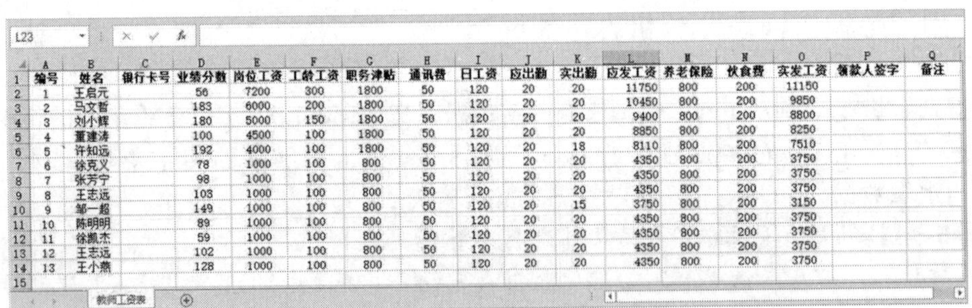

编号	姓名	银行卡号	业绩分数	岗位工资	工龄工资	职务津贴	通讯费	日工资	应出勤	实出勤	应发工资	养老保险	伙食费	实发工资	领款人签字	备注
1	王启元		56	7200	300	1800	50	120	20	20	11750	800	200	11150		
2	马文哲		183	6000	200	1800	50	120	20	20	10450	800	200	9850		
3	刘小辉		180	5000	150	1800	50	120	20	20	9400	800	200	8800		
4	董建涛		100	4500	100	1800	50	120	20	20	8850	800	200	8250		
5	许知远		192	4000	100	1800	50	120	20	18	8110	800	200	7510		
6	徐克义		78	1000	100	800	50	120	20	20	4350	800	200	3750		
7	张芳宁		98	1000	100	800	50	120	20	20	4350	800	200	3750		
8	王志远		103	1000	100	800	50	120	20	20	4350	800	200	3750		
9	邹一超		149	1000	100	800	50	120	20	15	3750	800	200	3150		
10	陈明明		89	1000	100	800	50	120	20	20	4350	800	200	3750		
11	徐凯杰		59	1000	100	800	50	120	20	20	4350	800	200	3750		
12	王志远		102	1000	100	800	50	120	20	20	4350	800	200	3750		
13	王小燕		128	1000	100	800	50	120	20	20	4350	800	200	3750		

图 6-97　员工工资表

6.4.2 创建图表

创建与编辑图表是使用 Excel 制作专业图表的基础操作。要创建图表，首先需要在工作表中为图表提供数据，然后根据数据的展现需求，选择需要创建的图标类型。Excel 提供了以下两种创建图表的方法。

- 选中目标数据后，使用“插入”选项卡的“图表”组中的按钮创建图表。
- 选中目标数据后，按下<F11>键，在打开的新建工作表中设置图表的类型。

【例 6-35】使用“员工工资表”中的数据创建图表。

(1) 打开图 6-97 所示的“员工工资表”，选中用于创建图表的数据区域，选择“插入”选项卡，在“图表”命令组中单击对话框启动器按钮，打开“插入图表”向导对话框。

(2) 在“插入图表”对话框中选择“所有图表”选项卡，在选项卡左侧的导航窗格中选择图表类型，在右侧的列表框中选择一种图表类型，单击“确定”按钮，如图 6-98 左图所示。

(3) 此时，在工作表中创建图表，Excel 软件将自动打开“图表工具”的“设计”选项卡，如图 6-98 右图所示。

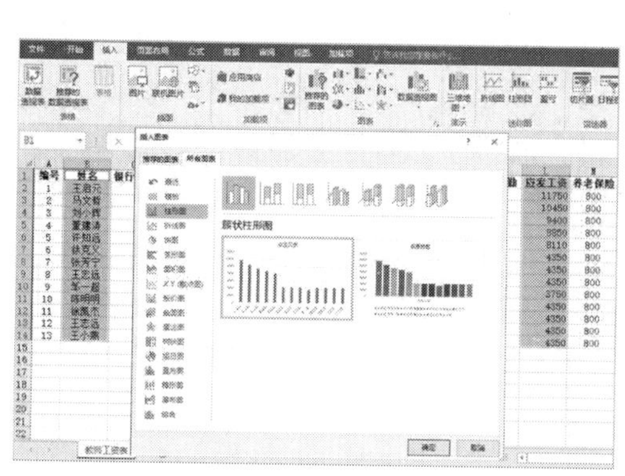

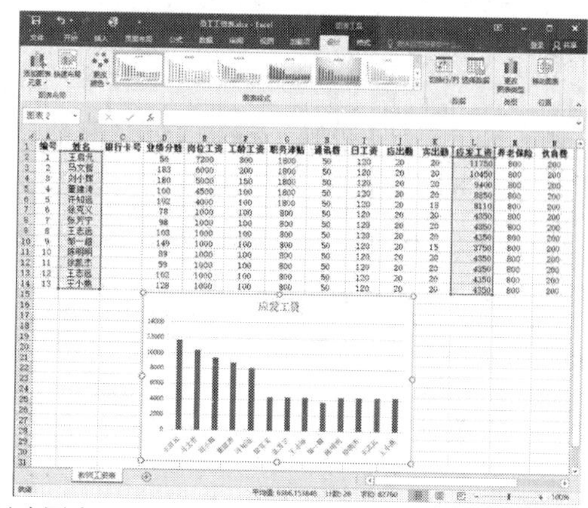

图 6-98　创建图表

6.4.3　编辑图表

在工作表中成功创建图表后，用户还可以根据工作中的实际需求，对图表的类型、数据系列、数据点、坐标轴以及各种分析线(例如误差线、趋势线)等进行编辑设置，从而制作出效果专业并且实用的图表。

1. 选择图表数据源

在工作表中插入图表后，默认该图表为选中状态。此时，在“设计”选项卡的“数据”命令组中单击“选择数据”按钮将打开“选择数据源”对话框。在该对话框中单击“图表数据区域”文本框右侧的按钮，可以在工作表中选择图表所要表现的数据区域；单击对话框右侧“水平(分类)轴标签”下的“编辑”按钮，可以在工作表中设定轴标签的区域，如图 6-99 所示。

图 6-99　编辑图表数据源

2. 添加/删除图表数据系列

在“选择数据源”对话框中单击“添加”按钮，在打开的“编辑数据系列”对话框中设置要添加的数据系列名和系列值。

【例 6-36】为“员工工资表”中的图表添加数据系列。

(1) 继续【例 6-35】的操作，选中“员工工资表”工作表中的图表后，单击“设计”选项卡中的“选择数据”按钮，打开“选择数据源”对话框。

(2) 在“选择数据源”对话框中单击“添加”按钮，打开“编辑数据系列”对话框，单击“系列名称”文本框右侧的按钮，如图 6-100 左图所示。

(3) 选中 E1 单元格后按下 Enter 键，如图 6-100 右图所示。

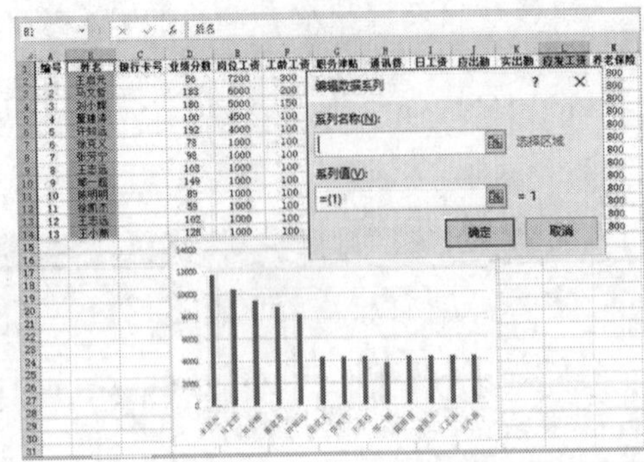

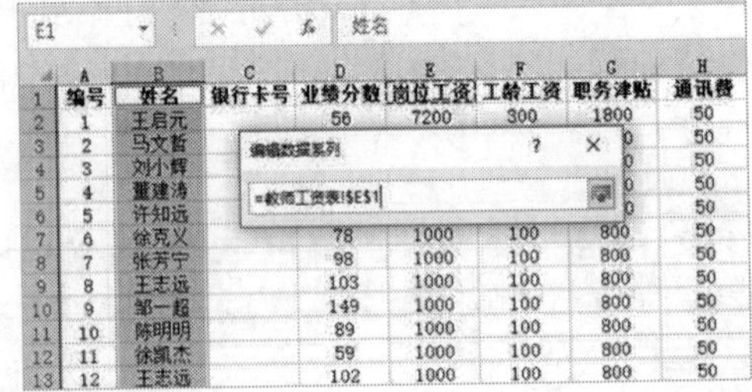

图 6-100　设置编辑数据系列

(4) 返回“选择数据源”对话框，单击“系列值”右侧的按钮，选取 E1:E14 区域后按下 Enter 键。

(5) 再次返回“选择数据源”对话框，单击“确定”按钮即可在图表中添加图 6-101 所示的“岗位工资”数据系列。

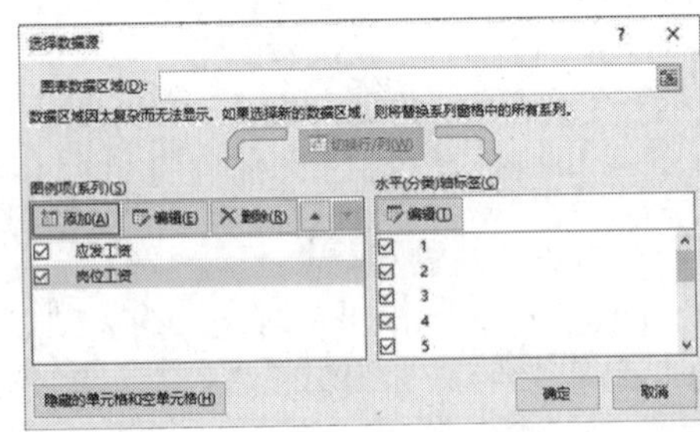

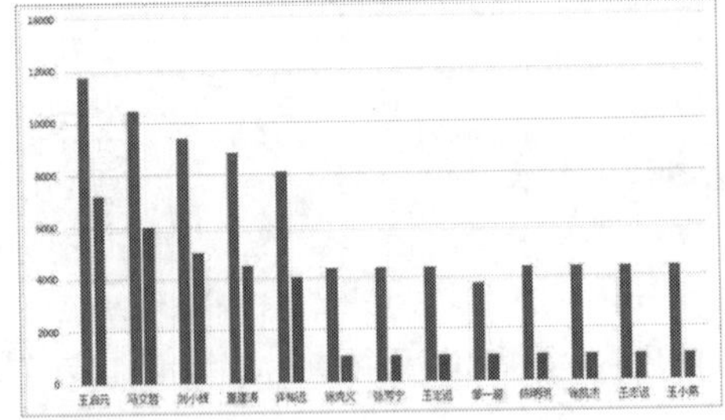

图 6-101　为图表添加数据系列

3. 调整图表坐标轴

使用 Excel 默认格式创建图表后，图表中坐标轴的设置和格式都会由 Excel 自动设置。在实际应用中，经常需要对坐标轴进行调整，例如自定义其最大值、最小值以及刻度的间隔数值等。

以图 6-101 右图所示的图表为例，主要纵坐标轴对应“应发工资”列中的数值，其最大值为 14 000，最小值为 0，每个刻度之间的间隔单位为 2000。

双击图表中的主要纵坐标轴，在打开的“设置坐标轴格式”窗格中用户可以通过调整“最大值”“最小值”“主要”“次要”参数调整图表的坐标轴，如图 6-102 所示。

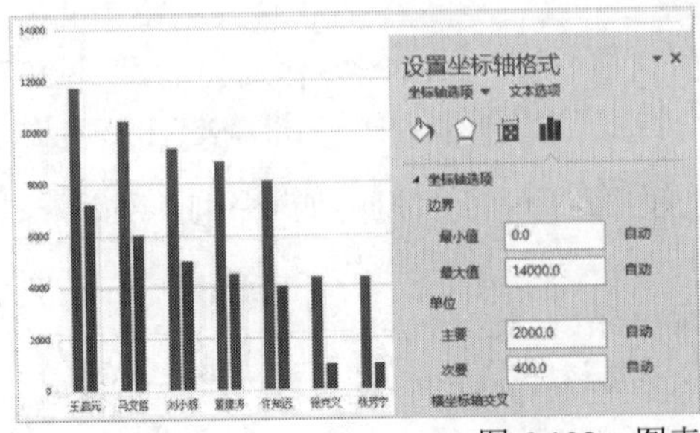

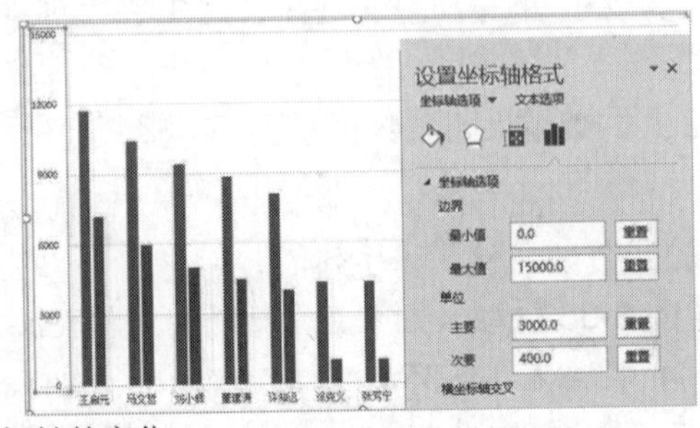

图 6-102　图表坐标轴的变化

4. 更改图表类型

Excel 提供了多种大型图表和子图表类型，成功创建图表后，如果需要对图表的类型进行修改，可以在选中图表后，单击“设计”选项卡“类型”命令组中的“更改图表类型”按钮，打开“更改图表类型”对话框，选择“所有图表”选项卡，然后在该选项卡中选取一种图表类型后，单击“确定”按钮即可，如图 6-103 所示。

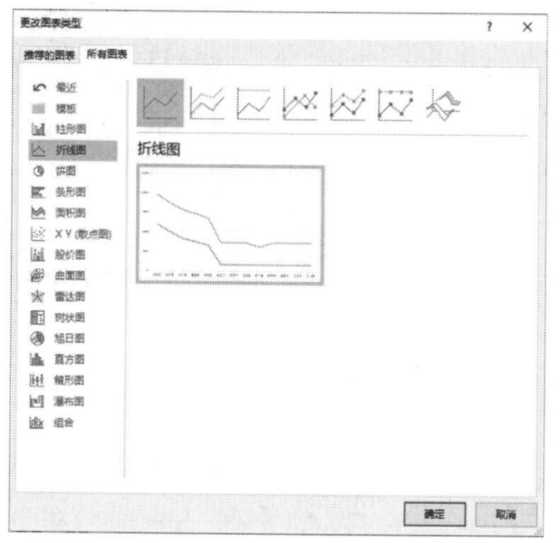

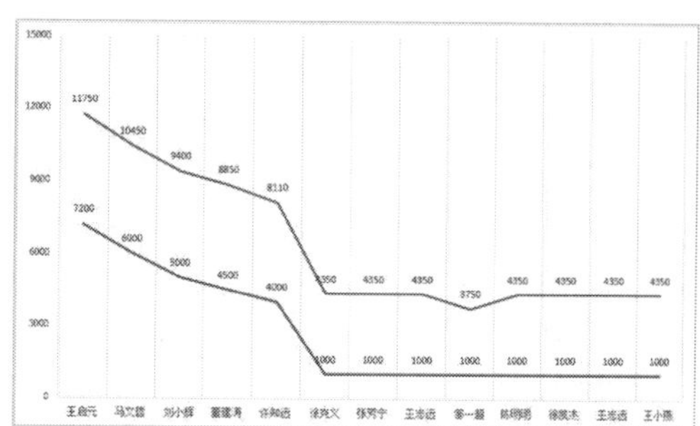

图 6-103　将柱状图更改为折线图

6.4.4　修饰图表

图表是一种利用点、线、面等多种元素，展示统计信息的属性(时间性、数量性等)，对知识挖掘和信息直观生动感受起关键作用的“图形结构”，它能够很好地将数据直观、形象地进行展示。但是，在工作表中成功创建图表后，一般会使用 Excel 默认的样式，只能满足制作简单图表的需求。如果用户需要用图表表达复杂、清晰或特殊的数据含义，就需要进一步对图表进行修饰和处理。

1. 应用图表布局

选中工作表中的图表后，在“设计”选项卡的“图表布局”命令组中单击一种布局样式(例如“样式 7”)，即可将该布局样式应用于图表之上，如图 6-104 所示。

2. 选择图表样式

图表的样式指的是 Excel 内置的图表中各种数据点形状和颜色的固定组合方式。

选中图表后，在“设计”选项卡的“图表样式”命令组中单击“其他”按钮，从弹出的图表样式库中选择一种图表样式，即可将该样式应用于图表，如图 6-105 所示。

3. 添加图表元素

选中图表后，在“设计”选项卡的“图表布局”命令组中，单击“添加图表元素”下拉按钮，在弹出的下拉列表中用户可以为图表添加元素。例如，单击“添加图表元素”下拉按钮后，在弹出的下拉列表中选择“图表标题”|“图表上方”选项(或者“居中覆盖”选项)，可以在图表中显示标题框，在标题框中输入文本，可以为图表添加标题；单击“添加图表元素”下拉按

钮，在弹出的列表中选择“图例”|“顶部”选项，可以为图表添加图例，如图 6-106 所示。

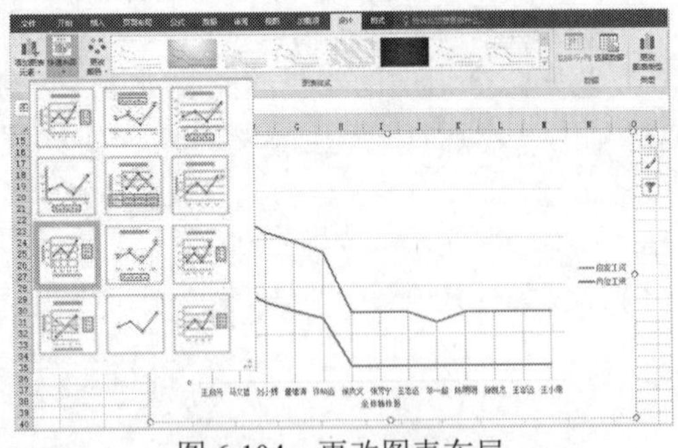

图 6-104 更改图表布局

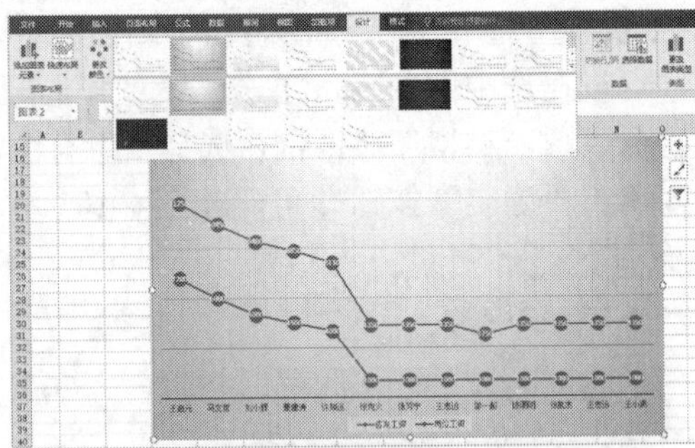

图 6-105 更换图表样式

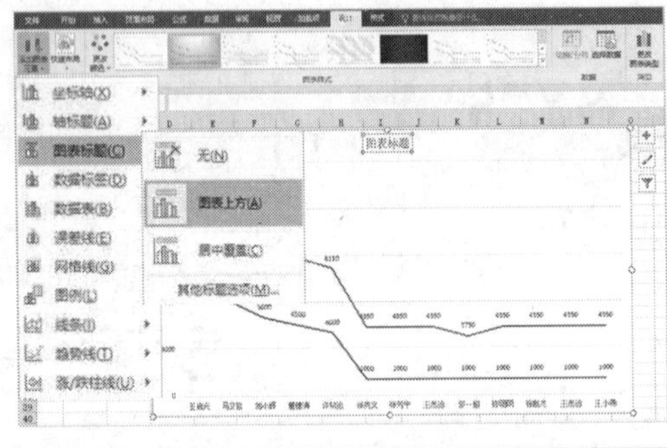

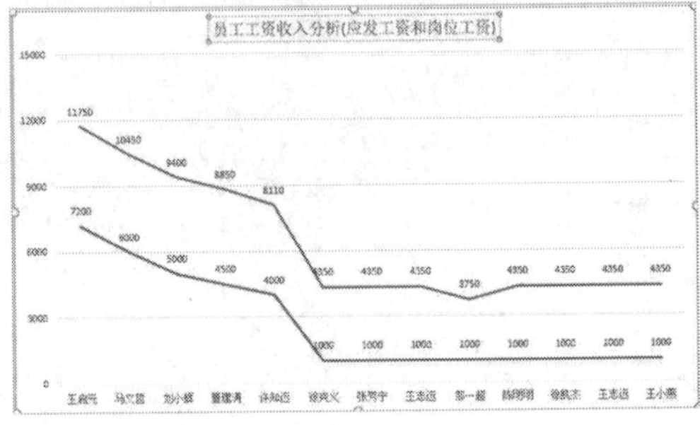

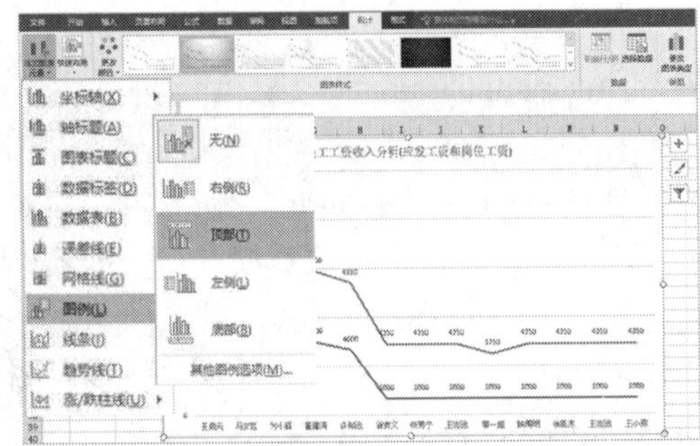

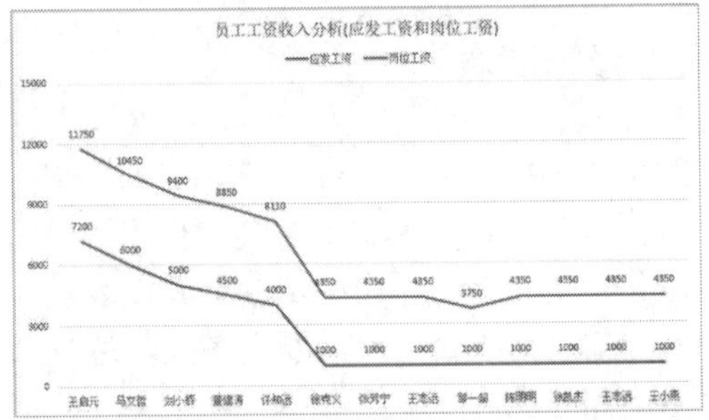

图 6-106 为图表添加标题和图例

6.5 课后习题

一、判断题

1. 在 Excel 中，2021-8-22 和 22-August-2021 存储为不同的序列数。 ( )

2. 在 Excel 中，数据类型可分为数值型和非数值型。 ( )

3. Excel 2016 所创建的文档文件就是一张 Excel 的工作表。 ( )

4. 在 Excel 2016 中，如果用户不喜欢页面视图中的所有空白区域，唯一的选择就是更改为普通视图。 ( )

5. Excel 2016 中的工作簿是工作表的集合。 ( )

6. 在保存 Excel 工作簿的操作过程中，默认的工作簿文件名是 Book1。 ( )

二、选择题

1. 从一个制表位跳到下一个制表位，应按下(　　)键。

A. Enter　　B. 向右箭头　　C. 对齐方式　　D. 以上都不是

2. 已在 Excel 工作表的 F10 单元格中输入了八月，再拖动该单元格的填充柄往左移动，则在 F7、F8、F9 单元格显示的内容是(　　)。

A. 九月、十月、十一月　　B. 七月、八月、五月

C. 五月、六月、七月　　D. 八月、八月、八月

3. 为了要使用标尺准确地确定制表位，可以拖动水平标尺上的制表符图标调整其位置，如果拖动的时候按住(　　)键， 便可以看到精确的位置数据。

A. Ctrl　　B. Alt　　C. Esc　　D. Shift

4. 在 Excel 工作表中，当前单元格的填充句柄在其(　　)。

A. 左上角　　B. 右上角　　C. 左下角　　D. 右下角

5. 在 Excel 工作簿中，默认的工作表个数是(　　)个。

A. 1　　B. 2　　C. 3　　D. 4

6. Excel 中活动单元格是指(　　)。

A. 可以随意移动的单元格　　B. 随其他单元格的变化而变化的单元格

C. 已经改动了的单元格　　D. 正在操作的单元格

三、操作题

1. 使用 Excel 2016 制作图 6-107 所示的“水电费收缴登记表.xlsx”工作表，利用手动输入公式的方法完成以下操作。

- 填充“水费”“电费”列数据，使用公式计算各房间的水电费值。
- 填充“应收金额”列数据，使用公式计算各房间水电费的应收金额。
- 填充“宿舍长签字”列数据，在该列填充各房间舍长姓名。
- 填充“总计”行数据，分别计算“水费”“电费”和“应收金额”的合计值。

2026年3月班级宿舍水电费收缴登记表

房间	宿舍长	上月水表值	上月电表值	本月水表值	本月电表值	水费	电费	应收金额	宿舍长签字
101	王启元	312	2492	334	2671	102	74.23	176.23	
102	马文哲	287	1987	310	2302	89	76.22	165.22	
201	刘小辉	387	2937	421	3219	129	55.65	184.65	
202	董建涛	345	2389	392	2490	98	102.32	200.32	
301	许知远	345	1792	412	1982	108	67.78	175.78	
302	徐克义	298	980	376	1273	98	76.21	174.21	
401	张芳宁	208	1898	321	2402	93	107.02	200.02	
402	王志远	320	2676	391	3028	109	112.32	221.32	
501	邹一超	289	1087	342	1279	121	98.76	219.76	
502	陈明明	318	2301	376	2785	98	80.32	178.32	
601	徐凯杰	302	3013	398	3349	88	98.34	186.34	
602	王志远	267	1782	356	2312	107	43.35	150.35	
603	王小燕	345	2678	402	2987	97	112.32	209.32	
合计		–	–	–	–	1337	1104.84	2441.84	–

水电费收缴登记表

图 6-107　水电费收缴登记表

2. 使用 Excel 2016 制作“学生考试成绩表.xlsx”工作表，如图 6-108 所示，完成以下操作。

- 使用函数计算“个人平均分”列、“课程平均分”行、“课程最高分”行、“课程最低分”行数据。

- 使用函数根据“个人平均分”列数据对学生进行排名。
- 使用函数根据“个人平均分”评定所有学生在本学期成绩的“等级”。
- 利用查找函数，在表格中实现输入学生名称查找考试成绩排名。

2023—2024学年第一学期学生成绩表

序号	学号	姓名	性别	法律常识	机电一体化	机械与电气识图	计算机基础	体育2	英语2	语文2	个人平均分	成绩排名	等级
1	2707001002	王启元	男	78	87	24	87	87	28	29	60.0	7	合格
2	2707002002	马文哲	女	63	74	45	67	17	34	87	55.3	10	不合格
3	2707003002	刘小辉	男	87	73	34	45	45	67	45	56.6	9	不合格
4	2707004002	董建涛	女	98	65	87	76	67	45	76	73.4	1	合格
5	2707005002	许知远	男	23	45	65	45	34	89	35	48.0	11	不合格
6	2707006002	徐克义	女	76	65	45	65	67	45	76	62.7	4	合格
7	2707007002	张芳宁	女	56	67	60	71	76	34	34	56.9	8	不合格
8	2707008002	王志远	男	67	88	76	34	35	76	56	61.7	5	合格
9	2707009002	邹一超	女	76	60	37	76	67	45	68	61.3	6	合格
10	2707010002	陈明明	女	87	61	45	91	34	76	87	68.7	3	合格
11	2707011002	徐凯杰	男	76	78	76	67	87	54	54	70.3	2	合格
课程最高分				98.00	88.00	87.00	91.00	87.00	89.00	87.00			
课程最低分				23.00	45.00	24.00	34.00	17.00	28.00	29.00			
课程平均分				71.55	69.36	54.00	65.82	56.00	53.91	58.82			

学号	成绩排名
2707005002	11

学生考试成绩表

图 6-108　学生考试成绩表

3. 根据图 6-108 所示“学生考试成绩表”中的数据，完成以下操作：

- 计算该班2023—2024学年第一学期“计算机基础”最高分是多少？由谁获得？其学号是多少？
- 假设2023—2024学年第二学期课程不变，如果你是王启元同学，请问下学期你应该如何制定自己的学习计划？(例如：重点攻克哪门课、发挥哪门课的特长等)

第 7 章

使用PowerPoint 2016设计演示文稿

☑ 内容简介

PowerPoint是一款专门用来制作演示文稿的应用软件，使用PowerPoint可以制作出集文字、图形、图像、声音、视频等多媒体元素为一体的演示文稿，让信息以更轻松、更高效的方式表达出来。本章将通过实例操作，从素材收集、逻辑构思和内容排版的角度，介绍使用 PowerPoint 2016 制作优秀演示文稿的具体方法。

☑ 重点内容

- PowerPoint 2016 的工作界面与基础操作
- 创建演示文稿并在幻灯片中添加各种元素
- 通过设置母版规划幻灯片版式
- 为演示文稿设置动画、声音、超链接和动作按钮

7.1 制作“季度工作汇报”演示文稿

本节将通过制作“季度工作汇报”演示文稿，介绍 PowerPoint 2016 最基础的知识，包括收集演示文稿素材，创建演示文稿，操作幻灯片、版式、占位符等内容。

7.1.1 PowerPoint 2016 概述

1. 工作界面

PowerPoint 2016 的工作界面主要由快速访问工具栏、标题栏、功能区、预览窗格、编辑窗口、备注栏、状态栏、快捷按钮和显示比例滑动条等部分组成，如图 7-1 所示。

PowerPoint 的工作界面和 Word 相似，其中相似的元素在此不再重复介绍了，仅介绍一下 PowerPoint 常用的预览窗格、编辑窗口、备注栏以及快捷按钮和显示比例滑动条。

1) 预览窗格。包含两个选项卡，在“幻灯片”选项卡中显示了幻灯片的缩略图，单击某个缩略图可在主编辑窗口查看和编辑该幻灯片；在“大纲”选项卡中可对幻灯片的标题文本进行编辑。

2) 编辑窗口。它是 PowerPoint 2016 的主要工作区域，用户对文本、图像等多媒体元素进

行操作的结果都将显示在该区域。

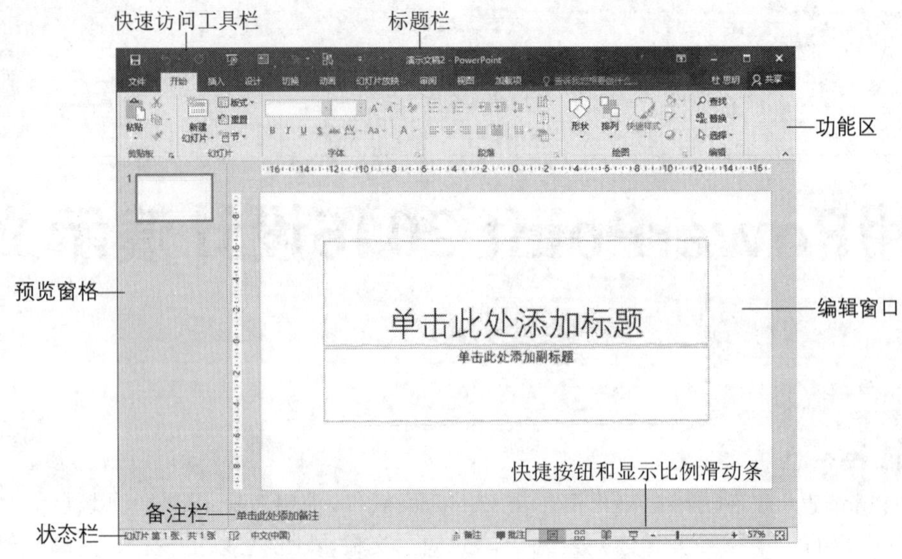

图 7-1　PowerPoint 2016 的工作界面

3) 备注栏。在该栏中可分别为每张幻灯片添加备注文本。

4) 快捷按钮和显示比例滑动条。该区域包括 7 个快捷按钮和 1 个“显示比例滑动条”。其中：4 个视图按钮，可快速切换视图模式；2 个比例按钮，可快速设置幻灯片的显示比例；最右边的 1 个按钮，可使幻灯片以合适比例显示在主编辑窗口；另外，通过拖动“显示比例滑动条”中的滑块，可以直观地改变编辑区的大小。

2. 基础操作

要使用 PowerPoint 2016 制作演示文稿，首先要掌握该软件的基础操作，包括创建、保存演示文稿，并在演示文稿中添加、选取、移动、复制和删除幻灯片。

1) 创建与保存演示文稿

启动 PowerPoint 2016 后，用户可以使用以下方法创建空白演示文稿。

- 在图 7-1 所示的 PowerPoint 功能区选择“文件”选择卡，在显示的界面中选择“新建”选项，打开 Microsoft Office Backstage 视图，单击“空白演示文稿”选项，如图 7-2 所示。
- 按下 Ctrl+N 键。

要保存创建的演示文稿，用户可以使用以下方法。

- 单击快速访问工具栏上的“保存”按钮。
- 在功能区选择“文件”选项卡，在显示的界面中选择“保存”选项(快捷键：Ctrl+S)。
- 选择“文件”选项卡，在显示的界面中选择“另存为”|“浏览”选项(快捷键：F12)，打开“另存为”对话框，设置文件的保存路径后，单击“保存”按钮，如图 7-3 所示。

【例 7-1】 新建一个空白演示文稿，并将其以“季度工作汇报”为名称保存。

(1) 启动 PowerPoint 2016 后，按下 Ctrl+N 键创建一个空白演示文稿，然后按下 F12 键，打开“另存为”对话框。

(2) 在“另存为”对话框的“文件名”文本框中输入“季度工作汇报”，然后单击“保存”按钮，保存演示文稿。

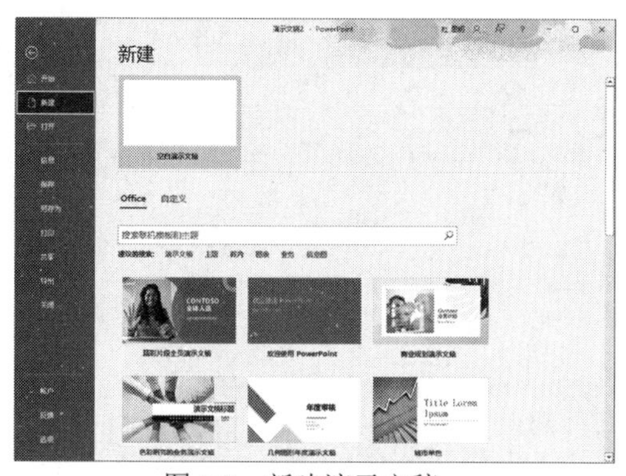

图 7-2　新建演示文稿

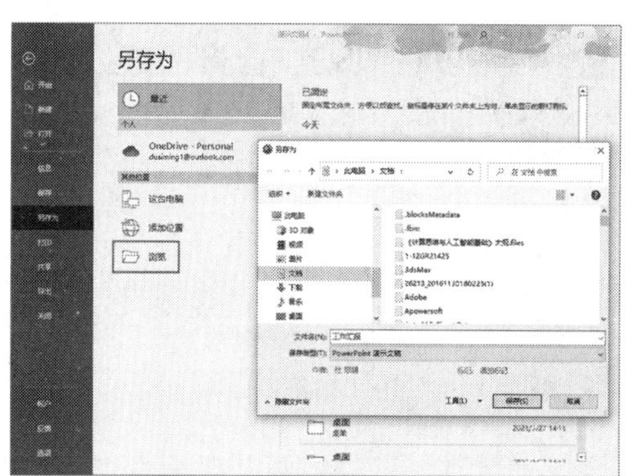

图 7-3　保存演示文稿

2) 添加幻灯片

使用 PowerPoint 创建演示文稿文件后，将打开图 7-1 所示的软件工作界面，在该界面左侧的预览窗格中将显示演示文稿中包含的幻灯片预览图。空白演示文稿默认包含 1 张幻灯片，用户可以参考以下方法，为演示文稿添加幻灯片。

- 通过“幻灯片”组插入幻灯片：选择“开始”选项卡，在“幻灯片”组中单击“新建幻灯片”按钮，在弹出的列表中选择一种版式，即可将其作为当前幻灯片插入演示文稿，如图 7-4 左图所示。
- 通过右键菜单插入幻灯片：在预览窗格中，选择并右击一张幻灯片，从弹出的快捷菜单中选择“新建幻灯片”命令，即可在选择的幻灯片之后添加一张新的幻灯片，如图 7-4 右图所示。

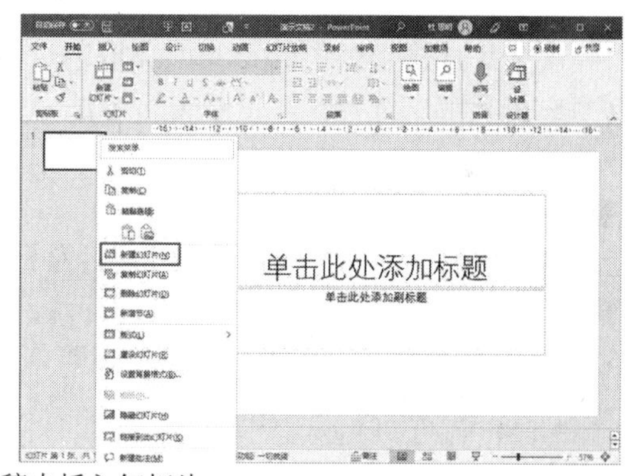

图 7-4　在演示文稿中插入幻灯片

- 通过键盘操作插入幻灯片：在预览窗格中选择一张幻灯片，然后按 Enter 键(或按 Ctrl+M 键)，即可快速添加一张新幻灯片(版式为母版默认版式)。

【例 7-2】在“季度工作汇报”演示文稿中插入幻灯片。

(1) 继续【例 7-1】的操作，打开“季度工作汇报”演示文稿，选择“开始”选项卡，单击“幻灯片”组中的“新建幻灯片”下拉按钮，从弹出的列表中选择“仅标题”“两栏内容”“内容与标题”或“比较”等选项，在演示文稿中插入幻灯片，如图 7-5 所示。

(2) 在幻灯片预览窗格中单击插入的幻灯片，在编辑窗口中可以查看插入幻灯片的版式，如图 7-6 所示。

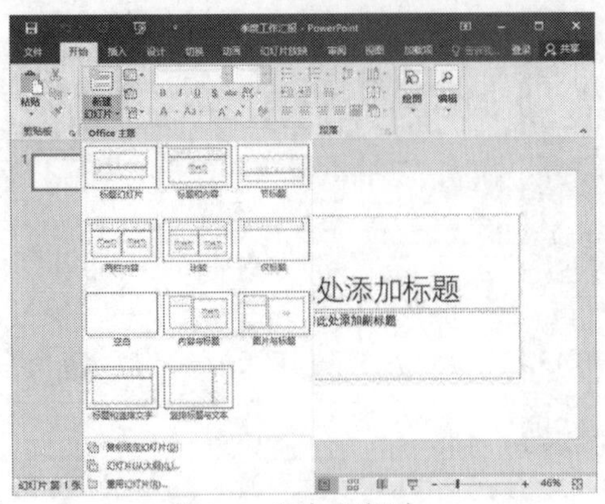

图 7-5　添加幻灯片

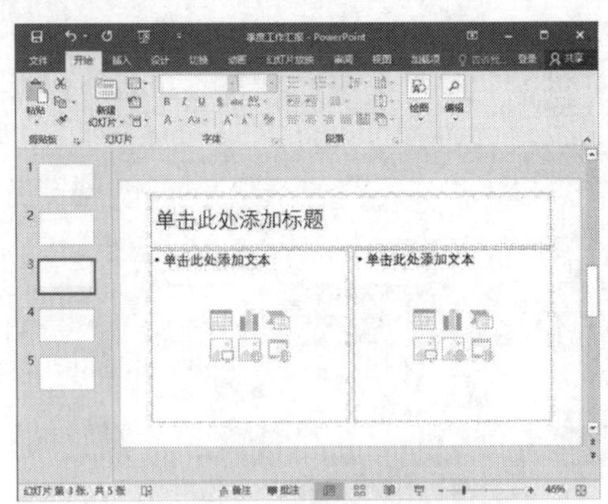

图 7-6　查看幻灯片

3) 选取幻灯片

演示文稿通常由多个幻灯片组成。在制作演示文稿的过程中，需要针对其中的每一张幻灯片进行调整与编辑。此时，需要先选取幻灯片才能执行与之相应的操作。在 PowerPoint 中，用户可以采用以下操作选取幻灯片。

- 选择单张幻灯片：在 PowerPoint 工作界面左侧的预览窗格中，单击幻灯片缩略图，即可选中该幻灯片，并在幻灯片编辑窗口中显示其内容。
- 选择编号相连的多张幻灯片：在预览窗口中单击起始编号的幻灯片，然后按住 Shift 键，单击结束编号的幻灯片，此时两张幻灯片之间的多张幻灯片将被同时选中。
- 选择编号不相连的多张幻灯片：在按住 Ctrl 键的同时，在预览窗格中依次单击需要选择的多张幻灯片，即可同时选中被单击过的所有幻灯片(注意：在按住 Ctrl 键的同时再次单击已选中的幻灯片，则会取消选择该幻灯片)。
- 选择全部幻灯片：在预览窗格中选中一张幻灯片后按下 Ctrl+A 组合键，可以选中当前演示文稿中的所有幻灯片。

4) 移动与复制幻灯片

在使用 PowerPoint 制作演示文稿时，为了获得满意的效果，经常需要调整幻灯片的播放顺序和内容。此时，就需要移动与复制幻灯片。

在 PowerPoint 工作界面左侧的预览窗格中选取幻灯片后，按住鼠标左键拖动至合适的位置，然后释放鼠标即可移动幻灯片，如图 7-7 所示。

选中幻灯片　　拖动幻灯片　　释放鼠标

图 7-7　通过拖动幻灯片缩略图移动幻灯片

在预览窗格中选取幻灯片后右击，在图 7-4 右图所示的菜单中选择“复制幻灯片”命令(快捷键：Ctrl+D)即可在选中幻灯片之后复制幻灯片。选取幻灯片后按下 Ctrl+C 键可以复制幻灯片，然后在预览窗格中选取另一个幻灯片，按下 Ctrl+V 键可以将复制的幻灯片粘贴至该幻灯片之后。此外，按住 Ctrl 键，然后按住鼠标左键拖动选取的幻灯片，在拖动的过程中，出现一条竖线表示选定幻灯片的新位置，此时释放鼠标左键，再松开 Ctrl 键，选择的幻灯片将被复制到目标位置。

5) 删除幻灯片

在 PowerPoint 中删除幻灯片的方法主要有以下两种。

- 在预览窗格中选中并右击要删除的幻灯片，从弹出的快捷菜单中选择“删除幻灯片”命令。
- 在幻灯片预览窗格中选中要删除的幻灯片后，按下 Delete 键。

掌握演示文稿和幻灯片的基础操作后，用户可以通过进一步编辑与设置幻灯片的内容和效果，制作工作中常用的各类演示文稿。

7.1.2　幻灯片版式设置

幻灯片母版，是存储有关应用的设计模板信息的幻灯片，包括字形、占位符大小或位置、背景设计和配色方案。用户可以通过幻灯片母版对幻灯片的版式进行设置与修改。

要打开幻灯片母版，可以使用以下两种方法。

- 选择“视图”选项卡，在“母版视图”组中单击“幻灯片母版”选项。
- 按住 Shift 键后，单击 PowerPoint 窗口右下角视图栏中的“普通视图”按钮。

打开幻灯片母版后，PowerPoint 将显示如图 7-8 所示的“幻灯片母版”选项卡、版式预览窗格和版式编辑窗口。

在图 7-8 所示的版式预览窗口中，显示了 PPT 母版的版式列表，其由主题页和版式页组成。

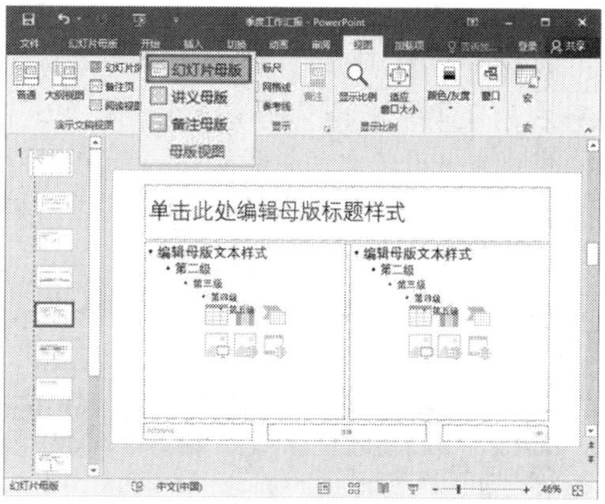

图 7-8　打开幻灯片母版

1. 设置主题页

主题页是幻灯片母版的母版，当用户在主题页中设置格式后，该格式将被应用在 PPT 所有的幻灯片中。

【例 7-3】 为演示文稿所有的幻灯片设置统一背景。

(1) 继续【例 7-2】的操作，进入幻灯片母版视图后，在版式预览窗格中选中幻灯片主题页，然后在版式编辑窗口中右击，从弹出的菜单中选择“设置背景格式”命令，如图 7-9 左图所示。

(2) 打开“设置背景格式”窗格，展开“填充”卷展栏，选择“纯色填充”单选按钮，单击“填充颜色”下拉按钮，从弹出的颜色选择器中设置任意一种颜色作为主题页的背景。幻灯片中所有的版式页都将应用相同的背景，如图 7-9 右图所示。

(3) 单击“幻灯片母版”选项卡“关闭”组中的“关闭母版视图”选项，关闭母版视图，在演示文稿所有已存在和新创建的幻灯片也将应用相同的背景。

提示

幻灯片母版中的主题页并不显示在演示文稿中，其只用于设置演示文稿中所有页面的标题、文本、背景等元素的样式。

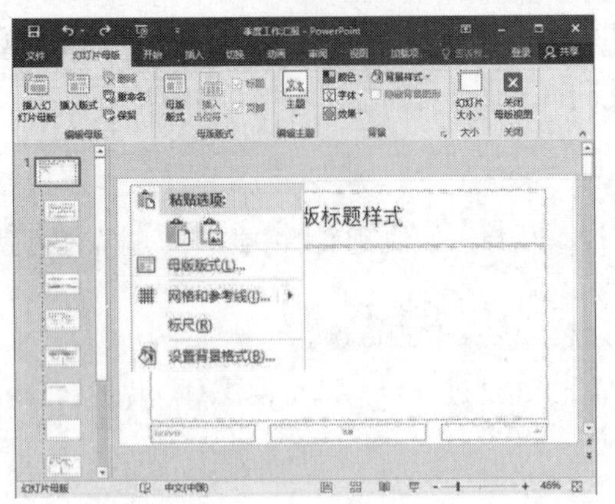
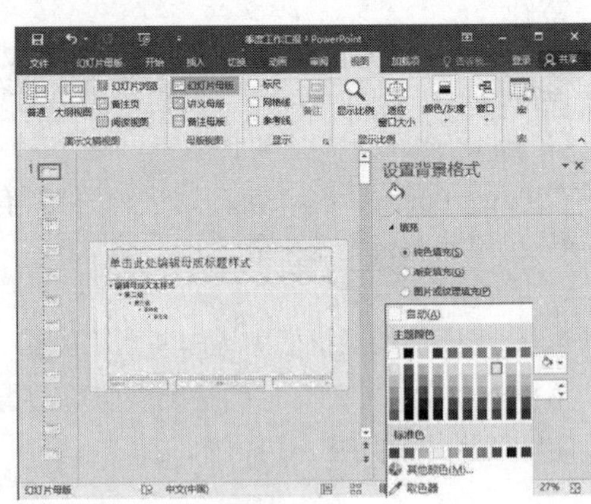

图 7-9　通过主题页为演示文稿设置统一背景颜色

2. 设置版式页

版式页又包括标题页和内容页，其中标题页一般用于演示文稿的封面或封底；内容页可根据演示文稿的内容自行设置(移动、复制、删除或者自定义)。

【例 7-4】 在演示文稿母版中调整并删除多余的标题页，然后插入一个自定义内容页。

(1) 继续【例 7-3】的操作，进入幻灯片母版视图后，选中多余的标题占位符后，右击，在弹出的菜单中选择“删除版式”命令，即可将其删除。

(2) 选中母版中的版式页后，用户可以按住鼠标拖动调整(移动)版式页在母版中的位置。

(3) 选中某个版式后，右击，在弹出的菜单中选择“插入版式”命令，可以在母版中插入一个如图 7-10 所示的自定义版式。

(4) 选中某一个版式页，为其设置自定义的内容和背景后，该版式效果将独立存在母版中，不会影响其他版式，如图 7-11 所示。

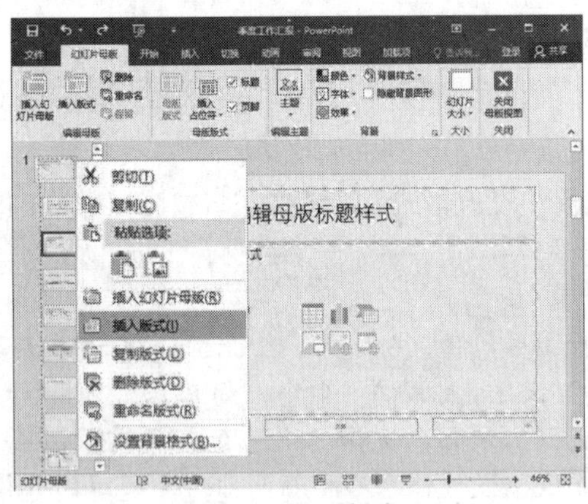

图 7-10　插入版式

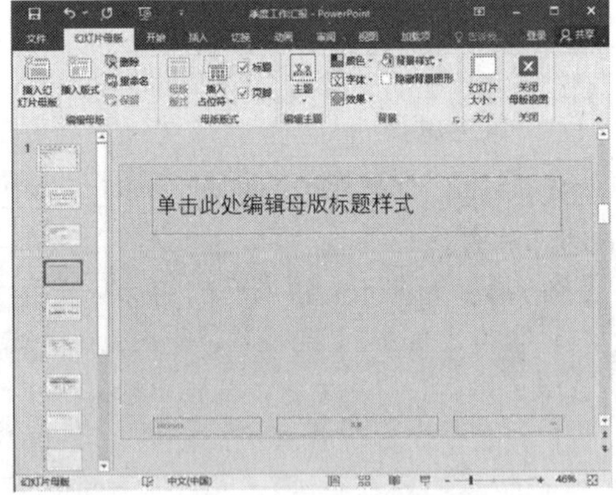

图 7-11　设置版式背景

3. 应用母版版式

在幻灯片母版中完成版式的设置后，单击视图栏中的“普通视图”按钮 (或单击“幻灯片片母版”选项卡中的“关闭母版视图”按钮)即可退出幻灯片母版。

此时，在 PPT 中执行“新建幻灯片”操作添加幻灯片，将只能使用母版中设置的第二个版式页版式创建新的幻灯片。

右击幻灯片预览窗格中的幻灯片，在弹出的菜单中选择“版式”命令，将打开如图 7-12 所示的子菜单，其中包含母版中设置的所有版式，选择某一个版式，可以将其应用在演示文稿中。

【例 7-5】应用版式提供的占位符，完成“季度工作汇报”演示文稿的制作，并通过应用版式，在演示文稿的多个幻灯片中同时插入相同的图标。

(1) 继续【例 7-4】的操作，打开“季度工作汇报”演示文稿后进入幻灯片母版，选中其中一个空白版式，单击“插入”选项卡中的“图片”按钮，将准备好的图标插入在版式中合适的位置上，如图 7-13 所示。

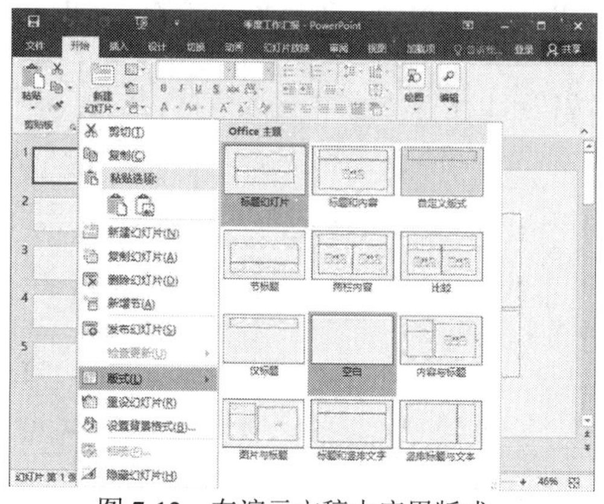

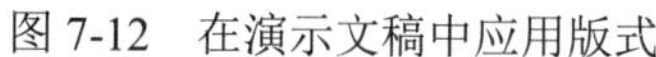
图 7-12　在演示文稿中应用版式

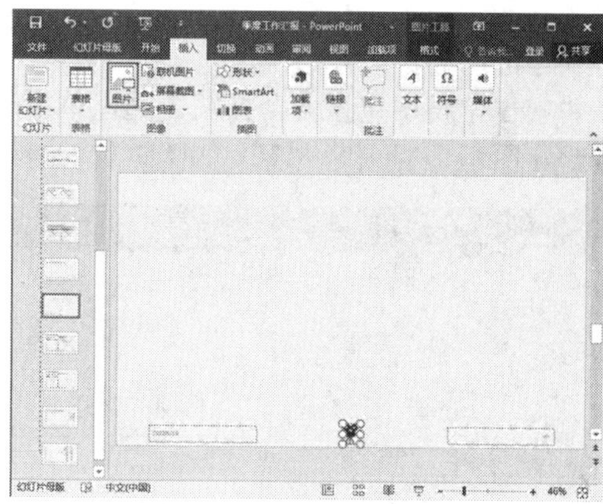

图 7-13　在空白版式中插入图标

(2) 退出幻灯片母版，在幻灯片预览窗格中选中第 1 张幻灯片，然后使用版式提供的标题占位符为幻灯片输入标题文本，并通过“开始”选项卡的“字体”选项组设置标题文本的字体颜色、字体大小和字体，如图 7-14 所示。

(3) 重复以上操作，为演示文稿的其他幻灯片分别设置内容。

(4) 在预览窗格中按住 Ctrl 选中并右击多张幻灯片，在弹出的菜单中选择“空白”版式。

(5) 此时，被选中的多张幻灯片中将同时添加相同的图标，如图 7-15 所示。

图 7-14　使用版式提供的占位符

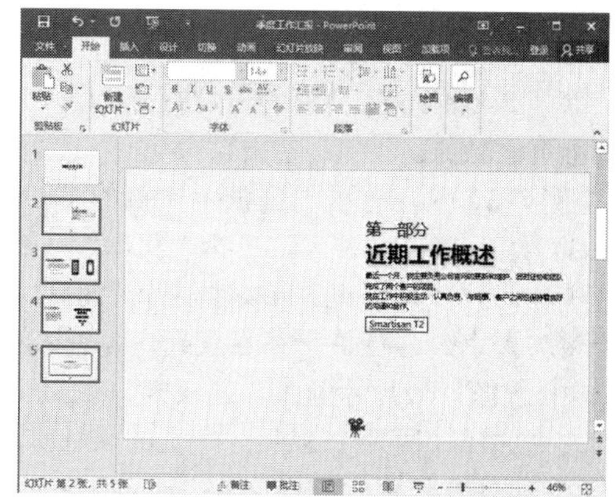

图 7-15　为多张幻灯片插入图标

7.1.3　占位符设置

占位符是设计演示文稿页面时最常用的一种对象，几乎在所有创建不同版式的幻灯片中都要使用占位符。占位符在演示文稿中的作用主要有两点。

- 提升效率：利用占位符可以节省排版的时间，大大地提升了演示文稿制作的速度。
- 统一风格：风格是否统一是评判一份 PPT 质量高低的一个重要指标。占位符的运用能够让整份演示文稿的风格看起来更为一致。

在“开始”选项卡的“幻灯片”组中单击“新建幻灯片”按钮，在弹出的列表中可以新建幻灯片，在每张幻灯片的缩略图上可以看到其所包含的占位符的数量、类型与位置。

例如，选择名为“标题和内容”的幻灯片，将在演示文稿中看到如图 7-16 所示的幻灯片，其中包含两个占位符：标题占位符用于输入文字，内容占位符不仅可以输入文字，还可以添加其他类型的内容。

内容占位符中包含 6 个按钮，通过单击这些按钮可以在占位符中插入表格、图表、图片、SmartArt 图示、视频等内容，如图 7-17 所示。

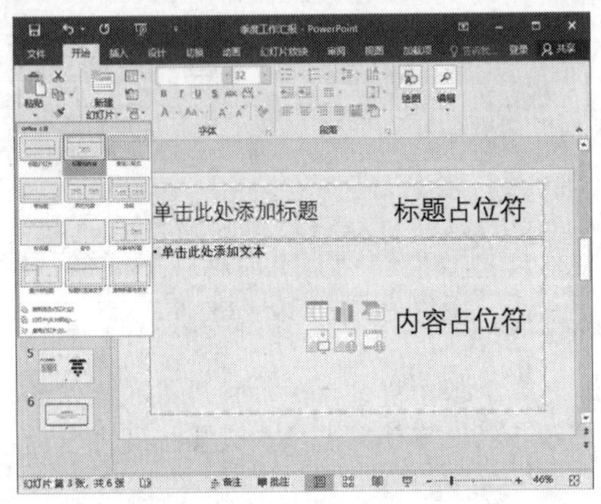

图 7-16　“标题和内容”版式中的占位符

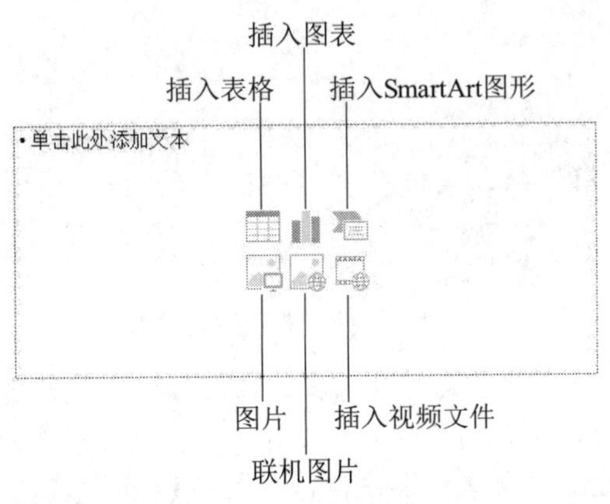

图 7-17　占位符中包含的按钮

掌握了占位符的操作，就掌握了制作一个完整 PPT 内容的基本方法。下面将通过几个简单的实例，介绍在演示文稿中插入并应用占位符。

1. 插入占位符

除了 PowerPoint 自带的占位符外，用户还可以在演示文稿中插入一些自定义的占位符，从而增强页面效果。

【例 7-6】利用占位符在演示文稿的不同幻灯片页面中插入相同尺寸的图片。

(1) 打开 PPT 文档后，选择“视图”选项卡，在“母版视图”组中单击“幻灯片母版”选项，进入幻灯片母版视图在窗口左侧的幻灯片列表中选择一种版式(例如“仅标题”版式)，并删除该版式中的占位符，并在版式底部插入一张标志图片。

(2) 选择“幻灯片母版”选项卡，在“母版版式”组中单击“插入占位符”按钮，在弹出的列表中选择“图片”选项。

(3) 按住鼠标左键，在幻灯片中绘制一个图片占位符，在“关闭”组中单击“关闭母版视图”选项，如图 7-18 所示。

(4) 在窗口左侧的幻灯片列表中选择第 1 张幻灯片，选择“插入”选项卡，在“幻灯片”组中单击“新建幻灯片”按钮，在弹出的列表中选择“仅标题”选项，在演示文稿中插入图 7-19 所示的“仅标题”版式的幻灯片。

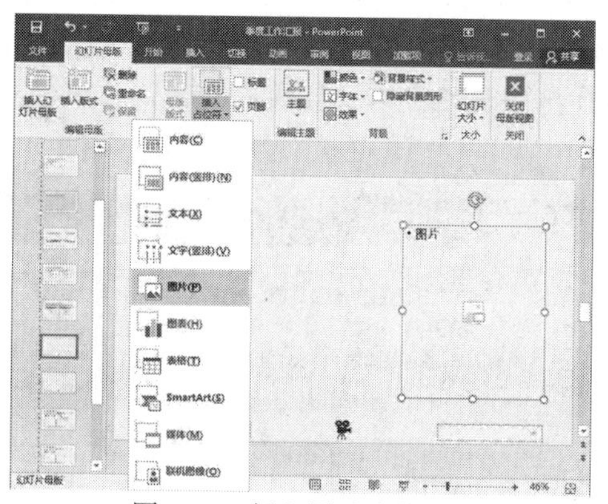
图 7-18　插入图片占位符

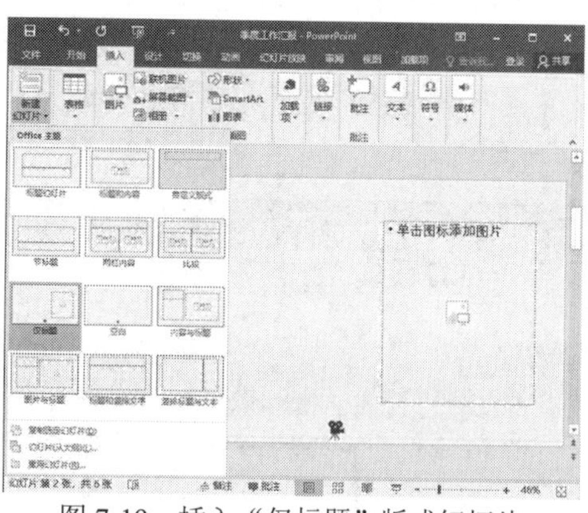
图 7-19　插入“仅标题”版式幻灯片

(5) 选中插入的幻灯片，该幻灯片中将包含步骤(3)绘制的图片占位符。单击该占位符中的“图片”按钮。

(6) 在打开的“插入图片”对话框中选择一个图片文件，然后单击“插入”按钮。

(7) 此时，即可在幻灯片中的占位符中插入一张图片，如图 7-20 所示。

(8) 重复以上的操作，即可在 PPT 中插入多张图片大小统一的幻灯片。

图 7-20　使用占位符插入图片

2. 运用占位符

在 PowerPoint 中占位符的运用可归纳为以下几种类型。

- 普通运用：普通运用直接插入文字、图片占位符，目的是提升演示文稿制作的效率，同时也能够保证风格统一(如本节制作的“季度工作汇报”演示文稿，就是用普通的占位符设计而成的)。
- 重复运用：在幻灯片中通过插入多个占位符，并灵活排版制作如图 7-21 所示的效果。
- 样机演示：即在 PPT 中实现电脑样机效果，如图 7-22 所示。

图 7-21　重复运用占位符

图 7-22　样机演示占位符

【例 7-7】 在幻灯片中的图片上使用占位符，制作出样机演示效果。

(1) 打开“季度工作汇报”演示文稿，切换至幻灯片母版视图。

(2) 在窗口左侧的列表中插入一个“自定义”版式。选择“插入”选项卡，在“图像”组中单击“图片”选项，在幻灯片中插入一个如图 7-23 所示的样机图片。

(3) 选择“幻灯片母版”选项卡，在“母版版式”组中单击“插入占位符”选项，在弹出的列表中选择“媒体”选项，然后在幻灯片中的样机图片的屏幕位置绘制一个媒体占位符，如图 7-24 所示。

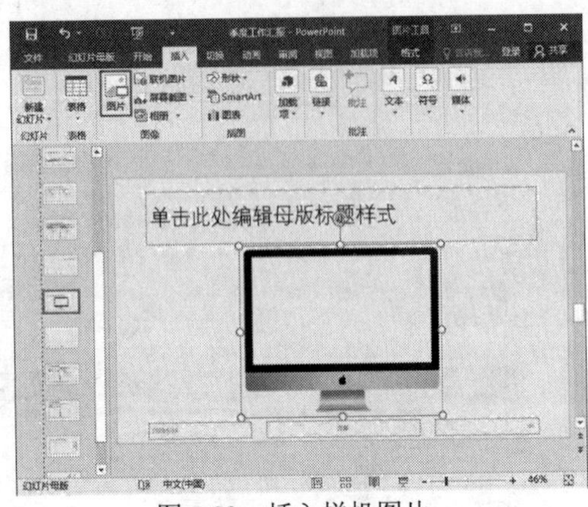

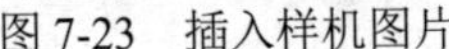
图 7-23　插入样机图片

图 7-24　插入媒体占位符

(4) 在“幻灯片母版”选项卡中单击“关闭母版视图”按钮，关闭母版视图。选择“开始”选项卡，在“幻灯片”组中单击“新建幻灯片”下拉按钮，在弹出列表中选择“自定义”选项，在演示文稿中插入一个如图 7-25 所示的“自定义”版式。

(5) 单击幻灯片中占位符内的“插入视频文件”按钮，在打开的对话框中选择一个视频文件，然后单击“插入”按钮，即可在幻灯片中创建如图 7-26 所示的样机演示图效果。

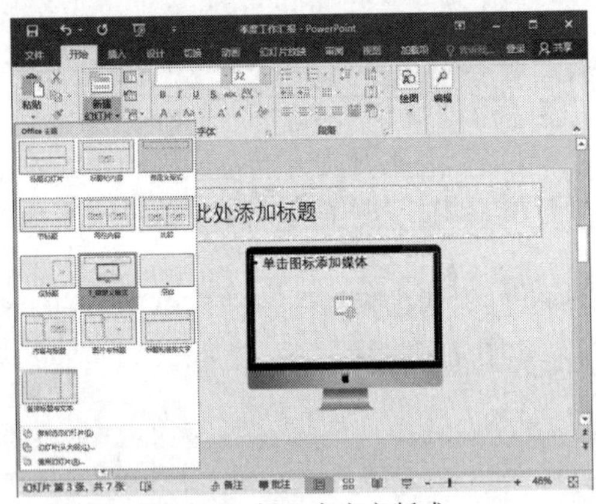

图 7-25　插入自定义版式

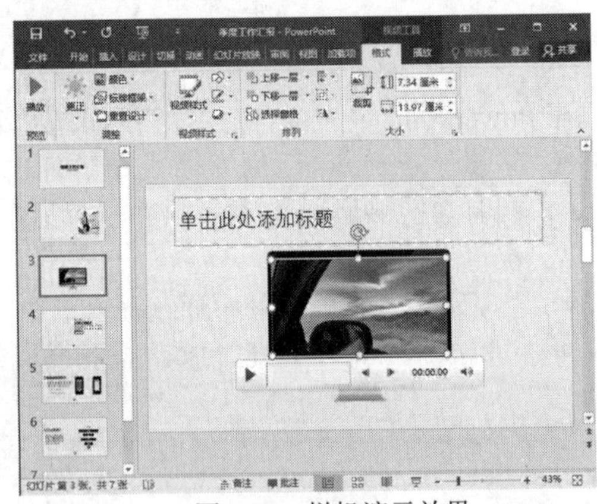

图 7-26　样机演示效果

3. 调整占位符

调整占位符主要是指调整其大小。当占位符处于选中状态时，将鼠标指针移动到占位符右下角的控制点上，此时鼠标指针变为形状。按住鼠标左键并向内拖动，调整到合适大小时释放鼠标即可缩小占位符。

另外，在占位符处于选中状态时，系统自动打开“绘图工具”的“格式”选项卡，在“大小”组的“形状高度”和“形状宽度”文本框中可以精确地设置占位符大小。

当占位符处于选中状态时，将鼠标指针移动到占位符的边框时将显示形状，此时按住鼠标左键并拖动文本框到目标位置，释放鼠标即可移动占位符。当占位符处于选中状态时，可以通过键盘方向键来移动占位符的位置。使用方向键移动的同时按住 Ctrl 键，可以实现占位符的微移。

4. 对齐占位符

如果一张幻灯片中包含两个或两个以上的占位符，用户可以通过选择相应命令来左对齐、右对齐、左右居中或横向分布占位符。

在幻灯片中选中多个占位符，在“格式”选项卡的“排列”组中单击“对齐对象”按钮，此时在弹出的下拉列表中选择相应选项，即可设置占位符的对齐方式。

【例 7-8】居中对齐幻灯片中的占位符。

(1) 在幻灯片母版视图中，选择窗口左侧列表中的“自定义”版式，然后在“幻灯片母版”选项卡的“母版版式”组中单击“插入占位符”按钮，在幻灯片中插入图 7-27 所示的 4 个图片占位符，并按住 Ctrl 键将其全部选中。

(2) 选择“格式”选项卡，在“对齐”组中单击“对齐对象”按钮，在弹出的列表中先选择“对齐幻灯片”选项，再选择“顶端对齐”选项，如图 7-28 所示。此时，幻灯片中的 4 个占位符将对齐在幻灯片的顶端。

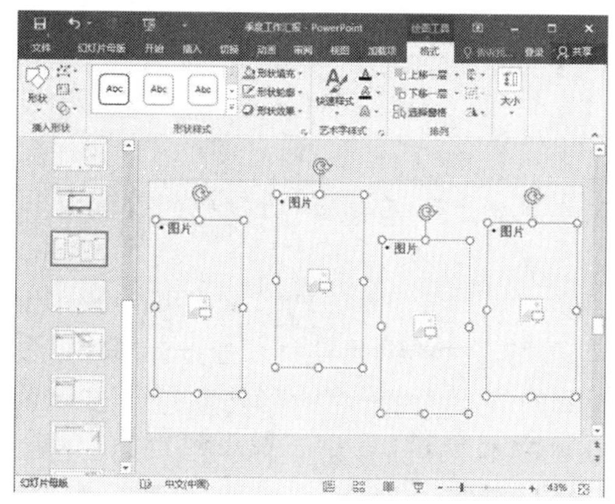

图 7-27　选中多个占位符

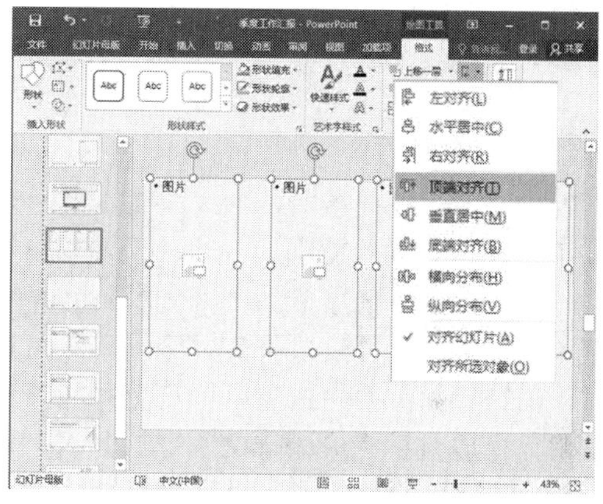

图 7-28　“对齐”下拉列表

(3) 重复步骤(2)的操作，在“对齐”列表中选择“横向分布”选项，占位符的对齐效果如图 7-29 所示。

(4) 重复步骤(2)的操作，在“对齐”列表中选择“垂直居中”选项。此时，幻灯片中的 4 个占位符将居中显示在幻灯片正中央的位置上。

(5) 在“幻灯片母版”选项卡中单击“关闭母版视图”按钮，关闭母版视图。

(6) 选择“开始”选项卡，在“幻灯片”组中单击“新建幻灯片”按钮，在弹出列表中选择“自定义”选项，在幻灯片中插入本例制作的自定义版式。

(7) 分别单击幻灯片中 4 个占位符上的“图片”按钮，在每个占位符中插入图片，即可制作出如图 7-30 所示的幻灯片效果。

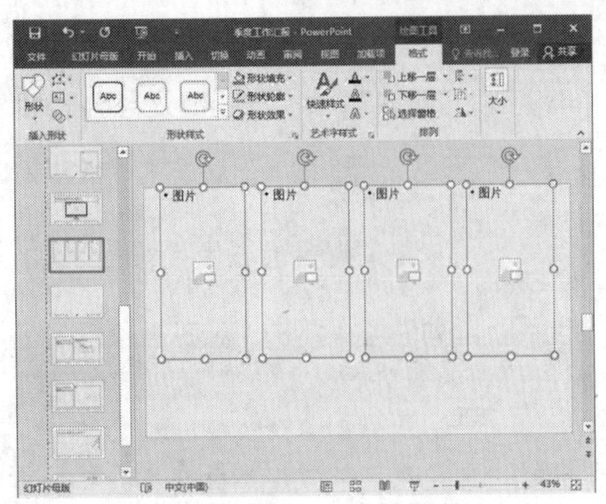
图 7-29　横向对齐占位符

图 7-30　利用占位符插入图片

7.1.4　文本框设置

文本框是特殊的形状，也是一种可移动、可调整大小的文字容器，它与文本占位符非常相似。使用文本框可以在幻灯片中放置多个文字块，使文字按照不同的方向排列。也可以突破幻灯片版式的制约，实现在幻灯片中任意位置添加文字信息的目的。

1. 添加文本框

PowerPoint 提供了两种形式的文本框：横排文本框和竖排文本框，分别用来放置水平方向的文字和垂直方向的文字。

打开“插入”选项卡，在“文本”组中单击“文本框”按钮下方的下拉箭头，在弹出的下拉菜单中选择“横排文本框”命令，移动鼠标指针到幻灯片的编辑窗口，当指针形状变为↓形状时，在幻灯片页面中按住鼠标左键并拖动，鼠标指针变成十字形状。当拖动到合适大小的矩形框后，释放鼠标完成横排文本框的插入；同样在“文本”组中单击“文本框”按钮下方的下拉箭头，在弹出的菜单中选择“竖排文本框”命令，移动鼠标指针在幻灯片中绘制竖排文本框。绘制完文本框后，光标自动定位在文本框内，即可开始输入文本。

2. 设置文本框属性

文本框中新输入的文字没有任何格式，需要用户根据演示文稿的实际需要进行设置。文本框上方有一个圆形的旋转控制点，拖动该控制点可以方便地将文本框旋转至任意角度，如图 7-31 所示。

另外，右击文本框，在弹出的菜单中选择“设置形状格式”命令，可以打开“设置形状格式”窗格，在该窗格中用户可以设置文本框的填充、线条颜色、线型、大小等属性格式，如图 7-32 所示。

(1) 设置文本框四周间距。选中文本框后，在“设置形状格式”窗格中选项“文本框”选项卡，在“内部边距”选项区域的“左边距”“右边距”“上边距”“下边距”文本框内容可以设置文本框四周的间距，如图 7-33 所示。

(2) 设置文本框字体格式。为文本框中的文字设置合适的字体、字号、字形和字体颜色等，可以使幻灯片的内容清晰明了。一般情况下，设置文本框中字体、字号、字形和字体颜色的方法有以下两种。

图 7-31　旋转文本框

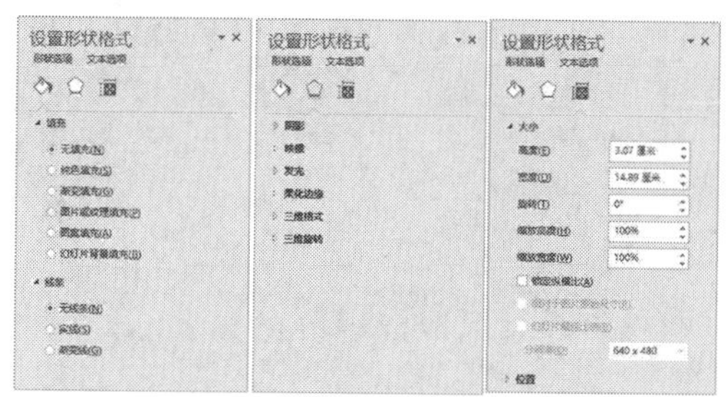

图 7-32　“设置形状格式”窗格

- 通过“字体”组设置：选择相应的文本，打开“开始”选项卡，在“字体”组中可以设置字体、字号、字形和颜色。
- 通过“字体”对话框设置：选择相应的文本，打开“开始”选项卡，在“字体”组中单击对话框启动器，打开“字体”对话框的“字体”选项卡，在其中设置字体、字号、字形和字体颜色，如图 7-34 所示。

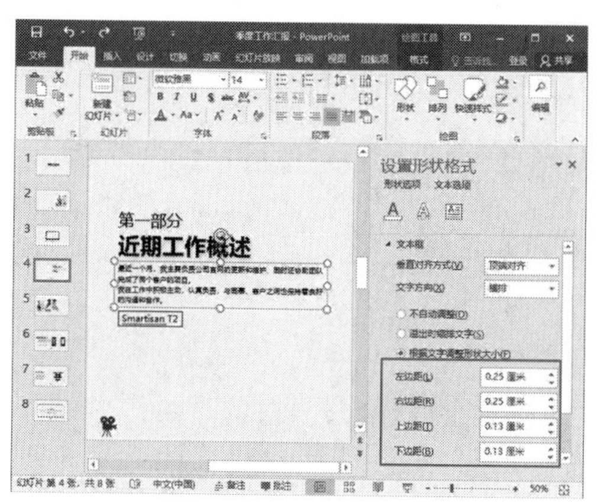

图 7-33　设置文本框四周间距

图 7-34　设置文本框字体格式

(3) 设置文本框字符间距。字符间距是指幻灯片中字与字之间的距离。在通常情况下，文本是以标准间距显示的，这样的字符间距适用于绝大多数文本，但有时候为了创建一些特殊的文本效果，需要扩大或缩小字符间距。

用户选中幻灯片中的文本框后，单击“开始”选项卡“字体”组中的对话框启动器按钮，打开“字体”对话框，选择“字符间距”选项卡可以调整文本框中的字符间距，如图 7-35 所示。

(4) 设置文本框中文本的行距。选中文本框后，单击“开始”选项卡“段落”组中的对话框启动器按钮，在打开的“段落”对话框中用户可以设置文本框中文本的行距、段落缩进以及行间距，如图 7-36 所示。

(5) 设置文本框中文本的对齐方式。选中幻灯片中的文本框后，单击“开始”选项卡“段落”选项组中的单击“左对齐”“右对齐”“居中”“两端对齐”或“分散对齐”等按钮，可以设置文本框中文本的对齐方式(与 Word 软件类似)。

(6) 设置项目符号。项目符号在演示文稿中使用的频率很高。在并列的文本内容前都可添加项目符号，默认的项目符号以实心圆点形状显示。要添加项目符号，则将光标定位在目标段落中，在“开始”选项卡的“段落”组中单击“项目符号”按钮右侧的下拉箭头，弹出如图 7-37 所示的项目符号菜单，在该菜单中选择需要使用的项目符号命令即可。

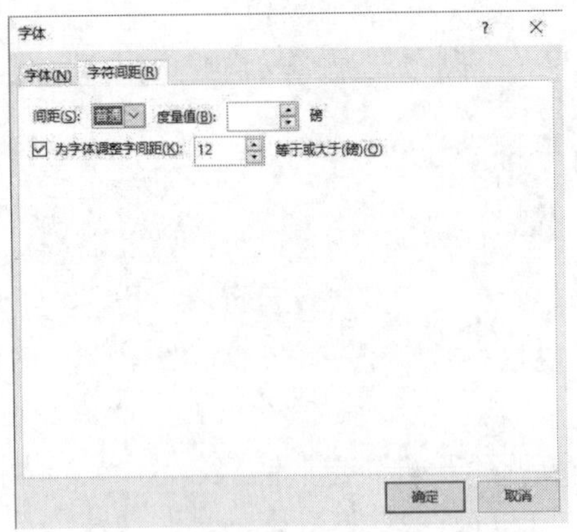

图 7-35 设置文本框中文本的字符间距

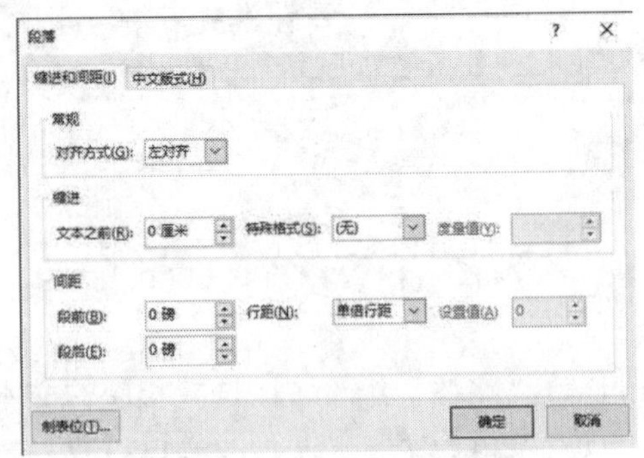

图 7-36 “段落”选项卡

若在项目符号菜单中选择“项目符号和编号”命令，打开“项目符号和编号”对话框(如图 7-38 所示)，在其中可供选择的项目符号类型共有 7 种。

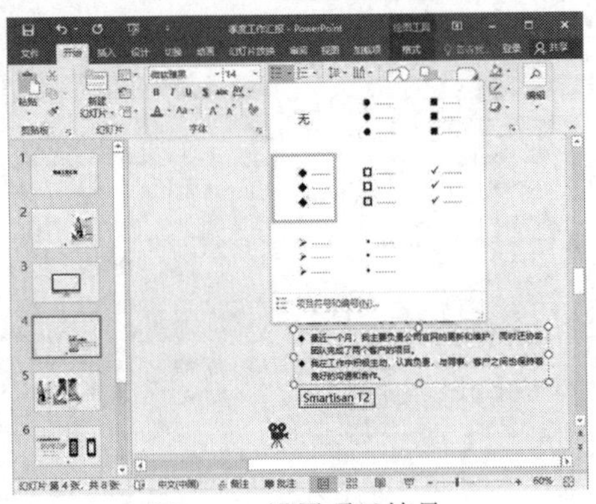

图 7-37 设置项目符号

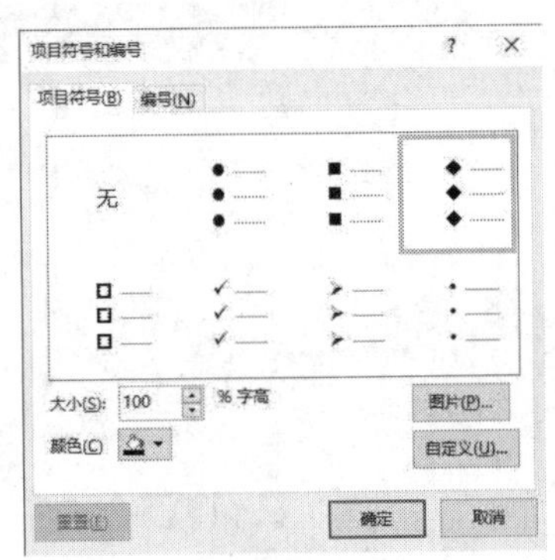

图 7-38 “项目符号和编号”对话框

(7) 设置文本框中的文字方向。选中幻灯片中的文本框后，单击“开始”选项卡“段落”组中单击“文字方向”下拉按钮，可以在弹出的下拉列表中设置文本框中文本的文字方向(包括横排、竖排、堆积、所有文字旋转 90° 等)，如图 7-39 所示。

(8) 设置文本框中的文字分栏排版。在 PowerPoint 中选中演示文稿中的文本框后，单击“开始”选项卡“段落”组中单击“分栏”下拉按钮，可以在弹出的下拉列表中设置文本框中文本的分栏排版(例如两列、三列排版)，如图 7-40 所示。

图 7-39 设置文字方向

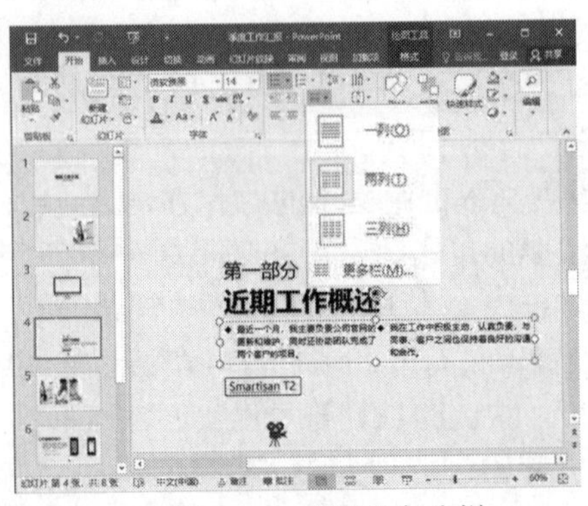

图 7-40 设置文字分栏

7.1.5 输出演示文稿

为了让演示文稿可以在不同的环境下正常放映，我们需要使用 PowerPoint 将制作好的演示文稿输出为不同的格式，以便播放。

1. 将演示文稿输出为视频

PowerPoint 2016 还可以将演示文稿转换为视频内容，以供用户通过视频播放器播放该视频文件，实现与其他用户共享该视频。

【例 7-9】 将制作的“季度工作汇报”演示文稿导出为视频文件。

(1) 单击“文件”按钮，在弹出的菜单中选择“导出”命令，在显示的选项区域中选择“创建视频”选项，如图 7-41 左图所示。

(2) 在显示的“创建视频”选项区域中设置视频的放映设备、旁白和每张幻灯片的播放时间，然后单击“创建视频”按钮。

(3) 打开“另存为”对话框，设置视频文件的保存路径后单击“保存”按钮，如图 7-41 右图所示。

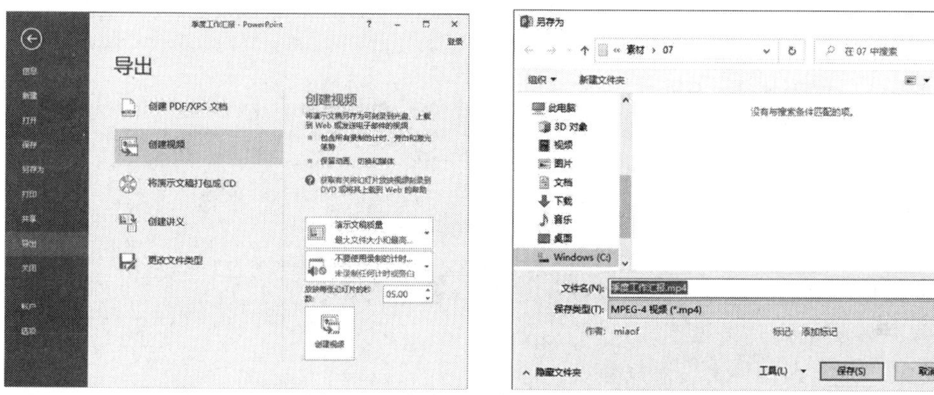

图 7-41 将演示文稿导出为视频文件

2. 将演示文稿输出为图片

PowerPoint 支持将演示文稿中的幻灯片输出为 GIF、JPG、PNG、TIFF、BMP、WMF 及 EMF 等格式的图形文件。这有利于用户在更大范围内交换或共享演示文稿中的内容。

在 PowerPoint 2016 中，不仅可以将整个演示文稿中的幻灯片输出为图形文件，还可以将当前幻灯片输出为图片文件。

【例 7-10】 将 “季度工作汇报”演示文稿输出为多张连续的图片。

(1) 单击“文件”按钮，在弹出的菜单中选择“导出”命令，在显示的选项区域中选择“更改文件类型”选项。

(2) 在显示的选项区域中选择“图片文件类型”列表中的选项后(例如“JPEG 文件交换格式”)，单击“另存为”按钮，如图 7-42 左图所示。

(3) 打开“另存为”对话框，设置图片文件的保存文件夹后，单击“保存”按钮。

(4) 在打开的对话框中选择要导出的幻灯片范围(每张幻灯片或仅当前幻灯片)，即可将演示文稿导出为图片格式，如图 7-42 右图所示。

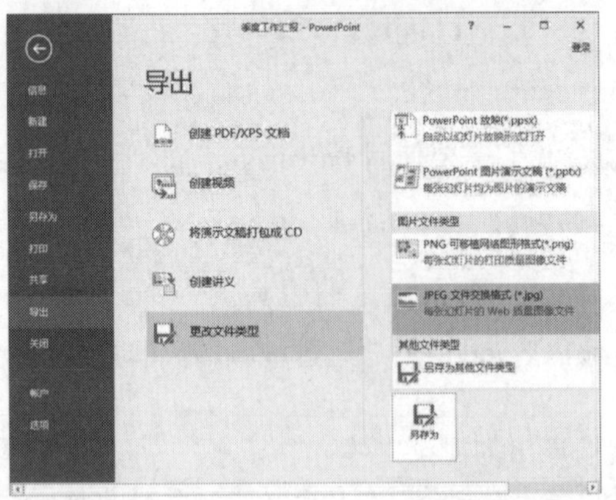

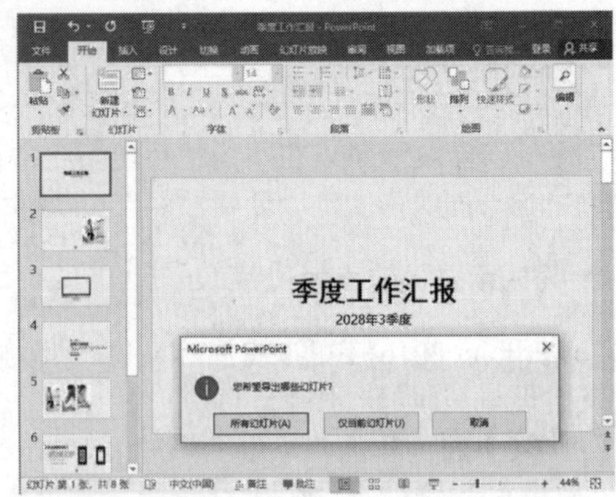

图 7-42　将演示文稿导出为图片

3. 将演示文稿打包到文件夹

将演示文稿文件以及其中使用的链接、字体、音频、视频以及配置文件等素材信息打包到文件夹，可以避免在演示场景中演示文稿出现内容丢失或者电脑中 PowerPoint 版本与 PPT 不兼容的问题发生。

【例 7-11】将“季度工作汇报”演示文稿打包到文件夹。

(1) 打开 PPT 文件，选择“文件”选项卡，在打开的视图中选择“导出”选项，在显示的“导出”选项区域中选择“将演示文稿打包成 CD”|“打包成 CD”选项。

(2) 打开“打包成 CD”对话框，单击“复制到文件夹”按钮(如图 7-43 所示)，在打开的对话框中单击“浏览”按钮选择打包 PPT 文件存放的文件夹位置。

(3) 返回“复制到文件夹”对话框，单击“确定”按钮，在打开的提示对话框中单击“是”按钮。

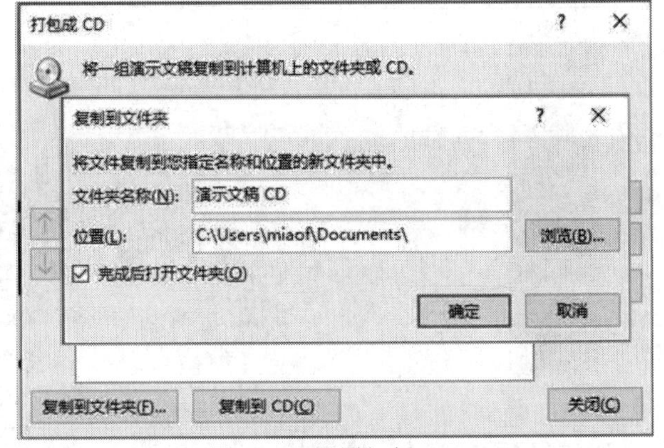

图 7-43　设置打包 PPT

4. 将演示文稿保存为 PDF 文件

在完成 PPT 文件的制作后，可以将其导出为 PDF 格式，具体方法如下。

【例 7-12】将“季度工作汇报”演示文稿保存为 PDF 文件。

(1) 选择“文件”选项卡，在打开的视图中选择“导出”选项，在显示的“导出”选项区域中选择“创建 Adobe PDF”选项(或者“创建 PDF/XPS 文档”选项)，并单击“创建 Adobe PDF”按钮。

(2) 打开“发布为 PDF 或 XPS”对话框，在其中设置 PDF 文件的保存路径，然后单击“发布”按钮。

7.2 制作“主题班会”演示文稿

对于普通用户而言，在制作 PPT 的过程中使用模板不仅可以提高制作速度，还能为演示文稿设置一致的页面版式，使整个演示效果风格统一。本节将通过制作“主题班会”演示文稿，介绍利用模板制作演示文稿的技巧，以及在演示文稿中设置主题、背景并插入图片和表格的方法。

7.2.1　使用模板创建演示文稿

模板是具有优秀版式设计的演示文稿载体，通常由封面页、目录页、内容页和结束页等部分组成，用户可以方便地对其修改，从而生成属于自己的演示文稿文档。

在 PowerPoint 中，用户也可以将自己制作好的演示文稿或通过模板素材网站下载的模板文件，创建为自定义模板，保存在软件中随时调用。

【例 7-13】将通过网络下载的演示文稿保存为自定义模板，并使用模板创建新的演示文稿。

(1) 打开通过网络下载的演示文稿文件后，按下 F12 键，打开“另存为”对话框。

(2) 单击“另存为”对话框中的“保存类型”下拉按钮，从弹出的下拉列表中选择“PowerPoint 模板”选项，单击“保存”按钮可将 PPT 文档保存为模板，如图 7-44 所示。

(3) 单击“文件”按钮，在弹出的菜单中选择“新建”命令，在显示选项区域中选择“个人”选项，然后选取步骤(2)保存的模板，单击“创建”按钮，如图 7-45 所示。

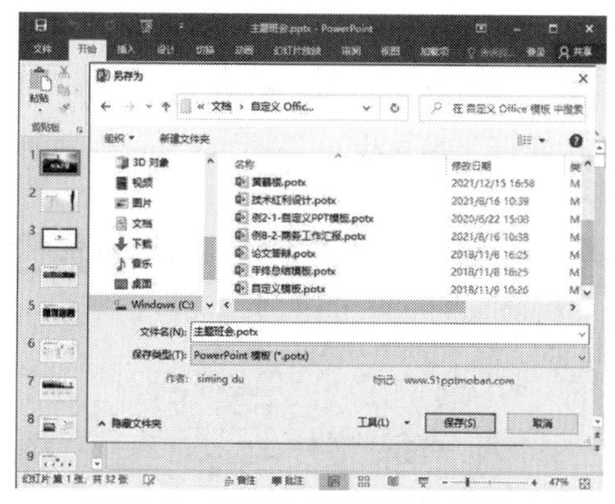

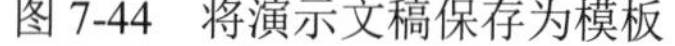
图 7-44　将演示文稿保存为模板

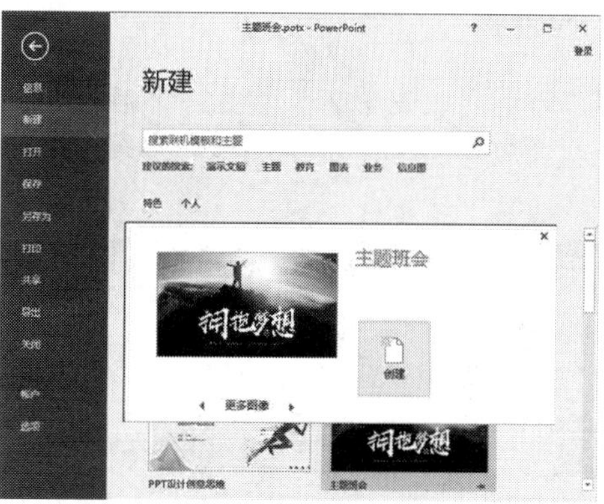

图 7-45　使用模板创建演示文稿

(4) 此时，PowerPoint 将使用模板文件创建一个新的演示文稿。

用户也可以使用 PowerPoint 提供的样本模板创建演示文稿。样本模板是 PowerPoint 自带的模板，这些模板将演示文稿的样式、风格，包括幻灯片的背景、装饰图案、文字布局及颜色、大小等均预先定义好。用户在设计演示文稿时可以先选择演示文稿的整体风格，再进一步编辑和修改。

在 PowerPoint 2016 中，根据样本模板创建演示文稿的方法如下。

(1) 单击“文件”按钮，从弹出的菜单中选择“新建”命令，在显示选项区域的文本框中输入文本“教育”，然后按下 Enter 键，搜索相关的模板，如图 7-46 左图所示。

(2) 在搜索结果中双击一个样本模板即可使用模板创建演示文稿，如图 7-46 右图所示。

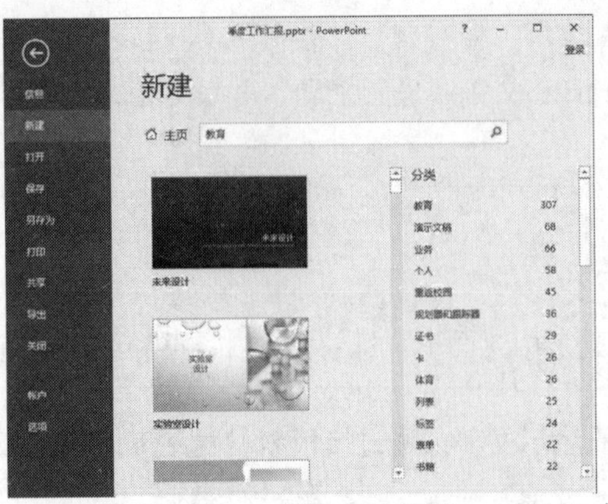

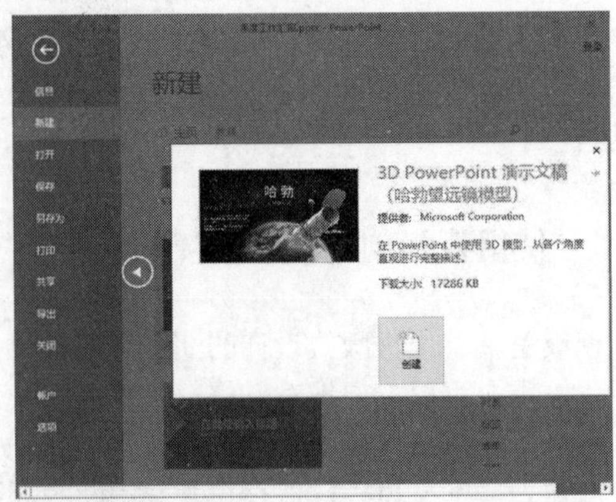

图 7-46　使用 PowerPoint 提供的样板模板创建演示文稿

7.2.2　设置演示文稿主题

使用模板创建演示文稿后，用户可以在“幻灯片母版”选项卡的“编辑主题”组中单击“主题”下拉按钮，在弹出的列表中为演示文稿母版中所有的版式设置统一的主题样式，如图 7-47 所示。主题由颜色、字体、效果三大部分组成。

1. 颜色

在“背景”组中单击“颜色”下拉按钮，可以为主题更换不同的颜色组合。使用不同的主题颜色组合将会改变色板中的配色方案，同时使用主题颜色所定义色彩的所有对象，如图 7-48 所示。

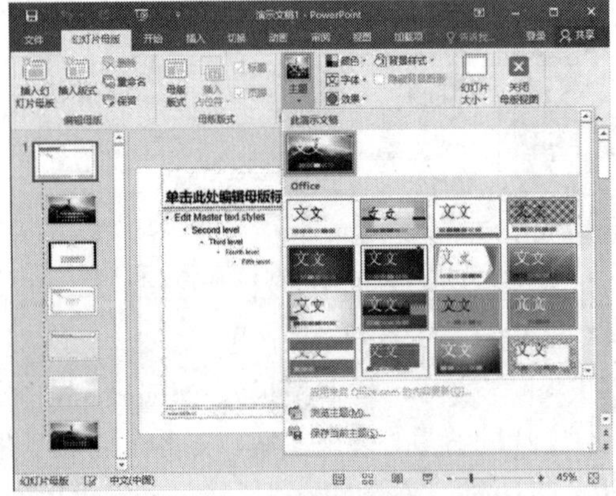

图 7-47　“主题”下拉列表

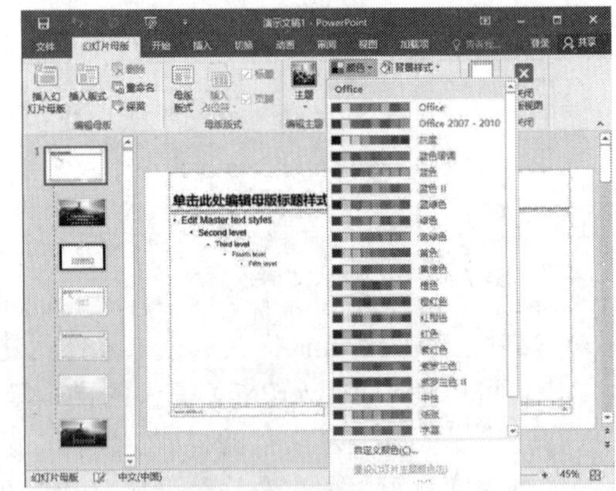

图 7-48　设置主题配色方案

2. 字体

在“背景”组中单击“字体”下拉按钮，可以更改主题中默认的文本字体(包括标题、正文的默认中英文字体样式)，如图 7-49 所示。

3. 效果

在“背景”组中单击“效果”下拉按钮，可以使用预设的效果组合改变当前主题中阴影、发光、棱台等效果，如图 7-50 所示。

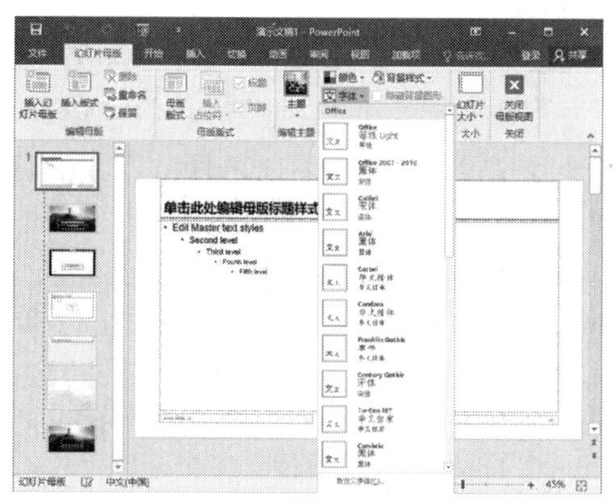

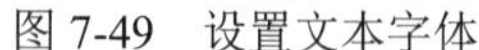
图 7-49　设置文本字体

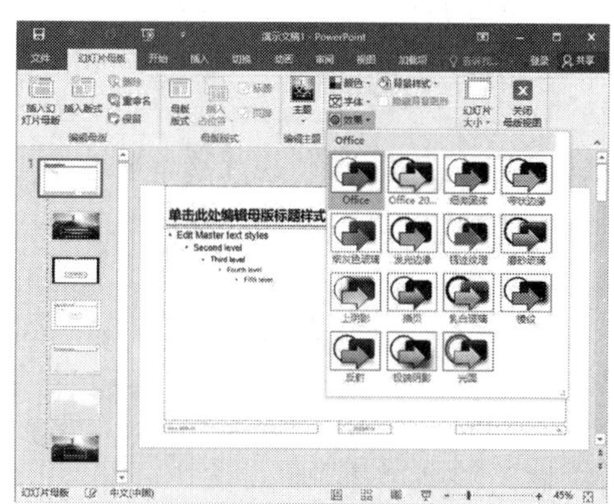

图 7-50　设置效果组合

7.2.3　设置演示文稿背景

演示文稿背景基本上决定了其页面的设计基调。在“幻灯片母版“中，单击“背景”组中的“背景样式”下拉按钮，用户可以使用预设的背景颜色，或采用自定义格式的方式，为幻灯片主题页和版式页设置背景。

【例 7-14】继续【例 7-13】的操作，为标题页设置 PowerPoint 预定义背景“样式 2”，为空白版式设置图片背景。

(1) 在幻灯片母版中选中幻灯片标题版式页，选择“幻灯片母版”选项卡，单击“背景”组中的“背景样式”下拉按钮，在弹出的列表中选择“样式 2”，如图 7-51 所示。

(2) 选中幻灯片空白版式页，再次单击“背景样式”下拉按钮，从弹出的列表中选择“设置背景格式”选项，打开“设置背景格式”窗格，选择“图片或纹理填充”单选按钮，然后单击“文件”按钮。

(3) 打开“插入图片”对话框，选择一个图片文件后，单击“打开”按钮，如图 7-52 所示。

(4) 返回“设置背景格式”窗格，设置“透明度”参数为 90%后单击“关闭”按钮✕，为空白版式页设置背景图片。

(5) 单击“幻灯片母版”选项卡中的“关闭母版视图”按钮，关闭母版视图。按下 Ctrl+S 键保存演示文稿文件。

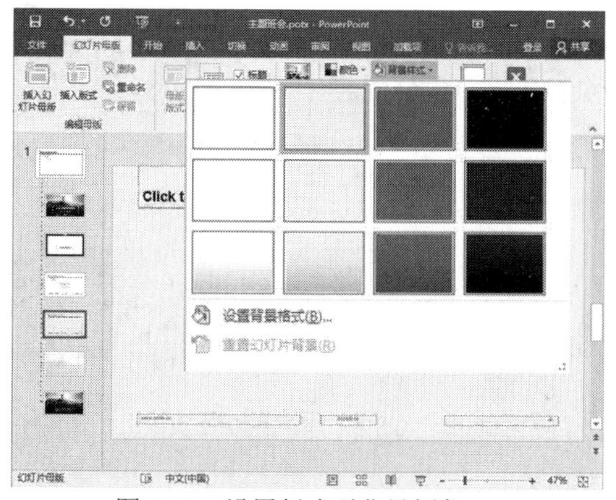

图 7-51　设置版式页背景颜色

图 7-52　设置空白版式页背景图片

7.2.4 使用图片

图片是演示文稿中不可或缺的重要元素，合理地处理演示文稿中插入的图片不仅能够形象地向观众传达信息，起到辅助文字说明的作用，同时还能够美化页面的效果，从而更好地吸引观众的注意力。

1. 在幻灯片中插入图片

在 PowerPoint 2016 中选择“插入”选项卡，在“图像”组中单击“图片”按钮，即可在幻灯片中插入图片(具体操作方法与 Word 相似)。

【例 7-15】在“主题班会”演示文稿的目录页中插入图片。

(1) 打开“主题班会”演示文稿后选择“目录”页幻灯片并输入文本，选择“插入”选项卡，单击“图像”命令组中的“图片”按钮，在打开的对话框中选中一个图片文件，如图 7-53 左图所示。

(2) 单击“插入”按钮，此时，将在目录页中插入图片，将鼠标指针放置在图片四周的边框上，当指针变为十字状态后按住鼠标左键拖动图片在幻灯片中的位置，如图 7-53 右图所示。

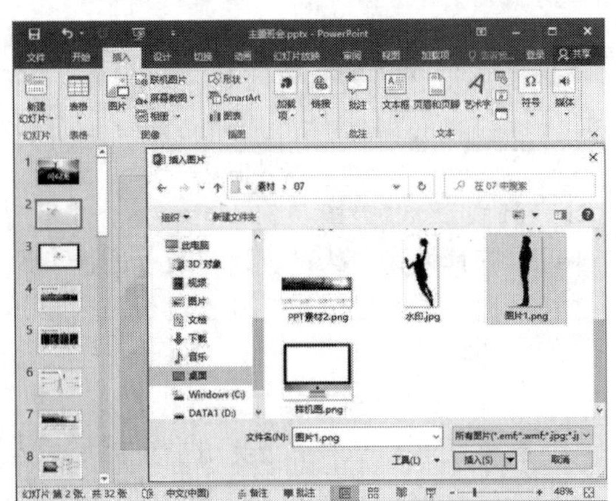

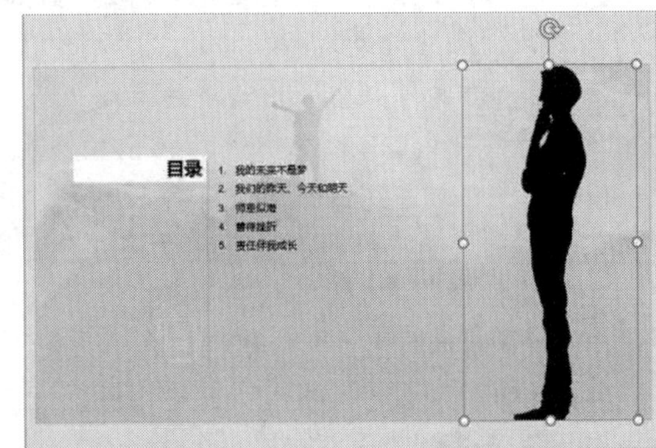

图 7-53　在目录页幻灯片中插入图片

> **提示**
>
> 除了上例介绍的方法以外，在其他 Office 软件或电脑中使用 Ctrl+C 键复制图像，然后将鼠标光标置于 PowerPoint 编辑窗口中，按下 Ctrl+V 键，也可以将图片插入演示文稿。

2. 删除图片背景

在演示文稿的制作过程中，为了达到预想的页面设计效果，我们经常会对图片进行一些处理。其中，删除图片背景就是图片处理诸多手段中的一种。

【例 7-16】在“主题班会”演示文稿的过渡页中插入图片并删除图片背景。

(1) 打开“主题班会”演示文稿后选中过渡页，然后单击“插入”选项卡中的“图片”按钮，在过渡页中插入一张图片并调整图片的位置。

(2) 选中图片后选择“格式”选项卡，单击“调整”选项组中的“删除背景”按钮，进入图片背景编辑模式。

(3) 选择“背景消除”选项卡，单击“标记要保留的区域”按钮，在图片中指定保留区域；单击“标记要删除的区域”按钮，在图片中指定需要删除的区域，如图 7-54 左图所示。

(4) 单击“背景消除”选项卡中的“保留更改”按钮，即可将图片中标记删除的部分删除，将标记保留的部分保留，结果如图 7-54 右图所示。

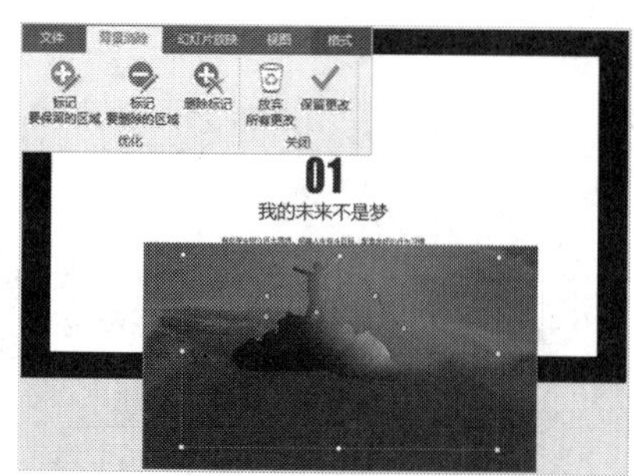

图 7-54　删除图片背景

7.2.5　使用表格

表格是以一定逻辑排列的单元格，用于显示数据、事物的分类及体现事物间关系等的表达形式，以便直观、快速地比较和引用分析。在“工作总结”演示文稿中使用表格，可以比文本更好地承载用于说明内容或观点的数据。

1. 插入内置表格

用户可以使用以下三种方法在幻灯片中插入 PowerPoint 内置表格。

- 选择幻灯片后，在“插入”选项卡的“表格”命令组中单击“表格”下拉按钮，从弹出的下拉菜单中选择“插入表格”命令，打开“插入表格”对话框，在其中设置表格的行数与列数，然后单击“确定”按钮。
- 在“插入”选项卡中单击“表格”下拉按钮，在弹出的下拉列表中移动鼠标指针，让列表中的表格处于选中状态，单击即可在幻灯片中插入相对应的表格，如图 7-55 所示。
- 单击内容占位符中的“插入表格”按钮，打开“插入表格”对话框，设置表格的行数与列数，单击“确定”按钮，如图 7-56 所示。

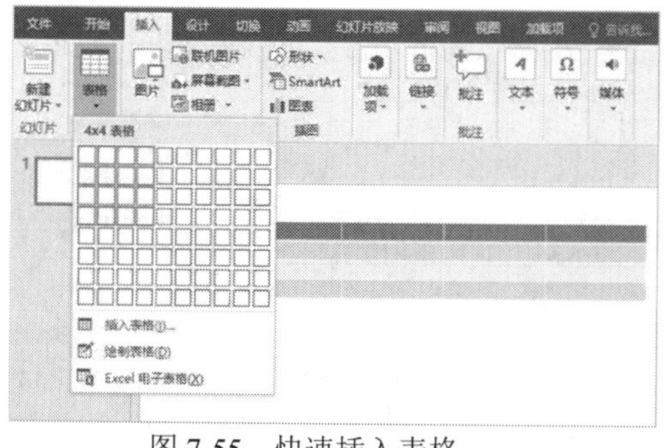

图 7-55　快速插入表格

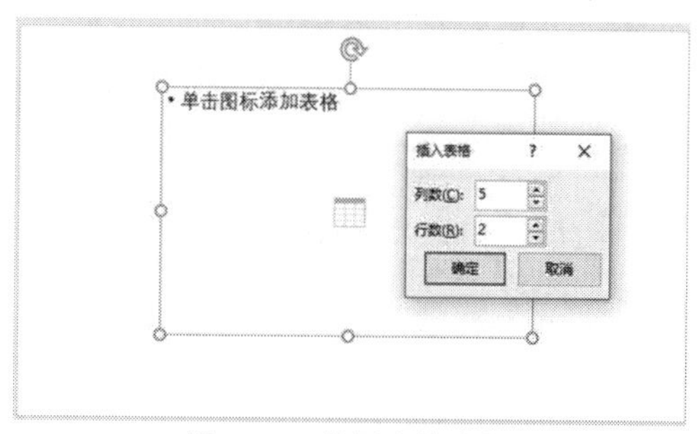

图 7-56　使用表格占位符

【例 7-17】在“主题班会”演示文稿的内容页中插入一个活动记录表格。

(1) 打开“主题班会”演示文稿后选中内容页，选择“插入”选项卡，单击“表格”下拉按钮，从弹出的列表中选择“插入表格”选项打开“插入表格”对话框，将“列数”设置为 6，“行数”设置为 4，单击“确定”按钮，如图 7-57 左图所示，在幻灯片中插入 4 行 6 列的表格

(2) 将鼠标指针放置在表格四周，按住鼠标左键拖动调整表格的大小，如图 7-57 右图所示。

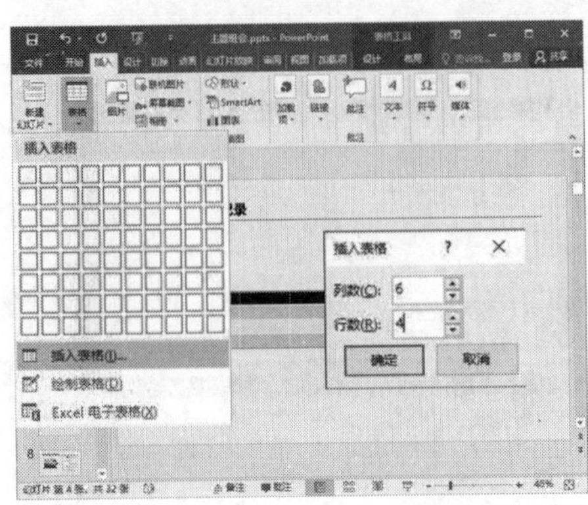

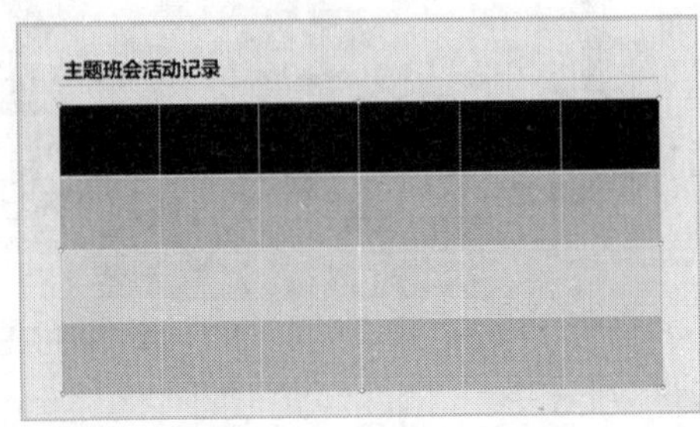

图 7-57　在幻灯片中插入表格

2. 套用表格样式

在演示文稿中套用 PowerPoint 提供的表格样式，可以快速摆脱表格的蓝白色默认格式，让表格的效果焕然一新。同时，通过一些简单的处理手段就可以马上得到一张要点突出的可视化数据表。

【例 7-18】在“主题班会”演示文稿的内容页中为表格套用预设样式，并突出显示表格中需要观众重点关注的数据。

(1) 继续【例 7-17】的操作，选中幻灯片中的表格，选择“设计”选项卡，单击“表格样式”命令组右下角的“其他”按钮，在弹出的列表中为表格设置“无样式：网格线”样式，如图 7-58 所示，该样式只保留表格边框和标题效果，简化了表格效果。

(2) 将鼠标指针置于表格中按住鼠标左键拖动，选中需要重点突出的数据的单元格，单击“设计”选项卡“表格样式”命令组中的“底纹”下拉按钮，从弹出的列表中选择一种颜色，为选中的单元格设置背景颜色，如图 7-59 所示。

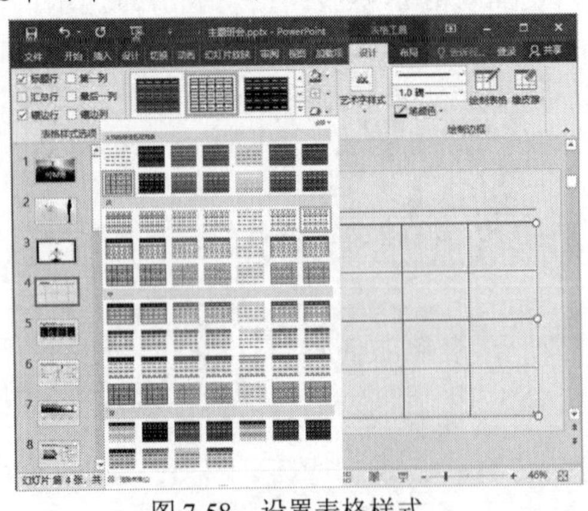

图 7-58　设置表格样式

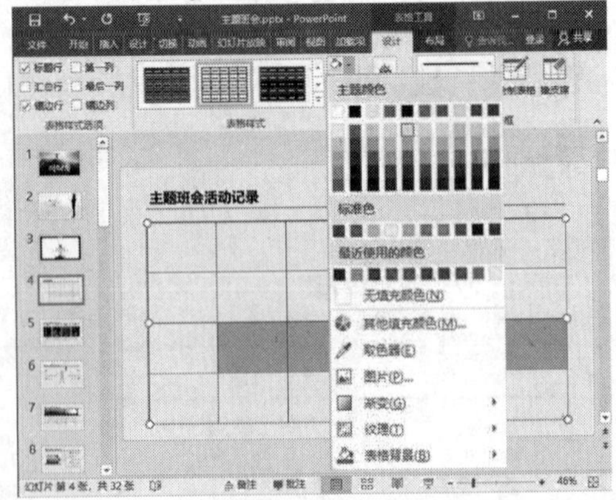

图 7-59　设置单元格底纹

3. 编辑表格

在演示文稿中使用表格呈现数据之前，用户还需要对表格进行适当的编辑操作，例如插入、

合并、拆分单元格，调整单元格的高度与宽度，或者移动、复制、删除行/列等。

1) 选择表格元素

在编辑表格之前，用户首先需要掌握在 PowerPoint 中选中表格与表格中行、列、单元格等元素的基本操作。

选中 PPT 中表格的方法有以下两种。

- 将鼠标指针放置在表格的边框线上单击。
- 将鼠标指针置于表格中的任意单元格内，选择“布局”选项卡，单击“表”组中的“选择”下拉按钮，在弹出的菜单中选择“选择表格”命令，如图 7-60 所示。

将鼠标指针置于单元格左侧边界与第一个字符之间，当光标变为↗时单击(如图 7-61 所示)，可以选中表格中的单元格。

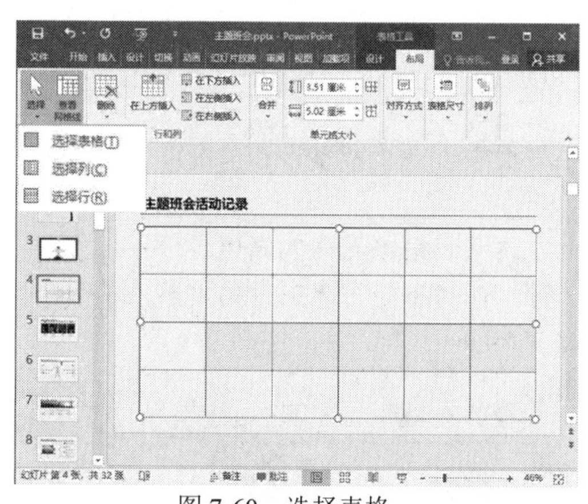

图 7-60　选择表格

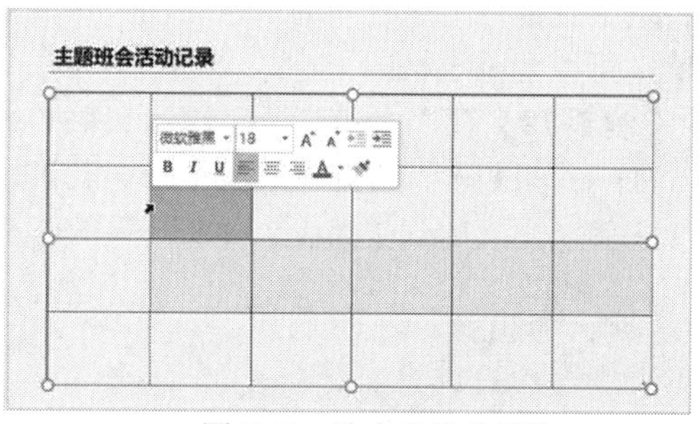

图 7-61　选中表格单元格

将鼠标指针置于需要选取单元格区域左上角的单元格中，然后按住鼠标左键拖动至单元格区域右下角的单元格，即可选中框定的单元格区域，如图 7-62 所示。

将鼠标指针移动至表格列的顶端，待光标变为向下的箭头时⬇，单击鼠标即可选中表格中的一整列，如图 7-63 所示。

将鼠标指针移动至表格行的左侧，待光标变为向右箭头时➡，单击鼠标即可选中表格中的一整行，如图 7-64 所示。

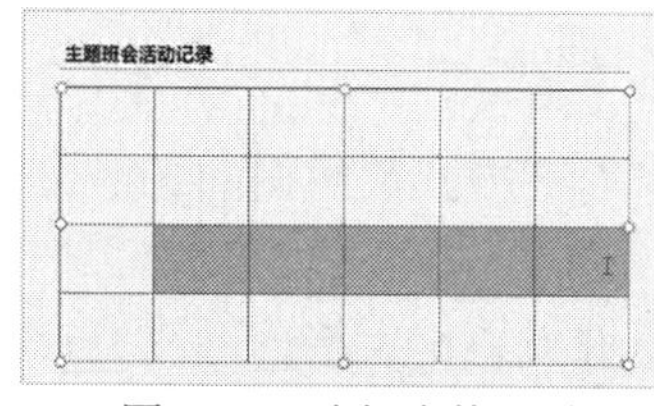

图 7-62　选择表格区域

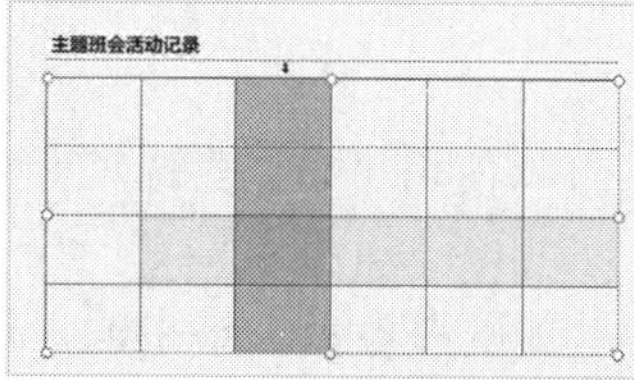

图 7-63　选择列

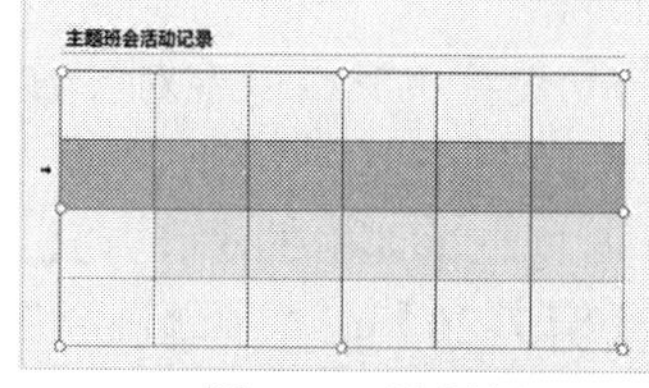

图 7-64　选择行

2) 移动行/列

在 PowerPoint 中移动表格行、列的方法有以下几种。

- 选中表格中需要移动的行或列，按住鼠标左键拖动其至合适的位置，然后释放鼠标即可。
- 选中需要移动的行或列，单击“开始”选项卡中的“剪切”按钮剪切整行、列，然后将光标移动至幻灯片中合适的位置，按下 Ctrl+V 键。

3) 插入行/列

在编辑表格时，有时需要根据数据的具体类别插入行或列。此时，通过“布局”选项卡的“行和列”组，为表格插入行或列。

- 插入行：将鼠标光标置于表格中合适的单元格中，单击“布局”选项卡“行和列”组中的“在上方插入”按钮，即可在单元格上方插入一个空行；单击“在下方插入”按钮，则可以在单元格下方插入一个空行。
- 插入列：将鼠标光标置于表格中合适的单元格中，单击“布局”选项卡“行和列”组中的“在左侧插入”按钮，可以在单元格左侧插入一个空列；单击“在右侧插入”按钮，则可以在单元格右侧插入一个空列。

4) 删除行/列

如果用户需要删除表格中的行或列，在选中行、列后，单击“布局”选项卡“行和列”组中的“删除”下拉按钮，在弹出的列表中选择“删除列”或“删除行”命令即可。

5) 调整单元格大小

选中表格后，在“布局”选项的“单元格大小”组中设置“宽度”和“高度”文本框中的数值，可以调整表格的大小。

【例 7-19】在“主题班会”演示文稿的内容页中调整表格单元格的高度。

(1) 继续【例 7-18】的操作，选中表格的 1~3 行，在“布局”选项卡的“单元格大小”命令组中将“高度”设置为 1.5 厘米，如图 7-65 左图所示。

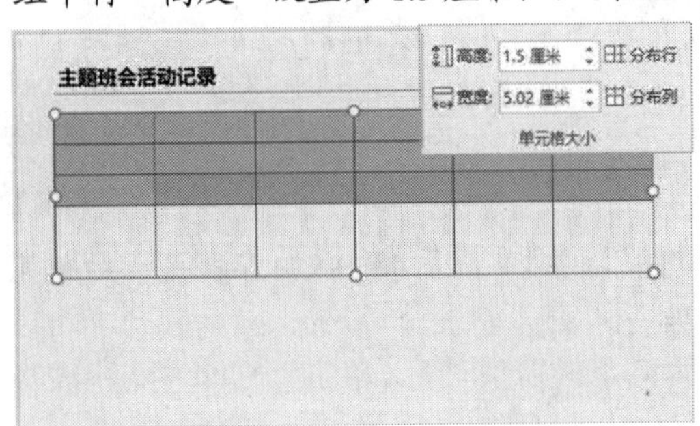

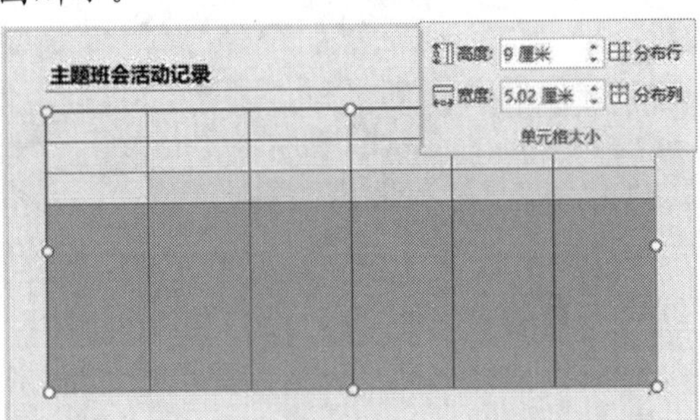

图 7-65　设置表格单元格的高度

(2) 选中表格的第 4 行，在“单元格大小”命令组中将“高度”设置为 9 厘米，如图 7-65 右图所示。

6) 设置单元格内容对齐方式

当用户在表格中输入数据后，可以使用“布局”选项卡中“对齐方式”组内的各个按钮来设置数据在单元格的对齐方式。

【例 7-20】在“主题班会”演示文稿内容页表格中输入表格并设置单元格内容对齐方式。

(1) 继续【例 7-19】的操作，在表格中输入文本，然后选中表格的前三行，选择“布局”选项卡，在“对齐方式”命令组中分别单击“居中”按钮和“垂直居中”按钮，如图 7-66 所示。

(2) 选中表格左下角的单元格，在“对齐方式”命令组中分别单击“居中”按钮和“垂直居中”按钮，单击“文字方向”下拉按钮，在弹出的列表中选择“竖排”选项，设置单元格中的文本内容竖排显示，如图 7-67 所示。

7) 合并与拆分单元格

PowerPoint 中的表格类似于 Excel 中的表格，也具有合并与拆分功能。

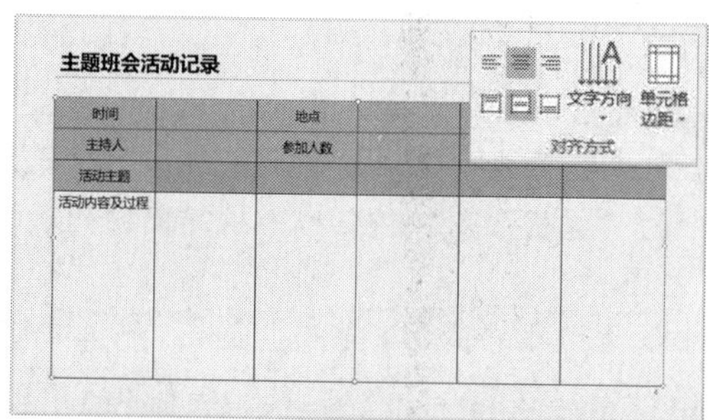

图 7-66　设置单元格内容垂直居中

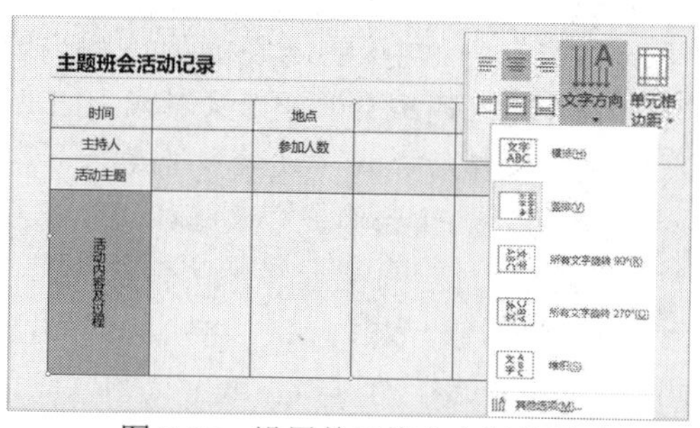

图 7-67　设置单元格文本竖排显示

在 PowerPoint 中合并表格单元格的方法有以下两种。

- 选中表格中两个以上的单元格后，选中“布局”选项卡，单击“合并”命令组中的“合并单元格”按钮，如图 7-68 所示。

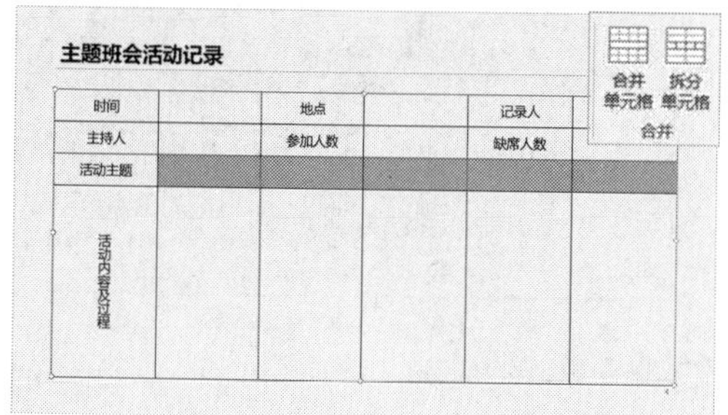

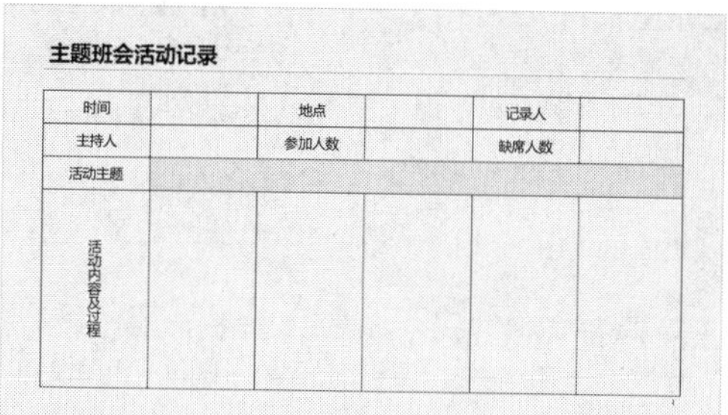

图 7-68　通过“合并”命令组合并单元格

- 选中表格中需要合并的多个单元格后，右击，在弹出的菜单中选择“合并单元格”命令，如图 7-69 所示。

在 PowerPoint 中拆分单元格的操作步骤与合并单元格的操作类似，有以下两种。

- 将鼠标置于需要拆分的单元格中，单击“布局”选项卡中的“拆分单元格”按钮，打开“拆分单元格”对话框，设置需要拆分的行数与列数，然后单击“确定”按钮。
- 右击要拆分的单元格，在弹出的菜单中选择“拆分单元格”命令，打开“拆分单元格”对话框，设置需要拆分的行数与列数，然后单击“确定”按钮。

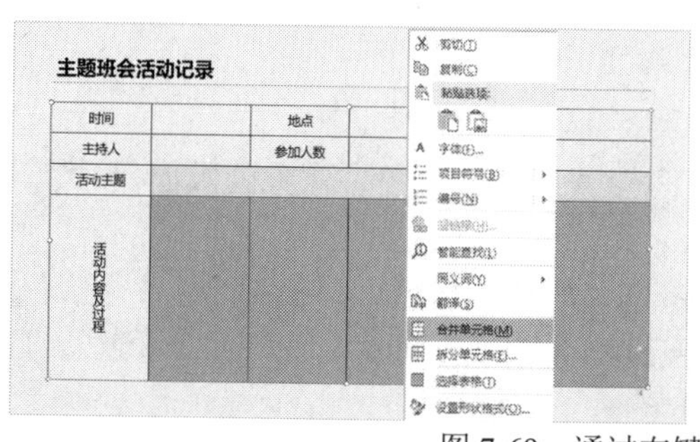

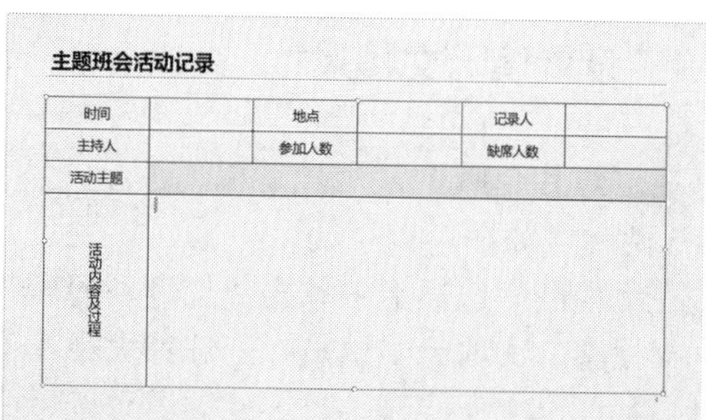

图 7-69　通过右键菜单命令合并单元格

4. 设置表格边框

在 PowerPoint 中除了套用表格样式，设置表格的整体格式以外，用户还可以使用“边框”命令，为表格设置边框效果。

【例 7-21】为“主题班会”演示文稿内容页的表格设置边框效果。

(1) 打开“主题班会”演示文稿后，在内容页的表格中进一步输入内容。

(2) 选中表格后选择“设计”选项卡，在“绘制边框”选项组中设置“笔样式”“笔画粗细”“笔颜色”，然后单击“表格样式”选项组中的“边框”下拉按钮⊞，从弹出的列表中选择“外侧框线”选项设置表格外边框，如图 7-70 左图所示。

(3) 使用同样的方法，在“绘制边框”选项组中设置边框样式后，单击“边框”下拉按钮⊞，从弹出的列表中选择“内部框线”选项，设置表格内边框效果，结果如图 7-70 右图所示。

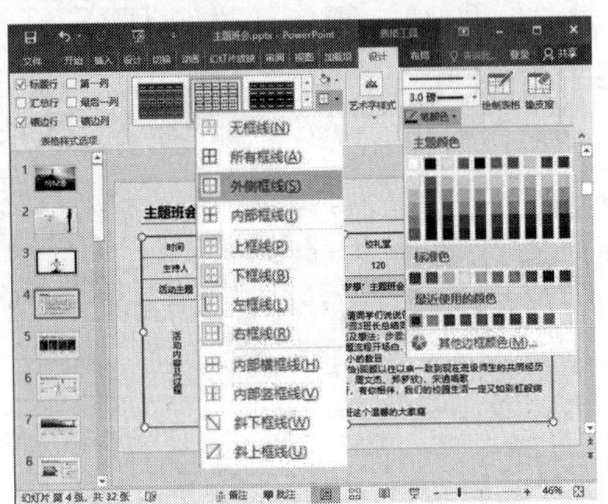

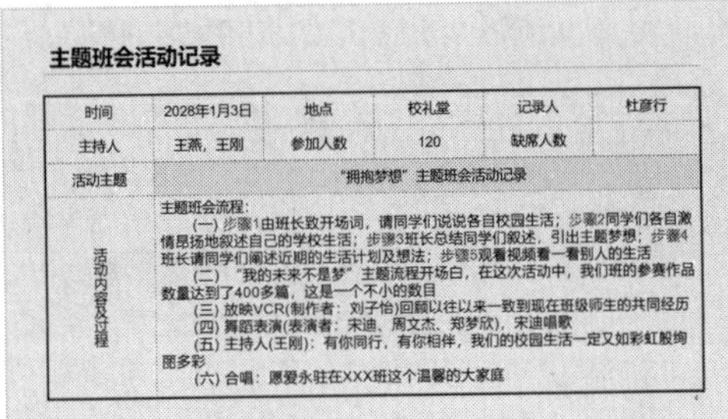

主题班会活动记录

时间	2026年1月3日	地点	校礼堂	记录人	杜彦行
主持人	王燕，王刚	参加人数	120	缺席人数	
活动主题	“拥抱梦想”主题班会活动记录				
活动内容及过程	主题班会流程： （一）步骤1由班长致开场词，请同学们说说各自校园生活；步骤2同学们各自激情昂扬地叙述自己的学校生活；步骤3班长总结同学们叙述，引出主题梦想；步骤4班长请同学们阐述近期的生活计划及想法；步骤5观看视频看一看别人的生活 （二）“我的未来不是梦”主题流程开场白，在这次活动中，我们班的参赛作品数量达到了400多篇，这是一个不小的数目 （三）放映VCR(制作者：刘子怡)回顾以往以来一致到现在班级师生的共同经历 （四）舞蹈表演(表演者：宋迪、周文杰、郑梦欣)，宋迪唱歌 （五）主持人(王刚)：有你同行，有你相伴，我们的校园生活一定又如彩虹般绚丽多彩 （六）合唱：愿爱永驻在XXX班这个温馨的大家庭				

图 7-70　设置表格外边框和内边框

7.3 制作“学校宣传”演示文稿

PowerPoint 是一款功能强大的演示文稿制作软件，在该软件中用户除了可以对演示文稿的结构和页面进行设计与排版之外，还可以通过使用形状、声音、视频、控件与超链接，优化演示文稿的功能，使其最终的演示效果更加出彩。本节将通过制作“学校宣传”演示文稿，逐一介绍这些功能。

7.3.1 设置演示文稿尺寸

在幻灯片母版中，用户可以为演示文稿的页面设置尺寸。目前，常见的页面尺寸有 16:9 和 4:3 两种，如图 7-71 所示。

在“视图”选项卡中单击“幻灯片母版”按钮进入幻灯片母版后，在“幻灯片母版”选项卡的“大小”选项组中单击“幻灯片大小”下拉按钮，从弹出的列表中用户可以设置幻灯片的尺寸，如图 7-72 所示。

16:9 和 4:3 这两种尺寸相比各有特点，主要表现在以下方面。

- 用于演示文稿封面图片，4:3 尺寸更贴近于图片的原始比例，看上去更自然。
- 当使用同样的图片在 16:9 的尺寸下时，如果保持宽度不变，用户就不得不对图片进行上下裁剪。
- 在 4:3 的比例下，演示文稿的图形化排版可能会显得自由一些。
- 同样的内容展示在 16:9 的页面中则会显得更加紧凑。

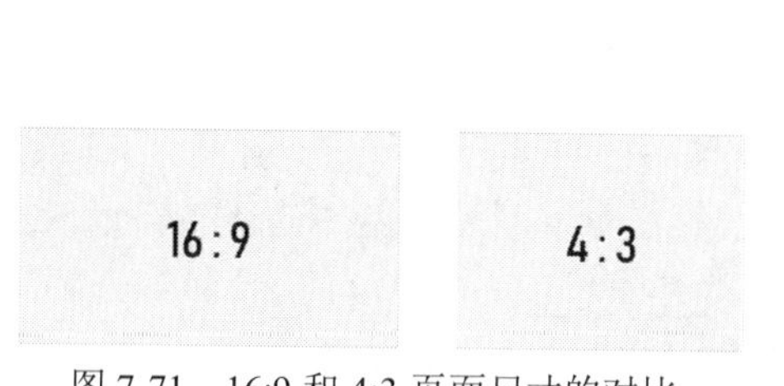

图 7-71　16:9 和 4:3 页面尺寸的对比

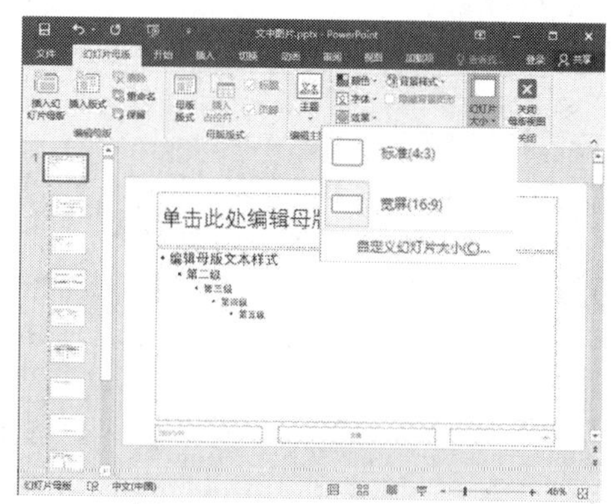

图 7-72　设置演示文稿尺寸

在实际工作中，对演示文稿页面尺寸的选择，用户需要根据演示文稿最终的用途和呈现的终端来确定，例如在目前主流计算机显示屏上显示，4:3 和 16:9 的效果如图 7-73 所示。

由于目前 16:9 的尺寸已成为计算机显示器分辨率的主流比例，如果演示文稿只是作为一个文档报告，用于发给观众自行阅读，16:9 的尺寸恰好能在显示器屏幕上全屏显示，可以让页面上的文字看起来更大、更清晰。

但如果演示文稿是用于会议、提案的“演讲”型演示文稿，则需要根据投影幕布的尺寸设置合适的尺寸。目前，大部分投影幕布的尺寸比例是 4:3，如图 7-74 所示。

图 7-73　在显示器中放映演示文稿

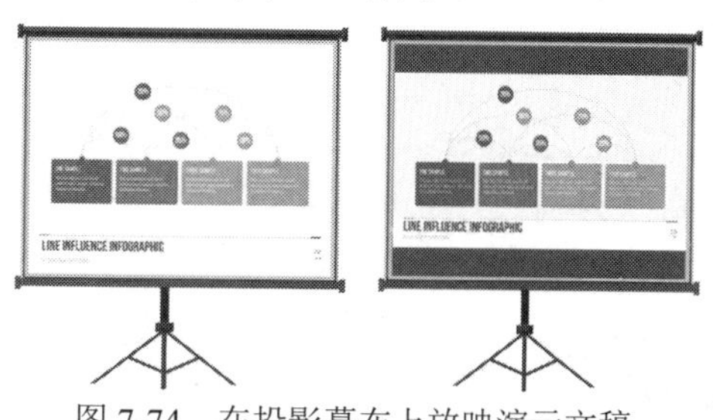

图 7-74　在投影幕布上放映演示文稿

【例 7-22】 创建“学校宣传”演示文稿，并设置幻灯片尺寸为 4:3。

(1) 按下 Ctrl+N 组合键新建一个空白演示文稿，按下 F12 键打开“另存为”对话框，将该演示文稿以“学校宣传”为名保存。

(2) 单击“视图”选项卡“母版视图”选项组中的“幻灯片母版”按钮，进入幻灯片母版视图。

(3) 选择“幻灯片母版”选项卡，单击“大小”选项组中的“幻灯片大小”下拉按钮，在弹出的列表中选择“标准(4:3)”选项。

(4) 单击“关闭母版视图”按钮，退出幻灯片母版视图，如图 7-75 所示。

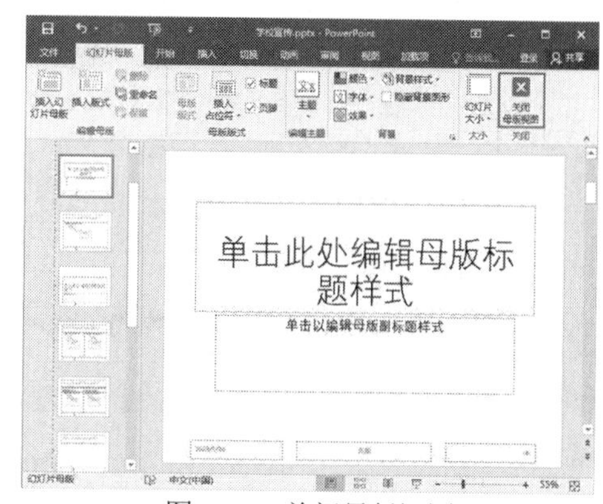

图 7-75　关闭母版视图

7.3.2　使用形状

形状在 PPT 排版中的运用非常常见，它本身是不包含任何信息的，常作为辅助元素应用，往往也发挥着巨大的作用。

1. 插入形状

在 PowerPoint 中选择“插入”选项卡，单击“插图”组中的“形状”按钮，在弹出的列表中用户可以选择插入演示文稿中的形状。

【例 7-23】在“学校宣传”演示文稿中插入形状。

(1) 继续【例 7-22】的操作，选择“开始”选项卡，单击“新建幻灯片”下拉按钮，从弹出的列表中选择“空白”选项，插入一个空白版式的幻灯片，然后按下两次 F4 键，重复同样的操作，在演示文稿中插入图 7-76 所示的空白幻灯片。

(2) 选中演示文稿的第二张幻灯片，选择“插入”选项卡，单击“形状”下拉按钮，从弹出的列表中选择“矩形”选项。

(3) 按住鼠标左键，在幻灯片页面中绘制一个矩形形状，覆盖整个幻灯片，如图 7-77 所示。

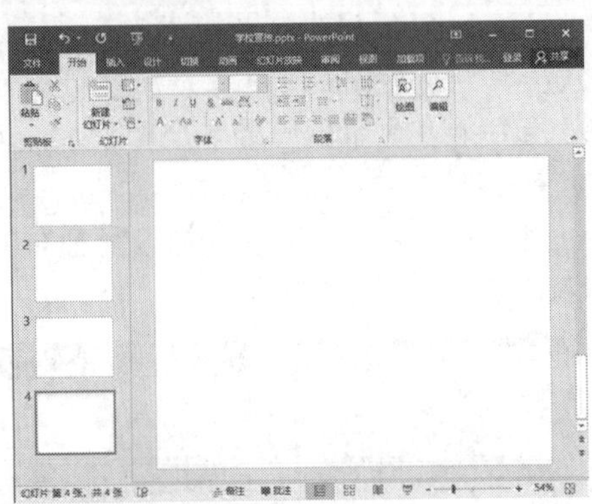

图 7-76　插入空白幻灯片

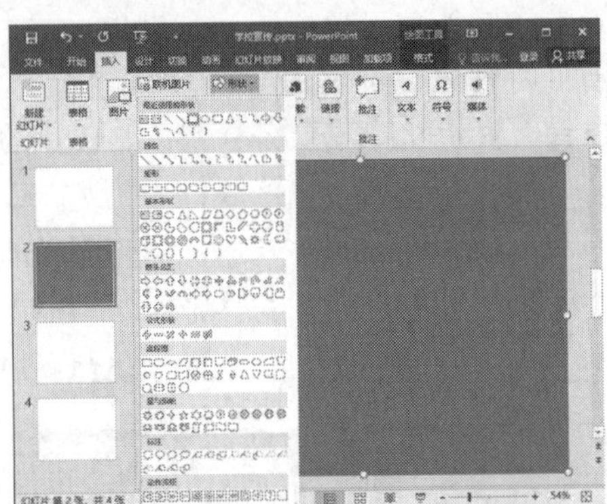

图 7-77　在幻灯片中插入矩形形状

(4) 选中演示文稿的第三张幻灯片，再次单击“形状”下拉按钮，从弹出的列表中依次选择“等腰三角形”选项和“矩形”选项，在页面中绘制图 7-78 所示的等腰三角形和矩形。

(5) 将鼠标指针放置在绘制的形状上，按住鼠标左键拖动，调整形状在幻灯片页面中的位置，如图 7-79 所示。

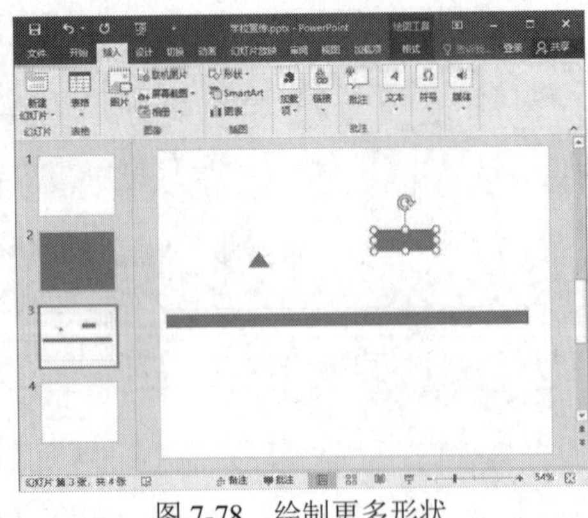

图 7-78　绘制更多形状

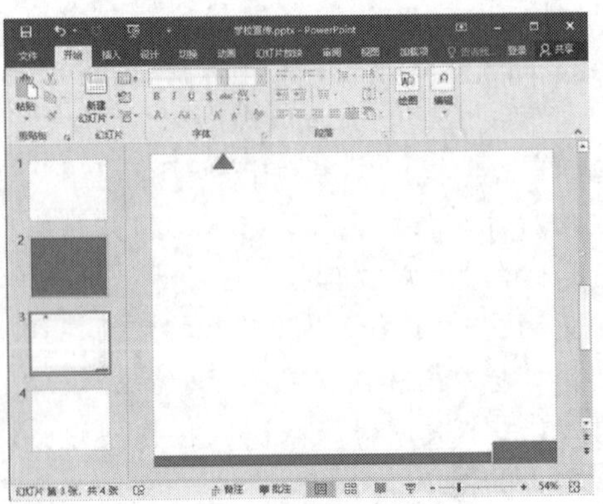

图 7-79　调整形状位置

2. 设置形状格式

右击演示文稿中的形状，在弹出的菜单中选择“设置形状格式”命令，将打开“设置形状格式”窗格，在该窗格的“填充”卷展栏中，用户可以设置形状的填充效果；在“线条”卷展栏中，用户可以设置形状的线条颜色；在“线型”选项卡中，用户可以设置形状外边框线条的线型。

【例 7-24】在“学校宣传”演示文稿中形状的填充和线条颜色。

(1) 打开“学校宣传”演示文稿后，选中演示文稿第二张幻灯片中的矩形形状，右击，在弹出的菜单中选择“设置形状格式”命令。

(2) 打开“设置形状格式”窗格展开“填充”选项卡，单击“颜色”下拉按钮，从弹出的列表中选择“紫色”选项，将形状的填充颜色设置为“紫色”，如图 7-80 左图所示。

(3) 展开“线条”卷展栏，选中“无线条”单选按钮，取消形状的边框显示，如图 7-80 右图所示。

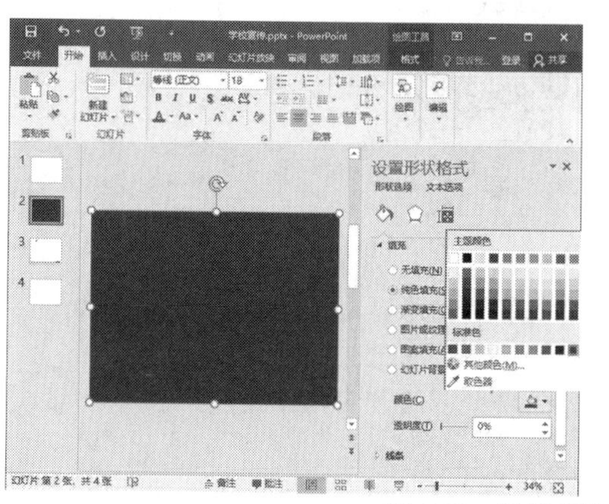

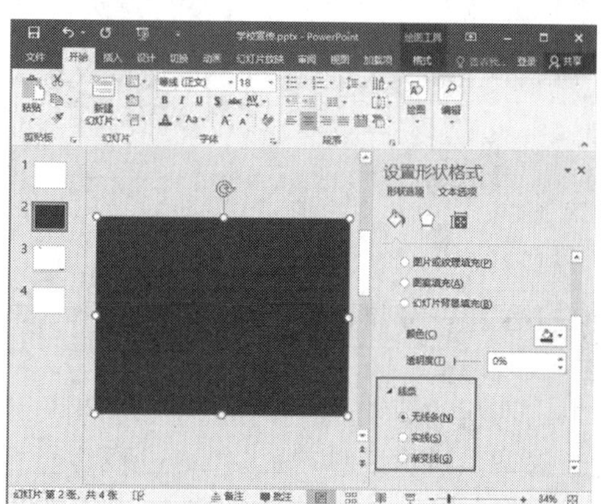

图 7-80　设置形状的填充颜色和边框

(4) 选择“开始”选项卡，双击“剪贴板”组中的“格式刷”按钮。

(5) 选中演示文稿第三张幻灯片，单击其中的等腰三角形形状和右下角的矩形形状，复制形状格式，如图 7-81 所示。

(6) 选中幻灯片左下角的矩形形状，重复以上操作，将形状的填充颜色设置为“灰色”，线条设置为“无线条”，效果如图 7-82 所示。

图 7-81　使用格式刷复制格式

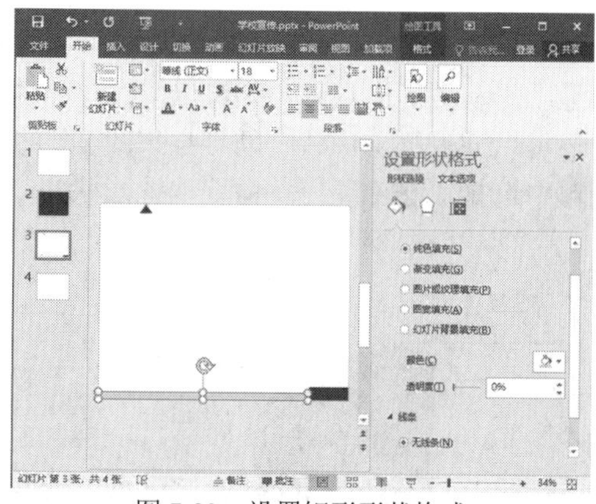

图 7-82　设置矩形形状格式

3. 设置形状变化

设置形状变化指的是对规则的图形形态的一些改变，主要通过编辑形状顶点实现。

在 PowerPoint 中，右击形状，在弹出的菜单中选择“编辑顶点”命令，进入顶点编辑模式，用户可以改变形状的外观。在顶点编辑模式中，形状被显示为路径、顶点和手柄三个部分，如图 7-83 所示。

单击形状上的顶点，将在顶点的两边显示手柄，拖动手柄可以改变与手柄相关的路径位置；右击路径，在弹出的菜单中选择“添加顶点”命令，可以在路径上添加一个顶点，如图 7-84 所示。

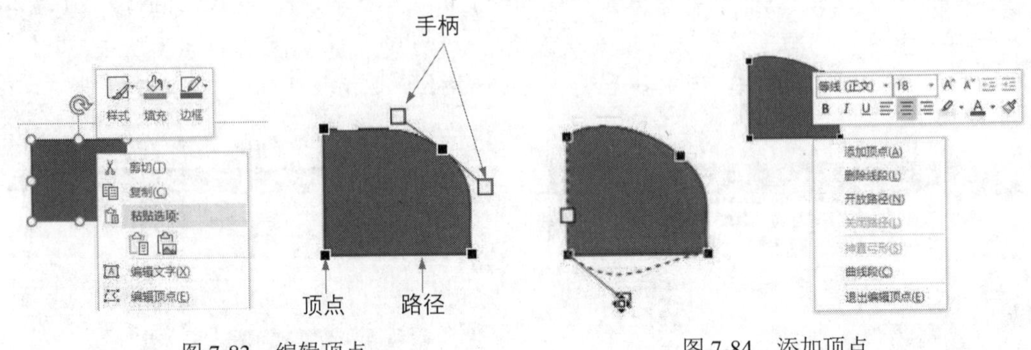

图 7-83　编辑顶点　　　　图 7-84　添加顶点

右击线段，如果在弹出的菜单中选择“曲线段”命令，可以将直线线段改变为图 7-85 所示的曲线线段。

右击形状的顶点，在弹出的菜单中用户可以选择“平滑顶点”“直线点”和“角部顶点”命令，对顶点进行编辑，如图 7-86 所示。

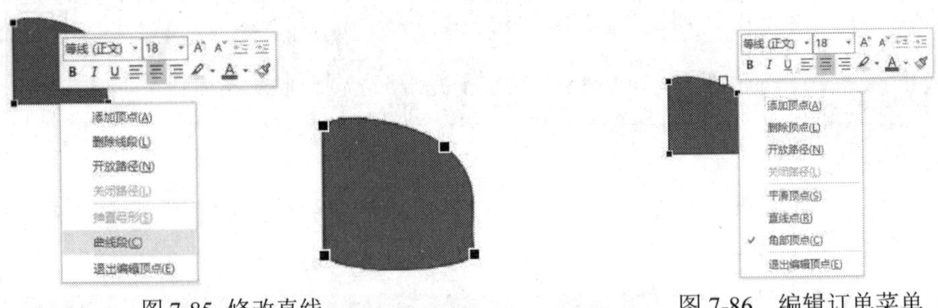

图 7-85 修改直线　　　　图 7-86　编辑订单菜单

拖动形状四周的顶点，则可以同时调整与该顶点相交的两条路径，如图 7-87 所示。此外，用户还可以通过删除形状上的顶点来改变形状。例如，右击矩形形状右上角上的顶点，在弹出的菜单中选择“删除顶点”命令，该形状将变为三角形，如图 7-88 所示。

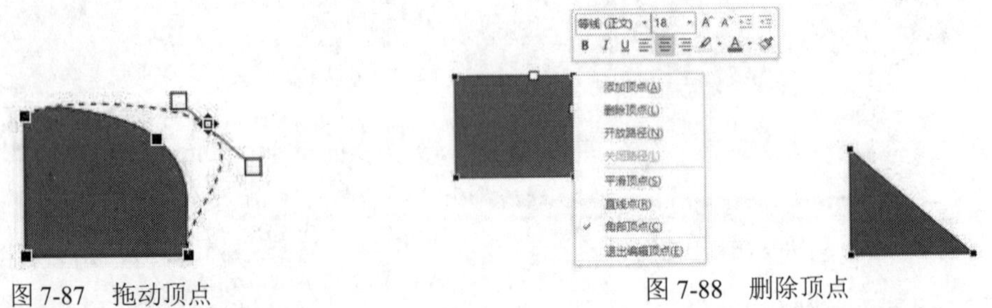

图 7-87　拖动顶点　　　　图 7-88　删除顶点

【例 7-25】编辑“学校宣传”演示文稿中形状。

(1) 继续【例 7-24】的操作，选中演示文稿中的第三张幻灯片，右击幻灯片页面右下角的矩形图形，进入顶点编辑模式，然后右击矩形上方的路径，在弹出的菜单中选择“添加顶点”命令(如图 7-89 左图所示)，在路径上添加一个顶点，如图 7-89 中图所示。

(2) 右击矩形左上角的顶点，在弹出的菜单中选择“删除顶点”命令，将矩形形状设置为梯形，如图 7-89 右图所示。

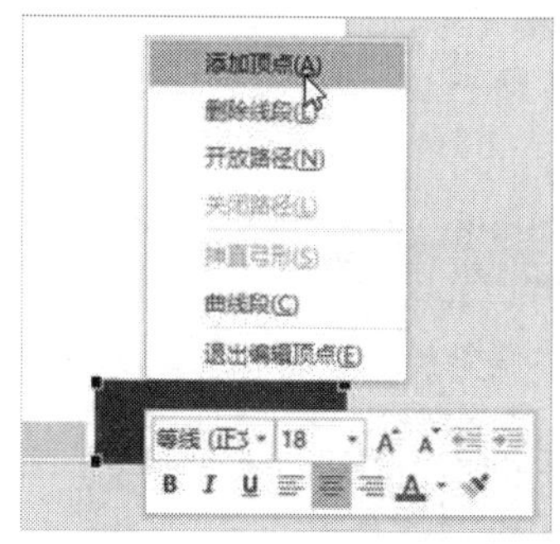

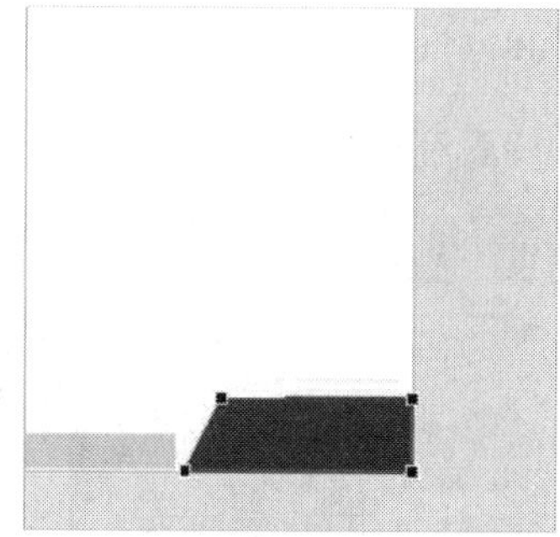

图 7-89　通过编辑顶点改变形状

(3) 选中幻灯片页面中的另一个矩形，然后重复以上操作，将其形状编辑为图 7-90 所示。

(4) 调整矩形的位置并拖动其四周的控制点，调整矩形长度，完成后效果如图 7-91 所示。

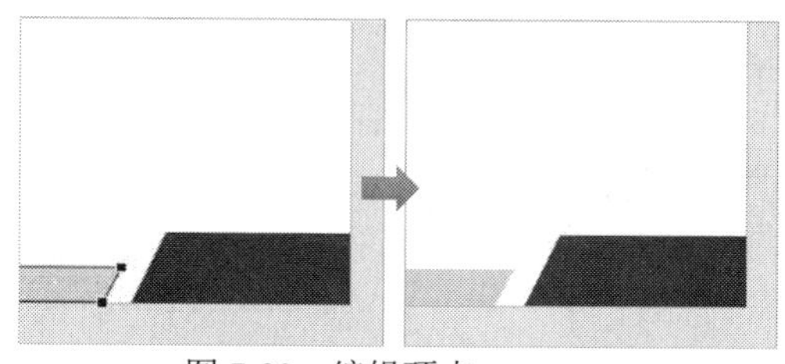

图 7-90　编辑顶点

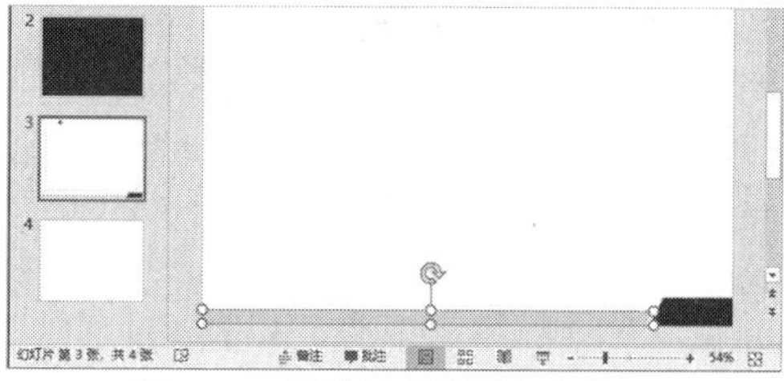

图 7-91　调整矩形位置和大小

4. 设置蒙版

演示文稿中的图片蒙版实际上就是遮罩图片上的一个形状。在许多商务 PPT 的设计中，在图片上使用蒙版，可以瞬间提升页面的显示效果，如图 7-92 所示。

【例 7-26】 在“学校宣传”演示文稿中设置蒙版。

(1) 继续【例 7-25】的操作，选中“学校宣传”演示文稿中的第一张幻灯片，然后在其中插入图片和文本框，制作效果如图 7-93 所示的页面。

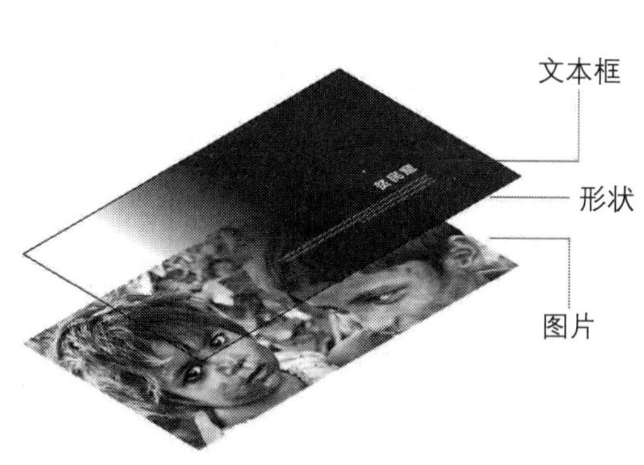

图 7-92　图层原理

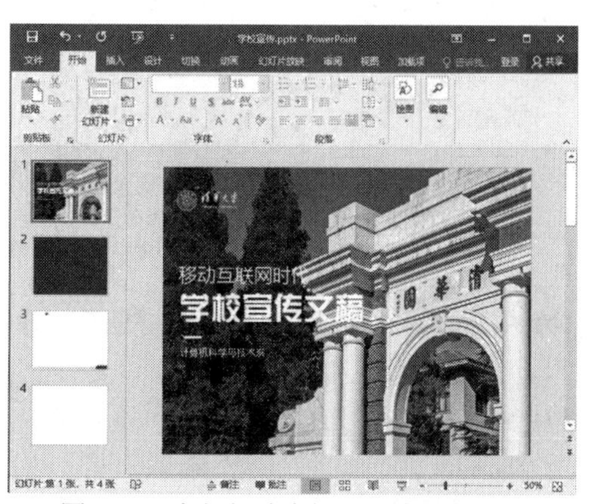

图 7-93　在幻灯片中插入图片和文本框

(2) 选择“插入”选项卡，单击“插图”组中的“形状”下拉按钮，从弹出的列表中选择“矩形”选项，在幻灯片中绘制一个矩形覆盖整个页面。

(3) 右击绘制的矩形形状，在弹出的菜单中选择“设置形状格式”命令，打开“设置形状格式”窗格，展开“填充”卷展栏，选中“渐变填充”单选按钮并设置渐变填充选项和透明度参数，如图 7-94 所示。在第一张幻灯片中设置作为蒙版的渐变填充形状。

(4) 右击矩形形状，在弹出的菜单中选择“置于底层”|“下移一层”命令，将蒙版形状的图层位置置于文本框、形状之下，如图 7-95 所示。

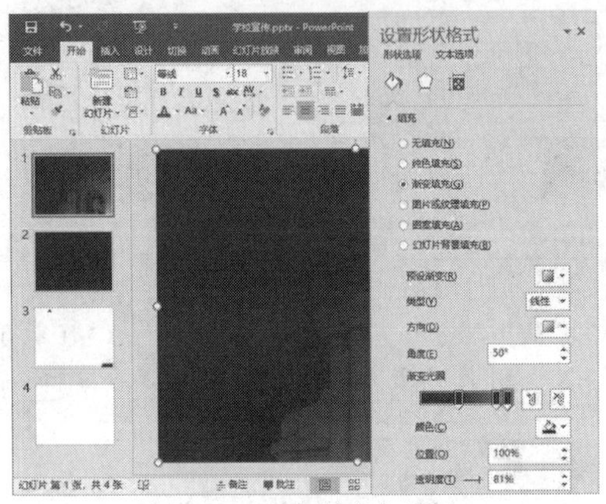

图 7-94　制作渐变色蒙版

图 7-95　调整图层位置

(5) 选中演示文稿的第 2 张幻灯片，在其中插入文本框和图片，如图 7-96 所示。

(6) 单击“插入”组中的“形状”下拉按钮，从弹出的列表中选择“矩形”选项，在幻灯片中绘制一个矩形，覆盖页面中的图片。

(7) 重复步骤(3)的操作，打开“设置形状格式”窗格，为形状设置“白色”填充和透明度参数，为形状设置纯色蒙版，如图 7-97 所示。

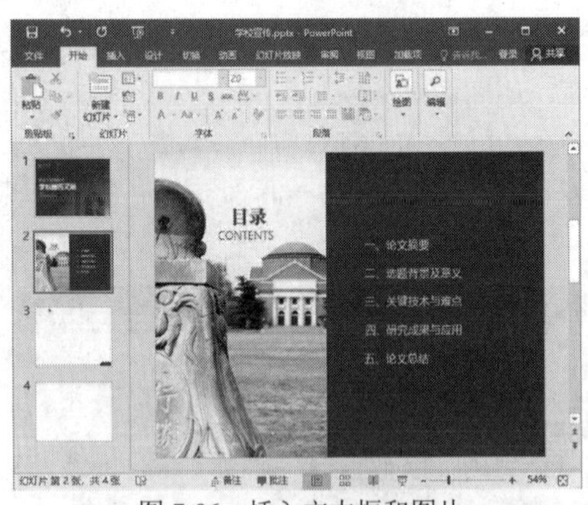

图 7-96　插入文本框和图片

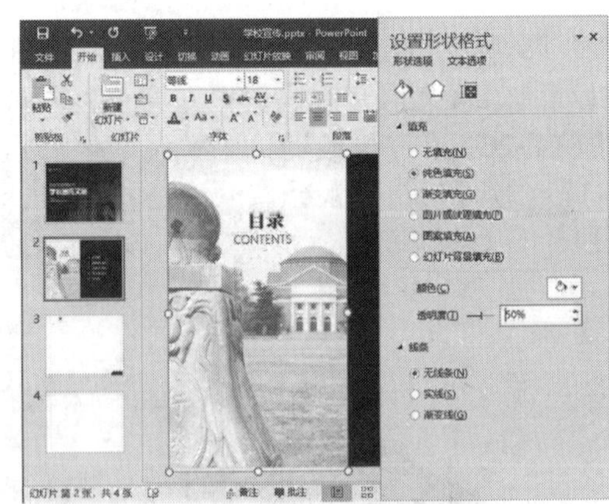

图 7-97　设置纯色蒙版

(8) 选中演示文稿中的第 4 张幻灯片，在其中插入图片和文本框，制作效果如图 7-98 所示的幻灯片页面效果。

(9) 选中演示文稿第 1 张幻灯片中设置了的渐变色填充形状，然后按下 Ctrl+C 键执行“复制”命令。

(10) 选中演示文稿第 4 张幻灯片，按下 Ctrl+V 键，执行“粘贴”命令，复制幻灯片中的形状，并调整蒙版的图层位置，制作效果如图 7-99 所示的页面效果。

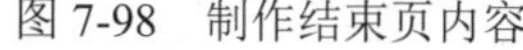

图 7-98　制作结束页内容

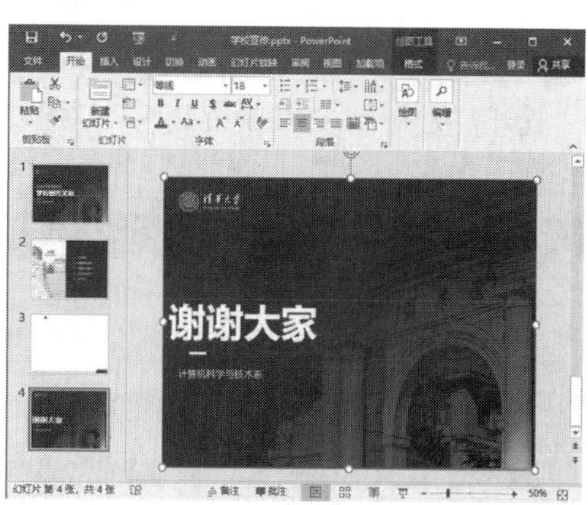

图 7-99　复制形状

提示

【例 7-27】中提到的所谓“图层”，通俗一点讲就像是含有文字或图形等元素的胶片，一张张按顺序叠放在一起，组合起来形成页面的最终效果，如图 7-99 所示。在制作演示文稿时，当同一张幻灯片页面里的元素(文字、图片、形状)太多时，编辑起来就很麻烦，知道了图层概念，我们就可以利用图层对元素分层进行编辑，将暂时不需要编辑的图层进行隐藏。

7.3.3　使用 SmartArt 图形

SmartArt 是从 Microsoft Office 2007 开始在 Office 系列软件中加入的特性，用户可在 PowerPoint、Word、Excel 中使用该特性创建各种图形图表。SmartArt 图形是信息和观点的视觉表示形式。可以通过从多种不同布局中进行选择来创建 SmartArt 图形，从而快速、轻松、有效地传达信息。

简单地说，SmartArt 就是 Office 软件内建的逻辑图表，主要用于表达文本之间的逻辑关系。例如流程关系、逻辑关系和层次关系，如图 7-100 所示。

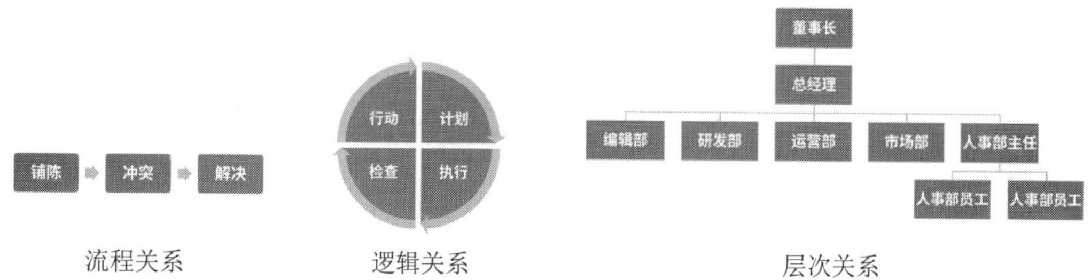

图 7-100　SmartArt 图形内建的逻辑关系

在 PowerPoint 2016 中，用户可以通过单击“插入”选项卡“插图”组中的 SmartArt 按钮，打开“插入 SmartArt 图形”对话框在演示文稿中插入 SmartArt 图形。

【例 7-27】 在“学校宣传”演示文稿中插入 SmartArt 图形。

(1) 打开“学校宣传”演示文稿，选择第 3 张幻灯片，单击“插入”选项卡中的 SmartArt

按钮，打开图 7-100 所示的“插入 SmartArt”对话框，选择“层次结构”|“水平层次结构”选项，然后单击“确定”按钮，如图 7-101 所示，在幻灯片中插入 SmartArt 图形。

(2) 将鼠标指针置于 SmartArt 图形的各个形状中输入文本，然后选中“探索问题”形状，选择“设计”选项卡，单击“创建图形”选项组中的“添加形状”下拉按钮，从弹出的列表中选择“在下方添加形状”，在“探索问题”形状下方添加图 7-102 所示的空白形状。

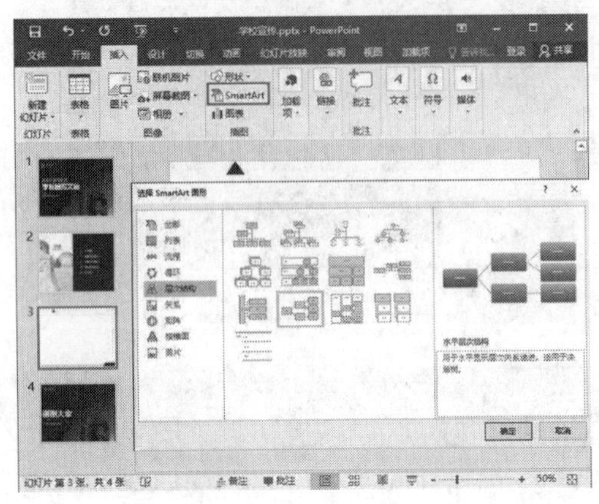

图 7-101　插入 SmartArt 图形

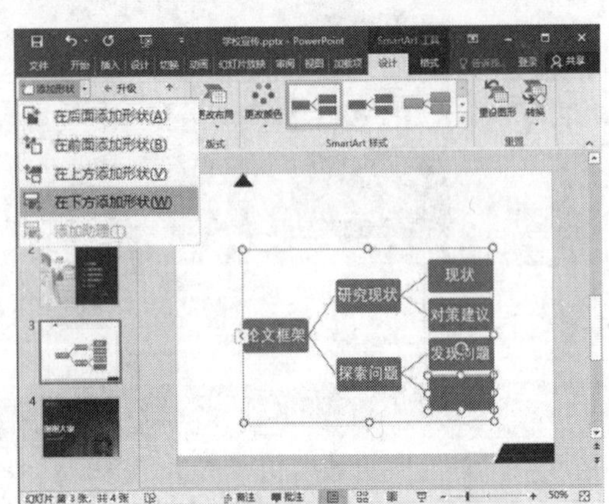

图 7-102　添加空白形状

(3) 在步骤(2)插入的空白形状中输入文本“解决问题”。

(4) 选中整个 SmartArt 图形，单击“设计”选项卡中的“更改颜色”下拉按钮，从弹出的列表中选择一种颜色方案，为 SmartArt 图形设置图 7-103 所示的颜色。

(5) 单击“设计”选项卡中的“更改布局”下拉按钮，从弹出的列表中选择一种布局方案，为 SmartArt 图形设置图 7-104 所示的布局。

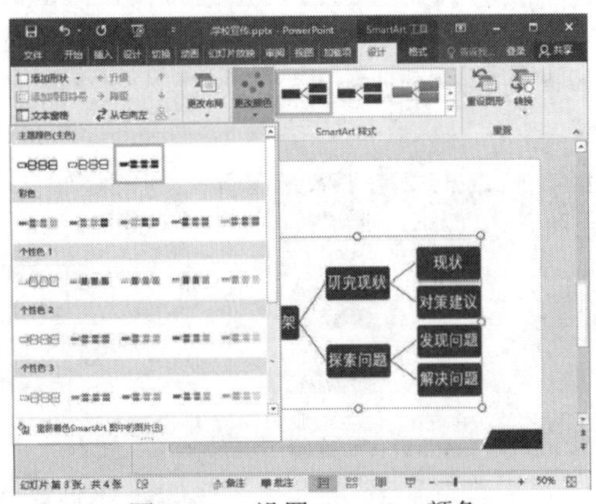

图 7-103　设置 SmartArt 颜色

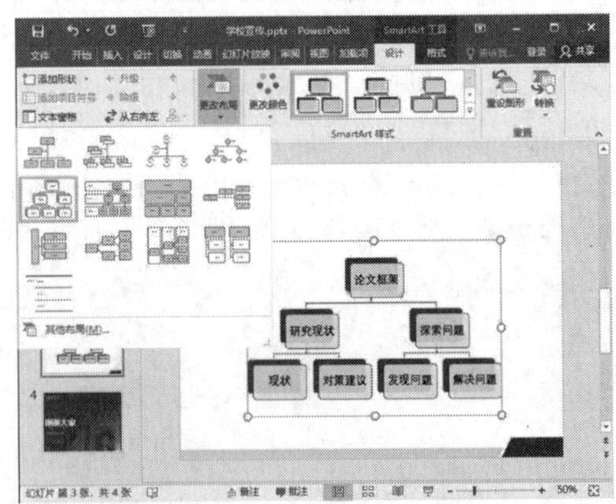

图 7-104　设置 SmartArt 布局

7.3.4　插入音频

声音是比较常用的媒体形式。在一些特殊环境下，为演示文稿插入声音可以很好地烘托演示氛围。使用 PowerPoint 在演示文稿中插入并设置音频方法如下。

【例 7-28】在“学校宣传”演示文稿中插入声音。

(1) 打开“学校宣传”演示文稿，选择“插入”选项卡，在“媒体”组中单击“音频”按钮，在弹出的列表中选择“PC 上的音频”选项。

(2) 打开“插入音频”对话框，用户可以将计算机中保存的音频文件插入演示文稿中，如图 7-105 左图所示。音频在演示文稿中显示为声音图标，选中该图标将显示声音播放栏。

(3) 此时，选择“播放”选项卡，用户可以设置音频的音量、循环播放、播放完后返回开头等播放设置，如图 7-105 右图所示。

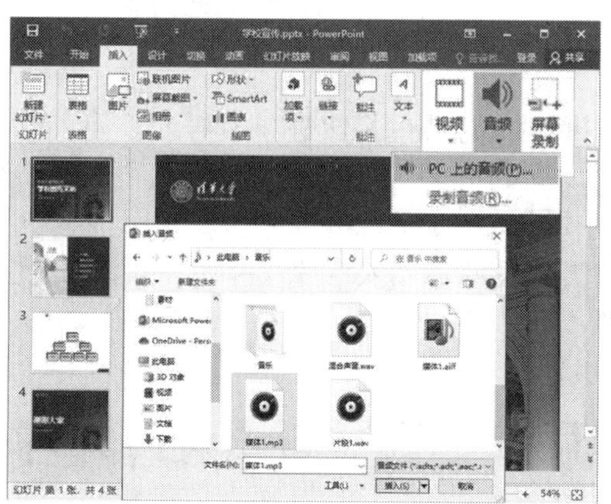

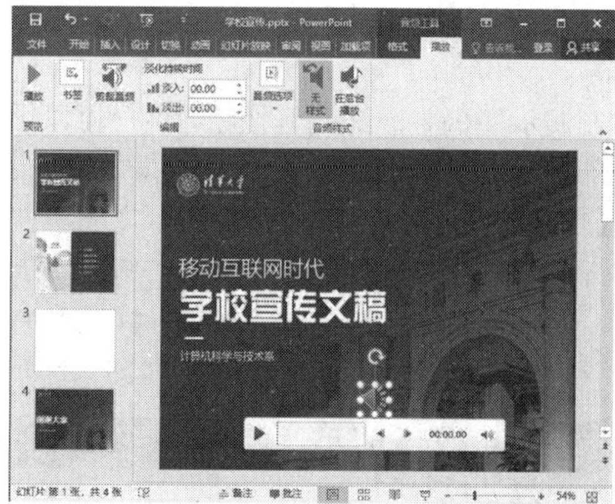

图 7-105　在演示文稿中插入音频文件

(4) 将声音图标移出幻灯片范围之外，在“播放”选项卡的“音频选项”选项组中将“开始”设置为“自动”，选中“跨幻灯片播放”复选框和“循环播放，直到停止”复选框，如图 7-106 所示。

7.3.5　插入视频

在演示文稿中适当地使用视频，能够方便有效快捷地展示动态的内容。通过视频中流畅的演示，能够在演示文稿中实现化抽象为直观、化概括为具体、化理论为实例的效果。

【例 7-29】在“学校宣传”演示文稿中插入视频。

(1) 打开“学校宣传”演示文稿，在预览窗格中选中最后一张幻灯片，选择“插入”选项卡，在“媒体”组中单击“视频”按钮下方的箭头，在弹出的下拉列表中选择“PC 上的视频”选项，如图 7-107 所示。

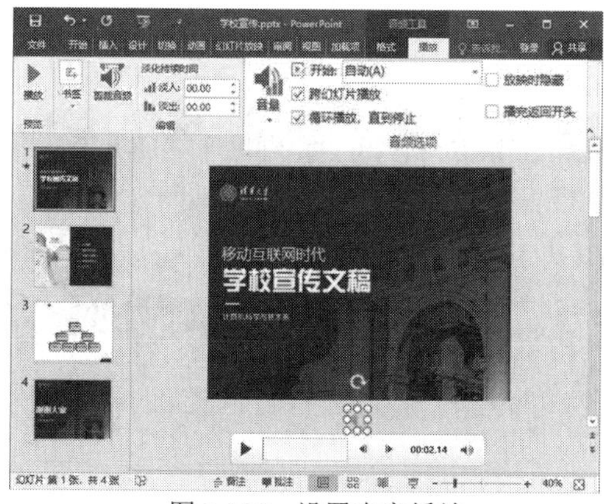

图 7-106　设置声音播放

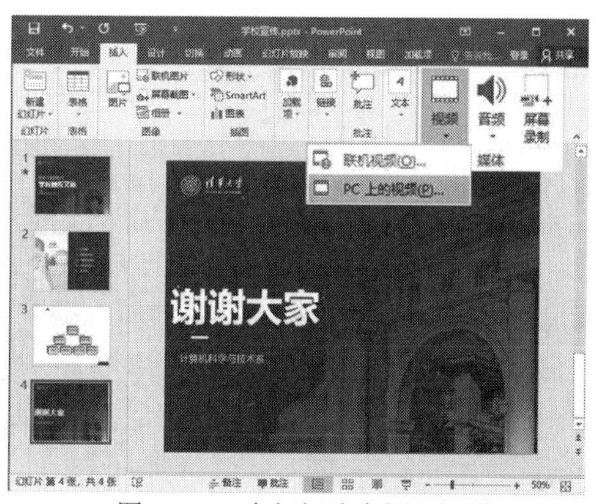

图 7-107　在幻灯片中插入视频

(2) 打开"插入视频文件"对话框，选中一个视频文件，单击"插入"按钮，即可在幻灯片中插入一个视频。

(3) 此时，选择"播放"选项卡，用户可以设置视频全屏播放、未播放时隐藏、循环播放、自动播放、音量等效果，如图 7-108 所示。

7.3.6 使用动作按钮

在演示文稿中添加动作按钮，用户可以很方便地对幻灯片的播放进行控制。在一些有特殊要求的演示场景中，能够使演示过程更加便捷。

【例 7-30】在"学校宣传"演示文稿中使用动作按钮控制幻灯片的播放。

(1) 继续【例 7-29】的操作，选中第 2 张幻灯片，选择"插入"选项卡，在"插图"组中单击"形状"下拉按钮，从弹出的下拉列表中选择"动作按钮"栏中的一种动作按钮(例如"前进或下一项")，按住鼠标左键在页面中绘制一个大小合适的动作按钮，如图 7-109 所示。

图 7-108 在幻灯片中插入视频

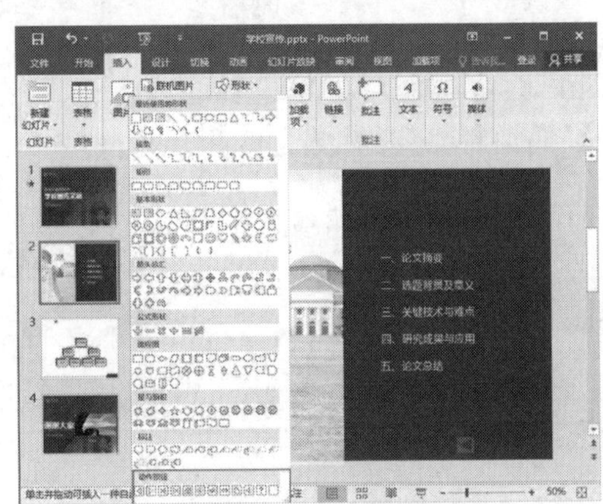

图 7-109 绘制动作按钮

(2) 打开"操作设置"对话框，单击"超链接到"下拉按钮，从弹出的下拉列表中选择一个动作(例如"上一张幻灯片"动作)，单击"确定"按钮，如图 7-110 左图所示。

(3) 使用同样的方法在幻灯片中插入用于切换下一张幻灯片的按钮，如图 7-110 中图所示。

(4) 将制作的动作按钮复制到演示文稿的其他幻灯片，如图 7-110 右图所示。

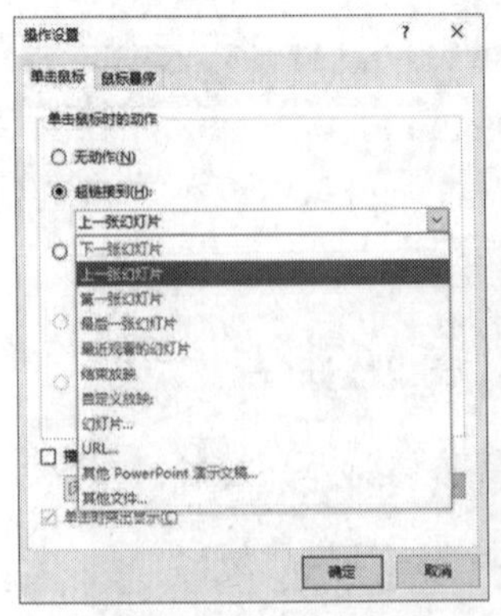

图 7-110 设置动作按钮

(5) 按下 F5 键从头播放演示文稿，单击页面中的动作按钮▶，将跳过页面动画直接放映下一张幻灯片；单击动作按钮◀，将返回上一张幻灯片。

7.3.7　使用超链接

超链接实际上是指向特定位置或文件的一种连接方式，用户可以利用它指定程序的跳转位置。超链接只有在幻灯片放映时才有效。在 PowerPoint 中，超链接可以跳转到当前演示文稿中的特定幻灯片、其他演示文稿中特定的幻灯片、自定义放映、电子邮件地址、文件或视频上。

在演示文稿中只有幻灯片页面中的对象才能添加超链接，备注、讲义等内容不能添加超链接。在幻灯片页面中可以显示的对象几乎都可以作为超链接的载体。添加或修改超链接的操作一般在普通视图中的幻灯片编辑窗口中进行，而在幻灯片预览窗口的大纲选项卡中，只能对文字添加或修改超链接。

1. 创建超链接

在 PowerPoint 中，为演示文稿中的元素设置超链接的方法如下。

【例 7-31】在“学校宣传”演示文稿中为目录页中的文本框设置超链接。

(1) 打开“学校宣传”演示文稿，选中目录页，选中并右击页面中的文本框，在弹出的菜单中选择“超链接”命令，如图 7-111 左图所示。

(2) 打开“插入超链接”对话框，在“请选择文档中的位置”列表框中选择要链接的幻灯片，单击“确定”按钮，如图 7-111 右图所示。

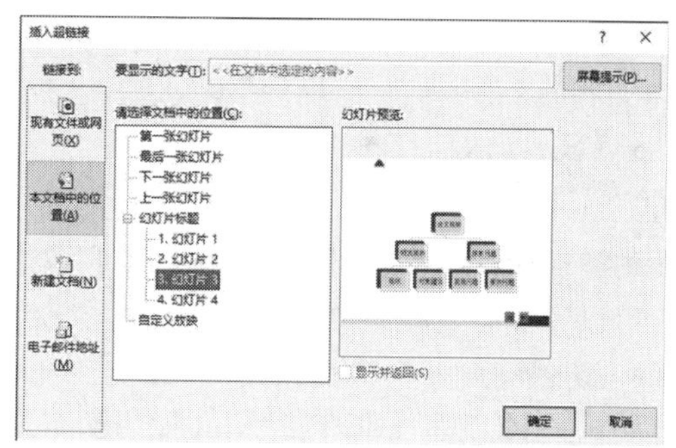

图 7-111　为页面中的元素设置超链接

(3) 为页面元素设置超链接后，按下 F5 键预览网页，单击页面中设置了超链接的元素，即可跳转至指定的页面。

此外，在图 7-111 右图所示的“插入超链接”对话框中，用户还可以为幻灯片元素设置文件或网页链接(此类链接用于放映演示文稿时，打开一个现有的文件或网页)。方法如下。

(1) 打开“插入超链接”对话框后，在“链接到：”列表框中选中“现有文件或网页”选项，然后在对话框右侧的列表框中选中一个文件，然后单击“确定”按钮即可为幻灯片元素设置文件链接，如图 7-112 所示。

(2) 打开“插入超链接”对话框后，在“链接到：”列表框中选中“现有文件或网页”选项，然后在“地址：”文本框中输入网页地址，然后单击“确定”按钮即可为幻灯片元素设置网页链接，如图 7-113 所示。

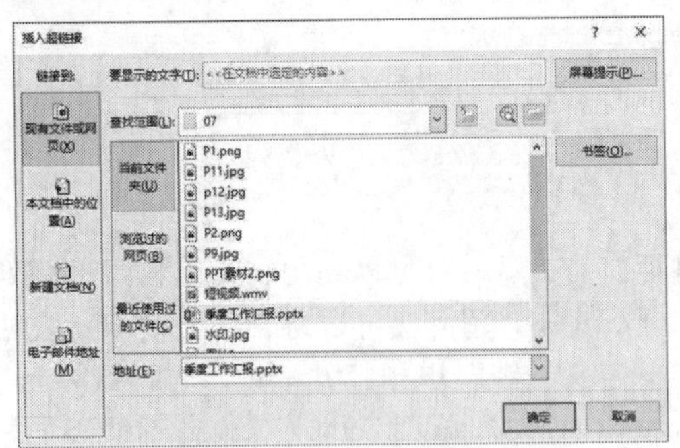

图 7-112　设置文件链接

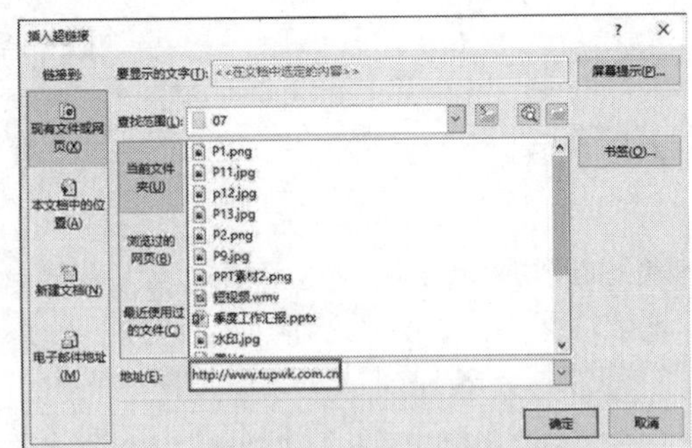

图 7-113　设置网页链接

2. 编辑超链接

用户在幻灯片中添加超链接后，如果对超链接的效果不满意，可以对其进行编辑与修改，让链接更加完整和美观。

在 PowerPoint 2016 中，用户可以通过“编辑超链接”对话框对 PPT 中的超链接进行更改，该对话框和“插入超链接”对话框的选项和功能是完全相同的。打开“编辑超链接”对话框的方法如下。

(1) 选中演示文稿中设置了超链接的对象，右击，在弹出的菜单中选择“编辑超链接”命令。

(2) 打开“编辑超链接”对话框(与图 7-111 所示的“插入超链接”对话框类似)，用户可以根据 PPT 的设计需求，更改超链接的类型或链接地址。完成设置后，单击“确定”按钮即可。

3. 删除超链接

要删除页面元素中设置的超链接，只需要右击该元素，在弹出的菜单中选择“取消超链接”命令即可。

7.3.8　使用动画

想要让演示文稿在放映时能够“动”起来，就要在演示文稿中使用动画。在 PowerPoint 中，可以为演示文稿设置切换动画和对象动画两种类型的动画。

- 切换动画。切换动画是一张幻灯片从屏幕上消失的同时，另一张幻灯片如何显示在屏幕上的方式。PPT 中幻灯片切换方式可以是简单地以一个幻灯片代替另一个幻灯片，也可以是幻灯片以特殊的效果出现在屏幕上。
- 对象动画。对象动画是指为幻灯片内部某个对象设置的动画效果。对象动画设计在幻灯片中起着至关重要的作用，具体体现在三个方面：一是清晰地表达事物关系，如以滑轮的上下滑动做数据的对比，是由动画的配合体现的；二是更能配合演讲，当幻灯片进行闪烁和变色时，观众的目光就会随演讲内容而移动；三是增强效果表现力，例如设置不断闪动的光影、漫天飞雪、落叶飘零、亮闪闪的效果等。

1. 设置切换动画

在 PowerPoint 中选择“切换”选项卡，在“切换到此幻灯片”选项组中单击“其他”按钮，在弹出的列表中，用户可以为 PPT 中的幻灯片设置切换动画。

【例 7-32】为“学校宣传”演示文稿设置幻灯片切换动画。

(1) 打开“学校宣传”演示文稿后选择第 1 张幻灯片。选择“切换”选项卡，在“切换到此幻灯片”组中进行设置。在该组中单击按钮，从弹出的下拉列表中选择一种动画效果(例如“棋盘”)，如图 7-114 所示。

(2) 在“计时”选项组中单击“声音”下拉按钮，在弹出的下拉列表中选择“风铃”选项，为幻灯片应用该声音效果，如图 7-115 所示。

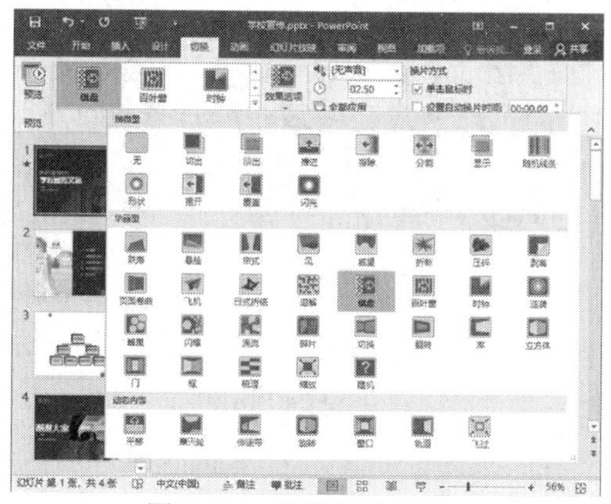

图 7-114　设置切换动画

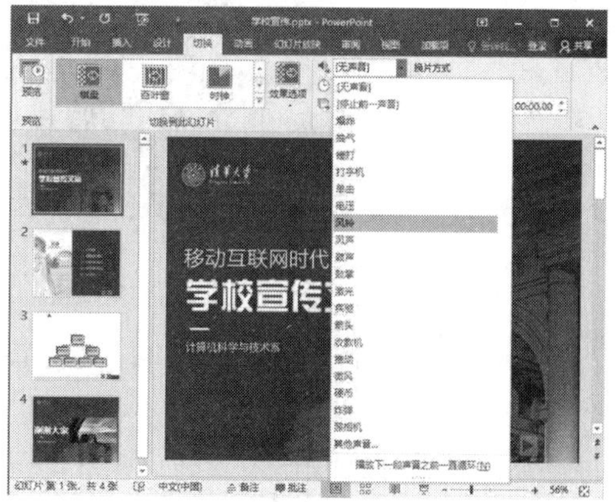

图 7-115　设置动画声音

(3) 在“计时”选项组的“持续时间”微调框中输入“00.50”。为幻灯片设置持续时间的目的是控制幻灯片的切换速度，以便查看幻灯片内容。

(4) 在“计时”组中取消选中“单击鼠标时”复选框，选中“设置自动换片时间”复选框，并在其后的微调框中输入“00:05.00”。

(5) 单击“全部应用”按钮，将设置好的计时选项应用到每张幻灯片中。

(6) 单击状态栏中的“幻灯片浏览”按钮，切换至幻灯片浏览视图，查看设置后的自动换片时间。

2. 设置对象动画

所谓对象动画，是指为幻灯片内部某个对象设置的动画效果。对象动画设计在幻灯片中起着至关重要的作用，具体有三个方面：一是清晰地表达事物关系，如以滑轮的上下滑动作数据的对比，是由动画的配合体现的；二是更加配合演讲，如移动原则实际就是配合演讲，当幻灯片进行闪烁和变色，观众的目光就会随演讲内容而移动，与 PowerPoint 同样原理的演讲结合；三是增强效果表现力，例如设置不断闪动的光影、漫天飞雪、落叶飘零、亮闪闪的效果等。

在 PowerPoint 中选中一个对象(图片、文本框、图表等)，在“动画”选项卡的“动画”组中单击“其他”按钮，在弹出的列表中即可为对象选择一个动画效果。

除此之外，在“高级动画”组中单击“添加动画”按钮，在弹出的列表中也可以为对象设置动画效果，如图 7-116 所示。

演示文稿中对象动画包含进入、强调、退出和动作路径等 4 种效果。其中“进入”是指通过动画方式让效果从无到有；“强调”动画是指本来就有，到合适的时间就显示一下；“退出”是在已存在幻灯片中，实现从有到无的过程；“路径”指本来就有的动画，沿着指定路线发生位置移动。

对很多人来说，在演示文稿里加动画是一件非常麻烦的工作：要么动画效果冗长拖沓，喧宾夺主；要么演示时手忙脚乱，难以和演讲精确配合。之所以会这样，很大程度是他们不了解如何控制对象动画的时间。

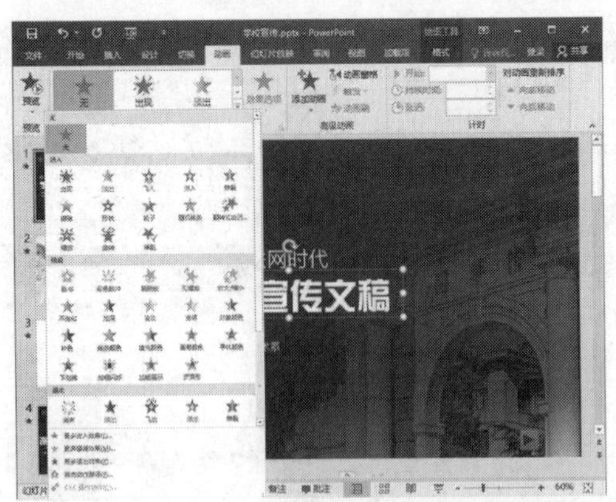

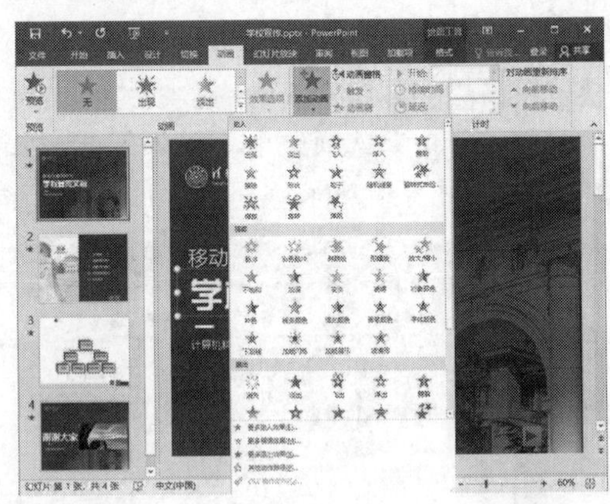

图 7-116　设置对象动画

文本框、图形、照片的动画时间多长，重复几次？各个动画如何触发？是点击鼠标后直接触发，还在其他动画完成之后自动触发？触发后是立即执行，还是延迟几秒钟之后再执行？这些设置虽然基本，但却是对象动画制作的核心。下面将从触发方式、动画时长、动画延迟和动画重复等 4 个方面介绍设置对象动画控制时，用户需要注意的事项，如图 7-117 所示。

(1) 设置动画触发方式

对象动画有三种触发方式，一是通过单击鼠标的方式触发，一般情况下添加的动画默认就是通过单击鼠标来触发的；二是与上一动画同时，指的是上一个动画触发的时候，也会同时触发这个动画；三是上一动画之后，是指上一个动画结束之后，这个动画就会自动被触发。

选择“动画”选项卡，单击“高级动画”组中的“动画窗格”选项显示“动画窗格”窗格，然后在该窗格中动画后方的倒三角按钮，从弹出的菜单中选择“计时”或“效果选项”选项，可以打开动画设置对话框，如图 7-118 所示。

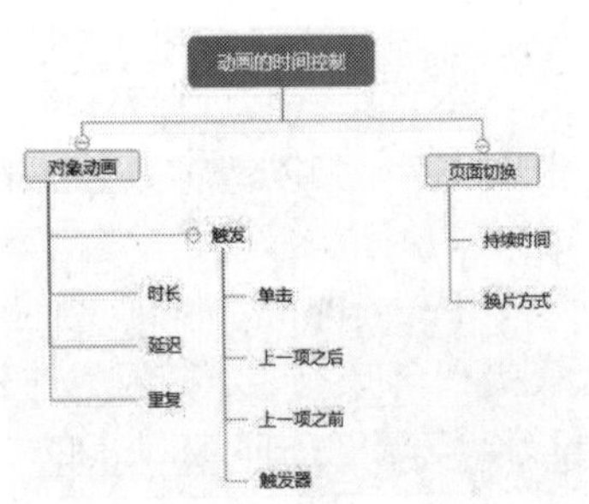

图 7-117　对象动画的时间控制

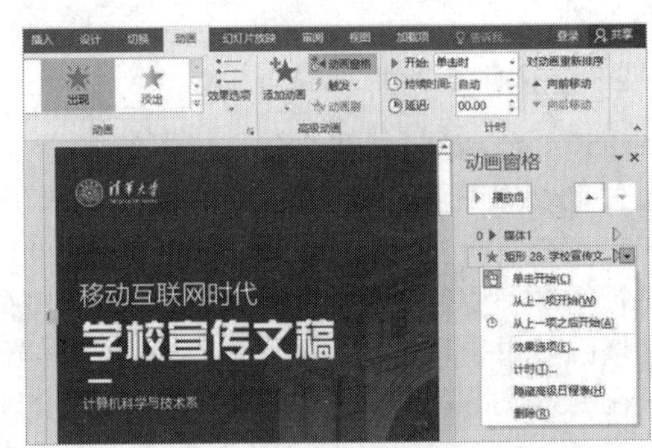

图 7-118　显示“动画窗格”窗格

不同动画，打开的动画设置对话框的名称各不相同，以图 7-119 左图所示的“出现”对话框为例，在该对话框的“计时”选项卡中单击“开始”下拉按钮，在弹出的菜单中用户可以修改动画的触发方式。

其中，通过单击鼠标的方式触发又可分为两种，一种是在任意位置单击鼠标即可触发，一种是必须单击某一个对象才可以触发。前者是对象动画默认的触发类型，后者就是我们常说的触发器了。单击图 7-119 右图所示对话框中的“触发器”按钮，在显示的选项区域中，用户可以对触发器进行详细设置。

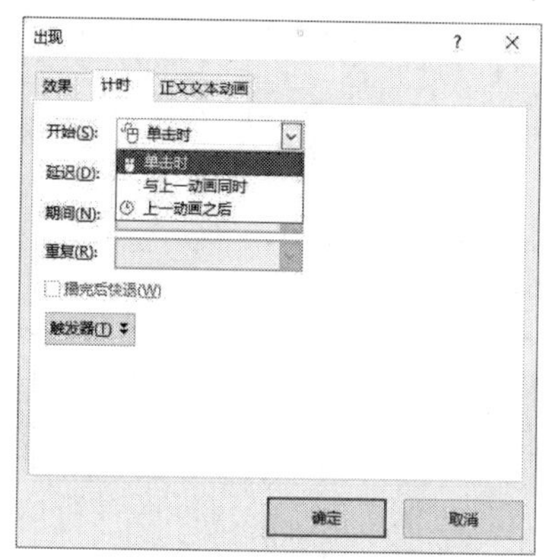

图 7-119 设置动画触发方式和设置触发器

下面以 A 和 B 两个对象动画为例，介绍几种动画触发方式的区别。

- 设置为“单击时”触发：当 A、B 两个动画都是通过单击鼠标的方式触发时，相当于分别为这两个动画添加了一个开关。单击一次鼠标，第一个开关打开；再单击一次鼠标，第二个开关打开。
- 设置为“与上一动画同时”触发：当 A、B 两个动画中 B 动画的触发方式设置为“与上一动画同时”时，则意味着 A 和 B 动画共用了同一个开关，当鼠标单击打开开关后，两个对象的动画同时执行。
- 设置为“上一动画之后”触发：当 A、B 两个动画中 B 的动画设置为“上一动画之后”时，A 和 B 动画同样公用了一个开关，所不同的是，B 的动画只有在 A 的动画执行完毕之后才会执行。
- 设置触发器：而当用户把一个对象设置为对象 A 的动画的触发器时，意味着该对象变成了动画 A 的开关，单击对象，意味着开关打开，A 的动画开始执行。

(2) 设置动画时长

动画的时长就是动画的执行时间，PowerPoint 在动画设置对话框中(以图 7-120 所示的“飞入”对话框为例)预设了五种时长，分别为非常快，快，中，慢，非常慢，分别对应 0.5~5 秒不等，实际上，动画的时长可以设置为 0.01 秒到 59.00 秒之间的任意数字。

(3) 设置动画延迟

延迟时间，是指动画从被触发到开始执行所需的时间。为动画添加延迟时间，就像是把普通炸弹变成了定时炸弹。与动画的时长一样，延迟时间也可以设置为 0.01 秒到 59.00 秒之间的任意数字。

以图 7-121 中所设置的动画选项为例。图中的“延迟”参数设置 2.5 后，动画被触发后，将再过 2.5 秒才执行(若将“延迟”参数设置为 0，则动画被触发后将立即开始执行)。

(4) 设置动画重复

动画的重复次数，是指动画被触发后连续执行几次。值得注意的是，重复次数未必非要是整数，小数也可以。当重复次数为小数时，动画执行到一半就会戛然而止。换言之，当为一个退出动画的重复次数被设置为小数时，这个退出动画实际上就相当于一个强调动画。

在图 7-121 所示的动画设置对话框中，单击“重复”下拉按钮，即可在弹出的列表中为动画设置重复次数。

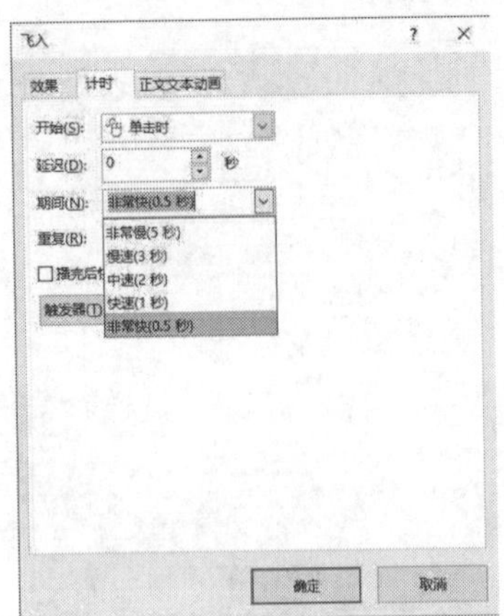

图 7-120　设置动画时长

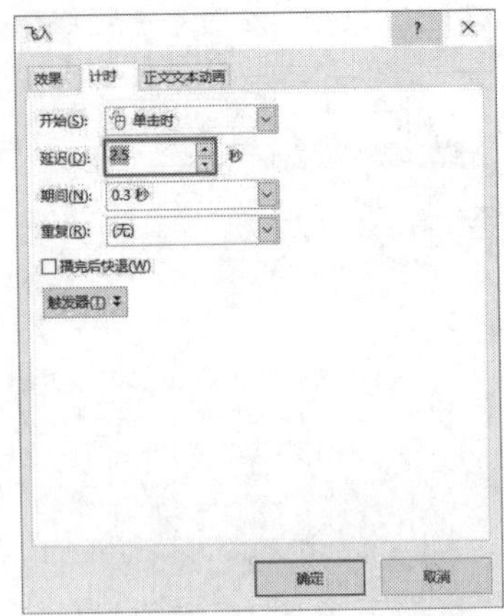

图 7-121　设置动画延迟

7.3.9　幻灯片放映设置

制作完演示文稿后，用户可以根据需要进行放映前的准备，如进行录制旁白，排练计时、设置放映的方式和类型、设置放映内容或调整幻灯片放映的顺序等。

1. 设置放映时间

在放映幻灯片之前，演讲者可以运用 PowerPoint 的“排练计时”功能来排练整个演示文稿放映的时间，即将每张幻灯片的放映时间和整个演示文稿的总放映时间了然于胸。

【例 7-33】 排练“学校宣传”演示文稿的放映时间。

(1) 选择“幻灯片放映”选项卡，在“设置”组中单击“排练计时”按钮。

(2) 演示文稿将自动切换到幻灯片放映状态。与普通放映不同的是，在幻灯片左上角将显示“录制”对话框，如图 7-122 左图所示。

(3) 不断单击鼠标进行幻灯片的放映，此时“录制”对话框中的数据会不断更新。

(4) 当最后一张幻灯片放映完毕后，将打开 Microsoft PowerPoint 对话框，该对话框显示幻灯片播放的总时间，并询问用户是否保留该排练时间，单击“是”按钮，如图 7-122 右图所示。

图 7-122　设置排练计时

(5) 选择“视图”选项卡，在“演示文稿视图”选项组中单击“幻灯片浏览”按钮。

(6) 此时，演示文稿将切换到幻灯片浏览视图，从幻灯片浏览视图中可以看到每张幻灯片下方均显示各自的排练时间。

2. 设置放映方式

PowerPoint 提供了多种演示文稿的放映方式，最常用的是幻灯片页面的演示控制，主要有幻灯片的定时放映、连续放映及循环放映三种。

(1) 定时放映

用户在设置幻灯片切换效果时，可以设置每张幻灯片在放映时停留的时间，当等待到设定的时间后，幻灯片将自动向下放映。

打开“切换”选项卡，在“换片方式”组中选中“单击鼠标时”复选框，则用户单击鼠标或按下 Enter 键和空格键时，放映的演示文稿将切换到下一张幻灯片；选中“设置自动换片时间”复选框，并在其右侧的文本框中输入时间(时间为秒)后，则在演示文稿放映时，当幻灯片等待了设定的秒数之后，将自动切换到下一张幻灯片

(2) 连续放映

在“切换”选项卡的“换片方式”选项组选中“设置自动换片时间”复选框，并为当前选定的幻灯片设置自动切换时间，再单击“全部应用”按钮，为演示文稿中的每张幻灯片设定相同的切换时间，即可实现幻灯片的连续自动放映。

需要注意的是，由于每张幻灯片的内容不同，放映的时间可能不同，所以设置连续放映的最常见方法是通过“排练计时”功能完成。

(3) 循环放映

用户将制作好的演示文稿设置为循环放映，可以应用于如展览会场的展台等场合，让演示文稿自动运行并循环播放。

打开“幻灯片放映”选项卡，在“设置”选项组中单击“设置幻灯片放映”按钮，打开“设置放映方式”对话框，如图 7-123 所示。在“放映选项”选项区域中选中“循环放映，按 Esc 键终止”复选框，则在播放完最后一张幻灯片后，会自动跳转到第 1 张幻灯片，而不是结束放映，直到用户按 Esc 键退出放映状态。

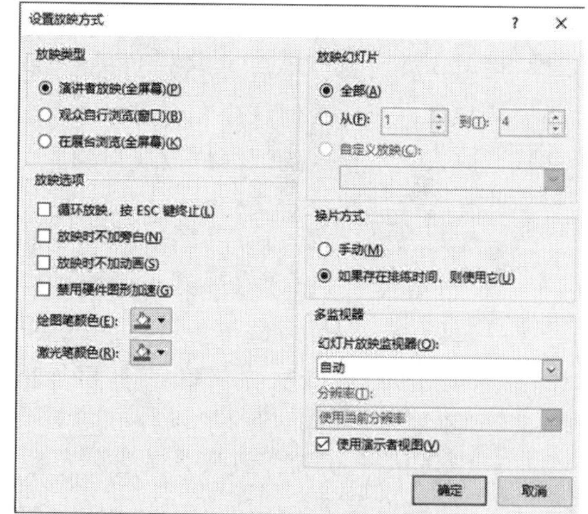

图 7-123　“设置放映方式”对话框

3. 设置放映类型

在图 7-123 所示“设置放映方式”对话框的“放映类型”选项区域中可以设置幻灯片的放映模式。

- “演讲者放映”模式(全屏幕)：该模式是系统默认的放映类型，也是最常见的全屏放映方式。在这种放映方式下，演讲者现场控制演示节奏，具有放映的完全控制权。用户可以根据观众的反应随时调整放映速度或节奏，还可以暂停下来进行讨论或记录观众即时反应，甚至可以在放映过程中录制旁白。一般用于召开会议时的大屏幕放映、联机会议或网络广播等。
- “观众自行浏览”模式(窗口)：观众自行浏览是在标准 Windows 窗口中显示的放映形式，放映时的 PowerPoint 窗口具有菜单栏、Web 工具栏，类似于浏览网页的效果，便于观众自行浏览。
- “展台浏览”模式(全屏幕)：采用该放映类型，最主要的特点是不需要专人控制就可以

自动运行，在使用该放映类型时，如超链接等的控制方法都失效。当播放完最后一张幻灯片后，会自动从第一张重新开始播放，直至用户按下 Esc 键才会停止播放。该放映类型主要用于展览会的展台或会议中的某部分需要自动演示等场合。

使用“展台浏览”模式放映演示文稿时，用户不能对其放映过程进行干预，必须设置每张幻灯片的放映时间，或者预先设定演示文稿排练计时，否则可能会长时间停留在某张幻灯片上。

4. 录制语音旁白

在 PowerPoint 2016 中，可以为指定的幻灯片或全部幻灯片添加录音旁白。使用录制旁白可以为演示文稿增加解说词，在放映状态下主动播放语音说明。

【例 7-34】为“学校宣传”演示文稿录制旁白。

(1) 选择“幻灯片放映”选项卡，在“设置”选项组中单击“录制幻灯片演示”按钮，从弹出的菜单中选择“从头开始录制”命令，打开“录制幻灯片演示”对话框，保持默认设置，单击“开始录制”按钮。

(2) 进入幻灯片放映状态，同时开始录制旁白，在打开的“录制”对话框中显示录制时间。

(3) 逐次单击或按 Enter 键切换到下一张幻灯片。

(4) 当旁白录制完成后，按下 Esc 键或者单击即可。此时，可以将演示文稿切换到幻灯片浏览视图，查看录制的效果。

(5) 在快速访问工具栏中单击“保存”按钮，保存演示文稿。

7.3.10 放映演示文稿

从头开始放映是指从演示文稿的第一张幻灯片开始播放演示文稿。打开“幻灯片放映”选项卡，在“开始放映幻灯片”组中单击“从头开始”按钮，或者直接按 F5 键，开始放映演示文稿，进入全屏模式的幻灯片放映视图。

此外，在放映演示文稿时，用户还可以使用以下快捷键控制放映节奏。

- 按 F5 键从头放映：使用 PowerPoint 打开演示文稿后，用户只要按下 F5 键，即可快速将演示文稿从头开始播放。但需要注意的是：在笔记本型电脑中，功能键 F1~F12 往往被与其他功能绑定在一起，例如 Surface 的键盘上，F5 键就与电脑的“音量减小”功能绑定。此时，只有在按下 F5 键的同时再多按一个 Fn 键(一般在键盘底部的左侧)，才算是按下了 F5 键，演示文稿才会开始放映。
- 按 Ctrl+P 键暂停放映并激活激光笔：在演示文稿的放映过程中，按下 Ctrl+P 键，将立即暂停当前正在播放的幻灯片，并激活 PowerPoint 的“激光笔”功能，应用该功能用户可以在幻灯片放映页面中对内容进行涂抹或圈示。
- 按 W 键进入空白页状态：在演讲过程中，如果临时需要和观众就某一个论点或内容进行讨论，可以按下 W 键进入演示文稿空白页状态。
- 按 B 键进入黑屏页状态：在反映演示文稿时，有时需要观众自行讨论演讲的内容。此时，为了避免演示文稿中显示的内容对观众产生影响，用户可以按下 B 键，使演示文稿进入黑屏模式。当观众讨论结束后，再次按下 B 键即可恢复播放。
- 按 Shift+F5 键从当前选中的幻灯片开始放映：在 PowerPoint 中，用户可以通过按下 Shift+F5 键，从当前选中的幻灯片开始放映演示文稿。

- 按 S 或“+”键暂停或重新开始演示文稿自动放映：在演示文稿放映时，如果用户要暂停放映或重新恢复幻灯片的自动放映，按下 S 键或“+”键即可。
- 快速返回演示文稿的第一张幻灯片：在演示文稿放映的过程中，如果用户使放映页面快速返回第一张幻灯片，只需要同时按住鼠标的左键和右键两秒钟左右即可。
- 按 ESC 键快速停止播放：在演示文稿放映时，按下 ESC 键将立即停止放映，并在 PowerPoint 中选中当前正在放映的幻灯片。

7.4 课后习题

一、判断题

1. 在 PowerPoint 大纲视图模式下文本的某些格式将不能显示出来，如字体颜色。　(　　)
2. 在 PowerPoint 中，普通视图包含两个区：大纲区和幻灯片区。　(　　)
3. 在 PowerPoint 2016 中，可以通过配色方案来更改模板中对象的相应设置。　(　　)

二、选择题

1. 在 PowerPoint 演示文稿中，将一张布局为“节标题”的幻灯片改为“标题和内容”幻灯片，应使用的对话框是(　　)。

A. 幻灯片版式　　B. 幻灯片配色方案
C. 背景　　D. 应用设计模板

2. PowerPoint 中，下列说法错误的是(　　)。

A. 可以利用自动版式建立带剪贴画的幻灯片，用来插入剪贴画
B. 可以向已存在的幻灯片中插入剪贴画
C. 可以修改剪贴画
D. 不可以为剪贴画重新上色

3. PowerPoint 中，有关修改图片的说法中，错误的是(　　)。

A. 裁剪图片是指保存图片的大小不变，而将不希望显示的部分隐藏起来
B. 当需要重新显示被隐藏的部分时，还可以通过“裁剪”工具进行恢复
C. 按住鼠标右键向图片内部拖动时，可以隐藏图片的部分区域
D. 要裁剪图片，选定图片然后单击“图片工具”|“格式”选项卡中的“裁剪”按钮

4. PowerPoint 2016 文档的默认扩展名是(　　)。

A. .DOCX　　B. .XLSX　　C. .PTPX　　D. .PPTX

三、操作题

1. 启动 PowerPoint 2016 制作演示文稿，要求如下。

(1) 为当前演示文稿套用设计主题“极目远眺”。

(2) 第 2 张幻灯片采用“两栏内容”版式。右栏内容添加考生试题文件夹中的图片“wb1.jpg”。

(3) 第 3 张幻灯片采用“标题和内容”版式。背景设置为浅蓝色。

(4) 第 5 张幻灯片采用“两栏内容”版式。右侧图表位置插入表格内容如样章所示，表格文字设置为 29 号。

(5) 在第 2 张幻灯片中插入艺术字“微博的影响”，并设置艺术字效果。

(6) 在第 5 张幻灯片右下角插入如样章所示按钮，以便在放映过程中单击该按钮可以跳转到第 2 张幻灯片。

(7) 保存创建的演示文稿。

2. 打开演示文稿后新建一张标题幻灯片，然后完成以下操作。

(1) 插入一张新幻灯片，版式为“标题幻灯片”，并完成如下设置：

- 设置主标题为“图片浏览”，字形为“倾斜”，字号为 72；
- 设置副标题为“图片一”，超链接为“下一张幻灯片”。

(2) 插入一张新幻灯片，版式为“空白”，并完成如下设置：

- 插入试题文件夹下的图片“P01-M.GIF”，设置高度为 10.48 厘米，宽度为 20.96 厘米；
- 插入一个横排文本框，设置文本内容为“图片二”，超链接为“下一张幻灯片”。

(3) 插入一张新幻灯片，版式为“空白”，然后插入“试题”文件夹下的图片“P01-M.GIF”，设置图片的高度为 11.83 厘米，宽度为 15.77 厘米。

第 8 章

算法与程序设计

☑ 内容简介

算法是一系列解决问题的清晰指令。通俗地讲，一个算法就是完成一项任务的步骤。程序设计，俗称编程，本质上就是把需要完成的任务用程序语言描述出来。本章将主要介绍算法与程序设计的相关知识，帮助用户理解算法类问题的复杂性与求解框架，了解计算机语言执行过程、程序设计的方法，以及面向过程和面向对象的程序设计。

☑ 重点内容

- 理解算法是计算系统的灵魂
- 理解算法类问题的求解框架
- 理解算法的复杂性
- 计算机语言的执行过程
- 程序设计的方法以及面向对象的程序设计

8.1 算法

算法是解决问题的一系列步骤，也是计算思维的核心概念。

8.1.1 算法的基本概念

1. 什么是算法

常见的回答是：完成一个任务所需执行的一系列步骤。在日常生活中我们经常会碰到算法。刷牙的时候会执行一个算法：拿出牙刷，打开牙膏盖，持续执行挤牙膏的操作直到足够量的牙膏涂抹在牙刷上，然后盖上牙膏盖，将牙刷放到嘴的 1/4 处，上下移动牙刷 N 秒等。如果我们每天需要乘坐地铁，乘地铁的过程也是一个算法。

计算机与算法有着密不可分的关系。正如上面举例的算法会影响我们的日常生活一样，在计算机上运行的算法也会影响我们的生活。例如，当我们使用 GPS 或“北斗”来寻找出行路线时，会使用一种称为“最短路径”的算法以寻求路线；当我们在网上购物时，会运行一个加密算法的安全网站；当网上下单的商品发货时，它使用算法将快递包裹分配给不同的卡车，然后确定每个司机的发件顺序。算法运行在各种设备上，可能在我们使用的台式(或笔记本型)计算机上，服务器上、智能手机上、嵌入式系统上(例如车载电脑、微波炉、可穿戴设备中)，它无处不在。

算法被公认为是计算机科学的灵魂。简单地说，算法就是解决问题的方法和步骤。在实际情况下，方法不同，其所对应的步骤也不一样。算法设计时，首先应考虑采用什么方法，方法确定了，再考虑具体的求解步骤。任何解题过程都是由一定的步骤组成的，所以通常把解题过程准确而完整的描述称为求解该问题的算法。

2. 算法的定义

算法就是一个有穷规则的集合。其中的规则固定了解决某一个特定类型问题的同一个运算序列。通俗地说，算法规定了任务执行或问题求解的一系列步骤。

进一步说，程序就是用计算机语言表述的算法，流程图就是图形化了的算法。既然算法是解决给定问题的方法，算法的处理对象必然是该问题涉及的相关数据。因而，算法与数据是程序设计过程中密切相关的两方面。程序的目的是加工数据，而如何加工数据是算法的问题。程序是数据结构与算法的统一。因此著名计算机科学家、Pascal 语言发明者尼古拉斯·沃斯(Niklaus Wirth)提出了以下公式：

程序＝算法＋数据结构

这个公式的重要性在于：不能离开数据结构去抽象地分析程序的算法，也不能脱离算法去孤立地研究程序的数据结构，只能从算法与数据结构的统一上去认识程序。换言之，程序就是在数据的某些特定的表示方式和结构基础上，对抽象算法的计算机语言的具体表述。

当用一种计算机语言来描述一个算法时，其表述形式就是一个计算机语言程序。而当一个算法的描述形式详尽到足以用一种计算机语言来表述时，“程序”不过是瓜熟蒂落垂手可得的产品而已。因此，算法是程序的前导与基础。从算法的角度，可以将程序定义为：为解决给定问题的计算机语言有穷操作规则(即低级语言的指令，高级语言的语句)的有序集合。当采用低级语言(机器语言和汇编语言)时，程序表述形式为“指令的有序集合”，当采用高级语言时，程序的表述形式为“语句的有序集合”。

3. 算法的举例

【例 8-1】有两个瓶子，一个瓶子里装红墨水，另一个瓶子装黑墨水，如果要把两个瓶子中的墨水交换，将原来装红墨水的瓶子用来装黑墨水，将原来装黑墨水的瓶子用来装红墨水。

显然，这是个很简单的问题，找一个空瓶子用来交换墨水就可以了(这就是解决问题的方法)，其算法如下。

① 将红墨水倒入空瓶中；

② 将黑墨水倒入原来装红墨水的瓶子中；

③ 将原来空瓶子中的红墨水倒入原来装黑墨水的瓶子中；

④ 结束。

以上简单的几个步骤用自然语言来写非常容易被理解，但显得有些“啰嗦”。如果用变量 a 表示红墨水瓶(其中装有红墨水)，用变量 b 表示黑墨水瓶(其中装有黑墨水)，用变量 t 表示空瓶子，用符号“⇐”表示把一个变量的值放入另一个变量之中(在这里就是指把一个瓶子中的墨水倒入另一个瓶子中)，那么上述算法就可以表示如下：

```
t ⇐ a ;
```

```
a ⇐ b;
b ⇐ t;
```

这就是常用的两个变量交换的算法。可见，这样表示一个算法简洁、明了。能用简洁明了的方法表示，为什么还用啰嗦的算法呢？慢慢地，人们就会喜欢上抽象且简洁的表示方法。

解决问题的方法不一样，对应的步骤也不一样。还是以“两个变量交换”为例，人们为了节省内存空间，想出了不用中间变量(也就是【例 8-1】的空瓶子)也能实现两个变量交换的方法，算法步骤如下：

```
a ⇐ a-b;
b ⇐ a+b;
a ⇐ b-a;
```

综上所述，解决问题的方法不一样，算法的步骤也不一样。

【例 8-2】计算 a+|b|。

当 b≥0 时，a+|b|=a+b；当 b<0 时，a+|b|=a-b。可得到以下算法：

```
scanf(a,b);                #输入变量 a、b 的值
if(b≥0)
  c ⇐ a+b;
else
  c ⇐ a-b;
printf(c);                 #输出结果
```

【例 8-3】求 1+2+3+4+5+…+100 的和。

可以通过重复一个加法运算来实现。

```
n ⇐ 100;
sum ⇐ 0;
i ⇐ 1;
do{
        sum ⇐ i+sum;
        i ⇐ i+1;
    }while(i≤n);
printf(sum);
```

以上例子还可以通过其他算法来实现，算法不是唯一的。

由以上几个例子可以看出，一个算法由一些操作组成，而这些操作又是按一定的控制结构所规定的次序执行。算法由操作和控制结构两个要素组成。

(1) 操作。计算机虽然种类众多，但都必须具备最基本的功能操作，这些功能操作包括：

- 逻辑运算。与、或、非；
- 算术运算。加、减、乘、除；
- 数据比较。大于、小于、等于、不等于；
- 数据传送。输入、输出、赋值。

算法中的每一步都必须能分解成这些计算机的基本操作，否则算法是不可行的。

(2) 控制结构。一个算法的功能不仅取决于所选用的操作，还取决于各操作之间的执行顺序，即控制结构。算法的控制结构给出了算法的框架，决定了各操作的执行次序。用流程图可以形象地表示出算法的控制结构。

1966 年，Bohm 和 Jacopini 证明了任何复杂的算法都可以用顺序、选择、循环三种控制结构组合而成，所以这三种控制结构称为算法的三种基本控制结构。如果把每种基本控制结构看成一个算法单位，则整个算法便可以看成由各算法单位顺序串接而成，好像“串起的珍珠”一样，结构清晰，来龙去脉一目了然，容易阅读，也容易理解。这样的算法称为结构化的算法。

4. 算法的基本特征

算法是由一套计算规则组成的一个过程。过程就是一些步骤，这些步骤连在一起能给出一类问题的解。因此，算法实际上是一种抽象的解题方法，可以说是解题思想的表达。算法的基本特征可归纳为以下几点。

(1) 有穷性。一个算法必须在有穷步之后结束，即算法必须在有限时间内完成。这种有穷性使得算法不能保证一定有解，结果包括以下几种情况：有解；无解；有理论解；有理论解，但算法的运行结果没有得到；不知有无解，但在算法的有穷执行步骤中没有得到解。

(2) 确定性。算法中每一条指令必须有确切含义，无二义性，不会产生理解偏差。算法可以有多条执行路径，但是对某个确定的条件值只能选择其中的一条路径执行。

(3) 可行性。算法是可行的，描述的操作都可以通过基本的有限次运算实现。

(4) 输入。一个算法有 0 个或多个输入，输入取自某些特定对象的集合。有些输入在算法执行过程中输入，有些算法不需要外部输入，输入量被嵌入在算法之中了。

(5) 输出。一个算法有 1 个或多个输出，输出与输入之间存在某些特定的关系。不同的输入可以产生不同或相同的输出，但是相同的输入必须产生相同的输出。

可见，算法是一个过程，这个过程由一套明确的规则组成，这些规则指定了一个操作的顺序，以便用有限的步骤提供特定类型问题的解答。

8.1.2 问题求解方法

算法类问题是指那些可以由一个算法解决的问题。例如，有两个未知数的丢番图方程可解性问题是一个算法类问题，欧几里得算法是对该问题的一个求解。那么，有三个未知数、多个未知数的丢番图方程有没有求解它的算法呢？计算科学当中有许多著名的算法类问题，如哥尼斯堡七桥问题、汉诺塔问题、背包问题、旅行商问题、网络流量优化问题、生产调度优化或项目调度优化问题等。

以“旅行商问题”为例。旅行商问题(traveling salesman problem，TSP)是威廉·哈密尔顿爵士于 19 世纪初提出的一个数学问题，其大意是：有若干个城市，任何两个城市之间的距离都是确定的，现要求一旅行商从某城市出发必须经过每一个城市且只能在每个城市逗留一次，最后回到原出发城市，问如何事先确定好一条最短的路线使其旅行的费用最少。

TSP 是最有代表性的组合优化问题之一，它的应用广泛渗透到各个技术领域和我们的日常生活中，至今还有不少学者在从事该问题求解算法的研究。许多现实问题都可以归结为 TSP 问题，例如“机器在电路板上钻孔的调度”问题——电路板上要钻的孔相当于 TSP 中的“城市”，钻头从一个孔移动到另一个孔所消耗的时间相当于 TSP 中的“旅行费用”，钻孔的时间是固定的，而机器移动时间的总量是可变的，是需要优化的，在大规模生产过程中，寻找最短路径能有效地降低成本。再例如，半导体制造领域的集成电路布线规划问题、物流运输的路径规划问题等，也都可以归结为 TSP 问题进行求解。

求解一个问题时，可能会有多种算法可供选择。选择的标准首先是算法的正确性、可靠性、简单性；其次是算法所需的存储空间少和执行速度快等因素。

1. 问题的抽象描述

遇到实际问题时(例如 TSP 问题)，首先把它形式化，将问题抽象为一个一般性的数学问题。对需要解决的问题用数学形式描述它，先不要管是否合适。然后通过这种描述来寻找问题的结构和性质，看看这种描述是否合适，如果不合适，再换一种方式。通过反复的尝试，不断的修正，从而得到一个满意的结果。在遇到一个新问题时，通常都是先用各种各样的小例子去不断尝试，在尝试的过程中，不断地与问题进行各种各样的碰撞，然后发现问题的关键性质。

2. 理解算法适应性

需要观察问题的结构和性质，每一个实际问题都有它相应的性质和结构。每一种算法技术和思想，如分治算法、贪心算法、穷举算法、递推算法、迭代算法、动态规划等，都有它们适宜解决的问题。例如，动态规划适宜解决的问题需要有最优结构和重复性子问题。一旦看出问题的结构和性质，就可以用现有的算法去解决它。而用数学的方式表述问题，更有利于我们观察出问题的结构和性质。

3. 建立算法

这一步要求建立求解的算法，即确定问题的数学模型，并在此模型上定义一组运算，然后对这组运算进行调用和控制，根据已知数据导出所求的结果。在建立数学模型时，找出问题的已知条件、要求的目标以及已知条件和目标之间的联系。算法的描述工具将在本章 8.1.3 节详细介绍。

获得了问题的算法并不等于问题可解，问题是否可解还取决于算法的复杂性，即算法所需要的时间和空间在数量级上能否被接受。

8.1.3　算法描述工具

算法是解决问题的方法和步骤，它是程序的灵魂，也是编写程序的依据。面对一个待求解的问题，求解的方法首先源于人的大脑，经过思考、论证而产生。算法描述(表示)就是把这种大脑中求解问题的方法和思路用一种规范的、可读性强的、容易转换成程序的形式(语言)描述出来。

算法为什么要描述出来？当然是为了交流和共享。一是提交给程序设计人员，作为编写程序代码的依据；二是供算法研究、设计与学习使用，毕竟算法是一种宝贵的资源，是人类求解问题的智慧结晶。比如，某饭店的厨师张某会做一道脍炙人口的菜，顾客光临必点这道菜，久而久之，张某因为这道菜小有名气，拜师学艺者络绎不绝。对于张某来说，这道菜的做法早已烂熟于心(做菜的算法存于脑海中)。如果张某不把这道菜的详细做法以书面的形式记录下来，学艺者只能到厨房仔细观察、学习。极端一点，如果张某不幸去世，那这道菜就有可能失传。但如果有书面文字的详细介绍，则一定会有更多人学会做这道菜。

那么，如何描述算法呢？经过多年的研究和实践，人们想到了很多办法，大致有 4 种，各有优缺点，具体如下。

1. 自然语言

自然语言就是我们生活中所使用的语言，如汉语、英语等。用自然语言描述算法的优点是简单，便于人们对算法的阅读。但是自然语言表示算法时文字冗长，容易出现歧义；而且用自然语言描述分支和循环结构时不直观。

【例 8-4】用自然语言描述计算并输出 z=x÷y 的流程。

自然语言描述如下：

① 输入变量 x,y;

② 判断 y 是否为 0;

③ 如果 y=0，则输出出错提示信息;

④ 否则计算 z=x/y;

⑤ 输出 z。

用自然语言描述算法的缺点和不足也相当明显，主要表现在以下 3 个方面。

(1) 易产生歧义。自然语言往往要根据上下文才能判别其含义，不太严格。只有具有高度智能的人才能理解和接受，而计算机难以接受上下文有关的文法。

(2) 语句比较繁琐冗长，且难以清楚地表达算法的逻辑流程。若算法中包含判断、循环处理，尤其是这些处理的嵌套层数增多，自然语言描述其流程既不直观又很难表达清楚。

(3) 当今的计算机尚不能处理用自然语言表示的算法。

客观地说，这些缺陷是算法描述的“大敌”。因此，自然语言常用于粗略地描述某个算法的大致情况(不愿意描述细节或不能描述细节)。

2. 计算机语言

计算机语言是一种人工语言，即人为设计的语言，如 Python、Pascal、C/C++等。通过编译或解释，人们可以利用计算机语言与计算机直接打交道。正因如此，有人用计算机语言来描述算法。

我们知道，语言是思想的外壳，设计的算法也确实需要用“语言”恰当地表示出来。用计算机语言描述算法，得到的结果既是算法也是程序，作为程序就可以直接上机运行，这是它好的一面。例如下面是用 Python 描述一个简单的算法(求三个整数中的最大值)：

```
while True:
    try:
        #从控制台获取输入的三个整数
        a = int(input('请输入第一个整数：'))
        b = int(input('请输入第二个整数：'))
        c = int(input('请输入第三个整数：'))
        max = 0
        if a==b==c :
            print('\033[31;1m 三个值相等，没有最大值!\033[0m')
        else:
            if a>b:
                max=a
                if a>c:
```

```
                max=a
            else:
                max=c
        else:
            max=b
            if b>c:
                max=b
            else:
                max=c
        print('\033[31;1m 最大值为:',max,'\033[0m')
    except Exception as e:
        print("\033[36;1m 输入有误，请输入整数！ \033[0m")
```

计算机语言的语法非常严格，描述出来的程序过于复杂，不利于表达算法的核心思想，对于学习算法设计的初学者而言，难以抓住问题的本质。更何况算法设计一般是由粗到细的过程，不能过早地陷于程序设计语言的语法“泥潭”。另外，算法终究是为程序服务的，计算机语言有很多，且各有特点，到底用哪一种语言来描述算法呢？算法实现的时候(也就是把算法变成程序的时候)又用哪一种计算机语言呢？比如，算法描述用的是 A 语言，算法实现要求用 B 语言，而程序员也许只会 C 语言，说不定项目管理者或者主管领导更熟悉 D 语言，这里面必然会出现“交流和沟通”的问题，更不用说不同的语言是否存在某种等价的转换关系了。

因此，总体上来说，不建议纯粹用计算机语言描述算法。

3. 伪代码

用编程语言描述算法过于繁琐，常常需要借助注释才能使人明白。为了解决算法理解与执行两者之间的矛盾，人们常常采用伪代码进行算法思想描述。伪代码忽略了编程语言中严格的语法规则和细节描述，使算法容易被人理解。伪代码是一种算法描述语言。用伪代码写算法并无固定的、严格的语法规则(没有标准规范)，只要把意思表达清楚，并且书写格式清晰易于读写即可。因此，大部分教材对伪代码做以下约定。

- 伪代码语句可以用英文、汉字、中英文混合表示算法，并使用编程语言中的部分关键字来描述算法。例如进行条件判断时，用 if-then-else-end if 语句，这种方法既符合人们正常的思维方式，并且转化成程序设计语言时也比较方便。
- 伪代码每一行(或几行)表示一个基本操作。每一条指令占一行(if 语句例外)，语句结尾不需要任何符号(C 语言以分号结尾)。语句的缩进表示程序中的分支结构。
- 伪代码，变量名和保留字不区分大小写，变量的使用也不需要先声明。
- 伪代码用符号←表示赋值语句，例如 x←exp 表示将 exp 的值赋给 x，其中 x 是变量，exp 是与 x 同数据类型的变量或表达式。在 C/C++、Java 程序语言中，用=进行赋值，如 x=0，a=b+c，n=n+1，ts=“请输入数据”等。
- 伪代码的选择语句用 if-then-else-end if 表示。循环语句一般用 while 或 for 表示，用 end while 或 end for 表示循环结束，语法与 C 语言类似。
- 函数值利用“return(变量名)”语句来返回，如 return(z)；调用方法用“call 函数名(变量名)”语句来调用，如 call Max(x,y)。

4. 图形化工具

由于人类对数字和文字相比图形图像不太敏感，为了形象地描述算法，人们设计了许多专用的图形工具，以一种比较直观的方法展示算法的操作流程，如流程图、PAD 图和 N-S 图等。

(1) 流程图。流程图由一些特定意义的图形、流程线及简要的文字说明构成，它能清晰地表示程序的运行过程。在流程图中，一般用圆边框表示算法开始或结束；用矩形框表示各种处理功能；用平行四边形框表示数据的输入或输出；用菱形框表示条件判断；用圆圈表示连接点；用箭头线表示算法流程；用文字 Y(真)表示条件成立，N(假)表示条件不成立。

用流程图描述的算法不能直接在计算机上执行，如果要将它转换成可执行的程序还需要进行编程。

【例 8-5】用流程图表示：输入 x、y，计算 z=x÷y，输出 z(流程图如图 8-1 所示)。

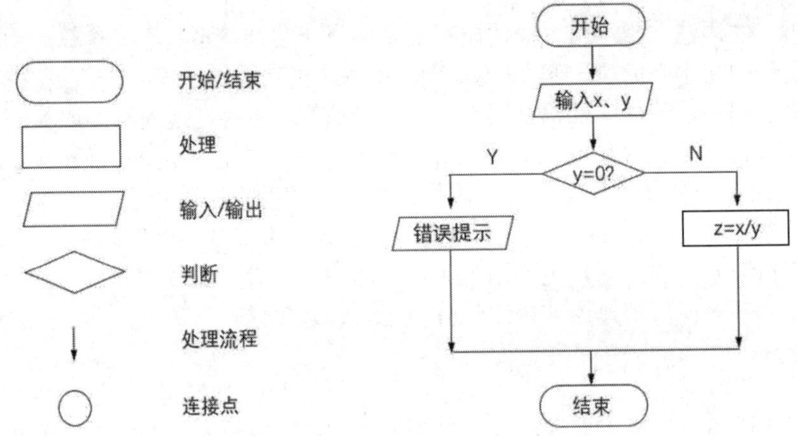

图 8-1　流程基本符号(左图)和计算 z=x÷y 的算法流程图(右图)

(2) N-S 图。传统流程图虽然直观形象，但对流向没有限制，使流程来回跳转，破坏了程序结构，也给程序的维护和修改带来了困难。美国学者纳西(I.Nassi)和施奈德曼(B.Shneiderman)于 1973 年提出了一种新的流程图，其主要特点是不带有流程线，整个算法完全写在一个大矩形框中，这种流程图称为 N-S 图。N-S 图适用于结构化程序设计。

如图 8-2 所示，在 N-S 图中，每个“处理步骤”用一个盒子表示，“处理步骤”可以是语句或语句序列。需要时盒子中还可以嵌套另一个盒子，嵌套深度一般没有限制，只要整张图在一页纸上能容纳得下，由于只能从上边进入盒子然后从下边走出，除此之外没有其他的入口和出口，所以，N-S 图限制了随意的控制转移，保证了程序的良好结构。

N-S 图形象直观，如循环范围、条件语句范围都一目了然。很容易理解设计意图，为编程和测试带来了方便。N-S 图的缺点是修改麻烦，这是 N-S 图使用较少的主要原因。

【例 8-6】输入整数 *m*，判断它是否为“素数”。素数是大于 1 的整数，除了能被自身和 1 整除外，不能被其他整数整除。算法的 N-S 流程图如图 8-3 所示。

(3) PAD 图。1974 年，日本的二村良彦等人提出了 PAD(问题分析图)，它是一种用于描述程序详细设计的图形表示工具。它用二维树形结构图表示程序的控制流程，用 PAD 图转换为程序代码比较容易。一个判断三角形性质的 PAD 图如图 8-4 所示。

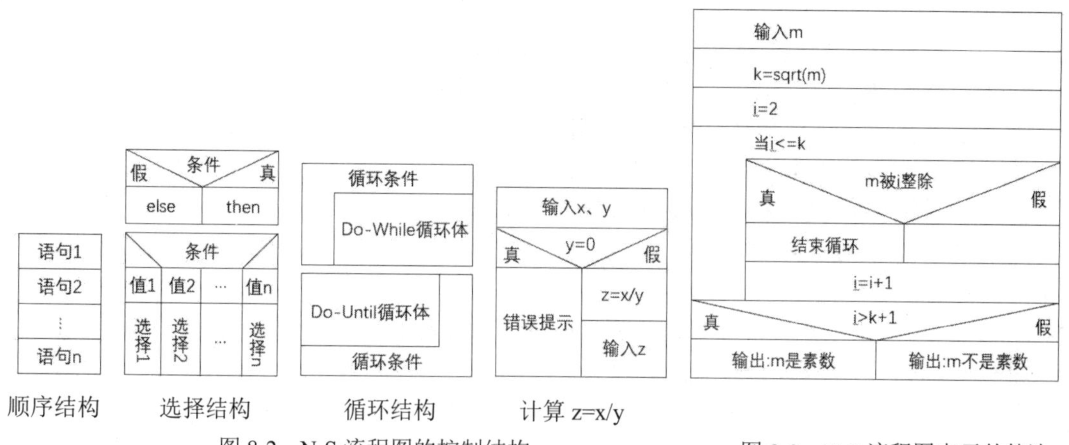

图 8-2　N-S 流程图的控制结构　　　　图 8-3　N-S 流程图表示的算法

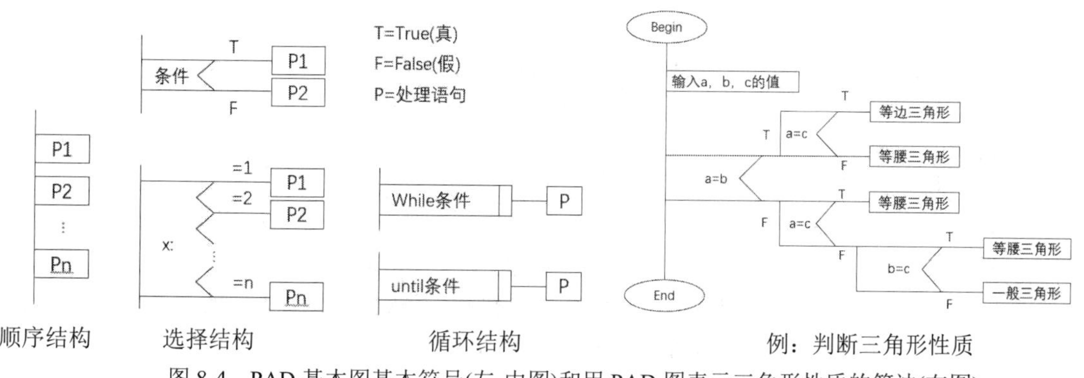

图 8-4　PAD 基本图基本符号(左-中图)和用 PAD 图表示三角形性质的算法(右图)

PAD 图最左端的纵线是程序的主干线，对应程序的第一层结构；每增加一层 PAD 图则向左扩展一条纵线，PAD 图的纵线数等于程序层次数。程序的执行从 PAD 图最左主干线上端节点开始，自上而下、自左而右依次执行，程序终止于最左边的主干线。

8.1.4　算法性能评价

1. 算法性能的评价标准

衡量算法性能优劣的标准有正确性、可读性、健壮性和效率。

(1) 正确性。在给定有效输入后，算法经过有限时间的计算并产生正确的答案，就称算法是正确的。算法是否“正确”包含以下 4 个方面。

- 不含语法错误。
- 对多组输入数据能够得出满足要求的结果。
- 对精心选择的、典型的、苛刻的多组输入数据，能够得出满足要求的结果。
- 对一切合法的输入都可以得到符合要求的解。

(2) 可读性。算法主要用于人们的阅读和交流。其次才用于程序设计，因此算法应当易于理解。晦涩难读的算法难用于编程，并且程序调试时容易导致较多错误。算法简单则程序结构也会简单，这样容易验证算法的正确性，便于程序调试。

(3) 健壮性。算法应具有容错处理。当输入非法数据时，算法应恰当地做出反应或进行相应处理，而不是产生莫名其妙的输出结果。算法应具有以下健壮性(鲁棒性)。

- 对输入的非法数据或错误操作给出提示，而不是中断程序的执行。
- 返回表示错误性质的特征值，以便程序在更高层次上进行错误处理。

(4) 效率。一个问题可能有多个算法，每个算法的计算量都会不同(如【例 8-7】所示)。要在保证一定运算效率的前提下，力求使用简单的算法。

【例 8-7】 赝品金币问题。9 个外观完全一样的金币，其中有一个是赝品(重量较轻)。请问，如果用天平来鉴别真伪，一共需要称几次？

算法 1：天平左边金币固定不变，不断变换右边的天平，最多称 7 次可鉴别出假币。

算法 2：天平两边各放一个金币，每次变换两边的金币，最多称 4 次可鉴别出假币。

算法 3：天平左边 3 个，右边 3 个，留下 3 个，最多称 2 次可鉴别出假币。

2. 评估算法复杂度的困难

对算法的复杂度进行评估，存在以下影响因素。

(1) 硬件速度：如 CPU 的工作频率、内核数、内存的容量等。

(2) 问题规模：如搜索 100 与搜索 1 000 000 以内的素数时，运行的时间不同。

(3) 公正性：测试环境和测试数据的选择，很难做到对各个算法都公正。

(4) 编程精力：对多个算法编程和测试，需要花费很多的时间和精力。

(5) 程序质量：可能会因为程序编写得好，而没有体现出算法本身的质量。

(6) 编译质量：编译程序如果对程序代码优化较好，则生成的执行程序质量高。

在以上各种因素都不确定的情况下，很难客观地评估各种算法之间的复杂度。目前国际上对复杂问题和高效算法主要采用基准测试(benchmark test)的方法对实例做性能测试，如世界 500 强计算机采用的 Linpack 基准测试。因为能够分析清楚的算法，一般是简单算法或者低效算法，难题和高效算法很难分析清楚。

8.2 算法思想

人们利用计算机求解的问题是千差万别的，所设计的求解算法也各不相同。一般来说，算法设计并没有固定的方法可循。但是通过大量的时间，人们也总结出一些共性规律，包括下面要介绍的穷举法、递推法、递归法、迭代法和贪心法等。

8.2.1 穷举法

穷举法也称为枚举法。其基本思想是：根据题目的部分条件确定答案的大致范围，然后在此范围内对所有可能的情况逐一验证，直到所有情况均通过验证。若某个情况符合题目条件，则为本题的一个答案；若全部情况验证完后均不符合题目的条件，则问题无解。

穷举法的特点是：算法简单，容易理解，运算量大。

【例 8-8】 百钱百鸡问题。假定公鸡每只 5 元，母鸡每只 3 元，小鸡 3 只 1 元。现有 100 元钱，要求买 100 只鸡，问共有几种购鸡方案。

问题分析：根据题目，设公鸡、母鸡、小鸡各为 x、y、z 只，列出方程式如下：

$$\begin{cases} x+y+z=100 \\ 5x+3y+z/3=100 \end{cases}$$

利用穷举法，将各种可能的组合一一测试，输出符合条件的组合，即在各个变量的取值范围内不断变化 x、y、z 的值，穷举 x、y、z 全部可能的组合，若满足方程，则是一组解。

```
void  BuyChicks()
  {
     for(x=1;  x≤20;  x++)
       for(y=1;  y≤33;  y++)
         {
            z ⇐  100 - x - y;
            if(5x+3y+z/3=100)
                printf(x,y,z);
         }
  }
```

本例基本思想是把 x、y、z 可能的取值一一列举，解必在其中，而且不止一个。穷举法的实质是枚举所有可能的解，用检验条件判定哪些是有用的，哪些是无用的，而题目往往就是检验条件。

【例 8-9】求自然数 m、n 的最大公约数。

使用穷举法求解此类问题，可以先找出 m 与 n 之中的较小者，设为 t，则 m、n 的公约数的取值范围可以确定为：$[1,t]$，最大公约数自然也在此区间中，接下来在此区间中枚举即可找到解。从大(即 t)往小(即 1)枚举，找到的第一个公约数即为解。算法如下：

```
int  Max(int m, int n)
  {
     if(m≥n)
        t ⇐  n;
     else
        t ⇐  m;
     while(m mod t  ≠  0 or n mod t  ≠  0)
              t ⇐  t- 1;
     return  t;
  }
```

枚举是一种经常采用的方法，应注意避免不必要的枚举，以减少操作次数。

【例 8-10】小王有 5 本新书，要借给 a、b、c 三个人，若每人每次只能借一本书，则有多少种不同的借法。

这是数学中的排列问题，即从 5 中取 3 的排列数。可以对 5 本书从 1~5 进行编号，假设三个人分别借这 5 本书中的 1 本。当 $a=i$ 时，表示 a 借走了编号 i 的书。当 3 个人所借的书的编号都不相同时，就是满足题意的一种借阅方法。显然 a、b、c 的取值范围为 $1\le a,b,c\le 5$，且当 $a\ne b$、$a\ne c$、$b\ne c$ 时，即为一种可能的借书方法。

使用穷举法，可以得到下面的算法：

```
count ⇐ 0;                              #count为借书方案计数器
for(a ⇐ 1; a≤5; a++)
  for(b ⇐ 1; b≤5; b++)                  #当前两个人借不同的书时
    for(c ⇐ 1; a≠b and c≤5; c++)        #穷举第三个人的借书情况
        if(c≠a and c≠b)
          printf(++count,a,b,c);
```

通过以上几个例子可以看出，穷举法首先要建立数学模型，这是我们能够正确处理问题的基础，然后确定合理的穷举范围，如果穷举的范围过大，则运行效率会比较低，如果穷举的范围太小，则可能丢失正确的结果。

8.2.2 递推法

如果对求解的问题能够找出某种规律，采用归纳法可以提高算法的效率。著名数学家高斯在幼年时，有一次老师要全班同学计算自然数1＋2＋…＋100之和。高斯迅速算出了答案，令全班吃惊。当时高斯正是应用了归纳法，得出了1＋2＋…＋100＝100×(100＋1)/2＝5050的结果。归纳法在算法的设计中应用很广，最常见的便是递推和递归。

递推是算法设计中最常见的重要方法之一，有时也称为迭代。在许多情况下，对求解的问题不能归纳出简单的关系式，但在其前、后项之间能够找出某种普遍适用的关系。利用这种关系，便可从已知项的值递推出未知项的值来。求多项式值的秦九韶算法就利用了这种递推关系，其关系式为 $p_i=p_{i-1}\times x+a_i$。只要知道了前项 p_{i-1}，就可以由此计算出后项 p_i。

按照问题的具体情况，递推的方向既可以由前向后，也可以由后向前。广义地说，凡在某一算式的基础上从已知的值推出未知的值，都可以视为递推。在这个意义上，用算式 $s \Leftarrow s+a_i$ 求累加和，算式 $p \Leftarrow p*a_i$ 求累乘积，都包含了递推思想的运用。

【例 8-11】用递推算法计算 n 的阶乘函数。

关系式为：

$$f_i=f_{i-1}\times i$$

其递推过程为：

$f(0)=0!=1$

$f(1)=1!=1\times f(0)=1$

$f(2)=2!=2\times f(1)=2$

$f(3)=3!=3\times f(2)=6$

……

$f(n)=n!=n\times(n-1)!=n\times f(n-1)$

要计算10!，可以从递推初始条件 $f(0)=1$ 出发，应用递推公式 $f(n)=n\times f(n-1)$ 逐步求出 $f(1)$，$f(2)$，…，$f(9)$，最后求出 $f(10)$ 的值。

算法如下：

```
scanf(n);
f ⇐ 1
```

```
for(i=1; i≤n; i++)
   f ⇐  f* i
printf(f);
```

再如，Fibonacci 数列存在递推关系：$F(1)=1$，$F(2)=1$，$F(n)=F(n-1)+F(n-2)$。若需要得到第 50 项的值，可以由初始条件 $F(1)=1$、$F(2)=1$ 出发，利用递推公式逐步求出 $F(3)$，$F(4)$，…，最后求出 $F(50)$的值。

有人也许会问：若用通项公式来计算 $F(50)$的值不是更方便吗？实际上，有些问题要找出通项公式是相当困难的，并且即便能找到，计算也并非简便。例如 Fibonacci 数列的通项公式为

$$F(n)=\frac{((1+\sqrt{5})/2)^{n+1}-((1-\sqrt{5})/2)^{n+1}}{\sqrt{5}}$$

显而易见，寻找这样的通项公式是相当不易的，并且利用上式计算 $F(n)$相当费力。与此相反，若利用递推初始条件和递推公式进行计算就方便多了。递推操作是提高递归函数执行效率最有效的方法，在科学计算中最为常见。

在科学计算领域，人们时常会遇到求解方程 $f(x)=0$ 或微分方程的数值解等计算问题。可是人们很难或无法用像一元二次方程的求根公式那样的解析法(又称为直接求解法)去求解。例如，一般的二元五次或更高次方程、几乎所有的超越方程，其解都无法用解析方法表达出来。为此，人们只能用数值方法(也称为数值计算方法)求出问题的近似解，若近似解的误差可以估计和控制，且迭代的次数也可以接受，它就是一种数值近似求解的好方法。这种方法既可以用来求解代数方程，又可以用来求解微分方程，使一个复杂问题的求解过程转化为相对简单的迭代算式的重复执行过程。

下面以方程 $f(x)=0$ 求根为例说明迭代法的基本思想。

首先把求解方程变换为迭代算式 $x=g(x)$，然后从事先估计的一个根的初始近似值 x_0 出发，用迭代算式 $x_{k+1}=g(x_k)$求出另一个近似值 x_1，再由 x_1 确定 x_2，…，最终构造出一个近似根序列 $\{x_0, x_1, x_2, \cdots, x_n, \cdots\}$来逐次逼近方程 $f(x)=0$ 的根。

【例 8-12】求方程 $x^3-x-1=0$ 在 $x=1.5$ 附近的一个根。

先将方程改写成 $x=\sqrt[3]{x+1}$，用给定的初始近似值 $x_0=1.5$ 代入上式的右端，得到 $x_1=\sqrt[3]{1.5+1}=1.35721$；用 x_1 作为近似值代入上式的右端，又得到 $x_2=\sqrt[3]{1.35721+1}=1.33086$。

重复同样的步骤，可以逐次求得更精确的值。这一过程即为迭代过程。显然，迭代过程就是通过原值求出新值，用新值替代原值的过程。对于一个收敛的迭代过程，有时从理论上讲，经过千百亿次迭代可以得到准确解，但实际计算时只能进行有限次迭代。因此，要精选迭代算式，研究算式的收敛性及收敛速度。例如，上式若选 $x=x^3-1$ 作为迭代算式就是不收敛的。

使用递推(迭代)法构造算法的基本方法是：首先确定一个合适的递推公式，选取一个初始近似值以及解的误差，然后用循环处理实现递推的过程，终止循环过程的条件是前后两次得到的近似值之差的绝对值小于或等于预先给定的误差，并认为最后一次递推得到的近似值为问题的解。这种递推方法称为逼近迭代。

此外，精确值的计算也可以使用递推。例如，计算 S=1+2+3+4+…+1000，可以确定迭代变量的初始值为 0，迭代公式为 $S(i)\Leftarrow S(i-1)+i$，当 i 分别取 1，2，3，4，…，1000 时，重复计算迭代公式，迭代 1000 次后，即可求出 S 的精确值。对于精确迭代问题，若结果有误差，通常不是算法本身造成的，而是计算机的误差。

8.2.3 递归法

在计算机科学中，递归是指函数调用自身的方法。在一些编程语言(如 Scheme)中，递归是进行循环的一种方法。递归一词也常用于以自相似方法重复事物的过程，递归具有自我描述、自我繁殖的特点。

递推是从已知项的值递推出未知项的值来，而递归则是从未知项的值递推出已知项的值，再从已知项的值推出未知项的值来。

【例 8-13】德罗斯特效应(Droste effect)是递归的一种视觉形式，图 8-5 中，有一张女性手持的物体中有一幅她本人手持同一物体的小图片，进而小图片中还有更小的一幅她手持同一物体的图片。递归也可以理解为自我复制的过程。

图 8-5　图形中自我描述和自我繁殖的递归现象

递归是构造算法的一种基本方法，如果一个过程直接或间接地调用它自身，则称该过程是递归的。例如，数学中就有许多递归定义的函数：

$$n! = \begin{cases} 1 & n=0 \\ n(n-1) & n>0 \end{cases}$$

递归过程必须有一个递归终止条件，即存在“递归出口”。无条件的递归是毫无意义的，也是做不到的。在阶乘的递归定义中，当 $n=0$ 时定义为 1，这就是阶乘递归定义的递归出口。写出的算法是($n \geqslant 0$ 时)：

```
int   fac(int   n)
  {
      if(n=1)
          return(1);
      else
      return(n * fac(n-1));
  }
```

以上程序和数学公式几乎没什么两样，当 $n>1$ 时，每次以 $n-1$ 代替 n 调用函数本身(从第一行入口)，直至 $n=1$。

【例 8-14】找出计算 Fibonacci 序列第 N 项的递推算法与递归算法。已知 Fibonacci 序列的第 1 项为 0，第 2 项为 1，从第 3 项起均等于在它之前的两项之和。

解法一：递推算法，递推关系式如下：

$$\begin{cases} F_1 = 0 \\ F_2 = 1 \\ F_i = F_{i-2} + F_{i-1} \qquad i \geqslant 3 \end{cases}$$

算法如下：

```
int   FIB(int   N)
      {
        K ⇐ N−1;
        if(K=0)
          return(0)
        else if (K=1)
                return(1)
          else{
                  F1 ⇐ 0;
                  F2 ⇐ 1;
                  while(K>1)
                      {
                        F ⇐ F2+F1;
                        F1 ⇐ F2;
                        F2 ⇐ F;
                        K ⇐ K-1;
                      }
                  return(F)
              }
        }
```

解法二：递归算法，递归函数关系如下：

$$\begin{cases} F(i)=F(i-2)+F(i-1) & i\geqslant 3 \\ F(2)=1 \\ F(1)=0 \end{cases}$$

算法如下：

```
int   FIB(int   N)
   {
      if(N=1)
        return(O);
      else if(N=2)
        return(1);
      else
        return(FIB(N−1)+FIB(N−2));
   }
```

在解法二中，函数 FIB(N)在定义中要用到 FIB(N−1)和 FIB(N−2)，这就是前面说过的“自己调用自己”，是递归算法的特征。

递归与递推是既有区别又有联系的两个概念。递推是从已知的初始条件出发，逐次递推出最后所求的值。而递归则是从函数本身出发，逐次上溯调用其本身求解过程，直到递归的出口，再从里向外倒推回来，得到最终的值。一般来说，一个递推算法总可以转换为一个递归算法。

递归算法往往比非递归算法要付出更多的执行时间。尽管如此，由于递归算法编程非常容易，各种程序设计语言一般都有递归语言机制。此外，用递归过程来描述算法不但非常自然，而且证明算法的正确性也比相应的非递归形式容易很多。因此，递归是算法设计的基本技术。

以上例子都是用递归来解决数值计算问题，实际上递归也常用于求解非数值计算问题。有些看起来相当复杂，难以下手的问题，用递归过程来解决，常常会显得十分简明。著名的汉诺塔问题就是适合用递归算法求解的例子。

汉诺塔问题是一个经典的数学谜题，它需要将一堆由大小不同的圆盘组成的塔从一个起始柱(1)移动到另一个目标柱(2)，同时通过一个中间柱(3)(请读者自行查询该问题的细节)。汉诺塔移动规则简单，但是移动次数实在太多。其 64 个盘子移动的总次数是 $2^{64}-1=1.8446744\times10^{19}$ 次，它比以秒计的地球年龄 1.89×10^{17} 都大。当然，计算机模拟移动一次不会要一秒钟，即便如此，也需要相当长的时间。我们可以写一个算法让计算机来模拟此过程。

要使汉诺塔的 *N* 个盘片从 1 柱移动到 2 柱，我们得先把 *N*-1 个盘移动到 3 柱，那么第 *N* 个盘(最大盘)就可以从 1 柱移动到 2 柱。至于如何把 *N*-1 个盘从 1 柱移动到 3 柱则暂时不管。第 *N* 盘移动完后，按同样方式再将 *N*-1 个盘从 3 柱移动到 2 柱。于是 *N* 个盘从 1 柱移动到 2 柱的任务就完成了。算法如下：

```
void   MoveTower(N,1,2)
   {
        MoveTower(N-1,1,3);
        MoveDisk(1,2);
        MoveTower(N-1,3,2);
   }
```

其中，过程 MoveTower 的参数依次表示共几个盘子、起始柱和目标柱；过程 MoverDisk 的参数表示从起始柱移到目标柱。移动 N 个盘的任务变成两个移动 *N*-1 个盘的任务，加上一个真实的动作，看来这个问题似乎没有解决，移动 *N* 个与 *N*-1 个差不多，到底如何移动还是不知道。其实这个问题已经解决了。我们把 MoveTower(N-1,1,3)这个新任务如法炮制，把 2 柱当成过渡柱，也可以变为两个子任务加一个 MoveDisk(1,3)的动作。如此做下去，每次移动盘子的任务减 1，直到 0 个盘子时就没有任务了，剩下的全部是动作。递归算法的内容就这三步，递归程序能自动地做到 0 个任务为止。我们可以拿 3 个盘子检验这个递归算法。

当任务完成时，剩下的动作是：1→2，1→3，2→3，1→2，3→1，3→2，1→2。与实际完全一样。

在完善算法时，只要把柱名改成变量，就可以自动改变其值，再加上递归终止条件，可以得到：

```
void   MoveTower(N, From, To, Using)
   {
       if(N ≠ 0)
          {
             MoveTower(N, From, Using, To);
```

```
            MoveDisk(From, To);
            MoveTower(N-1, Using, To, From);
        }
    }
```

这是一个典型的递归算法——自己调用自己，从递归给订阅参数(如例中 N 个)递归到达终止条件(N=1)。

移动汉诺塔的 64 个盘子需要多少步骤呢？1.84×10^{19} 步。假设移动一个盘子一般需要 1 秒钟，那么移动 64 个盘子大约需要多少时间呢？大约 5849 亿年。根据天文学知识，太阳系的寿命大约是 150 亿年，也就是说移动完 64 个盘子后世界真的不存在了。

利用递归法我们可以做一些非常有趣的事情。例如图 8-6 所示的图形都是用递归算法画出来的。

以图 8-6(a)所示分形图的思路为例。如图 8-7 所示，给定 p_1 和 p_2 两点确定一条直线，计算这条直线的长度，如果长度小于预先设定的极限值，则将这两个点用直线相连，否则取其 1/3 处点(点 1)、2/3 处点(点 2)以及中点下方一个点(点 3)，这个点与第 1 点、第 2 点构成的直线与直线的 p_1 p_2 夹角为 60°。判断这 5 个点按照顺序形成的 4 条直线的长度是否小于预先设定的极限值，如果小于，则将相应的两个点相连，在屏幕上画一条直线，否则继续对相应两点形成的直线进行以上操作。该过程一直持续下去，直到符合条件为止。

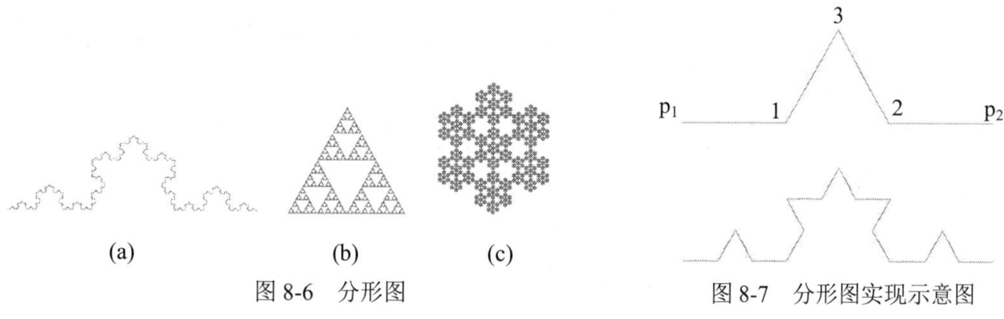

图 8-6　分形图　　　　图 8-7　分形图实现示意图

【例 8-15】使用递归输出指定序列的全排列。

全排列是将一组数按一定顺序进行排列，如果这组数有 n 个，那么圈排列数为 $n!$个。现以{1,2,3,4,5}为例说明如何编写全排列的递归算法。

(1) 首先看最后两个数 4、5。它们的全排列为 4 5 和 5 4，即以 4 开头的 5 的全排列和以 5 开头的 4 的全排列，由于一个数的全排列就是其本身，从而得到以上结果。

(2) 再看后三个数 3、4、5。它们的全排列为 3 4 5、3 5 4、4 3 5、4 5 3、5 3 4、5 4 3 六组数。

(3) 可以得出，设一组数 $p = \{r_1,r_2,r_3,\ldots,r_n\}$，全排列为 perm($p$)，$p_n = p-\{r_n\}$。

因此 perm(p) = $r_1$perm(p_1)，$r_2$perm(p_2)，$r_3$perm(p_3)，…，$r_n$perm(p_n)(递归情况，将问题分成了 n 个子问题)。当 n = 1 时，perm(p) = r_1(基本情况)。即将整组中的所有的数分别与第一个数交换，然后对每种交换的情况处理后面 n−1 个数全排列的情况。

算法如下:

```
void perm(num[], k, m)
    {
        if(k = m)
          for(i ⇐  0; i≤m;  i++)
               printf(num[i]);
        for(i ⇐  k; i≤m; i++)
          {
               num[k] ⇐  ⇒ num[i];
               perm(num, k+1, m);
               swap(num[k], num[i]);
          }
    }
```

递归算法是一种直接或者间接地调用自身的算法。在计算机编写程序中，递归算法对解决一大类问题是十分有效的，往往使算法的描述简洁而易于理解。

递归算法解决问题的特点如下。

- 递归就是在过程或函数里调用自身。
- 在使用递归策略时，必须有一个明确的递归结束条件，称为递归出口。
- 递归算法解题通常显得很简洁，但递归算法解题的运行效率很低。所以，在强调运行效率时一般不提倡用递归算法设计程序。
- 在递归调用的过程中系统为每一层的返回点、局部量等开辟栈来存储。递归次数过多时需要较大的存储空间。
- 有些问题不用递归方法时很难写出算法，而用递归算法又显得特别简洁。在不是特别强调算法效率而又可以利用递归方法求解问题时，何乐而不为呢？

递归算法所体现的“重复”一般有以下三个要求。

(1) 每次调用在规模上都有所缩小(通常是减半)。

(2) 相邻两次重复之间有紧密的联系，前一次要为后一次做准备(通常前一次的输出就作为后一次的输入)。

(3) 在问题的规模极小时，必须用直接给出解答而不再进行递归调用，因而每次递归调用都是有条件的(以规模未达到直接解答的大小为条件)，无条件递归调用将会成为死循环而不能正常结束。

综上所述，用递归方法解决一个问题时，可以把大问题分解为更小的问题，而且分解之后的问题的解决方法与原来的一致，并且可以把问题一直这么分解下去，直到问题分解到足够小的时候进行解决，再回溯去解决原来的问题。用递推方法解决问题时类似于数学归纳法中的归纳步骤，假设某个问题在某一步骤某个条件下成立，下一步可以根据这一步骤所得的关系进行推导，这就是递推。

本质上递推和递归都是同一种解决问题的思路，也就是把问题进行分解，但是递归是由未知到已知推导，直到问题规模足够小不必继续推导就可以解决了，而递推是由已知到未知推导。

8.2.4 迭代法

迭代法又称为辗转法，是用计算机解决问题的一种基本方法，为一种不断用变量的旧值递推新值的过程，与直接法相对应，一次性解决问题。例如，可以使用迭代法解决最大公约数问题。

公约数也称为“公因数”。如果一个整数同时是几个整数的约数，称这个整数为它们的公约数；公约数中最大的称为最大公约数。

欧几里得算法(又称辗转相除法)是求解最大公约数的传统方法，其算法的核心基于这样一个原理：如果有两个正整数 a 和 $b(a \geq b)$，r 为 a 除以 b 的余数，则有 a 和 b 的公约数与 b 和 r 的最大公约数是相等的这一结论(证明从略)。基于这个原理，经过反复迭代执行，直到余数 r 为 0 时结束迭代，此时除数便是 a 和 b 的最大公约数。

欧几里得算法是经典的迭代算法。迭代计算过程是一种不断用变量的旧值递推新值的过程，是用计算机解决问题的一种基本方法。它利用计算机运算速度快、适合做重复性操作的特点，让计算机对一组指令(或一定步骤)重复执行，在每次执行这组(或这些步骤)时都从变量的原值推出它的一个新值。

利用迭代算法解决问题，需要做好以下三个方面的工作。

(1) 确定迭代变量。在可以用迭代算法解决的问题中，至少存在一个可直接或间接地不断由旧值递推出新值的变量，这个变量就是迭代变量。

(2) 建立迭代关系式。所谓迭代关系式，是指如何从变量的前一个值推出其下一个值的公式(或关系)。迭代关系式的建立是解决迭代问题的关键，通常可以使用递推或倒推的方法来完成。

(3) 对迭代过程进行控制。在什么时候结束迭代过程？这是编写迭代程序必须考虑的问题，不能让迭代过程无休止地执行下去。迭代过程的控制通常可以分为以下两种情况：

- 所需的迭代次数是个确定的值，可以计算出来；
- 所需的迭代次数无法确定。

对于前一种情况，可以构建一个固定次数的循环来实现对迭代过程的控制，如图 8-8 所示；对于后一种情况，需要进一步分析得出可用来结束迭代过程的条件。

用迭代算法求解最大公约数的流程如图 8-8 所示，以求 136 和 58 的最大公约数为例，其步骤如下。

① 136÷58=2，　余 20；
② 58÷20=2，　余 18；
③ 20÷18=1，　余 2；
④ 18÷2=9，　余 0。

算法结束，136 和 58 的最大公约数为 2。

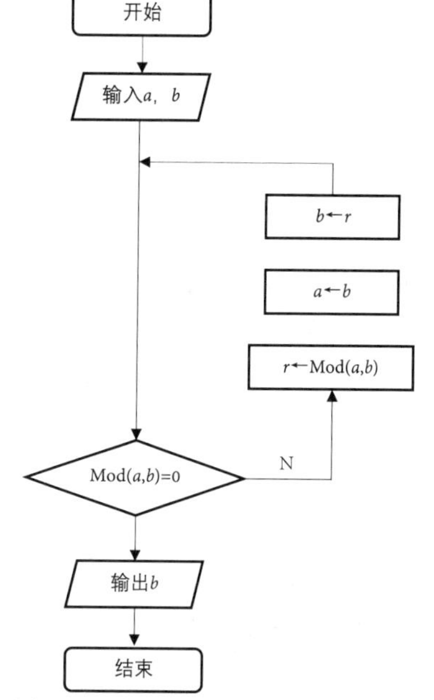

图 8-8　欧几里得算法的迭代计算过程

8.2.5　贪心法

贪心算法，又名贪婪法，是寻找最优解问题的常用方法，这种方法模式一般将求解过程分成若干个步骤，但每个步骤都应用贪心原则，选取当前状态下最好/最优的选择(局部最有利的选择)，并以此希望最后堆叠出的结果也是最好(最优)的解。

贪婪法的基本步骤如下。

(1) 从某个初始解出发；

(2) 采用迭代的过程，当可以向目标前进一步时，就根据局部最优策略，得到一部分解，缩小问题规模；

(3) 将所有解综合起来。

【例 8-16】用贪婪法解决旅行商问题。

基于贪心算法求解旅行商问题，可以设计问题的求解算法：

- 从某一个城市开始，每次选择一个城市，直到所有城市都被走完。
- 每次在选择下一个城市的时候，只考虑当前情况下的最好选择，保证迄今为止经过的路径总距离最短。

如图 8-9 所示，首选从 A 开始，在选择下一个城市时。比较由 A 至 B、C、D 的距离后发现至 B 的距离最短，选择 B；由 B 开始再选择下一个城市，比较由 B 至 C、D 的距离后发现距离相等，此时我们可任选一城市，如选择 D；再由 D 选择下一个城市时，将会选择 C；最后返回到 A；则将获得解 ABDCA，其总距离为 14。解 ABDCA 并不是最优解，但却是一个可行解。可以发现，贪心算法是一种能够体现局部最优性的算法，即“到当前为止是最优的”。比较可行解与最优解的差距，我们可评价一个算法的优劣，即哪一个能够找出更接近最优解的解，则哪个算法更好。

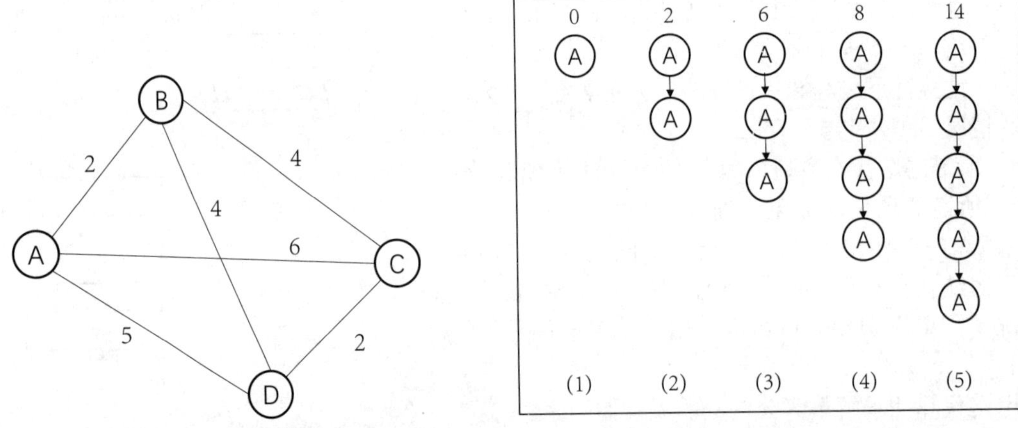

图 8-9　旅行商问题的抽象结构(左图)和贪心策略求解旅行商问题示意(右图)

8.3 算法设计

有了算法的思想，我们还要进一步进行算法的设计来精确表达算法的思想，这涉及两方面：一方面是数据结构的设计；另一方面是控制结构的设计。前者是指问题或算法相关的数据之间的逻辑关系及存储关系的设计，即如何将数学模型中的数据转为计算机可以存储和处理的数据；后者是指算法的计算规则或计算步骤的设计，即如何构造和表达处理的规则，以便能够按规则逐步计算出结果。

8.3.1　数据结构设计

1. 什么是数据结构

数学模型中涉及很多数据，需要用恰当的数据结构来进行保存和处理，不同的数据结构设计，其算法的性能会有所差异。简单来看，数据结构是数据/变量的集合，并在数据/变量之间赋予了语义关系以及操作。例如，“向量”“表”“树”“图”等都是典型的数据结构。严格来看，数据结构是由数据的逻辑结构、数据的存储结构或称物理结构及其运算三部分组成。其中，数据的逻辑结构描述数据之间的逻辑关系；数据的存储结构是指在反映数据逻辑关系的原则下，数据在存储器中的存储方式；数据结构的运算是指如何操作数据结构中的数据，例如如何插入一个元素，如何查找一个元素，如何删除一个元素等。

2. 以 TSP 问题为例求解算法的数据结构设计

(1) 设计城市及城市间距离关系的数据结构

为处理方便，且不失一般性，将 n 个城市用 1，2，…，n 的非负整数序列编号。假定起始(也是终止)城市的编号是 1。为存储城市间的距离信息，可建立一个二维数组 D[n][n]，即表，其中元素 D[i][j]表示城市 i 和城市 j 之间的距离，如图 8-10 所示。

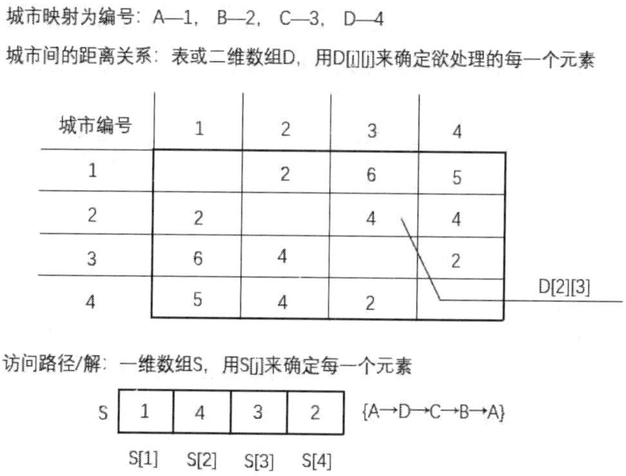

城市映射为编号：A—1，B—2，C—3，D—4

城市间的距离关系：表或二维数组D，用D[i][j]来确定欲处理的每一个元素

城市编号	1	2	3	4
1		2	6	5
2	2		4	4
3	6	4		2
4	5	4	2	

D[2][3]

访问路径/解：一维数组S，用S[j]来确定每一个元素

S	S[1]	S[2]	S[3]	S[4]	
	1	4	3	2	{A→D→C→B→A}

图 8-10　TSP 问题的数据结构示意

D[n][n]是一种“表”形式的数据结构。其中其逻辑结构表达了第 i 个城市和第 j 个城市之间的距离；而其存储结构则是按一定顺序存取的存储单元。基于存储结构的运算包括如何读取第 i 行第 j 列的数据，程序中可采取 D[i][j]来表示，编译器可将 D[i][j]形式表达的元素转换为其对应的存储单元的地址，下面的公式是一种转换方式。

D[i][j]元素的存储地址＝“数组 D[ ][ ]的起始地址＋(i－1) * 每行的列数＋j * 每个元素占用存储单元的数目”

当对数据结构定义了一些基本操作后，如读元素、写元素、查询元素、遍历每个元素、排序所有元素等，即可使数据结构的一些细节信息如数组下标与存储单元地址之间的映射等被屏蔽，使算法设计集中于问题求解方面，集中于数据逻辑关系的讨论方面。

(2) 设计解的数据结构

基于前面的城市编号，解是由城市编号构成的一个有序序列。可用一个一维数组 S[n]表示问题的解，S[n]中的每个元素存储一个城市且应是不重复的，以满足 TSP 问题中每个城市仅访问一次的约束，S[n]中的下标表示了城市的访问顺序，即 S[1]，S[2]，…，S[n]存储的是依次访问的城市编号，第一个元素 S[1]＝1，表示起始城市为编号 1 的城市。例如，针对该 TSP 问题实例，该问题的解为序列 S[1]＝1，S[2]＝4，S[3]＝3，S[4]＝2，即城市编号 1→城市编号 4→城市编号 3→城市编号 2→城市编号 1。

一般意义而言，数据结构的基本组织方式有顺序存储结构和链式存储结构。顺序存储结构借助元素在存储器中的相对位置来表示数据元素的逻辑关系；链式存储结构则借助指针来表示数据元素之间的逻辑关系，通常在数据元素上增加一个或多个指针类型的属性来实现这种表示方式。指针是指该变量的值为指向某一个存储单元的地址。数据结构的基本运算包括：①建立数据结构；②清除数据结构；③插入数据元素；④删除数据元素；⑤更新数据元素；⑥查找数据元素；⑦按序重新排列；⑧判定某个数据结构是否为空，或是否已达到最大允许的容量；⑨统计数据元素的个数等。

8.3.2 控制结构设计

1. 什么是控制结构设计

算法的控制结构设计，即表达算法的操作步骤。控制结构的设计反映了算法的思想。如果表达算法的这些步骤能细化到程序语句，则为一个程序。程序是按某一种计算机语言所规定的语法和规则书写的语句序列，如果忽略程序书写的语法规则，而专注于算法，则我们可用相对高层的抽象结构和方法来表达算法，如自然语言步骤描述法、程序流程图和伪代码等。

2. 以自然语言步骤描述法表达算法

算法的基本控制结构有以下几种。

(1) 顺序结构。可以如“执行 A，然后执行 B”的形式表达。以这种控制结构组合在一起的语句或语句段落 A 和 B 是按次序逐步执行的。

(2) 分支结构。可以用“如果条件 Q 成立，则执行 A，否则执行 B”的形式表达，或者用“如果条件 Q 成立，则执行 A”的形式表达。其中 Q 是某些逻辑条件。

(3) 循环结构。用于控制语句或语句段落的多次重复执行，有以下两种基本的形式。

- 有界循环：可以用“执行语句或语句段落 A，共 N 次”的形式表达，其中 N 是整数。
- 条件循环：某些时候称为无界循环，可以用“重复执行语句或语句段落 A，直到条件 Q 成立”的形式表达，或用“当条件 Q 成立时反复执行语句或语句段落 A”的形式表达。其中 Q 是条件。

一个算法可能需要多种控制结构组合使用，顺序、分支、循环等结构可以互相嵌套。例如算法可以将循环结构嵌套，形成嵌套循环，其典型形式是“执行 A 语句段落 N 次”，其中 A 本身可能是“重复执行 B 语句段落，直到条件 C 成立”，在这个过程中，外循环会执行 N 次，且外循环的每次执行，内循环会重复执行直到条件 C 成立，这里外循环是有界的，而内循环是条件性的。当然，其他的各种组合都是可以的，为清晰表达，自然语言步骤描述法通常将语句段落进行编号，用编号来指代该语句段落。

【例 8-17】用自然语言步骤描述法表达求解 1＋2＋3＋…＋n 的和问题的算法。

Start of the algorithm(算法开始)

① 输入 N 的值；

② 设 i 的值为 1；sum 的值为 0；

③ 若 i＜＝N，则执行第④步，否则转到第⑦步执行；

④ 计算 sum + i，并将结果赋给 sum；

⑤ 计算 i +1，并将结果赋给 i；

⑥ 返回到第③步继续执行；

⑦ 输出 sum 的结果。

End of the algorithm(算法结束)

3. 算法表达需要表述清晰的内容

无论用什么方法表达一个算法，都需要注意以下几点。

- 每一个算法都应该有一个开始和一个或多个结束。
- 算法在执行过程中始终都能走到结束位置。
- 算法应表述清楚输入和输出是什么。
- 算法应按照自然语言形式表达算法中的各种基本控制结构。
- 循环结构特别需注意循环控制条件的修改部分，以避免算法始终在循环中。
- 注意算法的每个步骤都应是确定的、无歧义的、可被执行的。

注意：自然语言表示的算法容易出现二义性、不确定性等问题。

4. 以流程图表达算法

流程图是描述算法和程序的常用工具，它采用美国国家标准化协会(American National Standard Institute，ANSI)规定的一组图形符号来表达算法。流程图可以很方便地表示顺序、分支和循环结构，而任何程序与算法的逻辑结构都可以用顺序、分支和循环结构来表达，也就可以用流程图来表达。另外，流程图表达的算法不依赖于任何具体的计算机和计算机程序设计语言，从而有利于不同环境的程序设计。流程图用文字、连接线和几何图形描述程序执行的逻辑顺序。文字是程序各组成部分的功能说明，连接线用箭头指示执行的方向，几何图形表示程序操作的类型，其含义如图 8-11 所示。

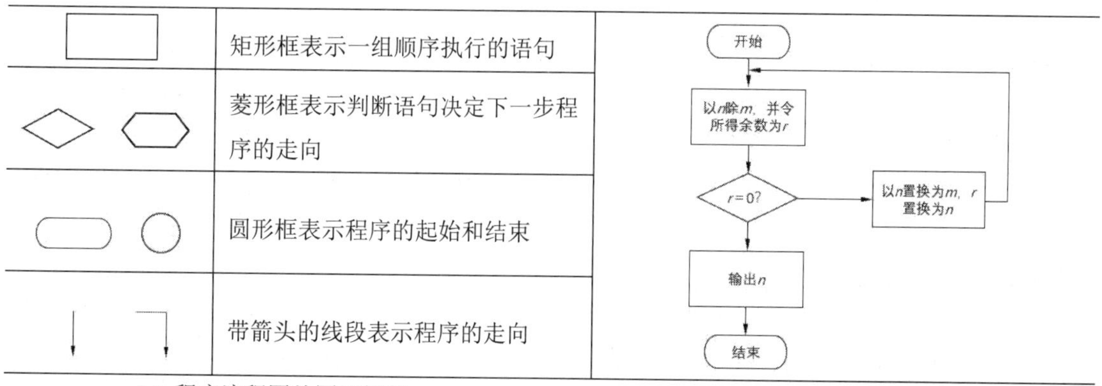

矩形框表示一组顺序执行的语句
菱形框表示判断语句决定下一步程序的走向
圆形框表示程序的起始和结束
带箭头的线段表示程序的走向
开始
以n除m，并令所得余数为r
r=0?
以n置换为m，r置换为n
输出n
结束

(a) 程序流程图的图形规范　　(b) 程序流程图示例

图 8-11　流程图要素的表示及其含义和示例

图 8-12 给出了典型算法/程序结构的标准流程图。

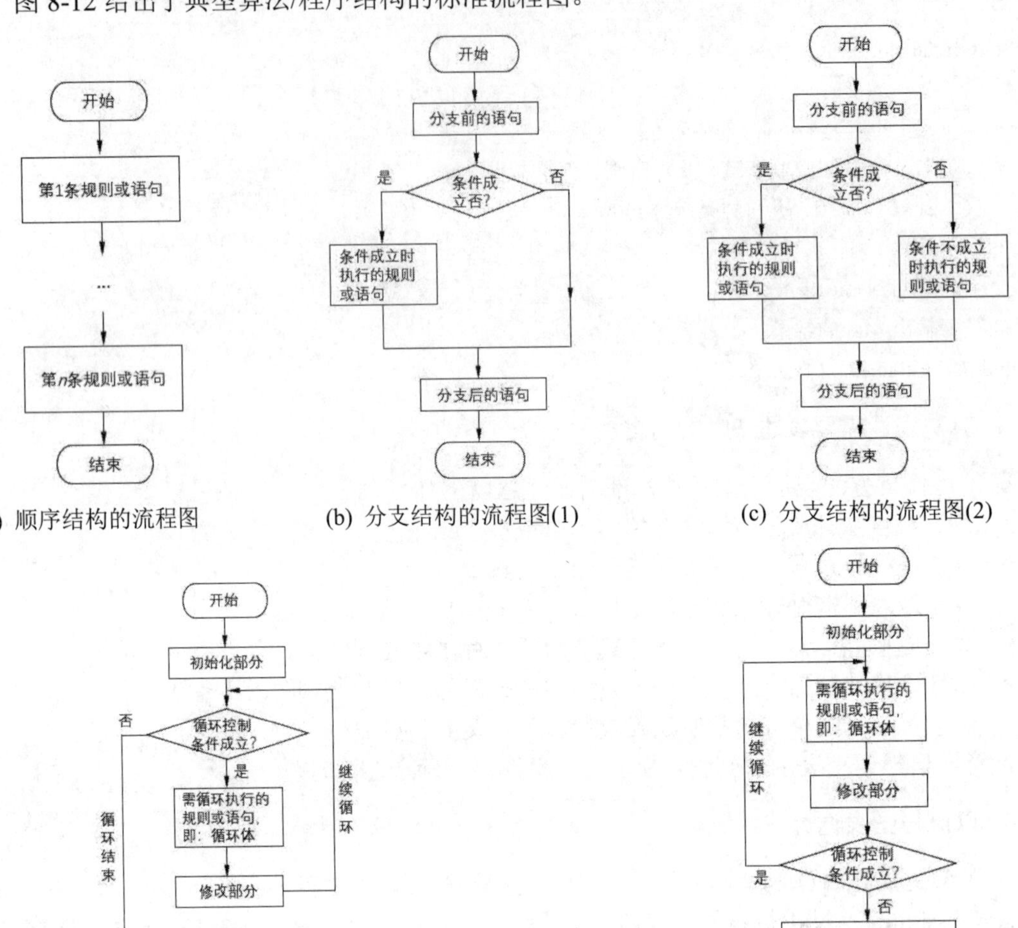

(a) 顺序结构的流程图 (b) 分支结构的流程图(1) (c) 分支结构的流程图(2)

(d)“先判断，后执行”暨有界循环结构流程图 (e) “先执行，后判断”暨条件循环结构流程图

图 8-12 几种典型的程序与算法逻辑结构的流程图表示

5. 以自然语言步骤描述法表达求解 TSP 问题的贪心算法

城市用数字编号来表示，即 1，2，…，*N* 号城市。任何两个城市间的距离记录在数组 D[x,y]中(注意：本章中该记法等效于 D[x][y]，假设数组下标 x，y 分别从 1 计数至 N)。依次访问过的城市编号被记录在 S[1]，S[2]，…，S[N]中，即第 I 次访问的城市记录在 S[I]中。Step(1)：第 1 个城市从 1 号城市开始访问起，将城市编号 1 赋值给 S[1]。Step(6)：第 I 次访问的城市为城市号 j，其距第 I-1 次访问城市的距离最短。

```
Start of the algorithm(算法开始)
    (1) S[1] =1;
    (2) Sum = 0;                /*累积到目前为止的路径总距离，初始为 0
    (3) 初始化距离数组 D[N，N];
    (4) I = 2;                  /*寻找即将访问的第 I 个城市，I 从 2 开始
```

(5) 从所有未访问城市中查找距离 S[I−1]最近的城市 j；
(6) S[I] = j；
(7) I = I+1；
(8) Sum = Sum+Dtemp；　　　/*Dtemp 为当前城市距新找出城市的距离
(9) 若 I<=N，转步骤(5)，否则转步骤(10)；
(10) Sum = Sum+D[1 , j]；
(11) 逐个输出 S[N]中的全部元素；
(12) 输出 Sum。

End of the algorithm(算法结束)

前述步骤(5)“从所有未访问城市中查找距离 S[I−1]最近的城市 j”还是不够明确，需要进一步细化如下。

(5.1) K = 2；　　　//2 号到 N 号都可能是未访问过的程序，K 从 2 号城市找起
(5.2) 将Dtemp 设为一个大数(比所有两个城市之间的距离都大)；
(5.3) L =1；　　　//需要判断是否在 S[1]至 S[I−1]中，若在，则是已访问过的
(5.4) 若 S[L] = =K，转步骤(5.8)；　//该城市已出现过，跳过
(5.5) L = L+1；
(5.6) 若 L<1，转步骤(5.4)；　//判断到 I−1 为止，目前只找出 I−1 个城市
(5.7) 若 D[K,S[I−1]]<Dtemp，则 j = K；Dtemp = D[K,S[I−1]]；
(5.8) K = K + 1；
(5.9) 若 K<=N，转步骤(5.3)。　//*判断到 N 号城市为止

将该段算法替换前述步骤(5)，即是完整的求解 TSP 问题的贪心算法。

8.4 算法实现

有了算法，我们便可以采用任何一种计算机语言编写出相应的程序，并在计算机上运行，从而求解实际问题。

8.4.1 计算机语言的分类

目前，世界上公布的计算机语言已经有上千种之多，但是只有很小一部分得到了广泛的应用。对于诸多计算机语言，通常从两个角度分类，一是从发展角度，二是从语言自身特点。

1. 从发展角度分类

从发展角度分类，计算机语言可以分为机器语言、汇编语言和高级语言三类。

(1) 机器语言

机器语言是指一台计算机的全部二进制指令集合，计算机发展初期直接用机器语言编写程序，限制了计算机语言的通用性。

(2) 汇编语言

汇编语言是为方便人的理解和记忆而产生的与机器语言完全对应的符号语言，它用数字和

英文字符组成的符号串来替代特定指令的二进制编码，为计算机语言的发展提供了形式化表达方式。因为计算机并不能直接识别汇编语言描述的程序，由此便有了“翻译”的概念。

由于汇编语言与机器语言都是直接对硬件操作，尽管功效高，但过分依赖机器，使用复杂、易于出错，无法支持使用上的通用性，这就是高级语言产生的动力。奥斯陆大学的尼盖德教授为高级语言的发展揭开了序幕，他因此获得了图灵奖。高级语言是“面向人类”的语言，它允许用英文字符串，例如 print、if、do 等编写程序；而且所使用的运算符号、运算式子和数学公式类似。

(3) 高级语言

高级语言是一个统称，具体语言有许多种，例如 BASIC、FORTRAN(公式翻译)、COBOL(通用商业)、C、DL/I、Pascal、Java、Python 语言等。高级语言更接近于自然语言表达，但却离计算机能唯一识别的二进制指令越来越远，所以便出现了计算机的“语言处理系统”。

2. 从语言自身特点分类

从语言自身的特点，高级语言通常分为面向过程语言(如 COBOL、FORTRAN、Algol、Pascal、Ada、C)、函数式语言(如 Lisp)、数据流语言(如 SISAL、VAL)、面向对象语言(如 Smalltalk、CLU、C++、Python)、逻辑语言(如 Prolog)、字符串语言(如 SNOBOL)、并发程序设计语言(如 Concurrent、Pascal、Modula 2)等类型的语言。

这些语言中，面向过程和面向对象语言是至今为止的两大主流。以“数据结构＋算法”程序设计范式构成的计算机语言，称为面向过程语言；以“对象＋消息”程序设计范式构成的计算机语言，称为面向对象语言，这是目前主流的计算机语言形式。

目前流行的计算机语言如表 8-1 所示。

表 8-1 目前流行的计算机语言

排　名	编程语言	编程领域	关 注 度	排　名	编程语言	编程领域	关 注 度
1	Python	PC/网络	100	11	Arduino	嵌入式	73.0
2	C	PC/嵌入式	99.7	12	Ruby	PC/网络	72.4
3	Java	PC/移动终端/网络	99.4	13	Assembly	嵌入式	72.1
4	C++	PC/嵌入式	97.2	14	Scala	网络/移动终端	68.3
5	C#	PC/移动终端/网络	88.6	15	MATLAB	PC	68.0
6	R	PC	88.1	16	HTML	网络	67.0
7	JavaScript	网络/移动终端	85.5	17	Shell	PC	66.3
8	PHP	网络	81.4	18	Perl	PC/网络	57.6
9	Go	PC/网络	76.1	19	Visual Basic	PC	55.4
10	Swift	PC/移动终端	75.3	20	CUDA	PC	53.9

8.4.2 计算机语言的构成

1. 常量和变量

程序是用来处理数据的，因此数据是程序的重要组成部分。程序中通常有两种数据：常量(constant)和变量(variable)。

(1) 常量

所谓常量是指在程序运行过程中其值始终不发生变化的量，通常就是规定的数值或字符串。例如，55，80，－70，“Baidu”，“Hello！”等都是常量。常量可以在程序中直接使用，例如，x = 30*40 是一条程序语句(表示将 30 乘以 40 的结果赋值给 x)，30 和 40 都是常量，可以直接出现在程序中。常量又分为数值型常量和字符串型常量，前者可以直接书写并使用(注：计算机处理时会按照二进制方式处理)，而后者需要用引号括起(计算机处理时会按照 ASCII 码或 Unicode 编码进行处理)。

(2) 变量

变量指的是在程序运行过程中其值可以发生变化的量。在符号化程序设计语言中，变量可以用指定的名字来代表，换句话说，变量由两部分组成：变量的标识符(又称“变量名”)，以及变量的内容(又称“变量值”)，变量的内容在程序运行过程中是可以变化的。例如，一个变量的名字为 Hello，其内容可以为 80，也可以为 35，就像一个房间一样，变量名相当于房间的房间号，而内容相当于居住于房间的不同的人员。

变量名的命名规则如下：

变量名可以是由连续的(中间不能有空格的)字母或数字组合而成的任何名字(但不能是系统的保留字)。

注意有些计算机语言区分大小写，如“Hello”和“hello”被认为是不同的两个变量，而有些计算机不区分大小写，如“Hello”和“hello”就被认为是相同的变量。

在程序中，变量最常见的有三种类型：数值型、字符型和逻辑型。其中，数值型通常包括整数型和实数型(一般按二进制进行存储)；字符型表示该变量的值是由字母、数字、符号甚至汉字等构成的字符串(一般按 ASCII 码/汉字内码/Unicode 码进行存储)；逻辑型也称布尔型，表示该变量的值只有两种：“真”和“假”(True 和 False)。

2. 表达式

程序对数据的处理，是通过一系列运算来实现的，而运算通常是由表达式来表达的。表达式通常采用中缀表示法，两个操作数在两边，一个运算符在中间。一个表达式可以作为操作数嵌入到另一个表达式中，如此层层嵌入，便可以构造出更为复杂的表达式。

表达式的形式规则如下：

变量或值 <运算符> 变量或值

变量或值 <运算符> (变量或值 <运算符> 变量或值)

通常有三种类型的表达式，即算术表达式、比较表达式(又称关系表达式)和逻辑表达式。

(1) 算术表达式

算术表达式即用算术运算符构造的表达式。一般，常见的加、减、乘、除等算术运算符采用“＋”“-”“*”“/”等符号来表达。算术表达式的结果一般是一个整型或实型的数值。例如，“Area/30”，“(150+300) * 60/15”等都是算术表达式。常见的乘幂运算通常采用“^”来表达，例如 2^3 表达为“2^3”，而 3^7 表达为“3^7”。

(2) 比较表达式

比较表达式即用比较运算符构造的表达式。一般常见的等于、不等于、大于、大于或等于、小于、小于或等于等比较运算符采用“＝”(双符号)，“< >”“>”“> =”“<”“< =”等符号来表达。比较表达式用于比较两个值之间的大小关系，结果是逻辑值，比较关系成立则其值

为“真”(True)，而比较关系不成立则其值为“假”(False)。注意，比较的两个值应属于同种数据类型，例如“5>2”成立，其结果为 True；“9< >9”不成立，其结果为 False。

(3) 逻辑表达式

逻辑表达式即用逻辑运算符构造的表达式。一般情况，常见的与、或、非等逻辑运算采用“and”“or”“not”等符号来表达。逻辑表达式用于对逻辑值进行逻辑操作，结果仍旧是逻辑值，即“真”(True)或“假”(False)。

各种运算符把不同类型的常量和变量按照语法要求连接在一起就构成了表达式。这些表达式还可以用括号组合起来形成更复杂的表达式。表达式的运算结果可以赋给变量，或者作为控制语句的判断条件。需要注意的是，单个变量或常量也可以被看作一个特殊的表达式。

3. 赋值语句

赋值语句是程序设计语言中最基本的语句，通常将一个表达式的计算结果保留在一个变量中。变量可以在使用过程中被重新赋值。

赋值语句的形式规则如下。

变量名 = 值或 <表达式>

其中“=”被称为“赋值符号”，表示将右侧的值或表达式的计算结果赋给左侧的变量予以保存。“；”通常表示一条语句的结束。

4. 分支控制语句

通常，程序默认的执行方式是一条语句接着一条语句的执行，这是基本的程序结构，即顺序结构。但有时需要依据一个条件判断来改变程序执行的路径，就像“道路上的交叉口，向左转还是向右转，需要依据条件做出选择”，被称为分支结构。分支结构通常采用 IF 语句。

IF 语句的规则如下。

```
(1) If(条件) Then 语句;
(2) If(条件) Then {
    语句序列; }
(3) If (条件) Then {
(条件为真时运行的) 语句序列 1;}
Else
(条件为假时运行的) 语句序列 2;}
```

其中(1)主要用于条件为真时仅执行一条语句的情况。如果条件为真，则执行 Then 后的语句，然后再执行该语句的下一条语句；如果条件不为真，则将顺序执行该语句的下一条语句。(2)用于仅包含条件为真时的语句序列。如果条件为真，则执行 Then 后用花括号括起的语句序列，然后再接着执行花括号后的语句；如果条件不为真，则将顺序执行该语句花括号后的语句。(3)既包含条件为真时的语句序列，也包括条件为假时的语句序列。如果条件为真，则执行 Then 后花括号括起的语句序列 1；如果条件不为真，则执行 Else 后用花括号括起的语句序列 2。执行完毕后均将继续执行其后的语句。

【例 8-18】 分支语句的简单例子。

```
If (D1>D2) Then D1 = D1−5;
D1 = D1 + 10;
```

如果已知 D1=10，D2 =5，则以上程序的条件是满足的，因此将先执行 D1=D1−5，结果为 D1=5，然后再执行 D1 = D1 + 10，最终结果是 D1 = 15。如果已知 D1 = 8，D2 = 10，则以上程序的条件是不满足的，因此将执行 D1 = D1 +10，最终结果是 D1 = 18。因此可以看出程序随条件表达式“D1>D2”的结果改变程序执行的路线。如果阅读时能够注意上面是两条语句，则题目就不难理解了。

上面语句如果写成下面的形式，是否更清晰呢？

```
If(D1>D2) Then
{   D1=D1−5;   }
D1=D1+10;
```

5. 循环控制语句

程序结构除前面介绍的顺序结构和分支结构外，还经常使用一种结构，即循环结构。循环结构是用于实现同一段程序多次重复执行的一种控制结构。通常循环结构有两种形式：有界循环结构和条件循环结构。有界循环结构，又称为 FOR 循环，用 FOR 语句表达。

FOR 语句的形式规则如下。

```
For 计数器变量 = 起始值 to 结束值[Step 增量]
            {语句序列;}
```

FOR 语句的含义为以计数器变量为变量，从起始值开始，每次按增量增加，直至结束值为止，每次执行一遍花括号内的语句序列。花括号内的语句序列被称为循环体。每执行一次循环体，计数器变量都做一次修改。这里的 Step 增量是可以省略的，形式规则中以[ ]表示，如其省略则按默认增量值 1 来执行。由上可见，FOR 循环语句需明确知道起始值和结束值，或者说循环次数，才能被应用，因此其又被称为有界循环语句。

【例 8-19】 使用循环结构实现求和 1+2+3+…+1000 的程序。

```
Sum = 0                  //让 Sum 表示和，首先初始化为 0
For I = 1 to 1000 Step 1 //I 为计数器，从 1 到 1000 计数，I 每次加 1
{Sum = Sum + I; }        //循环池将 I 值与 Sum 值相加，结果再保存在 Sum 中
```

该程序为一个循环结构的程序，通过阅读可以发现，其包括 4 部分：初始化部分、循环体、修改部分和控制部分。初始化部分为循环作准备，设置计算结果的初值，如语句“Sum = 0;”，如果缺失本条语句，则计算结果将不正确。循环体是将要重复执行的程序段落，如语句序列{Sum = Sum + I;}，该语句序列将被重复执行。修改部分在执行一次循环体后修改循环次数或修改循环控制条件，如上述循环，每当执行一次，I 的值将加 1。控制部分用于判断循环是否结束，如判断循环次数是否减为 0，或者达到某个预定值，也可判断某个循环控制条件是否被满足。

FOR 语句是循环次数已知的一种循环结构。如果循环次数未知就要使用一种条件循环结构。条件循环结构，又称为 WHILE 循环，通常可用 While 语句或者 Do- While 语句来表达。

Do- While 语句的形式规则如下。

```
While (条件)
{语句序列;}
```

其含义为“当条件满足时，则重复执行花括号内的语句序列，直到条件不满足时为止，跳出循环”。花括号内的语句序列又被称为循环体。

另一种形式的写法如下。

```
Do {
    语句序列;
} While (条件)
```

其含义为“重复执行花括号内的语句序列，直到条件不满足时为止，跳出循环”。

这两种表现形式还是有差异的，仔细理解其含义叙述的不同。Do-While 显示执行循环体中的语句序列，然后判断条件，条件满足则继续执行，条件不满足则退出循环；而 While 是先判断条件，条件满足则执行循环体中的语句序列，条件不满足则退出循环。

【例 8-20】使用 Do-While 循环编程，求从 X=1 和 Y=2 开始循环计算 X+Y，X 和 Y 每次增加 1，直到 X+Y 值大于 10 000 时为止。此时循环次数是未知的，编程如下。

```
X = 1;
Y = 2;
Sum = 0;
Do {Sum = X+Y;
    X = X + 1;
    Y = Y +1;
}While (Sum<=10000)
```

阅读上述程序时，应将 Do {} While ( )当作整体来看待，尽管{}内是由多条语句构成的。

6. 函数

除顺序结构、分支结构和循环结构外，另一种非常有用的结构就是函数结构。函数结构是一种调用-返回式的程序控制结构。函数是由多条语句组成的能够实现特定功能的程序段，是对程序进行模块化的一种组织方式，是一种抽象，即将执行某功能的一个程序段落定义成为一个名字，即函数名，以后可以用该名字来使用该程序段落。函数一般由函数名、参数、返回值和函数体四部分构成。其中函数名和函数体是必不可少的。而参数和返回值可根据需要进行定义。对于有参数的函数，在对其进行定义时所使用的参数称为形式参数，在定义函数的函数体中使用形式参数进行程序设计；在调用该函数即使用函数时，调用者必须给出该函数所需的实际参数，即将函数的功能作用于实际参数上。换句话说，在调用时用实际参数相对应地取代形式参数来执行函数的函数体以获取计算结果。对于有返回值的函数，在函数执行完成后将向调用者返回一个执行结果。

定义函数的形式规则如下。

```
类型 函数名 (类型 形式参数 1，类型 形式参数 2，…)
{ 函数体 }
调用函数的形式规则：
函数名(实际参数 1，实际参数 2，…);
```

图 8-13 所示为函数的定义和函数的调用示意。

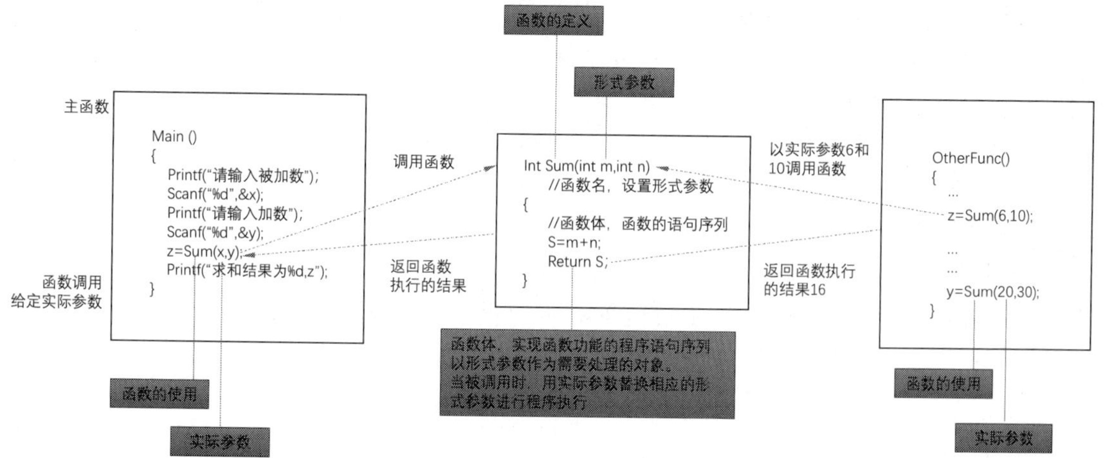

图 8-13　函数定义及函数调用示例

【例 8-21】 函数定义与函数应用示例。

```
int Sum (int m, int n)        //Sum 为函数名，int 是一个整数类型定义符，m 和 n 为形式参数，其
                              //实际值将由调用者按此格式传递给该函数
{ int   S;                    //函数体，可由多条语句组成程序段落
   S = m + n;
   return S;
}
```

最终的程序通常是由一个或多个函数构成的，其中有一个特殊的函数，它是整个程序执行的入口，称为主函数。例如 C 语言语法中的主函数 main( )：

```
Main ()                          //程序的主函数
{
   Printf( "请输入被加数" )；//Printf 是输出函数，表示在屏幕上输出函数参数所示的字符串
   Scanf( "%d" ,&x);          //Scanf 是输入函数，表示将键盘输入的一个数值赋值给变量 x
   Printf( "请输入加数" );
   Scanf( "%d" ,&y);
   z=Sum(x,y);                //调用 Sum 函数，传递进两个实际参数，即 x,y 的值，函数执行完的
                              //结果赋值给 z 保存
  Printf( "求和结果为%d" , z);
}
```

8.4.3 计算机语言的执行

使用计算机语言编写的计算机指令序列称为“源程序”，计算机并不能直接执行用高级语言编写的源程序，源程序必须通过“翻译程序”翻译成机器指令的形式，计算机才能识别和执行。源程序的翻译有两种方式：解释执行和编译执行。不同的程序语言有不同的翻译程序，这

些翻译程序称为程序解释器(也称为虚拟机)或程序编译器(简称为编译器)。

编译性语言(如C/C++等)将源程序由特定平台的编译器一次性编译为平台相关的机器码，它的优点是执行速度快，缺点是无法跨平台。解释性语言(如Python、PHP、JavaScript等)使用特定的解释器，将程序一行一行解释为机器码，它的优点是可以跨平台，缺点是执行速度慢，容易暴露源程序；编译+解释性语言(如 Java、C#等)整合了编译语言与解释语言的优点，既保证了程序的跨平台，又保持了相对较好的直线性能。

1. 程序的解释执行方式

解释程序的工作过程如下：首先，由语言解释器(如 Python)进行初始化准备工作。然后语言解释器从源程序中读取一个语句(指令)，并对指令进行语法检查，如果程序语法有错，则输出错误信息；否则，将源程序翻译成机器执行指令，并执行相应的机器操作。返回后检查解释工作是否完成，如果未完成，语言解释器继续解释下一语句，直至整个程序执行完成，如图8-14所示。

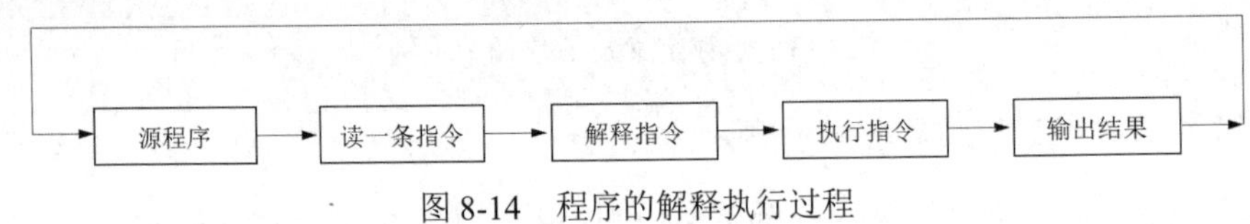

图8-14　程序的解释执行过程

语言解释器一般包含在开发软件或操作系统内，如IE浏览器带有.Net脚本语言解释功能；也有些语言解释器是独立的，如Python解释器就包含在Python软件包中。

解释程序的优点是实现简单，交互性好。动态程序语言(如Python、PHP、JavaScript、R、MATLAB等)一般采用解释执行方式。

解释程序有以下缺点：一是程序运行效率低，如源程序中出现循环语句时，解释程序也要重复地解释并执行这一组语句；二是程序的独立性不强，不能在操作系统下直接运行，因为操作系统不一定提供这个语言的解释器；三是程序代码保密性不强，例如，要发布 Python 开发项目，实际上就是发布Python源代码。

2. 程序的编译执行方式

程序员编写好源程序后，由编译器将源程序翻译成计算机可执行的机器代码。程序编译完成后就不需要再次编译了，生成的机器代码可以反复执行。

源程序编译是一个复杂的过程，这一过程分为以下几个步骤：编写源程序→预处理→词法分析→语法分析→语义分析→生成中间代码→代码优化→生成目标程序→连接程序→生成可执行程序。程序的编译过程如图8-15所示。事实上，某些步骤可能组合在一起进行。

在编译过程中，源程序的各种信息被保存在不同表格中，编译工作的各个阶段都涉及构造、查找或更新有关表格。如果在编译过程中发现源程序有错误，编译器会报告错误的性质和发生错误的代码行，这些工作称为出错管理。

(1) 预处理

一个源程序有时可能分几个模块存放在不同的文件中，预处理的工作之一是将这些源程序汇集到一起。此外，为了加快编译速度，编译器往往需要提前对一些头文件及程序代码进行预处理，以便在源程序正式编译时节省系统资源开销。例如，C语言的预处理包括文件合并、宏定义展开、文件包含、条件编译等内容。

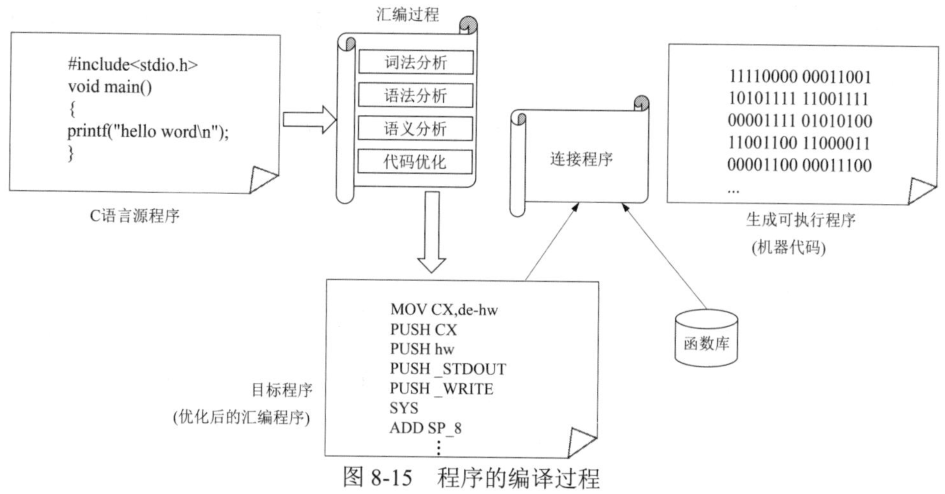

图 8-15　程序的编译过程

(2) 词法分析

编译器的功能是解释程序文本的语义，不幸的是计算机很难理解文本，文本文件对计算机来说就是字节序列，为了理解文本的含义，就需要借助词法分析程序。词法分析是将源程序的字符序列转换为标记(Token)序列的过程。词法分析的过程是编译器一个字符一个字符地读取源程序，然后对源程序字符流进行扫描和分解，从而识别出一个个独立的单词或符号(分词)。在词法分析过程中，编译器还会对标记进行分类。

单词是程序语言的基本语法单位，一般有以下四类单词：

- 语言定义的关键字或保留字(如 if、for 等)。
- 标识符(如 x、i、list 等)。
- 常量(如 0、3.14159 等)。
- 运算符和分节符(如＋、－、*、/、＝、；等)。

【例 8-22】对赋值语句：X1＝(2.0＋0.8) * C1 进行词法分析。

如图 8-16 所示，编译器分析和识别出以下 9 个单词。

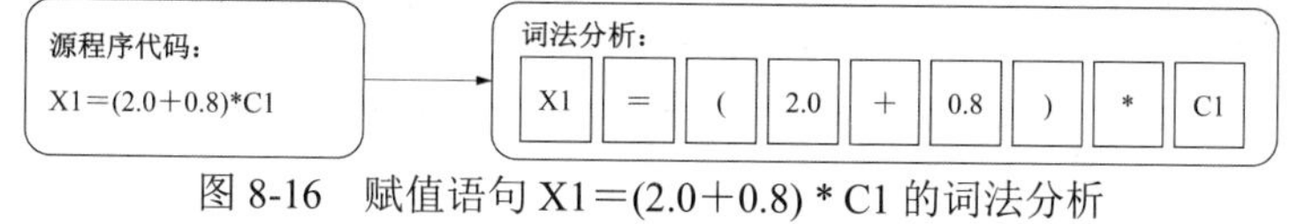

图 8-16　赋值语句 X1＝(2.0＋0.8) * C1 的词法分析

(3) 语法分析

语法分析过程是把词法分析产生的单词，根据程序语言的语法规则，生成抽象语法树(AST)。语法树是程序语句的树形结构表示，编译器将利用语法树进行语法规则分析。语法树的每个节点都代表着程序代码中的一个语法结构，例如包、类型、标识符、表达式、运算符、返回值等。编译的后续工作是对抽象语法树进行分析。

【例 8-23】对赋值语句：X1＝(2.0＋0.8) * C1 进行语法分析。

如图 8-17 所示，将词法分析得出的单词流构成一棵抽象语法树，并对该语法树进行分析。这是一个赋值语句，X1 是变量名，＝是赋值操作符，(2.0 + 0.8)* C1 是表达式，它们都符合程序语言的语法规则(语法分析过程此处不详述)，没有发现语法错误。

符号是由一组符号地址和符号信息构成的表格。符号表中登记的信息在编译的不同阶段都要用到。在语法分析中，符号表登记的内容将用于语法分析检查；在语义分析中，符号表所登记的内容将用于语义检查和产生中间代码；在目标代码生成阶段，当对符号名进行地址分配时，符号表是地址分配的依据。

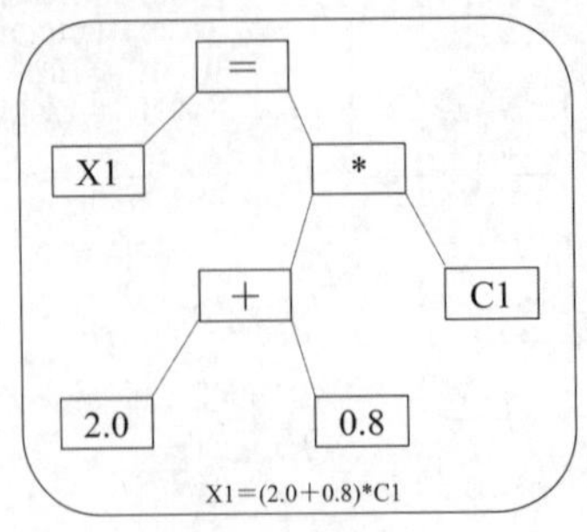

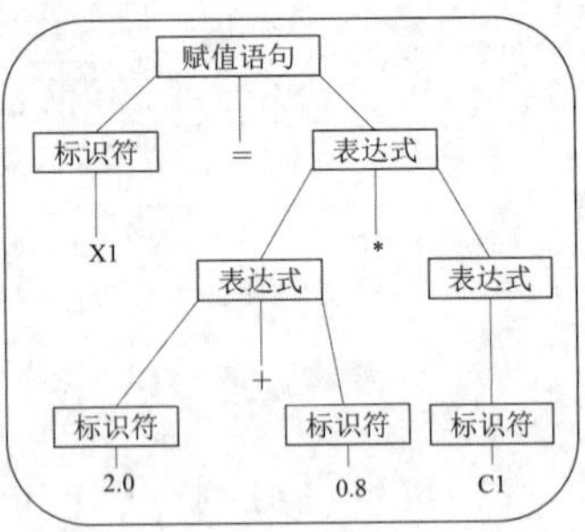

图 8-17　赋值语句 X1=(2.0+0.8) * C1 的语法分析树

(4) 语义分析

语义分析是对源程序的上/下文进行检查，审查有无语义错误。语义分析主要任务有静态语义审查、上/下文相关性审查、类型匹配审查、数据类型转换、表达式常量折叠等。

源程序中有些语句按照语法规则判断是正确的，但是它不符合语义规则。例如，使用了没有声明的变量；或者对一个过程名赋值；或者调用函数时参数类型不合适；或者参加运算的两个变量类型不匹配等。当源程序不符合语言规范时，编译器会报告出错信息。

表达式常量折叠就是对常量表达式计算求值，并用求得的值来替换表达式，放入常量表。例如，s=1+2 折叠后为常量 3，这也是一种编译优化。

(5) 生成中间代码

语义分析正确后，编译器会生成相应的中间代码。中间代码是一种介于源程序和目标程序代码之间的中间语言形式，它便于后面做优化处理，也便于程序的移植。中间代码常见形式有四元式、三元式、逆波兰表达式等。中间代码很容易生成目标代码。

【例 8-24】对赋值语句：X1=(2.0+0.8) * C1 生成中间代码。

根据赋值语句的含义生成中间代码，即用一种语言形式来代替另一种语言形式，这是翻译的关键步骤。例如采用四元式(3 地址指令)生成的中间代码如表 8-2 所示。

表 8-2　编译器采用四元式方法生成的中间代码

运 算 符	左运算对象	右运算对象	中间结果	四元式语义
+	2.0	0.8	T1	T1←2.0+0.8
*	T1	C1	T2	T2←T1 * C1
=	X1	T2		X1←T2

说明：表中 T1 和 T2 为编译器引入的临时变量单元。

表 8-2 生成的四元式中间代码与原赋值语句在形式上不同，但语义上是等价的。

(6) 代码优化

代码优化的目的是得到高质量的目标程序。

【例 8-25】表 8-2 中第 1 行是常量表达式，可以在编译时计算出该值，并存放在临时单元(T1)中，不必生成目标指令。编译优化后的四元式中间代码如表 8-3 所示。

表 8-3 编译器优化后的中间代码

运 算 符	左运算对象	右运算对象	中间结果	四元式语义
*	T1	C1	T2	T2←T1 * C1
=	X1	T2		X1←T2

(7) 生成目标程序

生成目标程序不仅与编译技术有关，而且与机器硬件结构关系密切。例如，充分利用机器的硬件资源，可减少对内存的访问次数；根据机器硬件特点(如多核 CPU)调整目标代码，可提高执行效率。生成目标程序的过程实际上是把中间代码翻译成汇编指令的过程。

(8) 连接程序

目标程序还不能直接执行，因为程序中可能还有许多没有解决的问题。例如，源程序可能调用了某个库函数等。连接程序的主要工作就是将目标文件和函数库彼此连接，生成一个能够让操作系统执行的机器代码文件(软件)。

(9) 生成可执行程序(机器代码)

机器代码生成是编译过程的最后阶段。机器代码生成不仅需要将前面各个步骤所生成的信息(如语法树、符号表、目标程序等)转换成机器代码写入磁盘中，编译器还会进行少量的代码添加和转换工作。经过上述过程后，源程序最终转换成可执行文件。

8.5 程序设计方法

如果计算机面对的问题是需要用算法实现其计算或处理的，那就要涉及计算机语言和程序设计了。

8.5.1 面向过程的程序设计

面向过程程序设计方法主要强调两点，一是数据结构与算法，二是结构化程序设计方法。

1. 数据结构与算法

这是程序设计过程中密切相关的两个方面。发明 Pascal 语言的著名计算机科学家 Niklaus Wirth 提出了关于程序的著名公式：程序＝数据结构＋算法。这个公式很好地诠释了面向过程程序设计方法的核心思想，即数据和算法相互依存，但分离考虑。这个方法通过以下四个步骤体现。

(1) 分析建立数学模型。使用计算机解决具体问题时，首先要对问题进行充分的分析，确定问题描述和解决问题的步骤。针对所要解决的问题，找出已知的数据条件，确定所需的输入、处理及输出对象。将解题过程归纳为一系列的数学表达式，建立各种量之间的关系，即建立起解决问题的数学模型。

(2) 确定数据结构和算法。根据建立的数学模型，对指定的输入数据和预期的输出数据，确定数据结构，进而选择合适的算法，并用工程化的工具(例如流程图)表示算法。

(3) 编制程序。根据确定的数据结构和算法，使用计算机语言把这个解决方案严格地描述出来，也就是编写出程序代码。

(4) 调试程序。在计算机上通过语言处理系统进行程序编辑与编译、调试，并用实际的输入数据对编好的程序进行测试，分析所得到的运行结果，进行程序的调整，直至获得预期的结果。

2. 结构化程序设计方法

结构化程序设计方法是面向过程编程应遵循的基本方法和原则，主要包括以下三个方面。

(1) 只采用 3 种基本的程序控制结构(顺序、选择、循环)来编制程序，从而使程序具有良好的结构。

(2) 程序设计自顶而下进行。

(3) 用结构化程序设计流程图表示算法。

有关结构化程序设计及方法有一套不断发展和完善的理论和技术，读者可以通过计算机程序设计类课程中去了解相关的内容，这里不再详细阐述。

8.5.2 面向对象的程序设计

1. 面向对象的基本概念

区别于面向过程的“数据”和“功能”分离的思想，面向对象的程序设计方法是把数据(状态)和功能(行为)捆绑在一起，形成了对象。当遇到一个具体问题时，只需将一个系统分解成一个个的对象，同时将状态和行为封装在对象中。这种以“对象”的方式认识客观世界的思想就是面向对象思想。它符合人类认识世界的思维，可使计算机软件系统与客观世界中的系统一一对应。

人们总结了面向对象的三个基本特点：封装、继承和多态，这三大特点使它垄断了几乎所有的软件工程语言。面向对象方法的定义为：按人们认识客观世界的思维方式，采用基于对象的概念建立客观世界的事物及其之间联系的模型，由此分析、设计和实现程序的方法。Java 就是面向对象的程序设计语言。

2. 可视化程序设计

可视化程序设计以“所见即所得”的指导思想，实现编程工作的可视化。可视化程序设计是一种全新的程序设计方法，它主要是让程序设计人员利用软件本身所提供的各种控件，像搭积木一样构造应用程序的各种界面。可视化程序设计最大的优点是设计人员可以不用编写或只需要编写很少的程序代码，就能完成应用程序的设计，这样就能极大地提高设计人员的工作效率。

可视化程序设计语言的特点主要表现在两个方面：一是基于面向对象的思想，引入了类的概念和事件驱动；二是基于面向过程的思想，程序开发过程一般遵循以下步骤，即先进行界面的绘制工作，再基于事件填写程序代码，以响应鼠标、键盘的各种动作。

目前，能进行可视化程序设计的集成开发环境很多，比较常用的有 Visual Basic、Visual C++、Visual Foxpro、Delphi、Python 等。

8.6 课后习题

一、判断题

1. 背包问题不能使用贪心法来解决。 (　　)

2. 算法必须具备输入、输出和可执行性、可移植性和可扩充性等 5 个特征。　　( )

二、选择题

1. 算法最好使用 ( )进行描述。
   A. C　　B. Java　　C. 伪代码　　D. Fortan
2. 面向对象的特征是 ( )。
   A. 封装　　B. 继承　　C. 多态　　D. 以上都是
3. 使用计算机语言编写的计算机指令序列称为( )。
   A. 源程序　　B. 代码　　C. 语言编写　　D. 以上都是

三、思考题

1. 算法的基本特征是什么?
2. 如何衡量算法的复杂性?
3. 简要说明算法的定义。
4. 算法运行所需要的时间取决于哪些因素?
5. 递归算法的特征是什么?
6. 简要说明数据结构的主要研究内容。
7. 程序设计的一般步骤是什么?
8. 什么是面向过程程序设计?

第 9 章

计算机发展新技术

☑ 内容简介

近些年来，计算机行业的新技术层出不穷，新概念也不断涌现。各类专业名词、产品发布会让人应接不暇。从技术上来说，模式识别、传感器网络、神经网络、复杂网络、5G、物联网、云计算、大数据、人工智能、虚拟现实、增强现实等一系列名词，出现得越来越频繁，让很多人难以把握未来科技的发展方向。

本章将从众多计算机领域新技术中，有针对地介绍高性能计算、云计算、人工智能等常见的技术，通过介绍其概念、发展、特点和应用，帮助用户对新技术有一个初步、简要的理解。

☑ 重点内容

- 高性能计算
- 云计算和大数据
- 人工智能

9.1 高性能计算

高性能计算(high performance computing，简称 HPC)是指利用聚集起来的计算能力来处理标准工作站无法完成的数据密集型计算任务，被广泛应用于科学和工程界的各个领域，例如：

- 制造业数字建模。计算机辅助工程(CAE)和计算流体动力学(CFD)常用来设计和测试新产品、维护检测旧产品等，例如，在汽车领域，HPC 系统帮助制造商模拟机舱气流、发动机油动力学和汽车周围的空气流动，以提高燃油效率。
- 生命科学模拟。分子动力学和基因组模拟是生命科学行业的常规工作负载，这些模拟分析了原子和分子的物理运动，并被用于药物发现等使用案例中。
- 天气、气候建模和大气研究。HPC 系统每天都被用来模拟近期的天气事件或长期的气候预测。更精细的网格和更多的物理模拟可以带来更准确的逐日甚至逐小时的天气预报。长程气候建模也受益于大量的计算能力。
- 电子设计自动化。电子设计自动化应用程序需要一个计算集群，一个协调工作分配的进程调度器以及高性能共享文件系统。
- 工程模拟和建模。储层模拟属于工程领域，HPC 系统的计算机模型被用来预测流体(通常是石油、水和天然气)在多孔介质中的流动。

9.1.1　高性能计算的意义

高性能计算可以应用于核模拟、密码破译、气候模拟、宇宙探索、基因研究、灾害预报、工业设计、新药研制、材料研究、动漫渲染等众多领域，对国防、国民经济建设和民生福祉都有不可替代的重大作用，发展高性能计算就是要让这巨大的作用发挥出来。同时，高性能计算也是中美大国博弈的重要领域，每一次较量的胜利都会给国人极大的激励，有力增强了民族自豪感和凝聚力。因此，发展高性能计算意义重大。

9.1.2　高性能计算的工作原理

在高性能计算中，处理信息的两种主要方式为串行处理和并行处理。

- 串行处理，由中央处理器(CPU)完成。每个 CPU 核心通常每次只能处理一个任务。CPU 对于运行各种功能而言至关重要，如操作系统和基本应用程序(如文字处理、办公工具等)，如图 9-1 所示。
- 并行处理，可利用多个 CPU 或图形处理器(GPU)完成。GPU 最初是专为图形处理而设计的。它可在数据矩阵(如屏幕像素)中同时执行多种算术运算。同时在多个数据平面上工作的能力使 GPU 非常适合在机器学习(ML)应用任务中进行并行处理，如识别视频中的物体，如图 9-2 所示。

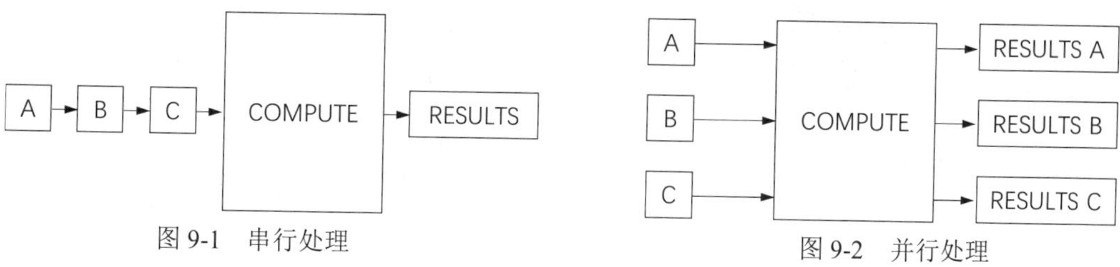

图 9-1　串行处理　　　　图 9-2　并行处理

突破超级计算的极限需要不同的系统架构。大多数高性能计算系统通过超高带宽将多个处理器和内存模块互连并聚合，从而实现并行处理。一些高性能计算系统将 CPU 和 GPU 结合在一起，被称为异构计算。

计算机计算能力的度量单位被称为“FLOPS”(每秒浮点运算次数)。截至 2019 年初，现有的高端超级计算机可以执行 143.5 千万亿次 FLOPS(143×10^{15})。此类超级计算机被称为千万亿次级，可以执行超过千万亿次 FLOPS。相比之下，高端游戏台式机的速度要慢 1 000 000 倍以上，可执行约 200 千兆次 FLOPS(1×10^{9})。超级计算在处理和吞吐量方面的重大突破很快将会实现超级计算的下一个重大级别——百亿亿次级，该级别的速度比千万亿次级约快 1000 倍。这意味着百亿亿次级超级计算机每秒将能够执行 10^{18}(或者 10 亿×10 亿)次运算。

FLOPS 是对理论处理速度的描述，实现该速度需要连续向处理器传输数据。因此，系统设计必须考虑数据吞吐量这一因素。系统内存以及处理节点之间的互连会影响数据传输到处理器的速度。

为了实现 1 百亿亿次级 FLOPS 的下一级超级计算机处理性能，大概需要 5 000 000 个台式计算机(假定每个台式机具备 200 千兆次 FLOPS 的能力)。

9.2 云计算与大数据

云计算是一种基于因特网的超级计算模式，而大数据来自于云计算。云计算与大数据的关键区别在于云计算通过扩展计算和存储资源来处理巨大的存储容量(大数据)。大数据处理是从大量的非结构化、冗余和嘈杂的数据、信息中提取有用的知识。

9.2.1 云计算

云计算是一种将计算能力和存储能力通过互联网等通信网络进行建立、管理及投递的计算形式。在云计算中，用户可以通过互联网使用丰富的云服务，包括数据存储、计算资源、软件应用、安全服务等，在不需要购买硬件和软件的情况下，快速获得高质量的计算服务。

形象点来说，云计算模式就像发电厂集中供电的模式。即通过云计算客户不需要去购买新的服务器和部署软件就可以得到应用软件或者应用，如图 9-3 所示。

图 9-3　云计算

1. 云计算的特点

云计算具有 5 个基本特征、4 种部署模型和 3 种服务模式。

云计算的 5 个基本特征如下。

- 自助服务。云计算的消费者不需要或很少需要云服务提供商的协助，就可以单方面按需获取云端的计算资源。
- 广泛的网络访问。消费者可以随时随地使用任何云终端设备接入网络并使用云端的计算资源。常见的云端设备包括手机、平板电脑、笔记本电脑、PDA 掌上电脑和台式计算机等。
- 资源池化。运算计算资源需要被池化，以便通过多租户形式共享给多个消费者，也只有池化才能根据消费者的需求动态分配或再分配各种物理和虚拟的资源。消费者通常不知道自己正在使用的计算资源的确切位置，但是在自助申请时允许指定大概的区域范围。
- 快速弹性。消费者能方便、快捷地按需获取和释放计算资源，也就是说，需要时能快速获取资源从而扩展计算能力，不需要时能迅速释放资源以便降低计算能力，从而减少资源的使用费用。对于消费者来说，云端的计算资源是无限的，可以随时申请并获取任何数量的计算资源。但这里我们需要消除一个误解，那就是一个实际的云计算系统不一定是投资巨大的工程，也不一定要购买成千上万台计算机，或者不一定具备超大规模的运算能力。其实一台计算机就可以组建一个最小的云端，云端建设方案务必采用可伸缩性策略，刚开始时采用几台计算机，然后根据用户数量规模来增减计算机资源。

- 计费服务。消费者使用云计算资源是要付费的，付费的计量方法有很多，比如根据某类资源(如存储、CPU、内存、网络宽带等)的使用量和时间长短计费，也可以按照每使用一次来计费。但不管如何计费，对消费者来说，价码要清楚，计量方法要明确，而云服务提供商需要监视和控制资源的使用情况，并及时输出各种资源的使用报表，做到供需双方费用结算清清楚楚。

云计算的 4 种部署模型如下。

- 私有云。云端资源只给一个单位组织内的用户使用，这是私有云的核心特征。而云端的所有权、日常管理和操作的主体到底属于谁并没有严格的规定，可能是本单位，也可能是第三方机构，还可能是二者的联合。云端可能位于本单位内部，也可能托管在其他位置。
- 社区云。云端资源专门给固定的几个单位内的用户使用，而这些单位对云端具有相同的诉求(如安全要求、合规性要求等)。云端的所有权、日常管理和操作的主体可能是本社区内的一个或多个单位，也可能是社区外的第三方机构，还可能是二者的联合。云端可能部署在本地，也可能部署于别处。
- 公共云。云端资源开放给社会公众使用。云端的所有权、日常管理和操作的主体可以是一个商业组织、学术机构、政府部门或者它们其中的几个联合。公共云的云端可能部署在本地，也可能部署在其他地方。
- 混合云。混合云由两个或两个以上不同类型的云(私有云、社区云或公共云)组成，它们之间相互独立，但用标准的或专有的技术将它们组合起来，而这些技术能实现云之间的数据和应用程序的平滑流转。由多个相同类型的云组合在一起属于多云的范畴，比如两个私有云组合在一起的混合云属于多云的一种。由私有云和公共云构成的混合云是目前最流行的——当私有云资源短暂性需求过大时(称为“云爆发”，cloud bursting)时，自动租赁公共云资源来平抑私有云资源的需求峰值。例如，网店在节假日或双十一活动期间点击量巨大，这时就会临时使用公共云资源来应急。

云计算的 3 种服务模式如下。

- 软件即服务(software as a service，SaaS)：云服务提供商把 IT 系统中应用软件层作为服务出租出去，消费者不用自己安装应用软件，直接使用即可，这进一步降低了云服务消费者的技术门槛。
- 平台即服务(platform as a service，PaaS)：云服务提供商把 IT 系统中的平台软件层作为服务出租出去，消费者自己开发或者安装程序，并运行程序。
- 基础设施即服务(infrastructure as a service，IaaS)：云服务提供商把 IT 系统的基础设施层作为服务出租出去，由消费者自己安装操作系统、中间件、数据库和应用程序。

云计算的精髓就是把有形的产品(网络设备、服务器、存储设备、软件等)转化为服务产品，并通过网络让人们远距离在线使用，使产品的所有权和使用权分离。

2. 云计算的应用

云应用不同于云产品，云产品一般由软硬件厂商开发和生产出来，而云应用是由云计算运营商提供的服务，这些运营商需要事先采用云产品搭建云计算中心，然后才能对外提供云计算服务。在云计算产业链上，云产品是云应用的上游产品。

云计算的目的是云应用，离开应用，搭建云计算中心没有任何意义。我国目前的云计算中心如雨后春笋般出现，都是政府的大手笔，但云应用却很少。下面将介绍几种常见的云应用。

(1) 办公云

与传统的计算机为主的办公环境相比，私有办公云具有更多的优势，例如：

- 建设成本和使用成本低；
- 维护容易；
- 云终端是纯硬件产品，可靠、稳定且折旧周期长；
- 数据集中存放在云端，更容易保全企业的知识资产；
- 能够实现移动办公，办公人员可以在任何一台云终端上通过登录账号办公。

以一个员工人数小于 20 人的企业为例，采用两台服务器做云端，办公软件安装在服务器上，数据资料也存放在服务器上，为每位员工分配一个账号，利用账号员工可以通过有线或无线网络连接到办公终端，登录云端办公，如图 9-4 所示。

(2) 医疗云

医疗云的核心是以全民电子健康档案为基础，建立覆盖医疗卫生体系的信息共享平台，打破各个医疗机构信息孤岛的现象，同时围绕居民的健康提供统一的健康业务部署，建立远程医疗系统，尤其使得很多缺医少药的农村受惠，如图 9-5 所示。

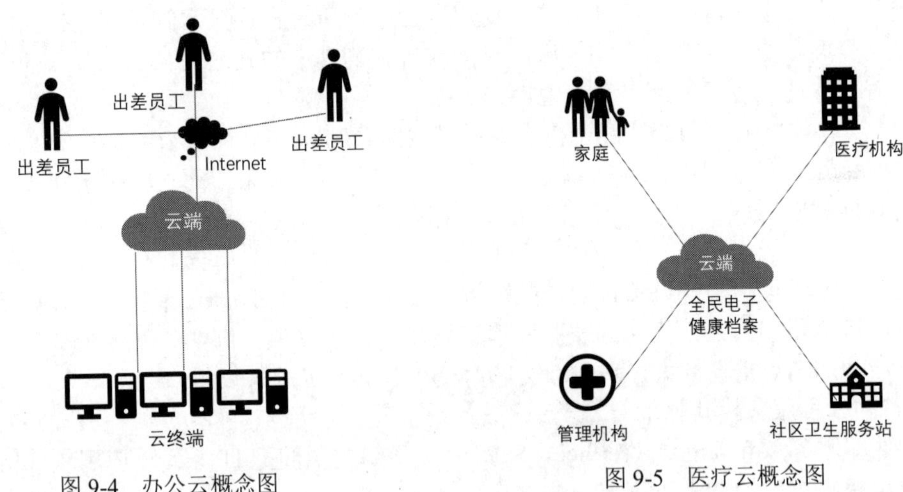

图 9-4　办公云概念图

图 9-5　医疗云概念图

通过医疗云，可以在人口密集居住的区域增设各种体检自助终端，甚至可以使自助终端进入家庭。建立医疗云利国利民。

(3) 园区云

园区云的企业经营的产品具有竞争关系或上下游关系，企业的市场营销和经营管理具有很大的共性，且企业相对集中，所以在园区内部最适合构建云计算平台。由园区管理委员会主导并运营云端，通过光纤接入园区内各家企业，企业内部配备云终端。

园区云的云端应具有以下云应用：

- 企业应用云。ERP(企业资源计划)、CRM(企业客户管理)、SCM(供应链管理)等企业应用软件是现代企业的必备软件，代表着企业研发、采购、生产、销售和管理的流程化和现代化。如果园区内每家企业单独购买这些软件，则价格昂贵、实施困难、运维复杂，但经过云化后部署于云端，企业按需租用，价格低廉，难题迎刃而解。

- 电子商务云。为了覆盖尽量长的产业链条，引入电子商务云，一方面对内可以打通上下游企业的信息通路，整合产业链条上的相关资源，从而降低交易的成本；另一方面对外可以形成统一的门户和宣传口径，避免内部恶意竞争，进而形成凝聚力一致对外，这对营销网络建设、强化市场开拓、整体塑造园区品牌形象具有重大意义。
- 移动办公云。在园区内部部署移动办公云，使得园区内企业以低廉的价格便可以达到以下目的：①使用正版软件；②企业知识资产得以保全；③随时、随地办公；④企业 IT 投入大幅度下降；⑤快速部署应用；⑥从繁重的 IT 运维中解脱出来专注于核心业务。
- 数据存储云。如果关键数据丢失，则会导致企业面临倒闭，这已经是业界的共识。在园区部署数据存储云，以数据块或文件的形式通过在线或离线的手段存储企业的各种加密或解密的业务数据，并建立数据回溯机制，可以规避存储设备毁坏、计算机被盗、火灾、水灾、房屋倒塌、雷击等事故造成的企业数据丢失或泄密的风险。
- 高性能计算云。新产品开发、场景模拟、工艺改进等往往涉及模拟实验、数据建模等需要大量计算的子项目，如果只靠单台计算机，则一次计算过程往往会耗费很长的时间，而且失败率较高。因此，园区统一引入高计算性能的计算云和 3D 打印设备，出租给有需要的企业，可以加快产品迭代的步伐。
- 教育培训云。抽取当前各个企业培训的共性部分，形成教育培训公共云平台，实现现场和远程培训相结合，一方面能最大限度减少教育培训方面的重复建设，降低企业对新员工和新业务的培训投入，加强校企合作，集中优良的师资和培训条件，使教育培训效果事半功倍；另一方面又能通过网络快速实现“送教下乡”。

9.2.2　大数据

大数据(big data)，指无法在一定时间范围内用常规软件工具进行捕捉、管理和处理的数据集合，是需要新处理模式才能具有更强的决策力、洞察发现力和流程优化能力的海量、高增长率和多样化的信息资产。

1. 数据的重要性

数据是科学的度量，用数据说话、用数据决策、用数据创新已形成社会的一种常态的共识。

2. 大数据的来源

现代科学技术为数据收集和数据运用提供了诸多手段，例如：

- 借助移动终端与移动网络，可以收集相关人员的实际地理位置及其变化信息，进而可以为终端持有者提供各种基于位置的服务(location based service，LBS)，如导航服务、就近餐厅/旅馆选择服务等，也可以为公共管理部门提供特定人员的位置追踪服务、搜索服务等。
- 物联网技术(internet of things)，可以将货物及其状态信息实时地联入互联网，进而可支持大规模收发货双方动态地、实时地追踪交通工具所在的位置、货物所在位置等，同时又可以支持第三方物流公司有效地聚集不同来源的货物提高车辆配送的效率；交通路口的摄像头、测速仪、流量监控仪等既可以有效地约束车辆驾驶者遵章驾驶，又可为交通管理者提供大量的道路负载情况，利用其制定有效的道路通行政策、疏导交通拥堵。

- 互联网大量用户的使用，如即时消息、微博、网页等，记录了人们之间的交流互动、对不同主题的关注度、对不同人物、不同事件的偏好等，有效地分析这些数据可产生意想不到的结果。这些例子说明，大数据也是生产力。除此之外，互联网上的信息不断增多，如音视频资源、网页资源等也是大数据的重要来源。

3. 大数据的应用

大数据无处不在，包括金融、汽车、餐饮、电信、能源等在内的社会各行各业都已经融入了大数据的印记。表 9-1 所示是大数据在社会各个领域的应用情况。

表 9-1 大数据在社会各个领域的应用

领　域	应　用
制造	利用大数据可以提升制造业水平，包括产品故障诊断、改进生产工艺、优化生产过程能耗、生产计划与排程等
能源	随着智能电网的发展，电力公司可以掌握海量的用户用电信息，利用大数据技术分析用户用电模式，可以改进电网运行，合理设计电力需求响应系统，确保电网运行
生物医学	大数据可以帮助我们实现流行病预测、智慧医疗、健康管理，同时还可以帮助我们解读 DNA，了解更多的生命奥秘
互联网	大数据可以帮助我们分析客户行为，进行商品推荐和有效的广告投放
金融	大数据在高频交易、社交情绪分析和信贷风险分析三大金融创新领域发挥着重要作用
安全	大数据可以帮助政府构建起强大的国家安全体系；可以帮助企业抵御网络攻击；可以帮助警察预防犯罪发生
电信	利用大数据可以实现客户离网分析，及时掌握客户离网倾向，出台客户挽留措施
汽车	利用大数据和物联网技术的无人驾驶汽车，在不远的未来将走入我们的日常生活
体育	大数据可以帮助教练训练球队，并预测比赛结果
城市管理	大数据可以实现智能交通、环保监测、城市规划和智能安防
物流管理	利用大数据可以优化物流网络，提高物流效率，降低物流成本
餐饮娱乐	大数据可以实现餐厅 O2O 模式，提供影视作品拍摄建议，改变餐饮和娱乐行业的运营模式
个人生活	大数据可以分析个人生活的习惯，为人们提供周到的个性化服务

9.3 人工智能

人工智能(artificial intelligence，AI)是计算机科学的一个分支。人们对人工智能的理解因人而异，一些人认为人工智能是通过非生物系统实现的任何智能形式的同义词，他们坚持认为，智能行为的实现方式与人类智能实现的机制是否相同是无关紧要的；而另一些人则认为，人工智能系统必须能够模仿人类智能。

9.3.1　人工智能的定义

人工智能是计算机科学的一个领域，它致力于构建自主的机器，即无须人为干预就能完成复杂任务的机器。这一目标需要机器能够感知和推理。虽然这两种能力属于常识行为，对于人类的心智来说是与生俱来的，但对机器来说仍有困难，从而导致人工智能领域的工作一直具有挑战性。

1. 什么是“人工”

在日常生活中，“人工”一词的意思是合成的(即人造的)。人造物体通常在一些方面优于真实或自然物体，在另一些方面相比自然物体则存在缺陷。例如，人造花是用丝和线制成类似芽或花的物体，它不需要阳光或水分作为养料，却可以为家庭或公司空间提供实用的装饰功能。虽然人造花给人的感觉以及香味可能不及自然的花朵，但它看起来和真实的花朵如出一辙。再如，蜡烛、电灯等产生的人造光虽然不如太阳产生的自然光强烈，但是却是我们随时都可以获得的光源，从这一点来看，人造光是优于自然光的。

如果我们进一步思考这个问题，例如人造交通装置(汽车、飞机等)与跑步、步行等自然形式的交通相比，在速度和耐久性方面有很多优势。但人造形式的交通也可能存在一些缺点，比如汽车会产生尾气破坏地球的大气环境，而飞机则可能产生噪音，噪音会污染我们的生活环境。

如同人造花、人造光、人造交通工具一样，人工智能不是自然产生的，而是人造的。要确定人工智能的优点和缺点，我们必须首先理解和定义智能。

2. 什么是“智能”

智能的定义可能比人工的定义更加难以捉摸。著名心理学家斯滕伯格(Robert J. Sternberg)就人类意识中“智能”主题给出了以下定义：智能是个人从经验中学习、理性思考、记忆重要信息，以及应对日常生活需求的认知能力。

比如，给定以下数列：1、3、6、10、15、21，要求提供下一个数字。也许有人会注意到连续数字之间的差值间隔为 1，即从 1 到 3 差值为 2，从 3 到 6 差值为 3，从 6 到 10 差值为 4，以此类推。因此问题的正确答案是 28。这个问题旨在衡量我们在模式中识别突出特征方面的熟练程度。人们往往能够通过经验来发现模式。

在确定了智能的定义后，我们可能会有以下几个疑问：

(1) 如何判定人(或事物)是否有智能？

(2) 动物是否具有智能？

(3) 如果动物有智能，如何评估它们的智能？

大多数人可以很容易地回答出第一个问题。我们通过与其他人的交流来观察他们的反应，每天多次重复这一过程，可以依此来判断他们的智力。虽然我们没有直接进入他们的意识，但是通过问答这种间接方式，可以为我们提供大脑意识内部活动的准确评估。

如果坚持使用问答的形式来评估智力，那么也可以采用类似的方式来判断动物的智力。例如，宠物狗似乎记得一两个月没见过的人，并且可以在迷路后找到回家的路；小猫在晚餐时间听到开罐头的声音常常表现得很兴奋。这是简单的巴甫洛夫反射的问题，还是小猫有意识地将罐头被打开的声音与晚餐的快乐联系起来了？

此外，有些生物只能体现出群体智能。例如，蚂蚁是一种简单的昆虫，单独一只蚂蚁的行为很难归类在智能的主题中。但是蚁群应对复杂的问题显示出了非凡的解决能力，如在从巢穴到食物源之间找到一条最佳路径、携带重物以及组成桥梁。蚂蚁的集体智慧源于个体之间的有效沟通。

脑的质量大小以及脑与身体的质量比通常被视为动物智能的指标。海豚在这两个指标上都与人类相当，海豚的呼吸是自主控制的，这可以说明其脑的质量过大，还可以说明一个有趣的事实，即海豚的两个半脑交替休眠。在动物自我意识中，例如镜子测试，海豚可以得到很高的分数，它们认识到镜子中的图像实际是它们自己的形象。海洋公园的游客可以看到海豚能够表演复杂的动作，这说明海豚具有记住序列和执行复杂身体运动的能力。使用工具是智能的一个表现，并且是否能够使用工具常常用于将直立人与人类的祖先区分开来。而海豚和人类都具备这项特质。例如，在觅食时，海豚会使用深海海绵(一种多细胞动物)来保护它们的嘴。因此显而易见，智能并不是人类所独有的特性，在某种程度上，地球上许多生命形式是具有智能的。

基于以上结论，我们可以进一步思考以下问题：

(1) 生命是拥有智能的必要先决条件吗？

(2) 无生命体(如计算机)可能拥有智能吗？

人工智能追求的目标是创建可以与人类的思维媲美的计算机软件和(或)硬件系统，换句话说，即表现出与人类智能相关的特征。这里一个关键的问题是“机器能思考吗？人类、动物或机器拥有智能吗？”。在这个问题的基础上，强调思考和智能之间的区别是明智的。思考是推理、分析、评估和形成思想和概念的工具，并不是所有能够思考的物体都拥有智能，智能也许就是高效以及有效的思考。有些人看待这个问题怀有偏见，他们认为“计算机是由硅和电源组成的，因此不能思考。”或者走向另一个极端：“计算机的计算能力表现得比人更强，因此也有着比人更高的智商”。而真相很可能存在于这两个极端之间。

正如我们上面所讨论的，不同的动物物种可能具有不同程度的智能(例如蚂蚁和海豚)。我们在阐述人工智能领域开发的软件和硬件系统时，它们也具有不同程度的智能。人工智能是一门科学，这门科学让机器做人类需要智能才能完成的事。

9.3.2 人工智能的发展

人工智能目前已成为政、学、研、投、产等各界人士谈论的最热门话题，其重要性已经可以与前三次工业和科技革命相媲美，足见其将对人类社会产生何等重要的影响。下面我们就来回顾一下人工智能过往的发展历程。

1. 人工智能的起源

1950 年，一位名叫马文・明斯基(Marvin Minsky，“人工智能之父”)的大四学生与他的同学邓恩・埃德蒙，建造了世界上第一台神经网络计算机，这被看作是人工智能的起点。

同年，“计算机之父”阿兰・图灵提出设想：如果一台机器能够与人类开展对话而不能被辨别出机器身份，那么这台机器就具有智能。

1956 年，计算机专家约翰・麦卡锡提出“人工智能”一词，这被人们看作是人工智能正式诞生的标志。麦卡锡与明斯基两人共同创建了世界上第一个人工智能实验室——MIT AI Lab 实验室，如图 9-6 所示。

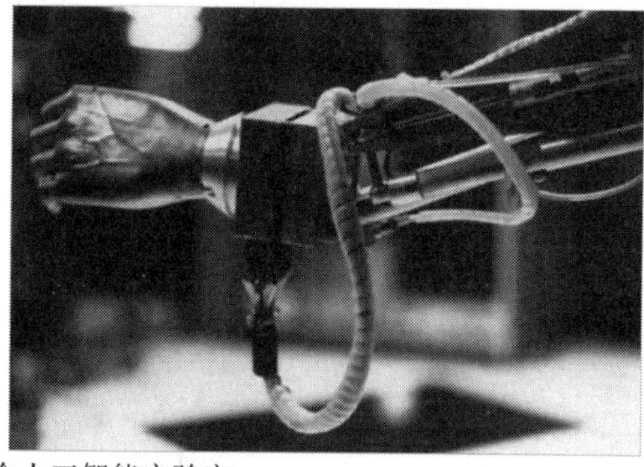

图 9-6　世界上第一个人工智能实验室

2. 人工智能的第一次高峰

20 世纪 50 年代，人工智能迎来发展高峰期。计算机被广泛应用于数学和自然语言领域，这让很多学者对机器发展成人工智能充满希望。

3. 人工智能的第一次低谷

20 世纪 70 年代，人工智能进入低谷期。科研人员低估了人工智能的难度，美国国防高级研究计划署的合作计划失败，这让许多人对人工智能的前景望而兴叹。这一时期人工智能的主要技术瓶颈是：计算机性能不足；处理复杂问题的能力不足；数据量严重缺失。

4. 人工智能的重新崛起

20 世纪 80 年代，卡内基梅隆大学为数字设备公司设计了一套名为 XCON 的“专家系统”。它具有完整专业知识和经验的计算机智能系统。

5. 处在两个高峰之间的人工智能

1987 年，苹果公司和 IBM 公司生产的台式机性能超过了 Symbolics 等厂商生产的通用计算机。从此，专家系统风光不再。一直到 20 世纪 80 年代末，美国国防先进研究项目局高层认为人工智能并不是“下一个浪潮”。

6. 人工智能的今天

随着科学技术不断突破阻碍，今天的人工智能自 20 世纪 90 年代后期以来取得了辉煌的成果。例如在 1997 年，IBM 的超级计算机“深蓝”战胜国际象棋世界冠军卡斯帕罗夫，证明了人工智能在某些情况下有不弱于人脑的表现；2009 年，瑞士洛桑理工学院发起的蓝脑计划，生成并成功模拟了部分鼠脑(该计划的目标是制造出科学史上第一台会“思考”的机器，它将可能拥有感觉、痛苦、愿望甚至恐惧感)；2016 年谷歌 AlphaGO 通过“深度学习”的原理，战胜了韩国人李世石，成为了第一个击败人类职业围棋选手、第一个战胜围棋世界冠军的人工智能机器人。图 9-7 所示为人工智能发展的过程。

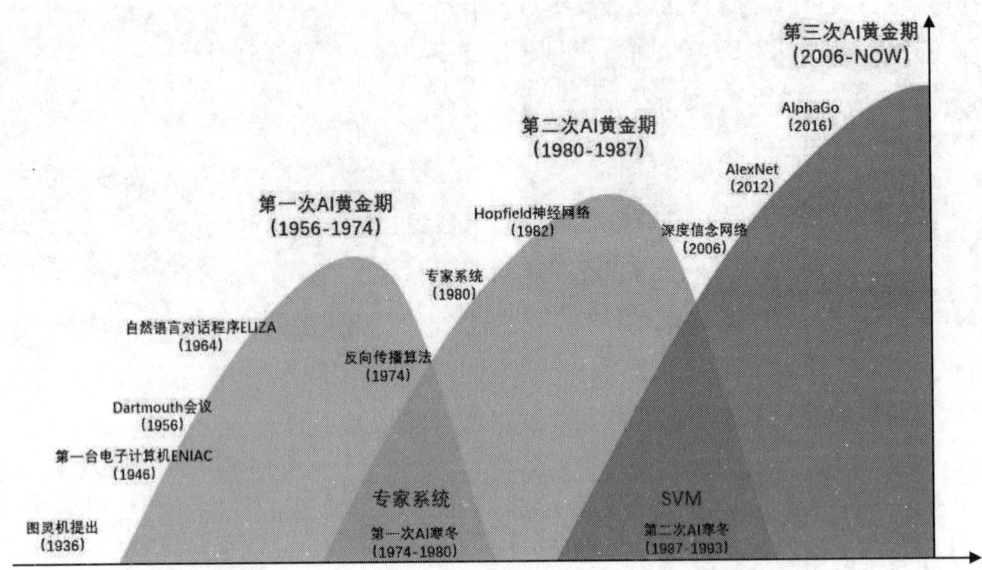

图 9-7　人工智能的历史发展

9.3.3　人工智能的应用

国际人工智能联合会议(IJCAI)程序委员会将人工智能领域划分为：约束满足问题、知识表示与推理、学习、多 Agent、自然语言处理、规划与调度、机器人学、搜索、不确定性问题、网络与数据挖掘等。会议建议的小型研讨会主题包括环境智能、非单调推理、用于合作性知识获取的语义网、音乐人工智能、认知系统的注意问题、面向人类计算的人工智能、多机器人系统、ICT(Information 信息、Communication 通信、Technology 技术)应用中的人工智能、神经-符号的学习与推理以及多模态的信息检索等。

在过去的几十年中，已经建立了一些具有人工智能的计算机系统。例如，能够求解微分方程的、下棋的、设计分析集成电路的、合成人类自然语言的、检索情报的、诊断疾病以及控制太空飞行器、地面移动机器人和水下机器人等具有不同程度人工智能的计算机系统。

对人工智能研究和应用的讨论，试图将有关各个子领域直接联结起来，辨别某些方面的智能行为，并指出有关人工智能研究和应用的状况。

本节要讨论的各种智能特性之间也是相互关联的，把它们分开介绍只是为了便于指出现有的人工智能程序能够做些什么和还不能做什么。大多数人工智能研究课题都涉及许多智能领域。下面从智能感知、智能推理、智能学习和智能行动等四个方面进行概述。

1. 智能感知

(1) 模式识别

模式识别是对表征事物或现象的各种形式的(数值的、文字的和逻辑关系的)信息进行处理和分析，以对事物或现象进行描述、辨认、分类和解释的过程。

人们在观察事物或现象时，常常需要寻找它与其他事物或现象的异同之处，根据一定的目的将不完全相同的事物或现象组成一类。例如，字符识别就是一个典型的例子。人脑的这种思维能力就构成了“模式”的概念。

模式识别研究主要集中在两个方面，即研究生物体是如何感知对象的，以及在给定的任务下，如何用计算机实现模式识别的理论和方法。模式识别的方法有感知机、统计决策方法、基元关系的句法识别方法和人工神经元网络方法。一个计算机模式识别系统基本上由三部分组成，即数据采集、数据处理和分类决策或模型匹配。

任何一种模式识别方法都首先要通过各种传感器把被研究对象的各种物理变量转换为计算机可以接受的数值或符号集合。为了从这些数值或符号中抽取出对识别有效的信息，必须对它们进行处理，其中包括消除噪声，排除不相干的信号以及与对象的性质和采用的识别方法密切相关的特征的计算和必要的变换等。然后通过特征选择和提取或基元选择形成模式的特征空间，以后的模式分类或模型匹配就在特征空间的基础上进行。系统的输出或者是对象所属的类型，或者是模型数据库中与对象最相似的模型的编号。

试验表明，人类接受外界信息的 80%以上来自视觉，10%左右来自听觉。因此，早期的模式识别研究工作集中在对文字和二维图像的识别方面，并取得了不少成果。自 20 世纪 60 年代中期开始，机器视觉方面的研究工作开始转向解释和描述复杂的三维景物这一更困难的课题。Robest 于 1965 年发表的论文奠定了分析由棱柱体组成的景物的方向，迈出了用计算机把三维图像解释成三维景物的一个单眼视图的第一步，即所谓的积木世界。接着，机器识别由积木世界进入识别更复杂的景物和在复杂环境中寻找目标以及室外景物分析等方面的研究。目前研究的热点是活动目标的识别和分析，它是景物分析走向实用化研究的一个标志。

语音识别技术的研究始于 20 世纪 50 年代初。1952 年，美国贝尔实验室的 Davis 等人成功地进行了 0~9 数字的语音识别实验，其后由于当时技术上的困难，研究进展缓慢，直到 1962 年才由日本研制成功第一个连续多位数字语音识别装置。1969 年，日本的板仓斋藤提出了线性预测方法，对语音识别和合成技术的发展起到了推动作用。20 世纪 70 年代以来，各种语音识别装置相继出现，性能良好的能够识别单词的声音识别系统已进入实用阶段。神经网络用于语音识别也已取得成功。

在模式识别领域，神经网络方法已经成功地应用于手写字符的识别、汽车牌照的识别、指纹识别、语音识别等方面。模式识别已经在天气预报、卫星航空图片解释、工业产品检测、字符识别、语音识别、指纹识别、医学图像分析等许多方面得到了成功的应用。

(2) 计算机视觉

计算机视觉旨在对描述景物的一幅或多幅图像的数据经计算机处理，以实现类似于人的视觉感知功能。

有些学者将为实现视觉感知所要进行的图像获取、表示、处理和分析等也包含在计算机视觉中，使整个计算机视觉系统成为一个能够看的机器，从而可以对周围的景物提取各种有关信息，包括物体的形状、类别、位置以及物理特性等，以及实现对物体的识别理解和定位，并在此基础上做出相应的决策。

景物在成像过程中经透视投影而成光学图像，再经过取样和量化，得到由各像元的灰度值组成的二维阵列，即数字图像，这是计算机视觉研究中最常用的一类图像。此外，还用到由激光或超声测距装置获取的距离图像，它直接表示物体表面一组离散点的深度信息。用多种传感器实现数据融合则是近年来获取视觉信息的重要方法。

计算机视觉的基本方法是：

① 获取灰度图像；

② 从图像中提取边缘、周长、惯性矩等特征；

③ 从描述已知物体的特征库中选择特征匹配最好的相应结果。

整个感知问题的要点是形成一个精练的表示，以取代难以处理的、极其庞大的、未经加工的输入数据。最终表示的性质和质量取决于感知系统的目标。不同系统有不同的目标，但所有系统都必须把来自输入的多得惊人的感知数据简化为一种易于处理的和有意义的描述。

(3) 自然语言处理

自然语言处理是用计算机对人类的书面和口头形式的自然语言信息进行处理加工的技术，它涉及语言学、数学和计算机科学等多学科知识领域。

自然语言处理的主要任务在于建立各种自然语言处理系统，如文字自动识别系统、语音自动识别系统、语音自动合成系统、电子词典、机器翻译系统、自然语言人机接口系统、自然语言辅助教学系统、自然语言信息检索系统、自动文摘系统、自动索引系统、自动校对系统等。

自然语言在以下四个方面与人工语言有很大差异：

① 自然语言中充满歧义。

② 自然语言的结构复杂多样。

③ 自然语言的语义表达千变万化，至今还没有一种简单而通用的途径描述它。

④ 自然语言的结构和语义之间有千丝万缕的、错综复杂的联系。

自然语言处理的研究有两大主流：一个是面向机器翻译的自然语言处理；另一个是面向人机接口的自然语言处理。

20 世纪 90 年代，在自然语言处理中，开始把大规模真实文本的处理作为今后的战略目标，重组词汇处理，引入语料库方法，包括统计方法、基于实例的方法以及通过语料加工，使语料库转变为语言知识库的方法等。

2. 智能推理

(1) 智能推理概述

对推理的研究往往涉及对逻辑的研究。逻辑是人脑思维的规律，从而也是推理的理论基础。机器推理或人工智能用到的逻辑主要包括经典逻辑中的谓词逻辑和由它经某种扩充、发展而来的各种逻辑，后者通常称为非经典或非标准逻辑。经典逻辑中的谓词逻辑实际是一种表达能力很强的形式语言。用这种语言不仅可供人用符号演算的方法进行推理，而且也可以供计算机用符号推演的方法进行推理。特别是利用一阶谓词逻辑不仅可在机器上进行像人一样的“自然演绎”推理，而且还可以实现不同于人的“归结反演”推理。后一种方法是机器推理或自动推理的主要方法。它是一种完全机械化的推理方法。基于一阶谓词逻辑，人们还开发了一种人工智能程序设计语言 Prolog。

非标准逻辑泛指除经典逻辑以外的逻辑，如多逻辑值、模糊逻辑、模态逻辑、时态逻辑、动态逻辑、非单调逻辑。各种非标准逻辑是在为弥补经典逻辑的不足而发展起来的。例如，为了克服经典逻辑“二值性”限制，人们发展了多值逻辑及模糊逻辑。实际上，这些非标准逻辑都是对经典逻辑作某种扩充和发展而来的。在非标准逻辑中，又可以分为两种情况。

① 对经典逻辑的语义进行扩充而产生的，如多值逻辑、模糊逻辑等。这些逻辑也可看作是与经典逻辑平行的逻辑。因为它们使用的语言与经典逻辑基本相同，区别在于经典逻辑中的一些定理在这种非标准逻辑中不再成立，而且增加了一些新的概念和定理。

② 对经典逻辑的语构进行扩充而得到的，如模态逻辑、时态逻辑等。这些逻辑一般都承认经典逻辑的定理，但在两个方面进行了补充，一是扩充了经典逻辑的语言，二是补充了经典逻辑的定理。例如，模态逻辑增加了两个新算子 L(……是必然的)和 M(……是可能的)，从而扩大了经典逻辑的词汇表。

上述逻辑为推理(特别是机器推理)提供了理论基础，同时也开辟了新的推理技术和方法。随着推理的需要，还会出现一些新的逻辑；同时，这些新逻辑也会提供一些新的推理方法。事实上，推理与逻辑是相辅相成的。一方面，推理为逻辑提出课题；另一方面，逻辑为推理奠定基础。

(2) 搜索技术

所谓搜索，就是为达到某一“目标”，而连续进行推理的过程。搜索技术就是对推理进行引导和控制的技术。智能活动的过程可看作或抽象为一个“问题求解”过程。而所谓“问题求解”过程，实际上就是在显式和隐式的问题空间中进行搜索的过程，即在某一状态图，或者与或图，或者一般说，在某种逻辑网络上进行搜索的过程。例如，难题求解(如旅行商问题)是明显的搜索过程，而定理证明实际上也是搜索过程，它是在定理集合(或空间)上搜索的过程。

搜索技术也是一种规划技术。因为对于有些问题，其解就是由搜索而得到的“路径”。在人工智能研究的初期，“启发式”搜索算法曾一度是人工智能的核心课题。传统的搜索技术都是基于符号推演方式进行的。近年来，人们又将神经网络技术用于问题求解，开辟了问题求解与搜索技术研究的新途径。例如，用 Hofield 网解决 31 个城市的旅行商问题，已经取得很好的效果。

(3) 问题求解

人工智能的成就之一是开发了高水平的下棋程序。在下棋程序中应用的某些技术，如向前看几步，并把困难的问题分成一些比较容易的子问题，发展成为搜索和问题归约这样的人工智能基本技术。今天的计算机程序能够下锦标赛水平的各种方盘棋、五子棋、国际象棋和围棋，并取得计算机棋手战胜国际象棋冠军和围棋冠军的成果。另一种问题求解程序能够进行各种数学公式运算，其性能达到很高的水平，并正在为许多科学家和工程师所应用。有些程序甚至还能够用经验改善其性能。有些软件能够进行比较复杂的数学公式符号运算。

未解决的问题包括人类棋手具有的但尚不能明确表达的能力，如国际象棋大师们洞察棋局的能力。另一个未解决的问题涉及问题的原概念，在人工智能中叫作问题表示的选择，人们常常能够找到某种思考问题的方法，从而使求解变得容易而最终解决该问题。到目前为止，人工智能程序已经知道如何考虑要解决的问题，即搜索解空间，寻找较优的解答。

(4) 定理证明

早期的逻辑演绎研究工作与问题和难题的求解相当密切。已经开发出的程序能够借助对事实数据库的操作“证明”断定；其中每个事实由分立的数据结构表示，就像数理逻辑中由分立公式表示一样。与人工智能其他技术的不同之处是，这些方法能够完整地、一致地加以表示。也就是说，只要本原事实是正确的，那么程序就能够证明这些从事实得出的定理，而且也仅仅是证明这些定理。

对数据中臆测的定理寻找一个证明或反证，确实称得上是一项职能任务。为此，不仅需要有根据假设进行演绎的能力，而且需要某些直觉技巧。例如，为了求证主要定理而猜测应当首先证明哪一个引理。一个熟练的数学家运用他的判断力能够精确地推测出某个科目范围内哪些已证明的定理在当前的证明中是有用的，并把他的主问题归结为若干子问题，以便独立地处理它们。有几个定理证明程序已在有限的程度上具有某些这样的技巧。

(5) 专家系统和知识库

专家系统是一个基于专门的领域知识求解问题的计算机程序系统，主要用来模仿人类专家的思维活动，通过推理与判断求解问题。

一个专家系统主要由两个部分组成：

① 称为知识库的知识集合，它包括要处理问题的领域知识；

② 称为推理机的程序模块，它包含一般问题求解过程所用的推理方法与控制策略的知识。

推理是指从已有事实推出新事实(或结论)的过程。人类专家能够高效率求解复杂问题，除了因为他们拥有大量的专门知识外，还体现在他们选择知识和运用知识的能力方面。知识的运用方式称为推理方法，知识的选择过程称为控制策略。

好的专家系统应能为用户解释它是如何求解问题的，或者推理过程中结论获得的理由，或者为什么所期望的结论没有达到。

专家系统中的知识往往具有不确定性或不精确性，它必须能够使用这些模糊的知识进行推理，以得出结论。专家系统可用于解释、预测、判断、设计、规划、监督、排错、控制和教学等。专家系统构造过程一般有以下 5 个相互依赖、相互重叠的阶段：识别、概念化、形式化、实现与验证。

知识库类似于数据库。知识库技术包括知识的组织、管理、维护、优化等技术。对知识库的操作要靠知识库管理系统的支持。知识库与知识表示密切相关，知识表示是指知识在计算机中的表示方法和表示形式，它涉及知识的逻辑结构和物理结构。知识表示实际也隐含着知识的运用，知识表示和知识库是知识运用的基础，同时也与知识的获取密切相关。

知识表示与知识库的研究内容包括知识的分类、知识的一般表示模式、不确定性知识的表示、知识分布表示、知识库的模型、知识库与数据库的关系、知识库管理系统等。

“知识就是智能”，因为所谓智能，就是发现规律、运用规律的能力，而规律就是知识。发现知识和运用知识本身还需要知识。因此，知识是智能的基础和源泉。

3. 智能学习

(1) 智能学习概述

学习是人类智能的主要标志和获得知识的基本手段。机器学习(自动获取新的事实及新的推理算法)是计算机具有智能的根本途径。学习是一个有特定目的的知识获取过程，其内部表现为新知识结构的不断建立和修改，而外部表现为性能的改善。一个学习过程本质上是学习系统把导师(或专家)提供的信息转换成能被系统理解并应用的形式的过程。

机器学习研究计算机怎样模拟或实现人类的学习行为，以获取新的知识或技能，重新组织已有的知识结构，使之不断改善自身的性能。

一般来说，环境为学习单元提供外界信息源，学习单元利用该信息对知识库做出改进，执行单元利用知识库中的知识执行任务，任务执行后的信息又反馈给学习单元作为进一步学习的输入。

学习方法通常包括：归纳学习、类比学习、分析学习、连接学习和遗传学习。

① 归纳学习从具体实例出发，通过归纳整理，得到新的概念或知识。归纳学习的基本操作是泛化和特化，泛化操作是使规则能匹配应用于更多的情形或实例。特化操作则相反，减少规则适用的范围或事例。

② 类比学习以类比推理为基础，通过识别两种情况的相似性，使用一种情况中的知识分析或理解另一种情况。

③ 分析学习是利用背景或领域知识，分析很少的典型实例，然后通过演绎推导，形成新的知识，使得对领域知识的应用更有效。分析学习方法的目的在于改进系统的效率与性能，而同时不牺牲其准确性和通用性。

④ 连接学习是在人工神经网络中，通过样本训练，修改神经元间的连接强度，甚至修改神经网络本身结构的一种学习方法，主要基于样本数据进行学习。

⑤ 遗传学习源于模拟生物进化过程中的遗传变异学说(如交换、突变等)以及达尔文的自然选择学说(生态圈中适者生存)。一个概念描述的各种变体或版本对应于一个物种的各个个体，这些概念描述的变体在发生突变和重组后，经过某种目标函数(与自然选择学说对应)的衡量，

决定谁被淘汰，谁继续生存下去。

(2) 记忆与联想

记忆是智能的基本条件，不管是脑智能，还是群智能，都以记忆为基础。记忆也是人脑的基本功能之一。在人脑中，伴随记忆的就是联想，联想是人脑的奥秘之一。

计算机要模拟人脑的思维，就必须具有联想功能。要实现联想。无非就是建立事物之间的联系。在机器世界里面，就是有关数据、信息或知识之间的联系。当然，建立这种联系的办法很多，如用指针、函数、链表等。我们通常的信息查询就是这样做的，但传统方法实现的联想只能对于那些完整的、确定的(输入)信息，联想起(输出)有关的信息。这种“联想”与人脑的联想功能相差甚远。人脑对那些残缺的、失真的、变形的输入信息，仍然可以快速准确地输出联想响应。

从机器内部的实现方法看，传统的信息查询是基于传统计算机的按地址存取方式进行的。而研究表明，人脑的联想功能是基于神经网络的按内容记忆方式进行的。也就是说，只要是内容相关的事情，不管在哪里(与存储地址无关)，都可由其相关的内容被想起。例如，苹果这一概念，一般有形状、大小、颜色等特征，我们要介绍的内容记忆方式就是由形状(如苹果是圆形的)想起颜色、大小等特征，而不需要关心其内部特征。

当前，在机器联想功能的研究中，人们就是利用这种按内容记忆原理，采用一种称为“联想存储”的技术实现联想功能。联想存储的特点是：

① 可以存储许多相关(激励，响应)模式对。

② 通过自组织过程可以完成这种存储。

③ 以分布、稳健的方式(可能会有很高的冗余度)存储信息。

④ 可以根据接收到的相关激励模式产生并输出适当的响应模式。

⑤ 即使输入激励模式失真或不完全时，仍然可以产生正确的响应模式。

⑥ 可以在原存储中加入新的存储模式。

(3) 神经网络

人工神经网络(也称神经网络计算，或神经计算)实际上指的是一类计算模型，其工作原理模仿了人类大脑的某些工作机制。这种计算模型与传统的计算机的计算模型完全不同。传统的计算模型是这样的：它利用一个(或几个)计算单元(即 CPU)承担所有的计算任务，整个计算过程是按时间序列一步步地在该计算单元中完成的，本质上是串行计算。神经计算则是利用大量简单计算单元组成一个大网络，通过大规模并行计算完成。由于其思想的新颖性，所以一开始就受到广泛重视。

从计算模型的角度看，神经网络是由大量简单的计算单元组成网络进行计算。这种计算模型具有鲁棒性、适用性和并行性。这是传统计算所没有的。

从方法论的角度看，传统的计算依靠自顶向下的分析，先利用先验知识建立数学的、物理的或推理的模型。在此基础上建立相应的计算模型进行计算，但神经网络计算是自底向上的，它很少利用先验知识，直接从数据通过学习与训练，自动建立计算模型。可见，神经网络计算表现出很强的灵活性、适应性和学习能力，这是传统计算方法所缺乏的。

(4) 深度学习与迁移学习

2006 年，多伦多大学的杰夫•辛顿(深度学习的创始人)研究组在《科学》上发表了关于深度学习的文章；2012 年，他们参加计算机视觉领域著名的 ImageNet 竞赛，使用深度学习模型以超过第二名 10 个百分点的成绩夺冠，引起大家的关注。2015 年，微软研究院在 ImageNet 竞赛夺冠的模型中使用 152 层网络。深度学习的成功有 3 个重要条件：大数据、强力计算设备、大量工程研究人员进行尝试。目前，深度学习在图像、语音、视频等应用领域都取得了很大成功。

深度学习会继续发展。这里的发展不仅包括层次的增加，还包括深度学习的可解释性以及对深度学习所获得的结论的自我因果表达。例如，如何把非结构化数据作为原始数据，训练出一个统计模型，再把这个模型变成某种知识的表达——这是一种表示学习。这种技术对于非结构化数据，尤其对于自然语言里面的知识学习，是很有帮助的。另外，深度学习模型的结构设计是深度学习的一个难点。这些结构都是需要由人设计的。如何让逻辑推理和深度学习一起工作，增加深度学习的可解释性也是需要研究的问题。例如，建立一个贝叶斯模型需要设计者具有丰富的经验，到现在为止，基本上都是由人设计的。如果能从深度学习的学习过程中衍生出一个贝叶斯模型，那么，学习、解释和推理就可以统一起来了。

未来，我们将深度学习、强化学习和迁移学习相结合，可以实现几个突破——反馈可以延迟，通用的模型可以个性化，可以解决冷启动的问题等。这样的一个复合模型叫作深度、强化迁移学习模型。

(5) 计算智能与进化计算

计算智能(computational intelligence)涉及神经计算、模糊计算、进化计算等研究领域。在此仅对进化计算加以介绍。

进化计算(evolutionary computation)是指一类以达尔文进化论为依据设计、控制和优化人工系统的技术和方法的总称，它包括遗传算法(genetic algorithm)、进化策略(evolutionary strategy)和进化规划(evolutionary programming)。它们遵循相同的指导思想，但彼此存在一定差别。同时，进化计算的研究关注学科的交叉和广泛的应用背景，因而引入了许多新的方法和特征，彼此间难以分类，这些都统称为进化计算方法。目前，进化计算被广泛运用于许多复杂系统的自适应控制和复杂优化问题等研究领域，如并行计算、机器学习、电路设计、神经网络、基于Agent的仿真、元胞自动机等。

(6) 遗传算法

遗传算法是模拟自然界中按“优胜劣汰”法则进行进化过程而设计的算法。

1967年，Bagley和Rpsengerg在他们的博士论文中提出遗传算法的概念。1975年，Holland出版专著奠定了遗传算法的理论基础。

20世纪80年代初，Bethke利用WALSH函数和模式变换方法设计了一个确定模式的均值的有效方法，大大推进了对遗传算法的理论研究工作。

1987年，Holland推广了Bethke的方法。如今，遗传算法不但给出了清晰的算法的描述，而且也建立了一些定量分析的结果，并在各方面得到应用。

遗传算法在众多领域得到广泛的应用，如用于控制(煤气管道的控制)、规划(生产任务规划)、设计(通信网络设计)、组合优化(TSP问题、背包问题)以及图像处理和信号处理等，引起人们极大的兴趣。

(7) 数据挖掘与知识发现

知识获取是知识信息处理的关键问题之一。20世纪80年代，人们在知识发现方面取得了一定的进展。利用样本，通过归纳学习，或者与神经计算结合起来进行知识获取已有一些试验系统。数据挖掘和知识发现是20世纪90年代初期崛起的一个活跃的研究领域。在数据库基础上实现的知识发现系统，通过综合运用统计学、粗糙集、模糊数学、机器学习和专家系统等多种学习手段和方法，从大量的数据中提炼出抽象的知识，从而揭示出蕴含在这些数据背后的客观世界的内在联系和本质规律，实现知识的自动获取。这是一个富有挑战性的，并具有广阔应用前景的研究课题。

从数据库获取知识，即从数据中挖掘并发现知识，首先要解决被发现知识的表达问题。最好的表达方式是自然语言，因为它是人类的思维和交流语言。知识表示的最根本问题就是如何形成用自然语言表达的概念。概念比数据更确切、更直接、更易于理解。自然语言的功能就是用最基本的概念描述复杂的概念，用各种方法对概念进行组合，以表示所认知的事件，即知识。

机器知识发现始于 1974 年。到 20 世纪 80 年代末，数据挖掘取得突破。美国总统信息技术顾问委员会报告指出，信息技术领域中创造 10 亿美元以上产值的主要是关系数据库和并行数据库的数据挖掘技术。

大规模数据库和互联网的迅速增长，使人们对数据的应用提出新的要求。仅用查询检索已不能提取数据中有利于用户实现其目标的结论性信息。数据库中包含的大量知识无法得到充分的发掘与利用，会造成信息的浪费，并产生大量的数据垃圾。另一方面，知识获取仍是专家系统研究的瓶颈问题。从领域专家获取知识是非常复杂的个人到个人之间的交互过程，具有很强的个性和随机性，没有统一的办法。因此，人们开始考虑以数据库作为新的知识源。数据挖掘和知识发现能够自动处理数据库中大量的原始数据，抽取出具有必然性的、富有意义的模式，帮助人们找到问题的解答。数据库中的知识发现具有以下 4 个特征：

① 发现的知识用高级语言表示。

② 发现的内容是对数据内容的精确描述。

③ 发现的结果(即知识)是用户感兴趣的。

④ 发现的过程应是高效的。

比较成功的、典型的知识发现系统有用于超级市场商品数据分析、解释和报告的 CoverStory 系统；用于概念性数据分析和查询感兴趣关系的集成化系统 EXPLORA；交互式大型数据库分析工具 KDW；用于自动分析大规模天空观测数据的 SKICAT 系统；通用的数据库知识发现系统 KDD 等。

4. 智能行动

(1) 智能检索

对国内外种类繁多和数量巨大的科技文献的检索远非人力和传统检索系统所能胜任。研究智能检索系统已经成为科技持续快速发展的重要保证。

智能信息检索系统的设计者们将面临以下几个问题：

① 如何建立一个能够理解以自然语言陈述的询问系统。

② 如何根据存储的事实演绎出答案。

③ 如何表示和应用常识问题，因为理解询问和演绎答案需要的知识都有可能超出该学科领域数据库表示的知识范围。

(2) 智能调度与指挥

确定最佳调度或组合的问题是人们感兴趣的一类问题。一个古典的问题就是旅行商问题。这个问题要求为旅行商寻找一条最短的旅行路线。他从某个城市出发，访问每个城市一次，且只允许一次，然后回到出发的城市。这个问题的一般提法是：对由 n 个结点组成的一个图的各条边，寻找一条最小代价的路径，使得这条路径对 n 个结点的每个点只允许穿过一次。试图求解这类问题的程序产生了一种组合爆炸的可能性。这些问题多数属于 NP-hard 问题。

智能组合调度与指挥方法已被应用于汽车运输调度、列车的编组与指挥、空中交通管制以及军事指挥等系统。它已引起有关部门的重视。其中，军事指挥系统已从 C^3I 发展为 C^4ISR，即在 C^3I 的基础上增加了侦察、信息管理和信息战，强调战场情报的感知能力、信息综合处理能力以及系统之间的交互作用能力。

(3) 智能控制

智能控制是驱动智能机器自主地实现其目标的过程。许多复杂的系统难以建立有效的数学模型和用常规控制理论进行定量计算与分析，而必须采用定量数学解析法与基于知识的定性方法的混合控制方式。随着人工智能和计算机技术的发展，已有可能把自动控制和人工智能以及系统科学的某些分支结合起来，建立一种适用于复杂系统的控制理论和技术。

智能控制是同时具有以知识表示的非数学广义世界模型和数学公式模型表示的混合控制过程，也往往是含有复杂性、不完全性、模糊性或不确定性以及不存在已知算法的非数学过程，并以知识进行推理，以启发引导求解过程。因此，在研究和设计智能控制系统时，不把注意力放在数学公式的表达、计算和处理方面，而是放在对任务和世界模型的描述、对符号和环境的识别以及对知识库和推理机的设计开发上，即放在智能机模型上。智能控制的核心在高层控制，即组织级控制。其任务在于对实际环境或过程进行组织，即决策和规划，以实现广义问题的求解。已经提出的用以构造智能控制系统的理论和技术有分级递阶控制理论、分级控制器设计的熵方法、智能逐级增高而精度逐级降低原理、专家控制系统、学习控制系统和神经控制系统等。

智能控制有很多研究领域，它们的研究课题既有独立性，又相互关联。目前研究得较多的是以下 6 个方面：①智能机器人规划与控制；②智能过程规划；③智能过程控制；④专家控制系统；⑤语音控制；⑥智能仪器。

(4) 人机对话系统

在人机对话系统领域，某些相对垂直的方面已经获得了足够多的数据，如客服和汽车(车内的人车对话)方面；还有一种是特定场景的特定任务，如 Amazon Echo，你可以和它对话，可以说“给我放首歌吧”或者“播放一下新闻”，Amazon Echo 中有多个麦克风形成的阵列，围成一圈，这个阵列可以探测到人是否在和他说话，如当人转过脸去和另外一个人说话时，它就不会有反应，并且大规模地降低噪声。在家庭或车内等场景中，这种“唤醒功能”非常准确。此外，人机对话系统还有另一个功能，当我们的双手无法操控手机时，可以通过语音控制。虽然它只有一问一答的形式，但有了准确的唤醒功能以后，给人的印象就好像它可以进行多轮问答的复杂对话。因此，当有了人工智能应用的特定场景，如果收集了足够多足够好的数据，是可以训练出强大的对话系统的。

(5) 智能机器人

智能机器人是具有人类特有的某种智能行为的机器。

一般认为，按照机器人从低级到高级的发展程度，可以将机器人分为三代：

- 第一代机器人，即工业机器人，主要是指能以“示教-再现”的方式工作的机器人。这种机器人的本体是一只类似于人上肢功能的机械手臂，末端是手爪等操作机构。
- 第二代机器人是指基于传感器信息工作的机器人。它依靠简单的感觉装置获取作业环境和对象的简单信息，通过对这些信息的分析、处理做出一定的判断，对动作进行反馈控制。
- 第三代机器人，即人工智能机器人，其是具有高度适应性的、有一定自主能力的机器人。它本身能感知工作环境、操作对象及其状态；能接受、理解人给予的指令，并结合自身认识外界的结果独立地决定工作规则，利用操作机构和移动机构实现任务目标；还能适应环境的变化，调整自身行为。

区别于第一代、第二代机器人，人工智能机器人必须有 4 种技能：①行动技能——施加于外部环境和对象的，相当于人的手、足的动作机能；②感知机能——获取外部环境和对象的状态信息，以便进行自我行为监视的机能；③思维机能——求解问题的认知、推理、记忆、判断、决策、学习等机能；④人机交互机能——理解指示命令、输出内部状态、与人进行信息交换的机能。简言之，人工智能机器人的“智能”特征就在于它具有与外部世界——环境、对象和人相协调的工作机能。

围绕上述4种机能，智能机器人的主要研究内容有：操作与移动、传感器及其信息处理、控制、人机交互、体系结构、机器智能和应用研究。目前，智能机器人的研究还处于初级阶段，研究目标一般围绕感知、行动、思考3个问题。实验室原型主要有：自动装配机器人、移动式机器人和水下机器人。

(6) 分布式人工智能与Agent

分布式人工智能(Distributed AI,DAI)是分布式计算与人工智能结合的结果。DAI系统以鲁棒性作为控制系统质量的标准，并具有互操作性，即不同的异构系统在快速变化的环境中具有交换信息和协同工作的能力。

分布式人工智能的研究目标是要创建一种能够描述自然系统和社会系统的精确概念模型。DAI中的智能并非独立存在的概念，只能在团体协作中实现，因而其主要研究问题是各Agent之间的合作与对话，包括分布式问题求解和多Agent系统(multi-agent system，MAS)两个领域。其中，分布式问题求解把一个具体的求解问题划分为多个相互合作和知识共享的模块或结点。多Agent系统则研究各Agent之间智能行为的协调，包括规划、知识、技术和动作的协调。这两个研究领域都要研究知识、资源和控制的划分问题，但分布式问题求解往往含有一个全局的概念模型、问题和成功标准，而MAS则含有多个局部的概念模型、问题和成功标准。

MAS 更能体现人类的社会职能，具有更大的灵活性和适应性，更适合开放和动态的世界环境，因而备受重视，已成为人工智能，以至计算机科学和控制科学与工程的研究热点。当前，Agent和MAS的研究包括Agent和MAS理论、体系结构、语言、合作与协调、通信和交互技术、MAS学习和应用等。MAS已在自动驾驶、机器人导航、机场管理、电力管理和信息检索等方面得到应用。

完全自主Agents的4个主要应用领域分别是：①足球机器人(robot soccer)；②无人驾驶车辆(autonomous vehicles)；③拍卖Agents(bidding agents)；④自主计算(autonomic computing)。其中，足球机器人和无人驾驶车辆属于“物理 Agents”(physical agents)，拍卖Agents和自主计算属于“软件 Agents”。这些应用充分展示了机器学习与多Agents推理的紧密结合，它涉及自适应及层次表达、分层学习、迁移学习(transfer learning)、自适应交互协议、Agent建模等关键技术。

(7) 人工生命

人工生命(artificial life，ALife)的概念是由美国圣达菲研究所非线性研究组的Langton于1987年提出的，旨在用计算机和精密机械等人工媒介生成或构造出能够表现自然生命系统行为特征的仿真系统或模型系统。自然生命系统行为具有自组织、自复制、自修复等特征，以及形成这些特征的混浊动力学、进化和环境适应。

人工生命所研究的人造系统能够演示具有自然生命系统特征的行为，在“生命之所能”的广阔范围内深入研究“生命之所知”的实质、只有从“生命之所能”的广泛内容考察生命，才能真正理解生命的本质。人工生命与生命的形式化基础有关。生物学从问题的顶层开始，考察器官、组织、细胞、细胞膜，直到分子，以探索生命的奥秘和机理。人工生命则从问题的底层开始，把器官作为简单机构的宏观群体考察，自底向上进行综合，由简单的被规则支配的对象构成更大的集合，并在交互作用中研究非线性系统的类似生命的全局动力学特性。

人工生命的理论和方法有别于传统人工智能和神经网络的理论和方法。人工生命通过计算机仿真生命现象所体现的自适应机理，对相关非线性对象进行更真实的动态描述和动态特征研究。

(8) 游戏

对于游戏开发者而言，人工智能最终意味着广泛的技术范围。这些技术可用于生成对手、战场的部队、队友、非玩家角色或游戏中一切模拟智能行为。其中一些技术，如有限状态机和启发式 A*搜索算法，多年以来在许多游戏中得到有效验证。在最基本层，游戏中的有限状态机包括 3 个部分：①一个角色在游戏中可能有的几种状态；②决定何时变换状态的一组条件；③实现每种状态角色行为的一组代码。

(9) 人机智能融合

人机融合智能就是充分利用人和机器的长处形成一种新的智能形式。人处理其擅长的包含“应该”等价值取向的主观信息，机器则计算其拿手的涉及“是”等规则概率统计的客观数据，进而变成一个可执行、可操作的程序性问题，也是把客观数据与主观信息统一起来的新机制，即需要意向性价值的时候由人处理，需要形式化(数字化)的事实时候由机器分担，从而产生了一种人＋机＞人、人＋机＞机的效果。

9.4 ChatGPT 简介

ChatGPT 是一个由 OpenAI 开发的人工智能聊天机器人，它是基于一个巨大的语言模型，叫做 GPT-3(GPT-4)，训练出来的。这是一个利用深度学习算法，从互联网上收集了数十亿个文本数据，学习了人类语言的规律和知识的模型。它可以根据给定的一个开头或者一个主题，自动生成一段连贯、有逻辑、有创意的文本。而 ChatGPT 则是在 GPT-3(GPT-4)的基础上，加入了一些额外的功能，让它可以跟用户进行对话，并且根据用户的喜好和需求，生成不同类型和风格的文本。

ChatGPT 是怎么做到这些的呢？它其实是利用了一种叫做神经网络的技术，神经网络是一种模仿人脑结构和功能的计算模型，它由许多个单元组成，每个单元都可以接收、处理和传递信息。神经网络可以通过大量的数据和反馈，自动调整自己的参数，从而提高自己的性能和准确度。ChatGPT 使用了一种特殊的神经网络，叫做 Transformer，它可以有效地处理自然语言，并且捕捉文本之间的联系和含义。Transformer 由两部分组成，一部分叫做编码器(encoder)，它可以把输入的文本转换成一种数学表示；另一部分叫做解码器(decoder)，它可以根据编码器的输出和自己的内部状态，生成下一个词或者句子。通过这样的过程，ChatGpt 就可以实现与用户的交互和文本生成。

ChatGPT 有什么用处呢？它可以应用在很多领域和场景中，比如教育、娱乐、商业、新闻等。例如，在教育方面，ChatGPT 可以帮助学生学习语言、写作、阅读等技能，它可以提供各种题目、范文、解答、反馈等；在娱乐方面，ChatGPT 可以创作各种有趣和有意义的内容，比如故事、歌词、笑话等。

9.5 课后习题

一、判断题

1. 互联网就是一个超大云。 (　　)

2. 简单来说，云计算等于资源的闲置而产生的。（　　）

3. 云计算可以把普通的服务器或者计算机连接起来以获得超级计算机的计算与存储等功能，但成本更低。（　　）

4. 数据仓库的最终目的是为用户和业务部门提供决策支持。（　　）

5. 数据即信息，新的信息可以带来新的收益。（　　）

6. 关于人工智能的发展趋势，数据供给和需求两方形成壁垒并打通端到端全价值链，形成生态是必然趋势。（　　）

二、选择题

1. 下列关于人工智能说法不正确的是(　　)。
   A. 人工智能是关于知识的学科——怎样表示知识以及怎样获得知识并使用知识的科学
   B. 人工智能就是研究如何使用计算机去做过去只有人才能做的智能工作
   C. 自 1946 年以来，人工智能科学经过多年的发展，已经趋于成熟，得到充分应用
   D. 人工智能不是人的智能，但能像人那样思考，甚至也可能超过人的智能

2. 人工智能与思维科学的关系是实践与理论的关系。从思维观点看人工智能不包括(　　)。
   A. 直觉思维　　B. 逻辑思维　　C. 形象思维　　D. 灵感思维

3. 强人工智能强调人工智能的完整性，下列(　　)不属于强人工智能。
   A. (类人)机器的思考和推理就像人的思维一样
   B. (非人类)机器产生了和人完全不一样的直觉和意识
   C. 看起来像智能的，其实并不真正拥有智能，也不会有自主意识
   D. 有可能制作出真正推理和解决问题的智能机器

4. 电子计算机的出现使信息存储和处理的各个方面都发生了革命，下列说法不正确的是(　　)。
   A. 计算机是用于操纵信息的设备
   B. 计算机在可改变的程序和控制下运行
   C. 人工智能技术是后计算机时代的先进工具
   D. 计算机这个用电子方式处理数据的发明，为实现人工智能提供了一种媒介

三、思考题

1. 什么是云计算？什么是大数据？
2. 简述什么是人工智能。
3. 为什么能够用机器(计算机)模仿人类的智能？
4. 你认为应从哪些层次对认知行为进行研究？
5. 未来人工智能可能的突破有哪些方面？

参考文献

[1] 周志明. 智慧的疆界——从图灵机到人工智能[M]. 北京：机械工业出版社，2018.

[2] 刘峡壁，等. 人工智能——机器学习与神经网络[M]. 北京：国防工业出版社，2020.

[3] 王良明. 云计算通俗讲义[M]. 2 版. 北京：电子工业出版社，2017.

[4] 唐培和，等. 计算思维——计算学科导论[M]. 北京：电子工业出版社，2015.

[5] 史蒂芬·卢奇(Stephen Lucci)，等. 人工智能[M]. 2 版. 林赐，译. 人民邮电出版社，2020.

[6] 李凤霞，等. 大学计算机[M]. 北京：高等教育出版社，2014.

[7] 嵩天，等. Python 语言程序设计基础[M]. 2 版. 北京：高等教育出版社，2014.

[8] 战德臣，等. 大学计算机——计算思维与信息素养[M]. 3 版. 北京：高等教育出版，2020.

[9] J Glenn Brookshear. 计算机科学概论[M]. 刘艺，等译. 北京：人民邮电出版社，2011.

[10] Roger S Pressman. 软件工程：实践者的研究方法[M]. 7 版. 郑人杰，等译. 北京：机械工业出版社，2011.

[11] M. Turing. Computing machinery and intelligence[J]. Mind(1950)，59，433-460.

[12] Behrouz Foruzan. 计算机科学导论[M]. 3 版. 刘艺，等译. 北京：机械工业出版社，2015.

[13] Michael Sipser. 计算机理论引导[M]. 3 版. 段磊，唐常杰，译. 北京：机械工业出版社，2015.

[14] Thomas H Cormen，et al. 算法导论[M]. 3 版. 殷建平，等译. 北京：机械工业出版社，2013.

[15] IEEE Spectrum.编程语言排行榜. http://spectrum.ieee.org/computing/software/.

[16] 沙行勉. 计算机科学导论——以 Python 为舟[M]. 2 版. 北京：清华大学出版社，2008.

[17] 易建勋，等. 计算机导论——计算思维和应用技术[M]. 2 版. 北京：清华大学出版社，2015.

[18] 易建勋，等. 计算机维修技术[M]. 3 版. 北京：清华大学出版社，2014.

[19] 易建勋，等. 计算机网络设计[M]. 3 版. 北京：人民邮电出版社，2016.

[20] 嵩天. Python 语言程序设计基础[M]. 2 版. 北京：高等教育出版社，2017.